深度域地震成像新技术理论与实践

方伍宝　刘定进　等编著

中国石化出版社

图书在版编目(CIP)数据

深度域地震成像新技术理论与实践/方伍宝等编著.
—北京:中国石化出版社,2014.10
ISBN 978-7-5114-3054-0

Ⅰ.①深… Ⅱ.①方… Ⅲ.①地震层析成像-研究
Ⅳ.①P631.4

中国版本图书馆 CIP 数据核字(2014)第 228103 号

中国石化出版社出版发行
地址:北京市东城区安定门外大街 58 号
邮编:100011 电话:(010)84271850
读者服务部电话:(010)84289974
http://www.sinopec-press.com
E-mail:press@sinopec.com
北京富泰印刷有限责任公司印刷
全国各地新华书店经销
*
787×1092 毫米 16 开本 22 印张 552 千字
2014 年 10 月第 1 版 2014 年 10 月第 1 次印刷
定价:98.00 元

编　委　会

前　　言

地震偏移成像技术在油气地震勘探中占据非常重要的地位，它是现代地震勘探数据处理的三大核心技术之一。它的作用是使反射波或绕射波返回到产生它们的真实地下位置，得到该位置的反射真振幅或反射系数，从而实现地下地质构造和地层岩性的精确成像。地震偏移成像理论与技术的发展是地震勘探需求，和应用地球物理学、应用数学以及计算机技术等相关领域飞速发展推动的结果。它经历了从手工偏移成像到电子计算机数字偏移成像，从叠后偏移成像到叠前偏移成像，从时间偏移成像到深度偏移成像的发展过程。目前，高精度的叠前深度偏移成像技术已渐渐成为解决复杂构造成像问题的常规手段。随着勘探程度的不断提高和油气资源需求的急剧增长，油气勘探面临的地质对象更为复杂，勘探难度日益加大，资料处理日趋复杂，对地震资料的成像要求也随之提高，高精度叠前深度偏移技术也向更先进、更完善的方向不断发展。

目前在工业界应用最多的叠前深度偏移方法主要有基于射线理论的Kirchhoff积分偏移和基于波动理论的波动方程偏移两类方法。Kirchhoff积分偏移算法的理论基于波场的高频近似，而它的实现通常采用单走时路径的假设，从而使得该技术不适用于速度横向变化剧烈的介质成像；而基于波动理论的单程波动方程偏移算法来源于对全声波方程的单程波逼近，其有效的数值实现需要对描述单程波的拟微分方程实行进一步的简化，从而导致了该偏移算法存在偏移倾角限制，不适应高陡构造成像。近几年来，在这两类理论基础上分别发展了精度更高的高斯射线束偏移(高斯束)和逆时偏移技术(RTM)。高斯束偏移是波动方程在射线附近的高频近似解，它将波动方程和射线理论紧密结合起来，通过运动学射线追踪获取射线轨迹，通过动力学射线追踪来获取中心射线附近的高频能量分布，它既保持了传统射线方法的高效性和灵活性，又考虑了波场的动力学特征，能够比较好地处理多波至、焦散(射线交叉)等复杂波现象，高斯束偏移是较好兼顾成像精度和计算效率的方法；RTM 同时采用全声波方程延拓震源和检波点波场，克服了偏移倾角和偏移孔径的限制，可以有效地处理纵横向存在剧烈变化的地球介质物性特征，该技术具有相位准确，成像精度高，对介质速度横向变化和高陡倾角适应性强，甚至可以利用回转波、多次波等成像优点，RTM 是目前理论最先进、成像精度最高的地震偏移成像方法。基于更严格波动理论的高斯束偏移和 RTM 偏移技术具有更高的构造成像精度，两者各有优点、互有补充，是目前叠前深度偏移成像技术发展的最主要方向。

传统叠前深度偏移的研究都以构造成图为主要目标，基于可靠的宏观速度模型可以比较准确地输出地下地质构造的图像。不过，构造图像仅仅指示了岩石物性在什么位置发生变化，并不能说明岩石物性是怎样变化的。然而，确定岩石物性参数怎样变化对提高油气勘探的成功率非常重要，尤其是对于隐蔽型岩性油气藏。因此，油气勘探除了要求得到构造图像之外，还希望从地震数据中提取地下的岩性与储层参数信息，如纵横波速度、密度、孔隙度以及流体性质等。这样，地震波的振幅在地震资料处理和解释中的重要性逐渐得到油气勘探人员的重视，叠前深度偏移方法也逐渐由为地质构造解释服务发展成为岩性解释服务，逐渐由研究探测目标的几何图形发展为研究反射界面空间的波场特征、振幅变化和反射率等。

随着波动理论研究的深入和野外勘探的精细化，一系列研究成果表明，地球介质具有很广泛的波动各向异性效应，如陆相石油储层不少是由泥岩和砂岩薄互层构成的，而泥岩和砂岩薄互层的厚度远远小于地震波的波长，从而导致地震波在其中的传播显现出各向异性特性。西部塔里木海相碳酸盐岩属典型的岩溶—裂缝型储集体，这种储层同样可以看作是由薄互层构成的，地震波在其中的传播也显现出各向异性的特性。目前，常规的地震偏移成像技术还是建立在均匀、各向同性的理论基础之上，通常出现成像精度不高，甚至会造成成像深度与实际位置的偏差。尤其是在高精度叠前深度偏移成像技术和宽方位采集技术得到广泛应用的当前形势下，由于各向异性导致的成像误差也越显突出。基于各向异性理论的叠前深度偏移成像技术也已成为地震成像技术发展的一个重要方向。

叠前深度偏移是一个解释性的处理过程，遵循了地质与地球物理相结合及地震资料处理与解释一体化的指导思想，利用叠前深度偏移方法解决复杂构造地区的偏移成像问题是一个系统工程。要做好叠前深度偏移工作，除了要求有高精度的偏移算子外，可靠的速度模型更是决定成像质量的关键。而且，往往偏移算法精度越高，对速度模型的依赖性更强，对速度误差反应更敏感。可以这样说，偏移速度建模是地震成像的核心，而叠前深度偏移只是检验速度场是否正确的一种工具。因此，在研究各种叠前深度偏移方法的同时，研究偏移速度模型的建立方法已是国内外偏移成像领域中又一重点课题。

高性能计算装备是地震偏移成像技术实现的一个重要平台。随着高精度叠前深度偏移成像技术的发展，所需处理的数据量和计算量呈现指数级的增长，对高性能计算技术呈现出持续而强劲的需求。过去十多年中，集群计算机系统成为石油物探数据处理的主流甚至是唯一系统架构类型。这种模式下，通过增加 CPU 个数或核数在一定程度上可以提升计算处理的性能，但随之带来的内存墙和散热等瓶颈使得 CPU 性能提升有较大难度，从而大大影响了叠前深度偏移技术的发展和应用。近年来随着计算机图形处理器(GPU)的兴起和发展，逐渐形成了基于 GPU 通用计算技术，在此基础上，CPU/GPU 协同并行计算技术也日趋成熟。该技术主要是通过开发原本用于图形处理的 GPU 强大的并行计算能力，使得 GPU 可以分担 CPU 上的部分高密度计算需求，二者交互合作共同完成计算任务的一种多核并行计算技术。CPU/GPU 协同并行计算技术融合了 CPU 在复杂顺序计算和 GPU 在大规模并行计算的双重优势，通过硬件协同和软件协作，组成了全新的异构模式，可以大幅度提高计算机的运算能力和效率。从技术发展趋势来看，面向高精度叠前深度偏移技术的异构并行系统将成为今后的一个重要发展方向。

全书共分八章，第一章对地震成像理论的发展历程和叠前深度偏移成像技术的特点进行了一个较为系统的阐述；第二章介绍了高斯束叠前深度偏移成像技术；第三章介绍了逆时叠前深度偏移成像技术；第四章介绍了波动方程保幅地震偏移成像技术；第五章介绍了基于各向异性介质的地震偏移成像技术；第六章介绍了基于 GPU 的深度域波动方程成像技术；第七章介绍了深度域速度分析与建模技术；第八章是作者对高精度深度域地震成像新技术应用条件和发展趋势的一些认识。

本书前言由刘定进执笔；第一章由方伍宝、郭书娟执笔；第二章由蔡杰雄执笔；第三章由刘定进、段心标、王立歆执笔；第四章由刘定进、王立歆执笔；第五章由王鹏燕、刘定进执笔；第六章由孔祥宁、张慧宇执笔；第七章由张兵、王鹏燕、郭恺执笔；第八章由方伍宝、郭书娟执笔。全书由方伍宝、刘定进负责修改与统稿。

本书内容涉及的研究项目得到了中国石化科技部、油田勘探开发事业部、石油工程技术服务有限公司、石油物探技术研究院、南方分公司、西北油田分公司、东北油气分公司、华北分公司、胜利油田分公司、江苏油田分公司的支持。在本书的编写过程中，特别得到了石油物探技术研究院领导的指导、关心及同事的大力支持，同时也得到了同济大学海洋与地球科学学院王华忠教授及学生的支持和帮助。笔者在此一并表示衷心的感谢！

由于笔者水平有限，书中难免会有疏忽之处，也会存在错误和缺点，敬请同仁和读者批评指正。

目　　录

第一章　绪　论

第一节　深度域地震成像技术的发展历程

一、地震成像技术回顾

地震成像技术（也称地震偏移技术或地震偏移成像技术）在油气地震勘探中占据重要的地位，它是现代地震勘探数据处理的三大核心技术（即反褶积、叠加和偏移）之一。它的作用是使反射波或绕射波返回到产生它们的真实地下位置，得到该位置的反射真振幅或反射系数，从而实现地下地质构造和地层岩性的精确成像。地震成像理论与技术的发展是地震勘探需求、应用地球物理学、应用数学以及计算机技术等相关领域飞速发展推动的结果。它经历了从手工偏移成像到电子计算机数字偏移成像，从叠后偏移成像到叠前偏移成像，从时间偏移成像到深度偏移成像的发展过程。

1. 叠后时间偏移成像

叠后时间偏移成像是一种简单实用的方法，对地震资料处理技术的发展有着深远的影响。常规的叠后时间偏移是建立在水平层状介质模型及速度横向均匀的基础上。其实现方法基于两个基本假设：①输入数据是自激自收的零炮检距剖面，与反射点相应的数据被放在激发点和接收点中点的正下方；②反射界面上覆地层为常速介质，射线为直射线。此偏移方法计算效率高，对信噪比较低的地震资料有较好的适用性，曾在地震偏移方法发展初期，地下构造较为简单的目标探区发挥了非常重要的作用。虽然当前叠前偏移技术已得到大力推广，叠后时间偏移技术由于其计算效率高，加之在某些地区因信噪比等原因不适合应用叠前偏移技术，叠后时间偏移方法并未完全退出历史舞台。但是当地下构造复杂、速度横向剧烈变化时，反射波的旅行时不再是双曲线的形式，或者当地下倾角不一致时，常规的多次覆盖叠加结果并不完全等价于是自激自收的零炮检距剖面，而且，即使使用倾角时差校正（DMO），也难以消除速度或界面形态的变化造成的散焦和聚焦效应，同时造成速度分析的多解性，最终导致无法实现真正的共反射点的叠加，得到真正的成像结果。

2. 叠前时间偏移成像

叠前时间偏移成像与常规叠后时间偏移成像的不同在于叠后偏移是先叠加后偏移，而叠前偏移是直接偏移，二者的相同点在于都假定地下介质为水平层状介质，都使用均方根速度作为其成像速度场，但前者使用了不同偏移距的均方根速度，而后者只使用了零偏移距均方根速度。

叠前时间偏移成像是复杂构造成像和速度分析的重要手段之一，它可以有效地克服常规NMO、DMO和叠后偏移的缺点，实现真正的共反射点（CRP）叠加。叠前时间偏移产生的共反射点道集，消除了不同倾角和位置的反射带来的影响，不仅可以用来优化速度分析，而且也能为 AVO 地震反演提供基础数据。在实际应用中，Kirchhoff 叠前时间偏移成像方法能够应用于共偏移距道集，因其适用于非规则数据且运行效率高，成为实际地震资料处理中优先选用的技术。

实际上，叠前时间偏移成像可认为是一种能适应各种倾斜叠加的广义 DMO 叠加，其目的是使各种绕射能量聚焦，而不是把绕射能量归位到其相应的绕射点上去。它基于的模型是均匀的，或者仅允许有垂向变化。因此，叠前时间偏移成像仅能实现真正的共反射点叠加，当地下地层倾角较大，或者上覆地层速度横向变化剧烈，速度分界面不是水平层状的条件下，叠前时间偏移成像并不能解决成像点与地下绕射点位置不重合的问题。为了校正这种现象，可在时间偏移剖面的基础上进行反偏移后再作一次校正，使成像点与绕射点位置重合，这就是所谓的叠后深度偏移成像。但叠后深度偏移成像在实际资料处理中很少用，主要是缺少模型迭代修正的手段，因此叠后深度偏移最多可作为叠前深度偏移成像处理流程的一部分，用于提供深度域模型层位解释的基础数据。

3. 叠前深度偏移成像

深度成像和时间成像的区别在于如果地层速度存在横向变化或者构造为非水平地层，时间偏移的结果是畸变的，而深度偏移是正确的。叠前深度偏移成像理论是建立在复杂构造速度模型基础之上的，叠前深度偏移方法符合斯奈尔定律，遵循波的绕射、反射和折射定律，适用于任意介质的成像问题。它与常规偏移处理相比有以下优点：①符合斯奈尔定律，成像准确，适用于任意介质；②消除了叠加引起的弥散现象，使得大倾角地层信噪比和分辨率得到提高；③能够综合利用地质、钻井及测井等资料来约束处理结果，还可以直接利用得到的深度剖面进行构造解释，方便与实际的钻井数据进行对比。所以，综合各种复杂因素，到现阶段叠前深度偏移成像是适合复杂地质体成像的一种最先进、实用的方法，特别是对于像前陆冲断带、逆掩推覆、高陡构造、地下高速火成岩体以及盐下复杂构造等可以取得精确的成像结果。

通常叠前深度偏移成像方法可以分为两类：一类是基于射线理论的叠前深度偏移成像方法，另一类是基于波动方程理论的叠前深度偏移成像方法。近年来，随着计算机技术的发展，尤其是并行计算技术的高速发展，使得计算量庞大的三维地震资料叠前深度偏移成像已在油气地震勘探中得到了大规模应用。

二、叠前深度偏移成像技术的发展历程

叠前深度偏移成像技术始于 20 世纪 70 年代，80 年代在理论和方法上有了较大的发展，90 年代开始被广泛应用。当前叠前深度偏移的主要类别有：Kirchhoff 积分法、(单程) 波动方程法、逆时偏移成像技术，其中 Kirchhoff 积分法是生产中应用较广泛的叠前深度偏移方法，其主要优点在于它的适应性及具有相对高效的处理速度纵横向变化的能力，同时它计算效率高，但它存在着精度不高及对算子假频的敏感性等问题。单程波动方程叠前深度偏移由于没有对方程作高频近似，而是用可以描述波在复杂介质中的传播过程的算子作波场外推算子，可解决强横向变速条件下复杂构造的地震波成像问题，但存在着计算精度、稳定性及倾角限制等问题。为了得到陡倾角界面的精确成像，基于双程波方程的逆时偏移技术开始发展起来，逆时偏移对任意倾角界面都能成像，同时适应速度纵横向剧烈变化。

1. Kirchhoff (克希霍夫) 积分法叠前深度偏移成像

20 世纪 70 年代，Claerbout 首次把波动方程引入到地震波场偏移成像中，Schneider

(1978)提出了基于波动方程积分解的克希霍夫积分法叠前深度偏移理论，而此时的偏移是基于常速拟层状介质假设，Keho 等(1988)提出基于傍轴射线追踪技术的非递归 kirchhoff 叠前偏移方法，开始将 Kirchhoff 偏移推向适应速度横向变化的阶段，这也是目前大多数 Kirchhoff 积分的叠前偏移的算法原形。

20 世纪 90 年代，由于计算机技术的高速发展和各大石油公司面向复杂地区开展油气勘探的需要，推动了叠前深度偏移成像技术迅速发展。特别是菲利普斯石油公司首先于 1993 年宣布使用 Kirchhoff 积分法叠前深度偏移技术在墨西哥湾盐下勘探获得成功，拉开了 Kirchhoff 积分法叠前深度偏移技术成功应用的序幕，将叠前偏移技术的发展推向一次新的发展高潮。

随着多年来持续不断地改进和完善，Kirchhoff 积分法叠前深度偏移已成为一种高效实用的叠前深度偏移法，具有高角度成像、无频散、占用资源少和实现效率高的特点，能适应不均匀的空间采样和起伏地表，也能适合较复杂构造的成像。国际上也推出了多套较为成熟的积分法叠前深度域成像软件，一度成为实际生产中主要使用的叠前深度偏移成像技术。

虽然 Kirchhoff 积分公式是以波动方程解为基础，但它的实现是利用波动方程的零阶高频渐近近似(射线方程)，即 Kirchhoff 积分法叠前深度偏移是以射线理论为基础，通过对散射波场及其观测面上法向导数的积分实现波场反传播，具有较高的计算效率并能够适应复杂的观测系统，但是在复杂介质的情况下会存在焦散和多路径等问题。为此，Hill(1990)提出了高斯束偏移方法，高斯束偏移是从 Kirhhoff 偏移方法发展而来，对相邻的输入道进行局部倾斜叠加合成局部平面波，然后将合成的局部平面波分量通过高斯波束反传至地下局部的成像区域进行延拓成像，由于对应每条高斯波束的成像过程是相互独立的，因而可自然地实现多次波至的成像。高斯束沿整个射线都是规则的，即使在焦散点处也是如此，高斯束的这一特点使它在处理波场异常时有特殊的优势，即在正演和偏移中，可以有效地解决波场的焦散点、阴影区、临界和超临界反射等问题。Hill(2001)将此方法推广到叠前深度偏移，Gray(2005)将此方法用于共炮集记录的成像中。

Gray 和 Bleistein(2009)结合了真振幅波动方程偏移和传统高斯束偏移，推导出了两种真振幅的高斯束偏移方法，两种形式分别使用互相关成像条件和反褶积成像条件，并根据 Zhang 的真振幅波动方程偏移的基本公式，再利用高斯束求和法构建格林函数，推出了真振幅高斯束偏移方程。

叠前高斯束偏移是在解决各向同性介质的偏移中发展而来，将高斯束偏移推广到各向异性介质是有重要意义的，因为各向异性对于地下反射点的正确归位和聚焦收敛有着重要影响，Zhu 和 Gray(2006，2007)将高斯束偏移方法推广到了各向异性介质中，建立了基于共炮道集的各向异性介质的高斯束叠前深度偏移成像方法。

Kirchhoff 积分法叠前深度偏移技术已经在很多探区都得到了成功应用。在 2001 年应用于胜利油田探区，解决了潜山复杂地层的成像问题。胜利油田车 3 潜山构造上覆地层是新生界分布不均匀的沙河街组砂砾岩体，该砂砾岩体速度较高，达到 5000m/s，形成了一个大的“速度陷阱”。受其影响，时间域偏移资料不能正确反映潜山的产状，影响了对潜山油藏的认识。运用 Kirchhoff 积分法叠前深度偏移技术对该区资料进行处理后，剖面的品质提高，消除了砂砾岩体的“速度陷阱”，使潜山地层能够正确成像，表现为内幕反射清晰，断点归位准确。由于解决了“速度陷阱”问题，基于其成像结果构造成图后计算潜山的圈闭面积为

18.8km²(原来6.8km²)，增加资源量2400×10⁴t。在该区已设计探井3口，完钻后均达到设计目的，其中CG201井获200 t/d以上的工业油流。

川中地区地下地质情况复杂，高速盐岩层厚度的剧烈变化导致下覆地层构造形态发生畸变，2008年开展了该区约4000km²的三维地震资料的Kirchhoff叠前深度偏移处理。偏移后潜伏构造归位合理，成像清晰，断层和断点清楚，波组特征保持好的成像剖面，储层的特征很明显。为进一步落实地腹构造形态及圈闭规模、高点位置、断层展布格局以及构造之间的接触关系提供了强有力的技术保障。

泌阳凹陷南部陡坡带是泌阳凹陷南缘与山体相接的断裂带，基岩速度较高，而凹陷内部断裂下降盘的沉积岩速度相对较低，存在速度的横向变化。叠前深度偏移有利于断裂面或断裂破碎带内幕成像。为此，在该区完成了泌阳凹陷整个南部陡坡带地区满覆盖面积350km^2的Kirchhoff叠前深度偏移攻关处理，见到了好的效果。偏移后的剖面边界主控断裂面反射清晰，归位准确，信噪比、分辨率整体上有明显提高，尤其是深层系资料有了明显改观，波组特征明显，为南部陡坡带的深层勘探提供了可靠的地震资料。

2. 单程波动方程叠前深度偏移成像

Kirchhoff积分法叠前深度偏移成像优点是计算效率高，且对观测系统适用能力强。但是由于它基于高频近似条件下的射线理论，在复杂构造地区的适应性较差。为解决射线理论偏移成像的不足而与克希霍夫积分法同时发展起来的偏移成像方法还有基于波动方程微分解的波场外推偏移成像方法，通常被简称为单程波动方程叠前深度偏移。

根据波场外推算子估算方法不同，该偏移计算方法主要分为两类：一类为有限差分偏移方法；另一类为频率—波数偏移方法。两类偏移方法各有特点，既可以分开使用，也可以联合使用(所谓的混合偏移)。波动方程叠前深度偏移方法理论上比较完善，没有高频近似，保幅程度高，但对观测系统变化的适应性不强、运算效率也较低，且对高倾角构造成像精度不高。

Claerbout(1985)在差分法偏移成像方面作出了开创性的工作，为该方法的迅速发展奠定了良好的基础。马在田(1989)提出了高阶有限差分法偏移方法，为有限差分法的发展做出了很大的贡献。有限差分法偏移成像突出的优点是对复杂介质有很好的适应性，且成像精度高，但它的缺点也是很明显的，即计算效率较低，波场频散较严重，在三维情况下还存在数值各向异性以及难以建立中点—偏移距域的有限差分格式等问题。而频率—波数偏移方法的优点是计算效率高，但也存在不能适应速度横向变化等问题。

针对波动方程叠前深度偏移成像中有限差分法和频率－波数域法波场外推的不足，20世纪90年代以来开发出了多种实用的波场外推算子。这些外推算子的共同特点是由单一的频率－空间域或频率－波数域拓展到混合域，即在算子的构建过程中应用傅氏变换，在双域内交替完成传播算子的构建，在偏移成像过程中，频率－波数域主要通过快速傅氏变换(FFT)来实现，在频率－空间域主要通过有限差分法来实现。

20世纪90年代发展了多种混合域波场传播算子，Stoffa等(1990)提出一种裂步Fourier方法(SSF)。该方法基于小扰动理论，将速度场分为背景速度和扰动项之和，推导出的波场延拓公式交替在频率－波数域和频率－空间域进行，实现对速度横向变化的处理。同时，Wu和Huang(1992)、Liu和Wu(1994)发展了相屏算子。上述这些方法只能适合速度横向变化很小的介质。

针对分步Fourier法和相位屏法在速度强横向变化介质中的不足，Ristow等(1994)提出了 Fourier 有限差分法和 Wu 等(1996)提出了广义屏法。广义屏方法(GSP)同 FFD 方法一样,是一个结合双域运算的混合算法,两者的思想和做法基本一致。这些方法是通过采用傅里叶变换和有限差分手段在计算效率和适合复杂介质之间找到一个折衷点。

吴如山等(2008)提出的基于小波束的单程波叠前深度偏移方法,该方法可以适应速度场的强横向变化,但是其缺陷是由于波场分裂过程中的倾角限制无法实现对大于 90°的波场以及回转波成像。

典型的单程波动方程偏移方法有两类:一类是单平方根方程偏移。如上述波动方程叠前深度偏移方法都是单平方根方程偏移,在其偏移过程中,上下行波基于各自的单程波方程分别进行延拓,并通过两个延拓波场的互相关(零时间条件)来提取成像值;还有一类波动方程偏移方法是基于"沉降观测"概念的双平方根(DSR)偏移(Claerbout and Yilmaz,1980,1985)。在其偏移过程中,同时对上、下行波场进行延拓,相当于向地下延拓(沉降)震源与接收点,当二者重合时(零偏移距),零时间的波场值就作为该空间点的成像值。DSR 方程偏移在计算效率上较单程波动方程共炮集偏移高,但当三维叠前地震数据量很大时,目前计算机储存与内存资源难以承受这样的偏移处理数据量,加之 DSR 方程全偏移对一些窄方位三维地震数据成像也不实用。所以,目前人们主要关心一些降维的 DSR 方程偏移方法。

随着油气能源工业对地震勘探要求的不断提高,利用地震数据偏移成像振幅信息为 AVO – AVA 分析提供可靠的岩性参数和储层信息已成为地震勘探技术发展的一种趋势。以地震波理论为基础的真振幅叠前深度偏移是叠前偏移方法中最具有地质意义的精确成像方法,能实现对球面扩散损失的补偿,恢复期望的反射系数,还能在进行构造成像的同时给出震源子波的信息,所以真振幅偏移对于 AVO、AVA 和偏移后的解释具有特别重要的意义。21 世纪初,Zhang 等(2001,2002)研究传统共炮道集波动方程偏移所引起的振幅失真问题,提出速度垂向变化介质的共炮道集真振幅偏移成像技术。这种算子补偿也同样可以在双平方根方程(DSR)下实现,并且相对于单程波方程来说有较高的计算效率和稳定性。而且在 DSR 下更容易过度到局部反射角度域(Sava 和 Fomel,,2003;Liu 等 2007;Ye 等,2009)。但是,这种方法只能得到局部的反射角,并不能够得到局部地层倾角。Wu and Chen(2002,2004,2006)基于波场小波束分解理论,通过引入满足能量守恒 Green 函数提出了波动方程真振幅偏移成像的角度域振幅校正方法。

单程波动方程叠前深度偏移由于其在复杂构造区的成像优势,在很多探区都得到了成功应用。单程波动方程叠前深度偏移技术在国外墨西哥湾探区盐下成像处理中发挥了积极的作用。与常规叠后偏移及 Kirchhoff 偏移相比,单程波动方程叠前深度偏移剖面在盐上断层显示清晰,盐下地层同相轴连续性以及信噪比提高等方面有了一定程度的改善。

单程波动方程叠前深度偏移技术在国内泌阳凹陷南部陡坡带进行了实际应用,复杂构造下的横向位置都比较准确,基底形态、断面与地质层位的接触关系以及相位的反射强度和连续性都比较清晰,基底内幕反射清楚连续。为落实构造、开展构造圈闭研究和地质综合评价提供了较可靠的资料。

针对苏北地区地下构造复杂、断层多、断块小、地下速度横向变化大的特点,应用了单程波动方程叠前深度偏移技术,偏移剖面反射波组特征明显,同相轴连续性好,断点清晰、干脆,空间位置确切,断面与地质层位的接触边界接触关系合理,构造形态真实。剖面整体质量有了大幅度提高。

在塔河地区应用单程波动方程叠前深度偏移，突出了与塔河油田下奥陶统碳酸盐岩溶洞发育有关的地震信息，提高了地震属性分析的保真度，对提高塔河油田盐下储层预测精度、寻找油气具有积极的意义。

3. 逆时偏移成像

单程波动方程叠前深度偏移成像由于没有对波动方程作高频近似，而是用可以描述波在复杂介质中的传播过程的算子作波场外推算子，可解决强横向变速条件下复杂构造的地震波成像问题，但存在着计算精度及稳定性倾角限制等问题。逆时偏移成像(RTM)基于求解双程波声波或弹性波方程，并且允许波向各个方向传播，这种方法没有倾角限制，精度较高。它的计算方法正好与地震正演模拟的计算顺序相反，以最大时间开始向最小时间计算，可以对回转波以及二次反射波等成像。

逆时偏移成像在20世纪80年代开始提出并一直在发展，由于逆时偏移成像计算量及存储量巨大，以及对速度模型要求苛刻等原因，一直没有在工业界得到广泛应用。进入21世纪，PC机群技术得到快速发展，偏移算法不断完善，使得叠前深度偏移技术规模化应用成为可能，尤其是近年来，高性能GPU机群及其编程CUDA的推出，极大地推动了逆时偏移技术在工业生产中的推广和应用，逆时偏移重新登上了历史的舞台。目前，逆时偏移技术已经从叠后走向叠前，从二维走向三维，从声波方程走向弹性波方程，从各向同性介质走向各向异性介质。

逆时偏移思想最早出现在1982年在Dallas召开的SEG年会上，1983年的SEG年会上Whitmore讨论了逆时偏移的问题。最初的逆时偏移是基于声波方程的二维叠后数据偏移，随着偏移技术的发展，Chang和McMechan(1986)将逆时偏移发展到二维叠前数据处理中，处理了VSP数据，延拓方法还是基于声波方程的有限差分法。Sun和McMechan(1986)将逆时偏移引入到二维弹性波叠前深度偏移中，并用来处理VSP数据。Chang和McMechan(1987)进一步将逆时叠前偏移用于实际资料的处理，实现了二维二分量弹性波叠前逆时偏移。Chang和McMechan(1990)发展了二维声波的叠前逆时偏移，将二维推广到了三维，并展示了三维声波叠前逆时偏移的实现过程和合成数据的处理效果，系统地总结了逆时偏移技术的特点。Dong和McMechan(1993)研究了三维叠前逆时偏移用于各向异性介质的情形，给出了基于声波方程的各向异性介质的三维叠前逆时偏移方法。Chang和McMechan(1994)在以前研究的基础上将逆时偏移方法发展到了三维弹性波叠前逆时偏移方法，在对三维三分量的数据偏移中，将矢量方程延拓法应用于逆时偏移，与以前的多分量数据分离后分别处理的方法不同，实现了全三维矢量方程逆时延拓，并对矢量方程的正演，偏移及解释进行了系统的分析。Sun和McMechan(2001)用标量方程方法对二维弹性波逆时偏移方法进行了进一步的研究，采取散度和旋度手段对弹性波进行有效的分离，对分离后的P波和P-S波分别进行标量波动方程的逆时延拓和成像，2006年Sun和McMechan又将这种方法推广到了三维情况，给出了用标量波动方程对三维弹性波进行逆时偏移的方法。Sun和McMechan(2008)深入地研究了自由反射界面反射波对逆时波场延拓的影响。

逆时偏移已成功应用于国外墨西哥湾探区，所得结果和常规偏移结果相比，盐岩侧翼高陡构造成像效果得到了很大改善。

在国内准噶尔盆地百口泉地区进行了逆时偏移，偏移后得到的成像结果在速度横向变化剧烈及强反射界面上方的成像质量均得到了很好的改善，不整合的接触关系也更加清晰。

逆时偏移技术成功应用于吐哈盆地北部山前带红旗坎三维叠前深度偏移处理，解决了红旗坎资料设计的处理解释问题，偏移成果剖面断层清晰、归位准确；与常规偏移成像相比，逆掩带上盘和逆掩推覆体成像明显改善，其构造形态更加清晰；经钻井分层与深度剖面对比分析，深度剖面主要层位与分层数据误差很小，表明了逆时叠前深度偏移的精确合理性。

第二节　深度域成像与时间域成像的区别

叠前深度成像与叠前时间成像两者的本质区别在于对速度的应用方式。以 2D Kirchhoff 叠前偏移方法为例，叠前时间偏移在实施过程中，对于待处理的目标成像点(x_0，z_0)，要提取出此 x_0 点所在的仅在 t 或 z 垂向方向有变化的 1D 速度场，如图 1－1(a)黑色矩形框所示；然后，在偏移孔径内计算震源点或接收点到该成像点的旅行时，所基于的速度场都是此 1D 速度场，而不是射线所经过的真实的速度场，如图 1－1(b)图所示。理论上讲，叠前时间偏移基于的速度模型是均匀的，或者仅允许有垂向变化。

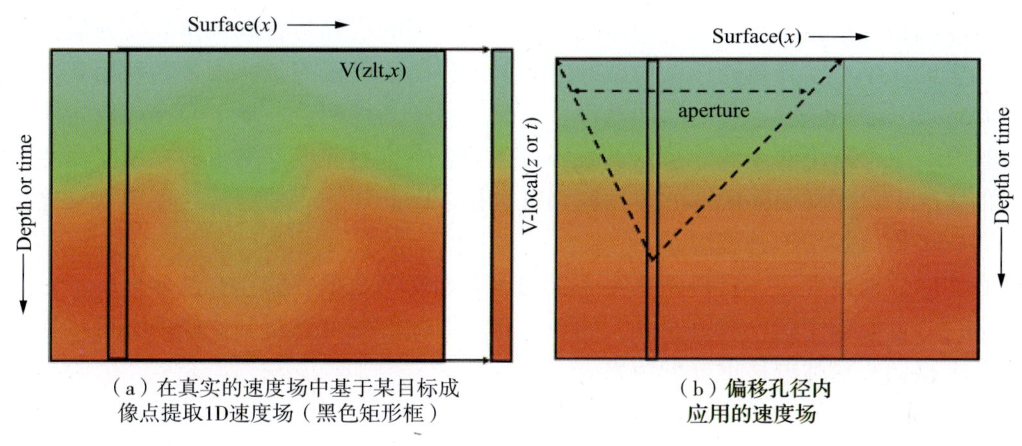

（a）在真实的速度场中基于某目标成像点提取1D速度场（黑色矩形框）

（b）偏移孔径内应用的速度场

图 1－1　叠前时间偏移速度场应用方式示意图(2012SEG，Etgen 等.)

叠前时间偏移可认为是一种能适应各种倾斜地层的广义 DMO 叠加，它能实现真正的共反射点叠加，其目的是使各种绕射能量聚焦，当地下地层倾角较大，或者上覆地层速度横向变化剧烈，速度分界面不是水平层状的条件下，叠前时间偏移并不能把绕射能量归位到其真正的绕射点上去。叠前时间偏移成像方法仅考虑波场传播中的绕射效应，而没有考虑速度横向变化所引起的折射效应。因此当速度横向变化大、超出常规时间偏移所能适应的尺度时，偏移的成像精度就大为降低。

而对于叠前深度偏移，由于目标成像点所基于的是真实的速度场(如图 1－2 所示)，因此，此方法能够处理速度场的横向变化。从理论上讲，叠前深度偏移是更符合物理规律的方法。

叠前深度偏移是实现地质构造空间归位的一项处理技术，当速度存在剧烈的横向变化、速度分界面不是水平层状时，只有叠前深度偏移能够实现共反射点的叠加和绕射点的归位，使复杂构造或速度横向变化较大的地震资料正确成像，可以修正陡倾地层和速度变化产生的地下图像畸变。

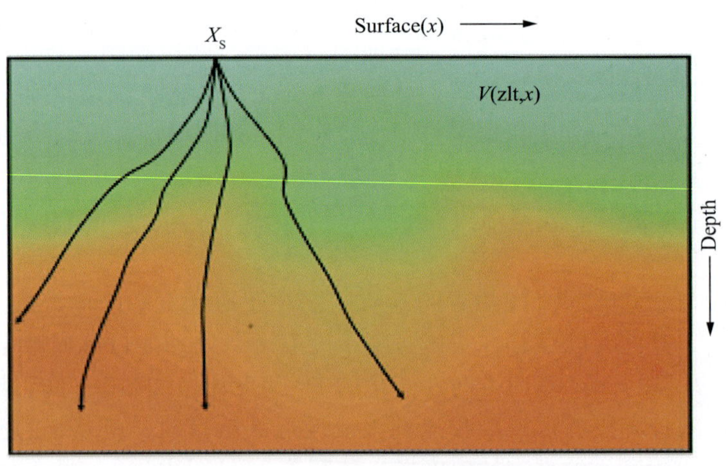

图 1－2　叠前深度偏移速度场应用方式示意图（2012SEG，Etgen 等．）

在当今偏移成像算法日趋完善的情况下，速度模型的正确与否或其精度的高低直接影响着偏移成像的效果。已知精确速度模型的情况下，叠前深度偏移被认为是精确地获得复杂构造内部映像最有效的手段，如前陆冲断带、逆掩推覆、高陡构造、地下高速火成岩体、盐下构造等均可以取得理想的成像效果，是一种真正的全三维叠前成像技术；在速度模型不是十分精确的情况下，深度偏移成像的作用就会打折扣。因此建立高精度的速度模型是叠前深度偏移能否取得较好效果的关键因素。

但在实际数据处理时，要得到真实无误的地下速度场是很难的。在某些情况下，当时间偏移所应用的近似速度场比较符合真实的地下介质情况，也可以得到比较准确可接受的成像结果，甚至得到比深度偏移更好的结果。

第三节　深度域成像技术的作用

近年来，随着计算机的发展，尤其是并行计算技术的发展，使得计算量庞大的三维地震资料叠前深度偏移成为可能。叠前深度偏移成像能够对非常复杂构造的地震资料进行成像，可以修正陡倾地层和速度变化产生的地下图像的畸变。叠前深度偏移可作弯曲射线的校正，能使反射能量聚焦，正确确定同相轴的空间位置。叠前深度偏移可用于解决断层阴影、逆掩断层、复杂断块、高倾角构造、盐丘、盐下构造、基地构造、礁体、近地表问题、复杂速度场、低幅度构造、高速层下的弱反射、浮动基准面和水底不规则的地质现象的成像问题。从以下几个方面来举例说明叠前深度偏移在地震成像中的作用。

（1）较好解决速度变化引起的构造畸变问题，更准确地恢复地下构造形态。叠前深度偏移理论是建立在复杂构造三维速度模型基础之上的，适用于任意介质的成像问题，可克服由速度横向剧烈变化起的构造畸变问题，恢复地层的真实构造形态。例如图 1－3 所示柴达木盆地西南部某山前带探区时间偏移与深度偏移的对比剖面。经该区钻探的井位分析发现，该区浅层存在厚度变化的高速砾岩层，导致叠前时间偏移剖面的构造高点偏移，通过叠前深度偏移处理很好地解决了高点偏移问题。

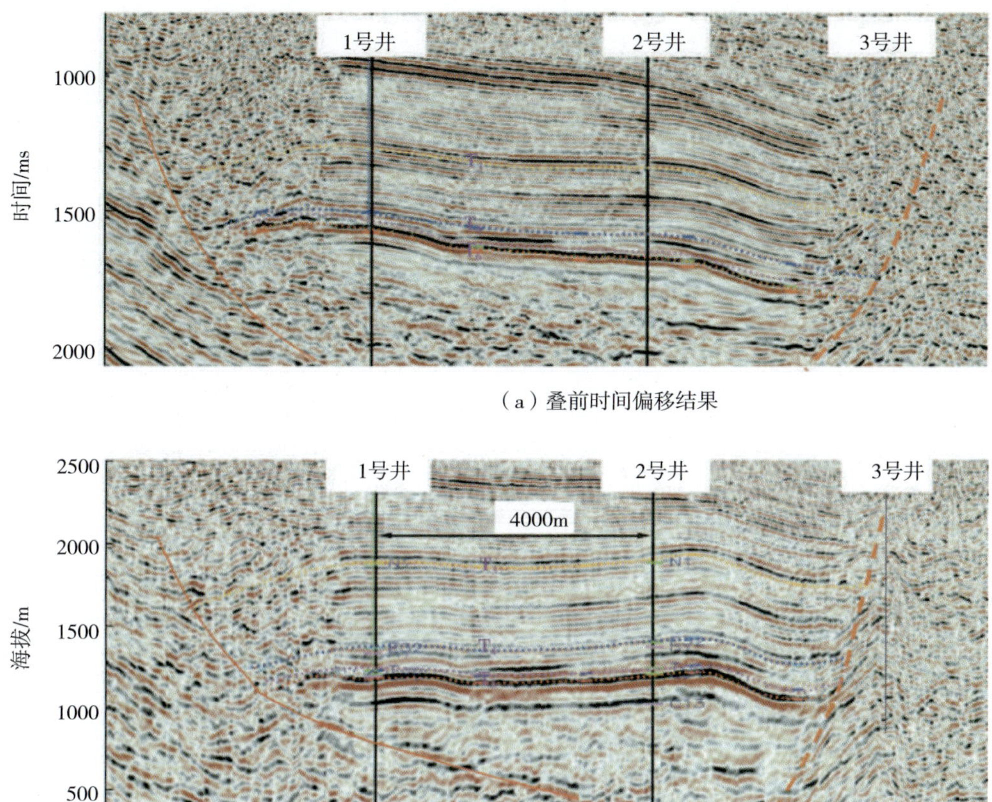

（a）叠前时间偏移结果

（b）叠前深度偏移结果

图1－3　柴西南某山前带三维叠前深度偏移剖面与叠前时间偏移剖面（夏义平，2012）

叠前深度偏移技术可以很好地解决盐下构造成像问题。如图1－4所示，由于盐丘内盐的速度和围岩的速度差异非常大，盐下目的层上覆地层的速度横向变化非常剧烈。由于受高速盐丘的影响，在时间域的偏移剖面中，盐丘下伏地层发射轴上拉，出现多个幅度不等的"假背斜"构造。在叠前深度偏移剖面上，盐下地层的画弧现象消失，盐下地层产状变得相对平缓连续，盐下交叉的"假背斜"现象消失，构造形态自然可信。

（a）叠前时间偏移结果

（b）叠前深度偏移结果

图 1－4　国外某区盐下构造叠前深度偏移与叠前时间偏移剖面效果（夏义平，2012）

叠前深度偏移可以对古潜山内幕以及逆掩断层有更加清晰、准确的成像。例如图 1－5 所示偏移效果对比。在深度偏移剖面上，潜山内幕反射得到明显改善和加强。

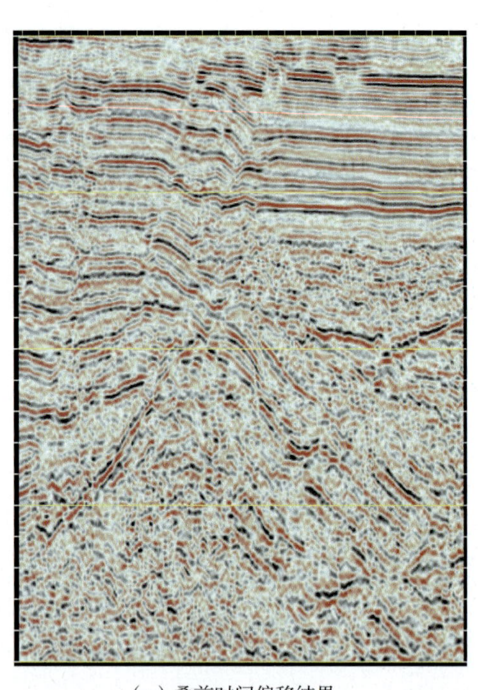
（a）叠前时间偏移结果

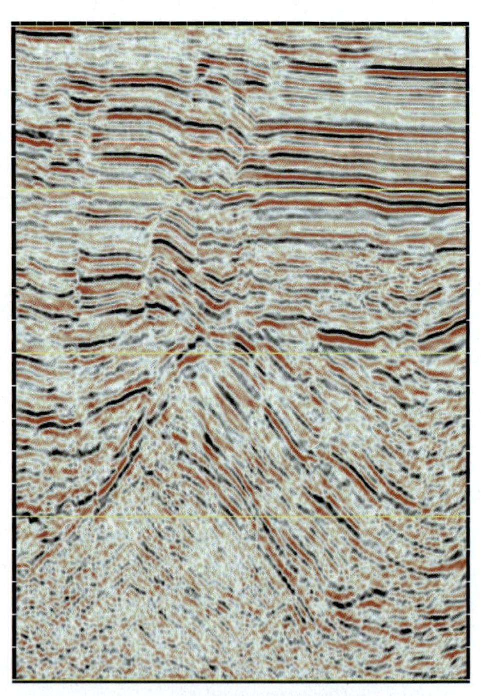
（b）叠前深度偏移结果

图 1－5　平方王地区叠前深度偏移与叠前时间偏移剖面效果对比

（2）更清晰刻画地层间接触关系。叠前深度偏移剖面波组特征明显，同相轴能连续追踪，信噪比提高幅度较大。地层界面清楚，接触关系合理，波组特征清晰，不同地层间的反射特征符合地质情况。各标志层反射特征清楚，易于识别，便于追踪对比解释，减少了解释的多解性。例如图 1－6 所示东部某探区三维叠前时间偏移与叠前深度偏移效果对比图。各种地质现象清晰，地层接触关系更加明确，断层刻画更加清楚。

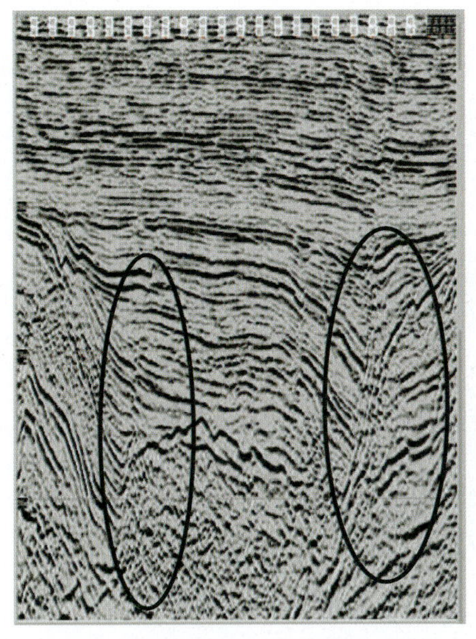

（a）叠前时间偏移剖面

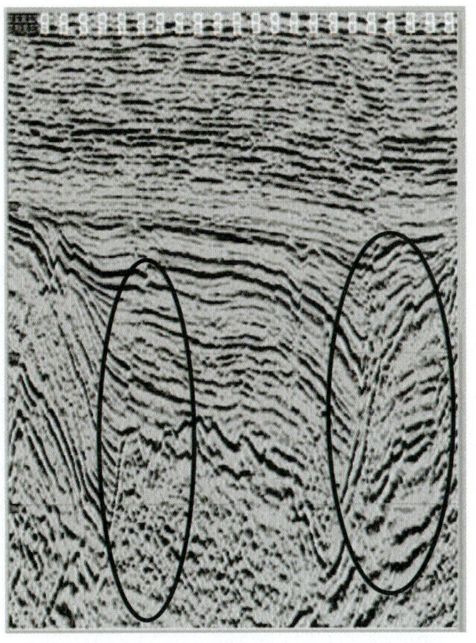

（b）叠前深度偏移剖面

图 1－6　成像效果对比图

叠前深度偏移能改善复杂陡倾角断裂和地层的成像效果，使断裂位置更加清晰可靠，剖面断层清楚，特征明显，小断块区断点更加易于识别。例如图 1－7 所示来自东部某探区成像效果图。

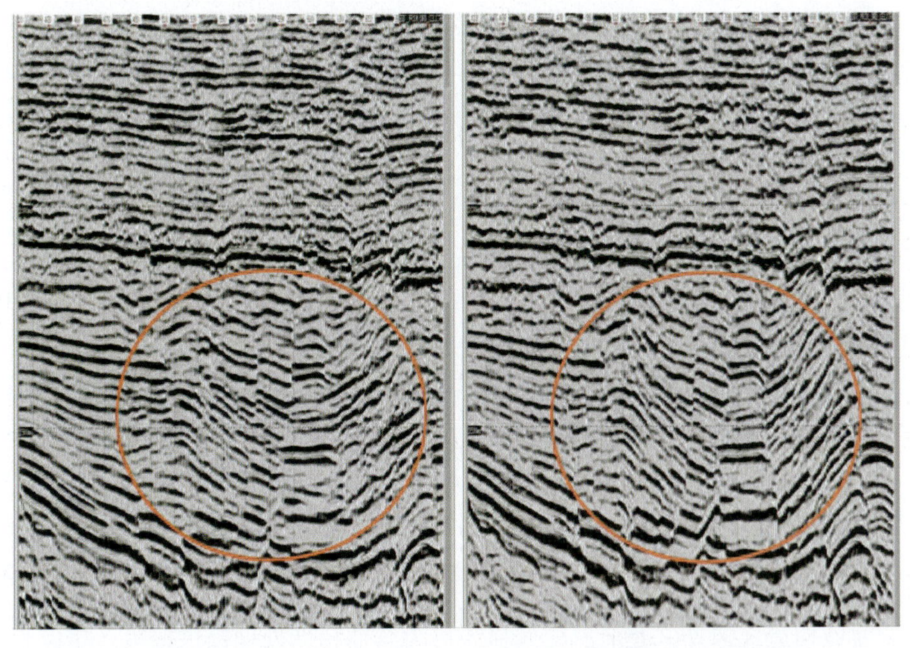

（a）叠前时间偏移剖面　　（b）叠前深度偏移剖面

图 1－7　成像效果对比图

叠前深度偏移可以改善如盐岩侧翼类的复杂高陡构造成像效果，使高陡构造成像清晰可靠。盐体侧翼附近速度横向变化大，时间偏移难以实现正确成像，单程波动方程偏移受倾角限制，逆时叠前深度偏移则可以实现伴有速度剧烈变化的高陡构造成像，例如图 1－8 所示偏移效果。

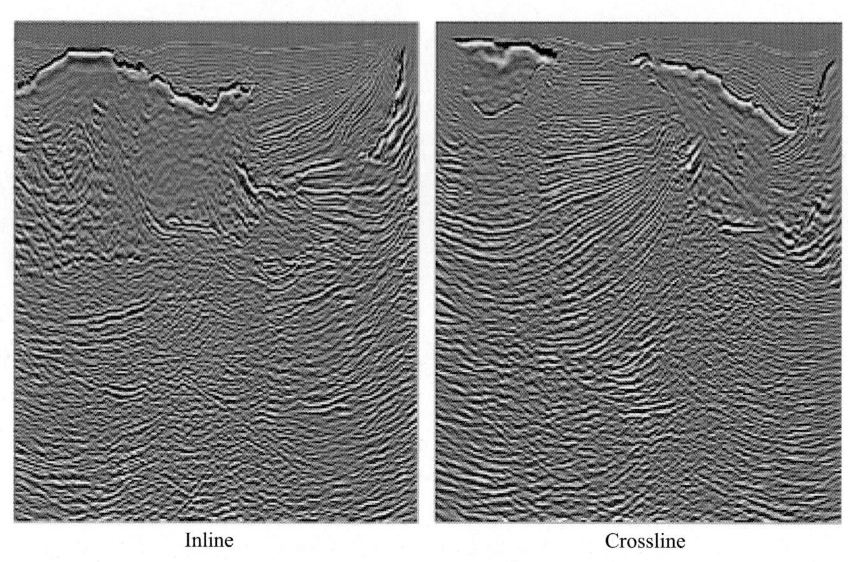

（a）单程波动方程偏移结果

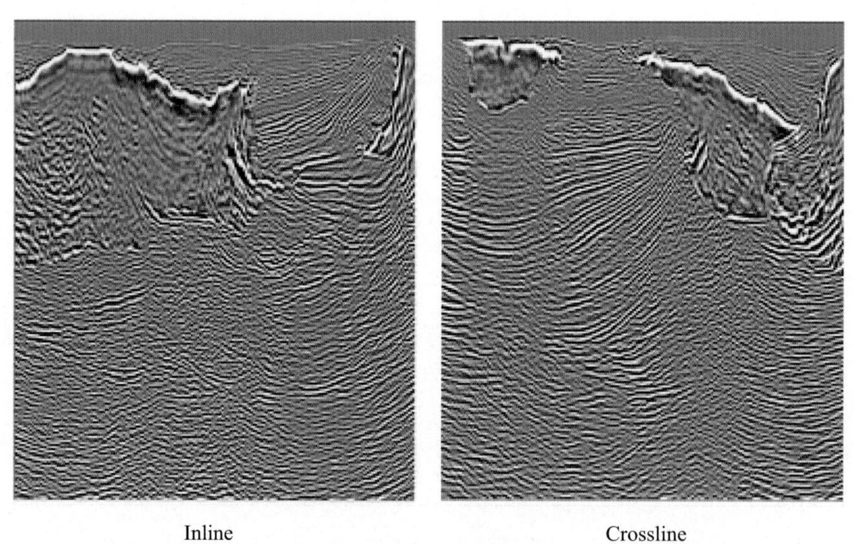

（b）逆时偏移成像结果

图 1－8　墨西哥湾某探区单程波动方程叠前深度偏移与逆时叠前深度偏移（Paul J. Fowler，2010）

除了深度域构造成像外，叠前深度偏移还可为其他特殊处理提供振幅、相位等信息，用于速度估计和 AVO、AVA 等属性分析，用于岩石物性研究。叠前深度偏移的广泛研究和应用，对于在复杂地质环境中提高地震勘探的能力将有极大的促进作用。

第二章　高斯束叠前深度偏移成像技术

叠前深度偏移技术在过去的几十年里得到了很大的发展，产生了许多适应不同地质特点、具有各自优势的成像算法。主要可以分为两大类：射线类方法以及波动方程类偏移方法。这两类方法都是以波动方程为理论基础，不同之处在于射线类偏移方法利用几何射线理论计算波场的振幅及相位信息，从而实现波场的延拓成像；而波动方程偏移则是基于波动方程的数值解法。两类方法具有各自的优势与不足，一般来说，波动方程偏移具有更高的成像精度，而射线类偏移具有更高的计算效率和灵活性。

Kirchhoff 偏移是最常用的射线类偏移方法，利用波动方程的积分解来实现地震波场的反向传播及成像。Kirchhoff 偏移很容易实现局部目标体成像；可以定义任意地下成像点的偏移孔径；可以通过控制地下射线的角度信息来选定参与成像的数据采样；可以利用射线追踪的角度信息来计算地下的偏移张角以及地质构造的倾角。除了上述特点之外，Kirchhoff 偏移还具有很高的计算效率以及对观测系统良好的适应性，可以适应复杂的地表条件以及不规则的观测系统。综合上述各种优点，自 20 世纪 80 年代开始，Kirchhoff 偏移在勘探地球物理界进行了深入的研究，并在工业界得到了广泛的应用。Kirchhoff 偏移同样也有缺陷，其依赖于常规的射线方法来计算地震波的旅行时。一方面，常规的射线方法存在射线的焦散区及阴影区等缺陷，使得射线振幅计算在复杂区存在问题；另一方面，若地下介质复杂，震源、接收点和地下成像点之间往往存在多次波至时，Kirchhoff 偏移算法利用最小走时或最大能量算法只选择其中的单次波至，而单次波至往往难以对复杂构造进行有效成像，且导致偏移算子的截断会造成较严重的偏移噪声。虽然基于多值走时的 Kirchhoff 偏移算法在成像质量上得到了明显的提高，但其计算效率明显降低。

作为射线类偏移方法的另一个分支，射线束偏移是一种改进的积分类偏移方法，其不但提高了成像算子的精度，而且可以对多次波至进行成像，并具有较高的成像信噪比。Hill（1990，2001）奠定了此类方法的理论基础，此后衍生出一系列的束偏移方法。高斯射线束（高斯束）的本质是傍轴近似方程在射线中心坐标系中描述波传播。高斯束叠前深度偏移成像技术包括单个高斯束的求解及所有高斯束叠加成像两步骤。单个独立的高斯束传播分两步求得，即通过运动学射线追踪求取中心射线的路径及走时，通过动力学射线追踪获取中心射线附近的高频能量分布。利用相互独立的高斯束描述波传播，既保持了射线方法的高效性和灵活性，又考虑了波场的动力学特征。高斯束偏移利用相互独立的高斯束叠加并成像，解决了射线类方法中的多路径问题，兼具了初至波到达时 Kirchhoff 积分偏移的灵活性及波动方程偏移的精确性，是一种精确且实现上灵活高效的深度偏移方法。高斯束偏移方法没有成像倾角限制，同时容易将其推广到起伏地表情况。

Hill 于 1990 年首先提出高斯束叠后深度偏移方法，并于 2001 年将该方法推广到叠前深度偏移。Hill 利用共偏移距道集和共方位角道集中的某种对称性解决了高斯束叠前深度偏移中的执行效率问题，非常适合处理海上拖缆地震数据的成像处理。其算法的关键是：①对共偏移距数据体进行局部平面波分解，用射线参数标识分解后的局部平面波数据；②利用一个基于渐进分析的技巧，即对于一个已知的中点－射线参数，找出一个偏移距－射线参数对。把共偏移距数据与中点－射线参数标识的局部平面波数据关联起来，可以得到较高的计算效率。然而，对陆上地震数据的成像处理，该方法不甚合适，其计算效率不高。另一方面，地表高程变化及地表速度的横向变化对于高斯束方法中的局部平面波分解也是很大的挑战。Gray 于 2005 年提出快速精确的、适合于陆地起伏地表数据的炮道集高斯束叠前深度偏移方法。

基于傍轴近似的常规射线类方法是目前应用于地震数据正演、层析及偏移的主要方法。传统的射线追踪方法一般局限于对射线路径及走时的描述，凭借其灵活高效、没有倾角限制且容易拓展到起伏地表情况的优点，射线追踪技术已成为在实用化生产中应用最广的 Kirchhoff 积分叠前深度偏移的重要组成部分。高频近似下的常规射线追踪认为中心射线代表着地震波的主能量，在实现上仅仅利用中心射线来描述地震波传播，这样的近似处理只能反映地震波的运动学特征。且对于复杂介质，在数值计算上可能存在焦散及多到达时问题，因此应用效果并不十分理想。

常规射线追踪在笛卡尔坐标系中的数值计算方法不是很完善，特别是振幅的求取存在焦散问题。Cerveny 提出的高斯束动力学射线追踪方法是一种较好的改进。高斯束动力学射线追踪方法基本思想是在射线中心坐标系中表达波动方程，进行高频近似，得到不同于笛卡尔坐标系中的动力学射线追踪方程。在射线中心坐标系中，波场的估计按抛物波动方程方法进行。射线中心坐标系中的抛物波动方程沿着射线给出笛卡尔坐标系中的双曲波动方程的解。射线中心坐标系中的解对应于高斯束，介质空间中任意一点的波场由这点附近的不同的高斯束叠加而成，该方程形式简单，易于计算，可以克服焦散区、阴影区和临界区域的振幅计算问题。Ross Hill，Dave Hale 以及 Popov 等将高斯束方法应用到偏移处理中并取得了较好的成像效果。由于高斯束偏移利用初值射线追踪技术进行中心射线追踪，保持了常规射线追踪的高效灵活且没有倾角限制的优点。相对于水平地表，起伏地表情况下只需引进地表高程来限制每根射线的运行轨迹，使其不超出地表高程面即可实现起伏地表情况下的高斯束传播，因此容易将其推广到起伏地表偏移。

第一节　高斯束方法基本原理

高斯束是波动方程集中于射线附近的高频渐近解，射线中心坐标系中的高斯束波传播类似于球面波传播沿着一个特定的波矢量在局部点进行傍轴近似展开，沿射线中心坐标系进行傍轴近似方程的波传播。高斯束偏移就是利用高斯束近似描述波传播并利用一定的成像条件提取成像值，因此，单个高斯束是高斯束偏移中描述波传播的最小单位。

一、射线中心坐标系

图 2－1 中射线从 O 点出发，蓝色曲线代表射线路径，射线周围一定范围内任意一点可用射线中心坐标表示。对空间中的任意一点 P，过该点向射线作垂线 $\boldsymbol{n}$ 交射线于 s 点，$\boldsymbol{n}$ 指向射线某一固定侧（如左侧），过 s 点作射线的切线 $\boldsymbol{t}$，指向与射线传播方向相同。s 表示 O 点到 s 点的射线长度，这样就建立了一条射线的中心坐标系。在该坐标系中，P 点的坐标可写成(s, n)。

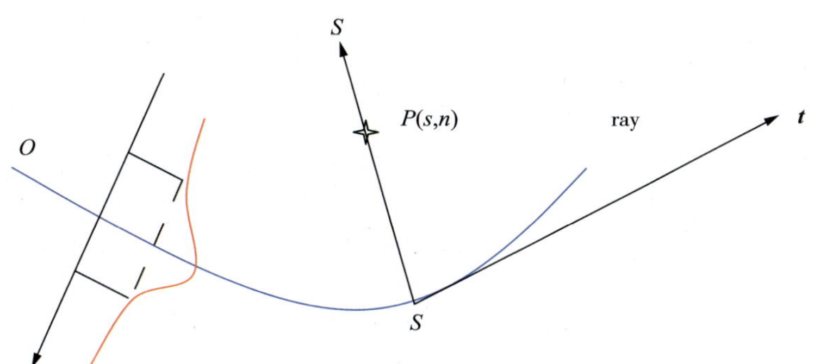

图 2-1　射线中心(Ray-centered)坐标系

$$\boldsymbol{p} = x\boldsymbol{i} + y\boldsymbol{j} = s\boldsymbol{t} + n\boldsymbol{n} \tag{2-1}$$

公式(2-1)中的 $\boldsymbol{t}$ 是有向曲线。值得注意的是，在射线中心坐标系中，某点的坐标是相对于某条确定的射线而言的，其坐标值可能并不唯一，这有别于笛卡尔坐标系。

二、射线中心坐标系的属性

在射线中心坐标系中，向量 $\boldsymbol{r}$ 有，

$$\begin{cases} \boldsymbol{r}(n,s) = \boldsymbol{r}(0,s) + n\boldsymbol{n}(s) \\ \dfrac{\mathrm{d}\boldsymbol{n}}{\mathrm{d}s} = (\boldsymbol{n} \cdot \nabla V)\boldsymbol{p} \end{cases} \tag{2-2}$$

其中 $\boldsymbol{p}(s)$ 是慢度向量，方向与 $\boldsymbol{n}(s)$ 垂直。$\boldsymbol{n}(s)$ 是一个单位向量。上式的物理含义为：第一式是坐标(n, s)处的向量 $\boldsymbol{r}$ 的表达。第二式是(n, s)构成一个正交坐标系的条件。第二式也说明了单位矢量 $\boldsymbol{n}(s)$ 的方向是随着射线长度 s 的变化而变化的。

基于上式，可以进行如下的运算，

$$\begin{aligned} \mathrm{d}\boldsymbol{r} &= \frac{\mathrm{d}\boldsymbol{r}}{\mathrm{d}s}\mathrm{d}s + \frac{\mathrm{d}\boldsymbol{r}}{\mathrm{d}n}\mathrm{d}n \\ &= \left[\frac{\mathrm{d}\boldsymbol{r}(0,s)}{\mathrm{d}s} + n\frac{\mathrm{d}\boldsymbol{n}}{\mathrm{d}s}\right]\mathrm{d}s + \boldsymbol{n}(s)\mathrm{d}n \\ &= [\boldsymbol{t} + n\boldsymbol{p}(\boldsymbol{n} \cdot \nabla V)]\mathrm{d}s + \boldsymbol{n}(s)\mathrm{d}n \\ &= \left[\boldsymbol{t} + n\frac{\boldsymbol{t}}{V}(\boldsymbol{n} \cdot \nabla V)\right]\mathrm{d}s + \boldsymbol{n}(s)\mathrm{d}n \\ &= \left[1 + \left(V^{-1}\frac{\partial V}{\partial n}\right)_{n=0} n\right]\boldsymbol{t}\mathrm{d}s + \boldsymbol{n}(s)\mathrm{d}n \\ &= h\boldsymbol{t}\mathrm{d}s + \boldsymbol{n}(s)\mathrm{d}n \end{aligned} \tag{2-3}$$

其中，

$$h = 1 + \left(V^{-1}\frac{\partial V}{\partial n}\right)_{n=0} n = 1 + v^{-1}\frac{\partial v}{\partial n}n \tag{2-4}$$

式中 $V(n,s)$ 是射线中心坐标系中任意一点的速度，$v(s)$ 是对应射线中心坐标系中射线上点的速度。$\boldsymbol{t} = \dfrac{\mathrm{d}\boldsymbol{r}(0,s)}{\mathrm{d}s} = \left(\dfrac{\mathrm{d}x}{\mathrm{d}s}, \dfrac{\mathrm{d}y}{\mathrm{d}s}, \dfrac{\mathrm{d}z}{\mathrm{d}s}\right)$。

则由式(2-4)得，

$$\mathrm{d}\boldsymbol{r}\cdot\mathrm{d}\boldsymbol{r} = h^2\mathrm{d}^2 s + \mathrm{d}^2 n \tag{2-5}$$

从式(2-4)和式(2-5)可以清楚地看到，(n,s) 构成的坐标系一般情况下并非正交。当 $h=1$ 时是一个正交坐标系。当 $\partial v/\partial n$ 较大或 n 较大时，(n,s) 构成的坐标系的正交性变差。由于只有 n 是可以控制的，因此只有中心射线附近的波场才能使得 (n,s) 构成的坐标系的正交性得到基本的保证。

在三维情形下，射线中心坐标系可用图 2-2 表示，其中 $\boldsymbol{r}_0(s)$ 代表中心射线，$\boldsymbol{t}$ 代表射线的单位切向量，$\boldsymbol{t}=\dfrac{\mathrm{d}\boldsymbol{r}_0}{\mathrm{d}s}$。$\boldsymbol{e}_1$ 和 $\boldsymbol{e}_2$ 分别代表垂直中心射线的平面内，以射线与该垂直平面交点为原点的两个垂直的单位矢量。这两个矢量加上中心射线形成射线中心坐标系。图中 M 点代表中心射线附近的一个点。

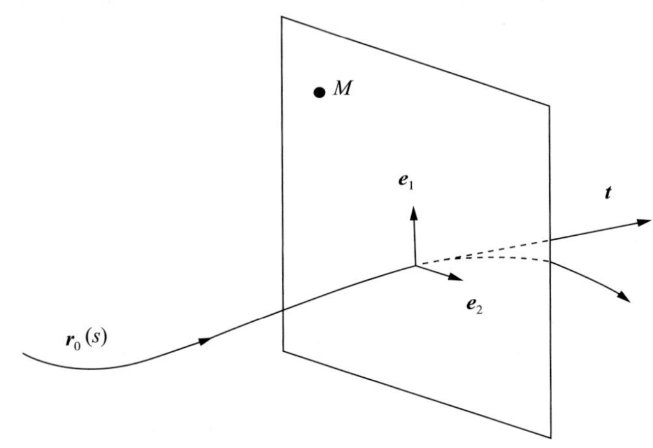

图 2-2　三维射线中心坐标系

笛卡尔坐标系中，射线表示，

$$\boldsymbol{r} = \boldsymbol{r}_0(s) = x(s)\boldsymbol{i} + y(s)\boldsymbol{j} + z(s)\boldsymbol{k} \tag{2-6}$$

首先定义，

$$\begin{cases}\dfrac{\mathrm{d}\boldsymbol{e}_1}{\mathrm{d}s} = \kappa_1(s)\boldsymbol{t}(s)\\[2ex]\dfrac{\mathrm{d}\boldsymbol{e}_2}{\mathrm{d}s} = \kappa_2(s)\boldsymbol{t}(s)\end{cases} \tag{2-7}$$

其中，$\kappa_1(s)$ 和 $\kappa_2(s)$ 与射线附近的沿 $\boldsymbol{e}_1$ 和 $\boldsymbol{e}_2$ 的速度变化率有关。它们决定了射线的弯曲程度。

在中心射线附近，引入局部坐标系 (s,q_1,q_2)。在此坐标系中，M 点的射线可以表示为，

$$\boldsymbol{r}_\mathrm{M}(s) = \boldsymbol{r}_0(s) + q_1\boldsymbol{e}_1(s) + q_2\boldsymbol{e}_2(s) \tag{2-8}$$

$\boldsymbol{r}_\mathrm{M}(s)$ 是一个以 $\boldsymbol{r}_0(s)$ 为中心的射线，M 总在图 2-2 中的垂直于射线的平面内。

$\mathrm{d}\boldsymbol{r}_\mathrm{M}(s)$ 定义的面元大小为，

$$\mathrm{d}S^2 = (\mathrm{d}\boldsymbol{r}_\mathrm{M}(s),\mathrm{d}\boldsymbol{r}_\mathrm{M}(s)) \tag{2-9}$$

因为，

$$
\begin{aligned}
\mathrm{d}\boldsymbol{r}_{\mathrm{M}}(s) &= \frac{\mathrm{d}\boldsymbol{r}_0(s)}{\mathrm{d}s}\mathrm{d}s + \mathrm{d}q_1\boldsymbol{e}_1(s) + \mathrm{d}q_2\boldsymbol{e}_2(s) + q_1\frac{\mathrm{d}\boldsymbol{e}_1(s)}{\mathrm{d}s}\mathrm{d}s + q_2\frac{\mathrm{d}\boldsymbol{e}_2(s)}{\mathrm{d}s}\mathrm{d}s \\
&= \boldsymbol{t}(s)\mathrm{d}s + q_1\kappa_1(s)\boldsymbol{t}(s)\mathrm{d}s + q_2\kappa_2(s)\boldsymbol{t}(s)\mathrm{d}s + \mathrm{d}q_1\boldsymbol{e}_1(s) + \mathrm{d}q_2\boldsymbol{e}_2(s) \\
&= \boldsymbol{t}(s)(1 + q_1\kappa_1(s) + q_2\kappa_2(s))\mathrm{d}s + \mathrm{d}q_1\boldsymbol{e}_1(s) + \mathrm{d}q_2\boldsymbol{e}_2(s) \\
&= h\mathrm{d}s\boldsymbol{t}(s) + \mathrm{d}q_1\boldsymbol{e}_1(s) + \mathrm{d}q_2\boldsymbol{e}_2(s)
\end{aligned} \tag{2-10}
$$

其中，$h = 1 + q_1\kappa_1(s) + q_2\kappa_2(s)$。有，

$$
\mathrm{d}S^2 = (\mathrm{d}\boldsymbol{r}_{\mathrm{M}}(s), \mathrm{d}\boldsymbol{r}_{\mathrm{M}}(s)) = h^2\mathrm{d}s^2 + \mathrm{d}q_1^2 + \mathrm{d}q_2^2 \tag{2-11}
$$

可见，在三维情形下，射线中心坐标系（$\boldsymbol{t}(s), \boldsymbol{e}_1(s), \boldsymbol{e}_2(s)$）也仅仅在射线 $\boldsymbol{r}_0(s)$ 附近是近似正交的。

三、射线中心坐标系下高斯束函数的推导

本节从波动方程出发，以二维为例推导射线中心坐标系下的高斯束函数。

二维声波方程为：

$$
\frac{\partial^2 U}{\partial^2 x} + \frac{\partial^2 U}{\partial^2 y} = \frac{1}{V^2(x,z)}\frac{\partial^2 U}{\partial^2 t} \tag{2-12}
$$

在射线中心坐标系中表达方程(2-12)如下：

$$
\frac{\partial U}{\partial x} = \frac{\partial U}{\partial s}\frac{\partial s}{\partial x} + \frac{\partial U}{\partial n}\frac{\partial n}{\partial x} \tag{2-13a}
$$

$$
\begin{aligned}
\frac{\partial^2 U}{\partial x^2} &= \frac{\partial}{\partial x}\frac{\partial U}{\partial x} = \frac{\partial}{\partial x}\left(\frac{\partial U}{\partial s}\frac{\partial s}{\partial x} + \frac{\partial U}{\partial n}\frac{\partial n}{\partial x}\right) \\
&= \left(\frac{\partial}{\partial s}\frac{\partial s}{\partial x} + \frac{\partial}{\partial n}\frac{\partial n}{\partial x}\right)\left(\frac{\partial U}{\partial s}\frac{\partial s}{\partial x} + \frac{\partial U}{\partial n}\frac{\partial n}{\partial x}\right) \\
&= \frac{\partial^2 U}{\partial s^2}\left(\frac{\partial s}{\partial x}\right)^2 + \frac{\partial^2 U}{\partial n\partial s}\frac{\partial n}{\partial x}\frac{\partial s}{\partial x} + \frac{\partial^2 U}{\partial s\partial n}\frac{\partial s}{\partial x}\frac{\partial n}{\partial x} + \frac{\partial^2 U}{\partial n^2}\left(\frac{\partial n}{\partial x}\right)^2 \\
&= \frac{\partial^2 U}{\partial s^2}\left(\frac{\partial s}{\partial x}\right)^2 + 2\frac{\partial^2 U}{\partial n\partial s}\frac{\partial n}{\partial x}\frac{\partial s}{\partial x} + \frac{\partial^2 U}{\partial n^2}\left(\frac{\partial n}{\partial x}\right)^2
\end{aligned} \tag{2-13b}
$$

$$
\frac{\partial^2 U}{\partial z^2} = \frac{\partial^2 U}{\partial s^2}\left(\frac{\partial s}{\partial z}\right)^2 + 2\frac{\partial^2 U}{\partial n\partial s}\frac{\partial n}{\partial z}\frac{\partial s}{\partial z} + \frac{\partial^2 U}{\partial n^2}\left(\frac{\partial n}{\partial z}\right)^2 \tag{2-13c}
$$

将上述变换代入方程(2-12)得到：

$$
\begin{aligned}
&\frac{\partial^2 U}{\partial^2 s}\left[\left(\frac{\partial s}{\partial x}\right)^2 + \left(\frac{\partial s}{\partial z}\right)^2\right] + 2\frac{\partial^2 U}{\partial n\partial s}\left(\frac{\partial n}{\partial x}\frac{\partial s}{\partial x} + \frac{\partial n}{\partial z}\frac{\partial s}{\partial z}\right) + \\
&\frac{\partial^2 U}{\partial^2 n}\left[\left(\frac{\partial n}{\partial x}\right)^2 + \left(\frac{\partial n}{\partial z}\right)^2\right] = \frac{1}{V^2}\frac{\partial^2 U}{\partial^2 t}
\end{aligned} \tag{2-14}
$$

注意 $V = V(n,s)$，$v = v(s)$。

现在用抛物方程法(Parabolic Wave Equation Method)解射线中心坐标系下的波动方程(2-14)。波动方程的平面波解或 WKBJ 近似解可以写成如下形式：

$$
U(s,n,t) = \exp\left\{-i\omega[t - \tau(s)]\right\}\cdot u(s,n,\omega) \tag{2-15}
$$

式中，$U(s,n,t)$ 是波动方程的高频近似解，$u(s,n,\omega)$ 是在局部坐标系 (s,n) 中的波场展布，不是波的传播，传播项是由指数项 $\exp\left\{-i\omega[t - \tau(s)]\right\}$ 决定的。因此，后面的讨论主

题是如何求解 $u(s,n,\omega)$ 在局部坐标系 (s,n) 中的波场展布。

由式(2－15)可以定义如下各式：

$$\begin{aligned}\frac{\partial U}{\partial s} &= \left(\frac{\partial u}{\partial s} + i\omega u\frac{\partial \tau}{\partial s}\right)\exp\left\{-i\omega[t-\tau(s)]\right\}\\ &= \left(\frac{\partial u}{\partial s} + u\frac{i\omega}{v(s)}\right)\exp\left\{-i\omega[t-\tau(s)]\right\}\end{aligned} \tag{2-16a}$$

$$\begin{aligned}\frac{\partial^2 U}{\partial s^2} &= \frac{\partial}{\partial s}\left(\frac{\partial U}{\partial s}\right) = \frac{\partial}{\partial s}\left[\left(\frac{\partial u}{\partial s} + u\frac{i\omega}{v(s)}\right)\exp\left\{-i\omega[t-\tau(s)]\right\}\right]\\ &= \left[\left(\frac{\partial^2 u}{\partial s^2} + \frac{i\omega}{v(s)}\frac{\partial u}{\partial s} - i\omega u\frac{1}{v^2(s)}\frac{\partial v}{\partial s}\right) + \left(\frac{\partial u}{\partial s} + u\frac{i\omega}{v(s)}\right)i\omega\frac{\partial \tau}{\partial s}\right]\exp\left\{-i\omega[t-\tau(s)]\right\}\\ &= \left[\frac{\partial^2 u}{\partial s^2} + \frac{2i\omega}{v(s)}\frac{\partial u}{\partial s} - \frac{i\omega u}{v^2(s)}\frac{\partial v}{\partial s} - \frac{\omega^2 u}{v^2(s)}\right]\exp\left\{-i\omega[t-\tau(s)]\right\}\\ &= \left[\frac{\partial^2 u}{\partial s^2} + \frac{2i\omega}{v(s)}\frac{\partial u}{\partial s} - \frac{u}{v(s)^2}\left(i\omega\frac{\partial v}{\partial s} + \omega^2\right)\right]\exp\left\{-i\omega[t-\tau(s)]\right\}\end{aligned} \tag{2-16b}$$

$$\frac{\partial U}{\partial n} = \frac{\partial u}{\partial n}\exp\left\{-i\omega[t-\tau(s)]\right\} \tag{2-17a}$$

$$\frac{\partial^2 U}{\partial n^2} = \frac{\partial^2 u}{\partial n^2}\exp\left\{-i\omega[t-\tau(s)]\right\} \tag{2-17b}$$

$$\frac{\partial U}{\partial t} = -i\omega u\exp\left\{-i\omega[t-\tau(s)]\right\} \tag{2-18a}$$

$$\frac{\partial^2 U}{\partial t^2} = -u\omega^2\exp\left\{-i\omega[t-\tau(s)]\right\} \tag{2-18b}$$

$$\begin{aligned}\frac{\partial^2 U}{\partial s\partial n} &= \frac{\partial}{\partial n}\left(\frac{\partial U}{\partial s}\right) = \frac{\partial}{\partial n}\left[\left(\frac{\partial u}{\partial s} + u\frac{i\omega}{v(s)}\right)\exp\left\{-i\omega[t-\tau(s)]\right\}\right]\\ &= \left(\frac{\partial^2 u}{\partial s\partial n} + \frac{i\omega}{v(s)}\frac{\partial u}{\partial n}\right)\exp\left\{-i\omega[t-\tau(s)]\right\}\end{aligned} \tag{2-19}$$

把上述若干式子代入式(2－14)可以导出：

$$\begin{aligned}&\left[\frac{\partial^2 u}{\partial s^2} + \frac{2i\omega}{v(s)}\frac{\partial u}{\partial s} - \frac{u}{v(s)^2}\left(i\omega\frac{\partial v}{\partial s} + \omega^2\right)\right]\left[\left(\frac{\partial s}{\partial x}\right)^2 + \left(\frac{\partial s}{\partial z}\right)^2\right]\exp\left\{-i\omega[t-\tau(s)]\right\} +\\ &2\left[\frac{\partial^2 u}{\partial s\partial n} + \frac{i\omega}{v(s)}\frac{\partial u}{\partial n}\right]\left[\frac{\partial s}{\partial x}\frac{\partial n}{\partial x} + \frac{\partial s}{\partial z}\frac{\partial n}{\partial z}\right]\exp\left\{-i\omega[t-\tau(s)]\right\} +\\ &\frac{\partial^2 u}{\partial n^2}\left[\left(\frac{\partial n}{\partial x}\right)^2 + \left(\frac{\partial n}{\partial z}\right)^2\right]\exp\left\{-i\omega[t-\tau(s)]\right\} = -\frac{\omega^2 u}{V^2}\exp\left\{-i\omega[t-\tau(s)]\right\}\end{aligned} \tag{2-20}$$

$$\begin{aligned}&\left[\frac{\partial^2 u}{\partial s^2} + \frac{2i\omega}{v(s)}\frac{\partial u}{\partial s} - \frac{u}{v(s)^2}\left(i\omega\frac{\partial v}{\partial s} + \omega^2\right)\right]\left[\left(\frac{\partial s}{\partial x}\right)^2 + \left(\frac{\partial s}{\partial z}\right)^2\right] +\\ &2\left[\frac{\partial^2 u}{\partial s\partial n} + \frac{i\omega}{v(s)}\frac{\partial u}{\partial n}\right]\left[\frac{\partial s}{\partial x}\frac{\partial n}{\partial x} + \frac{\partial s}{\partial z}\frac{\partial n}{\partial z}\right] +\\ &\frac{\partial^2 u}{\partial n^2}\left[\left(\frac{\partial n}{\partial x}\right)^2 + \left(\frac{\partial n}{\partial z}\right)^2\right] = -\frac{\omega^2 u}{V^2}\end{aligned}$$

很显然，上式类似输运方程，它不再是一个波动方程。在射线中心坐标系中式(2－20)还可以进一步写为：

$$\frac{1}{h}\left\{\left[-\frac{\omega^2}{v^2}+i\omega\frac{\partial}{\partial s}\left(\frac{1}{v}\right)\right]u+\frac{2i\omega}{v}\frac{\partial u}{\partial s}+\frac{\partial^2 u}{\partial s^2}\right\}+h\frac{\partial^2 u}{\partial n^2}+\frac{h}{V^2}\omega^2 u+\left(\frac{i\omega}{v}u+\frac{\partial u}{\partial s}\right)\frac{\partial}{\partial s}\left(\frac{1}{h}\right)+\frac{\partial u}{\partial n}\frac{\partial h}{\partial n}=0 \tag{2-21}$$

引入新变量 $\gamma = \omega^{\frac{1}{2}} n$ 有：

$$\frac{\partial u}{\partial n}=\frac{\partial u}{\partial \gamma}\frac{\partial \gamma}{\partial n}=\omega^{\frac{1}{2}}\frac{\partial u}{\partial \gamma} \tag{2-22a}$$

$$\frac{\partial^2 u}{\partial n^2}=\frac{\partial}{\partial \gamma}\frac{\partial u}{\partial n}\cdot\frac{\partial \gamma}{\partial n}=\omega\frac{\partial^2 u}{\partial \gamma^2} \tag{2-22b}$$

把式(2－22a)和式(2－22b)代入式(2－21)得到：

$$\omega^2 h\left(\frac{1}{V^2}-\frac{1}{h^2v^2}\right)u+\omega\left[-\frac{i}{hv^2}\frac{\partial v}{\partial s}u+\frac{i}{v}\frac{\partial}{\partial s}\left(\frac{1}{h}\right)u+\frac{2i}{hv}\frac{\partial u}{\partial s}+h\frac{\partial^2 u}{\partial \gamma^2}\right]+\omega^{\frac{1}{2}}\frac{\partial u}{\partial \gamma}\frac{\partial h}{\partial n}+\frac{1}{h}\frac{\partial^2 u}{\partial s^2}+\frac{\partial u}{\partial s}\frac{\partial}{\partial s}\left(\frac{1}{h}\right)=0 \tag{2-23}$$

通过变量代换后得到简化的方程(2－23)就是一个类输运方程。根据一般的输运方程的推导方法，在高频近似的条件下，约去 ω^k 中 $k<1$ 的项，只保留 $k\geqslant 1$ 的部分。因此，方程(2－23)后三项可以忽略。

为了进一步简化方程(2－23)，对 $V(n,s)$ 进行 Taylor 展开，保留至第三项有：

$$V(n,s)\approx v(s)+\frac{\partial v(s)}{\partial n}+\frac{1}{2}\frac{\partial^2 v(s)}{\partial n^2}n^2 \tag{2-24}$$

式(2－23)中第一项可以由式(2－24)化简得到：

$$\begin{aligned}
\omega^2 h\left(\frac{1}{V^2}-\frac{1}{h^2v^2}\right)&=\omega^2 h\left[\frac{1}{\left(v+\frac{\partial v}{\partial n}+\frac{1}{2}\frac{\partial^2 v}{\partial n^2}n\right)^2}-\frac{1}{\left(1+v^{-1}\frac{\partial^2 v}{\partial n^2}\right)^2 v^2}\right]\\
&=\omega^2 h^2\frac{v^2+2v\frac{\partial^2 v}{\partial n^2}+\left(\frac{\partial v}{\partial n}\right)^2 n^2-\left[v^2+2v\frac{\partial^2 v}{\partial n^2}+\left(\frac{\partial v}{\partial n}\right)^2 n^2+v\frac{\partial^2 v}{\partial n^2}n^2+\frac{\partial v}{\partial n}\frac{\partial^2 v}{\partial n^2}n^3+\frac{1}{4}\left(\frac{\partial^2 v}{\partial n^2}\right)^2 n^4\right]}{\left(v+\frac{\partial v}{\partial n}+\frac{1}{2}\frac{\partial^2 v}{\partial n^2}n^2\right)^2\left(1+v^{-1}\frac{\partial^2 v}{\partial n^2}\right)^2 v^2}\\
&=\omega^2\left[1+2v^{-1}\frac{\partial v}{\partial n}\omega^{-\frac{1}{2}}+v^{-2}\left(\frac{\partial v}{\partial n}\right)^2\omega^{-1}\right]\left[v\frac{\partial^2 v}{\partial n^2}+\frac{\partial v}{\partial n}\frac{\partial^2 v}{\partial n^2}\omega^{-\frac{1}{2}}+\frac{1}{4}\left(\frac{\partial^2 v}{\partial n^2}\right)^2\omega^{-1}\right]\\
&=\frac{\gamma^2}{v^4}\omega v\frac{\partial^2 v}{\partial n^2}=\frac{\omega}{v^3}\gamma^2\frac{\partial^2 v}{\partial n^2}
\end{aligned} \tag{2-25}$$

假设 $h=1$，这种情形对应垂直于射线方向的速度变化率很小或讨论的区域局限在射线附近的情况，那么式(2－23)中第二项也可以简化为：

$$\omega\left[-\frac{i}{hv^2}\frac{\partial v}{\partial s}u+\frac{i}{v}\frac{\partial}{\partial s}\left(\frac{1}{h}\right)+\frac{2i}{hv}\frac{\partial u}{\partial s}+h\frac{\partial^2 u}{\partial \gamma^2}\right]=\omega\left[-\frac{i}{v^2}\frac{\partial v}{\partial s}u+\frac{2i}{v}\frac{\partial u}{\partial s}+\frac{\partial^2 u}{\partial \gamma^2}\right] \tag{2-26}$$

式(2－23)中第三、四、五项的 ω^k 系数 k 均小于1，被忽略掉，最后式(2－23)重写为：

$$\frac{2i}{v}\frac{\partial u}{\partial s}+\frac{\partial^2 u}{\partial \gamma^2}-\left(\frac{1}{v^3}\gamma^2\frac{\partial^2 v}{\partial n^2}+\frac{i}{v^2}\frac{\partial v}{\partial s}\right)u=0 \tag{2-27}$$

引入新变量 $W(s,\gamma)$，定义为：

$$u(s,\gamma) = \sqrt{v(s)}\,W(s,\gamma) \tag{2-28}$$

则有：

$$\frac{\partial u}{\partial s} = \sqrt{v}\frac{\partial W}{\partial s} + \frac{1}{2}\frac{1}{\sqrt{v}}W \tag{2-29}$$

$$\frac{\partial^2 u}{\partial \gamma^2} = \sqrt{v}\frac{\partial^2 W}{\partial \gamma 2} \tag{2-30}$$

把上述两式代入式(2－27)得：

$$\frac{2i}{v}\left(\sqrt{v}\frac{\partial W}{\partial s} + \frac{1}{2\sqrt{v}}W\right) + \sqrt{v}\frac{\partial^2 W}{\partial \gamma^2} - \left(\frac{1}{v^3}\gamma^2\frac{\partial^2 v}{\partial n^2} + \frac{i}{v^2}\frac{\partial v}{\partial s}\right)\sqrt{v}W = 0 \tag{2-31}$$

重写上式得到：

$$\frac{2i}{v}\frac{\partial W}{\partial s} + \frac{\partial^2 W}{\partial \gamma^2} - \frac{1}{v^3}\gamma^2\frac{\partial^2 v}{\partial n^2}W = 0 \tag{2-32}$$

把(2－32)的解代入式(2－28)得到：

$$U(s,n,t) = \sqrt{v}\exp\left\{-i\omega[t-\tau(s)]\right\}W(s,\gamma) \tag{2-33}$$

至此，可以从方程(2－32)中解出 $W(s,\gamma)$，代入到式(2－33)，得到高频近似下的解 $U(s,n,t)$。

下面讨论如何解方程(2－32)。

对 $W(s,\gamma)$ 再做一次类 WKBJ 近似，如式(2－34)：

$$W(s,\gamma) = A(s)\exp\left(\frac{i}{2}\gamma^2\Gamma(s)\right) \tag{2-34}$$

代入(2－32)得到：

$$i\left(\frac{2}{v}\frac{\partial A}{\partial s} + A\Gamma\right) - A\gamma^2\left(\frac{1}{v}\frac{\partial \Gamma}{\partial s} + \Gamma^2 + \frac{1}{v^3}\frac{\partial^2 v}{\partial n^2}\right) = 0 \tag{2-35}$$

令上式中实部和虚部分别等于零，得到：

$$\frac{\partial \Gamma}{\partial s} + v\Gamma^2 + v^{-2}\frac{\partial^2 v}{\partial n^2} = 0 \tag{2-36a}$$

$$\frac{\partial A}{\partial s} + \frac{1}{2}vA\Gamma = 0 \tag{2-36b}$$

现在可以通过解常微分方程组(2－36)，给出式(2－32)的解。关键是如何给出式(2－36a)的解，式(2－36a)是一个非线性常微分方程，可以引入新变量转化为一个线性常微分方程组。引入新变量 $q(s)$ 满足：

$$\Gamma(s) = \frac{1}{vq}\frac{\partial q}{\partial s} \tag{2-37}$$

把式(2－37)代入式(2－36a)有：

$$v\frac{\partial^2 q}{\partial s^2} - \frac{\partial v}{\partial s}\frac{\partial q}{\partial s} + \frac{\partial^2 v}{\partial n^2}q = 0 \tag{2-38}$$

式(2－38)已经是二阶线性常微分方程，可以再引入一个新变量将之化为一阶线性常微分方程组。引入新变量 $p(s)$ 满足：

$$\frac{\partial q}{\partial s} = vp \tag{2-39}$$

则有，$\Gamma(s)=\dfrac{1}{vq}\dfrac{\partial q}{\partial s}=\dfrac{1}{vq}vp=\dfrac{p}{q}$

从而式(2－39)可以写为：

$$\begin{cases}\dfrac{\partial q}{\partial s}=vp\\[2mm]\dfrac{\partial p}{\partial s}=-\dfrac{1}{v^2}\dfrac{\partial^2 v}{\partial n^2}q\end{cases}\tag{2-40}$$

可以用 Runge－Kutta 法求解该一阶常微分方程组得到 $p(s)$ 和 $q(s)$ 的数值解，这是一个关键的步骤。确定了沿射线的 $p(s)$ 和 $q(s)$ 分布，就可以得到式(2－15)定义的高频近似下的波场模拟公式。

Γ 的解析为：

$$\Gamma=\frac{1}{vq}\frac{\partial q}{\partial s}=\frac{1}{v}\frac{\partial(\ln q)}{\partial s}\tag{2-41}$$

将上式带入方程(2－36b)，有下面的推导过程及结果：

$$\begin{aligned}&\frac{\partial A}{\partial s}=\frac{1}{2}vA\Gamma\\&\frac{1}{A}\frac{\partial A}{\partial s}=\frac{1}{2}v\Gamma\\&\frac{1}{A}\frac{\partial A}{\partial s}=-\frac{1}{2}v\frac{1}{v}\frac{\partial(\ln q)}{\partial s}=-\frac{1}{2}\frac{\partial(\ln q)}{\partial s}\\&\frac{\partial(\ln A)}{\partial s}=-\frac{1}{2}\frac{\partial(\ln q)}{\partial s}\end{aligned}\tag{2-42}$$

对上式两端积分，得到：

$$\ln A=-\frac{1}{2}\ln q+\mathrm{const}\tag{2-43}$$

上式可以重写为：

$$A=\mathrm{e}^{\mathrm{const}}q^{-\frac{1}{2}}=\mathrm{const}\cdot q^{-\frac{1}{2}}\tag{2-44}$$

又可以记为：

$$A=\psi\cdot q^{-\frac{1}{2}}\tag{2-45}$$

因此有：

$$\begin{aligned}W(s,\gamma)&=\psi q^{-\frac{1}{2}}\exp\left(\frac{i}{2}\gamma^2\Gamma(s)\right)=\psi q^{-\frac{1}{2}}\exp\left(\frac{i}{2}\omega n^2\Gamma(s)\right)\\&=\psi q^{-\frac{1}{2}}\exp\left(\frac{i}{2}\omega n^2\frac{p(s)}{q(s)}\right)\end{aligned}\tag{2-46}$$

则，

$$u(s,\gamma)=\sqrt{v(s)}\,W(s,\gamma)=\Psi\left(\frac{v(s)}{q(s)}\right)\exp\left(\frac{i}{2}\omega\frac{p(s)}{q(s)}n^2\right)\tag{2-47}$$

把上式代入式(2－15)可以得到二维射线中心坐标系中的波传播公式：

$$U(s,n,t)=\Psi\left[\frac{v(s)}{q(s)}\right]^{\frac{1}{2}}\exp\left[-i\omega(t-\tau(s))+\frac{i\omega}{2}\frac{p(s)}{q(s)}n^2\right]\tag{2-48}$$

考虑到模拟波场值大小的问题，所有对计算点有贡献的 Beam 计算出的波场叠加时存在一个系数，这样 Beam 模拟结果才可能规则。令(2-48)式中 $\Psi=1$，某一角度 ϕ 产生的波场可写成：

$$u_{\phi}(s,n,t)=\Psi\left[\frac{v(s)}{q(s)}\right]^{\frac{1}{2}}\exp\left[-i\omega(t-\tau(s))+\frac{i\omega}{2}\frac{p(s)}{q(s)}n^{2}\right] \tag{2-49}$$

则任一点 M 处的总波场值应为：

$$u(M,t)=\int_{0}^{2\pi}\Phi(\varphi)u_{\phi}(s,n)\mathrm{d}\phi \tag{2-50}$$

Cerveny(1982)推导出在线震源情况下，有：

$$u(M,t)=-\frac{i}{4\pi}\left(\frac{\varepsilon}{v_0}\right)^{\frac{1}{2}}\int_{0u_{\phi}}^{2\pi}(s,n)\mathrm{d}\phi \tag{2-51}$$

George，Virieux 等(1987)对波场值归一化，即对式(2-50)进一步改进。对式(2-51)中积分离散化之后，计算得到的波场值存在空间上不规整的问题。解决的办法如下：选择角度步长 $\Delta\phi$ 为：

$$\Delta\phi=\frac{\Delta x\cos(\phi)}{q_2} \tag{2-52}$$

其中 ϕ 是地面入射角度，Δx 可选，一般小于 0.5 倍的主频波长。实际实现时，q 和 p 是用两组实数的复组合来表达的，形式如下：

$$\pi(s)=\begin{pmatrix} q_1(s) & q_2(s) \\ p_1(s) & p_2(s) \end{pmatrix} \tag{2-53}$$

矩阵中每一列是一组实数解。实际上

$$q(s)=z_1q_1(s)+z_2q_2(s),p(s)=z_1p_1(s)+z_2p_2(s) \tag{2-54a}$$

也可写成：

$$q(s)=z_2[(\varepsilon q_1(s)+q_2(s)],p(s)=z_2[\varepsilon p_1(s)+p_2(s)] \tag{2-54b}$$

其中，

$$\varepsilon=\frac{z_1}{z_2} \tag{2-55}$$

则 $\frac{p}{q}$ 可以写成：

$$\frac{p}{q}=\frac{\varepsilon p_1+p_2}{\varepsilon q_1+q_2} \tag{2-56}$$

这里 ε 对一根射线(Beam)来说是一个复常数，通过下式确定：

$$\varepsilon=-i\frac{\omega}{2v_0}L_{\mathrm{M}}^{2} \tag{2-57}$$

其中，

$$L_{\mathrm{M}}=\left(\frac{2v_0}{\omega}\right)^{\frac{1}{2}}\left|\frac{q_2}{q_1}\right|^{\frac{1}{2}} \tag{2-58}$$

而且，q_2 和 q_1 是接收点处的两个 q 的实数解，初值在下面给出，具体参见 Cerveny(1982)。q 和 p 的初值选择为，

$$\pi(s)=\begin{pmatrix} 1 & 0 \\ 0 & v_0^{-1} \end{pmatrix} \tag{2-59}$$

四、从程函方程和输运方程到高斯束函数

在中心射线 $\boldsymbol{r}_0(s)$ 附近，用射线中心坐标 (s,q_1,q_2) 表示的程函方程的解的 Taylor 展开式为：

$$\tau(s,q_1,q_2)=\tau_0(s)+\frac{1}{2}\sum_{i,j=1}^{2}\boldsymbol{\Gamma}_{i,j}(s)q_iq_j+\cdots \tag{2-60}$$

旅行时 $\tau(s,q_1,q_2)$ 关于 q_1,q_2 的导数等于零。在与中心射线垂直的面上及中心射线附近，旅行时 $\tau(s,q_1,q_2)$ 是常数。因此，

$$\left.\frac{\partial\tau}{\partial q_1}\right|_{q_1=q_2=0}=\left.\frac{\partial\tau}{\partial q_2}\right|_{q_1=q_2=0}=0 \tag{2-61}$$

式(2-60)中 $\boldsymbol{\Gamma}_{i,j}$ 是一个 Hessian 矩阵，$\boldsymbol{\Gamma}_{12}=\boldsymbol{\Gamma}_{21}$。若引入 $\boldsymbol{q}=\begin{pmatrix}q_1\\q_2\end{pmatrix}$，则有如下的二次型定义，

$$\frac{1}{2}\sum_{i,j=1}^{2}\boldsymbol{\Gamma}_{i,j}(s)q_iq_j=\frac{1}{2}(\boldsymbol{\Gamma}_{\boldsymbol{q},\boldsymbol{q}}) \tag{2-62}$$

射线中心坐标系中的程函方程为：

$$(\nabla\tau,\nabla\tau)=\frac{1}{h^2}\left(\frac{\partial\tau}{\partial s}\right)^2+\left(\frac{\partial\tau}{\partial q_1}\right)^2+\left(\frac{\partial\tau}{\partial q_2}\right)^2=\frac{1}{V^2(s,q_1,q_2)} \tag{2-63a}$$

其中，

$$\nabla\tau=\frac{\boldsymbol{t}}{h}\frac{\partial\tau}{\partial s}+\frac{\partial\tau}{\partial q_1}\boldsymbol{e}_1+\frac{\partial\tau}{\partial q_2}\boldsymbol{e}_2 \tag{2-63b}$$

为了在中心射线附近近似表达程函方程，需要把式(2-63a)中的 $\frac{1}{h^2}$ 和 $\frac{1}{V^2(s,q_1,q_2)}$ 进行 Taylor 展开：

$$\frac{1}{h}=\frac{1}{1+\sum_{j=1}^{2}\kappa_jq_j}=1-\sum_{j=1}^{2}\kappa_jq_j+\left(\sum_{j=1}^{2}\kappa_jq_j\right)^2+\cdots \tag{2-64}$$

则有：

$$\frac{1}{h^2}=1-2\sum_{j=1}^{2}\kappa_jq_j+3\left(\sum_{j=1}^{2}\kappa_jq_j\right)^2+\cdots \tag{2-65}$$

同样的：

$$\begin{aligned}\frac{1}{V}&=\frac{1}{V_0}-\frac{1}{V_0^2}\left.\frac{\partial V}{\partial q_1}\right|_{q_1=q_2=0}q_1-\frac{1}{V_0^2}\left.\frac{\partial V}{\partial q_2}\right|_{q_1=q_2=0}q_2+\\&\quad\frac{1}{2}\left.\frac{\partial^2V^{-1}}{\partial q_1^2}\right|_{q_1=q_2=0}q_1^2+\left.\frac{\partial^2V^{-1}}{\partial q_1\partial q_2}\right|_{q_1=q_2=0}q_1q_2+\frac{1}{2}\left.\frac{\partial^2V^{-1}}{\partial q_2^2}\right|_{q_1=q_2=0}q_2^2+\cdots\\&=\frac{1}{V}-\frac{1}{V_0}\sum_{j=1}^{2}\kappa_jq_j+\frac{1}{V_0}\left(\sum_{j=1}^{2}\kappa_jq_j\right)^2-\frac{1}{2V_0}\sum_{i,j=1}^{2}C_{i,j}q_iq_j+\cdots\end{aligned} \tag{2-66a}$$

$$\frac{1}{V^2}=\frac{1}{V_0^2}-\frac{2}{V_0^2}\sum_{j=1}^{2}\kappa_jq_j+\frac{3}{V_0^2}\left(\sum_{j=1}^{2}\kappa_jq_j\right)^2-\frac{1}{V_0^3}\sum_{i,j=1}^{2}C_{i,j}q_iq_j+\cdots \tag{2-66b}$$

对式(2-60)求导有：

$$\frac{\partial \tau(s,q_1,q_2)}{\partial s}=\tau'_0(s)+\frac{1}{2}\sum_{i,j=1}^{2}\boldsymbol{\Gamma}'_{i,j}(s)q_iq_j+\cdots$$

$$\left(\frac{\partial \tau}{\partial s}\right)^2=(\tau'_0(s))^2+\tau'_0(s)\sum_{i,j=1}^{2}\boldsymbol{\Gamma}'_{i,j}(s)q_iq_j+\cdots \tag{2-67}$$

另外，

$$\left(\frac{\partial \tau}{\partial q_1}\right)^2=(\boldsymbol{\Gamma}_{11}q_1+\boldsymbol{\Gamma}_{12}q_2)^2 \tag{2-68a}$$

$$\left(\frac{\partial \tau}{\partial q_2}\right)^2=(\boldsymbol{\Gamma}_{12}q_1+\boldsymbol{\Gamma}_{22}q_2)^2 \tag{2-68b}$$

首先把式(2-68a)和式(2-68b)式合起来：

$$\begin{aligned}\left(\frac{\partial \tau}{\partial q_1}\right)^2+\left(\frac{\partial \tau}{\partial q_2}\right)^2&=(\boldsymbol{\Gamma}_{11}^2+\boldsymbol{\Gamma}_{21}^2)q_1^2+2(\boldsymbol{\Gamma}_{11}\boldsymbol{\Gamma}_{21}+\boldsymbol{\Gamma}_{12}\boldsymbol{\Gamma}_{22})q_1q_2+(\boldsymbol{\Gamma}_{21}^2+\boldsymbol{\Gamma}_{22}^2)q_2^2\\&=\sum_{i,j=1}^{2}\boldsymbol{\Gamma}_{i,j}^2q_1q_2\end{aligned} \tag{2-69}$$

把式(2-65)、式(2-66b)、式(2-67)和式(2-69)代入程函方程(2-63a)有：

$$\begin{aligned}&\left[1-2\sum_{j=1}^{2}\kappa_jq_j+3\left(\sum_{j=1}^{2}\kappa_jq_j\right)^2\right]\left[(\tau'_0)^2+(\tau'_0)\sum_{i,j=1}^{2}\boldsymbol{\Gamma}_{i,j}\mathrm{q}_i\mathrm{q}_j\right]+\sum_{i,j=1}^{2}\boldsymbol{\Gamma}_{i,j}q_1q_2\\&=\frac{1}{V_0^2}-\frac{2}{V_0^2}\sum_{j=1}^{2}\kappa_jq_j+\frac{3}{V_0^2}\left(\sum_{j=1}^{2}\kappa_jq_j\right)^2\end{aligned} \tag{2-70}$$

按 p_1,p_2 和 q_1,q_2 的幂次，上式可以分为三组：

第一组：

$$\tau'_0=\frac{1}{V_0}\Rightarrow\tau_0=\int_{s_0}^{s}\frac{\mathrm{d}s}{V_0}+\tau_0(s_0) \tag{2-71}$$

第二组：

$$-2(\tau'_0)^2\sum_{j=1}^{2}\kappa_jq_j=-\frac{2}{V_0^2}\sum_{j=1}^{2}\kappa_jq_j \tag{2-72}$$

第三组：

$$\begin{aligned}&3(\tau'_0)^2\left(\sum_{j=1}^{2}\kappa_jq_j\right)^2+(\tau'_0)\sum_{i,j=1}^{2}\boldsymbol{\Gamma}_{i,j}q_iq_j+\sum_{i,j=1}^{2}(\boldsymbol{\Gamma}^2)_{i,j}q_iq_j\\&=\frac{3}{V_0^2}\left(\sum_{j=1}^{2}\kappa_jq_j\right)^2-\frac{1}{V_0^3}C_{i,j}q_iq_j\end{aligned} \tag{2-73}$$

式(2-73)可以重写为：

$$\sum_{i,j=1}^{2}q_iq_j\left\{\tau'_0\boldsymbol{\Gamma}'_{i,j}+\boldsymbol{\Gamma}_{i,j}^2+\frac{1}{V_0^3}C_{i,j}\right\}=0 \tag{2-74}$$

若上式成立，必有：

$$\frac{\mathrm{d}}{\mathrm{d}s}\boldsymbol{\Gamma}_{i,j} + V_0\boldsymbol{\Gamma}_{i,j}^2 + \frac{1}{V_0^2}C_{i,j} = 0, \qquad i,j = 1,2 \tag{2-75a}$$

上式的矩阵形式为：

$$\frac{\mathrm{d}}{\mathrm{d}s}\boldsymbol{\Gamma} + V_0\boldsymbol{\Gamma}^2 + \frac{1}{V_0^2}\boldsymbol{C} = 0 \tag{2-75b}$$

由于 $\boldsymbol{\Gamma}^2$ 的存在，上式为非线性常微分方程，为了把上式化为线性的，令

$$\boldsymbol{\Gamma} = \boldsymbol{P}\boldsymbol{Q}^{-1} \tag{2-76}$$

则有：

$$\frac{\mathrm{d}\boldsymbol{\Gamma}}{\mathrm{d}s} = \frac{\mathrm{d}\boldsymbol{P}}{\mathrm{d}s}\boldsymbol{Q}^{-1} + \boldsymbol{P}\frac{\mathrm{d}\boldsymbol{Q}^{-1}}{\mathrm{d}s} \tag{2-77}$$

又有 $\boldsymbol{Q}\boldsymbol{Q}^{-1} = \boldsymbol{I}$，则

$$\frac{\mathrm{d}}{\mathrm{d}s}(\boldsymbol{Q}\boldsymbol{Q}^{-1}) = \frac{\mathrm{d}\boldsymbol{Q}}{\mathrm{d}s}\boldsymbol{Q}^{-1} + \boldsymbol{Q}\frac{\mathrm{d}\boldsymbol{Q}^{-1}}{\mathrm{d}s} = \frac{\mathrm{d}}{\mathrm{d}s}(\boldsymbol{I}) = 0$$

进一步地

$$\frac{\mathrm{d}\boldsymbol{Q}}{\mathrm{d}s}\boldsymbol{Q}^{-1} = -\boldsymbol{Q}\frac{\mathrm{d}\boldsymbol{Q}^{-1}}{\mathrm{d}s} \tag{2-78}$$

把式(2－77)和式(2－78)代入式(2－75b)得到：

$$\begin{aligned}&\frac{\mathrm{d}\boldsymbol{P}}{\mathrm{d}s}\boldsymbol{Q}^{-1} - \boldsymbol{P}\boldsymbol{Q}^{-1}\frac{\mathrm{d}\boldsymbol{Q}}{\mathrm{d}s}\boldsymbol{Q}^{-1} + V_0\boldsymbol{P}\boldsymbol{Q}^{-1}\boldsymbol{P}\boldsymbol{Q}^{-1} + \frac{1}{V_0^2}\boldsymbol{C} \\ &= \frac{\mathrm{d}\boldsymbol{P}}{\mathrm{d}s}\boldsymbol{Q}^{-1} + \frac{1}{V_0^2}\boldsymbol{C} - \boldsymbol{P}\boldsymbol{Q}^{-1}\left(\frac{\mathrm{d}\boldsymbol{Q}}{\mathrm{d}s} - V_0\boldsymbol{P}\right)\boldsymbol{Q}^{-1} = 0\end{aligned} \tag{2-79}$$

为了使上式成立，必有：

$$\begin{cases}\dfrac{\mathrm{d}\boldsymbol{Q}}{\mathrm{d}s} = V_0\boldsymbol{P} \\ \dfrac{\mathrm{d}\boldsymbol{P}}{\mathrm{d}s} = -\dfrac{1}{V_0^2}\boldsymbol{C}\boldsymbol{Q}\end{cases} \tag{2-80}$$

方程(2－75b)是一个 Ricatti 方程。为解此方程，我们导出了式(2－80)的变分方程，这与前一节所推导的高斯束函数求取走时项的结果相一致。下面推导高斯束函数的振幅项。

求解一阶输运方程可以得到波场高频近似解的振幅主项。一阶输运方程形式为：

$$2(\nabla A_0, \nabla\tau) + A_0\Delta\tau = 0 \tag{2-81}$$

同样地，我们仅仅求中心射线附近的点的振幅。因此，有如下的 Taylor 展开：

$$A_0(s,q_1,q_2) = A_0(s) + \sum_{j=1}^{2}A_0^j(s)q_j + \cdots \tag{2-82}$$

但是，在实际计算中，我们仅仅关注 $A_0(s)$，其他点上的振幅通过高斯束来近似。为此，我们需要计算中心射线附近的 ∇A_0，$\nabla\tau$ 和 $\Delta\tau$，前面已经讨论过 $\nabla\tau$ 的计算。

在射线中心坐标系中有：

$$\nabla = \frac{\boldsymbol{t}}{h}\frac{\partial}{\partial s} + \frac{\partial}{\partial q_1}\boldsymbol{e}_1 + \frac{\partial}{\partial q_2}\boldsymbol{e}_2 \tag{2-83}$$

对应的旅行时的 Laplace 运算结果为：

$$\Delta\tau = \frac{1}{h}\left\{\frac{\partial}{\partial s}\left(\frac{1}{h}\frac{\partial\tau}{\partial s}\right) + \frac{\partial}{\partial q_1}\left(h\frac{\partial\tau}{\partial s}q_1\right) + \frac{\partial}{\partial q_2}\left(h\frac{\partial\tau}{\partial s}q_2\right)\right\}$$
$$= \frac{1}{h^2}\frac{\partial^2\tau}{\partial s^2} - \frac{1}{h^3}\frac{\partial h}{\partial s}\frac{\partial\tau}{\partial s} + \frac{\partial^2\tau}{\partial q_1^2} + \frac{\partial^2\tau}{\partial q_2^2} + \frac{1}{h}\frac{\partial h}{\partial q_1}\frac{\partial\tau}{\partial q_1} + \frac{1}{h}\frac{\partial h}{\partial q_2}\frac{\partial\tau}{\partial q_2} \tag{2-84}$$

把式(2-82)、式(2-83)和式(2-84)代入输运方程(2-81)可以计算高频近似场的振幅分布。此处我们仅仅处理中心射线上的振幅分布 $A_0(s)$。

首先，

$$(\nabla A_0,\nabla\tau)|_{q_1=q_2=0} = \left(\boldsymbol{t}\frac{d\tau_0}{ds},\boldsymbol{t}\frac{dA_0^{(0)}}{ds}\right) = \frac{dA_0^{(0)}}{ds}\frac{d\tau_0}{ds} = \frac{1}{V_0}\frac{dA_0^{(0)}}{ds} \tag{2-85}$$

$$\Delta\tau|_{q_1=q_2=0} = \left(\frac{\partial^2\tau}{\partial s^2} + \frac{\partial^2\tau}{\partial q_1^2} + \frac{\partial^2\tau}{\partial q_2^2} + \kappa_1\frac{\partial\tau}{\partial q_1} + \kappa_2\frac{\partial\tau}{\partial q_2}\right)\bigg|_{q_1=q_2=0}$$
$$= \frac{\partial^2\tau_0}{\partial s^2} + tr(\boldsymbol{\Gamma}) = -\frac{1}{V_0^2}\frac{dV_0}{ds} + tr(\boldsymbol{\Gamma}) \tag{2-86}$$

其中，$tr(\boldsymbol{\Gamma}) = \boldsymbol{\Gamma}_{11} + \boldsymbol{\Gamma}_{22}$。把式(2-85)和式(2-86)代入式(2-81)有：

$$\frac{2}{V_0}\frac{dA_0^{(0)}}{ds} + A_0^{(0)}\left(-\frac{1}{V_0^2}\frac{dV_0}{ds} + tr(\boldsymbol{\Gamma})\right) = 0 \tag{2-87}$$

求解上式：

$$\frac{1}{A_0^{(0)}}\frac{dA_0^{(0)}}{ds} = \frac{1}{2}\frac{1}{V_0}\frac{dV_0}{ds} - \frac{V_0}{2}tr(\boldsymbol{\Gamma}) \Rightarrow$$
$$\frac{d}{ds}\ln A_0^{(0)} = \frac{1}{2}\frac{d}{ds}\ln V_0 - \frac{V_0}{2}tr(\boldsymbol{\Gamma}) \Rightarrow$$
$$\ln A_0^{(0)} = \ln\sqrt{V_0} - \frac{1}{2}\int_{s_0}^{s} V_0 tr(\boldsymbol{\Gamma})ds + \ln\psi_0 \Rightarrow \tag{2-88}$$
$$A_0^{(0)} = \psi_0\sqrt{V_0}\exp\left\{-\frac{1}{2}\int_{s_0}^{s} V_0 tr(\boldsymbol{\Gamma})ds\right\}$$

式(2-88)中最后一式的积分处理需要用到变分方程。为此计算

$$\frac{d\boldsymbol{Q}}{ds} = V_0 P\boldsymbol{Q}^{-1}Q = V_0\boldsymbol{\Gamma}\boldsymbol{Q} \tag{2-89}$$

而且

$$\frac{d}{ds}\det\boldsymbol{Q} = \frac{d}{ds}(Q_{1,1}Q_{2,2} - Q_{1,2}Q_{2,1})$$
$$= V_0(\Gamma_{11}Q_{1,1} + \Gamma_{12}Q_{2,1})Q_{2,2} - V_0(\Gamma_{11}Q_{1,} + \Gamma_{12}Q_{2,2})Q_{2,1} + \tag{2-90}$$
$$V_0(\Gamma_{21}Q_{1,2} + \Gamma_{22}Q_{2,2})Q_{1,1} - V_0(\Gamma_{21}Q_{1,1} + \Gamma_{22}Q_{2,1})Q_{1,2}$$
$$= V_0 tr\boldsymbol{\Gamma}\det\boldsymbol{Q}$$

因此

$$V_0 tr\boldsymbol{\Gamma} = \frac{1}{\det\boldsymbol{Q}}\frac{d}{ds}\det\boldsymbol{Q} \Rightarrow \ln\det\boldsymbol{Q} = \int_{s_0}^{s} V_0 tr\boldsymbol{\Gamma}ds + \text{const} \tag{2-91}$$

把式(2-91)代入式(2-88)最后一式得到：

$$A_0^{(0)} = \frac{\psi_0}{\sqrt{\frac{1}{V_0}|\det \boldsymbol{Q}|}} \tag{2-92}$$

此为中心射线上的高频近似波场的零阶振幅主项。以此为基础，加上高斯束波场衰减，就可以算出中心射线附近的波场值，到此为止焦散问题自然地被克服。

第二节　高斯束偏移成像技术

Kirchhoff 积分法偏移因其具有灵活、高效、陡倾角成像的优点，仍然是当前工业界所普遍使用的成像方法。然而，对于复杂地质构造，传统的基于最小走时或最大能量近似的单次波至积分法偏移的成像效果就大打折扣。作为 Kirchhoff 积分法偏移的改进，高斯束偏移利用一系列高斯束的叠加来表示格林函数，每条高斯束代表了地下的局部波场且处处正则，此特点使得高斯束偏移方法可以自然地处理多路径问题，且不存在波场的奇异性区域，其成像精度优于常规的 Kirchhoff 偏移。高斯束偏移最早由 Hill(1990)提出，其基本思想是在地表选定离散的射线束中心后，将相邻的输入道进行局部 $\tau - p$ 变换为局部平面波，然后通过高斯束将局部平面波分量反传至地下局部的成像区域进行成像。直接将叠后高斯束偏移的思想应用于叠前得不到较高的计算效率，Hill(2001)提出了适用于共偏移距、共方位角数据的叠前高斯束偏移方法，成功解决了上述计算效率问题。此后，Nowack(2003)、Zhu 等(2007)、Gray(2005)、Gray 等(2009)对上述方法进行了拓展，将高斯束偏移用到共炮集、各向异性介质的偏移成像之中。

高斯束的本质是傍轴近似方程在射线中心坐标系中描述波传播，高斯束偏移在实现上包括单个高斯束的求解及所有高斯束叠加成像两步骤。单个独立的高斯束分两步求得，即通过运动学射线追踪求取中心射线的路径及走时，通过动力学射线追踪获取中心射线附近的高频能量分布。利用相互独立的高斯束描述波传播，既保持了射线方法的高效性和灵活性，又考虑了波场的动力学特征。高斯束偏移利用相互独立的高斯束叠加并成像，解决了射线类方法中的多路径问题，兼具了初至波到达时 Kirchhoff 积分偏移的灵活性及波动方程偏移的精确性，是一种精确且实现上灵活高效的深度偏移方法。高斯束偏移方法没有成像倾角限制，同时容易将其应用到起伏地表情况。

一、高斯束深度偏移方法与实现

高斯束偏移从方法上讲，主要包括射线追踪及高斯束波场延拓两个部分。高斯束偏移将格林函数分解为一系列对计算点有贡献的高斯束，其实现过程就是对计算点有贡献的高斯束的叠加(见图 2-3)，表达为：

$$G(\boldsymbol{x},\boldsymbol{x}';\omega) = \frac{i\omega}{2\pi}\int \frac{\mathrm{d}p_x \mathrm{d}p_y}{p_z} u_{\mathrm{GB}}(\boldsymbol{x},\boldsymbol{x}',\boldsymbol{p};\omega) \tag{2-93}$$

u_{GB} 代表着从震源点 $x = (x,y,z)$ 出发的单个高斯束在目标点 $\boldsymbol{x}' = (x',y',z')$ 的高斯束波场，见式(2-93)。该高斯束通过运动学射线追踪确定其中心射线的轨迹，通过动力学射线追踪获取中心射线附近的高斯束波场分布。式(2-93)代表的格林函数表示目标点 $\boldsymbol{x}' = (x',y',z')$ 的最终波场值由每个相互独立的高斯波束在该点的积分得到，通过相互叠加的策略可以解决复杂介质引起的波场多波至问题。

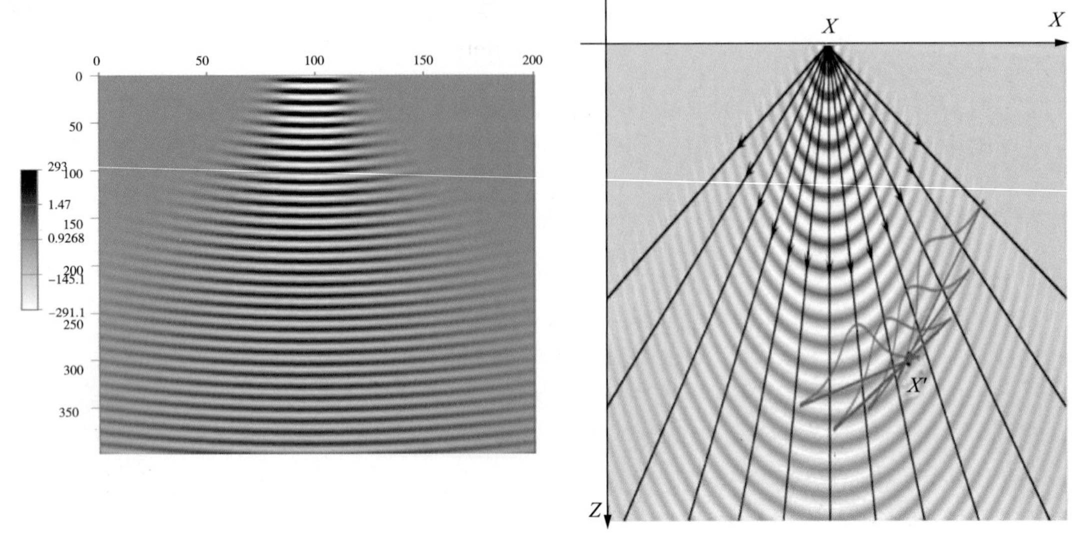

（a）单个高斯束　　（b）高斯束积分表示的格林函数

图 2－3　高斯束偏移

1. 运动学射线追踪

常用的射线追踪方法有初值射线追踪、两点射线追踪、有限差分法、线性插值射线追踪方法等。高斯束偏移用到的射线追踪(包括动力学射线追踪)是初值射线追踪，也叫一点射线追踪，即已知射线的初始点和初始出射方向，记录下波传播的射线路径。初值射线追踪避免了耗时的两点射线追踪，保证了高斯束偏移的高效性。

本节从程函方程出发，推导得到运动学射线追踪方程：

$$\left(\frac{\partial T}{\partial x}\right)^2+\left(\frac{\partial T}{\partial y}\right)^2+\left(\frac{\partial T}{\partial z}\right)^2=(\nabla T)^2=\frac{1}{V^2(x,y,z)} \tag{2-94}$$

射线参数：

$$p=\nabla T=\left(\frac{\partial T}{\partial x},\frac{\partial T}{\partial y},\frac{\partial T}{\partial z}\right) \tag{2-95a}$$

如图 2－4 所示，射线参数与入射角和方位角的关系为：

$$\begin{cases} p_x=\dfrac{\partial T}{\partial x}=\dfrac{\sin\theta\cos\varphi}{v} \\ p_y=\dfrac{\partial T}{\partial y}=\dfrac{\sin\theta\sin\varphi}{v} \\ p_z=\dfrac{\partial T}{\partial z}=\dfrac{\cos\theta}{v} \end{cases} \tag{2-95b}$$

$$p_x^2+p_x^2+p_x^2=\frac{1}{V^2(x,y,z)} \tag{2-95c}$$

式中，θ 为入射角，ϕ 为方位角。入射角为入射射线方向与界面法线的夹角，方位角定义为 x 轴与射线在 $x-y$ 坐标面的投影线的夹角。

假定射线以 $\boldsymbol{p}$ 为切向量。射线与等时面 $T(x,\ y,\ z)=\mathrm{const}$ 垂直。

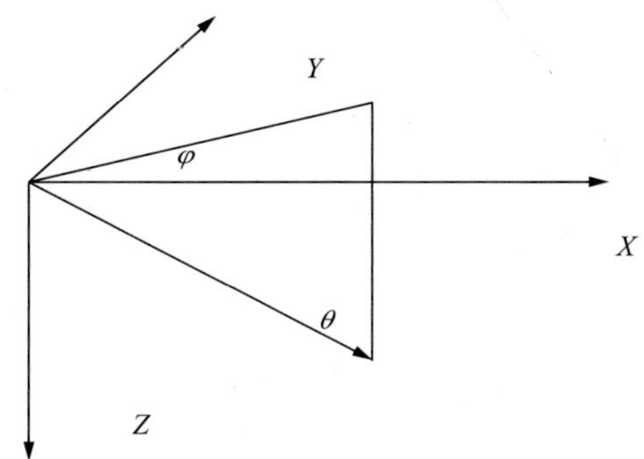

图 2－4　射线路径的几何关系

在笛卡尔坐标系中，射线方程可以写为，

$$\begin{cases} x = x(s) \\ y = y(s) \\ z = z(s) \end{cases} \tag{2-96}$$

其中，s 是射线的弧长长度。

射线的单位切向量定义为，

$$\boldsymbol{r} = \left\{\frac{\mathrm{d}x}{\mathrm{d}s}, \frac{\mathrm{d}y}{\mathrm{d}s}, \frac{\mathrm{d}z}{\mathrm{d}s}\right\} \tag{2-97a}$$

$$\begin{cases} r_x = \dfrac{\mathrm{d}x}{\mathrm{d}s} \\ r_y = \dfrac{\mathrm{d}y}{\mathrm{d}s} \\ r_z = \dfrac{\mathrm{d}z}{\mathrm{d}s} \end{cases} \tag{2-97b}$$

很显然，$\boldsymbol{r}$ 与射线参数 $\boldsymbol{p}$ 是同方向的。有，

$$v(s)\boldsymbol{p} = v(s)\ \nabla T = \boldsymbol{r} \tag{2-98a}$$

上式的分量形式方程为：

$$\begin{cases} \dfrac{\mathrm{d}x(s)}{\mathrm{d}s} = v(s)p_x(s) \\ \dfrac{\mathrm{d}y(s)}{\mathrm{d}s} = v(s)p_y(s) \\ \dfrac{\mathrm{d}z(s)}{\mathrm{d}s} = v(s)p_z(s) \end{cases} \tag{2-98b}$$

程函方程(2－94)还可以写为，

$$(v\nabla T)^2 = 1 \tag{2-99}$$

显然，$v\nabla T$ 为单位矢量，它垂直于波前面。令 $\mathrm{d}\boldsymbol{r}$ 为沿射线的切线，$\mathrm{d}s$ 为射线长度的微分。因此存在单位矢量 $\dfrac{\mathrm{d}\boldsymbol{r}}{\mathrm{d}s}$，且

$$v\nabla T = \frac{\mathrm{d}\boldsymbol{r}}{\mathrm{d}s} \tag{2-100}$$

上式改写为：

$$\nabla T = \frac{1}{v}\frac{\mathrm{d}\boldsymbol{r}}{\mathrm{d}s} \tag{2-101}$$

因为，$\boldsymbol{n}\cdot\nabla T = \frac{1}{v} = \frac{\mathrm{d}T}{\mathrm{d}s}$，其中 $\boldsymbol{n} = \frac{\mathrm{d}\boldsymbol{r}}{\mathrm{d}s}$ 为垂直于波前面的单位矢量。又因为：

$$\frac{\mathrm{d}\nabla T}{\mathrm{d}s} = \nabla\left(\frac{\mathrm{d}T}{\mathrm{d}s}\right)$$

所以

$$\nabla\left(\frac{1}{v}\right) = \frac{\mathrm{d}}{\mathrm{d}s}\left[\frac{1}{v}\frac{\mathrm{d}\boldsymbol{r}}{\mathrm{d}s}\right] \tag{2-102}$$

上式中包含对速度的微分，因此速度变化不能太剧烈，保证一阶连续可微。由该式可以导出各种实用的射线追踪方程。

上式还可以写为：

$$\nabla\left(\frac{1}{v}\right) = \frac{\mathrm{d}}{\mathrm{d}s}\nabla T = \frac{\mathrm{d}\boldsymbol{p}}{\mathrm{d}s} \tag{2-103a}$$

上式的具体形式为：

$$\begin{cases}\frac{\mathrm{d}p_x}{\mathrm{d}s} = -\frac{1}{v^2}\frac{\partial v}{\partial x}\\ \frac{\mathrm{d}p_y}{\mathrm{d}s} = -\frac{1}{v^2}\frac{\partial v}{\partial y}\\ \frac{\mathrm{d}p_z}{\mathrm{d}s} = -\frac{1}{v^2}\frac{\partial v}{\partial z}\end{cases} \tag{2-103b}$$

联立式(2-98b)和式(2-103b)方程组可以进行射线追踪计算旅行时。这是一个一阶常微分方程组，适合利用 Runge-Kutta 法求解。

将上面两式的微分算子 ds 换成 dτ，可以得到更实用的运动学射线追踪方程：

$$\begin{aligned}\frac{\mathrm{d}x}{\mathrm{d}\tau} &= v^2 p_x = v\sin\theta\cos\varphi\\ \frac{\mathrm{d}y}{\mathrm{d}\tau} &= v^2 p_y = v\sin\theta\sin\varphi\\ \frac{\mathrm{d}z}{\mathrm{d}\tau} &= v^2 p_z = v\cos\theta\\ \frac{\mathrm{d}p_x}{\mathrm{d}\tau} &= -\frac{1}{v}\frac{\partial v}{\partial x}\\ \frac{\mathrm{d}p_y}{\mathrm{d}\tau} &= -\frac{1}{v}\frac{\partial v}{\partial y}\\ \frac{\mathrm{d}p_z}{\mathrm{d}\tau} &= -\frac{1}{v}\frac{\partial v}{\partial z}\end{aligned} \tag{2-104}$$

其中，θ 和 φ 分别表示射线的倾角与方位角，$\theta\in[0°,180°]$，$\varphi\in[0°,360°)$。

运动学射线追踪过程就是求解上述一阶常微分方程组，故常用四阶 Runge-Kutta 方法求解。一般地，一阶常微分方程的初值问题抽象为：

$$\begin{cases}\dfrac{\mathrm{d}y}{\mathrm{d}x} = f(x,y) \\ y(x_0) = y_0\end{cases} \tag{2-105}$$

在 Lipschitz 连续的条件下，上述一阶常微分方程有唯一解。经典的四阶 Runge - Kutta 算法为：

$$\begin{cases}y_{n+1} = y_n + \dfrac{h}{6}(k_1 + 2k_2 + 3k_3 + k_4) \\ k_1 = f(x_n, y_n) \\ k_2 = f\left(x_n + \dfrac{1}{2}h, y_n + \dfrac{1}{2}hk_1\right) \\ k_3 = f\left(x_n + \dfrac{1}{2}h, y_n + \dfrac{1}{2}hk_2\right) \\ k_2 = f(x_n + h, y_n + hk_3)\end{cases} \tag{2-106}$$

其中，h 为步长因子。

高斯束偏移的本质仍然是射线类偏移方法，因此高斯束偏移保留了常规射线方法能对陡倾角成像的优点（图 2－5）。

图 2－5　Sigbee2A 模型射线追踪陡倾角成像示意图

2. 动力学射线追踪

运动学射线追踪确定了中心射线轨迹，动力学射线追踪则要获得射线周围的能量分布。三维情况下的动力学射线参数 $\boldsymbol{P}(s)$ 和 $\boldsymbol{Q}(s)$ 为沿中心射线变化的 2×2 复值矩阵，由动力学射线追踪方程求解得到，

$$\begin{cases}\dfrac{\partial \boldsymbol{Q}(s)}{\partial s} = v(s)\boldsymbol{P}(s) \\ \dfrac{\partial \boldsymbol{P}(s)}{\partial s} = \dfrac{1}{v^2(s)}\boldsymbol{V}(s)\boldsymbol{Q}(s)\end{cases} \tag{2-107}$$

其中，$V(s)$ 是射线中心坐标系下关于速度场二阶导的 2×2 矩阵，

$$\boldsymbol{V}_{ij} = \frac{\partial^2 v}{\partial q_i \partial q_j}, i, j = 1, 2 \tag{2-108}$$

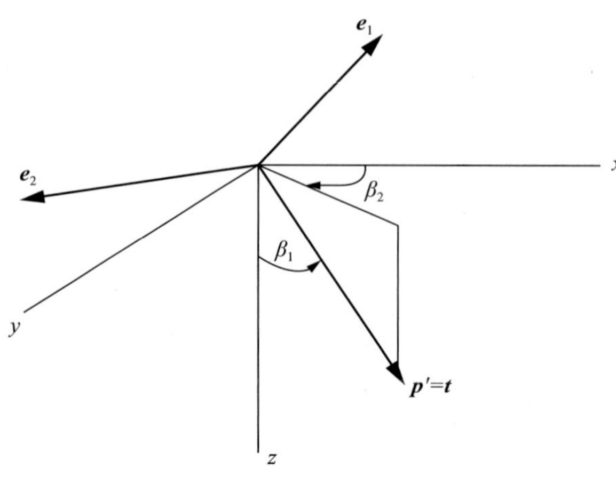

图 2－6　三维射线中心坐标系的几何定义

三维情况下要求解动力学射线追踪方程组(2－107)需要先确定射线中心坐标系的两个法方向，首先定义三维射线中心坐标系如图 2－6 所示，本节先讨论三维情况下射线中心坐标系($\boldsymbol{t}$，$\boldsymbol{e}_1$，$\boldsymbol{e}_2$)的确定，给出一种基于‘右手准则’的简单实用可操作的计算方法。

要确定三维射线中心坐标只需确定($\boldsymbol{e}_1$，$\boldsymbol{e}_2$)，$\boldsymbol{t}$ 与射线的切线方向一致。这里的方法分两步得到：

(1)引入辅助单位向量($\boldsymbol{t}$，$\boldsymbol{\varepsilon}_1$，$\boldsymbol{\varepsilon}_2$)，该向量可以在射线追踪上的每一点方便地得到；

(2)找到一个关系，连接($\boldsymbol{t}$，$\boldsymbol{e}_1$，$\boldsymbol{e}_2$)和($\boldsymbol{t}$，$\boldsymbol{\varepsilon}_1$，$\boldsymbol{\varepsilon}_2$)。

下面分别解释两步骤的实现，

步骤一：单位向量($\boldsymbol{t}$，$\boldsymbol{\varepsilon}_1$，$\boldsymbol{\varepsilon}_2$)的确定满足以下两个条件：

(1)单位向量($\boldsymbol{t}$，$\boldsymbol{\varepsilon}_1$，$\boldsymbol{\varepsilon}_2$)两两互相垂直，且满足右手准则；

(2)方向 $\boldsymbol{\varepsilon}_2$ 位于平面 $x_3 = 0$ 。

满足以上两条件，可以方便地确定

$$\begin{cases}\boldsymbol{\varepsilon}_1 = (vL^{-1}p_1p_3, vL^{-1}p_2p_3, -vL) \\ \boldsymbol{\varepsilon}_2 = (-L^{-1}p_2, L^{-1}p_1, 0)\end{cases} \tag{2-109}$$

其中：$L = \sqrt{p_1^2 + p_2^2} \neq 0$ 。

步骤二：($\boldsymbol{e}_1$，$\boldsymbol{e}_2$)与($\boldsymbol{\varepsilon}_1$，$\boldsymbol{\varepsilon}_2$)位于同一平面(垂直于射线)。关系如下，

$$\begin{aligned}\boldsymbol{e}_1 &= \cos\phi\varepsilon_1 - \sin\phi\varepsilon_2 \\ \boldsymbol{e}_2 &= \sin\phi\varepsilon_1 + \cos\phi\varepsilon_2\end{aligned} \tag{2-110}$$

将式(2－109)代入式(2－110)，得到：

$$\begin{aligned}\boldsymbol{e}_1 &= (L^{-1}[vp_1p_3\cos\phi + p_2\sin\phi], L^{-1}[vp_2p_3\cos\phi - p_1\sin\phi], -vL\cos\phi) \\ \boldsymbol{e}_2 &= (L^{-1}[vp_1p_3\sin\phi - p_2\cos\phi], L^{-1}[vp_2p_3\sin\phi + p_1\cos\phi], -vL\sin\phi)\end{aligned} \tag{2-111}$$

问题转化为如何确定 ϕ 。ϕ 的物理含义为，

$\phi = \int_{s_0}^{s} T(\xi)\mathrm{d}\xi + \phi(s_0)$，其中 T 是射线扭力(Torsion of ray)

由式(2－110)可以得到：

$$\frac{\mathrm{d}\boldsymbol{e}_1}{\mathrm{d}\tau} = \frac{\mathrm{d}\boldsymbol{\varepsilon}_1}{\mathrm{d}\tau}\cos\phi - \frac{\mathrm{d}\boldsymbol{\varepsilon}_2}{\mathrm{d}\tau}\sin\phi - (\boldsymbol{\varepsilon}_1\sin\phi + \boldsymbol{\varepsilon}_2\cos\phi)\frac{\mathrm{d}\phi}{\mathrm{d}\tau} \tag{2-112}$$

另外有，

$$\frac{\mathrm{d}\boldsymbol{e}_1}{\mathrm{d}\tau} = (\nabla v \cdot \boldsymbol{e}_1)\boldsymbol{t}(s) \tag{2-113}$$

将式(2－111)代入式(2－113)得到：

$$\frac{\mathrm{d}\boldsymbol{e}_1}{\mathrm{d}\tau} = \left\{\cos\phi\left[L^{-1}vp_3\left(p_1\frac{\partial v}{\partial x_1} + p_2\frac{\partial v}{\partial x_2}\right) - vL\frac{\partial v}{\partial x_3}\right] + \sin\phi L^{-1}\left[p_2\frac{\partial v}{\partial x_1} - p_1\frac{\partial v}{\partial x_2}\right]\right\}\boldsymbol{t} \tag{2-114}$$

则式(2－112)与式(2－113)的右边相等，这里我们只比较其第三分量，即可求出：

$$\frac{\mathrm{d}\phi}{\mathrm{d}\tau} = \frac{p_3\left(p_2\frac{\partial v}{\partial x_1} - p_1\frac{\partial v}{\partial x_2}\right)}{p_1^2 + p_2^2} \tag{2-115}$$

因此，沿着射线积分即可求得：

$$\phi(\tau) = \int_{\tau_0}^{\tau}\frac{p_3\left(p_2\frac{\partial v}{\partial x_1} - p_1\frac{\partial v}{\partial x_2}\right)}{p_1^2 + p_2^2}\mathrm{d}\tau + \phi(\tau_0) \tag{2-116}$$

式(2－116)可以在运动学射线追踪过程中积分求得，将其带入式(2－111)即可得到三维射线中心坐标系，进而求得中心射线周围一点的射线中心坐标分量(q_1, q_2)，其定义如图2－7所示。

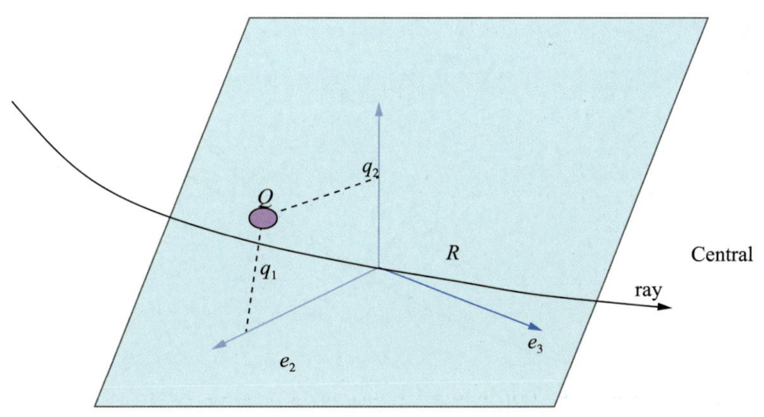

图2－7　三维射线中心坐标系及其坐标定义

下面我们讨论如何利用动力学射线追踪来确定射线周围一点的旅行时场。以二维为例，在射线中心坐标系下，射线周围的旅行时可以用Taylor展开近似表示为，

$$\tau(s,n) \approx \tau(s,0) + \frac{1}{2}M(s)n^2 \tag{2-117}$$

其中，M 矩阵的物理意义表示旅行时场的二阶导数，即 $M(s) = \left.\frac{\partial^2 \tau(s,n)}{\partial n^2}\right|_{n=0}$ ，它是由动力学射线追踪方程(2－118)确定的。

$$\frac{\mathrm{d}M(s)}{\mathrm{d}s} + vM^2 + \frac{1}{v^2}\frac{\partial^2 v}{\partial n^2} = 0 \tag{2－118}$$

实际求取时，是由动力学射线追踪所求得的参数 P 、Q 间接确定的。

射线周围一点的旅行时由下述步骤计算：

(1)首先沿着射线进行动力学射线追踪，得到动力学参数 P 、Q 。这是与运动学射线追踪同时进行的。

(2)确定射线周围一点 $S(s,n)$ 的坐标 (s,n)（一般可以认为距离射线上最近的点是垂足）。

(3)通过射线上样点间的插值，确定出对应于点 $S(s,n)$ 的 $\tau(s,0)$ 及 $M(s)$ 。

(4)利用(2－118)式计算 $\tau(s,n)$ 。

下面我们假设已知射线上某点 $s = s_0$ 的信息，如图 2－8 所示，为了求射线周围某点 $S(s,n)$ 的旅行时，将其 Taylor 展开，

$$\begin{aligned}\tau(s,n) \approx \tau(s,0) + \left[\frac{\partial \tau(s,0)}{\partial s}\right]_{s=s_0}(s - s_0) + \\ \frac{1}{2}\left[\frac{\partial^2 \tau(s,0)}{\partial s^2}\right]_{s=s_0}(s - s_0)^2 + \frac{1}{2}M(s_0)n^2\end{aligned} \tag{2－119}$$

其中，

$$\left[\frac{\partial \tau(s,0)}{\partial s}\right]_{s=s_0} = \frac{1}{v(s_0)}, \left[\frac{\partial^2 \tau(s,0)}{\partial s^2}\right]_{s=s_0} = -\frac{1}{v^2(s_0)}\frac{\partial v(s_0)}{\partial s} \tag{2－120}$$

即，

$$\tau(s,n) \approx \tau_0 + \frac{1}{v}(s - s_0) - \frac{1}{2v^2}\frac{\partial v}{\partial s}(s - s_0)^2 + \frac{1}{2}Mn^2 \tag{2－121}$$

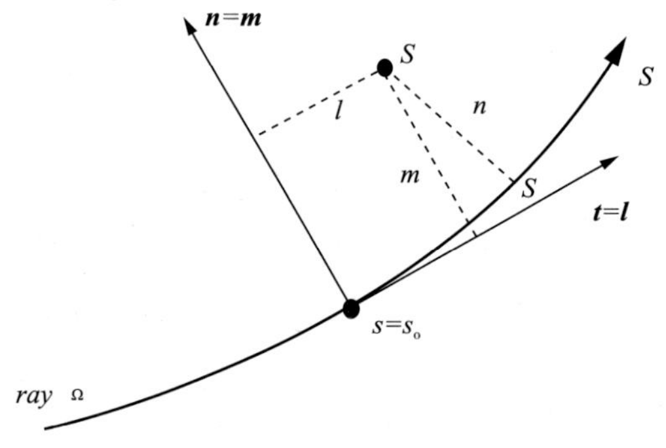

图 2－8 利用射线周围一点的射线中心坐标计算其旅行时

当选择已知的中心射线上的点 s_0 为 S 点的垂足时，有 $s = s_0$ ，代入式(2－121)即可得到式(2－117)。

式(2－121)仍然是用射线中心坐标表示的，而射线追踪得到的是笛卡尔坐标下的射线信息，包括位置、走时等。因此，必须将式(2－121)转化为笛卡尔坐标表示。

定义射线中心坐标与笛卡尔坐标的关系如图 2－9 所示。

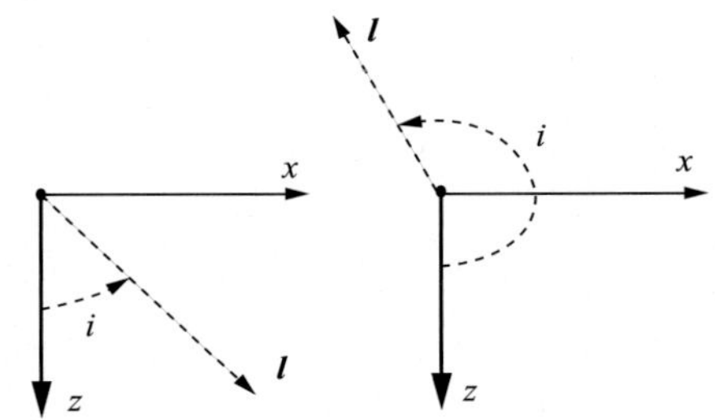

图 2－9　笛卡尔坐标与射线中心坐标的关系

注意到，笛卡尔坐标 z 方向向下为正，射线方向 $\boldsymbol{l}$ 与 z 轴正方向夹角定义逆时针方向为正，如图 2－10 所示。因此可以得到两个坐标系的映射关系，

$$\begin{aligned}\boldsymbol{m} &= (x - x_0)\cos i - (z - z_0)\sin i \\ \boldsymbol{l} &= (x - x_0)\sin i + (z - z_0)\cos i\end{aligned} \tag{2－122}$$

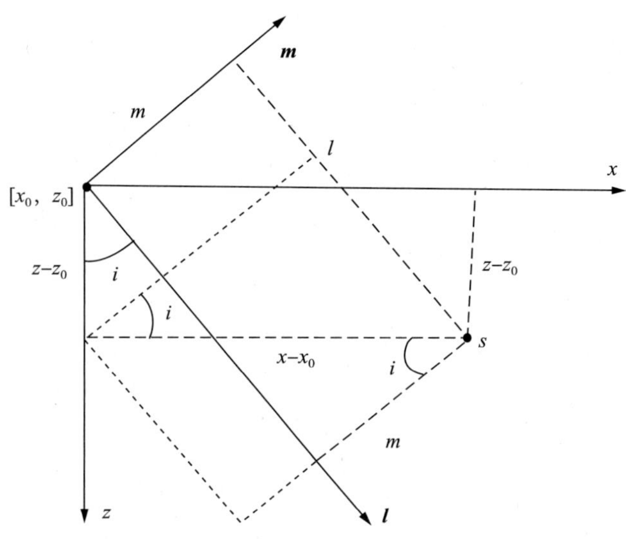

图 2－10　射线中心坐标与笛卡尔坐标的几何映射关系

用矩阵 $\boldsymbol{A}$ 表示，

$$\boldsymbol{A} = \begin{bmatrix} \cos i & -\sin i \\ \sin i & \cos i \end{bmatrix} \tag{2－123}$$

定义，

$$\boldsymbol{x} = \begin{bmatrix} x - x_0 \\ z - z_0 \end{bmatrix}, \boldsymbol{m} = \begin{bmatrix} m \\ l \end{bmatrix} \tag{2－124}$$

因此式(2－122)可以重写成矩阵形式，

$$\boldsymbol{m} = \boldsymbol{A}\boldsymbol{x} \tag{2－125}$$

因此可以将式(2－119)重写为，

$$\tau(x,z) \approx \tau(x_0,z_0) + \frac{1}{v}(z - z_0)\cos i + \frac{1}{v}(x - x_0)\sin i + \frac{1}{2}\boldsymbol{x}^T W \boldsymbol{x} \tag{2－126}$$

其中，

$$W = A^T BA = \frac{1}{v^2}\begin{bmatrix} \cos i & \sin i \\ -\sin i & \cos i \end{bmatrix}\begin{bmatrix} v^2 M & -v_{,m} \\ -v_{,m} & -v_{,l} \end{bmatrix}\begin{bmatrix} \cos i & -\sin i \\ \sin i & \cos i \end{bmatrix} \tag{2-127}$$

另外有，

$$\begin{aligned} v_{,m} &= v_{,x}\cos i - v_{,z}\sin i \\ v_{,l} &= v_{,x}\sin i + v_{,z}\cos i \end{aligned} \tag{2-128}$$

M 由射线追踪得到的 P 、Q 求得，即，

$$M = \frac{P}{Q} \tag{2-129}$$

而 P 、Q 由式(2－107)确定，其中的 $\frac{\partial^2 v}{\partial n^2}$ 在二维情况下表达为，

$$\frac{\partial^2 v}{\partial n^2} = \frac{\partial^2 v}{\partial x^2}\cos^2 i - 2\frac{\partial^2 v}{\partial x \partial z}\sin i\cos i + \frac{\partial^2 v}{\partial z^2}\sin^2 i \tag{2-130}$$

三维情况下则有，

$$\begin{aligned} \frac{\partial v}{\partial q_1} &= \frac{\partial v}{\partial x}\frac{\partial x}{\partial q_1} + \frac{\partial v}{\partial y}\frac{\partial y}{\partial q_1} + \frac{\partial v}{\partial z}\frac{\partial z}{\partial q_1} \\ &= \frac{\partial v}{\partial x}\cos\theta\cos\phi + \frac{\partial v}{\partial y}\cos\theta\sin\phi - \frac{\partial v}{\partial z}\sin\theta \\ \frac{\partial^2 v}{\partial q_1^2} &= \frac{\partial^2 v}{\partial x^2}(\cos\theta\cos\phi)^2 + \frac{\partial^2 v}{\partial y^2}(\cos\theta\sin\phi)^2 + \frac{\partial^2 v}{\partial z^2}\sin^2\theta + \\ & 2\left(\frac{\partial^2 v}{\partial x\partial y}\cos^2\theta\cos\phi\sin\phi - \frac{\partial^2 v}{\partial x \partial z}\sin\theta\cos\theta\cos\phi - \frac{\partial^2 v}{\partial y\partial z}\sin\theta\cos\theta\sin\phi\right) \end{aligned} \tag{2-131}$$

同理，可以推出，

$$\frac{\partial^2 v}{\partial q_2^2} = \frac{\partial^2 v}{\partial x^2}\sin^2\phi + \frac{\partial^2 v}{\partial y^2}\cos^2\phi - 2\frac{\partial^2 v}{\partial x\partial y}\cos\phi\sin\phi \tag{2-132}$$

$$\begin{aligned} \frac{\partial^2 v}{\partial q_1 \partial q_2} = & -\sin\phi\cos\theta\cos\phi\frac{\partial^2 v}{\partial x^2} + \cos\phi\cos\theta\sin\phi\frac{\partial^2 v}{\partial y^2} + \\ & \cos\theta(\cos^2\phi - \sin^2\phi)\frac{\partial^2 v}{\partial x\partial y} - \cos\phi\sin\theta\frac{\partial^2 v}{\partial y\partial z} + \sin\phi\sin\theta\frac{\partial^2 v}{\partial x\partial z} \end{aligned} \tag{2-133}$$

动力学射线追踪方程组的求取需要给定 $\boldsymbol{P}(s)$ 和 $\boldsymbol{Q}(s)$ 的初值，选择合适的初始值以保证高斯束不存在波场的奇异性区域。Hill(2001)给出了关于该初值的选择式(2－134)。

$$P_0 = \begin{pmatrix} i/v_0 & 0 \\ 0 & i/v_0 \end{pmatrix} \text{和 } Q_0 = \begin{pmatrix} \omega_1 w_1^2/v_0 & 0 \\ 0 & \omega_1 w_1^2/v_0 \end{pmatrix} \tag{2-134}$$

由运动学射线追踪及动力学射线追踪就可以确定单个高斯束的波传播，对所有高斯束的叠加就可以得到某一点的最终波场。

3. 高斯束分解

高斯束偏移的基本实现过程要求将地震数据划分为一系列局部的区域，并利用倾斜叠加将局部区域内的地震记录分解为不同方向的平面波(也就是射线束)，然后利用射线束的走

时和振幅信息将平面波进行映射成像。由于不同方向平面波的映射成像过程是相互独立的，因此高斯束偏移可以很自然地对多次波至(多路径问题)进行成像，其成像效果往往优于常规的基于单值走时的 Kirchhoff 积分法偏移。前两节介绍了单个高斯束的合成，本节讨论如何将地表记录分解成与高斯束传播相匹配的地表局部平面波。Hill(1990)提出了叠后高斯束偏移，通过将相邻的输入道进行局部倾斜叠加分解为局部平面波，然后通过高斯束将局部平面波分量反传至地下局部的成像区域进行成像，由于对应每条高斯束的成像过程是相互独立的，因而可以自然地实现多次波至的成像。直接将叠后高斯束偏移的基本思想应用于叠前偏移成像，需要计算关于射线参数的多重积分，因而计算效率很低。Hill(2001)在高斯束叠前深度偏移算法中利用最速下延分析将多重积分进行了简化计算，提出了适用于共偏移距、共方位角、共中心点道集的叠前高斯束偏移方法。Nowack(2003)和 Gray(2005)分别针对 Hill 方法对观测系统适应性的不足，提出了基于共炮道集的叠前偏移方法。常规的高斯束偏移主要考虑运动学特征而仅适用于构造成像，Albertin(2004)首先提出了适用于共偏移距、窄方位角数据的真振幅高斯束偏移。

通过动力学射线追踪初值的选取可以使得高斯束波前在其初始位置是绝对平面的。利用这个特点将地震记录波场分解为同高斯束初始方向相一致的局部平面波分量，然后将局部平面波通过相对应的高斯束传播延拓至地下进行成像。然而高斯束波前仅在初始点为绝对平面，远离初始点的地方波前曲率不再为零，此时利用基于线性近似的 $\tau - p$ 变换合成的平面波同匹配的高斯束在远离束中心位置存在走时和振幅的误差。为此 Hill(1990)提出了加高斯窗局部倾斜叠加，利用高斯函数沿两侧衰减的性质减少上述误差，如图 2 - 11 所示。其表达式为：

$$D_{\mathrm{s}}(L,p_{LX},\omega) = \left|\frac{\omega}{\omega_{\mathrm{r}}}\right|^{3/2}\int \mathrm{d}x_{\mathrm{r}}p_{\mathrm{U}}(\boldsymbol{x}_{\mathrm{r}};\boldsymbol{x}_{\mathrm{s}};\omega)\exp[-i\omega p_{LX}(x_{\mathrm{r}}-L)] \times \exp\left[-\left|\frac{\omega}{\omega_{\mathrm{r}}}\right|\frac{(x_{\mathrm{r}}-L)^2}{2w_0^2}\right] \tag{2-135}$$

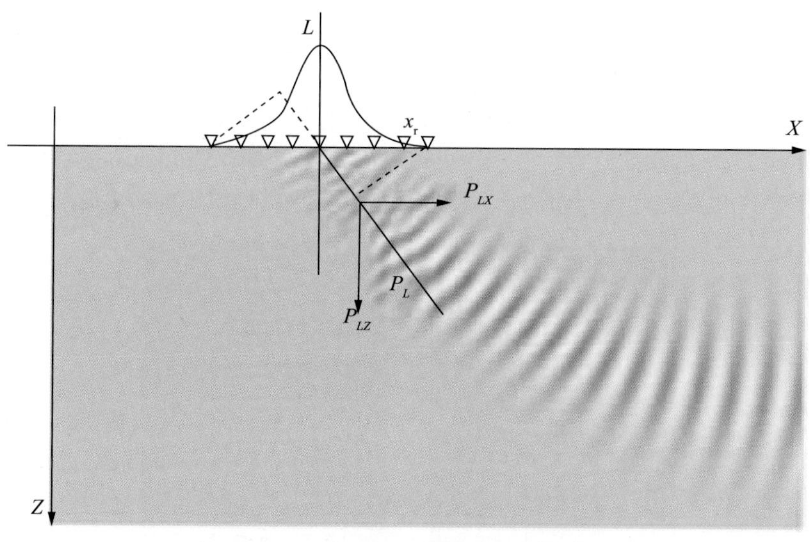

图 2 - 11　高斯束加窗局部倾斜叠加

其中，ω 表示角频率，p 代表分解的平面波方向，L 表示分解的高斯束中心位置，x_s 和 x_r 分别代表炮点和检波点坐标，这也意味着式(2-135)所表示的加高斯窗倾斜叠加是在共炮点道集中进行的。

高斯束分解得到了地表高斯束的位置和初始入射方向，除此之外还需要确定初始高斯束的宽度。

基于前面的高斯束函数推导过程得出二维情况下的高斯束函数如式(2-136)，

$$u(s,n,\omega) = \psi\sqrt{\frac{v(s)}{Q(s)}}\exp\left(i\omega\tau(s) + \frac{1}{2}\frac{P(s)}{Q(s)}n^2\right) \tag{2-136}$$

分离 $\boldsymbol{P}(s)$ 及 $\boldsymbol{Q}(s)$ 的实部和虚部，则可以得到具有更为明显物理意义的高斯束频率域表达式，

$$u(s,n,\omega) = \psi\sqrt{\frac{v(s)}{Q(s)}}\exp\left(i\omega\tau(s) + \frac{i\omega}{2V(s)}K(s)n^2 - \frac{n^2}{L^2(s)}\right) \tag{2-137}$$

其中，$\tau(s)$ 代表中心射线的旅行时，$K(s) = V(s)\mathrm{Re}\left(\frac{P(s)}{Q(s)}\right)$ 为高斯束的波前曲率，$L(s) = \left[\frac{\omega}{2}\mathrm{Im}\left(\frac{P(s)}{Q(s)}\right)\right]^{-\frac{1}{2}}$ 为高斯束的有效半宽度。动力学射线追踪方程的初始值决定了高斯束的初始宽度及波前曲率值。在偏移过程中一般采用 Hill(1990)给定的初始值，

$$\begin{aligned} Q(s_0) &= \frac{\omega_r w_0^2}{V(s_0)} \\ P(s_0) &= \frac{i}{V(s_0)} \end{aligned} \tag{2-138}$$

其中，ω_r 为参考频率；w_0 为初始宽度参数。

由上式可知，$\frac{P(s_0)}{Q(s_0)}$ 为一个纯虚数，此时 $K(s_0) = 0$，表示高斯束波前在其初始位置为平面。$L(s_0) = \frac{1}{\sqrt{\frac{\omega}{2\omega_r w_0^2}}} \approx \sqrt{2}w_0$，表示高斯束的半宽度，下面我们通过数值试验测试高斯束初始宽度对高斯束传播的影响。

以均匀介质为例，图2-12(a)，(b)，(c)，(d)分别为初始宽度 w_0 = 160m，240m，400m，1000m时，频率为25Hz的高斯束瞬时波场。可以看出，对应初始宽度较小的高斯束传播波前曲率变化较快，有效宽度也随之增大；而初始宽度较大的高斯束传播波前曲率变化则较为缓慢。

(a) 160m　　(b) 240m

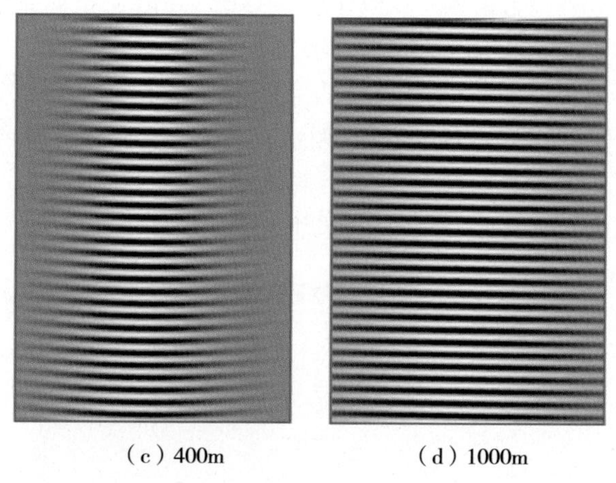

图 2－12　不同初始宽度的高斯束传播

得到了地表高斯束之后，利用运动学射线追踪及动力学射线追踪计算高斯束在地下介质的传播，即可实现地震记录的反向传播，如图 2－13 所示，从而进一步实现高斯束偏移。

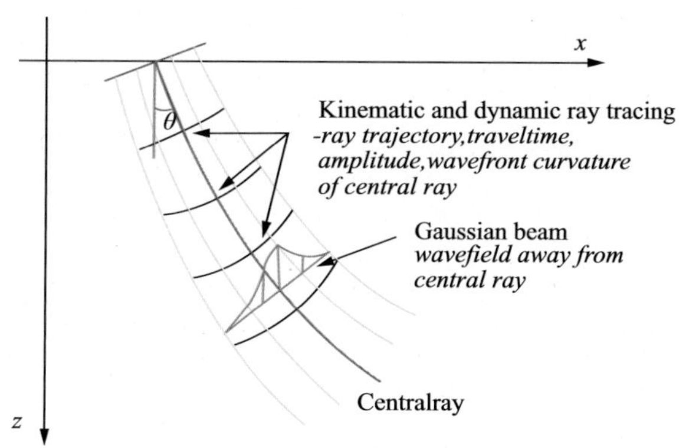

2－13　高斯束传播过程示意图(Etienne Robein，2010)

4. 高斯束偏移实现

高斯束偏移从算法上讲，主要包括运动学射线追踪、动力学射线追踪以及波场叠加成像三部分。前两部分提供了单个高斯束的波传播，在此基础上推导出适应于不同道集形式的积分成像公式，通过适当的成像条件即可实现高斯束叠后深度偏移及叠前深度偏移。

首先，利用高斯束函数及其积分表达式来表达空间中某个点的波场，并通过与单程波方程所描述的传播波场对比来验证高斯束传播及叠加所描述波传播的正确性。

为了近似地表示一个点源的波场，从震源出发以不同的初始角度发出多个高斯束，而点源的波场通过积分(求和)得到。

$$I(x,z) = \frac{1}{2\pi}\int_{-\infty}^{\infty} F(\omega)\int_{\varphi_0}^{\varphi} u_{\varphi}(s,n,\omega)\,\mathrm{d}\varphi\mathrm{d}\omega \qquad (2-139)$$

式(2－139)中的 $F(\omega)$ 代表子波。

利用式(2－139)的高斯束积分法计算波场，一般分为三个步骤：

第一：对于给定的模型，计算出一定密度的射线，并沿每条射线计算动力学参量 $Q(s)$、$P(s)$。此时可以利用任何标准的射线追踪程序。

第二：确定检波器在当前射线的周围局部范围内，按高斯束函数计算波场。

第三：累加所有高斯束在检波器处的所有频率波场值，它们相加得到该点处的最终波场值。

设计一个 ricker 子波及一个只有单层界面的简单模型，利用式(2－139)正演高斯束波场传播，并记录下检波点位于透射层下方处的单炮记录(见图 2－14)。

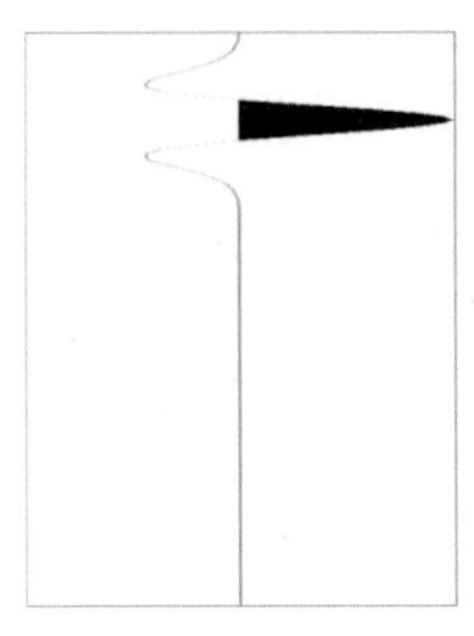

（a）ricker子波

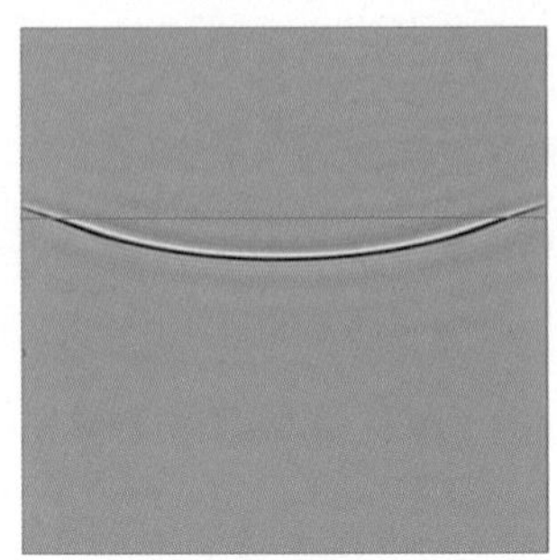

（b）高斯束描述的波场传播快照，显示通过透射面的波前变化

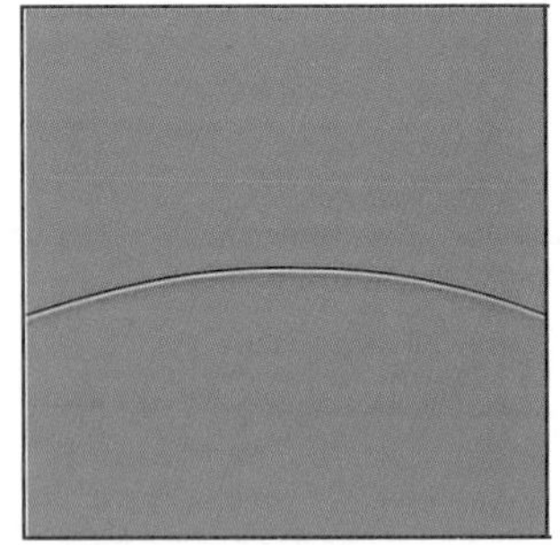

（c）频率空间域有限差分单程波算子正演单炮记录

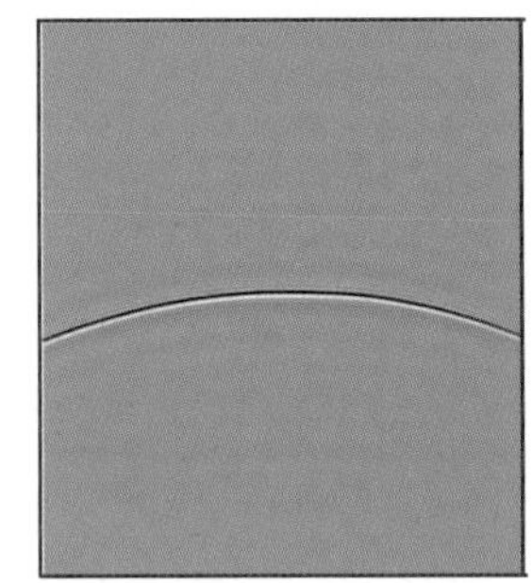

（d）高斯束积分正演单炮记录

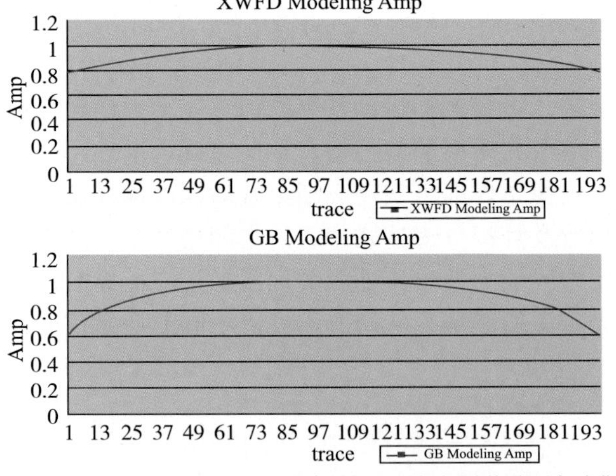

（e）单程波模拟记录与高斯束模拟记录振幅随偏移距衰减曲线

图 2－14　单层模型高斯束正演数值模拟实验

从图2－14可以看出，高斯束函数及其积分表达式所描述的波场传播可以正确地反映波场的空间分布，从高斯束正演与单程波方程正演的单炮记录对比分析可以看出，两者的振幅及相位信息空间分布规律均一致，这证明了高斯束函数可以基本达到波动方程的精度。

1）高斯束叠后深度偏移

对于高斯束叠后深度偏移，此时传播的不再是子波，而是将位于地表的叠后数据反传至地下。根据爆炸反射面理论，将速度取半，从地表检波点处向下进行高斯束射线追踪，即可得到地下成像点的叠后偏移结果，其表达式为：

$$I(\boldsymbol{x}') = \frac{-1}{2\pi}\int \mathrm{d}\omega \int \mathrm{d}x \int \mathrm{d}y \frac{\partial G^*(\boldsymbol{x},\boldsymbol{x}',\omega)}{\partial z} D_{h=0}(x,y,\omega)$$

式中：$I(\boldsymbol{x}')$ 表示所有射线束叠加后的成像结果，$\boldsymbol{x}'=(x',y',z)$ 表示地下成像点坐标，$\boldsymbol{x}=(x,y,z)$ 表示地表坐标，$D_{h=0}(x,y,\omega)$ 表示零偏移距记录的频谱。$G(\boldsymbol{x},\boldsymbol{x}',\omega)$ 见式（2－135）。

叠后高斯束偏移的基本实现过程可以大致概括为（见图2－15）：①根据所选择束中心间隔，确定一系列束中心的位置；②对于每个束中心位置，将其局部有效范围内的地震记录按照式（2－135）进行加窗倾斜叠加，分解为不同方向的局部平面波；③在束中心位置根据平面波的初始入射方向进行高斯束延拓，然后根据高斯束的走时及振幅信息进行成像。

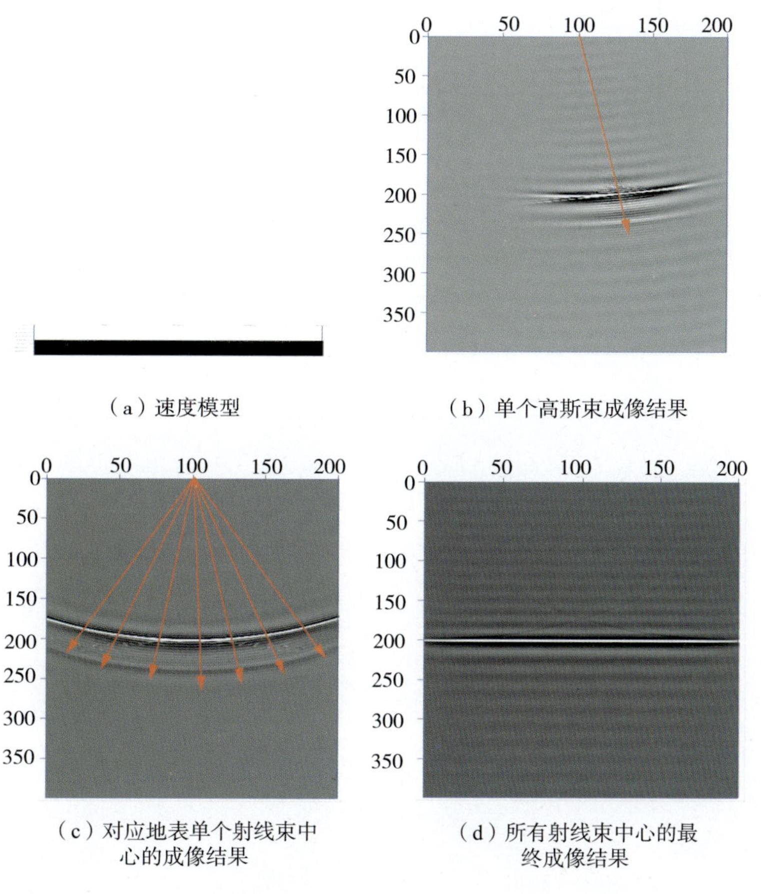

（a）速度模型　（b）单个高斯束成像结果

（c）对应地表单个射线束中心的成像结果　（d）所有射线束中心的最终成像结果

图2－15　简单理论模型高斯束叠后深度偏移试验

从图 2－15 可以得出高斯束叠后偏移的实现步骤，如图 2－16 所示。从图 2－17 的实际数据偏移结果可以看出，高斯束偏移精度不亚于单程波偏移，且高斯束偏移的成像信噪比较高，这一点我们将在后续章节中讨论。

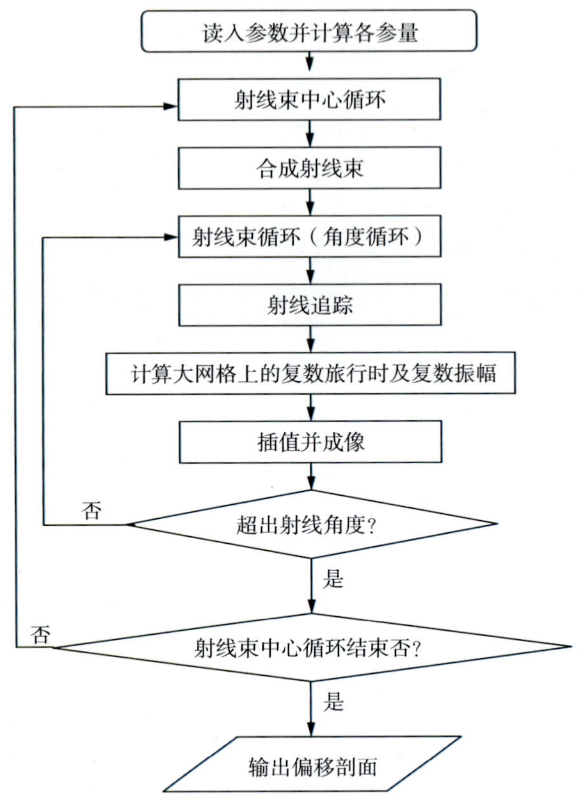

图 2－16　高斯束叠后深度偏移流程

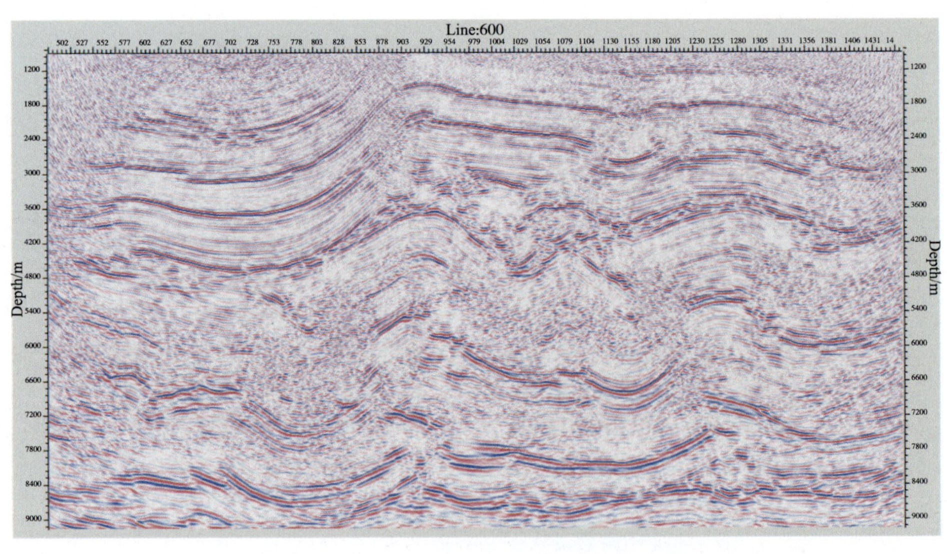

（a）某实际数据单程波SSF叠后深度偏移结果

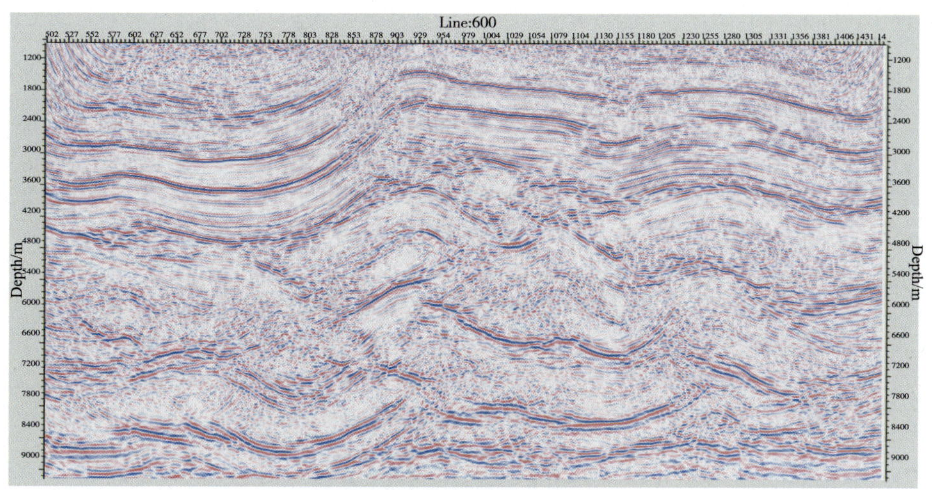

（b）某实际数据高斯束叠后深度偏移结果

图 2－17　某实际数据叠后深度偏移结果对比

2）共炮点道集高斯束叠前深度偏移

高斯束叠前深度偏移一般可以在共炮点道集和共偏移距道集中实现。其中，共炮道集高斯束偏移技术较容易处理起伏地表问题及输出角度域共成像点道集；而共偏移距道集高斯束叠前深度偏移则适合于处理海上数据，其输出偏移距域共成像点道集的方式与常规的 Kirchhoff 积分法偏移类似，该道集在常规处理的层析速度反演中较为常用。

对于炮域高斯束叠前深度偏移，需要从炮点和接收点分别进行射线追踪以求得从炮点出发的下行波和从反射点出发到达检波器的上行波（见图 2－18）。类似于波动方程偏移，所使用的成像条件是上行波场和下行波场的互相关：

$$I(\boldsymbol{x}) = \frac{-1}{2\pi}\int \mathrm{d}\omega \int \mathrm{d}\boldsymbol{x}_{\mathrm{r}} \int \mathrm{d}\boldsymbol{x}_{\mathrm{s}} \frac{\partial G^{*}(\boldsymbol{x},\boldsymbol{x}_{\mathrm{r}},\omega)}{\partial z_{\mathrm{r}}} G^{*}(\boldsymbol{x},\boldsymbol{x}_{\mathrm{s}},\omega) D_{\mathrm{s}}(\boldsymbol{x}_{\mathrm{s}},\boldsymbol{x}_{\mathrm{r}},\omega) \tag{2-140}$$

$G(\boldsymbol{x},\boldsymbol{x}_{\mathrm{s}},\omega)$ 与 $G(\boldsymbol{x},\boldsymbol{x}_{\mathrm{r}},\omega)$ 分别表示从炮点到成像点以及从成像点到检波点的格林函数，其表达式如式（2－135）给出，$*$ 代表共轭，$D_{\mathrm{s}}(\boldsymbol{x}_{\mathrm{s}},\boldsymbol{x}_{\mathrm{r}},\omega)$ 表示基于炮道集的加高斯窗局部倾斜叠加。

3）共偏移距道集高斯束叠前深度偏移

共炮道集高斯束偏移的实现过程比较直观。对于共偏移距域高斯束叠前深度偏移，需要将式（2－140）中的积分变量由炮点—接收点域变换为中心点—偏移距域：

$$m = \frac{1}{2}(x_{\mathrm{r}} + x_{\mathrm{s}})$$

$$h = \frac{1}{2}(x_{\mathrm{r}} - x_{\mathrm{s}}) \tag{2-141}$$

其中，m 为中心点位置；h 为半偏移距。从而可以将炮域高斯束偏移表达式修改为偏移距域高斯束偏移，

$$I(\boldsymbol{x}) = -\frac{2}{\pi}\int \mathrm{d}\omega \int \mathrm{d}h \int dm \frac{\partial G^{*}(x,x_{\mathrm{r}},\omega)}{\partial z_{\mathrm{r}}} \frac{\partial G^{*}(x,x_{\mathrm{s}},\omega)}{\partial z_{\mathrm{s}}} D(h,m,\omega) \tag{2-142}$$

其中，$D(h,m,\omega)$ 表示位于中心点 m 处的共偏移距 h 地震数据。具体实现时，需要对共偏移距数据体沿中心点坐标确定中心点束中心位置 L_{m}，如图 2－19。

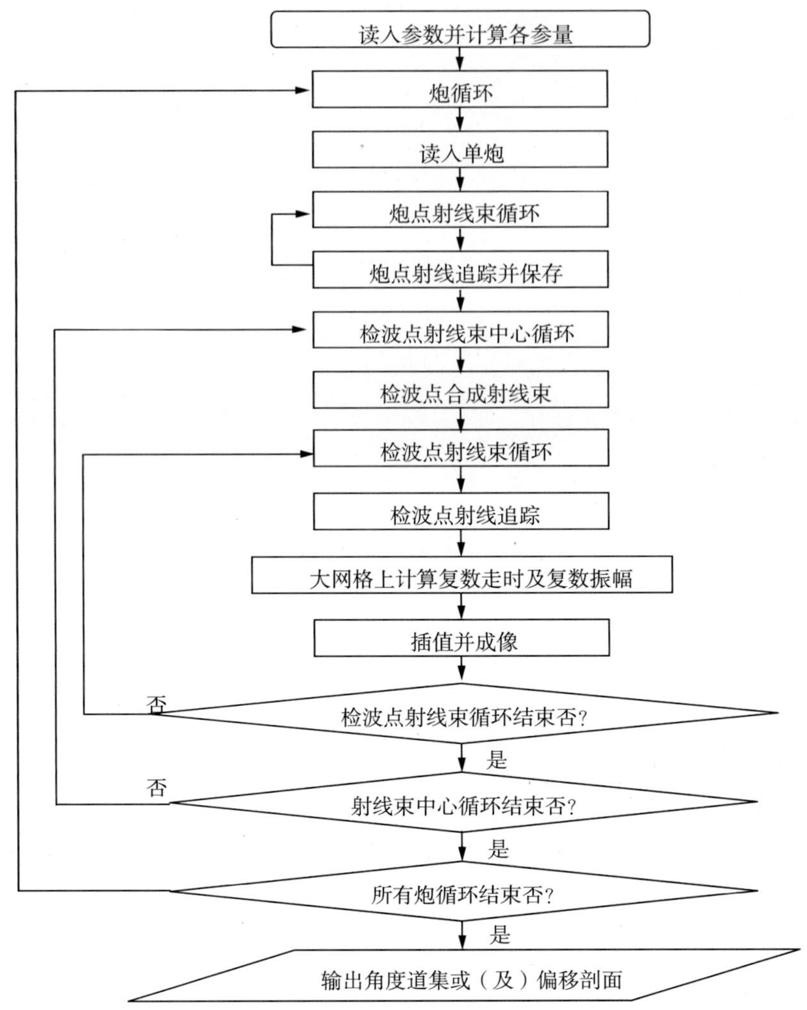

图 2－18　炮域高斯束叠前深度偏移实现流程

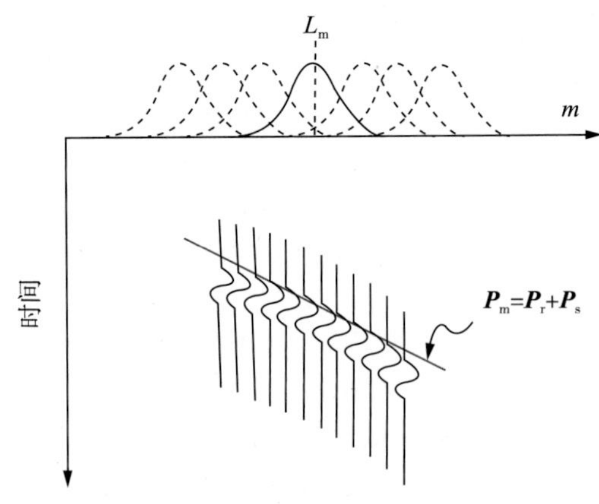

图 2－19　共偏移距道集高斯束分解

对于每一个共偏移距，定义了束中心后，即可将中心位置在束中心周围局部有效范围内的震源和检波点处的格林函数利用高斯束表达，其实现过程示意图如图2-20。

$$
\begin{aligned}
G(x,x_s,\omega) &= \frac{i\omega}{2\pi}\iint \frac{\mathrm{d}p_{sx}\mathrm{d}p_{sy}}{p_{sz}} U_{GB}(x,L_m-h,P_s,\omega)\exp[-i\omega P_s\cdot(m-L_m)] \\
G(x,x_r,\omega) &= \frac{i\omega}{2\pi}\iint \frac{\mathrm{d}p_{rx}\mathrm{d}p_{ry}}{p_{rz}} U_{GB}(x,L_m+h,P_r,\omega)\exp[-i\omega P_r\cdot(m-L_m)]
\end{aligned}
\tag{2-143}
$$

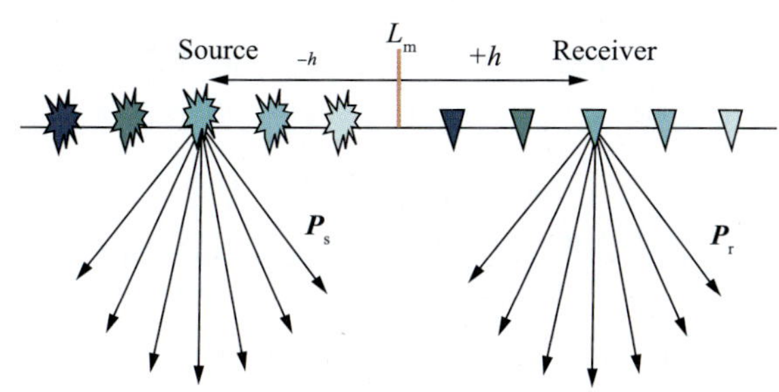

图2-20　共偏移距域高斯束叠前深度偏移原理(岳玉波，2011)

将式(2-143)代入式(2-142)，即可得到最终的偏移距域高斯束叠前深度偏移表达式，

$$
I_{co}(x) = -\frac{\sqrt{3}}{8\pi^2}\left(\frac{\omega_r\Delta L}{w_0}\right)^2\int \mathrm{d}h\sum_{L_m}\int\omega^2\mathrm{d}\omega\int\mathrm{d}P_s\int\mathrm{d}P_r\ U_{GB}^*(x,L_m+h,P_r,\omega) D_h(L_m,P_m,\omega) \tag{2-144}
$$

其中，$P_m=P_s+P_r$ 为中心点射线参数，$D_h(L_m,P_m,\omega)$ 为共偏移距道集的加高斯窗局部倾斜叠加变换，

$$
D_h(L_m,P_m,\omega) = \left(\frac{\omega}{\omega_r}\right)^3\int \mathrm{d}r\ u(h,m,\omega)\exp\left[i\omega P_m\cdot(m-L_m) - \left|\frac{\omega}{\omega_r}\right|\frac{|m-L_m|^2}{2w_0^2}\right] \tag{2-145}
$$

前面两节分别给出了共炮道集及共偏移距道集的高斯束叠前深度偏移成像公式，其核心计算部分是高斯束积分的计算。以共炮道集偏移为例，单个射线束中心的偏移，

$$
I_{cs}(x,L_r,\omega) = \omega^3\int\mathrm{d}P_s\int\mathrm{d}P_r\ U_{GB}^*(x,x_s,P_s,\omega)\times U_{GB}^*(x,L_r,P_r,\omega)D_s(L_r,P_r,\omega) \tag{2-146}
$$

对于每个束中心位置{
　　加高斯窗局部倾斜叠加，计算并保存震源点和接收点出射的高斯束
　　对于每个震源点射线参数{
　　　　对于每个接收点射线参数{
　　　　　　对于成像孔径内的每个成像点{
　　　　　　　　利用倾斜叠加道根据高斯束信息插值成像
　　　　　　}成像点循环结束
　　　　}接收点射线参数循环结束

}震源点射线参数循环结束

}束中心位置循环结束

对于每一个地表的射线束中心偏移，根据式(2-146)的积分可将其计算过程描述如下：

该计算过程直接实现式(2-146)所描述的积分表达，但直接计算上式得不到较高的计算效率。以单个成像数据体为例，假设可以划分 nb 个束中心位置，震源和接收点的高斯束数目分别为 nP_s 和 nP_r，则上述算法约需要 $nb \times nP_s \times nP_r \times$ 单个高斯束对应的局部孔径成像计算量。

Hill(2001)针对上述问题，提出了一种具有较高计算效率的高斯束偏移实现方法，其基本思想是利用最速下降法求取积分鞍点从而将积分进行降维以提高计算效率。其基本实现过程如下：首先将积分变量由震源、接收点射线参数转化为中心点、偏移距域射线参数，此时式(2-146)变为：

$$I_{co}(x,L_r,\omega) = \frac{\omega^2}{4}\int \mathrm{d}P_m\, I_{ch}(x,L_r,P_m,\omega)D_s(L_r,P_r,\omega) \tag{2-147}$$

其中

$$\begin{aligned} I_{ch}(x,L_r,P_m,\omega) &= \int \mathrm{d}P_h\, U_{GB}^*(x,x_s,P_s,\omega) \times U_{GB}^*(x,L_r,P_r,\omega) \\ &= \int \mathrm{d}P_h\, A(x,P_m,P_h) \times \exp[-i\omega T^*(x,P_m,P_h)] \end{aligned} \tag{2-148}$$

上式中，$A(x,P_m,P_h)$ 为震源和接收点高斯束的振幅乘积，$T(x,P_m,P_h)$ 为复值走时之和。Hill(2001)证明了式(2-148)所示积分的鞍点对应着令 $T(x,P_m,P_h)$ 中虚值走时最小的 P_h，如图2-21所示。

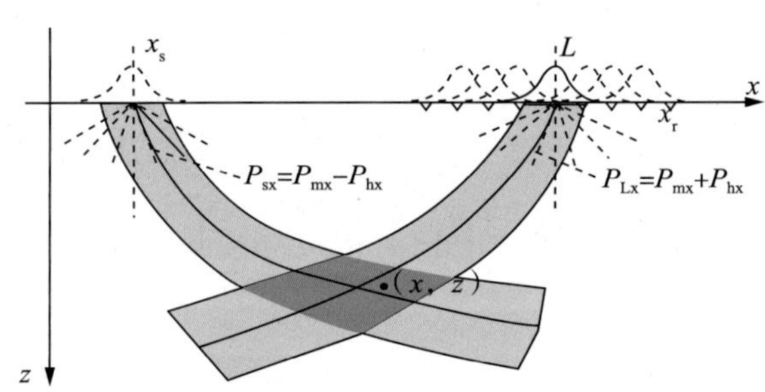

图2-21　高斯束偏移实现过程

并给出了上述积分的渐进解，

$$I_{ch}(x,L_r,P_m,\omega) \approx \frac{A_0}{\omega}\exp(-i\omega T_0^*) \tag{2-149}$$

其中，A_0 为震源高斯束同接收点高斯束之和，T_0 为对应高斯束虚值走时之和最小值。

上式对应的计算流程可表达为：

对于每个束中心位置{

　　加高斯束窗局部倾斜叠加，计算并保存震源点和接收点出射的高斯束

　　对于每个中心点射线参数{

　　　　对于每个粗网格{

　　　　　　扫描得到对应虚值走时最小的偏移距射线参数

　　　　}粗网格循环结束

对于成像孔径内的每个成像点{

利用扫描得到的偏移距射线参数对应的倾斜叠加道，根据高斯束信息插值成像

}成像点循环结束

}束中心射线参数循环结束

}束中心位置循环结束

基于上述流程的计算量可大致估算为：$nb \times (nP_s + nP_r - 1) \times$（局部孔径的成像运算 + 粗网格上最小虚值走时的搜索）。虽然粗网格上的搜索运算需要一定的计算量，但总的来说该算法的计算量大大减少，可得到更为实用的高斯束叠前深度偏移实现流程。

利用 Sigsbee2a 模型来测试上述算法。Sigsbee2a 层速度模型如图 2 - 22(a) 所示，纵横向间隔分别为 37.5ft，25.0ft(英尺)。正演记录共 500 炮，单炮最大道数为 348 道，炮间距为 75.0ft，道间隔为 75.0ft。模型中部盐丘的陡倾边界、盐丘下断层以及高速绕射体是成像的关键。

从图 2 - 22(b)可以看到高斯束偏移对盐丘的陡倾边界以及盐下的高速绕射体均进行了较好的成像。

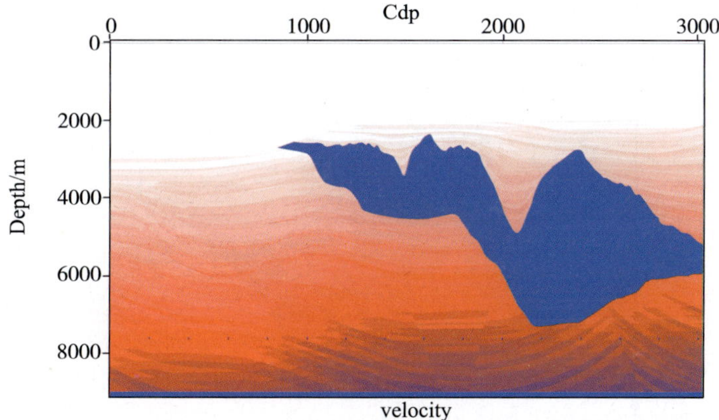

图 2 - 22(a) Sigsbee2a 层速度模型

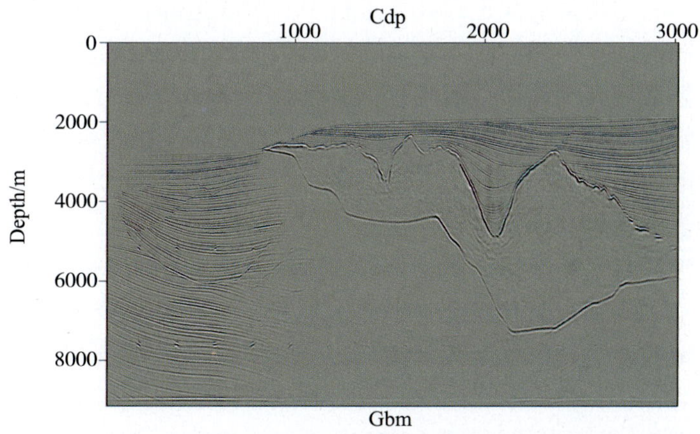

图 2 - 22(b) Sigsbee2a 高斯束叠前深度偏移结果

二、起伏地表高斯束偏移技术

复杂地表问题是陆上地震勘探常遇到的棘手问题，地表高程起伏及近地表速度的横向变化给常规地震数据处理带来了很大的困扰。简单情况下可以通过常规的静校正来消除起伏地表的影响，但是当地表高程起伏较大，且近地表速度横向变化剧烈时，常规静校正所基于的地表一致性假设不再满足，经过静校正后的偏移成像的质量有所降低。

为了解决复杂地表条件下的成像问题，波动类方法走出了一条利用波场延拓的基准面重构路线。其本质上都是通过一定的改进使传统的波场延拓方法能间接地适应起伏地表情况，其实现往往需要额外的计算量并且需要准确已知近地表速度。与波动类方法不同，射线类偏移方法往往具有较强的灵活性，很容易适应复杂的地表条件。Gray(2005)首先提出了一种适应于复杂地表条件的高斯束偏移方法，即利用单个高斯窗内接收点高程变化相对较小的特点，提出了一种适应于复杂地表条件的局部静校正高斯束偏移方法，其基本思想是通过简单的高程静校正将高斯窗内接收点的高程校正到束中心所在的基准面上，然后在此基准面上进行局部平面波的分解以及延拓成像(图2－23)。

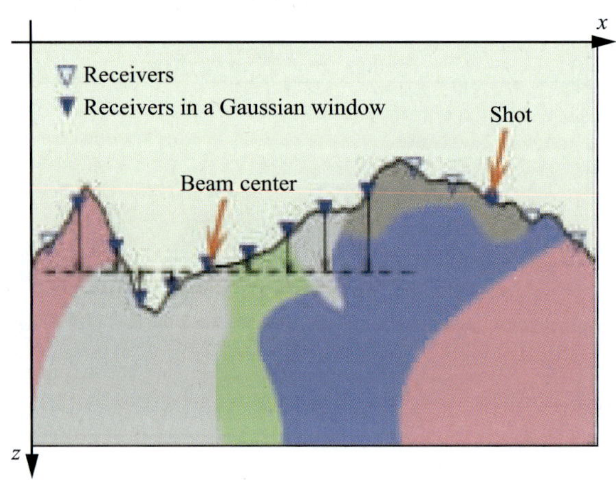

图2－23　局部静校正高斯束偏移(Gray，2005)

由于高斯束偏移利用初值射线追踪技术进行中心射线追踪，保持了常规射线追踪的高效灵活且没有倾角限制的优点。相对于水平地表，起伏地表高斯束偏移只需引进高程管理来限制每条射线的运行轨迹使其不超出地表高程面，且在局部平面波分解时考虑起伏地表影响，即可实现起伏地表情况下的高斯束分解及传播，因此容易将其推广到起伏地表偏移中。

1. 起伏地表射线追踪

在基于水平地表的常规高斯束叠前深度偏移实现方案的基础上，进行起伏地表高斯束偏移只需引进高程管理，将任意介质中的初值射线追踪算法发展到非水平地表，且在进行高斯束分解时考虑起伏地表问题，从物理上与采集数据相匹配，即可实现起伏地表高斯束偏移，而不需做由于起伏地表而进行的复杂的延拓。初值射线追踪算法能很好地适应非水平地表问题，相对于水平地表偏移，只需利用地表高程对射线追踪的终止点在起伏地表面进行控制即可，其实现策略见图2－24示意图，图2－25是将射线追踪技术应用到二维洛基山脉山前带起伏地表模型单炮射线追踪的结果。起伏地表射线追踪应用于高斯束偏移中能够很好地回避常规处理的静校正问题，成像精度得到了保证。同时也为后续基于起伏地表角度道集提取及层析速度反演提供了相匹配的成像算法。

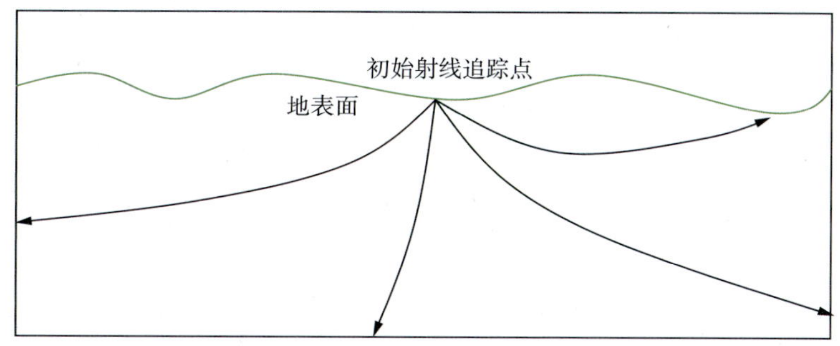

图 2－24　起伏地表射线追踪示意图

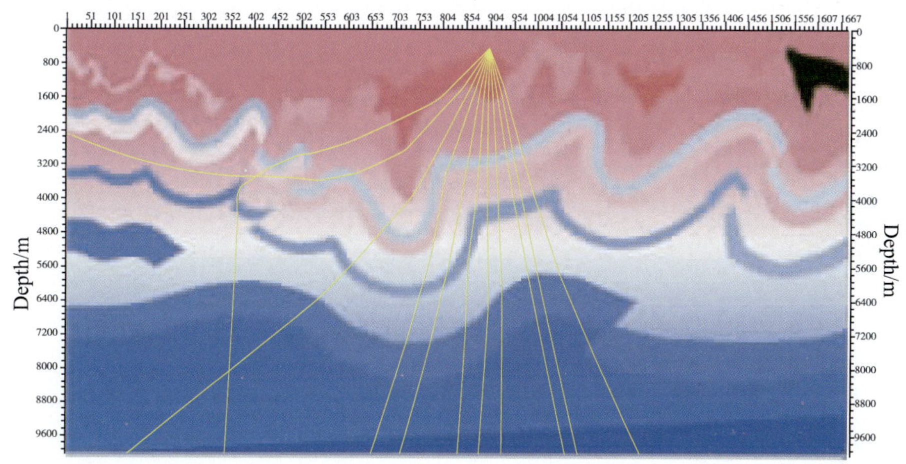

图 2－25　洛基山脉山前带二维模型初值射线追踪

2. 起伏地表高斯束分解

起伏地表射线追踪定义了高斯束在地下构造中的传播方向，而在此之前需要先合成与射线追踪初始入射方向相一致的地表高斯束，也就是起伏地表情况下的高斯束分解。

起伏地表情况下的高斯束分解（即加高斯窗的局部倾斜叠加）与水平地表时的高斯束分解的不同之处在于倾斜叠加时需要引进高程差，如图 2－26 所示，根据不同方向的平面波到达接收点 x_r 与束中心 L 的走时延迟，将格林函数 $G(x,x_r,\omega)$ 通过 L 处出射的高斯束 $u_{GB}(x,L,\omega)$ 的积分来近似表示，

$$G(x,x_r,\omega) \approx \frac{i}{4\pi}\int \frac{\mathrm{d}p_{LX}}{p_{LZ}} u_{GB}(x,L,\omega)\ \exp[-i\omega P_L \cdot (x_r - L)] \tag{2-150}$$

其中，$P_L = (p_{LX},p_{LZ}) = \left(\frac{\sin\beta_L}{V_r},\frac{\cos\beta_L}{V_r}\right)$ 代表着高斯束中心位置的初始慢度，即局部平面波的出射方向，β_L 为出射角度，假设实际接收点 x_r 与高斯束中心位置 L 的高程差为 h ，则式(2－150)可以改写为：

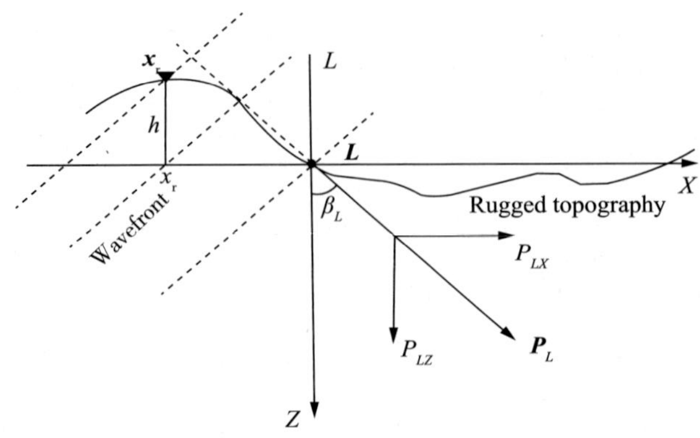

图 2-26　起伏地表高斯束分解示意图(岳玉波，2011)

$$G(x,x_r,\omega)\approx\frac{i}{4\pi}\int\frac{\mathrm{d}p_{LX}}{p_{LZ}}u_{GB}(x,L,\omega)\exp[-i\omega(p_{LX}(x_r-L)+p_{LZ}h)]\quad(2-151)$$

从上式可以看出，相较于水平地表情况，起伏地表的高斯束分解引进了 $p_{LZ}h$ 项，以校正由于地表起伏影响带来的局部平面波分解时的相位差。因此，可以最终得到起伏地表高斯束波场延拓公式，

$$U(x,x_s,\omega)=\frac{\omega\Delta L}{2\pi\sqrt{2\pi}w_0V_L}\sum_L\int\frac{\mathrm{d}p_{LX}}{p_{LZ}}A_L^*\exp[-i\omega T_L^*]D_s(L,p_{LX},\omega)\quad(2-152)$$

其中，

$$D_s(L,p_{LX},\omega)=\left|\frac{\omega}{\omega_r}\right|^{1/2}\int\mathrm{d}S\cos(\beta_L-\alpha_r)\,U(x_r,x_s,\omega)\exp[i\omega(p_{LX}(x_r-L)+p_{LZ}h)-\left|\frac{\omega}{\omega_r}\right|\frac{(x_r-L)^2}{2w_0^2}]$$

表示起伏地表高斯束分解。从上式可以看出，不同于常规的局部倾斜叠加之处在于其包含了起伏地表的高程以及倾角信息，可以直接在起伏地表面进行局部平面波合成。当近地表速度剧烈变化时，可以通过接收点处的近地表速度来计算上式中的相移量，以此提高局部平面波分解的精度。

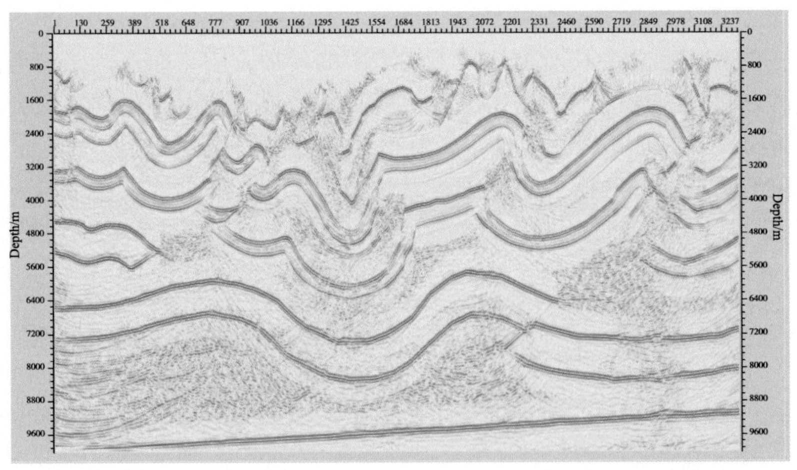

图 2-27　洛基山脉山前带模型起伏地表高斯束偏移结果

对二维的洛基山脉山前带模型（简称加拿大模型，见图 2－25）做测试，证明该方法的有效性。加拿大模型数据共 278 炮，中间放炮，每炮共 240 道，炮间距为 90m，炮道集中的偏移距间距为 15m，道长 1200，4ms 采样，最大偏移距 3600m。

从图 2－27 可以看出，起伏地表高斯束偏移很好地适应了非水平地表数据，完全满足构造成像的需求。在进一步的发展中，可以考虑结合起伏地表高斯束偏移及基于起伏地表高斯束偏移角度道集（后续章节中讨论）的层析速度反演技术，应用于山前带的速度建模及偏移成像。

三、束优选高斯束偏移技术

常规高斯束叠前深度偏移技术保持了 Kirchhoff 偏移与波动方程偏移的诸多共同优点，已成为一种复杂构造高精度成像的有力工具。作为束偏移技术的理论基础，高斯束偏移在工业界的应用中发展出了多种“加强版”的特色偏移技术，包括诸如快速束偏移技术（Fast Beam Migration，FBM），控制束偏移技术（Controlled Beam Migration，CBM）等。其中，FBM 技术主要应用于快速速度建模，其偏移效率相较于 Kirchhoff 偏移可提高至少一个数量级以上；而 CGGVeritas 公司所研发的 CBM 技术在提高成像信噪比及改进高陡构造成像质量方面有明显优势。

高斯束偏移需要利用局部倾斜叠加合成与初始入射高斯束方向一致的局部平面波，即线性局部 $\tau-p$ 变换（式 2－153）。将原始数据（如炮道集）分解为局部平面波数据，然后对每个局部平面波数据利用其初始入射角所确定的高斯束进行延拓并成像。局部倾斜叠加得到平面波数据，同时也压制了原始数据的随机噪声，提高了数据信噪比。

$$F(\tau,p) = \int_{x_1}^{x_2} f(t = \tau + px, x)\,\mathrm{d}x \tag{2-153}$$

其中，$f(t,x)$ 代表输入数据（如炮道集），积分范围 x_1 与 x_2 确定了局部 $\tau-p$ 变换的输入范围，p 代表变换后的平面波分量的方向，同时也确定了该平面波分量对应的高斯束初始入射角度。

利用相似系数（式 2－154）可以在 $\tau-p$ 变换时判断原始数据局部同相轴的相干程度，从而在高斯束延拓及成像时区分该合成的平面波数据是“噪声”还是“信号”，仅对“信号”进行高斯束延拓及成像可以明显提高高斯束成像信噪比（图 2－28）。

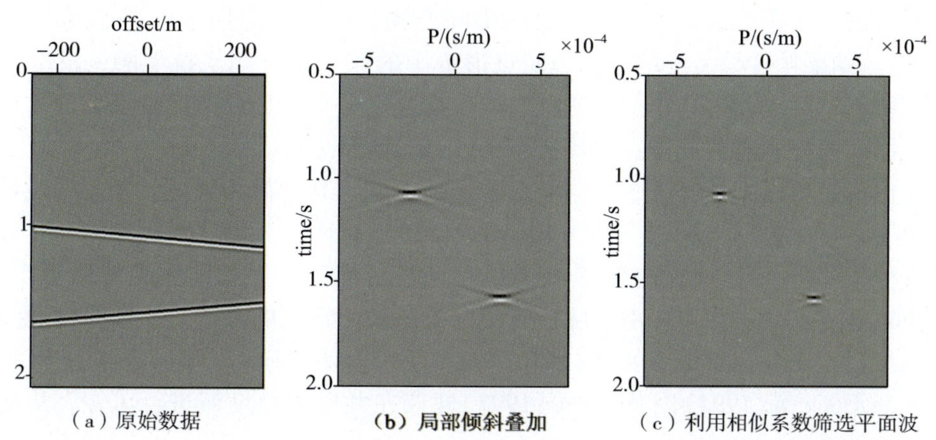

（a）原始数据　　**（b）局部倾斜叠加**　　（c）利用相似系数筛选平面波

图 2－28　利用相似系数筛选合成的局部平面波

$$s(\tau_i,p_j)=\frac{\sum_{w}\left[\sum_{k=1}^{N}f(\tau_i+p_jX_k,X_k)\right]^2}{N\sum_{w}\sum_{k=1}^{N}\left[f(\tau_i+p_jX_k,X_k)\right]^2} \tag{2-154}$$

实际处理时，可以对相似系数设置一个阀值，只有相似系数大于该阀值的平面波分量才被认为是“信号”进而参与高斯束延拓及成像。对原始数据在局部平面波分解时进行信噪分离使得高斯束偏移方法相对于其他偏移方法可以明显提高成像信噪比(图 2－29)，这一优点在低信噪比数据的成像处理中尤为重要。

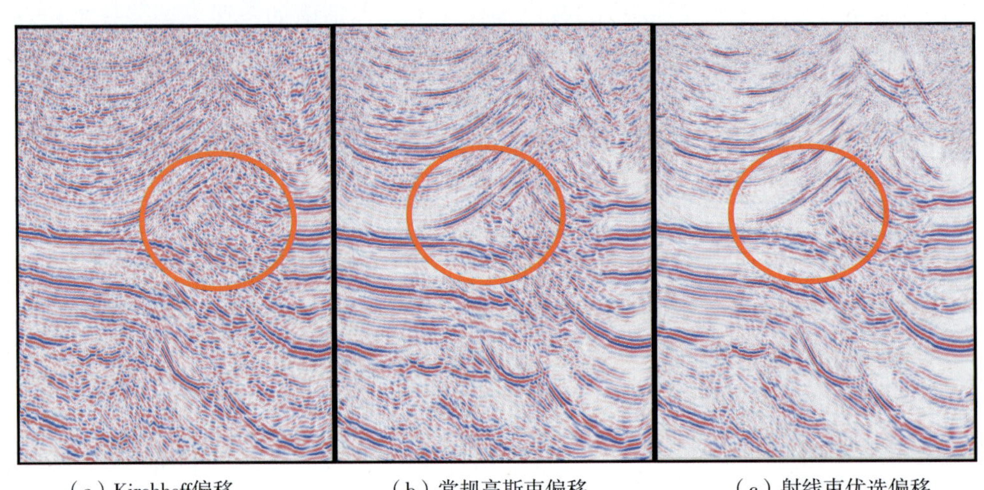

（a）Kirchhoff偏移　（b）常规高斯束偏移　（c）射线束优选偏移

图 2－29　某山前带低信噪比数据，利用射线束优选偏移提高成像信噪比

第三节　基于高斯束偏移的角度道集提取技术

共成像点道集是叠前偏移的一个重要的中间产物，其广泛应用于层析速度分析及 AVO 或 AVA 分析。如果速度模型准确，共成像点道集中的同相轴应当是拉平的，反之会发生弯曲。根据此特点，可以利用共成像点道集进行偏移速度分析。如果速度模型准确且偏移算法是保幅的，那么可以利用共成像点道集进行 AVO 或 AVA 分析。

共成像点道集根据偏移算法的不同有多种排列方式，其中最为常见的是偏移距域共成像点道集(ODCIGs)及炮域共成像点道集(SDCIGs)，其分别对应于共偏移距 Kirchhoff 偏移及炮域的波动方程偏移(WEM)或逆时偏移(RTM)。在目前的工业界叠前深度偏移生产应用中，基于 Kirchhoff 偏移提取 ODCIGs 用于层析速度分析是最为常见的。但是，在强横向变速情况下，地下的多波至现象会造成 SDCIGs 和 ODCIGs 存在运动学和动力学上的假象。为了避免这些假象，de Hoop 等(1994)以及 Xu 等(1998)建议在共反射角度域进行成像，从而需要提取角度域共成像道集(ADCIGs)。

高斯束叠前深度偏移可以比较方便地输出角度域共成像点道集，这个优点归结于其射线追踪所得到的高斯束有效范围内的走时信息。在某个成像点上，通过走时的空间导数可以求出波矢量，结合炮点射线及检波点射线的波矢量可以求得相应的角度信息。比如可以提取某个炮检对的倾角 - 方位角，也可以提取反射角（张角）- 方位角。这里我们讨论提取反射角 - 方位角。

一、反射张角与方位角的定义

偏移距域高斯束偏移与 Kirchhoff 偏移一样，由于对原始数据进行偏移距分组，因此可以很自然地输出偏移距域共成像点道集；同时，由于高斯束偏移需要事先进行倾斜叠加，从而得到地表的出射平面波方向，因此亦可以很方便地提取共入射角（数据域）成像道集。那么，高斯束偏移是否能同样方便高效地提取地下成像点的反射张角与方位角呢？初值射线追踪所蕴藏的角度信息以及高斯束函数所表达的局部空间光滑走时场为角度道集的提取提供了方便。

一种估计地下成像点的反射张角及方位角的有效且高效的手段，首先是得到从炮点入射到成像点的局部射线慢度 $\boldsymbol{p}_{\mathrm{s}}$ 及从检波点反向入射到成像点的局部射线慢度 $\boldsymbol{P}_{\mathrm{r}}$，之后通过两者之间的代数运算即可求得成像点处的局部入射角与反射角。而射线慢度的求取则可以通过高斯束函数的走时梯度计算得到（如图 2 - 30 所示）。定义三维情况下成像点处的反射张角（反射角的两倍）与反射方位角 φ，

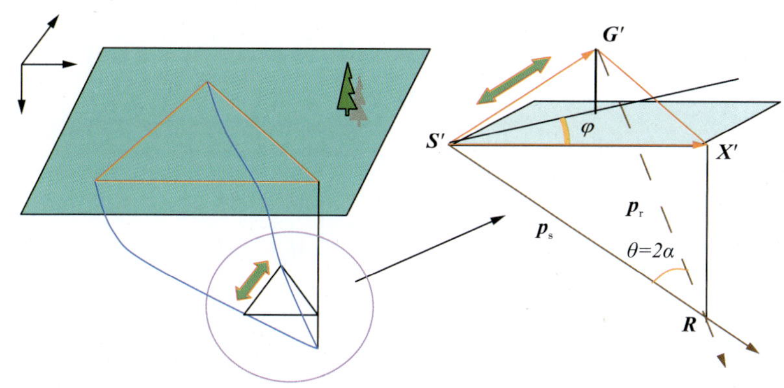

图 2 - 30　共成像点处反射张角与方位角定义

则反射角及方位角可以通过如下运算得到：

$$\cos\theta = \cos(2\alpha) = \frac{\boldsymbol{P}_{\mathrm{s}} \cdot \boldsymbol{P}_{\mathrm{r}}}{|\boldsymbol{P}_{\mathrm{s}}||\boldsymbol{P}_{\mathrm{r}}|} \tag{2-155a}$$

及

$$\cos\varphi = \frac{(\boldsymbol{z} \times \boldsymbol{P}_{\mathrm{sr}}) \cdot (\boldsymbol{z} \times \boldsymbol{x})}{|\boldsymbol{z} \times \boldsymbol{P}_{\mathrm{sr}}||\boldsymbol{z} \times \boldsymbol{x}|} = \frac{(\boldsymbol{P}_{\mathrm{sr}} \times \boldsymbol{z}) \cdot \boldsymbol{y}}{|\boldsymbol{z} \times \boldsymbol{P}_{\mathrm{sr}}|} \tag{2-155b}$$

其中，$\boldsymbol{P}_{\mathrm{sr}} = \boldsymbol{P}_{\mathrm{s}} - \boldsymbol{P}_{\mathrm{r}}$，$\boldsymbol{x} = (1,0,0)$，$\boldsymbol{y} = (0,1,0)$，$\boldsymbol{z} = (0,0,1)$。

需要注意的是，这里定义的方位角是指炮检点矢量差 $\boldsymbol{P}_{\mathrm{sr}}$ 在 $x - y$ 平面内的投影相对于 x 坐标轴的旋转角 φ，此时的参考方向（起始方位角方向）是单位向量 $\boldsymbol{x} = (1,0,0)$ 所指方向，即 x 轴方向。实际操作中，当然可以取其他方向为参考方向，如 y 轴方向。

二、反射张角与方位角的计算

求取反射张角与方位角需要事先得到方向矢量 $\boldsymbol{P}_s$ 及 $\boldsymbol{P}_r$，而高斯束函数通过运动学射线追踪及动力学射线追踪可以得到局部空间的光滑走时场，从而进一步通过走时的空间导数可以得到方向矢量。

某个成像点处的波矢量方向可以表示为走时的空间导数：

$$\boldsymbol{P} = \nabla t = \left(\frac{\partial t}{\partial x},\frac{\partial t}{\partial y},\frac{\partial t}{\partial z}\right) \tag{2-156}$$

若得到空间走时场 $\boldsymbol{t}(\boldsymbol{x},\ \boldsymbol{y},\ z)$，则最方便的方式是直接差分求解得到方向矢量 $\boldsymbol{P}$。而由于高斯束函数的特殊性，可以进一步解析表达方向矢量，而不需要通过差分求解：

为讨论的完整性，三维高斯束函数：

$$u(s,q_1,q_2) = \sqrt{\frac{v(s)\det\boldsymbol{Q}(s_0)}{v(s_0)\det\boldsymbol{Q}(s)}}\exp\left[i\omega\left(\tau(s) + \frac{1}{2}\boldsymbol{q}^T\frac{\boldsymbol{P}(s)}{\boldsymbol{Q}(s)}\boldsymbol{q}\right)\right] \tag{2-157}$$

其中，ω 是圆频率，$v(s)$ 和 $\tau(s)$ 分别代表中心射线上的速度与走时。$\boldsymbol{q}^T = (q_1,q_2)$ 表示射线中心坐标系中的坐标分量。$\boldsymbol{P}(s)$ 与 $\boldsymbol{Q}(s)$ 是 2×2 的动力学参量复值矩阵，决定着高斯束传播的波前曲率。假设

$$\boldsymbol{M}(s) = \frac{\boldsymbol{P}(s)}{\boldsymbol{Q}(s)}$$

如图 2－31，假设空间中一点 Q，其三维射线中心坐标分量如图所示，从高斯束函数可以得到实值走时表达式：

$$T(Q) = T(R) + \frac{1}{2}\boldsymbol{q}^T Re(\boldsymbol{M})\boldsymbol{q} = T(R) + \frac{1}{2}\sum_{i,j=1}^{2} q_i q_j M_{i,j} \tag{2-158}$$

其中，

$$Re\left(\frac{\boldsymbol{P}(s)}{\boldsymbol{Q}(s)}\right) = Re(\boldsymbol{M}) = \begin{bmatrix} M_{11} & M_{12} \\ M_{21} & M_{22} \end{bmatrix} \tag{2-159}$$

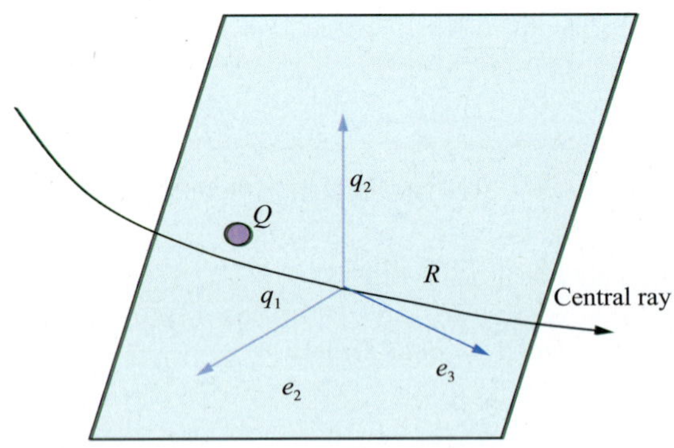

图 2－31　三维射线中心坐标系

为了求 Q 点的慢度向量 $\boldsymbol{P}$，对式(2－158)求空间导数：

$$\boldsymbol{P}(Q) = \frac{\partial T(Q)}{\partial x} \tag{2-160}$$

将式(2－158)代入式(2－160)，得：

$$
\begin{aligned}
P_k(Q) &= \frac{\partial T(Q)}{\partial x_k} = \frac{\partial T(R)}{\partial x_k} + \frac{1}{2}\sum_{i,j=1}^{2}\left(q_i \frac{\partial q_j}{\partial x_k} + q_j \frac{\partial q_i}{\partial x_k}\right)M_{i,j} \\
&= P_k(R) + \frac{1}{2}\sum_{i,j=1}^{2}\left(q_i \frac{\partial q_j}{\partial x_k} + q_j \frac{\partial q_i}{\partial x_k}\right)M_{i,j} \quad (k = 1,2,3)
\end{aligned}
\tag{2-161}
$$

则可以解析地表达空间中任意一点相对于某个高斯束的慢度向量，从而进一步可以计算得到任意一点处的反射张角及方位角。

值得注意的是，求取式(2－161)的额外计算量是很小的。其中，$P_k(R)$ 代表着中心射线上对应点的慢度向量，由运动学射线追踪得到；而矩阵 $\boldsymbol{M}$ 及射线中心坐标系分量 q_1, q_2 均在动力学射线追踪过程中获得，不需要额外的计算量。

为了验证该算法提取角度道集的正确性，设计了如下模型及三维全方位观测系统，如图 2－32 所示。该模型包含两个水平反射层，炮点位于单炮的正中心。利用高斯束偏移提取方位/反射张角道集，方位角分成 8 个，间隔 45°；反射张角从 0°到 60°共分成 30 道，每道角度间隔 2°。

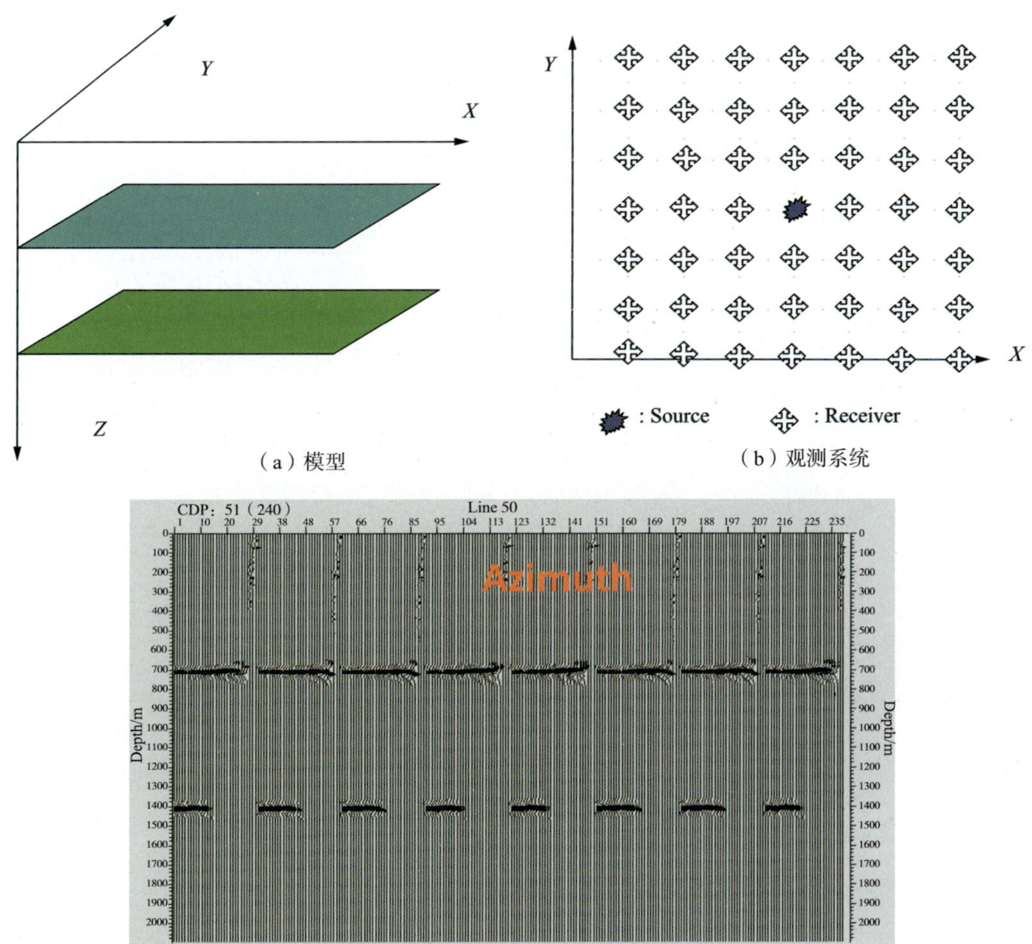

（a）模型　　（b）观测系统

（c）高斯束偏移提取方位/反射角度道集，该道集位于模型中心

图 2－32　三维全方位角数据高斯束偏移提取方位/反射角度道集

第四节　模型测试及实际资料处理

一、3D 模型高斯束偏移测试

图 2 - 33(a)为经典三维 SEG/EAGE 盐丘模型 Inline 方向某一速度场剖面，图 2 - 33(b)为高斯束叠前深度偏移获得的成像剖面，可以看到，整体的构造成像效果还是可以的，几个主要的地层及陡构造都得到了有效的归位，提取的偏移距域共成像点道集[图 2 - 33(c)]及角度域共成像点道集[图 2 - 33(d)]同相轴均得到了拉平。图 2 - 34 及图 2 - 35 是另外两条 inline 线的高斯束偏移结果，可以看出，盐丘陡构造边界及盐下边界均得到较好地成像。

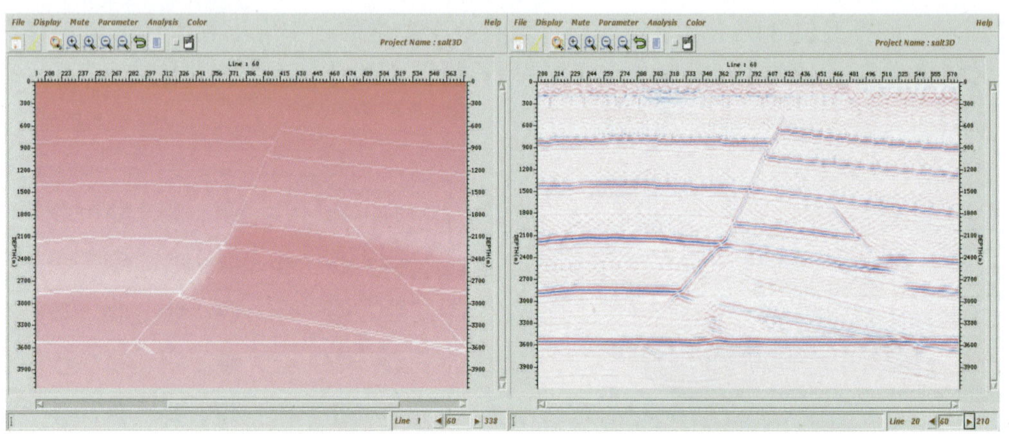

(a) SEG盐丘模型某条线速度模型　　(b) 高斯束偏移剖面

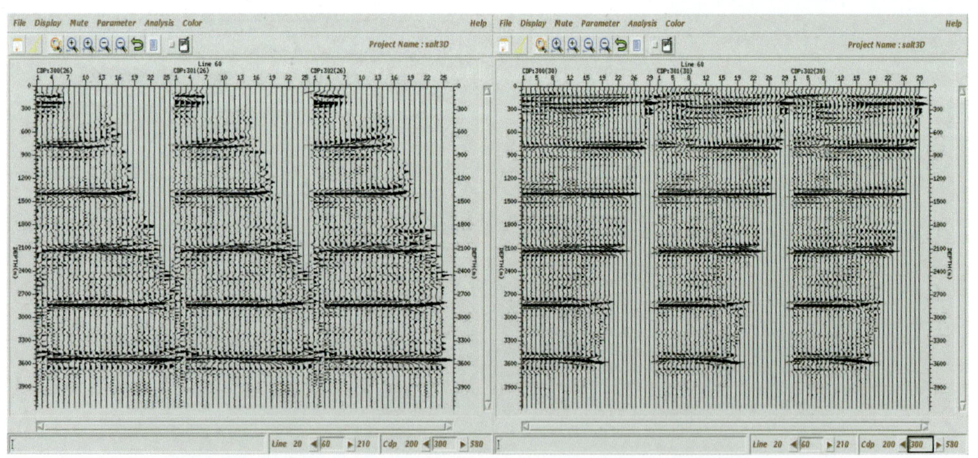

(c) 高斯束偏移提取ODCIGs　　(d) 高斯束偏移提取ADCIGs

图 2 - 33　SEG/EAGE 盐丘模型某条 inline 线高斯束偏移及成像道集提取

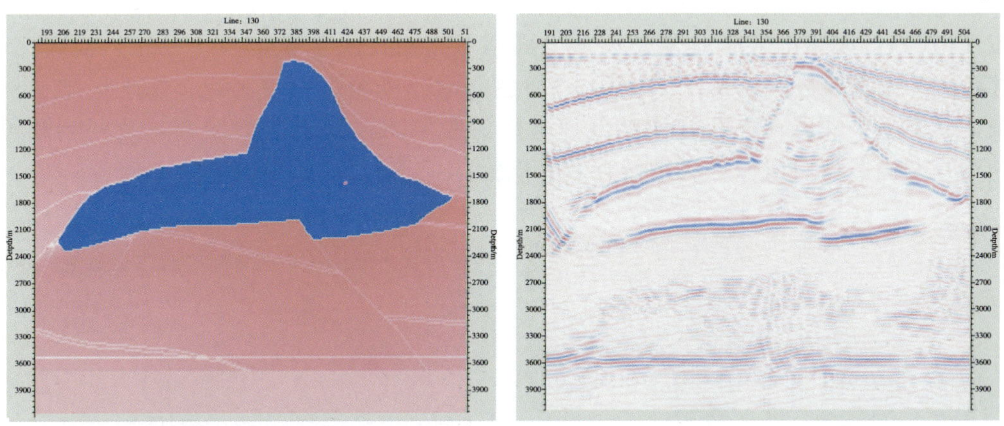

（a）SEG盐丘模型某条线速度模型　　（b）高斯束偏移剖面

图 2－34　SEG/EAGE 盐丘模型某条 inline 线高斯束偏移

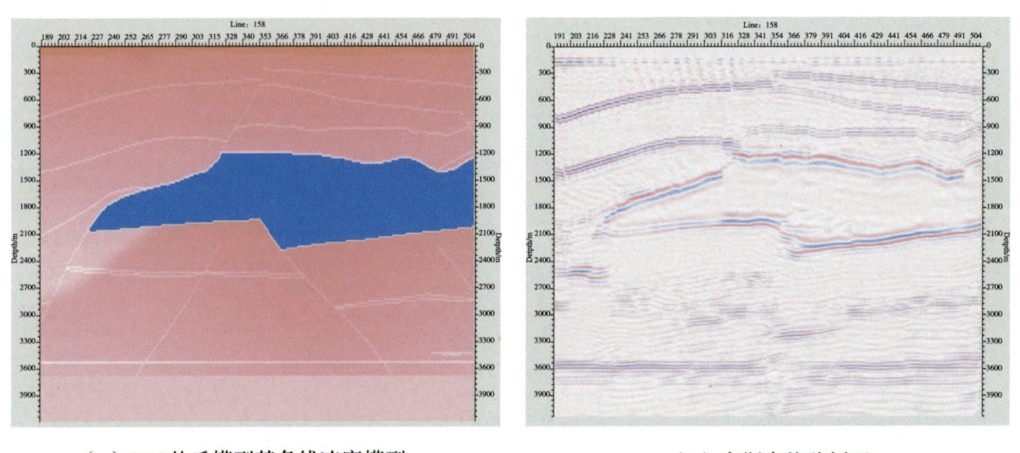

（a）SEG盐丘模型某条线速度模型　　（b）高斯束偏移剖面

图 2－35　SEG/EAGE 盐丘模型某条 inline 线高斯束偏移

二、实际资料处理

1. 川东北数据

所处理工区位于四川盆地东北部，构造位置属于川东断褶带的一部分，位于该断褶带的西北端，与盆缘大巴山褶皱山系相邻，介于大巴山推覆带前缘褶断带、川中隆起带北东端与川东断褶带北段之间的过渡地段。

工区以山地为主，总体地形呈北高南低，地形险峻，悬崖峭壁众多，树林茂密，荆棘丛生，施工极为困难。表层地震地质条件表现为工区地表切割剧烈，山脉多为南北走向，出露多为侏罗系地层，激发条件尚可。工区内地表接收条件差异较大，有些地段基岩出露，有些地段森林密布，处在山头上和悬崖上的接收道受风吹草动，容易产生高频干扰。深层地震地质条件表现为沉积层厚度大、旋回多、变质弱的特点。

从地震资料反射条件看，海相地层从寒武系到三叠系都存在良好的波阻抗界面，可获得连续性较好的反射波组；陆相地层需家河组及白田坝、沙溪庙组反射条件也较好。三叠系下统嘉陵江组(T1j)属膏盐柔皱地层，反射界面褶皱严重，反射系数极不稳定，信噪比较低，连续性较差，勘探难度大。从图2-36(a)所建立的速度模型可以看出，该地区地质构造比较复杂，尤其是中深层存在比较厚的低速膏岩滑脱层，在膏岩层下发育一系列陡倾角的褶皱，这种复杂构造可对成像算法进行有效的检验。

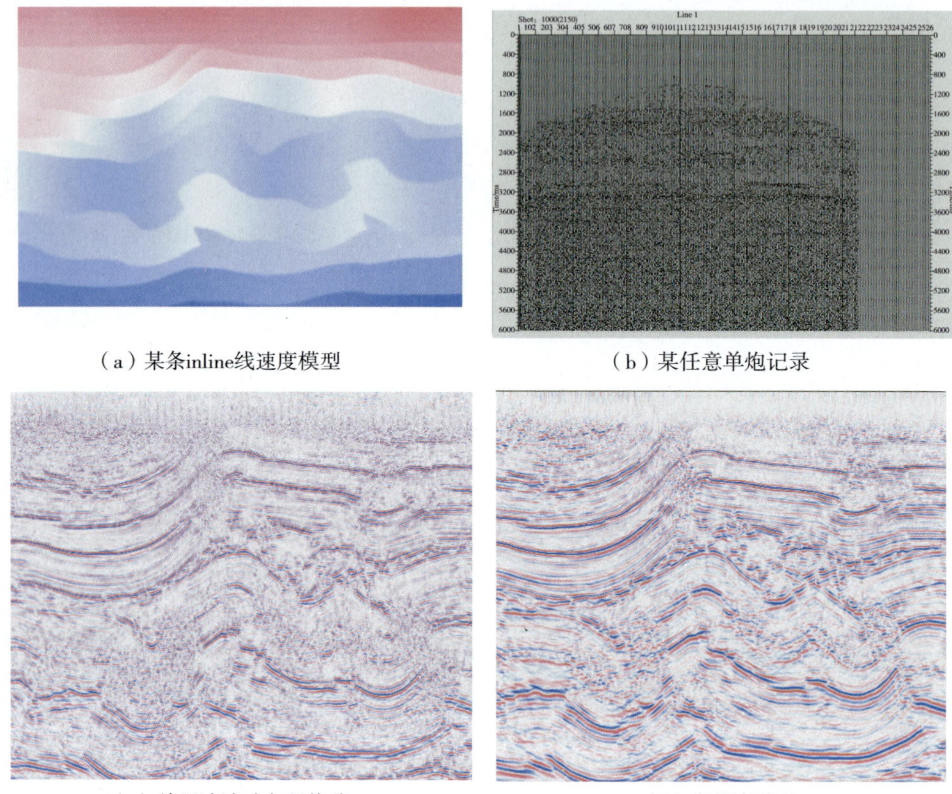

(a) 某条inline线速度模型　(b) 某任意单炮记录

(c) 单程波波动方程偏移　(d) 高斯束偏移

图2-36　川东北某实际资料高斯束偏移结果

图2-36是该实际数据的偏移结果。可以看出，高斯束叠前深度偏移的剖面信噪比更高，同相轴的连续性更好，剖面中部背斜构造下的弱能量同相轴目标区成像效果更好，该结果说明高斯束叠前深度偏移具有很高的精度及较高成像信噪比的特点。

2. 南方山前带数据

另一个实际资料实例选自南方复杂山前带南江工区，在前期叠前时间偏移剖面处理的基础上建立了初始深度域模型，进行了模型迭代更新，得到了最终速度模型，并进行了高斯束偏移和Kirchhoff叠前深度偏移，取得了比前期叠前时间偏移成像质量更高的处理结果。

南江三维地震资料处理工区位于四川省境内，本区地质构造复杂，地层倾角大，上部构造层为单斜地层，中下变形层断层十分发育，主要的逆冲断层都消减于膏盐岩层中，形成一系列逆冲断层和断层相关褶皱，构成断背斜、断鼻或断块圈闭；另一个特点是山区地形、速度变化剧烈，信噪比很低。工区地形起伏变化大，地层和岩性呈条带状分布，横向变化较大，地表非一致性较强，这使得本地区地震资料信噪比差异大，总体上资料品质优劣分布为北部的资料品质较差，尤其是灰岩出露区的资料，受激发接收等因素的影响，信噪比低。

我们将前期处理的某条目标线叠前时间偏移结果和本次靶区试处理的最终偏移效果进行对比分析。其中本工区前期某商业软件叠前时间偏移剖面如图 2－37(b)所示，本次处理最终 Kirchhoff 叠前深度偏移剖面如图 2－37(c)所示，利用高斯束偏移进行的最终偏移剖面如图 2－37(d)所示。通过对比可以看出，本次偏移处理的 Kirchhoff 剖面和高斯束偏移剖面明显比叠前时间偏移处理结果要清晰许多，剖面的整体信噪比明显提高，复杂区域逆冲断层断面清晰，构造形态更加符合地质意义。

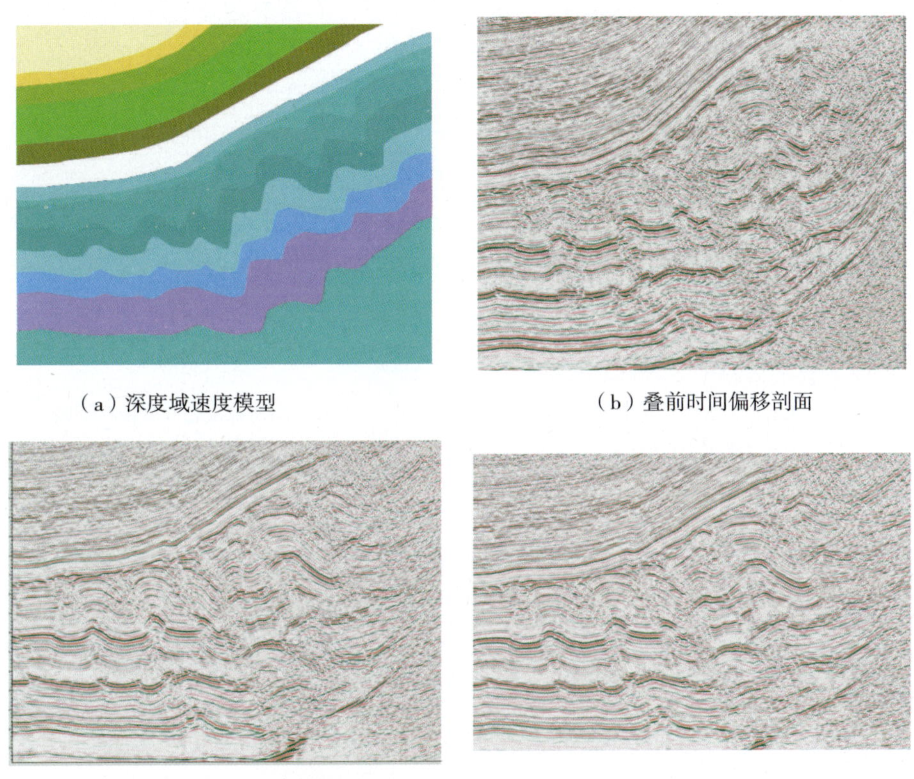

（a）深度域速度模型　（b）叠前时间偏移剖面

（c）Kirchhoff叠前深度偏移剖面　（d）高斯束叠前深度偏移剖面

图 2－37　南方山前带某实际资料高斯束偏移结果对比

为了进一步分析处理效果，我们分别选取了三个部位进行了局部分析。

图 2－38 所示的是膏盐层之下小幅度逆断层的成像效果对比。通过对比可以看出，在叠前时间偏移剖面上，盐下逆断层的构造形态不清楚，断块内部同相轴不连续，而 Kirchhoff 叠前深度偏移结果(图 2－38b)较叠前时间偏移已有明显改善，断面和断块构造形态清楚，高斯束叠前深度偏移的结果(图 2－38c)比 Kirchhoff 偏移的效果更好，尤其是盐下复杂断块内部的弱同相轴连续性更好，盐下微断裂的断面更加清晰，绕射波收敛的更加到位。

图 2－39 所示是高陡单斜构造区域下覆逆冲推覆断层的对比分析。该区域已进入山区，地下高陡构造发育，速度横向变化大。通过对比可以看出，在叠前时间偏移剖面上，盐下高陡逆冲推覆构造形态基本没有成像，断块内部同相轴不能刻画，构造形态也被画弧现象所掩盖。可见，在复杂构造地区，受制于速度横向变化的影响，叠前时间偏移不能够对逆冲推覆

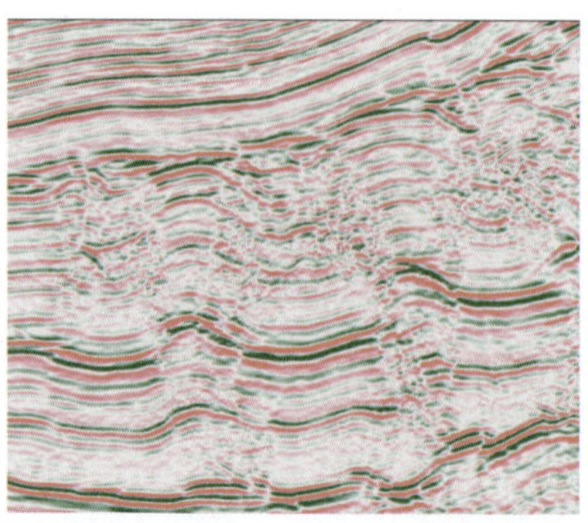

（a）叠前时间偏移剖面

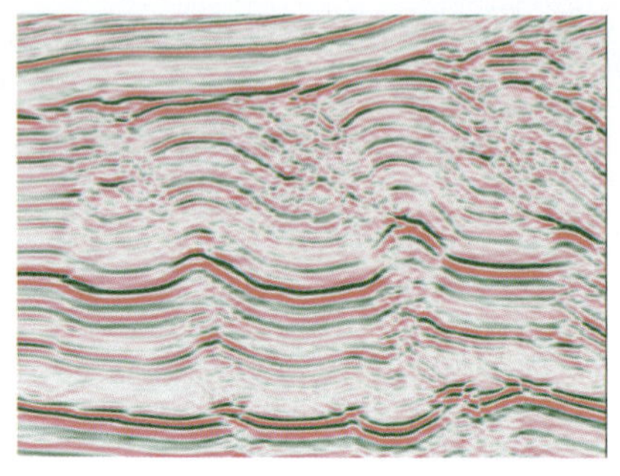

（b）Kirchhoff叠前深度偏移剖面

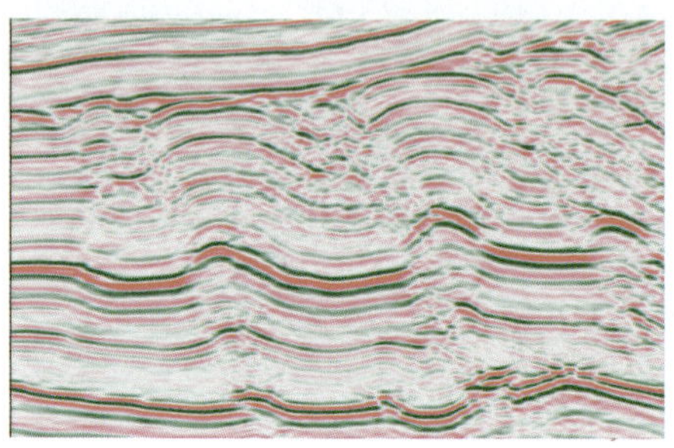

（c）高斯束叠前深度偏移剖面

图2－38　膏盐下成像效果对比

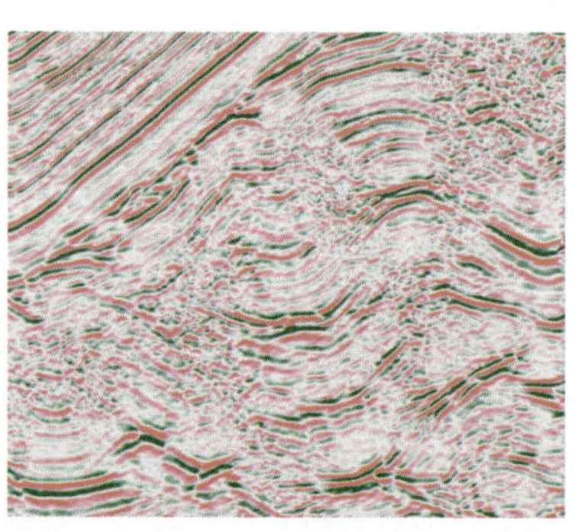

（a）叠前时间偏移剖面

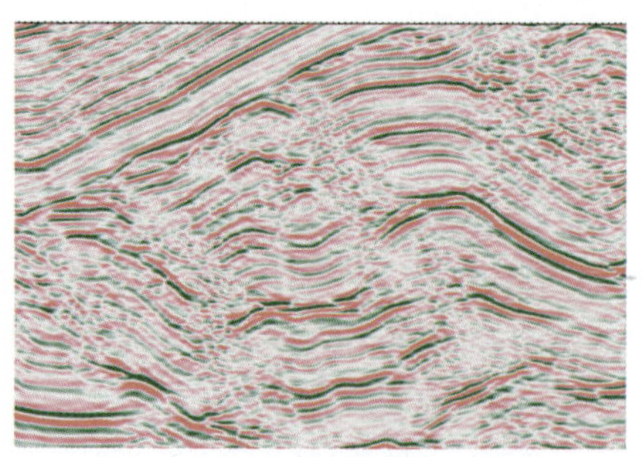

（b）Kirchhoff叠前深度偏移剖面

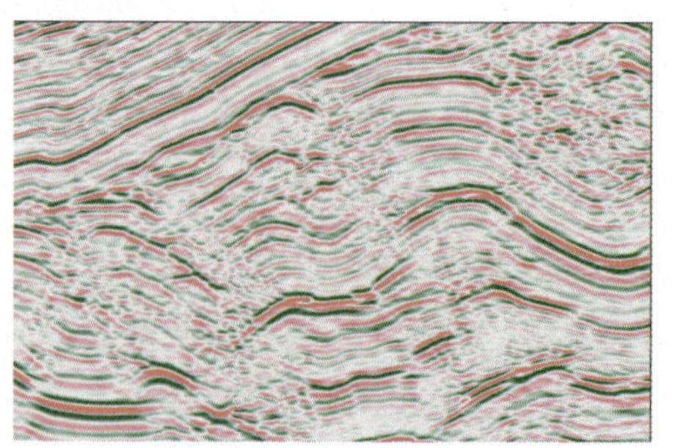

（c）高斯束叠前深度偏移剖面

图2－39　膏盐下逆冲推覆带成像效果对比

断层进行成像。而 Kirchhoff 叠前深度偏移结果(图 2 - 39b)较叠前时间偏移已有本质的改善，断面和断块构造形态清楚，同相轴连续性明显增强。高斯束叠前深度偏移的结果(图 2 - 39c)比 Kirchhoff 偏移的效果更好，盐体形态更加清楚，断块之间的接触关系更加明朗，尤其是盐下高陡逆冲断块内部的弱同相轴连续性更好，断面更加清晰，显示了偏移算法的优势。

图 2 - 40 所示是山地地表高速灰岩出露区的偏移剖面对比分析。该区域地表高程起伏剧烈，地表高速灰岩出露，速度横向变化大，地震波散射现象严重，采集记录信噪比低。通过对比可以看出，在叠前时间偏移剖面上，基本没有明显的构造成像。图 2 - 40b 显示的是本次处理 Kirchhoff 叠前深度偏移的偏移剖面，较叠前时间偏移已有本质的改善，断面和断块构造形态清楚，同相轴连续性明显增强。图 2 - 40c 是高斯束叠前深度偏移的结果，该剖面成像质量明显好于 Kirchhoff 偏移结果，复杂逆冲断层构造形态更加清楚，尤其是右端极低信噪比地区能够得到比较好的同相轴，说明在低信噪比高速盐体出露区，高斯束偏移算法的对低信噪比数据偏移成像具有优势。

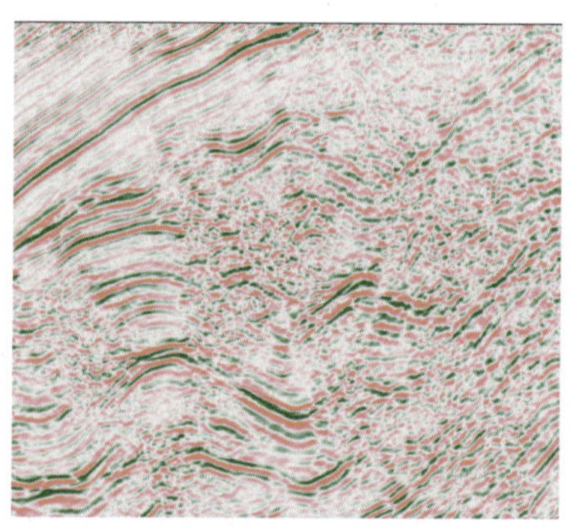

(a) 叠前时间偏移剖面

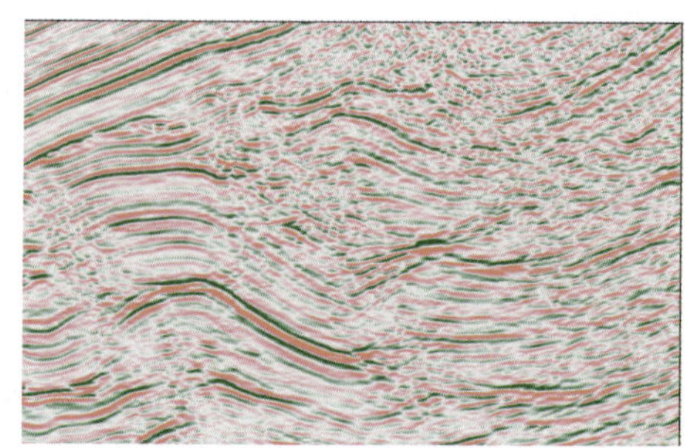

(b) Kirchhoff叠前深度偏移剖面

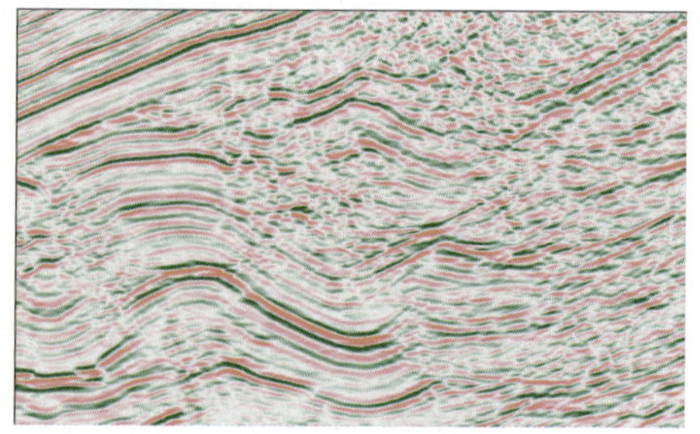

(c) 高斯束叠前深度偏移剖面

图 2 - 40　灰岩出露区成像效果对比

小　结

地震勘探中体波的描述，射线理论依然占据着重要的地位。无论是叠前深度偏移还是层析成像速度估计，积分理论下的波场传播理论都起着核心作用。射线中心坐标系中的高斯束波传播非常类似于球面波传播沿着一个特定的波矢量在局部点进行傍轴近似展开，也就是沿射线中心坐标系进行傍轴近似方程的波传播，它兼具了射线理论和波动理论的优势。而高斯束偏移是一种精致的叠前深度偏移成像方法，其不但具有很高的计算效率和灵活性，还可以对多次波至进行成像，具有优于常规 Kirchhoff 偏移且接近于波动方程偏移的成像精度，此外，高斯束偏移还可以对陡倾角构造成像及方便地提取角度道集。

作为射线类偏移方法的新代表，高斯束偏移由于其灵活高效以及适于低信噪比数据成像的优点而具有较高的实用价值以及广阔的应用前景。其不但可以适用于不同道集(共偏移距道集或炮道集)的叠前数据以及复杂的地表条件，还可以明显地提高成像信噪比，并能够抽取不同类型的成像道集用于偏移速度分析。除此之外，具有较高的成像精度及计算效率，使得其非常适合三维情况下的深度域偏移成像，并且利用其信噪比较高的成像道集进行速度建模迭代。不同类型共成像点道集的提取也是高斯束偏移的一大优点，特别是角度域共成像点道集(ADCIGs)。与波动方程偏移所需的复杂的映射转换不同，高斯束偏移可以直接利用其隐含的传播角度信息来解析地提取 ADCIGs，精度及计算效率较高。

射线束偏移是一种改进的 Kirchhoff 偏移方法，已然成为射线类偏移方法的一个分支，其改进的优点体现在多次波至的成像、潜在的效率上的优势及提高成像信噪比。而作为射线束偏移方法的理论基础，高斯束偏移在具体实现上衍生出了一系列新的束偏移方法，包括诸如快速束偏移技术、自适应束偏移技术、控制束偏移技术等，适应于不同的地质特点及不同的应用目的。基于束偏移在操作上的足够灵活性，我们有理由相信，随着应用需求的改变，束偏移将进一步发展出各种不同的特色成像技术。

第三章　逆时叠前深度偏移成像技术

随着勘探开发程度的不断深入，地震资料处理对偏移成像的要求越来越高。目前，叠前深度偏移是成像精度最高的一类方法，在工业界应用最多的主要有基于射线理论的 Kirchhoff 积分法叠前深度偏移和基于单程波动理论的波动方程叠前深度偏移两类方法。Kirchhoff 积分偏移算法的理论基于波场的高频近似，而它的实现通常采用单走时路径的假设，从而使得该技术不适用于速度横向变化剧烈的介质成像；而单程波动方程偏移算法的理论来源于对全声波方程的单程波逼近，其有效的数值实现需要对描述单程波的拟微分方程实行进一步地简化，从而导致了该偏移算法存在偏移倾角限制，不适应高陡构造成像。

基于全声波方程的逆时叠前深度偏移（RTM）是具有明确地质意义的精确成像方法。它采用描述地震波在复杂介质中传播过程的波场延拓算子进行偏移成像，物理概念清晰，且更稳健、更精确，能自然地处理多路径问题以及由速度变化引起的聚焦或焦散效应，并具有很好的振幅保持特性；并避免了上、下行波场的分离，对波动方程的近似较少，从而克服了偏移倾角和偏移孔径的限制，汇集了 Kirchhoff 方法和单程波动方程方法的优点于一体，可以有效地处理纵横向存在剧烈变化的地球介质物性特征。该技术具有相位准确、成像精度高，对介质速度横向变化和高陡倾角适应性强，甚至可以利用回转波和多次波正确成像等优点。RTM 是目前理论最先进、成像精度最高的地震偏移成像方法。

RTM 并不是一种新的理论方法，早在 20 世纪 80 年代就有学者提出，但一直没有应用于生产，由于一些瓶颈问题不易解决，主要有巨大计算量、巨大存储需求量以及逆时偏移特有的低频噪声。随着高性能计算机及其应用技术的发展，许多地球物理学家在计算方法和逆时偏移噪声压制原理上都进行了大量卓有成效的研究工作，使其逐步走向工业化。

第一节　RTM 偏移算子的构建

RTM 的核心归根到底是正演问题，选取一种计算精度好、效率高的算法是十分必要的。现有的地震波模拟手段有：有限差分法、有限元法和伪谱法。有限差分法因其算法简单快速，能自动适应速度场任意变化的优势仍然是产业化 RTM 的主流方法，研究内容主要包括波场延拓算子构造、数值频散压制和边界反射压制等。

一、高阶有限差分方法

1. 高阶有限差分法逆时波场传播算子

在三维或二维正演模拟及 RTM 中，当利用截断误差为 $O(\Delta x^2, \Delta y^2, \Delta z^2, \Delta t^2)$ 的差分格式时，为保证频散较小及递推过程稳定，差分网格要求取得非常小，这样计算需要的计算机内存及运算时间会大大增加。Dablain（1986）和 Mufti（1990，1996）提出利用高阶差分方程来进行上述模拟和偏移过程。利用高阶差分方程时，网格值可以取得大些，而计算精度并不降低。在此，我们称截断误差高于四阶的差分方程为高阶差分方程，三维声波方程的高阶差分方程可以用统一的方式推导出来。

三维声波方程为：

$$\frac{\partial^2 u}{\partial x^2}+\frac{\partial^2 u}{\partial y^2}+\frac{\partial^2 u}{\partial z^2}=\frac{1}{\boldsymbol{v}^2(x,y,z)}\frac{\partial^2 u}{\partial t^2} \tag{3-1}$$

其中：$\boldsymbol{u}(\boldsymbol{x},\ \boldsymbol{y},\ \boldsymbol{z},\ \boldsymbol{t})$为地表记录的压力波场；$\boldsymbol{v}(\boldsymbol{x},\ \boldsymbol{y},\ \boldsymbol{z})$为纵横向可变的介质速度。

为导出方程(3－1)的离散差分格式，需把观测对应的地下介质分布区域或要对其进行地震波模拟的模型区域离散化，即把它们剖分成一个个的小方块。

为导出高阶差分方程，需把波场以离散网格点$(\boldsymbol{i},\ \boldsymbol{j},\ \boldsymbol{k})$为中心进行 Taylor 展开。

首先讨论关于时间二阶导数的四阶差商的推导。应当注意，在以下的推导过程中，仅写出所讨论的自变量，尽管波场$\boldsymbol{u}$是$(\boldsymbol{x},\ \boldsymbol{y},\ \boldsymbol{z};\ \boldsymbol{t})$的函数。

$$u(t+\Delta t)=u(t)+\frac{\partial u}{\partial t}\Delta t+\frac{1}{2!}\frac{\partial^2 u}{\partial t^2}(\Delta t)^2+\frac{1}{3!}\frac{\partial^3 u}{\partial t^3}(\Delta t)^3+\frac{1}{4!}\frac{\partial^4 u}{\partial t^4}(\Delta t)^4+\cdots \tag{3-2}$$

$$u(t-\Delta t)=u(t)-\frac{\partial u}{\partial t}\Delta t+\frac{1}{2!}\frac{\partial^2 u}{\partial t^2}(\Delta t)^2-\frac{1}{3!}\frac{\partial^3 u}{\partial t^3}(\Delta t)^3+\frac{1}{4!}\frac{\partial^4 u}{\partial t^4}(\Delta t)^4-\cdots \tag{3-3}$$

由式(3－2)和式(3－3)相加，可得：

$$\frac{\partial^2 u}{\partial t^2}=\frac{1}{\Delta t^2}\left\{[u(t+\Delta t)-2u(t)+u(t-\Delta t)]-\frac{2}{4!}\frac{\partial^4 u}{\partial t^4}(\Delta t)^4+\cdots\right\} \tag{3-4}$$

在利用式(3－4)进行正演模拟或偏移成像过程中，差分方程所涉及的时间层越多，所需的内存也就越大。为避开此问题，利用声波方程(3－4)把对时间的高阶微分转嫁到空间微分上去。因此，有：

$$\begin{aligned}\frac{\partial^4 u}{\partial t^4}&=\frac{\partial}{\partial t^2}\left(\frac{\partial^2 u}{\partial t^2}\right)=\frac{\partial}{\partial t^2}\left[v^2\left(\frac{\partial^2 u}{\partial x^2}+\frac{\partial^2 u}{\partial y^2}+\frac{\partial^2 u}{\partial z^2}\right)\right]\\&=v^2\left[\frac{\partial}{\partial x^2}\left(\frac{\partial^2 u}{\partial t^2}\right)+\frac{\partial}{\partial y^2}\left(\frac{\partial^2 u}{\partial t^2}\right)+\frac{\partial}{\partial z^2}\left(\frac{\partial^2 u}{\partial t^2}\right)\right]\\&=v^4\left(\frac{\partial^4 u}{\partial x^4}+\frac{\partial^4 u}{\partial y^4}+\frac{\partial^4 u}{\partial z^4}\right)+2v^4\left(\frac{\partial^4 u}{\partial x^2\partial y^2}+\frac{\partial^4 u}{\partial y^2\partial z^2}+\frac{\partial^4 u}{\partial z^2\partial x^2}\right)\end{aligned} \tag{3-5}$$

应当注意到式(3－5)的成立是有条件的，即局部速度变化很缓或不变时才可导出。

把式(3－4)和式(3－5)代入式(3－1)得：

$$\begin{aligned}u(t+\Delta t)&=2u(t)-u(t-\Delta t)+(v\Delta t)^2\left(\frac{\partial^2 u}{\partial x^2}+\frac{\partial^2 u}{\partial y^2}+\frac{\partial^2 u}{\partial z^2}\right)+\frac{2}{4!}(v\Delta t)^4\\&\left(\frac{\partial^4 u}{\partial x^4}+\frac{\partial^4 u}{\partial y^4}+\frac{\partial^4 u}{\partial z^4}\right)+\frac{4}{4!}(v\Delta t)^4\left(\frac{\partial^4 u}{\partial x^2\partial y^2}+\frac{\partial^4 u}{\partial y^2\partial z^2}+\frac{\partial^4 u}{\partial z^2\partial x^2}\right)+O(\Delta t^4)\end{aligned} \tag{3-6}$$

$$\begin{aligned}u(t-\Delta t)&=2u(t)-u(t+\Delta t)+(v\Delta t)^2\left(\frac{\partial^2 u}{\partial x^2}+\frac{\partial^2 u}{\partial y^2}+\frac{\partial^2 u}{\partial z^2}\right)+\frac{2}{4!}(v\Delta t)^4\\&\left(\frac{\partial^4 u}{\partial x^4}+\frac{\partial^4 u}{\partial y^4}+\frac{\partial^4 u}{\partial z^4}\right)+\frac{4}{4!}(v\Delta t)^4\left(\frac{\partial^4 u}{\partial x^2\partial y^2}+\frac{\partial^4 u}{\partial y^2\partial z^2}+\frac{\partial^4 u}{\partial z^2\partial x^2}\right)+O(\Delta t^4)\end{aligned} \tag{3-7}$$

式(3－6)和式(3－7)分别是推导用于正演模拟和 RTM 的高阶差分方程的起始方程。它在时间方向上截断误差为$O(\Delta t^4)$，而空间微商的差商的截断误差根据需要而定(至少是四阶以上的)。另外，可以根据需要来组合不同阶次的差分格式。

关于 x，y，z 空间微商的具体各阶截断误差的差商的推导过程是类似的，在此我们仅对关于 x 的空间微商进行讨论，并假设差商具有的截断误差为 $O(\Delta x^M)$，M 是大于 4 的偶数。

$$u(x+\Delta x)=u(x)+\frac{\partial u}{\partial x}\Delta x+\frac{1}{2!}\frac{\partial^2 u}{\partial x^2}(\Delta x)^2+\frac{1}{3!}\frac{\partial^3 u}{\partial x^3}(\Delta x)^3+\cdots+\frac{1}{M!}\frac{\partial^M u}{\partial x^M}(\Delta x)^M+\cdots$$

$$u(x-\Delta x)=u(x)-\frac{\partial u}{\partial x}\Delta x+\frac{1}{2!}\frac{\partial^2 u}{\partial x^2}(\Delta x)^2-\frac{1}{3!}\frac{\partial^3 u}{\partial x^3}(\Delta x)^3+\cdots+\frac{1}{M!}\frac{\partial^M u}{\partial x^M}(\Delta x)^M+\cdots$$

$$\frac{u(x+\Delta x)-2u(x)+u(x-\Delta x)}{2}=\frac{1}{2!}\frac{\partial^2 u}{\partial x^2}(\Delta x)^2+\frac{1}{4!}\frac{\partial^4 u}{\partial x^4}(\Delta x)^4+\cdots+\frac{1}{M!}\frac{\partial^M u}{\partial x^M}(\Delta x)^M+O(\Delta x^M) \tag{3-8a$_1$}$$

$$u(x+2\Delta x)=u(x)+\frac{\partial u}{\partial x}(2\Delta x)+\frac{1}{2!}\frac{\partial^2 u}{\partial x^2}(2\Delta x)^2+\frac{1}{3!}\frac{\partial^3 u}{\partial x^3}(2\Delta x)^3+\cdots+\frac{1}{M!}\frac{\partial^M u}{\partial x^M}(2\Delta x)^M+\cdots$$

$$u(x-2\Delta x)=u(x)-\frac{\partial u}{\partial x}(2\Delta x)+\frac{1}{2!}\frac{\partial^2 u}{\partial x^2}(2\Delta x)^2-\frac{1}{3!}\frac{\partial^3 u}{\partial x^3}(2\Delta x)^3+\cdots+\frac{1}{M!}\frac{\partial^M u}{\partial x^M}(2\Delta x)^M+\cdots$$

$$\frac{u(x+2\Delta x)-2(x)+u(x-2\Delta x)}{2}=\frac{1}{2!}\frac{\partial^2 u}{\partial x^2}(2\Delta x)^2+\frac{1}{4!}\frac{\partial^4 u}{\partial x^4}(2\Delta x)^4+\cdots+\frac{1}{M!}\frac{\partial^M u}{\partial x^M}(2\Delta x)^M+O(\Delta x^M) \tag{3-8a$_2$}$$

$$\vdots$$

$$u\left(x+\frac{M}{2}\Delta x\right)=u(x)+\frac{\partial u}{\partial x}\left(\frac{M}{2}\Delta x\right)+\frac{1}{2!}\frac{\partial^2 u}{\partial x^2}\left(\frac{M}{2}\Delta x\right)^2+\frac{1}{3!}\frac{\partial^3 u}{\partial x^3}\left(\frac{M}{2}\Delta x\right)^3+\cdots+\frac{1}{M!}\frac{\partial^M u}{\partial x^M}\left(\frac{M}{2}\Delta x\right)^M+\cdots$$

$$u\left(x-\frac{M}{2}\Delta x\right)=u(x)-\frac{\partial u}{\partial x}\left(\frac{M}{2}\Delta x\right)+\frac{1}{2!}\frac{\partial^2 u}{\partial x^2}\left(\frac{M}{2}\Delta x\right)^2-\frac{1}{3!}\frac{\partial^3 u}{\partial x^3}\left(\frac{M}{2}\Delta x\right)^3+\cdots+\frac{1}{M!}\frac{\partial^M u}{\partial x^M}\left(\frac{M}{2}\Delta x\right)^M+\cdots$$

$$\frac{u\left(x+\frac{M}{2}\Delta x\right)-2u(x)+u\left(x-\frac{M}{2}\Delta x\right)}{2}=\frac{1}{2!}\frac{\partial^2 u}{\partial x^2}\left(\frac{M}{2}\Delta x\right)^2+\frac{1}{4!}\frac{\partial^4 u}{\partial x^4}\left(\frac{M}{2}\Delta x\right)^4+\cdots+\frac{1}{M!}\frac{\partial^M u}{\partial x^M}\left(\frac{M}{2}\Delta x\right)^M+O(\Delta x^M) \tag{3-8a$_{\frac{M}{2}}$}$$

令：

$$f_1=\frac{u(x+\Delta x)-2u(x)+u(x-\Delta x)}{2}$$

$$f_2=\frac{u(x+2\Delta x)-2u(x)+u(x-2\Delta x)}{2}$$

$$\vdots$$

$$f_{\frac{M}{2}}=\frac{u\left(x+\frac{M}{2}\Delta x\right)-2u(x)+u\left(x-\frac{M}{2}\Delta x\right)}{2}$$

$$a_1=\frac{\partial^2 u}{\partial x^2}(\Delta x)^2,a_2=\frac{\partial^4 u}{\partial x^4}(\Delta x)^4,\cdots,a_{\frac{M}{2}}=\frac{\partial^M u}{\partial x^M}(\Delta x)^M$$

由式(3－8a_1)、式(3－8a_2)…式(3－8$a_{\frac{M}{2}}$)，结合上述规定，可得如下方程组：

$$\begin{cases} \dfrac{1}{2!}a_1+\dfrac{1}{4!}a_2+\cdots+\dfrac{1}{M!}a_{\frac{M}{2}}=f_1 \\ \dfrac{2^2}{2!}a_1+\dfrac{2^4}{4!}a_2+\cdots+\dfrac{2^M}{M!}a_{\frac{M}{2}}=f_2 \\ \vdots \\ \dfrac{\left(\frac{M}{2}\right)^2}{2!}a_1+\dfrac{\left(\frac{M}{2}\right)^4}{4!}a_2+\cdots+\dfrac{\left(\frac{M}{2}\right)^M}{M!}a_{\frac{M}{2}}=f_{\frac{M}{2}} \end{cases} \tag{3-9}$$

写成矩阵形式为：

$$\begin{bmatrix} \dfrac{1}{2!} & \dfrac{1}{4!} & \cdots & \dfrac{1}{M!} \\ \dfrac{2^2}{2!} & \dfrac{2^4}{4!} & \cdots & \dfrac{2^M}{M!} \\ \cdots & \cdots & \cdots & \cdots \\ \dfrac{\left(\frac{M}{2}\right)^2}{2!} & \dfrac{\left(\frac{M}{2}\right)^4}{4!} & \cdots & \dfrac{\left(\frac{M}{2}\right)^M}{M!} \end{bmatrix} \begin{bmatrix} a_1 \\ a_2 \\ \vdots \\ a_{\frac{M}{2}} \end{bmatrix} = \begin{bmatrix} f_1 \\ f_2 \\ \vdots \\ f_{\frac{M}{2}} \end{bmatrix} \tag{3-10}$$

令：

$$A=\begin{bmatrix} \dfrac{1}{2!} & \dfrac{1}{4!} & \cdots & \dfrac{1}{M!} \\ \dfrac{2^2}{2!} & \dfrac{2^4}{4!} & \cdots & \dfrac{2^M}{M!} \\ \cdots & \cdots & \cdots & \cdots \\ \dfrac{\left(\frac{M}{2}\right)^2}{2!} & \dfrac{\left(\frac{M}{2}\right)^4}{4!} & \cdots & \dfrac{\left(\frac{M}{2}\right)^M}{M!} \end{bmatrix} \tag{3-11}$$

求出 A 的逆矩阵 $\boldsymbol{A}^{-1}$，即可得到 $a_1, a_2, \cdots, a_{\frac{M}{2}}$，然后利用式(3－6)或式(3－7)，可以写出各种不同截断误差的差分方程，用于三维正演和 RTM。

从式(3－6)或式(3－7)可知，我们仅需 $\boldsymbol{a}_1$，即 $\dfrac{\partial^2 u}{\partial x^2}\Delta x^2$，因此存在下式：

$$2\frac{\partial^2 u}{\partial x^2}\Delta x^2=\omega_0 u(x)+\sum_{m=1}^{\frac{M}{2}}\omega_m[u(x+m\Delta x)+u(x-m\Delta x)]+O(\Delta x^M) \tag{3-12a}$$

同样有：

$$2\frac{\partial^2 u}{\partial y^2}\Delta y^2=\omega_0 u(y)+\sum_{m=1}^{\frac{M}{2}}\omega_m[u(y+m\Delta y)+u(y-m\Delta y)]+O(\Delta y^M) \tag{3-12b}$$

$$2\frac{\partial^2 u}{\partial z^2}\Delta z^2=\omega_0 u(z)+\sum_{m=1}^{\frac{M}{2}}\omega_m[u(z+m\Delta z)+u(z-m\Delta z)]+O(\Delta z^M) \tag{3-12c}$$

把式(3－12a)、式(3－12b)和式(3－12c)代入式(3－6)或式(3－7)，可以写出具有任意截断误差的高阶差分方程。而且不同截断误差的式(3－12a)、式(3－12b)和式(3－12c)可以相互组合以满足不同的需要。

截断误差为 $O(\Delta x^M,\Delta y^M,\Delta z^M,\Delta t^4)$ 的统一的三维正演模拟高阶差分方程为：

$$
\begin{aligned}
u_{i,j,k}^{n+1} = & 2u_{i,j,k}^{n} - u_{i,j,k}^{n-1} + \frac{1}{2}\left(\frac{v\Delta t}{\Delta x}\right)^2\left[\omega_0 u_{i,j,k}^{n} + \sum_{m=1}^{\frac{M}{2}}\omega_m\left(u_{i+m,j,k}^{n} + u_{i-m,j,k}^{n}\right)\right] + \\
& \frac{1}{2}\left(\frac{v\Delta t}{\Delta y}\right)^2\left[\omega_0 u_{i,j,k}^{n} + \sum_{m=1}^{\frac{M}{2}}\omega_m\left(u_{i,j+m,k}^{n} + u_{i,j-m,k}^{n}\right)\right] + \\
& \frac{1}{2}\left(\frac{v\Delta t}{\Delta z}\right)^2\left[\omega_0 u_{i,j,k}^{n} + \sum_{m=1}^{\frac{M}{2}}\omega_m\left(u_{i,j,k+m}^{n} + u_{i,j,k-m}^{n}\right)\right] + \\
& \frac{1}{12}\frac{v^4\Delta t^4}{\Delta x^4}\left[u_{i+2,j,k}^{n} + u_{i-2,j,k}^{n} - 4\left(u_{i-1,j,k}^{n} + u_{i+1,j,k}^{n}\right) + 6u_{i,j,k}^{n}\right] + \\
& \frac{1}{12}\frac{v^4\Delta t^4}{\Delta y^4}\left[u_{i,j+2,k}^{n} + u_{i,j-2,k}^{n} - 4\left(u_{i,j-1,k}^{n} + u_{i,j+1,k}^{n}\right) + 6u_{i,j,k}^{n}\right] + \\
& \frac{1}{12}\frac{v^4\Delta t^4}{\Delta z^4}\left[u_{i,j,k+2}^{n} + u_{i,j,k-2}^{n} - 4\left(u_{i,j,k-1}^{n} + u_{i,j,k+1}^{n}\right) + 6u_{i,j,k}^{n}\right] + \\
& \frac{1}{6}\frac{v^4\Delta t^4}{\Delta x^2\Delta y^2}\left[\left(u_{i+1,j+1,k}^{n} - 2u_{i,j+1,k}^{n} + u_{i-1,j+1,k}^{n}\right) - 2\left(u_{i+1,j,k}^{n} - 2u_{i,j,k}^{n} + u_{i-1,j,k}^{n}\right) + \left(u_{i+1,j-1,k}^{n} - 2u_{i,j-1,k}^{n} + u_{i-1,j-1,k}^{n}\right)\right] + \\
& \frac{1}{6}\frac{v^4\Delta t^4}{\Delta y^2\Delta z^2}\left[\left(u_{i,j+1,k+1}^{n} - 2u_{i,j,k+1}^{n} + u_{i,j-1,k+1}^{n}\right) - 2\left(u_{i,j+1,k}^{n} - 2u_{i,j,k}^{n} + u_{i,j-1,k}^{n}\right) + \left(u_{i,j+1,k-1}^{n} - 2u_{i,j,k-1}^{n} + u_{i,j-1,k-1}^{n}\right)\right] + \\
& \frac{1}{6}\frac{v^4\Delta t^4}{\Delta z^2\Delta x^2}\left[\left(u_{i+1,j,k+1}^{n} - 2u_{i,j,k+1}^{n} + u_{i-1,j,k+1}^{n}\right) - 2\left(u_{i+1,j,k}^{n} - 2u_{i,j,k}^{n} + u_{i-1,j,k}^{n}\right) + \left(u_{i+1,j,k-1}^{n} - 2u_{i,j,k-1}^{n} + u_{i-1,j,k-1}^{n}\right)\right]
\end{aligned}
\tag{3-13}
$$

相似的有，截断误差为 $O(\Delta x^M,\Delta y^M,\Delta z^M,\Delta t^4)$ 的统一的三维逆时深度偏移的高阶差分方程为：

$$
\begin{aligned}
u_{i,j,k}^{n-1} = & 2u_{i,j,k}^{n} - u_{i,j,k}^{n+1} + \frac{1}{2}\left(\frac{v\Delta t}{\Delta x}\right)^2\left[\omega_0 u_{i,j,k}^{n} + \sum_{m=1}^{\frac{M}{2}}\omega_m\left(u_{i+m,j,k}^{n} + u_{i-m,j,k}^{n}\right)\right] + \\
& \frac{1}{2}\left(\frac{v\Delta t}{\Delta y}\right)^2\left[\omega_0 u_{i,j,k}^{n} + \sum_{m=1}^{\frac{M}{2}}\omega_m\left(u_{i,j+m,k}^{n} + u_{i,j-m,k}^{n}\right)\right] + \\
& \frac{1}{2}\left(\frac{v\Delta t}{\Delta z}\right)^2\left[\omega_0 u_{i,j,k}^{n} + \sum_{m=1}^{\frac{M}{2}}\omega_m\left(u_{i,j,k+m}^{n} + u_{i,j,k-m}^{n}\right)\right] + \\
& \frac{1}{12}\frac{v^4\Delta t^4}{\Delta x^4}\left[u_{i+2,j,k}^{n} + u_{i-2,j,k}^{n} - 4\left(u_{i-1,j,k}^{n} + u_{i+1,j,k}^{n}\right) + 6u_{i,j,k}^{n}\right] + \\
& \frac{1}{12}\frac{v^4\Delta t^4}{\Delta y^4}\left[u_{i,j+2,k}^{n} + u_{i,j-2,k}^{n} - 4\left(u_{i,j-1,k}^{n} + u_{i,j+1,k}^{n}\right) + 6u_{i,j,k}^{n}\right] + \\
& \frac{1}{12}\frac{v^4\Delta t^4}{\Delta z^4}\left[u_{i,j,k+2}^{n} + u_{i,j,k-2}^{n} - 4\left(u_{i,j,k-1}^{n} + u_{i,j,k+1}^{n}\right) + 6u_{i,j,k}^{n}\right] + \\
& \frac{1}{6}\frac{v^4\Delta t^4}{\Delta x^2\Delta y^2}\left[\left(u_{i+1,j+1,k}^{n} - 2u_{i,j+1,k}^{n} + u_{i-1,j+1,k}^{n}\right) - 2\left(u_{i+1,j,k}^{n} - 2u_{i,j,k}^{n} + u_{i-1,j,k}^{n}\right) + \left(u_{i+1,j-1,k}^{n} - 2u_{i,j-1,k}^{n} + u_{i-1,j-1,k}^{n}\right)\right] + \\
& \frac{1}{6}\frac{v^4\Delta t^4}{\Delta y^2\Delta z^2}\left[\left(u_{i,j+1,k+1}^{n} - 2u_{i,j+1,k+1}^{n} + u_{i,j-1,k+1}^{n}\right) - 2\left(u_{i,j+1,k}^{n} - 2u_{i,j,k}^{n} + u_{i,j-1,k}^{n}\right) + \left(u_{i,j+1,k-1}^{n} - 2u_{i,j,k-1}^{n} + u_{i,j-1,k-1}^{n}\right)\right] + \\
& \frac{1}{6}\frac{v^4\Delta t^4}{\Delta z^2\Delta x^2}\left[\left(u_{i+1,j,k+1}^{n} - 2u_{i,j,k+1}^{n} + u_{i-1,j,k+1}^{n}\right) - 2\left(u_{i+1,j,k}^{n} - 2u_{i,j,k}^{n} + u_{i-1,j,k}^{n}\right) + \left(u_{i+1,j,k-1}^{n} - 2u_{i,j,k-1}^{n} + u_{i-1,j,k-1}^{n}\right)\right]
\end{aligned}
\tag{3-14}
$$

当要求时间方向的差商保持 $O(\Delta t^2)$ 的截断误差时，式(3－13)和式(3－14)会简化很多。从后面的讨论可知，这样做并不会对正演或偏移结果产生很大的影响。

截断误差为 $\boldsymbol{O}(\Delta \boldsymbol{x}^M, \Delta \boldsymbol{y}^M, \Delta \boldsymbol{z}^M, \Delta \boldsymbol{t}^2)$ 的统一的三维正演模拟高阶差分方程为：

$$
\begin{aligned}
u_{i,j,k}^{n+1} = 2u_{i,j,k}^{n} - u_{i,j,k}^{n-1} &+ \frac{1}{2}\left(\frac{v\Delta t}{\Delta x}\right)^2 \left[\omega_0 u_{i,j,k}^{n} + \sum_{m=1}^{\frac{M}{2}} \omega_m \left(u_{i+m,j,k}^{n} + u_{i-m,j,k}^{n}\right)\right] + \\
&\frac{1}{2}\left(\frac{v\Delta t}{\Delta y}\right)^2 \left[\omega_0 u_{i,j,k}^{n} + \sum_{m=1}^{\frac{M}{2}} \omega_m \left(u_{i,j+m,k}^{n} + u_{i,j-m,k}^{n}\right)\right] + \\
&\frac{1}{2}\left(\frac{v\Delta t}{\Delta z}\right)^2 \left[\omega_0 u_{i,j,k}^{n} + \sum_{m=1}^{\frac{M}{2}} \omega_m \left(u_{i,j,k+m}^{n} + u_{i,j,k-m}^{n}\right)\right]
\end{aligned}
\qquad (3-15)
$$

截断误差为 $O(\Delta x^M, \Delta y^M, \Delta z^M, \Delta t^2)$ 的统一的三维逆时深度偏移高阶差分方程为：

$$
\begin{aligned}
u_{i,j,k}^{n-1} = 2u_{i,j,k}^{n} - u_{i,j,k}^{n+1} &+ \frac{1}{2}\left(\frac{v\Delta t}{\Delta x}\right)^2 \left[\omega_0 u_{i,j,k}^{n} + \sum_{m=1}^{\frac{M}{2}} \omega_m \left(u_{i+m,j,k}^{n} + u_{i-m,j,k}^{n}\right)\right] + \\
&\frac{1}{2}\left(\frac{v\Delta t}{\Delta y}\right)^2 \left[\omega_0 u_{i,j,k}^{n} + \sum_{m=1}^{\frac{M}{2}} \omega_m \left(u_{i,j+m,k}^{n} + u_{i,j-m,k}^{n}\right)\right] + \\
&\frac{1}{2}\left(\frac{v\Delta t}{\Delta z}\right)^2 \left[\omega_0 u_{i,j,k}^{n} + \sum_{m=1}^{\frac{M}{2}} \omega_m \left(u_{i,j,k+m}^{n} + u_{i,j,k-m}^{n}\right)\right]
\end{aligned}
\qquad (3-16)
$$

下面列出几种常用截断误差的高阶差分方程中的系数：

当 $\boldsymbol{M}=4$ 时，$\omega_0 = -5.0$

$\omega_1 = 2.666667$

$\omega_2 = -0.1666667$

当 $\boldsymbol{M}=6$ 时，$\omega_0 = -5.444444$

$\omega_1 = 3.00000000$

$\omega_2 = -0.3000003$

$\omega_3 = 0.02222250$

当 $\boldsymbol{M}=8$ 时，$\omega_0 = -2.847222054$

$\omega_1 = 3.20000000$

$\omega_2 = -0.4000002$

$\omega_3 = 0.05079369$

$\omega_4 = -0.003571436$

当 $\boldsymbol{M}=10$ 时，$\omega_0 = -5.8544445$

$\omega_1 = 3.333333$

$\omega_2 = -0.4761901$

$\omega_3 = 0.07936513$

$\omega_4 = -0.009920621$

$\omega_5 = 0.0006349185$

有了上述系数可直接写出具体某一种截断误差的高阶差分方程。

2. 高阶有限差分算法的数值频散分析

数值频散是由于数值计算过程中网格的离散在精度上产生了误差，使得具有不同频率的地震波具有不同的相速度，表现为地震波的传播会出现超前或拖后的现象。有限差分法中的数值频散包括空间频散和时间频散，空间频散表现为在正常波形之后出现高频震荡，时间频散表现为在正常波形之前出现高频震荡。在逆时偏移中，当算法满足稳定性要求时 dt 一般很小，因此时间方向二阶差分精度足以满足频散关系的要求，更高的时间差分精度对数值频散问题改善不大，反而会影响模拟效率。地震波传播过程中，波动方程数值计算中的数值频散主要是由空间离散造成的，尽管不可避免，但我们可以采用提高空间计算精度的方法来减小数值频散。

二维波动方程：

$$\frac{\partial^2 u}{\partial x^2}+\frac{\partial^2 u}{\partial y^2}=\frac{1}{v_0^2}\frac{\partial^2 u}{\partial t^2} \tag{3-17}$$

其空间高阶差分格式为：

$$\frac{\partial^2 u}{\partial t^2}=v_0^2\sum_{m=1}^{M}A_m\left(\frac{u_{i+m,j}^n-2u_{i,j}^n+u_{i-m,j}^n}{\Delta x^2}+\frac{u_{i,j+m}^n-2u_{i,j}^n+u_{i,j-m}^n}{\Delta z^2}\right) \tag{3-18}$$

假设平面波传播方向与 x 轴的夹角为 θ，将平面谐波 $u(x,z,t)=\exp[i(\omega t-kx\cos\theta-kz\sin\theta)]$ 及 $\omega^2=k^2v^2$ 代入上式 2M 阶差分精度差分公式，可以得到：

$$\frac{V}{V_0}=\sqrt{\frac{-1}{2\pi^2}\sum_{m=1}^{M}A_m\left(\frac{\cos\left(2\pi m\cos\theta\frac{\Delta x}{\lambda}\right)-1}{\left(\frac{\Delta x}{\lambda}\right)^2}+\frac{\cos\left(2\pi m\cos\theta\frac{\Delta z}{\lambda}\right)-1}{\left(\frac{\Delta z}{\lambda}\right)^2}\right)} \tag{3-19}$$

其中，$V=\frac{\omega}{k}$ 为地震波相速度。

通过对公式(3－19)分析知道 $V<V_0$，即空间离散造成的误差会导致离散后的速度小于速度模型的速度，那么空间离散造成的数值频散在波形上会有拖后现象，作为尾巴而出现。空间差分引起的数值频散由三个因素决定：一是地震波的传播方向，随着传播方向与离散坐标轴之间夹角增大，频散降低，当 $\Delta x=\Delta z$，角度 $\theta=45^o$ 时离散数值频散最小；二是空间差分精度，数值频散和差分精度存在着密切的关系，随着空间差分精度的提高，数值频散会逐渐减弱，因此，可以通过提高差分精度的办法来减小数值频散，一般情况下，采用 8 阶或 10 阶空间差分精度就可以满足压制数值频散的要求；三是一个波长内离散的点数，对任意确定阶数空间差分精度，一个波长内离散点数越多，数值频散越小，即随着网格间距的减小，网格频散逐渐减弱，地震波模拟效果逐渐改善，这也就是说，在相同网格间距的情况下，子波频率越高，波长越短，介质速度越低，频散越严重。因此，在模型介质速度比较低、频率要求较高的情况下，要选择高阶的模拟差分方法来压制数值频散。

图 3－1 为一简单的三层水平层状模型，网格点数 $n_x=400$，$n_z=300$，网格间隔 $d_x=d_z=$ 5m，时间采样率 $d_t=4$ms，记录时间 $t=3$s，各层的速度分别为 $v_1=1500$m/s，$v_2=2000$m/s，$v_3=2500$ m/s，分别对该模型进行空间二阶差分正演和空间十阶差分正演，得到的单炮记录如图 3－2 所示，从单炮数据可以看出，高阶差分方法对数值频散具有很好的压制作用。图 3－3 为均匀介质，速度为 2000m/s，网格大小 $n_x=n_z=301$，网格间隔 $d_x=d_z=10$m，采样率 $d_t=$

4ms，主频 $f_m = 30\text{Hz}$，时刻 $t = 500\text{ms}$ 时的波场快照，其表达的结论与图 3－2 一致。图 3－4 模型参数与图 3－3 一样，选用大小不同的子波主频得到的波场快照验证了上文关于子波主频对频散的影响。

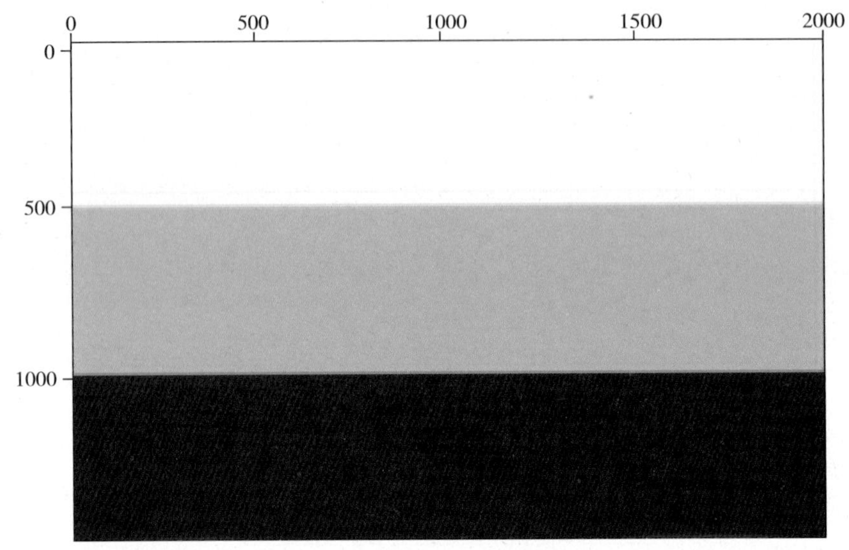

图 3－1　水平层状模型

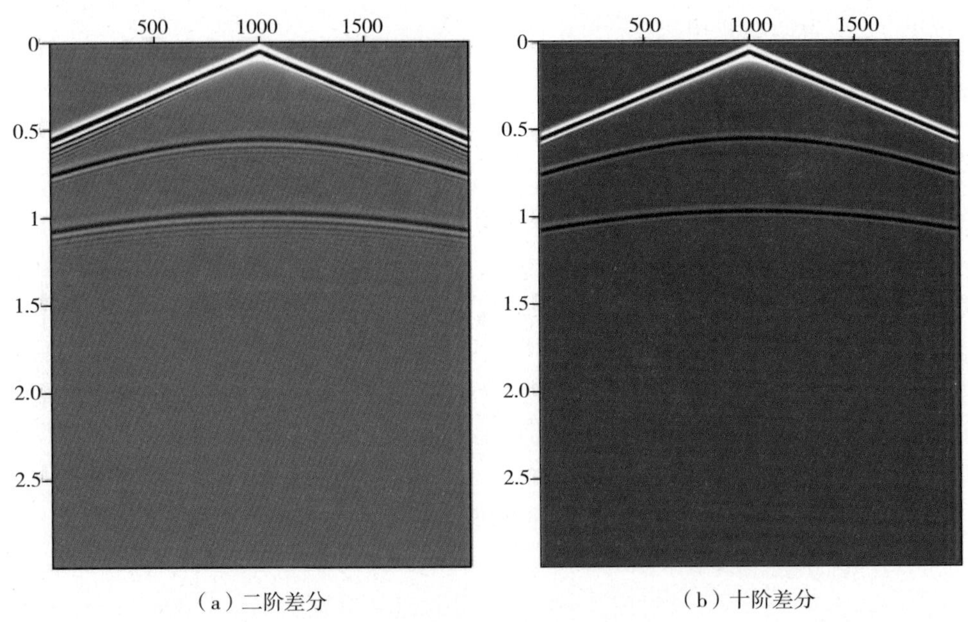

图 3－2　水平层状模型正演单炮记录

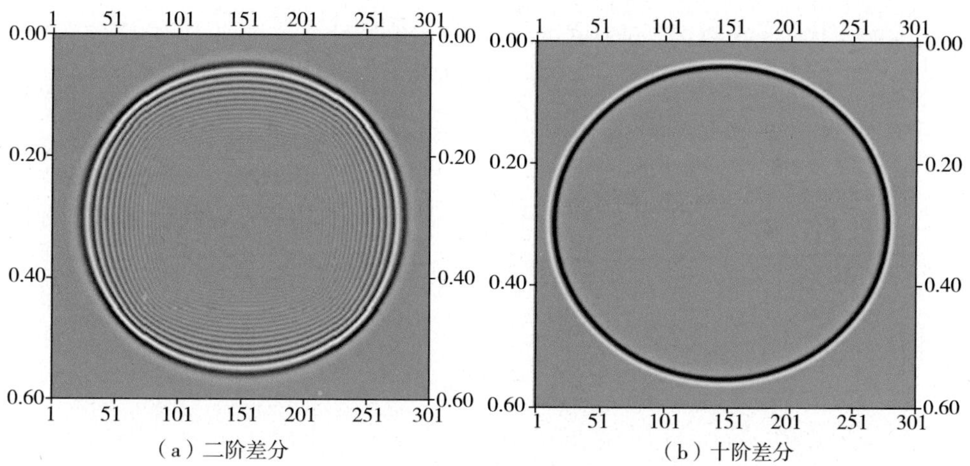

（a）二阶差分　　（b）十阶差分

图 3－3　$t=500\text{ms}$ 波场快照

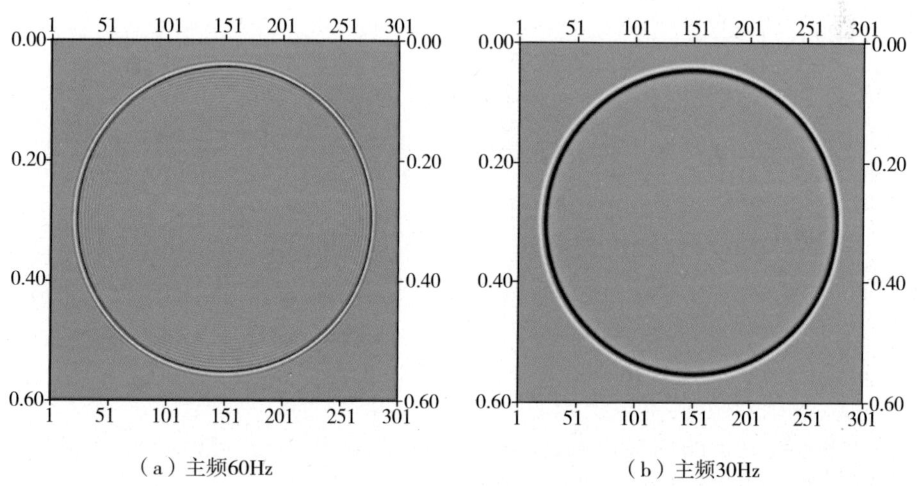

（a）主频60Hz　　（b）主频30Hz

图 3－4　$t=500\text{ms}$ 十阶差分波场快照

3. 高阶有限差分算法的稳定性条件分析

差分方程中，稳定性条件分析是差分数值模拟中的一个基本问题，因此，满足稳定性条件是保证差分格式正确的前提。由等价定理，凡相容且稳定的格式必然收敛，则整个差分求解原微分方程的问题变成了一个适定的问题。

离散二维声波方程有限差分正演模拟递推公式为：

$$\begin{aligned} u^{n+1} &= 2u^{n} - u^{n-1} + v^{2}(x,z)a_{0}\left(\frac{\Delta t^{2}}{\Delta x^{2}}u_{ij} + \frac{\Delta t^{2}}{\Delta z^{2}}u_{ij}\right) + \\ & v^{2}(x,z)\sum_{m=1}^{M}a_{m}\left(\frac{\Delta t^{2}}{\Delta x^{2}}u_{i+m} + \frac{\Delta t^{2}}{\Delta x^{2}}u_{i-m}\right) + v^{2}(x,z)\sum_{m=1}^{M}a_{m}\left(\frac{\Delta t^{2}}{\Delta z^{2}}u_{j+m} + \frac{\Delta t^{2}}{\Delta z^{2}}u_{j-m}\right) \end{aligned} \tag{3-20}$$

其在波数域中，可以表示为：

$$\frac{\partial^2 p}{\partial t^2} = -v^2(k_x^2 + k_z^2)p \tag{3-21}$$

将式(3－17)中时间导数用二阶中心差分近似，化简可得：

$$p^{n+1} = [2 - \Delta t^2 v^2(k_x^2 + k_z^2)]p^n - p^{n-1} \tag{3-22}$$

令 $a = \Delta t^2 v^2(k_x^2 + k_z^2)$，则上式的矩阵形式为：

$$\begin{bmatrix} p^{n+1} \\ p^n \end{bmatrix} = \begin{bmatrix} 2-a & -1 \\ 1 & 0 \end{bmatrix}\begin{bmatrix} p^n \\ p^{n-1} \end{bmatrix} \tag{3-23}$$

显然，方程稳定性条件是状态传递矩阵的特征值小于1，令 $A = \begin{bmatrix} 2-a & -1 \\ 1 & 0 \end{bmatrix}$，由特征值方程 $|A - \lambda I| = 0$，可得：

$$(\lambda - 1)^2 + \lambda a = 0 \tag{3-24}$$

$$a = \frac{-(\lambda - 1)^2}{\lambda} \tag{3-25}$$

特征矩阵的特征值小于1，可得：

$$a = \Delta t^2 v^2(k_x^2 + k_z^2) \leqslant 4 \tag{3-26}$$

其中，$k_x = \frac{\xi}{\Delta x}, k_z = \frac{\eta}{\Delta z}, \xi = a_0 + 2\sum_{l=1}^{N} a_l \cos(l\Delta x k_x), \eta = a_0 + 2\sum_{l=1}^{N} a_l \cos(l\Delta z k_z)$。

可得二维声波方程规则网格高阶有限差分格式稳定性条件：

$$\Delta t v\sqrt{\frac{1}{\Delta x^2} + \frac{1}{\Delta z^2}} \leqslant \left(\frac{1}{\sum_{l=1}^{N_1} a_{2l-1}}\right)^{\frac{1}{2}} \tag{3-27}$$

即：

$$\Delta t \leqslant \left(\frac{1}{\sum_{l=1}^{N_1} a_{2l-1}}\right)^{\frac{1}{2}} \frac{1}{v\sqrt{\frac{1}{\Delta x^2} + \frac{1}{\Delta z^2}}} \tag{3-28}$$

式中，N_1 为不超过 N 的最大奇数，v 为介质的纵波速度。在进行波场外推的过程中，时间间隔与空间间隔应满足以上的稳定性关系。

二、紧致差分方法

RTM 通常采用高阶有限差分算法进行波场模拟，要达到一定的计算精度需要较多的网格点。紧致差分格式相比高阶有限差分格式而言，要达到相同的精度，所需的网格点数较少，因而有利于提高计算效率。本小节给出四阶、六阶紧致差分格式及其差分系数，并对该格式的频散、稳定性条件进行分析。

1. 紧致差分法逆时波场传播算子

由空间离散点 $x_j = jh, f_j = f(x_j)$ 近似处 x_j 的导数 f'_j，有下式成立：

$$\sum_{k=-L}^{R} b_k f'_{j+k} = \frac{1}{h}\sum_{k=-l}^{r} a_k f_{j+k} + o(h^n) \tag{3-29}$$

其中，h 为步长，$\frac{1}{h}$起到加权因子的作用，并令 $b_0 = 1$，简化了表达形式。

对式(3－29)两边同时泰勒展开并整理，可以得到如下形式的紧致差分格式：

$$(a_{-l}+a_{-l+1}+\cdots+a_{-1}+a_0+a_1+\cdots+a_{r-1}+a_r)f_j+$$
$$h[(-la_{-l}-\cdots-a_{-1}+a_0+a_1+\cdots+ra_r)+(b_{-L}+\cdots+b_{-1}+b_0+b_1+\cdots+b_R)]f_j'+$$
$$\frac{h^2}{2!}[(l^2a_{-l}+\cdots+a_{-1}+a_0+a_1+\cdots+r^2a_r)+(-Lb_{-L}-\cdots-b_{-1}+b_0+b_1+\cdots+Rb_R)]f_j''+\cdots+$$
$$h^n[(-l)^na_{-l}+(-l+1)^na_{-l+1}+\cdots+(-1)^na_{-1}+a_0+a_1+\cdots+(r-1)^na_{r-1}+r^na_r+$$
$$(-L)^nb_{-L}-\cdots(-1)^nb_{-1}+b_0+b_1+\cdots+R^nb_R]f_j^n=0 \tag{3-30}$$

我们利用多项式插值拟合紧致有限差分格式，一阶导近似由 Hermite - Birkhoff 插值多项式得出；二阶导近似可以看成是广义 Birkhoff 插值的一个特例。

1)(0，2)多项式插值推导二阶导近似格式

(0，p)插值多项式，指一系列函数值或 p 阶导数值为已知，或两者均为已知的离散点，其导数值和函数值线性组合形成的多项式，来近似某一节点的函数值。由于求解波动方程中只涉及到二阶导，所以此处只给出二阶导近似格式的推导过程，一阶导近似格式的推导过程完全与二阶导类似。

设由 n 个点组成的点集 I_n，其中离散点的函数值和二阶导均为已知；由 m 个点组成的点集 I_m，其中只有离散点的函数值为已知。显然，集 I_n 合与 I_m 无交集。

设有 $2n+m-1$ 次多项式 $u(x)$ 满足插值条件：

$$\begin{aligned}&u(x_i)=u_i,u''(x_i)=u_i'',\forall i\in I_n\\&u(x_j)=u_j,\forall j\in I_m\end{aligned} \tag{3-31}$$

设插值多项式为：

$$u(x)=\sum_{i\in I_n}u_ip_i(x)+\sum_{i\in I_n}u_i''q_i(x)+\sum_{i\in I_m}u_ir_i(x) \tag{3-32}$$

则由插值条件，多项式 $p_i(x)$，$q_i(x)$，$r_i(x)$满足下列条件：

$$\begin{aligned}&p_i(x_j)=\delta_{ij},\forall i\in I_n,\forall j\in I_n\cup I_m;p_i''(x_j)=0,\forall i\in I_n,\forall j\in I_n;\\&q_i(x_j)=0,\forall i\in I_n,\forall j\in I_n\cup I_m;q_i''(x_j)=\delta_{ij},\forall i\in I_n,\forall j\in I_n;\\&r_i(x_j)=\delta_{ij},\forall i\in I_m,\forall j\in I_n\cup I_m;r_i''(x_j)=0,\forall i\in I_m,\forall j\in I_n;\end{aligned} \tag{3-33}$$

下面分别求取三个插值基函数：

(1) $p_i(x),i\in I_n$:由式(3 - 33) 可设 $p_i(x)$ 形式如下：

$$p_i(x)=\frac{\prod_m(x)}{\prod_m(x_i)}l_i^n(x)[1+\sum_{r=1}^{n}A_r(x-x_i)^r],i\in I_n \tag{3-34}$$

其中，$l_i^n(x)$为 Lagrange 插值基函数：

$$l_i^n(x)=\frac{\prod_{j\in I_n\neq i}(x-x_j)}{\prod_{j\in I_n\neq i}(x_i-x_j)} \tag{3-35}$$

$$\prod_m(x)=\prod_{j\in I_m}(x-x_j) \tag{3-36}$$

对式(3 - 34)求一阶导和二阶导，由式(3 - 33)中 $p_i''(x_j)=0$，$\forall i\in \mathrm{I}_n$，$\forall j\in I_n$可得：

$j=i\in I_n$ 时,$l_i^n(x)=\frac{\prod_m(x)}{\prod_m(x_i)}=1$ 有：

$$2A_1\left[l_i^n(x)'+\frac{\prod_m(x)'}{\prod_m(x_i)}\right]\Bigg|_{x=x_i}+2A_2+\left[l_i^n(x)''+\frac{\prod_m(x)''}{\prod_m(x_i)}+2\frac{\prod_m(x)'}{\prod_m(x_i)}l_i^n(x)'\right]\Bigg|_{x=x_i}=0 \quad (3-37)$$

$j\in I_n\neq i\in I_n$ 时，$l_i^n(x)=0$，有：

$$\sum_{r=1}^{n}A_r(x-x_i)^r\left[2\frac{\prod_m(x)'}{\prod_m(x_i)}l_i^n(x)'+\frac{\prod_m(x)}{\prod_m(x_i)}l_i^n(x)''\right]\Bigg|_{x=x_j}+ \quad (3-38)$$

$$2\frac{\prod_m(x)}{\prod_m(x_i)}l_i^n(x)'\left[\sum_{r=1}^{n}A_r r(x-x_i)^{r-1}\right]\Bigg|_{x=x_j}+\left[2\frac{\prod_m(x)'}{\prod_m(x_i)}l_i^n(x)'+\frac{\prod_m(x)}{\prod_m(x_i)}l_i^n(x)''\right]\Bigg|_{x=x_j}=0$$

$\forall i\in I_n$，上面两组等式，可形成一个由 n 个方程组成的，含有 n 个未知量 $A_r(r=1,2,\cdots,n)$ 的方程组，解方程组求得系数组合 $A_r(r=1,2,\cdots,n)$，从而得出基函数 $p_i(x)$。

(2) $q_i(x),i\in I_n$ 与求取基函数 $p_i(x)$ 的过程相同，不再赘述。

(3) $r_i(x),i\in I_m$ 与求取基函数 $p_i(x),q_i(x)$ 的过程相同，不再赘述。

得出插值多项式(3-32)后，对其两边同时求两次导数，并令 $x=x_i,i\in I_m$，得到关于节点 x_i 二阶导的近似格式：

$$u_i''+\sum_{i\in I_n}a_iu_i''=b_iu_i+\sum_{i\in I_n}b_iu_i+\sum_{i\in I_m\neq i}b_ju_j \quad (3-39)$$

总体而言，利用(0，2)多项式插值求紧致格式包括以下步骤：

①确定近似过程中涉及的点，即 I_n,I_m；

②将 I_n,I_m 中的元素代入方程组，求取插值基函数中的系数组合，得到基函数 $p_i(x)$，$q_i(x),i\in I_n$ 和 $r_i(x),i\in I_m$，进而得到插值多项式；

③ 对插值基函数 $p_i(x),q_i(x),r_i(x)$ 求二阶导，并取 $x=x_i,i\in I_m$，分别代入插值多项式，得最终结果；

④处理边界，形成一个完整的问题。

2) 三对角紧致差分格式的导出

(1) 确定网格点。

所谓三对角，就是用于近似 u_i'' 的点中，涉及到的二阶导只有 u_{i+1}'' 和 u_{i-1}''，即 $I_n=\{i-1,i+1\}$，$n=2$，且 $i\in I_m$，m 待定，I_m 中点数的多少，即 m 决定能达到的近似精度 $2n+m-1$。

(2) 求插值基函数、插值多项式。

按上述方法，可以求取 $p_{i-1}(x)$、$p_{i+1}(x)$、$q_{i-1}(x)$、$q_{i+1}(x)$、$r_i(x)$，进而获得插值多项式。

$$p_{i-1}(x)=\frac{\prod_m(x)}{\prod_m(x_{i-1})}l_{i-1}^n(x)\left[1+\sum_{r=1}^{n}A_r^{i-1}(x-x_{i-1})^r\right] \quad (3-40)$$

$$A_1^{i-1}=-4\frac{\prod_m(x_{i-1})'}{\prod_m(x_{i-1})}-2\frac{\prod_m(x_{i+1})'}{\prod_m(x_{i+1})}-2(x_{i+1}-x_{i-1})\left[\frac{\prod_m(x_{i+1})'}{\prod_m(x_{i+1})}\frac{\prod_m(x_{i-1})'}{\prod_m(x_{i-1})}-\frac{\prod_m(x_{i-1})''}{\prod_m(x_{i-1})}\right]+$$

$$(x_{i+1}-x_{i-1})^2\frac{\prod_m(x_{i+1})'}{\prod_m(x_{i+1})}\frac{\prod_m(x_{i-1})'}{\prod_m(x_{i-1})}$$

$$A_2^{i-1}=4\frac{\prod_m(x_{i+1})'}{\prod_m(x_{i+1})}\frac{\prod_m(x_{i-1})'}{\prod_m(x_{i-1})}-\frac{\prod_m(x_{i-1})''}{\prod_m(x_{i-1})}-\frac{2}{(x_{i+1}-x_{i-1})}\left[\frac{\prod_m(x_{i-1})'}{\prod_m(x_{i-1})}-\frac{\prod_m(x_{i+1})'}{\prod_m(x_{i+1})}\right]-$$

$$(x_{i+1}-x_{i-1})\frac{\prod_m(x_{i+1})'}{\prod_m(x_{i+1})}\frac{\prod_m(x_{i-1})''}{\prod_m(x_{i-1})} \tag{3-41}$$

$$p_{i+1}(x)=\frac{\prod_m(x)}{\prod_m(x_{i+1})}l_{i+1}^n(x)\left[1+\sum_{r=1}^n A_r^{i+1}(x-x_{i+1})^r\right] \tag{3-42}$$

$$A_1^{i+1}=-4\frac{\prod_m(x_{i+1})'}{\prod_m(x_{i+1})}-2\frac{\prod_m(x_{i-1})'}{\prod_m(x_{i-1})}+2(x_{i+1}-x_{i-1})\left[\frac{\prod_m(x_{i-1})'}{\prod_m(x_{i-1})}\frac{\prod_m(x_{i+1})'}{\prod_m(x_{i+1})}-\frac{\prod_m(x_{i+1})''}{\prod_m(x_{i+1})}\right]+$$

$$(x_{i-1}-x_{i+1})^2\frac{\prod_m(x_{i-1})'}{\prod_m(x_{i-1})}\frac{\prod_m(x_{i+1})'}{\prod_m(x_{i+1})}$$

$$A_2^{i+1}=4\frac{\prod_m(x_{i-1})'}{\prod_m(x_{i-1})}\frac{\prod_m(x_{i+1})'}{\prod_m(x_{i+1})}-\frac{\prod_m(x_{i+1})''}{\prod_m(x_{i+1})}+\frac{2}{(x_{i+1}-x_{i-1})}\left[\frac{\prod_m(x_{i+1})'}{\prod_m(x_{i+1})}-\frac{\prod_m(x_{i-1})'}{\prod_m(x_{i-1})}\right]+$$

$$(x_{i+1}-x_{i-1})\frac{\prod_m(x_{i+1})'}{\prod_m(x_{i+1})}\frac{\prod_m(x_{i-1})''}{\prod_m(x_{i-1})} \tag{3-43}$$

$$q_{i-1}(x)=\frac{\prod_m(x)}{\prod_m(x_{i-1})}l_{i-1}^n(x)\left[1+\sum_{r=1}^n B_r^{i-1}(x-x_{i-1})^r\right] \tag{3-44}$$

$$B_1^{i-1}=-(x_{i+1}-x_{i-1})^2\left[\frac{2}{(x_{i+1}-x_{i-1})}+\frac{\prod_m(x_{i+1})'}{\prod_m(x_{i+1})}\right]$$

$$B_2^{i-1}=1-(x_{i+1}-x_{i-1})\frac{\prod_m(x_{i+1})'}{\prod_m(x_{i+1})} \tag{3-45}$$

$$q_{i+1}(x)=\frac{\prod_m(x)}{\prod_m(x_{i+1})}l_{i+1}^n(x)\left[\sum_{r=1}^n B_r^{i+1}(x-x_{i+1})^r\right] \tag{3-46}$$

$$B_1^{i+1}=-(x_{i+1}-x_{i-1})^2\left[\frac{2}{(x_{i-1}-x_{i+1})}+\frac{\prod_m(x_{i-1})'}{\prod_m(x_{i-1})}\right]$$

$$B_2^{i+1}=1-(x_{i-1}-x_{i+1})\frac{\prod_m(x_{i-1})'}{\prod_m(x_{i-1})} \tag{3-47}$$

$$r_i(x) = \frac{\prod_n (x)}{\prod_n (x_i)} l_i^m(x)\left[1 + \sum_{r=1}^{n} C_r (x - x_i)^r\right] \tag{3-48}$$

$$\begin{aligned} C_1^i = & \frac{x_{i+1} + x_{i-1} - x_i}{(x_{i+1} - x_i)(x_i - x_{i-1})}\left\{10 + \frac{4(x_{i+1} - x_{i-1})^2}{(x_{i+1} - x_i)(x_i - x_{i-1})}\right\} + 2(x_{i+1} - x_{i-1})\left\{\frac{x_{i+1} - x_i}{x_{i-1} - x_i} + \frac{x_{i-1} - x_i}{x_{i+1} - x_i}\right\} \times \\ & \frac{\prod_m (x_{i-1})'}{\prod_m (x_{i-1})} \frac{\prod_m (x_{i+1})'}{\prod_m (x_{i+1})} + \frac{\prod_m (x_{i-1})'}{\prod_m (x_{i-1})}\left\{4\frac{x_{i+1} - x_{i-1}}{x_{i-1} - x_i} + 4\frac{x_{i+1} - x_{i-1}}{x_{i+1} - x_i} - 2\left(\frac{x_{i+1} - x_{i-1}}{x_{i+1} - x_i}\right)^2\right\} - \\ & \frac{\prod_m (x_{i+1})'}{\prod_m (x_{i+1})}\left\{4\frac{x_{i+1} - x_{i-1}}{x_{i-1} - x_i} + 4\frac{x_{i+1} - x_{i-1}}{x_{i+1} - x_i} + 2\left(\frac{x_{i+1} - x_{i-1}}{x_{i+1} - x_i}\right)^2\right\} \end{aligned} \tag{3-49}$$

$$\begin{aligned} C_2^i = & 2\left\{\frac{1}{(x_{i-1} - x_i)^2} + \frac{1}{(x_{i+1} - x_i)^2} + \frac{1}{(x_{i+1} - x_i)(x_i - x_{i-1})}\right\} - \\ & 2\frac{(x_{i+1} - x_{i-1})^2}{(x_{i+1} - x_i)(x_i - x_{i-1})} \frac{\prod_m (x_{i-1})'}{\prod_m (x_{i-1})} \frac{\prod_m (x_{i+1})'}{\prod_m (x_{i+1})} + \frac{\prod_m (x_{i-1})'}{\prod_m (x_{i-1})}\left\{\frac{1}{x_{i-1} - x_i} + \frac{1}{x_{i+1} - x_i}\right\} - \\ & 2\frac{\prod_m (x_{i+1})'}{\prod_m (x_{i+1})}\left\{\frac{1}{x_{i-1} - x_i} + \frac{1}{x_{i+1} - x_i}\right\} - \\ & \frac{\prod_m (x_{i+1})'}{\prod_m (x_{i+1})}\left\{4\frac{x_{i+1} - x_{i-1}}{x_{i-1} - x_i} + 4\frac{x_{i+1} - x_{i-1}}{x_{i+1} - x_i} + 2\left(\frac{x_{i+1} - x_{i-1}}{x_{i+1} - x_i}\right)^2\right\} \end{aligned} \tag{3-50}$$

插值多项式表示为：

$$\begin{aligned} u(x) = & \left\{\frac{(x - x_{i+1})\prod_m (x)}{(x_{i-1} - x_{i+1})\prod_m (x_{i-1})}\right\}\left[1 + A_1^{i-1}(x - x_{i-1}) + A_2^{i-1}(x - x_{i-1})^2\right]u_{i-1} + \\ & \left\{\frac{(x - x_{i-1})\prod_m (x)}{(x_{i+1} - x_{i-1})\prod_m (x_{i+1})}\right\}\left[1 + A_1^{i+1}(x - x_{i+1}) + A_2^{i+1}(x - x_{i+1})^2\right]u_{i+1} + \\ & \left\{\frac{(x - x_{i+1})\prod_m (x)}{(x_{i-1} - x_{i+1})\prod_m (x_{i-1})}\right\}\left[B_1^{i+1}(x - x_{i-1}) + B_2^{i+1}(x - x_{i-1})^2\right]u''_{i-1} + \\ & \left\{\frac{(x - x_{i-1})\prod_m (x)}{(x_{i+1} - x_{i-1})\prod_m (x_{i+1})}\right\}\left[B_1^{i+1}(x - x_{i+1}) + B_2^{i+1}(x - x_{i+1})^2\right]u''_{i+1} + \\ & \sum_{j \in I_m}\left\{\frac{(x - x_{i-1})(x - x_{i+1})}{(x_j - x_{i-1})(x_j - x_{i+1})}\right\} l_j^m(x)\left[1 + C_1^j(x - x_j) + C_2^{i+1}(x - x_j)^2\right]u_j \end{aligned} \tag{3-51}$$

上式两边同时求二阶导，并取 $x = x_i, i \in I_m$，可得如下形式的三对角紧致格式近似二阶导的表达式：

$$a_{i-1}u_{i-1}'' + u_i'' + a_{i+1}u_{i+1}'' = b_{i-1}u_{i-1} + b_iu_i + b_{i+1}u_{i+1} + \sum_{j\in I_m \neq i} b_ju_j \tag{3-52}$$

其中，

$$a_{i-1} = \frac{2\prod_m(x_i)'[\mathrm{B}_1^{i-1}(2x_i - x_{i+1} - x_{i-1}) + \mathrm{B}_2^{i-1}(x_i - x_{i+1})(3x_i - 2x_{i+1} - x_{i-1})] + \prod_m(x_i)''(x_i - x_{i+1})(x_i - x_{i-1})[B_1^{i-1} + B_2^{i-1}(x_i - x_{i-1})]}{\prod_m(x_{i-1})(x_{i+1} - x_{i-1})} \tag{3-53}$$

$$a_{i+1} = \frac{2\prod_m(x_i)'[\mathrm{B}_1^{i+1}(2x_i - x_{i+1} - x_{i-1}) + \mathrm{B}_2^{i+1}(x_i - x_{i+1})(3x_i - 2x_{i+1} - x_{i-1})] + \prod_m(x_i)''(x_i - x_{i+1})(x_i - x_{i-1})[B_1^{i+1} + B_2^{i+1}(x_i - x_{i-1})]}{\prod_m(x_{i+1})(x_{i+1} - x_{i-1})} \tag{3-54}$$

$$b_{i-1} = \frac{2\prod_m(x_i)'[1 + \mathrm{A}_1^{i-1}(2x_i - \mathrm{x}_{i+1} - x_{i-1}) + \mathrm{A}_2^{i-1}(x_i - \mathrm{x}_{i+1})(3x_i - 2x_{i+1} - x_{i-1})] + \prod_m(x_i)''(x_i - x_{i+1})[1 + A_1^{i-1}(x_i - x_{i-1}) + A_2^{i-1}(x_i - x_{i-1})^2]}{\prod_m(x_{i-1})(x_{i+1} - x_{i-1})} \tag{3-55}$$

$$b_{i+1} = \frac{2\prod_m(x_i)'[1 + \mathrm{A}_1^{i+1}(2x_i - x_{i+1} - x_{i-1}) + \mathrm{A}_2^{i+1}(x_i - x_{i+1})(3x_i - 2x_{i+1} - x_{i-1})] + \prod_m(x_i)''(x_i - x_{i+1})[1 + A_1^{i+1}(x_i - x_{i-1}) + A_2^{i+1}(x_i - x_{i-1})^2]}{\prod_m(x_{i+1})(x_{i+1} - x_{i-1})} \tag{3-56}$$

$$b_i = 2C_2^i + 2C_1^i\left[\frac{2x_i - x_{i-1} - x_{i+1}}{(x_i - x_{i-1})(x_i - x_{i+1})} + l_i^m(x_i)'\right] + \frac{2 + 2l_i^m(x_i)'(2x_i - x_{i-1} - x_{i+1})}{(x_i - x_{i-1})(x_i - x_{i+1})} + l_i^m(x_i)'' \tag{3-57}$$

$$b_j = \left[C_1^j\left(1 + \frac{x_i - x_j}{x_i - x_{i+1}} + \frac{x_i - x_j}{x_i - x_{i-1}}\right) + C_2^j\left(1 + \frac{x_i - x_j}{x_i - x_{i+1}} + \frac{x_i - x_j}{x_i - x_{i-1}}\right)(x_i - x_j) + \frac{1}{x_i - x_{i+1}} + \frac{1}{x_i - x_{i-1}}\right] \times$$
$$2l_i^m(x_i)'\frac{(x_i - x_{i-1})(x_i - x_{i+1})}{(x_j - x_{i-1})(x_j - x_{i+1})} + \frac{(x_i - x_{i-1})(x_i - x_{i+1})}{(x_j - x_{i-1})(x_j - x_{i+1})}[1 + C_1^j(x_i - x_j) + C_2^j(x_i - x_j)^2]l_i^m(x_i)'' \tag{3-58}$$

(3)边界处理

处理三对角格式中，边界节点时 $I_n = 2$，点集 I_m 中必包含 $I_m = 1$，此时插值多项式为：

$$u(x) = \sum_{j\in I_m}\left(\frac{x - x_2}{x_j - x_2}\right)l_j^m(x)\left[1 - \frac{(x - x_j)l_j^m(x)'}{l_j^m(x_2) + (x_2 - x_j)l_j^m(x_2)'}\right]u_j +$$
$$\frac{\prod_m(x)}{\prod_m(x_2)}\left[1 - \frac{x - x_2}{2}\frac{\prod_m(x_2)''}{\prod_m(x_2)'}\right]u_2 + \frac{x - x_2}{2}\frac{\prod_m(x_2)}{\prod_m(x_2)'}u_2'' \tag{3-59}$$

两点同时求二阶导，并取 $x = x_i$，得：

$$u_1'' + a_2u_2'' = b_1u_1 + b_2u_2 + \sum_{j\in I_m \neq 1} b_ju_j \tag{3-60}$$

其中，系数分别为：

$$a_2 = \frac{x_2 - x_1}{2} \frac{\prod_m (x_1)''}{\prod_m (x_2)'} - \frac{\prod_m (x_1)'}{\prod_m (x_2)'} \tag{3-61}$$

$$b_1 = l_1^m(x_1)'' + 2\frac{l_1^m(x_1)'}{x_1 - x_2} \frac{l_1^m(x_1) + 2(x_2 - x_1)l_1^m(x_2)'}{l_1^m(x_2) + (x_2 - x_1)l_1^m(x_2)'} + \frac{2l_1^m(x_2)'}{(x_2 - x_1)l_1^m(x_2) + (x_2 - x_1)^2 l_1^m(x_2)'} \tag{3-62}$$

$$b_2 = \frac{\prod_m (x_1)''}{\prod_m (x_2)} + \frac{x_2 - x_1}{2} \frac{\prod_m (x_1)''}{\prod_m (x_2)} \frac{\prod_m (x_2)''}{\prod_m (x_2)} - \frac{\prod_m (x_1)'}{\prod_m (x_2)} \frac{\prod_m (x_2)''}{\prod_m (x_2)} \tag{3-63}$$

$$b_j = l_1^m(x_1)'' \frac{(x_1 - x_2)l_j^m(x_2) + (x_1 - x_2)^2 l_j^m(x_2)'}{(x_j - x_2)l_j^m(x_2) + (x_j - x_2)^2 l_j^m(x_2)'} + 2\frac{l_1^m(x_1)'}{x_j - x_2} \frac{l_j^m(x_2) - 2(x_1 - x_2)l_j^m(x_2)'}{l_j^m(x_2) - (x_1 - x_2)l_1^m(x_2)'} \tag{3-64}$$

类似地，对于边界节点时 $I_n = N-1$，点集 I_m 中必包含 $I_m = N$，插值多项式为：

$$u_N'' + a_{N-1}u_{N-1}'' = b_N u_N + b_{N-1}u_{N-1} + \sum_{j \in I_m \neq N} b_j u_j \tag{3-65}$$

3）四阶、六阶紧致差分格式

（1）四阶 $I_m = \{i\}$：

内部节点：

$$\frac{1}{10}u_{i-1}'' + u_i'' + \frac{1}{10}u_{i+1}'' = \frac{6}{5h^2}u_{i-1} - \frac{12}{5h^2}u_i + \frac{6}{5h^2}u_{i+1} \tag{3-66}$$

边界节点：

$i = 1$：

$$u_1'' + 44u_2'' = \frac{13}{h^2}u_1 - \frac{27}{h^2}u_2 + \frac{15}{h^2}u_3 - \frac{1}{h^2}u_4 \tag{3-67}$$

$i = N$：

$$u_N'' + 44u_{N-1}'' = \frac{13}{h^2}u_N - \frac{27}{h^2}u_{N-1} + \frac{15}{h^2}u_{N-2} - \frac{1}{h^2}u_{N-3} \tag{3-68}$$

（2）六阶，$I_m = \{i-2, i, i+2\}$：

内部节点：

$$\frac{2}{11}u_{i-1}'' + u_i'' + \frac{2}{11}u_{i+1}'' = \frac{3}{44h^2}u_{i+2} + \frac{12}{11h^2}u_{i+1} - \frac{51}{22h^2}u_i + \frac{12}{11h^2}u_{i-1} + \frac{3}{44h^2}u_{i-2} \tag{3-69}$$

边界节点：

$i = 1$：

$$u_1'' + 11u_2'' = \frac{13}{h^2}u_1 - \frac{27}{h^2}u_2 + \frac{15}{h^2}u_3 - \frac{1}{h^2}u_4 \tag{3-70}$$

$i = N$：

$$u_N'' + 11u_{N-1}'' = \frac{13}{h^2}u_N - \frac{27}{h^2}u_{N-1} + \frac{15}{h^2}u_{N-2} - \frac{1}{h^2}u_{N-3} \tag{3-71}$$

将上面三式写成矩阵形式，一维情况，有：

$$A_{N\times N}(U_{xx})_{N\times 1} = B_{N\times N}U_{N\times 1} \tag{3-72}$$

具体形式如下：

$$\begin{bmatrix} 1 & 11 & & & & & \\ \frac{2}{11} & 1 & \frac{2}{11} & & & & \\ & \frac{2}{11} & 1 & \frac{2}{11} & & & \\ & & & \ddots & & & \\ & & & \frac{2}{11} & 1 & \frac{2}{11} & \\ & & & & \frac{2}{11} & 1 & \frac{2}{11} \\ & & & & & 11 & 1 \end{bmatrix}_{N\times N} \begin{bmatrix} u_1'' \\ u_2'' \\ u_3'' \\ \vdots \\ u_{N-2}'' \\ u_{N-1}'' \\ u_N'' \end{bmatrix}_{N\times 1} \tag{3-73}$$

$$= \frac{1}{h^2}\begin{bmatrix} 13 & -27 & 15 & 1 & & & & & \\ \frac{12}{11} & -\frac{51}{22} & \frac{12}{11} & \frac{3}{44} & & & & & \\ \frac{3}{44} & \frac{12}{11} & -\frac{51}{22} & \frac{12}{11} & \frac{3}{44} & & & & \\ & \frac{3}{44} & \frac{12}{11} & -\frac{51}{22} & \frac{12}{11} & \frac{3}{44} & & & \\ & & & & \ddots & & & & \\ & & & \frac{3}{44} & \frac{12}{11} & -\frac{51}{22} & \frac{12}{11} & \frac{3}{44} & \\ & & & & \frac{3}{44} & \frac{12}{11} & -\frac{51}{22} & \frac{12}{11} & \frac{3}{44} \\ & & & & & \frac{3}{44} & \frac{12}{11} & -\frac{51}{22} & \frac{12}{11} \\ & & & & & 1 & 15 & -27 & 13 \end{bmatrix}_{N\times N} \begin{bmatrix} u_1 \\ u_2 \\ u_3 \\ u_4 \\ \vdots \\ u_{N-3} \\ u_{N-2} \\ u_{N-1} \\ u_N \end{bmatrix}_{N\times 1}$$

显格式的构成实际就是将(3－73)变为：

$$U_{xx} = A^{-1}BU \tag{3-74}$$

系数矩阵 $A^{-1}B$ 为准确的紧致差分格式的系数，舍去其中影响较小的项，即得显格式的系数，调用 C＋＋语言中矩阵求逆和矩阵相乘程序，取 $N=100$，即计算 100×100 的矩阵，舍去 10^{-5} 级的系数；可以得到六阶三对角紧致差分格式对应的显格式的系数组合：

$$u_i'' = \frac{1}{2h^2}\left[\omega_0 u_i + \sum_{m=1}^{6}\omega_m(u_{i-m} + u_{i+m})\right] \tag{3-75}$$

其中，

$$\omega_0=-5.8485948,\omega_1=3.3336356,\omega_2=-0.4864012,\omega_3=0.091571014,$$
$$\omega_4=-0.017239371,\omega_5=0.0032455238,\omega_6=-0.0006110098$$

2. 紧致差分算法的频散分析

紧致差分格式的频散分析式：

$$\frac{V}{V_0}=\frac{\sqrt{2a(1-\cos(k\Delta x))+(b/2)(1-\cos(2k\Delta x))+(2c/9)(1-\cos(3k\Delta x))}}{1+2\alpha\cos(k\Delta x)+2\beta\cos(2k\Delta x)} \tag{3-76}$$

与六阶和十阶相应的系数组合，即可得六阶和十阶紧致差分格式频散分析式。

首先比较紧致差分与高阶有限差分的频散关系（如图 3－5），用 grapher 分别做出 5 点 6 阶、7 点 10 阶紧致差分，5 点 4 阶、7 点 6 阶、9 点 8 阶和 11 点 10 阶有限差分格式的频散曲线：

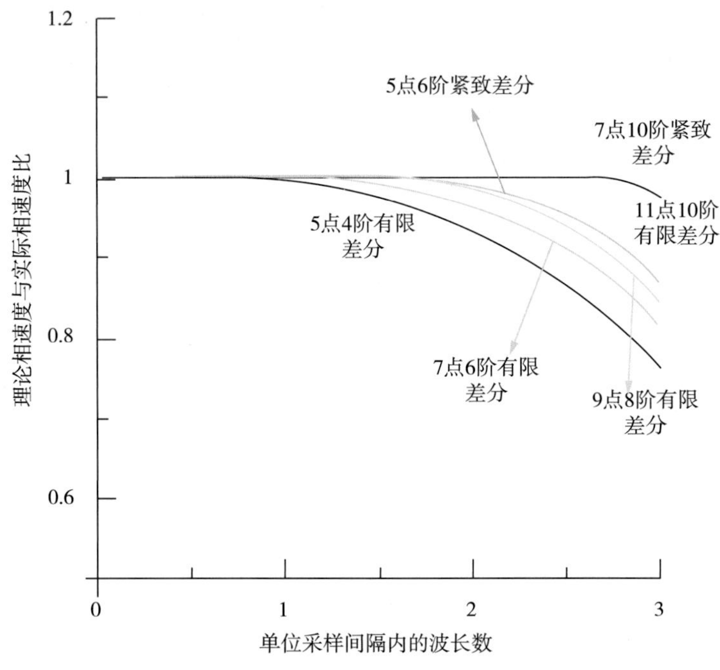

图 3－5　紧致差分与高阶有限差分的频散比较

再来比较不同网格点数六阶紧致差分与 11 点 10 阶有限差分的频散关系。将六阶紧致有限差分格式分别取 9 点，11 点和 13 点，与 11 点十阶有限差分进行比较，利用计算相速度与理论相速度的比值衡量频散大小。

11 点十阶有限差分格式如下：

$$u_i''=\frac{1}{2h^2}\left[\omega_0u_i+\sum_{m=1}^{5}\omega_m(u_{i-m}+u_{i+m})\right] \tag{3-77}$$

其中，h 为网格间距；

$$\omega_0=-5.8544445,\omega_1=3.333333,\omega_2=-0.4761901,$$
$$\omega_3=0.07936513,\omega_4=-0.009920621,\omega_5=0.0006349185$$

如图3－6，利用grapher分别做出十阶有限差分(11点)，六阶紧致差分(9点、11点和13点)的频散曲线：

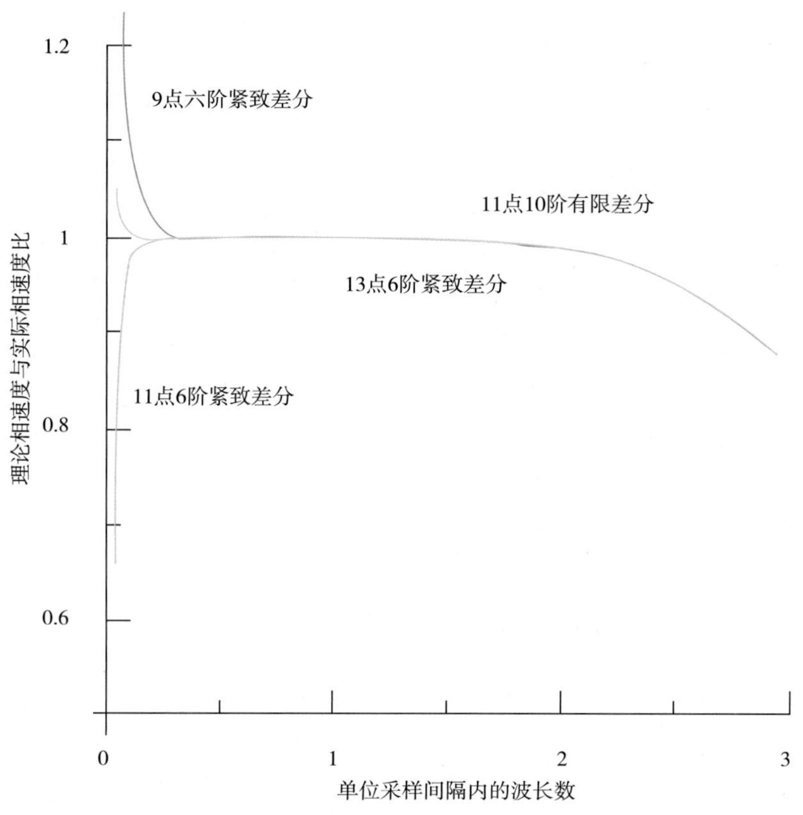

图3－6　六阶紧致差分与十阶有限差分频散曲线图

通过比较可以发现，13点六阶紧致差分格式与11点十阶有限差分格式频散基本相同，11点六阶紧致差分只在一个采样间隔内波长数很少，即小采样间隔很小时才略有不足，相比之下，9点六阶紧致差分频散则略大。因此，出于计算量与精度的权衡考虑，RTM适宜采用11点六阶紧致差分格式。

3. 紧致差分算法的稳定性条件分析

二维声波方程空间六阶精度的紧致差分格式可以简写为：

$$u(t+\Delta t)=2u(t)-u(t-\Delta t)+\frac{V^2\Delta t^2}{\Delta x^2}\sum_{m=1}^{5}[u_{i-m}-2u_i+u_{i+m}]+\frac{V^2\Delta t^2}{\Delta z^2}\sum_{m=1}^{5}[u_{k-m}-2u_k+u_{k+m}] \tag{3-78}$$

对其两边进行时间和空间Fourier变换，有：

$$\cos(\omega\Delta t)-1=\frac{V^2\Delta t^2}{\Delta x^2}\sum_{m=1}^{5}\omega_m[\cos(\hat{k}_x m\Delta x)-1]+\frac{V^2\Delta t^2}{\Delta z^2}\sum_{m=1}^{5}[\cos(\hat{k}_z m\Delta z)-1] \tag{3-79}$$

差分系数ω_m正负交替，所以当k_x取最大值，即Nyquist波数$\hat{k}_x=\frac{\pi}{\lambda}$时，$k_x$最大。因此，二维声波方程六阶紧致差分格式的稳定性条件为：

$$0 \leqslant V^2\Delta t^2\left(\frac{1}{\Delta x^2}+\frac{1}{\Delta z^2}\right)\sum_{m=1}^{5}\omega_m[1-(-1)^n]\leqslant 2 \tag{3-80}$$

代入差分系数，得六阶紧致差分格式的稳定条件为：

$$V\Delta t\sqrt{\frac{1}{\Delta x^2}+\frac{1}{\Delta z^2}}\leqslant 0.763\ ，当\ \Delta x=\Delta z\ 时，\frac{V\Delta t}{\Delta x}\leqslant 0.536 \tag{3-81}$$

类似地，可以得到三维声波方程六阶紧致差分解法地稳定性条件；

$$0\leqslant V^2\Delta t^2\left(\frac{1}{\Delta x^2}+\frac{1}{\Delta y^2}+\frac{1}{\Delta z^2}\right)\sum_{m=1}^{5}\omega_m[1-(-1)^n]\leqslant 2 \tag{3-82}$$

即：

$$V\Delta t\sqrt{\frac{1}{\Delta x^2}+\frac{1}{\Delta y^2}+\frac{1}{\Delta z^2}}\leqslant 0.763\ ，当\ \Delta x=\Delta y=\Delta z\ 时，\frac{V\Delta t}{\Delta x}\leqslant 0.441 \tag{3-83}$$

三、完全匹配层吸收边界条件(PML)

在有限差分波场模拟中，一个关键问题是边界条件。我们要模拟的是地震波在无限介质中传播的过程，而我们的计算区域是有限的，这就相当于引入了一个人为的反射界面。为此需要构造一个边界，解决由计算网格的边界所引起的人为边界反射能量。声波方程完全匹配层吸收边界基本思想是在所研究区域的边界上引入吸收层，波由研究区域边界传到吸收层时不产生任何反射，在吸收层内按传播距离的指数规律衰减，不产生反射，从而达到吸收边界的效果。以二维情况为例，给出该边界条件的构造思路。

二维标量波动方程在时间域的表达式为：

$$\frac{\partial^2 u(x,z,t)}{\partial x^2}+\frac{\partial^2 u(x,z,t)}{\partial z^2}=\frac{1}{v^2(x,z)}\frac{\partial^2 u(x,z,t)}{\partial t^2} \tag{3-84}$$

其中，$u(x,z,t)$ 是位移函数，$v(x,z)$ 是介质的速度。

上式可以分解为：

$$u=u_1+u_2 \tag{3-85}$$

$$\frac{\partial u_1}{\partial t}=v^2(x,z)\frac{\partial A_1}{\partial x} \tag{3-86}$$

$$\frac{\partial u_2}{\partial t}=v^2(x,z)\frac{\partial A_2}{\partial z} \tag{3-87}$$

$$\frac{\partial A_1}{\partial t}=\frac{\partial u_1}{\partial x}+\frac{\partial u_2}{\partial x} \tag{3-88}$$

$$\frac{\partial A_2}{\partial t}=\frac{\partial u_1}{\partial z}+\frac{\partial u_2}{\partial z} \tag{3-89}$$

其中：u_1 、u_2 、A_1 、A_2 是引入的中间变量。

于是，可以得到相应的完全匹配层控制方程：

$$u=u_1+u_2 \tag{3-90}$$

$$\frac{\partial u_1}{\partial t}+\mathrm{d}(x)u_1=v^2(x,z)\frac{\partial A_1}{\partial x} \tag{3-91}$$

$$\frac{\partial u_2}{\partial t}+\mathrm{d}(x)u_2=v^2(x,z)\frac{\partial A_2}{\partial z} \tag{3-92}$$

$$\frac{\partial A_1}{\partial t} + \mathrm{d}(x)A_1 = \frac{\partial u_1}{\partial x} + \frac{\partial u_2}{\partial x} \tag{3-93}$$

$$\frac{\partial A_2}{\partial t} + \mathrm{d}(z)A_2 = \frac{\partial u_1}{\partial z} + \frac{\partial u_2}{\partial z} \tag{3-94}$$

以上公式的解是衰减的，$\mathrm{d}_1(x)$ 和 $\mathrm{d}_2(z)$ 分别为 x 方向和 z 方向的衰减系数：

$$\mathrm{d}(x) = \begin{cases} -\dfrac{V_{\max}\ln\alpha}{L}\left[a\dfrac{x_i}{L} + b\left(\dfrac{x_i}{L}\right)^2\right] & \text{匹配层区域} \\ 0 & \text{非匹配层区域} \end{cases}$$

$$\mathrm{d}(z) = \begin{cases} -\dfrac{V_{\max}\ln\alpha}{L}\left[a\dfrac{z_i}{L} + b\left(\dfrac{z_i}{L}\right)^2\right] & \text{匹配层区域} \\ 0 & \text{非匹配层区域} \end{cases}$$

其中，x_i 为到匹配层区域与内部区域界面的横向距离，z_i 为到匹配层区域与内部区域界面的纵向距离。$V_{\max}$ 为最大的纵波速度值，L 为匹配层宽度，$\alpha = 10^{-6}$，系数 $a = 0.25$，$b = 0.75$。

由以上可以构造一个声波方程完全匹配层吸收边界差分格式。

四、RTM 成像条件

成像条件是地震偏移成像算法的关键之一，它直接影响成像剖面的质量效果和计算成本。对于叠后偏移，爆炸反射界面成像是最常用的一种成像条件，其适合于单程旅行时零偏移距剖面的叠后偏移成像，但不适合于叠前成像。爆炸反射理论假设地下反射界面为无数个震源，形状与位置和反射界面的形状与位置完全一致，界面处作为二次震源所激发的脉冲强度和极性与界面反射系数的大小和正负也是完全一致；假设在零时刻所有爆炸反射界面上的震源同时激发，并由地表检波器接收，然后将地表接收到的波场沿逆时间方向延拓至零时刻，此时的波场值就能够正确描述地下反射界面的形状，实现叠后逆时深度成像。对于叠前逆时偏移，当前常用的成像条件主要有三类：激发时间成像条件、互相关成像条件以及振幅比成像条件。Sandip Chattopadhyay 等（2008）对逆时偏移成像条件，特别是以上三种成像条件做了比较全面的对比研究。

1. 激发时间成像条件

上行波的到达时等于下行波的出发时即为激发时间成像条件。激发时间成像条件可以通过计算地震波从震源传播到介质中各个点的单程时间来得到。初至时间可以利用射线追踪和波场延拓两种方法得到，即射线追踪初至走时成像条件和最大振幅成像条件。其实现过程为：通过射线追踪求取初至走时成像条件或用差分法求取最大振幅成像条件并保存；将检波点波场沿时间轴反向逆推；每反推一个时间步长运用成像条件提取成像值。

激发时刻成像条件的优点是只需要存储成像条件即走时表，而不需要存储炮点波场传播历史信息；缺点是多波至问题处理困难，容易丢失波场信息，使成像效果受影响。

2. 互相关成像条件

在当前的逆时偏移研究中，互相关成像条件的应用更为广泛，其成像条件主要是从 Claerbout 提出的互相关成像条件为理论基础。

互相关成像数学表达式为：

$$\text{Image}(x,z) = \sum_t r(x,z,t)s(x,z,t) \tag{3-95}$$

式中函数 $r(x,z,t)$、$s(x,z,t)$ 表示在某一时刻对震源波场和检波器波场做一次互相关运算，最后的成像结果为时间上的积分求和。Sandip Chattopadhyay 等(2008)的对比研究表明互相关成像条件保幅效果不是很理想，增加归一化(照明补偿)处理后，保幅效果得到一定程度上的改善，其表达式变为：

$$\text{Image}(x,z) = \frac{\sum_t r(x,z,t)s(x,z,t)}{\sum_t s^2(x,z,t)} \tag{3-96}$$

3. 振幅比成像条件

振幅比成像条件也是基于 Claerbout 的时间一致性成像原理：即反射界面存在于震源波场和接收波场在时间和空间重合的位置，那么两者的比值反映了反射系数的大小，在求取成像条件时用检波点波场和炮点波场的比值作为成像结果。其表达式为：

$$\text{Image}(x,z) = \frac{U(x,z,t)}{D(x,z,t)} \tag{3-97}$$

式中，$U(x,z,t)$ 是接收(上行)波场，$D(x,z,t)$ 是震源(下行)波场。振幅比成像条件的优点是更好的保留了振幅的信息并具有更高的分辨率，对于振幅比成像条件 Guitton，A 等(2006)引入了一个衰减因子可以避免分母为零的出现。

为了分析各成像条件的相对保幅能力，Sandip Chattopadhyay 和 MCMechan(2008)基于如图 3-7 所示的水平层状介质模型，对上述不同成像条件的偏移结果进行了详细的比较。由图 3-8 可知，激发时间成像条件和零延迟互相关成像条件的偏移剖面分辨率都比较低，并且成像振幅值不能正确反映反射系数；加入能量归一化处理后的成像条件的成像振幅能较好的反映界面的反射系数，但是分辨率仍然很低。振幅比成像条件则具有较好的成像分辨率，但存在计算公式中除数为零的问题难于解决。Zhang 等(2007)的研究表明，零延迟互相关成像条件是获取共反射点角道集的一种有效途径。

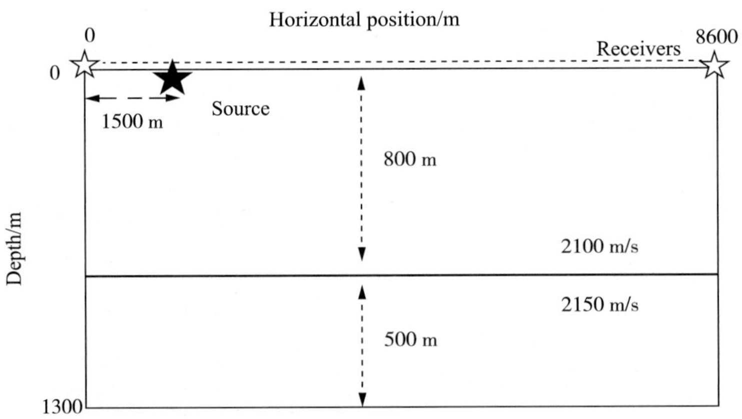

图 3-7　二维水平层状模型及其单炮观测系统(Chattopadhyay 等，2008)

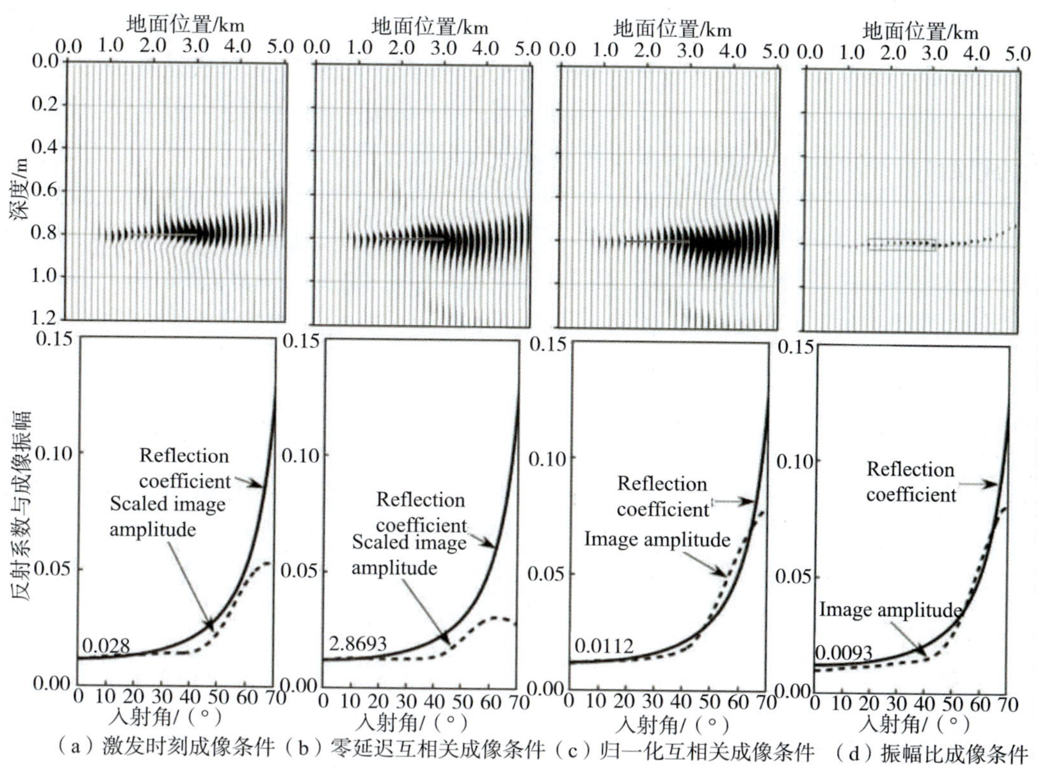

(a)激发时刻成像条件 (b)零延迟互相关成像条件 (c)归一化互相关成像条件 (d)振幅比成像条件

图 3-8 RTM 偏移结果及成像振幅与真实反射系数的对比(Chattopadhyay 等, 2008)

第二节 RTM 偏移并行策略及存储方案

RTM 偏移技术具有计算密集、计算海量、存储需求量巨大的特点,对计算机的性能要求非常高。根据目前高性能计算机及其应用技术的发展现状,工业界主要有两个体系的 RTM 技术。首先在传统的 CPU 集群上,根据 RTM 的计算特点,采用基于 MPI + OpenMP 的并行模式,在较好解决存储瓶颈的同时最大限度地提高 CPU 利用率;其次在近年来新兴的 GPU 计算平台,根据 RTM 的计算特点,融合了 CPU 在复杂顺序计算和 GPU 在大规模并行计算的双重优势,通过硬件协同和软件协作,均衡 CPU 和 GPU 的负载,采用 GPU \ CPU 异构协同的并行计算模式。本节只讨论基于 CPU 平台的 MPI + OpenMP 并行策略以及面向 RTM 的存储方案,基于 GPU 计算平台的并行策略将在第六章进行详细阐述。

一、基于 MPI + OpenMP 的并行策略

提到并行计算,就不可避免的提到并行模式,并行模式就是并行计算的方法,针对不同的计算任务,设计有效的并行模式可以最大限度的发挥计算设备的计算能力,有效的提高计算效率。

不同的设备适用于不同的并行方法,根据设备规模的不同目前有两种比较常见的并行方式。一是单机(单个节点)内部的多个 CPU、多个核并行计算。目前从 X86 到小型机,多核

是 CPU 的主流，对于单线程(single thread)的程序，多核的处理器并没有办法提升它的处理效能；对于多线程(multi thread)的程序，就可以通过不同的核同时计算来达到提高性能的目的。二是集群内部节点间的并行计算。对于并行计算来说，更加强调的是集群节点间的并行。目前，集群中的节点一般是通过 IP 网络连接，在带宽足够的前提下，各节点不受地域、空间限制，所以这种并行计算在很多时候被称作分布式并行计算。

针对上述两种不同的并行方法，衍生了许多不同的并行模型。并行计算编程模型一般包括两类：一类是在原有串行编程语言基础上，引入并行控制机制，提供并行 API、运行库或者并行编译指令，这类模型包括 OpenMP 和 MPI 等；另一类则是并行编程语言，其语言本身就是基于并行算法的，相对影响比较大的主要有 Erlang。由于前者基于多种编程语言，可移植性好，所以应用也比较广。

OpenMP 是由 OpenMP Architecture Review Board 牵头提出的，并已被广泛接受的，用于共享内存并行系统的多线程程序设计的一套指导性的编译处理方案(Compiler Directive)。OpenMP 支持的编程语言包括 C 语言、C + + 和 Fortran；而支持 OpenMP 的编译器包括 Sun Compiler，GNU Compiler 和 Intel Compiler 等。OpenMP 对于并行描述的高层抽象降低了并行编程的难度和复杂度，这样程序员可以把更多的精力投入到并行算法本身，而非其具体实现细节。对基于数据分集的多线程程序设计，OpenMP 是一个很好的选择。同时，使用 OpenMP 也提供了更强的灵活性，可以较容易的适应不同的并行系统配置。线程粒度和负载平衡等是传统多线程程序设计中的难题，但在 OpenMP 中，OpenMP 库从程序员手中接管了这两方面的部分工作。

MPI 是一种消息传递模型。1994 年 5 月 1.0 版的 MPI 标准诞生。该标准提出了一种基于消息传递的函数接口描述。目前，MPI 已发展到 2.0 版，成为高性能计算的一种公认标准。MPI 本身并不是一个具体的实现，而只是一种标准描述。MPI 最为著名且被广泛使用的一个具体实现是由美国 Argoone 国家实验室(argonne national laboratory)开发小组完成的 MPICH，MPICH 是一个免费软件，它提供对 Fotran 和 C 语言等的绑定支持，以函数库的形式提供给开发者使用。MPI 理论上可以工作在任何多处理器的并行环境下，并且具有较好的可移植性。MPI 已在 IBM PC 机上、MS Windows 上、所有主要的 Unix 工作站上和所有主流的并行机上得到实现。使用 MPI 作消息传递的 C 或 Fortran 并行程序可不加改变地运行在 IBM PC、MS Windows、Unix 工作站、以及各种并行机上。

对于 RTM，其在应用实现方面有两个特点，一是计算密集，由于当前地震技术的发展，单炮万道接收，一个三维工区有数万炮，已经成为三维地震的常规套路。而对于 RTM，每一个位置延拓数万步也是很正常的，因此逆时偏移的计算量是非常巨大的；二是海量存储，因为 RTM 的传播和反传播是两个在时间上互逆的过程，因此在成像时就要存储正向或反向传播的波场，由于地震勘探的精细化程度在不断提高，精细描述的地震波场的存储量也是非常巨大的。当今的处理设备往往是多处理器、多核的，但平均每一个处理器占有的存储量却十分有限，对于高计算量高存储量的 RTM 来说，计算量和存储量之间存在矛盾。

对于 RTM 作业，单纯的使用 OpenMP 进行处理，由于 OpenMP 共享内存的机制，可以有效的利用存储器，解决存储需求的问题，但是 OpenMP 只能工作在共享内存的并行环境下工作，而共享内存的并行系统往往规模很小，不能满足 RTM 对计算量的需求。而 MPI 理论上可以处理大规模集群的运算问题，可以很好的处理在各个分布式存储的计算节点间的通信问题，但是由于节点内部每个处理器的内存储量有限，对于 RTM 如果要通过 MPI 的方式使用所有的处理器就会导致单炮计算的存储量不足，如果要保证充足的存储量就要放弃一部分处理器，而要使用多个处理器来处理一个单炮又会增加进程之间的通信量，降低计算效率。

因此对于 RTM，最好的并行方案就是 MPI 和 OpenMP 同时使用。使用粗细两种粒度分别处理的并行模式，MPI 处理粗粒度的并行问题，也就是节点之间的通信，在节点内部则使用 OpenMP 多线程并行处理细粒度问题，最大限度的调用起多核处理器的计算能力，在这种策略下存储和计算达到平衡。

如图 3－9 所示，RTM 的 MPI＋OpenMP 并行策略可以描述为，在每个计算节点启动 MPI 进程控制成像的总流程，MPI 进程负责节点之间的数据传输，当进入计算环节时，通过 OpenMP 共享内存并行，充分利用多核处理器的计算能力。通过这种并行策略可以极大地缓解 RTM 中计算量与存储量之间的矛盾，减少进程之间的通信量，尤其是在节点的存储可以完整处理一炮或者几炮数据时，这种并行策略基本上没有进程间通信，多进程的加速比几乎保持直线上升。

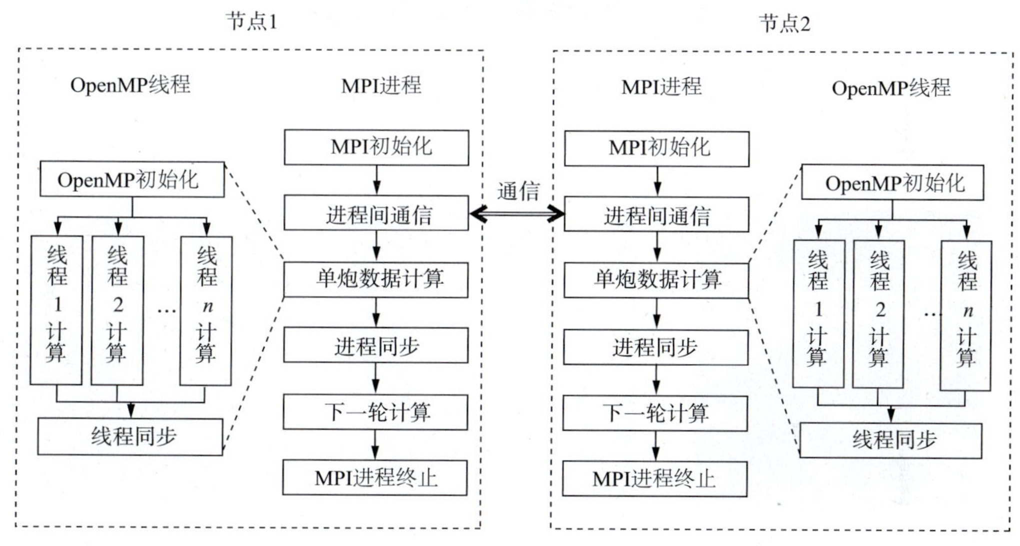

图 3－9　RTM 的 MPI＋OpenMP 并行策略示意图

二、面向 RTM 的波场存储方案

在进行 RTM 偏移过程中，震源波场是沿时间正向传播的，而检波点波场是沿时间逆向传播的，要将这两个波场做零延迟互相关，就必须要保存其中一个波场，这就是逆时偏移所面临的存储问题。如果要把整个波场完全保存下来（特别是三维时），这需要巨大的存储空间，目前计算机硬件资源往往无法满足，从而大大制约了 RTM 的工业化发展。为了应对 RTM 海量存储需求，工业界主要发展了四种方案：①高精度数据压缩技术；②随机边界技术；③检查点机制；④震源波场重构技术。在本文中，我们仅仅讨论后三种技术。

1. 随机边界条件

2009 年 Robert G Clapp 等提出了随机边界，用计算换存储。随机边界条件使得波场外推变成了一个可逆的过程，其方法是将震源波场先推到最大时间，保存最后两个时间片的波场，然后和检波点波场同时逆时外推，每推一个时间步长做一次成像，有效地解决了逆时偏移波场的边界及存储问题。图 3 - 10 为未加随机边界的匀速模型，图 3 - 11 中，(a)为在均

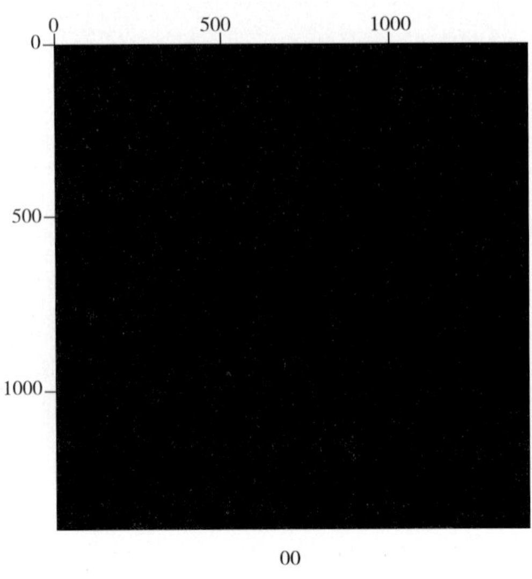

图 3 - 10　未加随机边界的匀速模型

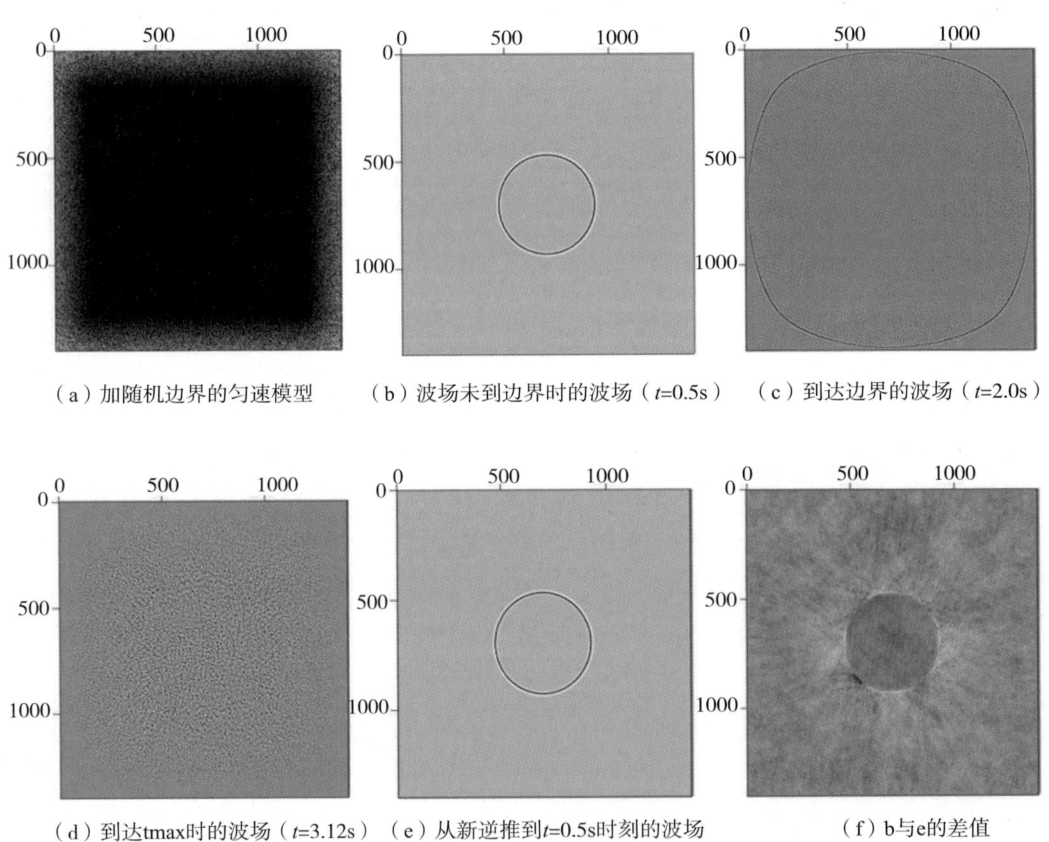

图 3 - 11　随机边界示意图

匀介质外围加上随机边界的匀速模型，(b)为波场未到边界时的波场($t=0.5s$)，(c)为到达边界的波场($t=2s$)，(d)为到达 t_{max}时的波场($t=3.12s$)，(e)为从新逆推到 $t=0.5s$ 时刻的波场，(f)为(b)与(e)的差值。(e)与(b)的差值在误差允许范围内很小，表明随机边界条件并没有对波场外推算子做任何改变，由于反射波相关性很差，因此不会对成像结果产生影响，同时，因为边界没有对波场能量产生损耗，因此我们可以将波场重新利用全程波动方程逆推回去。这种方法往往需要全模型计算，大大增加了计算量，并且只适用于无耗散介质中的声波传播。

2. 检查点机制

检查点机制是牺牲计算效率来减小存储量的一种方法，也是典型的是以时间换取空间的策略。具体来说就是在波场正向传播的过程中，选择几个时刻作为检查点，仅仅存储检查点处的波场。在成像时，再通过检查点的波场重构出成像时刻的波场值，然后再成像。对于传统的共炮点 RTM，检查点存储策略可以表述为：

```
检查点存储策略逆时偏移流程
for 炮道集 do
    while t < 最大时刻 do
        正演到检查点
        存储波场
    end while
    t = 最大时刻
    while t > 0 do
        从检查点读取波场
        正演波场到 t 时刻
        for t = 0 到检查点 do
            反推地震数据一个时间步长
            对正演和反推波场进行成像
        end for
        t = t - 检查点
    end while
end for
```

通过对检查点策略的描述可以看出检查点的选择对于检查点存储策略十分重要，要兼顾计算量和存储量，检查点选得太密集则存储量增加，达不到节约存储的目的，检查点选得太少，重复计算就会增多，导致计算量成倍上涨。

最简单的检查点的选择方式就是等间隔放置检查点，这样布置检查点的好处是易于理解、实现方便。但这种方式存储的重复计算量相当高，尤其是在检查点较少的时候，计算量以阶乘形式递增。于是又产生了一种新的检查点策略，就是二分法检查点策略。这种策略并不是一次放置所有的检查点，而是将整个延拓和成像的过程等分为两个时间段。首先将正演波场推导到最大时刻的一半并设立检查点，先处理检查点到最大时刻的逆时偏移问题，再处理从零时刻到检查点的逆时偏移问题，这样就形成了两个一半时间的逆时偏移问题，然后再分别按上述方法处理这两个子问题，不断二分下去直到达到预先设置的二分级数，如图3－12所示。这种二分的好处在每次二分只需要保存一个检查点，同时存检查点的数量较之等分的形式减少了，而整个递推次数仅仅增加了二分级数次，这样只要二分级数够多，整个计算量要远远少于等分形式。

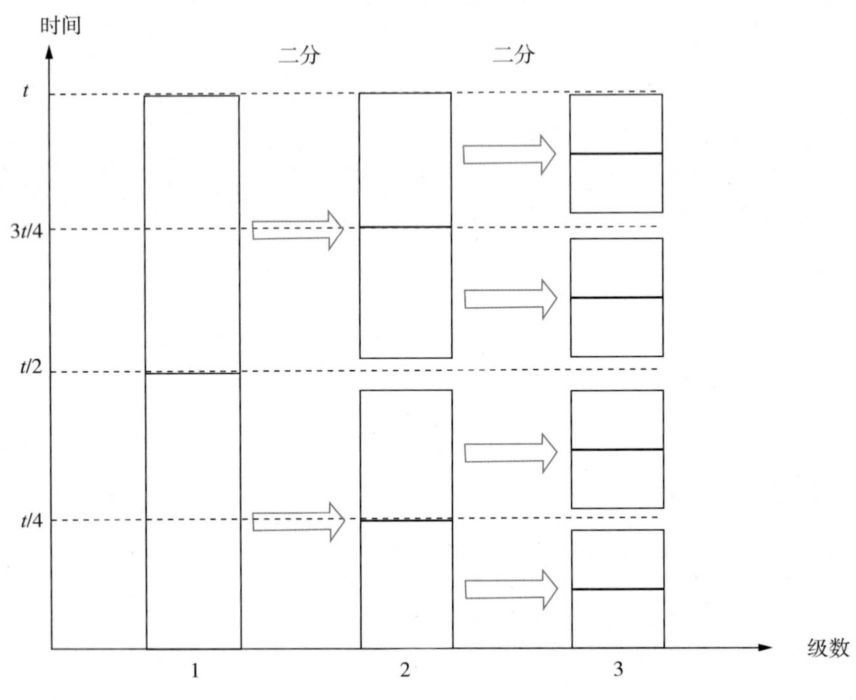

图3－12　二分法检查点机制示意图

3. 震源波场重构存储策略

基于震源波场重构的逆时偏移实现思路如下：①将震源波场正向外推到 t_{max}，外推过程中只存储边界波场信息；②对检波点波场进行逆时反向传播，同时，利用存储的边界波场重构震源正向传播的波场；③重构的震源波场与逆时传播的记录波场进行零时互相关提取成像值。

第一步中存储边界的示意图如图3－13，里面的方形表示波场模拟区域，外面表示吸收边界区域，虚点线表示要存储的边界，左侧表示仅仅存储一层边界，右侧表示存储边界及其内部相邻的网格点。

第二步中波场重构相当于求解一个偏微分方程，方程表达式就是一个声波波动方程，震源正向外推时最后两个时间的波场作为其初值条件，第一步存储的波场作为其边值条件。通过有限差分算法比较容易求出每一个时间的震源传播波场，实现震源波场的重构，而后与逆时传播的记录波场相关成像。

计算效率方面，采用震源波场重构存储策略，增加了0.5倍的计算量，但存储量和I/O量得到大幅度降低，偏移的整体计算效率会有较大提升。

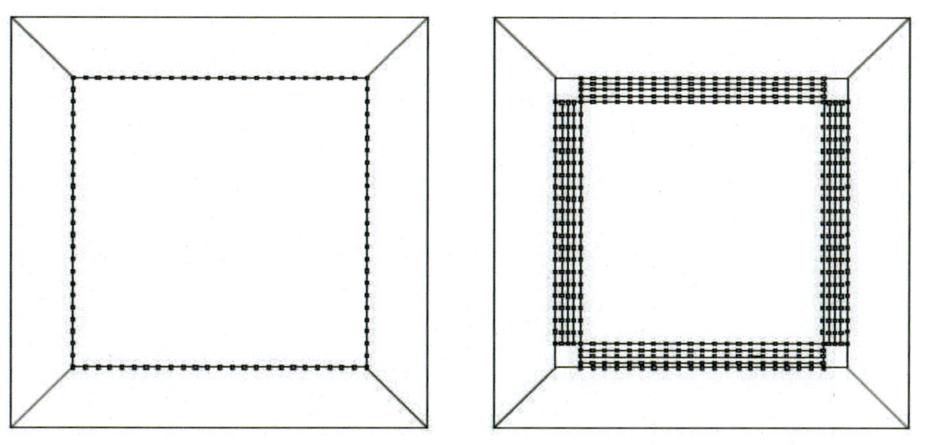

图 3－13 存储边界示意图

第三节 RTM 偏移噪音的产生与压制

一、RTM 偏移噪声的产生机理

RTM 中的互相关成像条件对于任何类型的波场，只要满足“入射波到达时等于反射波的出发时”的条件都会产生相干能量，产生真的和假的反射界面的成像结果，但仅仅是反射界面处的满足“入射波到达时等于反射波的出发时”条件的相干结果才是所要的图象。单向波偏移时，震源下行波场中仅有下行波，检波点上行波场中仅有上行波，二者可以完全分离，不会在没有反射界面的地方产生假的图象。但是双向波偏移时震源下行波场中有上、下行波场，检波点上行波场中也有上、下行波场，当震源下行波场中的上行波与检波点上行波场中的某下行波场在某点相遇，或者震源下行波场中的下行波与检波点上行波场中的某上行波场在某点相遇，便会形成假的成像结果，两波相遇的空间位置上根本没有反射界面。图 3－14

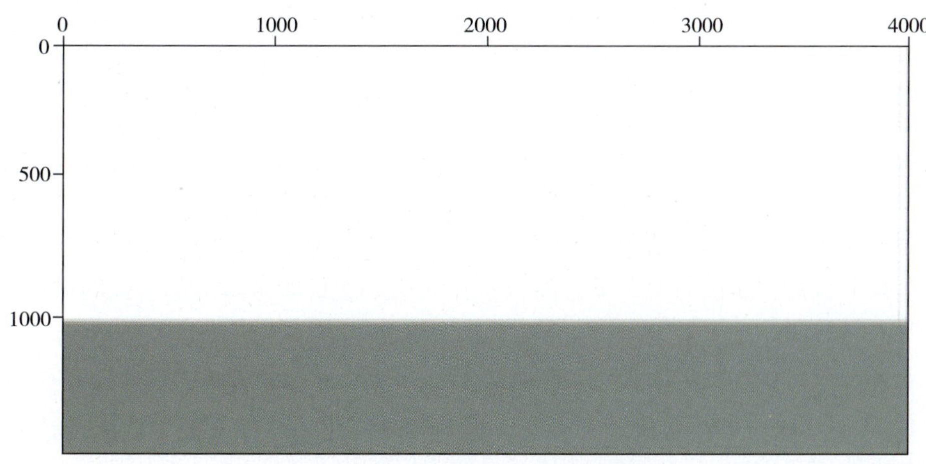

图 3－14 水平层状模型速度剖面

为一简单水平层状模型的速度剖面。图 3－15 为该模型正演数据的单程波偏移结果，可以看到由于单程波偏移限制了波场的传播方向，成像只发生在炮点与检波点波场传播方向相反的位置，因此没有低频偏移噪声干扰。而图 3－16 为 RTM 偏移结果，低频噪声对称地分布在炮两端的整条路径上，频率低而且能量强，几乎完全模糊了真实的反射界面。

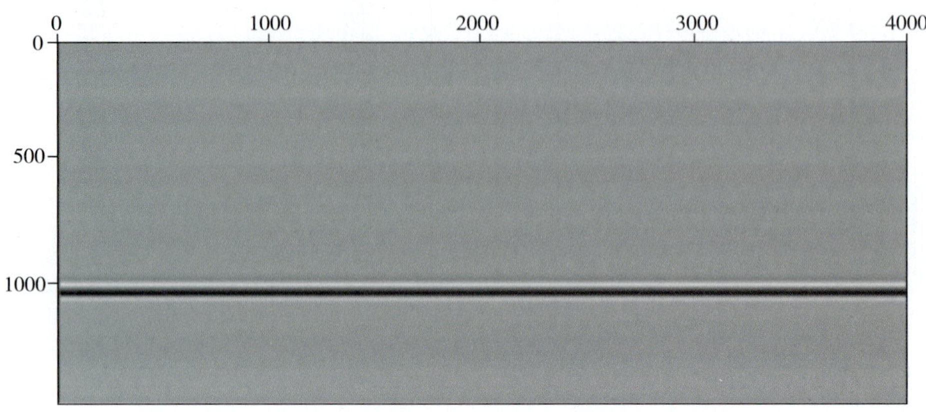

图 3－15　单程波偏移剖面

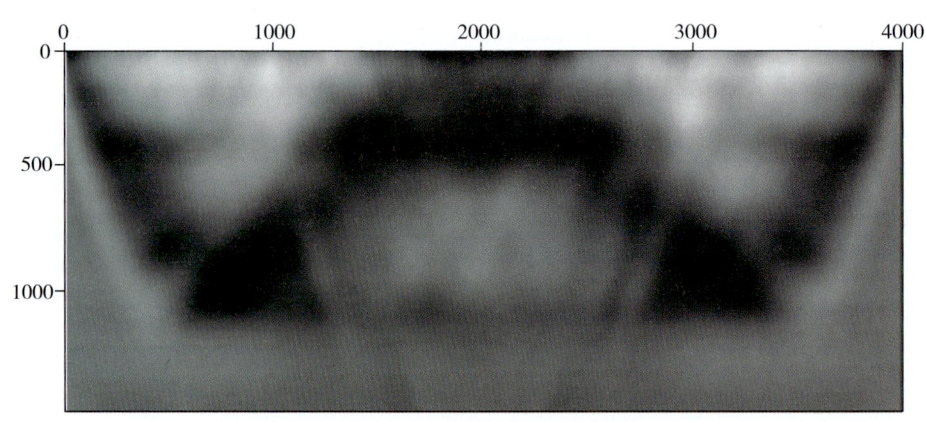

图 3－16　RTM 偏移剖面

二、RTM 偏移噪声的特点

基于 RTM 偏移噪声的产生机理，可以归纳出该类 RTM 偏移噪声主要具有以下特点：①振幅强，频率低；②主要是传播方向相同的震源和检波点波场相关所致；③噪声主要出现在浅层，尤其是存在强反射界面的地方，原因在于在这种情况下，震源下行波场和检波点上行波场中均含有丰富的、多次的上、下行波；④在浅层产生的噪声对应的传播时间很长，这相当于大角度入射的波。

三、RTM 偏移噪声的压制

根据 RTM 偏移噪声的产生机理和特点，地球物理界主要从以下三个领域进行 RTM 偏移噪声压制方法的研究：

(1)波场传播类算法：通过修改波动方程，来达到衰减界面反射的作用；

(2)成像条件类算法：通过修改成像条件，使得最后的像中只保留真正的反射所产生的能量；

(3)后成像条件类算法：对得到的带有假象的成像结果进行滤波，滤波器可以作用在时空域或角度域。

1. 波场传播类算法

波场传播过程中去噪主要是基于波动方程，应用一定的条件对声波方程进行改造使其满足特定情况，并具有压制反射界面噪声的作用。

1)双程无反射波动方程

传统方法中，地震模型正演或偏移中经常用到的波动方程(速度变化、密度恒定)是只包含一个传播方向的单程波方程(上行或下行波)，在波场传播过程中不会产生多次波和层间混响，但是其局限性是当模型速度梯度变化很大时，不能模拟回转波。Baysal 等(1984)利用“波阻抗匹配技术”，即在方程中引入密度项，使得波阻抗为常数(密度与速度均为变化值，但两者乘积为常数)。此时，全声波方程退化为双程无反射波动方程，使介质边界的反射系数为零或很小，因此强波阻抗处逆向散射造成的低频噪声问题得到很好地解决。特别地，当波垂直入射时将完全压制反射波。

双程无反射波动方程为：

$$C\frac{\partial}{\partial x}\left(C\frac{\partial p}{\partial x}\right)+C\frac{\partial}{\partial z}\left(C\frac{\partial p}{\partial z}\right)=\frac{\partial^2 p}{\partial t^2} \tag{3-98}$$

令入射角为 θ_1，折射角为 θ_2，界面上下的密度和速度分别 $\rho_1, c_1; \rho_2, c_2$。反射系数为：

$$R=\left[\frac{\dfrac{\rho_2 c_2}{\cos\theta_2}-\dfrac{\rho_1 c_1}{\cos\theta_1}}{\dfrac{\rho_2 c_2}{\cos\theta_2}+\dfrac{\rho_1 c_1}{\cos\theta_1}}\right] \tag{3-99}$$

当波阻抗为常数，即：

$$\rho_2 c_2=\rho_1 c_1,\ R=\left[\frac{\cos\theta_2-\cos\theta_1}{\cos\theta_2+\cos\theta_1}\right] \tag{3-100}$$

由上式知，当垂直入射即入射角 $\theta_1=0$ 时，反射系数 $R=0$。

对速度差异大或复杂的地质模型进行正演或偏移时，射线路径会发生回转。相对于全波动方程而言，当入射波垂直入射或入射角较小时，双程无反射波动方程可以有效压制强反射面上的逆向散射，避免多次反射的产生，压制了层间混响，使成像效果在一定程度上得到改善。

其局限性：随着入射角度的增大，非垂直入射波反射系数不为零，反射波的能量逐渐增强，这种方法也就失去了作用。由于只能完全消除垂直入射的内反射，所以这种方法比较适用于叠后数据。

2)模型慢度平滑

声波介质中，在小于一个波长长度内速度的突变会引起波阻抗的变化而产生反射。Loewenthal(1987)指出：对模型进行平滑，既可以是对速度的平滑也可以是对慢度的平滑，通过实验研究表明速度的平滑虽然也可以达到压制反射的目的，但是会改变波长旅行时，而慢度的平滑既达到压制反射的目的同时保持旅行时的正确性。模型慢度平滑去噪方法是用大于波长长度的窗函数算子对模型慢度做平滑，从而消除内反射和多次波。

这种方法要优于双程无反射波动方程的成像结果，因为波阻抗的匹配只能沿着一定的方向上进行，而慢度的平滑没有方向的限制。

其缺点是：消除了反射的同时也消除了有用的信息，比如棱柱波等信息，会影响逆时偏移成像质量。

3）定向阻尼去噪

Robin P. Fletcher 等（2005）在速度模型产生噪声的位置，对双程无反射波动方程加入定向阻尼项来衰减内反射造成的成像噪声，其方法类似于吸收边界条件。2D 情况下的方程可表示为：

$$\frac{\partial^2 p}{\partial t^2} = v^2[\nabla^2 p] + v[\nabla p \cdot \nabla v] - \varepsilon L(\eta)p \tag{3-101}$$

其中 $L(\eta) = \left(\frac{\partial p}{\partial t}\right) + v(\nabla p \cdot \eta)$ 是波场中 η 方向的线性导数算子；$\varepsilon(x,z)$ 为边界区域的阻尼系数，其值在界面处取得最大值（一般为 0.1 左右），远离反射界面其值逐渐减小至零。

双程无反射波动方程只对垂直入射波去噪明显，而加了定向阻尼后对散射波的压制不受入射角的限制，这是这种方法的优点所在；但是定向阻尼的加入需要已知波能量的传播方向，人工交互判断噪声产生的位置，实现起来比较困难。另外，虽然可以控制加入阻尼系数的方向，但是还是会不可避免地损害棱柱波等有用信息，影响逆时偏移的成像质量。

2. 成像条件类算法

零延迟互相关成像条件具有成像稳健、容易实现等优点并且遵循 Claerbout 的成像理论，但是零延迟互相关成像条件会产生成像噪声。许多学者从不同的方面对互相关成像条件进行改进，已达到去噪的目的。

1）检波点照明成像条件去噪

Bruno Kaelin 等（2006）针对互相关成像条件会产生低频噪声的缺点，对成像条件提出改进。其主要思想是：根据成像噪声与检波点波场的相关性，在相关成像条件基础上对检波点波场进行正则化，从而达到去噪的目的。

炮点照明成像条件与检波点照明成像条件表达式分别为：

$$I(z,x) = \sum_s \frac{\sum_t S_s(t,z,x)R_s(t,z,x)}{\sum_t S_s^2(t,z,x)} \tag{3-102}$$

$$I(z,x) = \sum_s \frac{\sum_t S_s(t,z,x)R_s(t,z,x)}{\sum_t R_s^2(t,z,x)} \tag{3-103}$$

Bruno Kaelin 等研究表明：炮点（或检波点）能量归一化成像条件只压制了炮点（或检波点）一侧的噪声，同时增加了检波点（或炮点）一侧的噪声。但是相比之下，对于复杂的地质构造，检波点能量归一化成像条件压制噪声的效果更好，同时可以反映深部反射界面的成像。

这种去噪方法的优点是实现起来比较方便，并且检波点的照明可以直接从检波点波场直接求出，计算量小；但是其缺点是去噪效果不太明显。

2)波场分离成像条件去噪

传统的 RTM 相关成像条件为:

$$I(z,x) = \sum_{t=0}^{t_{\max}} S(z,x,t)R(z,x,t) \tag{3-104}$$

在 RTM 中，震源和检波点波场都包含了沿所有方向传播的波场分量。假如我们选定垂向为参考方向，这两个波场都可分解为上行波和下行波两个分量，亦即:

$$S(z,x,t) = S_u(z,x,t) + S_d(z,x,t) \tag{3-105}$$

$$R(z,x,t) = R_u(z,x,t) + R_d(z,x,t) \tag{3-106}$$

这里，$S_u(z,x,t)$ 、$S_d(z,x,t)$ 和 $R_u(z,x,t)$ 、$R_d(z,x,t)$ 分别是下行波和上行波分量(假设向下为正)。将方程(3－105)和(3－106)代入方程(3－104)中，我们可以得到:

$$I(z,x) = \sum_{t=0}^{t_{\max}} S_u(z,x,t)R_u(z,x,t) + \sum_{t=0}^{t_{\max}} S_u(z,x,t)R_d(z,x,t) + \sum_{t=0}^{t_{\max}} S_d(z,x,t)R_u(z,x,t) + \sum_{t=0}^{t_{\max}} S_d(z,x,t)R_d(z,x,t) \tag{3-107}$$

其中，第三项是下行震源波场分量与上行检波点波场分量的相关。其实，这正是单程波方程偏移的结果。而第二项则是上行震源波场分量与下行检波点波场分量的互相关。但是另外两项分别是上行震源波场分量与上行检波点波场分量之间的互相关，以及下行震源波场分量与下行检波点波场分量之间的互相关，这两项构成了逆时偏移噪音噪声。

图 3－17 为 2D Sigabee 模型第 251 炮的成像公式(3－106)中各分量的结果，可见噪声大部分存在于对角线上(公式中的第一、第四项)，我们将这两项的能量去除，就得到了波场分解去除噪声后的结果，效果如图 3－18。

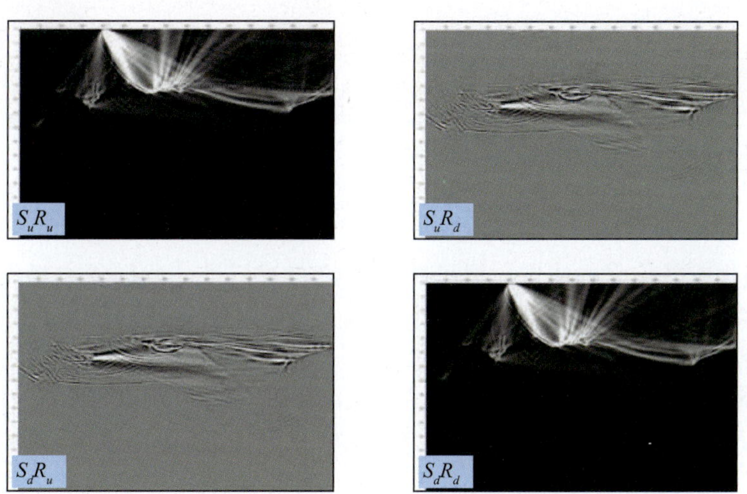

图 3－17 各波场分量成像结果

可以看到，噪声得到了比较有效的压制。但同时我们也看到，部分有效能量也受到损失，当然也有部分噪声还有残留。这主要由于我们所采用的波场分解方法是垂直分解方法，采用了一种依赖于傅里叶变换的方法进行波场分离，分别将 $k_z > 0$ 和 $k_z < 0$ 对应的波场定义为下行波和上行波。这种方法在大多数情况下比较合理，如图 3－19(a)，但在有些复杂的

情况下(图 3－19b)就不合适。因此，为了避免损失有效信号的成像，波场的分解或许需要沿不止一个方向进行。

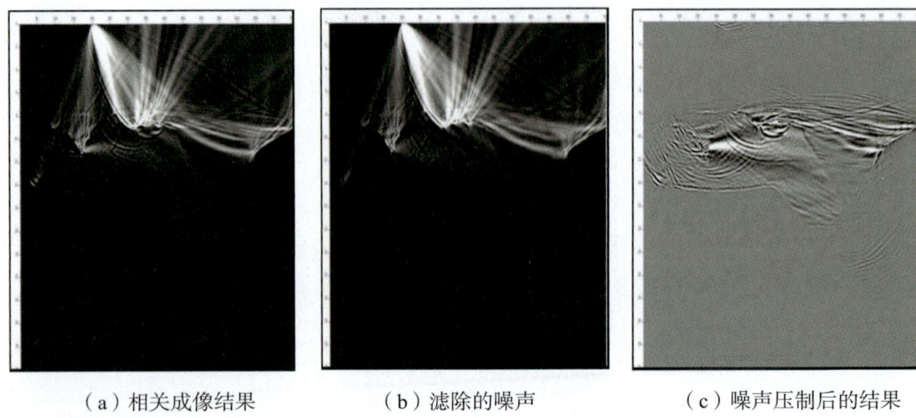

（a）相关成像结果　　（b）滤除的噪声　　（c）噪声压制后的结果

图 3－18　波场分解去噪效果

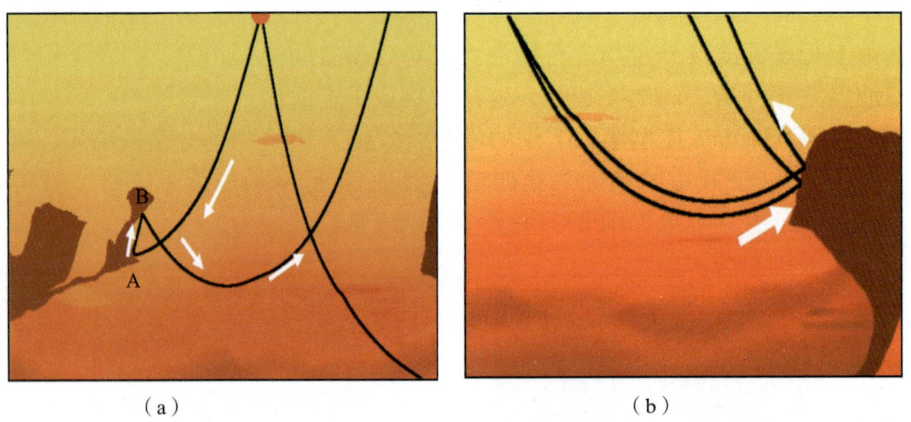

（a）　　（b）

图 3－19　不同情况下的传播路径

为了避免损失有效信号的成像，尽可能地保留有效信号，我们将波场做进一步细分解，同样依赖于傅里叶变换的方法，分别将 $k_x>0$ 和 $k_x<0$ 对应的波场定义为左行波和右行波。则波场可分解为：

$$S(z,x,t)=S_{\mathrm{lu}}(z,x,t)+S_{\mathrm{ld}}(z,x,t)+S_{\mathrm{ru}}(z,x,t)+S_{\mathrm{rd}}(z,x,t) \tag{3-108}$$

$$R(z,x,t)=R_{\mathrm{lu}}(z,x,t)+R_{\mathrm{ld}}(z,x,t)+R_{\mathrm{ru}}(z,x,t)+R_{\mathrm{rd}}(z,x,t) \tag{3-109}$$

成像公式就可以变为：

$$\begin{aligned}I(z,x)=&\sum_{t=0}^{t_{\max}}S_{\mathrm{lu}}(z,x,t)R_{\mathrm{lu}}(z,x,t)+\sum_{t=0}^{t_{\max}}S_{\mathrm{ld}}(z,x,t)R_{\mathrm{lu}}(z,x,t)+\sum_{t=0}^{t_{\max}}S_{\mathrm{ru}}(z,x,t)R_{\mathrm{lu}}(z,x,t)+\\&\sum_{t=0}^{t_{\max}}S_{\mathrm{rd}}(z,x,t)R_{\mathrm{lu}}(z,x,t)+\sum_{t=0}^{t_{\max}}S_{\mathrm{lu}}(z,x,t)R_{\mathrm{ld}}(z,x,t)+\sum_{t=0}^{t_{\max}}S_{\mathrm{ld}}(z,x,t)R_{\mathrm{ld}}(z,x,t)+\\&\sum_{t=0}^{t_{\max}}S_{\mathrm{ru}}(z,x,t)R_{\mathrm{ld}}(z,x,t)+\sum_{t=0}^{t_{\max}}S_{\mathrm{rd}}(z,x,t)R_{\mathrm{ld}}(z,x,t)+\sum_{t=0}^{t_{\max}}S_{\mathrm{lu}}(z,x,t)R_{\mathrm{ru}}(z,x,t)+\end{aligned}$$

$$\sum_{t=0}^{t_{\max}} S_{\mathrm{ld}}(z,x,t)R_{\mathrm{ru}}(z,x,t) + \sum_{t=0}^{t_{\max}} S_{\mathrm{ru}}(z,x,t)R_{\mathrm{ru}}(z,x,t) + \sum_{t=0}^{t_{\max}} S_{\mathrm{rd}}(z,x,t)R_{\mathrm{ru}}(z,x,t) +$$
$$\sum_{t=0}^{t_{\max}} S_{\mathrm{lu}}(z,x,t)R_{\mathrm{rd}}(z,x,t) + \sum_{t=0}^{t_{\max}} S_{\mathrm{ld}}(z,x,t)R_{\mathrm{rd}}(z,x,t) + \sum_{t=0}^{t_{\max}} S_{\mathrm{ru}}(z,x,t)R_{\mathrm{rd}}(z,x,t) +$$
$$\sum_{t=0}^{t_{\max}} S_{\mathrm{rd}}(z,x,t)R_{\mathrm{rd}}(z,x,t) \tag{3-110}$$

图 3－20 同样为 2D Sigabee 模型第 251 炮的成像公式中各分量的结果，可见噪声大部分存在于对角线上，我们将这两项的能量去除，就得到了波场分解去除噪音后的结果，图 3－21(a)为传统相关成像结果，图 3－21(b)为去除的噪声分量，而图 3－21(c)为噪声去除后的结果。可以看到，噪声得到了比较有效的压制，有效能量得到比较好的保留。

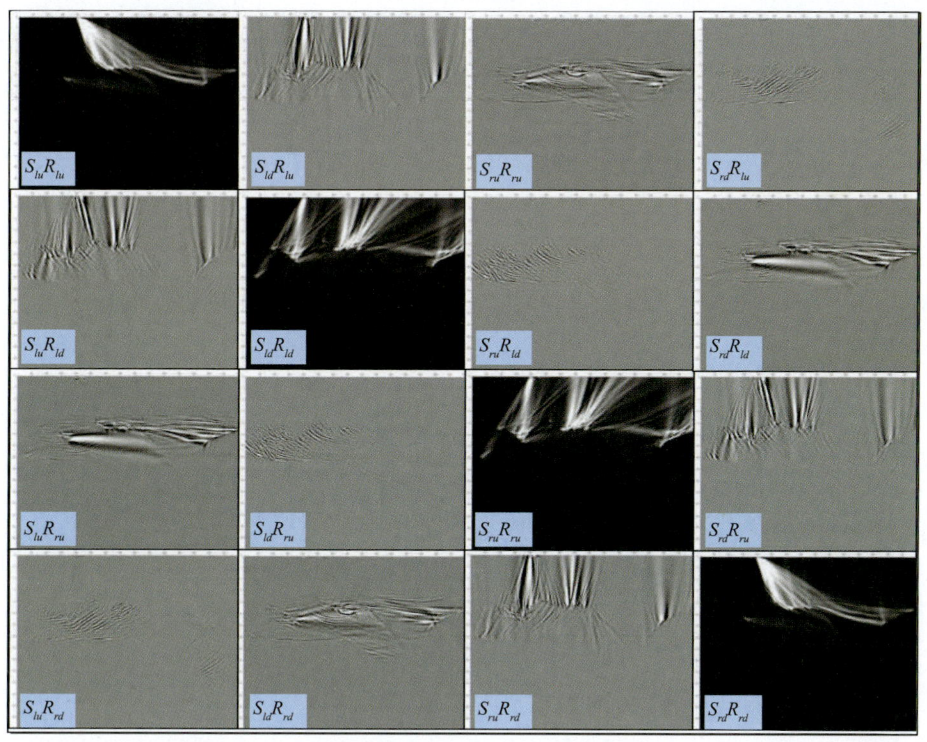

图 3－20　各波场分量成像结果

3)坡印廷成像条件去噪

逆时偏移噪声有一个共同的特征：在产生噪声位置，求相关的炮点波场与检波点波场传播方向相反。坡印廷矢量作为一种衡量能量流的数学工具，可以用来区分在散射点处传播方向一致且同相位的波与沿着一段射线路径同相位但传播方向相反的波，比如首波、潜水波、层间混响、散射波。坡印廷矢量成像条件是在互相关成像的基础上乘以一个与传播方向有关的权重系数 $w[\cos(\alpha)]$ 得到的，即：

$$I = \int_0^{t_{\max}} w \cdot P_{\mathrm{s}}(x,z,t) \cdot P_{\mathrm{r}}(x,z,t)\,\mathrm{d}t \tag{3-111}$$

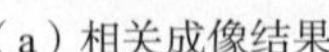
（a）相关成像结果

（b）滤除的噪声

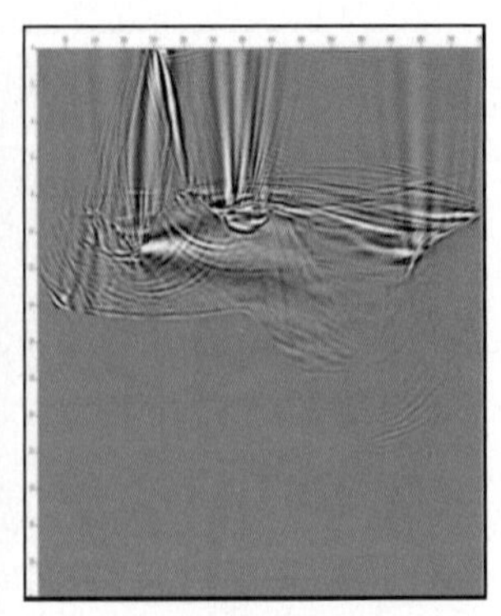
（c）噪声压制后的结果

图 3－21　波场分解去噪效果

其中 $w[\cos(\alpha)]$ 是与角度相关的权系数，用来衡量炮点波场和检波点波场的成像角度，且有：

$$\cos(\alpha)=\frac{\boldsymbol{V}_s\cdot\boldsymbol{V}_r}{|\boldsymbol{V}_s|\cdot|\boldsymbol{V}_r|} \tag{3-112}$$

其中 $\boldsymbol{V}_s$、$\boldsymbol{V}_r$ 分别为震源和检波点的坡印廷矢量，其为矢量表达式，在数值上与射线方向矢量和压力场成正比，其表达式为：

$$\text{Poynting vector}\cong vP \tag{3-113}$$

二维时，射线方向矢量 $v=-\frac{\mathrm{d}P}{\mathrm{d}t}\left(\frac{\mathrm{d}P}{\mathrm{d}x},\frac{\mathrm{d}P}{\mathrm{d}z}\right)$，则上式坡印廷矢量表达式化为：

$$\text{Poynting vector}\cong vP=-\nabla P\frac{\mathrm{d}P}{\mathrm{d}t}P \tag{3-114}$$

P 为压力场，$\left(\frac{\mathrm{d}P}{\mathrm{d}x},\frac{\mathrm{d}P}{\mathrm{d}z}\right)$ 为射线方向向量。

公式(3－111)表明：坡印廷矢量成像条件可以通过控制坡印廷矢量的夹角 α 的权重，来保留一定角度范围内的互相关成像，同时过滤掉噪声成像部分以此来达到去噪的目的，权重 w 的计算公式为：

$$W=\begin{cases}0 & (\theta_1\leqslant\alpha\leqslant180^\circ)\\ \cos\alpha & (\theta_2\leqslant\alpha\leqslant\theta_1)\\ 1 & (0\leqslant\alpha\leqslant\theta_2)\end{cases} \tag{3-115}$$

坡印廷矢量成像条件的优点是去噪效果明显，并且不会像简单滤波那样对所有的有效信息产生影响或改变成像的相位和振幅值，并且可以通过求出的坡印廷矢量的夹角 α，对多炮的炮数据进行角道集的提取，在角道集中低频噪声主要集中分布在大角度处，这使得对噪声的去除变得更加简单。但是其局限性是需要额外计算和存储波场传播方向矢量，另外，在波场复杂区域，提取波场传播矢量一般比较困难，难以实现。图 3－22 为经典 Marmousi 模型第 100 炮的单炮数据，图 3－23 分别为基于传统零延迟互相关成像条件(a)和坡印廷矢量成像条件(b)的 RTM 偏移结果，可以看到应用印廷矢量成像条件低频噪声特别是浅层反射路径上的噪声得到有效压制。图 3－24 是两者的频谱对比，说明应用坡印廷矢量成像条件后的成像结果可以使近零频率(低频)部分得到压制。但是同时也可以看到，相对去噪前高频有效信息也部分损失，这是由于我在设定应用成像权重 w 的时候造成的，因此在对噪声的去除上如何选定 θ_1, θ_2 的取值将直接关系到对噪声和有用信息的压制程度。Kwangjin Yoon 等(2006)在文章中指出，一般选定 120°作为区分噪声和有效信息的坡印廷矢量夹角 α，即权重值 w 为 -0.5。图 3-25、图 3-26 为 Marmousi 模型应用互相关成像条件和坡印廷成像条件逆时偏移结果，图 3-27 为对应的 2D 频谱对比图。

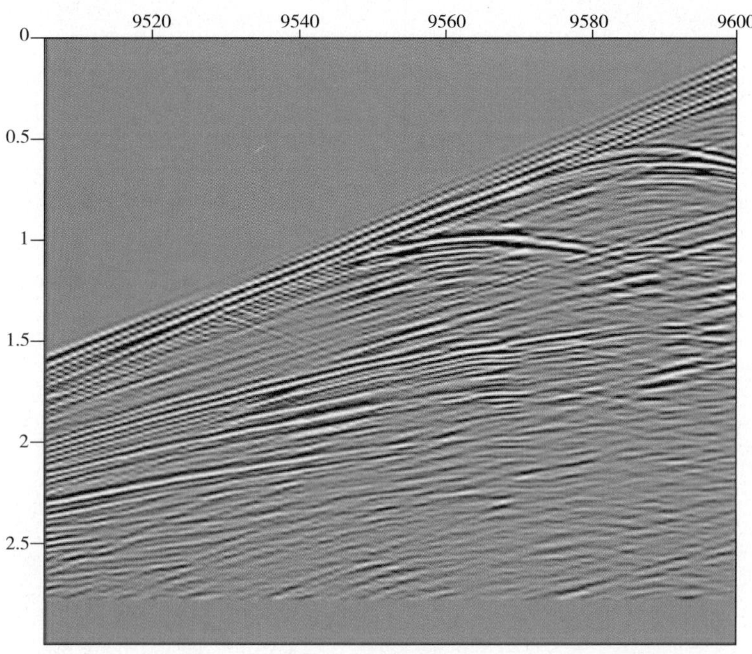

图 3-22　Marmousi 模型第 100 炮单炮数据

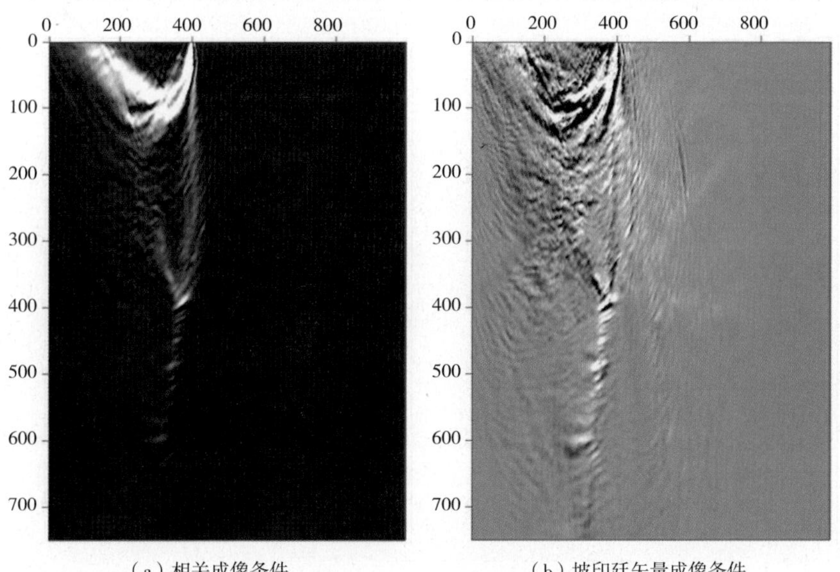

（a）相关成像条件　　（b）坡印廷矢量成像条件

图 3-23　RTM 偏移结果

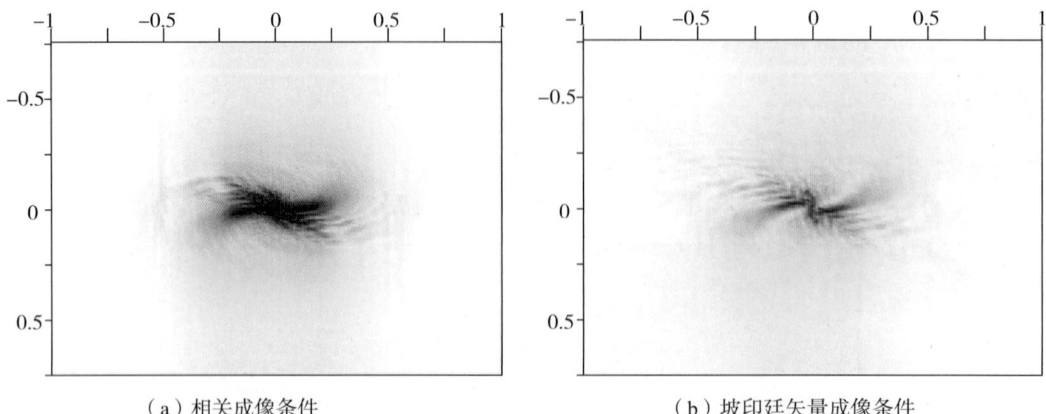

（a）相关成像条件　　（b）坡印廷矢量成像条件

图 3－24　RTM 偏移结果频谱

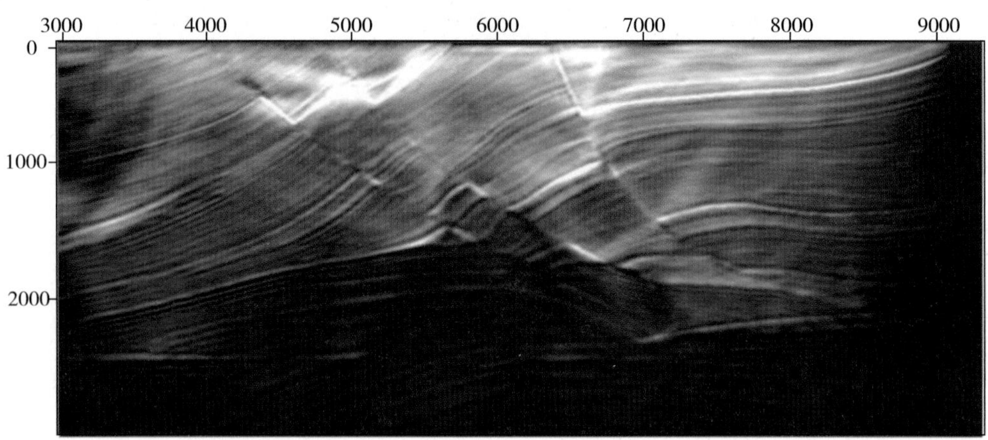

图 3－25　Marmousi 模型相关成像条件 RTM 偏移结果

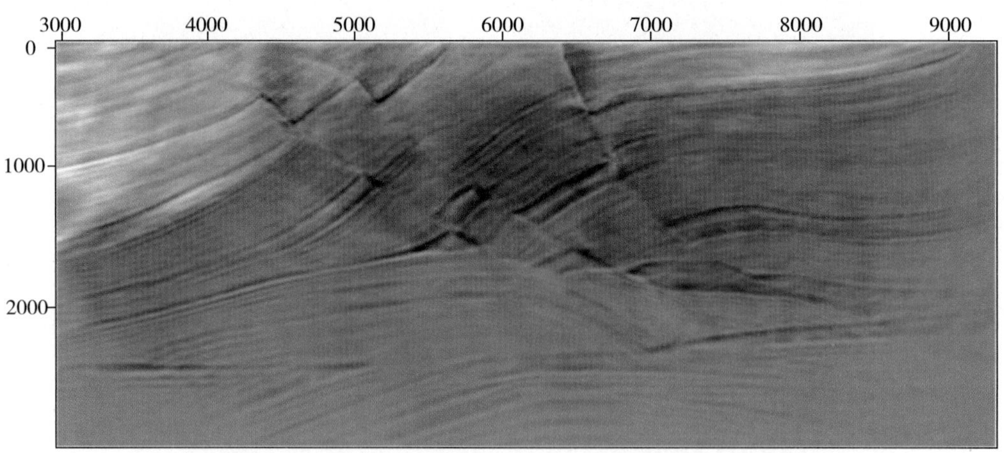

图 3－26　Marmousi 模型坡印廷矢量成像条件 RTM 偏移结果

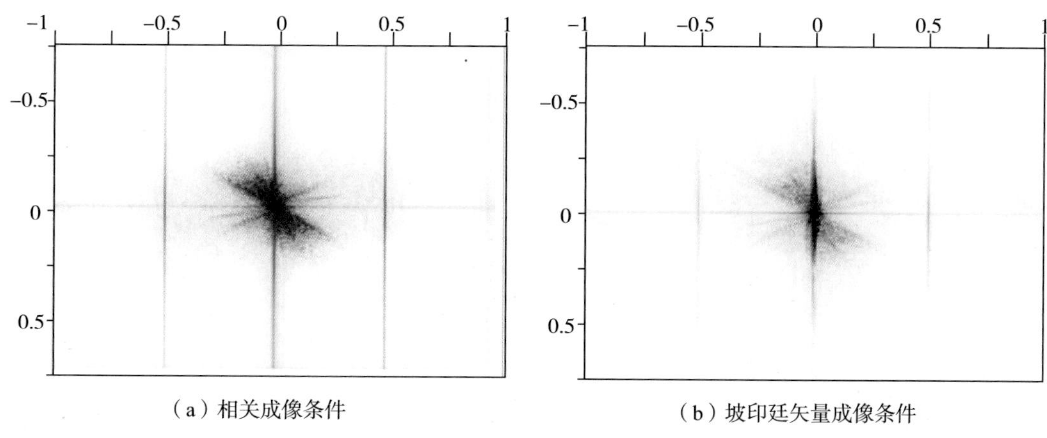

（a）相关成像条件　　（b）坡印廷矢量成像条件

图 3－27　RTM 偏移结果频谱

3. 后成像条件类算法

后成像条件类算法不需要对逆时偏移延拓和成像两大环节做出修改，而只是对最后成像的结果进行类似滤波的图像处理，因而具有能适应任何复杂介质、简单、方便实现等特点。

1）高通滤波和导数滤波

逆时偏移产生的特殊噪声主要集中在低频，因此一些学者考虑使用空间域高通滤波来去进行噪声压制，这种方法简单、易于实现，但是噪声消除不彻底，并且会破坏波场含低频的有效信息，目前工业界仅仅把该方法作为逆时偏移噪声压制的一个辅助手段。

定义 $S = S_z * S_x$，其中 S_z，S_x 代表深度 z 方向和水平 x 方向。在每一个坐标方向上与 {0.25，0.5，0.25} 作卷积，将系数 $[n_1, n_2, n_3]$ 作用在算子 $S_x^{n_3}S^{n_2}(I - S^{n_1})$ 上即可得到高通滤波算子。如取 $[n_1, n_2, n_3] = [32, 0, 2]$，则高通滤波的实现过程为：对逆时偏移结果平滑 n_1 次并求差值，然后对偏移结果平滑 n_2 次，最后仅在 x 方向平滑 n_3 次得最后的去噪结果。如图 3－28 为 Marmousi 模型经空间高通滤波后的逆时偏移结果，图 3－29 为空间高通滤波前后的 2D 频谱对比结果。

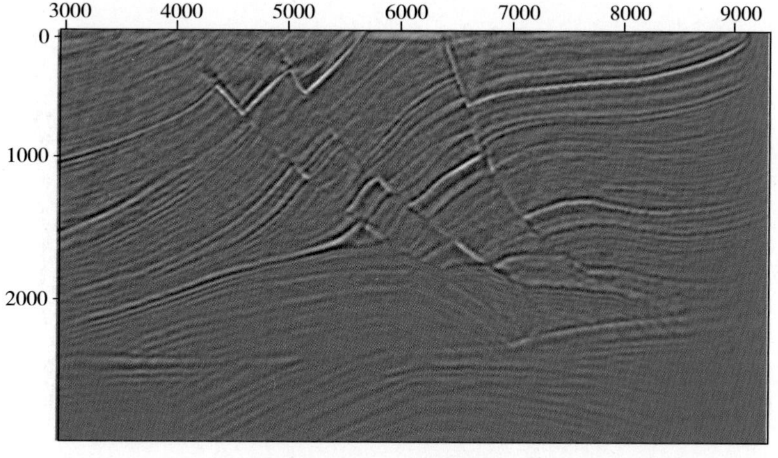

图 3－28　高通滤波结果

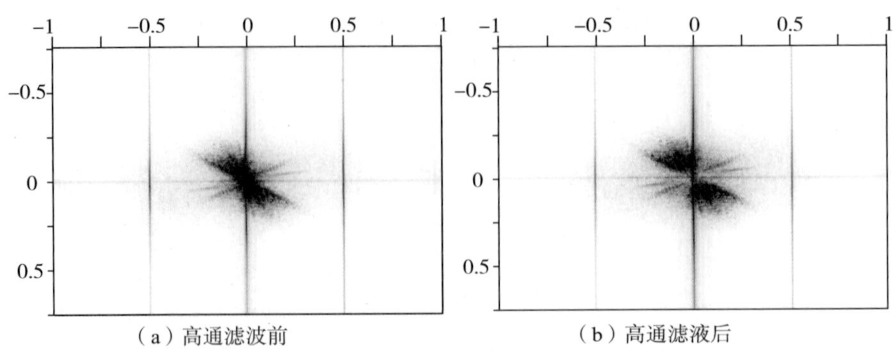

图 3-29　高通滤波前后频谱

由于低频噪声谱中含有近零频率成分，因此可以在水平或垂直方向进行求导来达到去噪目的。图 3-30 为 Marmousi 模型经导数滤波后的逆时偏移结果，图 3-31 为导数滤波前后的 2D 频谱对比。

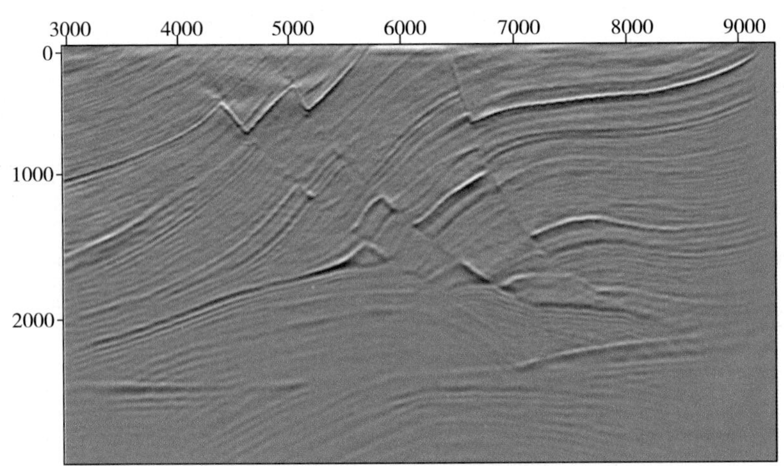

图 3-30　导数滤波结果

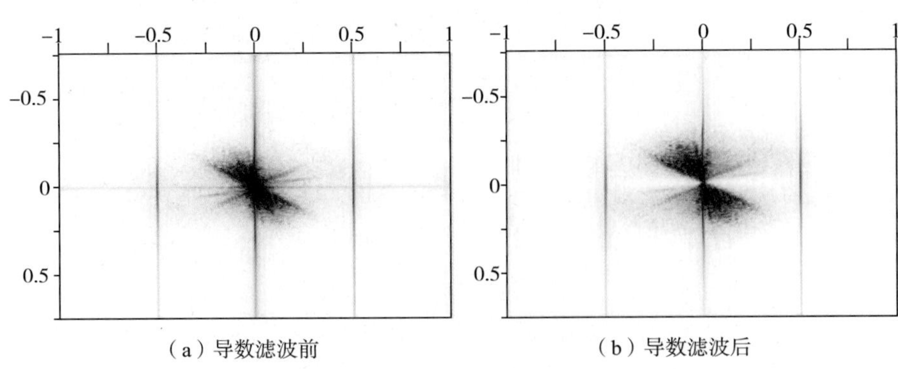

图 3-31　导数滤波前后频谱

通过高通或在垂直(水平)方向求导滤波可以达到一定程度上去噪的目的，但是这种简单的滤波作用会出现：

(1)若进行垂向求导，F－K 域 $K_z = 0$ 处能量明显减弱，垂向噪声受到压制；

(2)导数滤波会使波场的相位发生改变；

(3)虽然低频部分得到压制，但是却增强了高频部分，产生额外噪声。

2)预测误差滤波器的最小二乘滤波

Antoine Guitton 等(2006)指出传统简单的滤波方法会改变成像结果相位和频谱等有用信息，而理想的滤波方法应该是在去除噪声的同时保留反射信息的完整性。为此，Antoine Guitton 等提出采用预测误差滤波器实现最小二乘滤波，该方法的思想是应用 S/N 分离理论(Guitton，2005)将去噪问题转化为 S/N 分离问题，并尽可能地保留有效反射信息。

假设存在噪声滤波器 A 与反射滤波器 R，成像 m 定义如下：

$$m = m_r + m_a \tag{3-116}$$

其中 m_r 为反射成像，m_a 为噪声成像。引入残余向量 r_a，r_r，则有

$$0 \approx r_a = A(m - m_r),\ 0 \approx \varepsilon r_r = \varepsilon R m_r \tag{3-117}$$

我们的目标是求出 m_r，利用最小二乘，即：

$$f(m_r) = P r_a P^2 + \varepsilon^2 P r_r P^2 \tag{3-118}$$

其反演解为：

$$\boldsymbol{m}_r = (A'A + \varepsilon^2 R'R)^{-1} A'Am \tag{3-119}$$

假设噪声滤波器 A 与反射滤波器 R 为预测误差滤波器，并令 R 为单位算子，ε 的值为接近零(0.01)的权值，则上式变为：

$$\boldsymbol{m}_r = (A'A + \varepsilon^2 I)^{-1} A'Am \tag{3-120}$$

由噪声估算出噪声滤波器 A 可求出 m_r。

Antoine Guitton 等通过模型验证了这种成像后滤波方法可以在去除噪声的同时保留有效反射信息，并指出如果对噪声和反射分别采用局部滤波器、用真正的反射滤波器 R 而非单位算子 I，将会得到更好的成像效果。

3)波场分离后进行扇形滤波

波场分离作为一种去噪方法可以有效地去除内反射，但是还是会存在剩余噪声，为了压制剩余噪声，Sang Yong Suh 等(2009)提出在 F－K 域对波场进行波场分离成像后，再在空间域对每个波场快照进行扇形滤波，并通过模型验证了这种结合方法的有效性。

波场分离后进行扇形滤波的方法虽然几乎可以完全去除逆时偏移中的低频噪声，但是计算所花费的时间是传统零延迟互相关的 6 倍以上；并且由于要同时保存震源和检波点波场，所以所要求的储存量也是 2 倍以上(Sang Yong Suh，2009)，因此使其应用受到限制。

4)拉普拉斯滤波

Zhang 等(2007)指出如果我们能够得到角度域道集，那么噪声的去除就会变得很简单，因为噪声都是在入射角接近 90° 处产生，那么我们可以对偏移后的角度域道集进行叠加，然后对大角度部分进行切除即可达到去噪的目的，但是输出角度域道集的代价比较高。拉普拉斯算子滤波相当于成像波场角度域滤波，并且这种滤波不需要输出角度域道集，是一种类角度域去噪方法。拉普拉斯滤波是目前工业界应用最为普遍的逆时偏移噪声压制方法。

Laplacian 算子的傅里叶变换可以表示为：

$$FT(\nabla^2) = -|\boldsymbol{k}|^2 = -(k_x^2 + k_y^2 + k_z^2) \tag{3-121}$$

其中，FT 表示傅里叶变换，∇^2表示 Laplacian 算子，k_x、k_y、k_z 分别表示 x、y、z 方向的波数。通过式(3-121)可以看出，Laplacian 滤波的实质就是在波数域乘以波数的平方。而波数又与波的运动学信息有很大的联系，根据图 3-32 所示，由余弦定理可知：

$$\begin{aligned} -(k_x^2 + k_y^2 + k_z^2) &= -|\boldsymbol{k}_{\mathrm{I}}|^2 = -|\boldsymbol{k}_{\mathrm{S}} + \boldsymbol{k}_{\mathrm{R}}|^2 \\ &= -(|\boldsymbol{k}_{\mathrm{S}}|^2 + |\boldsymbol{k}_{\mathrm{R}}|^2 - 2|\boldsymbol{k}_{\mathrm{S}}||\boldsymbol{k}_{\mathrm{R}}|\cos 2\theta) \end{aligned} \tag{3-122}$$

其中，$\boldsymbol{k}_{\mathrm{S}}$、$\boldsymbol{k}_{\mathrm{R}}$、$\boldsymbol{k}_{\mathrm{I}}$ 分别表示震源点、检波点以及成像点处的波数矢量，θ 是反射角，也就是 $\boldsymbol{k}_{\mathrm{S}}$ 和 $\boldsymbol{k}_{\mathrm{R}}$ 夹角的一半。又因为：

$$|\boldsymbol{k}_{\mathrm{S}}| = |\boldsymbol{k}_{\mathrm{R}}| = \frac{\omega}{v} \tag{3-123}$$

其中，ω 是圆频率，v 表示速度。将式(3-123)代入式(3-122)中，可得：

$$-(k_x^2 + k_y^2 + k_z^2) = -\frac{\omega^2}{v^2}(2 - 2\cos 2\theta) = -4\frac{\omega^2}{v^2}\cos^2\theta \tag{3-124}$$

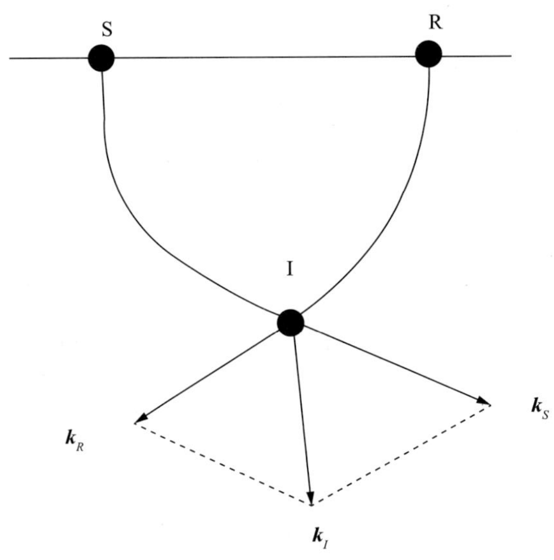

图 3-32　成像点几何关系示意图

通过式(3-124)可以看出 Laplacian 算子相当于一个反射角滤波。对偏移图像进行 Laplacian 滤波相当于在角度域乘以 $\cos^2\theta$ 因子。由 $\cos^2\theta$ 的图像可知，当成像反射角为 90°时，成像噪声可以被完全消除，而对于较小角度的反射面成像，成像能量可以很好的保留。

但是通过式(3-124)可以看出，对偏移结果进行 Laplacian 滤波不单纯是一个角度滤波，同时还包含 $4\omega^2/v^2$ 因子，这个因子会扭曲偏移图像的振幅和相位。为了校正 Laplacian 滤波带来的振幅和相位变化，首先对输入地震记录乘以 $1/\omega^2$ 因子（补偿频率），然后再进行逆时偏移，最后对滤波结果乘以 v^2 因子（补偿振幅），整个 Laplacian 流程为：

$$Q(\vec{x},\omega) \xrightarrow{\text{filter}} \frac{1}{\omega^2}Q(\vec{x},\omega) \xrightarrow{\text{RTM}} R(\vec{x}) \xrightarrow{\text{filter}} \nabla^2 R(\vec{x}) \xrightarrow{\text{scaling}} -v^2\ \nabla^2 R(\vec{x})$$

其中，$Q(\boldsymbol{x},\omega)$ 为输入的地震记录，$R(\boldsymbol{x})$ 表示逆时间偏移成像的结果。图 3－33 用一个简单的层状速度模型来展示 Laplacian 滤波以及频率补偿和振幅补偿的效果。图 3－33(b)是图 3－33(a)所示层状模型的逆时偏移结果，可以看出在第一个强反射层的上方有明显的成像噪声，图 3－33(c)是对图 3－33(b)所示偏移结果直接进行 Laplacian 滤波的结果，通过 Laplacian 滤波偏移噪声被很好的去除，但是可以看到，与图 3－33(b)相比子波的相位和不同深度的同相轴能量关系有着明显的变化，这就是 Laplacian 滤波带来的频率和振幅扭曲。图 3－33(d)是通过上述补偿流程得到的 Laplacian 滤波剖面，这个剖面同样去除了成像噪声，与图 3b 的原始偏移剖面相比，子波的相位与同相轴之间的能量关系基本一致。这就证明了通过上述流程进行 Laplacian 滤波不仅可以去除偏移噪声，还有效的保持了振幅和相位特征。

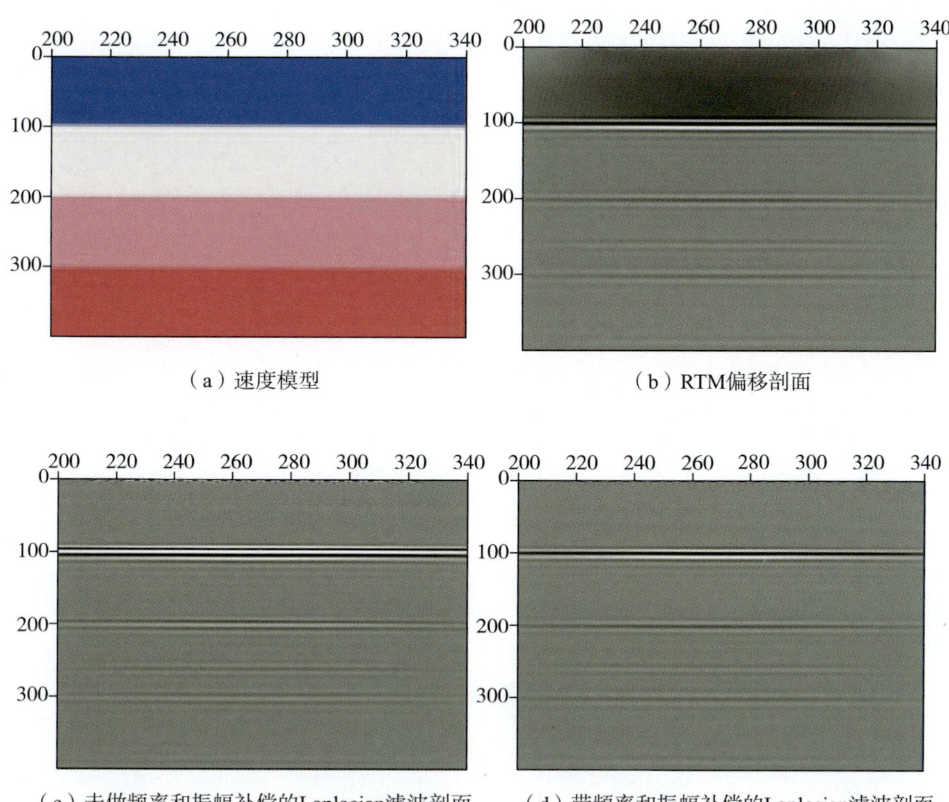

（a）速度模型　（b）RTM偏移剖面

（c）未做频率和振幅补偿的Laplacian滤波剖面　（d）带频率和振幅补偿的Laplacian滤波剖面

图 3－33　层状模型 Laplacian 滤波效果

第四节　模型测试及实际资料处理

一、2D 模型测试

图 3－34 为经典 2D－BP 模型的速度剖面，图 3－35 为对应的 RTM 偏移剖面，成像精度非常高，与速度场吻合得非常好。我们重点分析粉红框内的两个盐体成像，左上盐体虽然埋

藏比较浅但构造非常复杂，盐体边界地层非常陡、速度横向变化剧烈，从而使得成像非常困难，单程波动方程叠前深度偏移剖面图 3－36(a)虽然能够勾勒出盐体的轮廓，但成像非常模糊，而 RTM 偏移剖面成像精度非常高，盐体边界的刻画以及盐体与围岩的接触关系都非常清晰。图 3－37 为中部埋藏比较深的盐体成像，由于构造相对简单，单程波动方程叠前深度度偏移剖面图 3－37(a)和 RTM 偏移剖面图 3－37(b)在盐丘顶部以及盐丘内壁角度比较缓的构造成像都比较理想，但单程波偏移在盐丘内壁角度比较大(特别是超过 90°)的界面以及盐丘右侧垂直边界则无法准确成像，而 RTM 则体现了陡倾角成像优势，刻画得非常好。

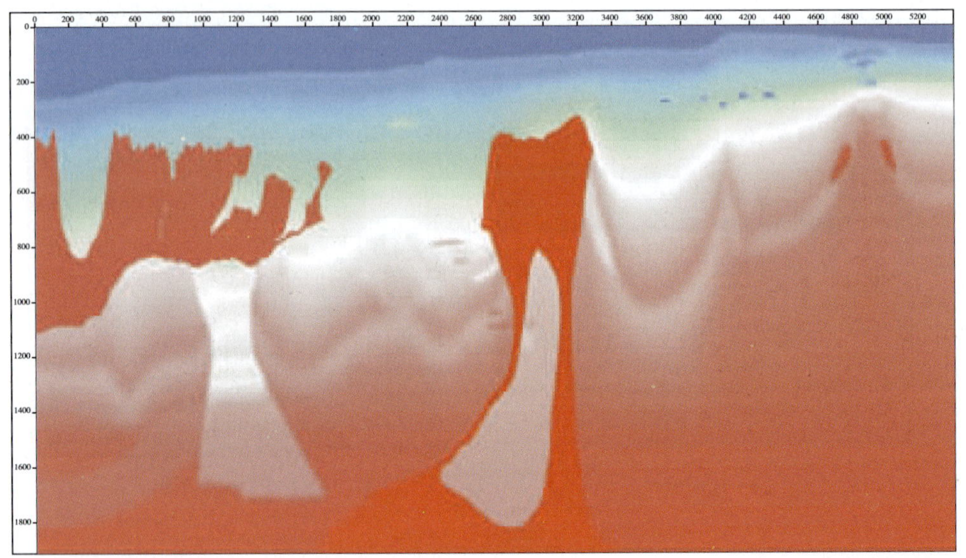

图 3－34　2D－BP 模型速度剖面

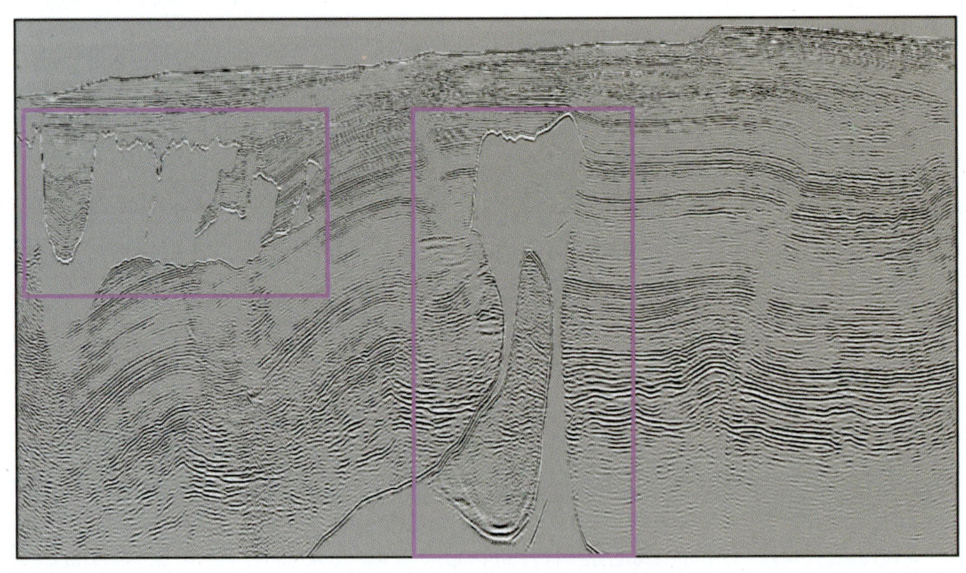

图 3－35　2D－BP 模型 RTM 偏移剖面

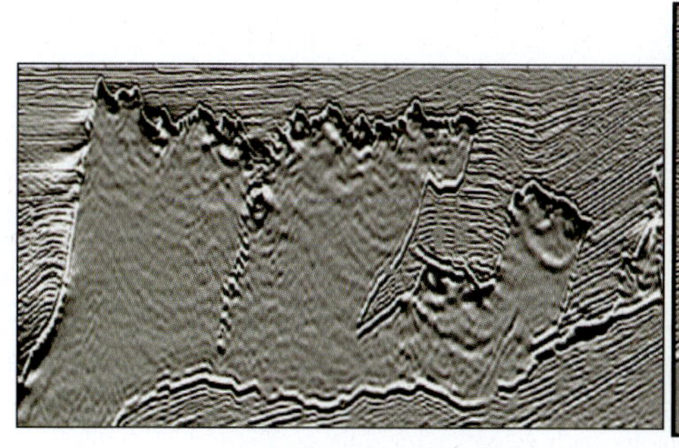

（a）单程波动方程偏移　　（b）RTM偏移

图3－36　偏移剖面对比

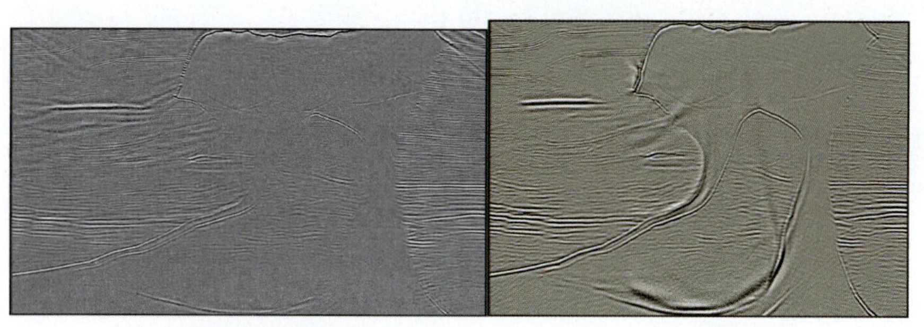

（a）单程波动方程偏移　　（b）RTM偏移

图3－37　偏移剖面对比

二、3D模型测试

为了检验RTM的成像精度，对经典SEG盐丘模型进行了改进。新的盐丘速度模型剖面纵横向测线都为901条，面元为15m×15m。采集参数为：33条炮线，线间距360m，每线101炮，炮间距120m，总共3333炮，每炮301×301共90601道接收，接收点面元30m×30m；震源子波采用Ormsby子波，频带范围3～40Hz；炮点和检波点均在地下10m的位置；记录长度为8s，采样间隔为2ms。

对该模型正演数据分别进行了单程波动方程叠前深度偏移和RTM偏移处理。从图3－38～图3－42分别为Inline方向5条测线的成像效果对比，可以看到当构造比较简单、横向速度变化不大的区域(图3－38、图3－42，该区域涉及盐体比较少)，单程波动方程叠前深度偏移和RTM偏移都有比较好的成像效果，断层归位准确、绕射波收敛干净，地层间接触关系清晰。但在构造复杂区域(图3－39、图3－40、图3－41)，由于高速盐体的存在使得单程波动方程叠前深度偏移剖面在盐丘边界和盐下成像非常差，而RTM偏移剖面对盐丘边界刻画和盐下成像效果比较理想、盐丘与围岩的接触关系比较清晰。从图3－43～图3－47分别为Crossline方向5条测线的成像剖面，可以看到与Inline方向相同的效果。从图3－48～图3－52分别为五个深度的偏移切片剖面对比，可以看到RTM偏移结果与速度模型匹配度更高，进一步证明了RTM具有更高的成像精度。

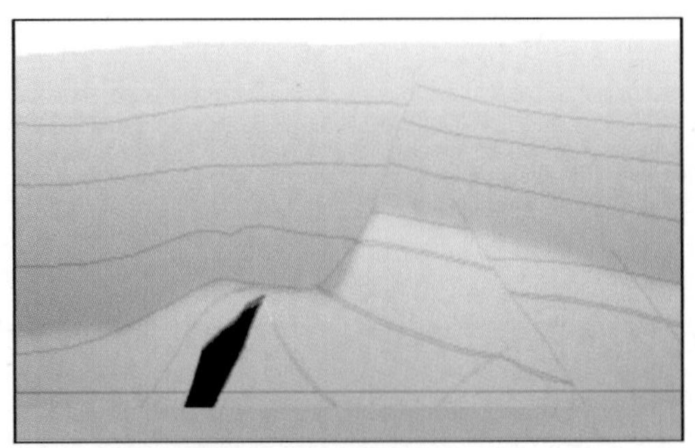

（a）速度剖面

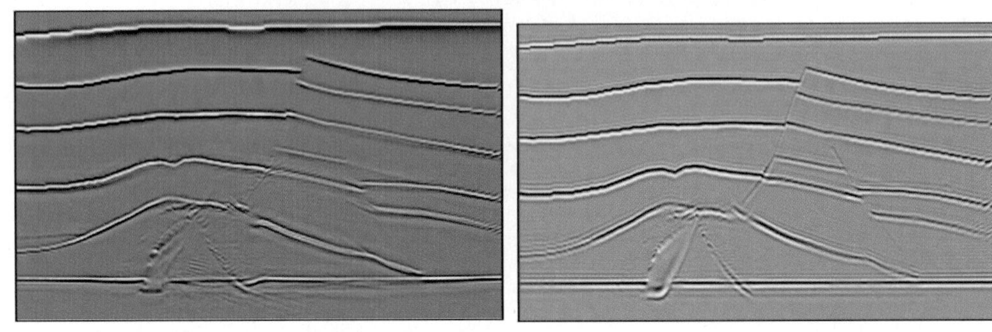

（b）单程波动方程偏移　　（c）RTM偏移

图 3－38　偏移效果对比（Inline101）

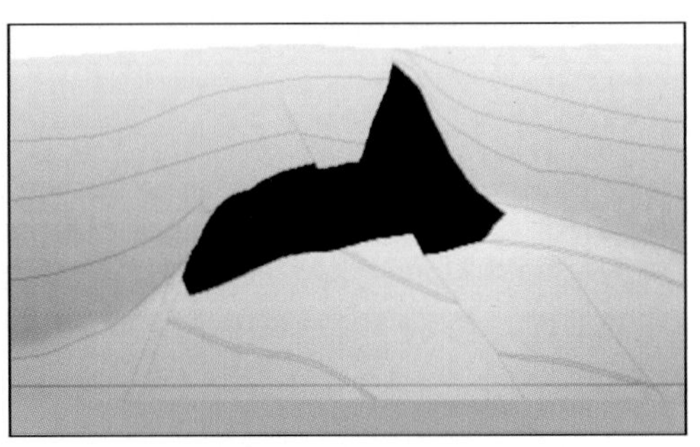

（a）速度剖面

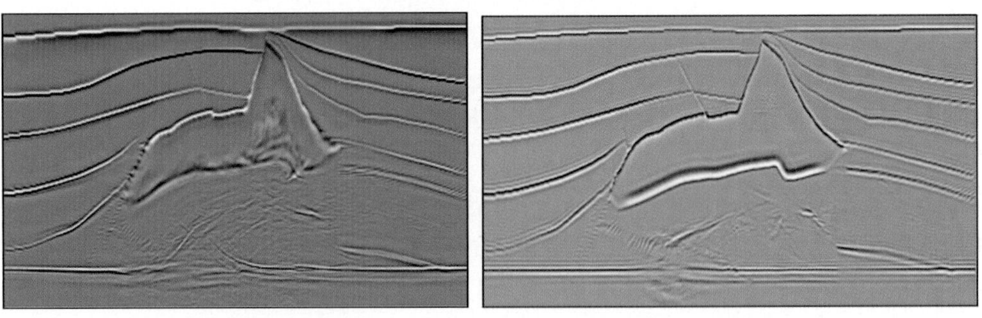

（b）单程波动方程偏移　　（c）RTM偏移

图 3－39　偏移效果对比（Inline161）

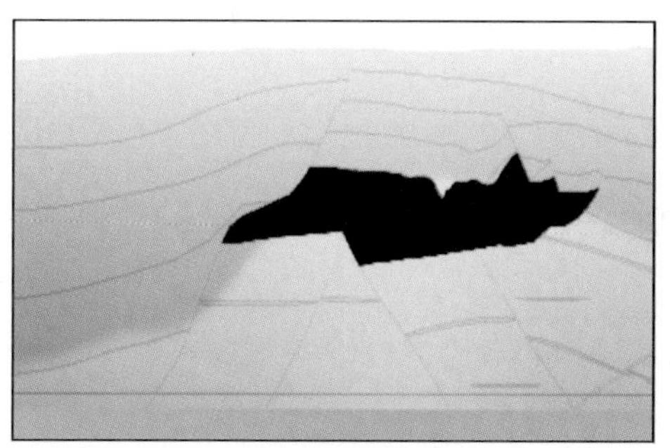

（a）速度剖面

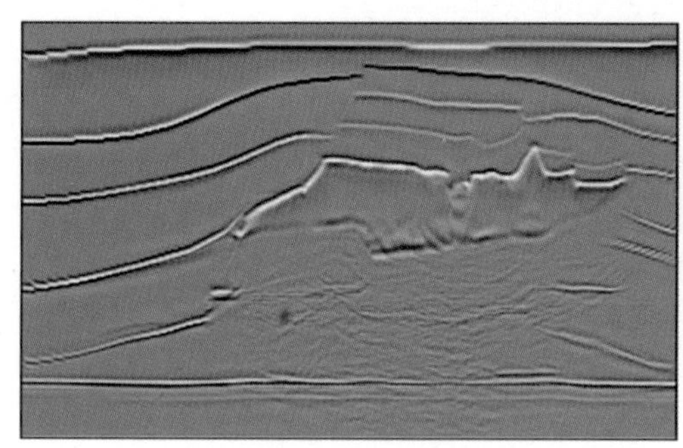

（b）单程波动方程偏移

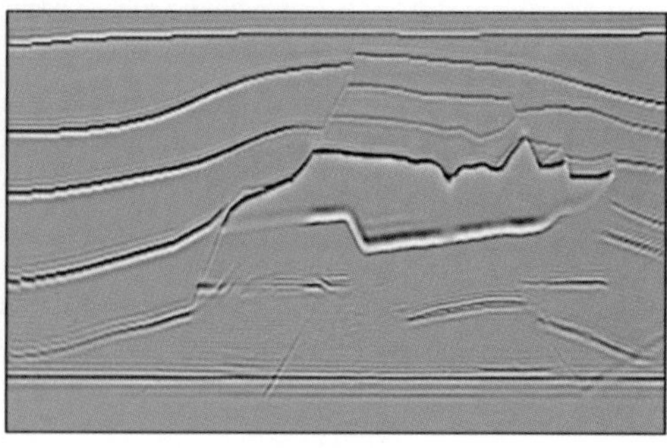

（c）RTM偏移

图3－40　偏移效果对比（Inline221）

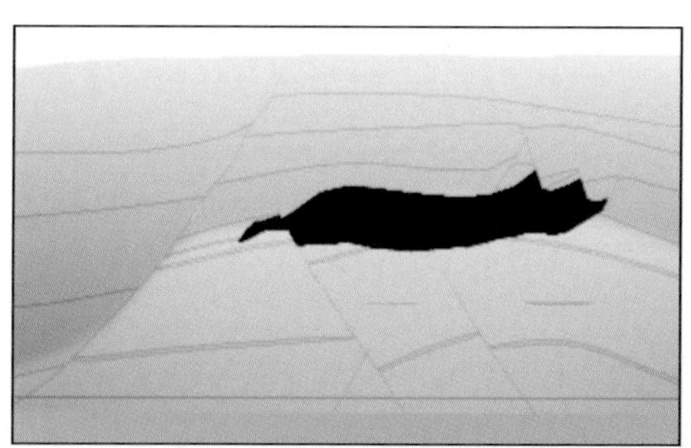

（a）速度剖面

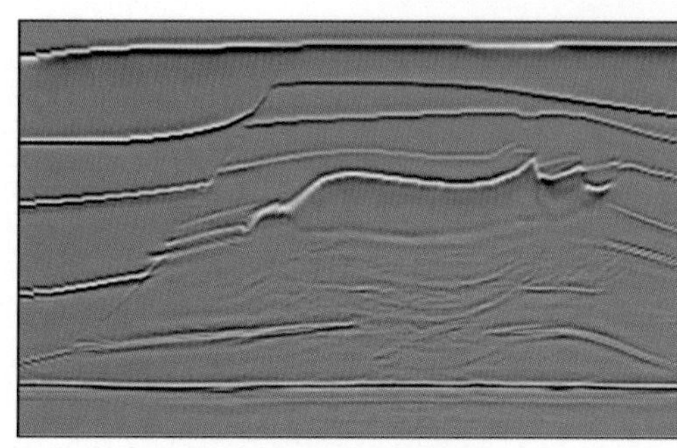

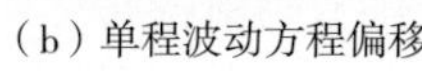

（b）单程波动方程偏移

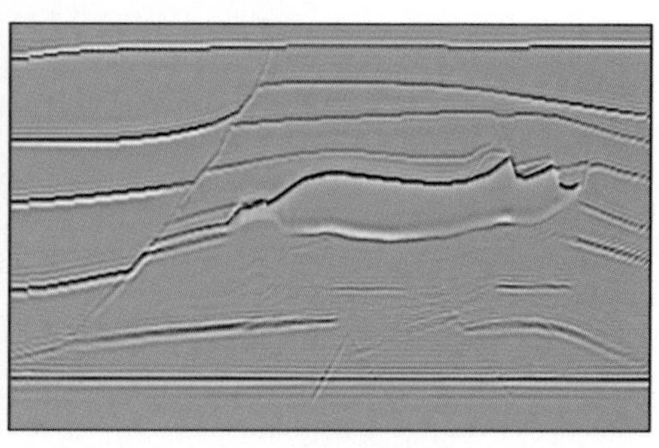

（c）RTM偏移

图3－41　偏移效果对比（Inline281）

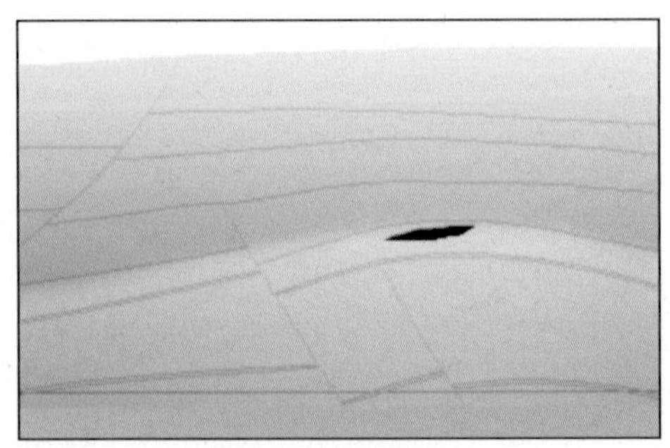

（a）速度剖面

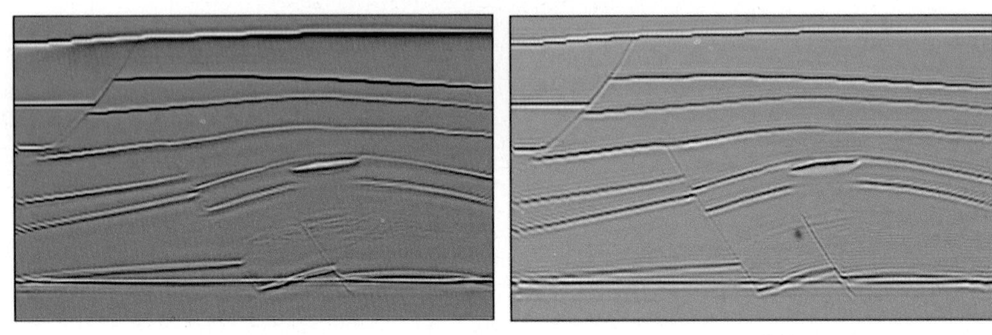

（b）单程波动方程偏移　　（c）RTM偏移

图 3－42　偏移效果对比（Inline341）

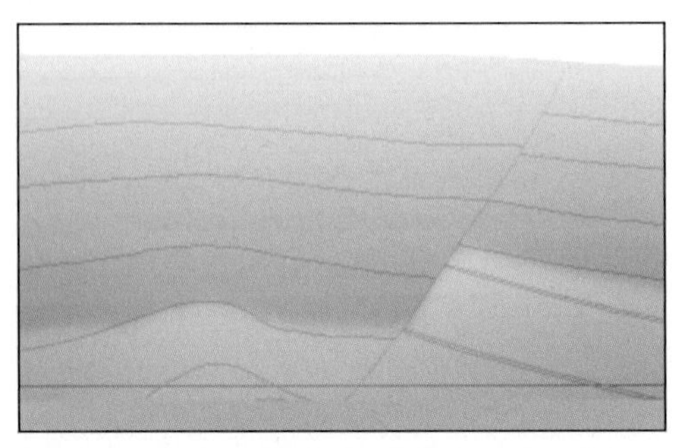

（a）速度剖面

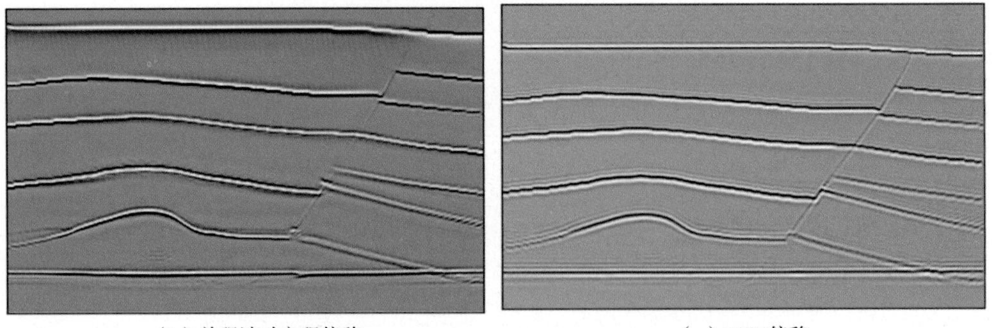

（b）单程波动方程偏移　　（c）RTM偏移

图 3－43　偏移效果对比（Crossline101）

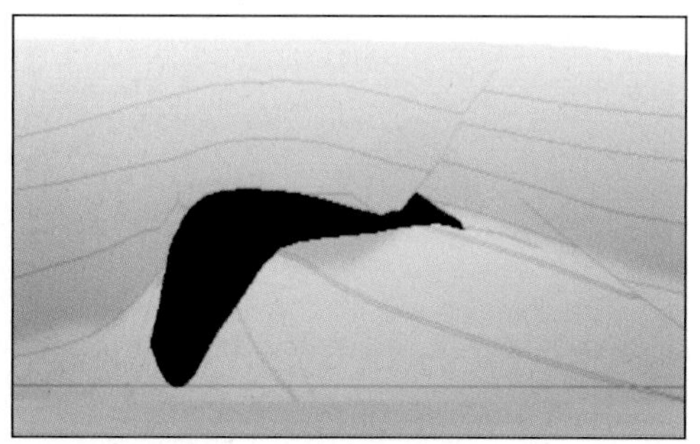

（a）速度剖面

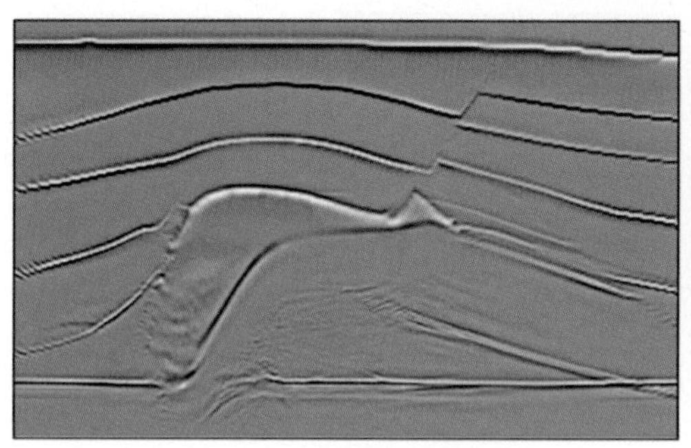

（b）单程波动方程偏移

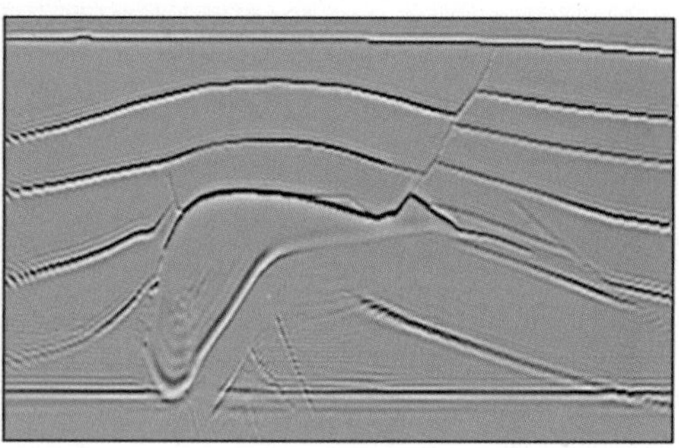

（c）RTM偏移

图 3－44　偏移效果对比（Crossline161）

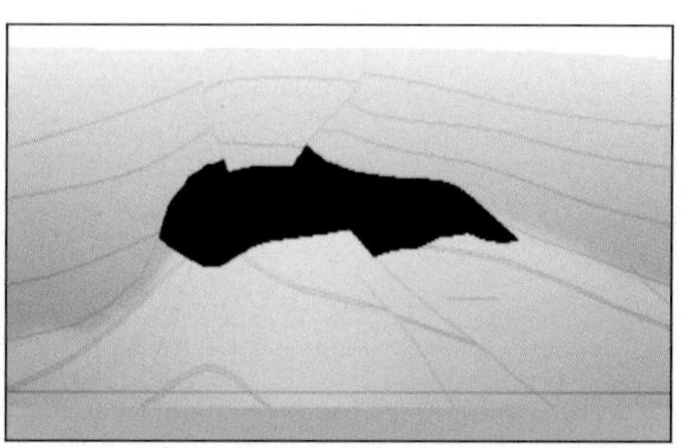

（a）速度剖面

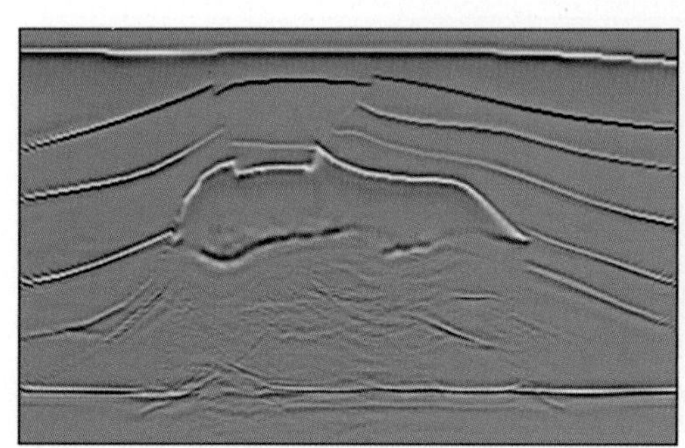

（b）单程波动方程偏移

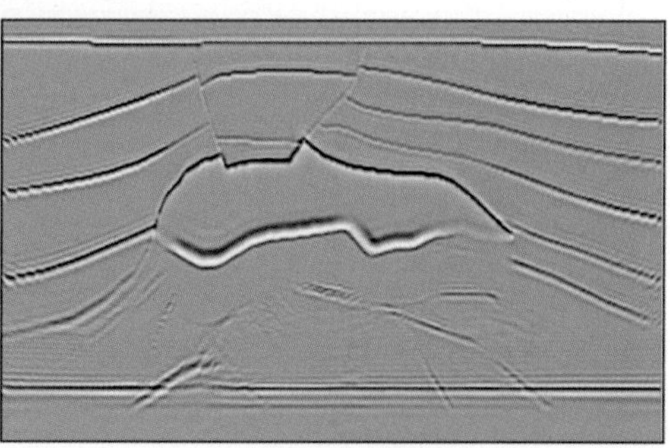

（c）RTM偏移

图 3－45　偏移效果对比（Crossline221）

（a）速度剖面

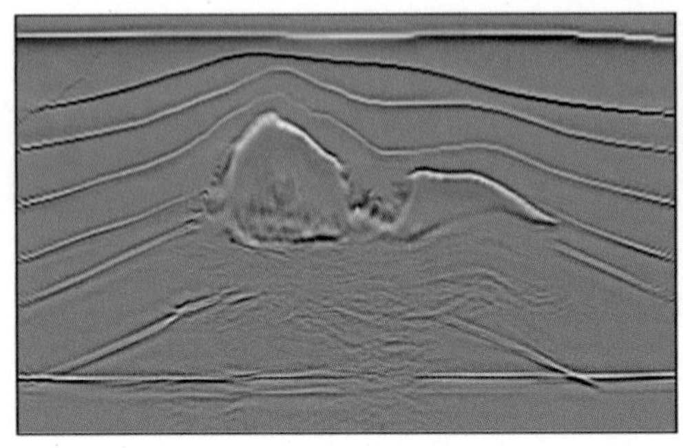

（b）单程波动方程偏移

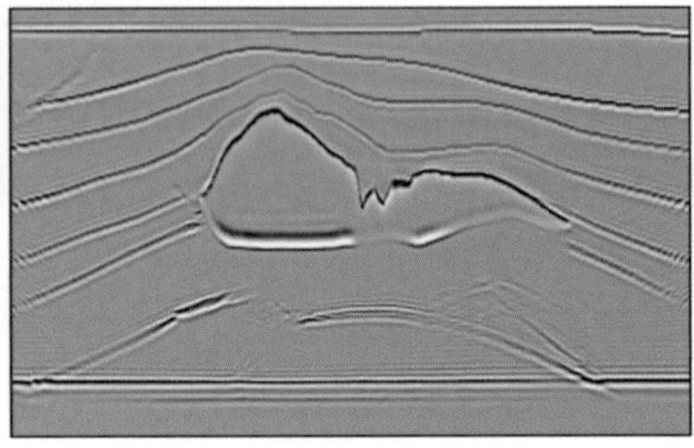

（c）RTM偏移

图 3－46　偏移效果对比(Crossline281)

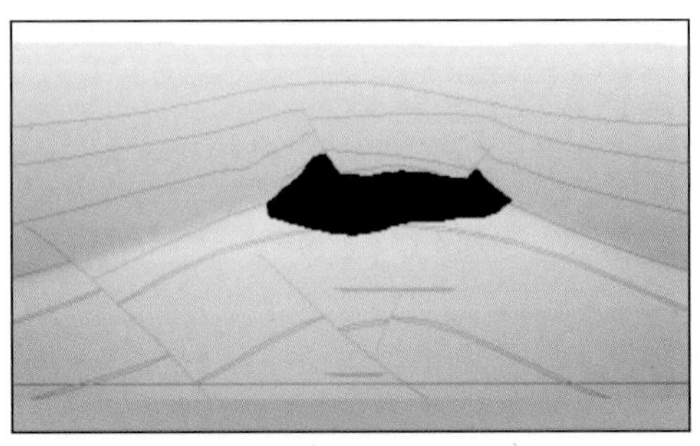

（a）速度剖面

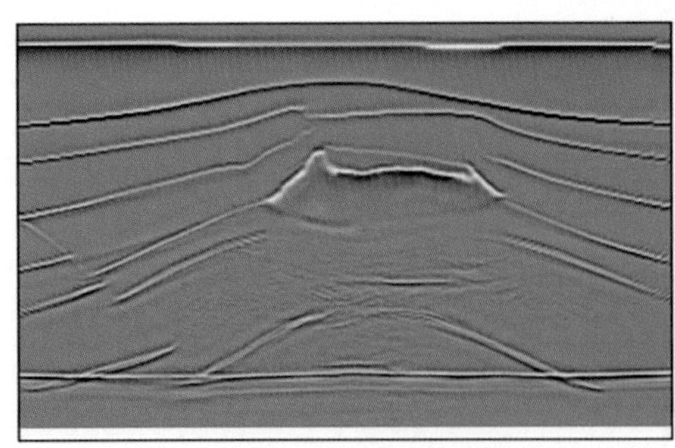

（b）单程波动方程偏移

（c）RTM偏移

图 3－47　偏移效果对比(Crossline341)

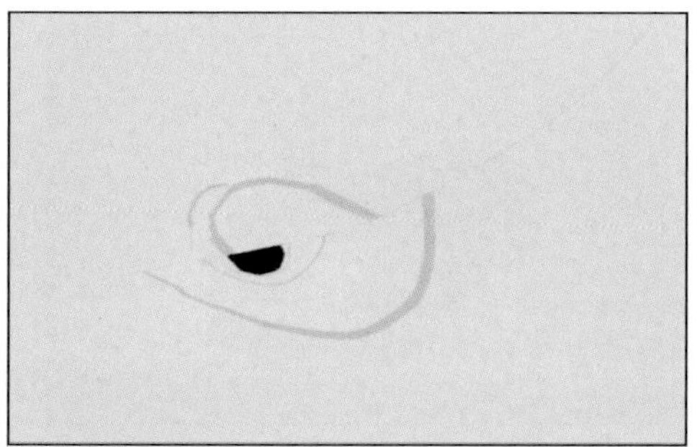

（a）速度剖面

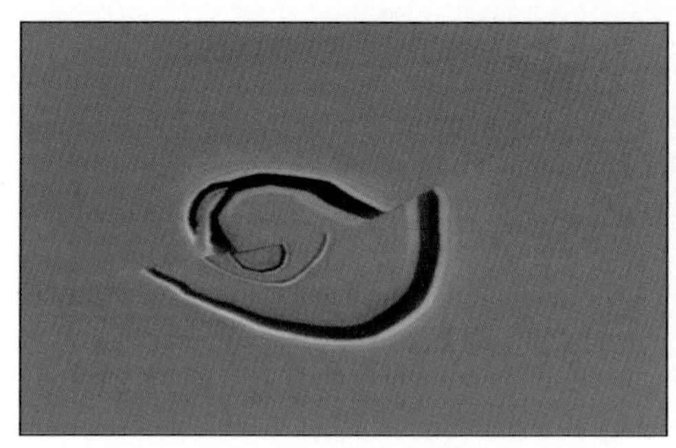

（b）单程波动方程偏移

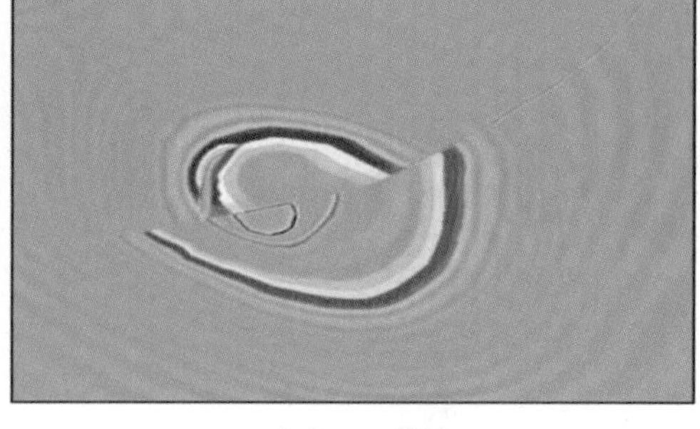

（c）RTM偏移

图 3－48　偏移深度切片效果对比(1400m)

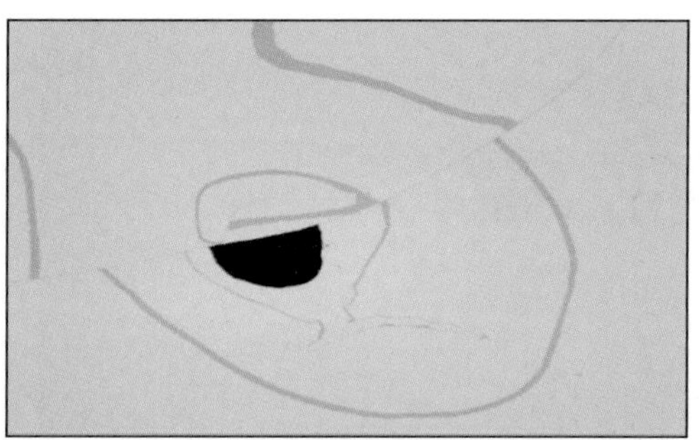

（a）速度剖面

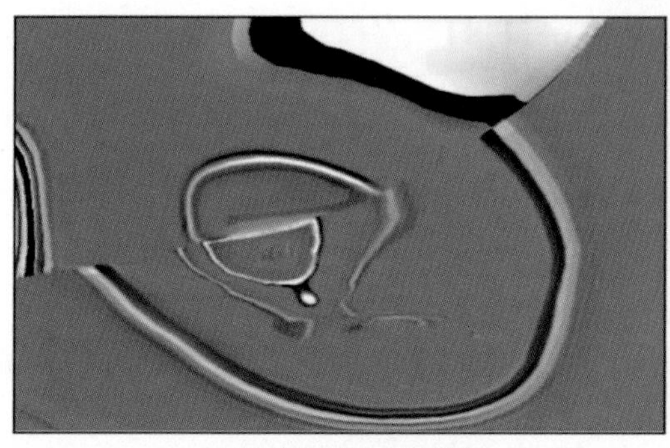

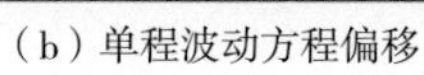

（b）单程波动方程偏移

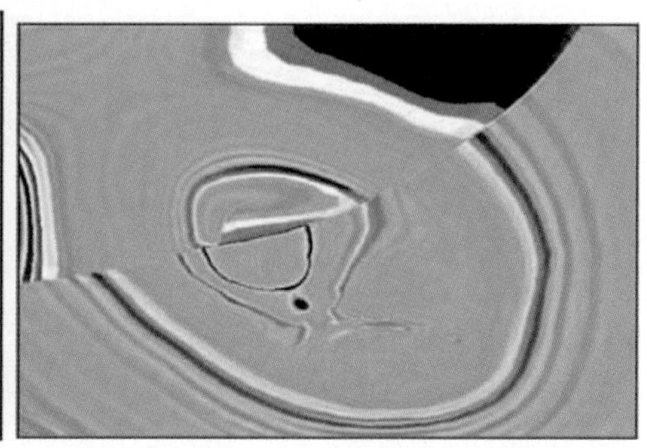

（c）RTM偏移

图 3－49　偏移深度切片效果对比(2000m)

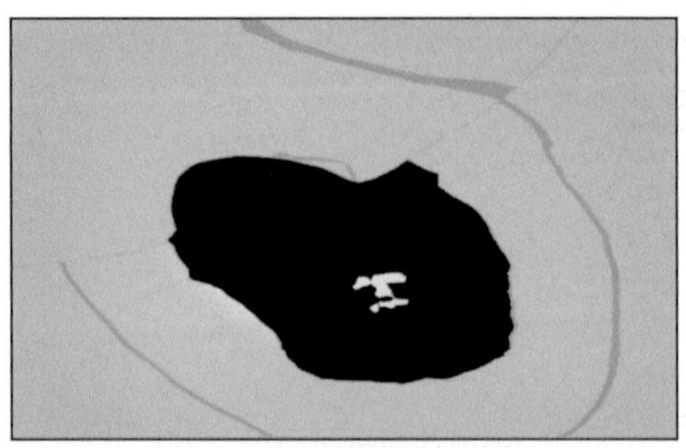

（a）速度剖面

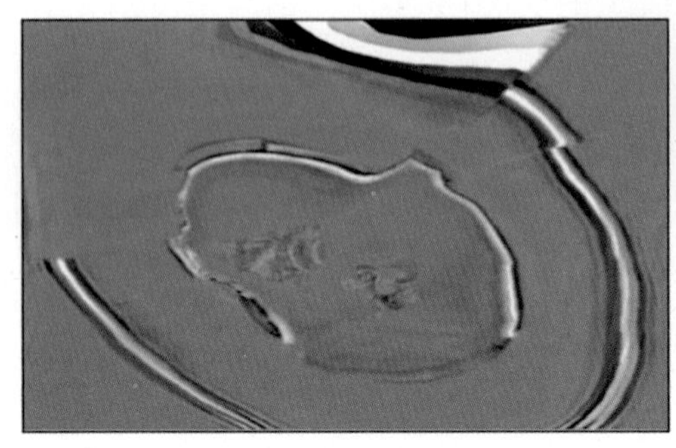

（b）单程波动方程偏移

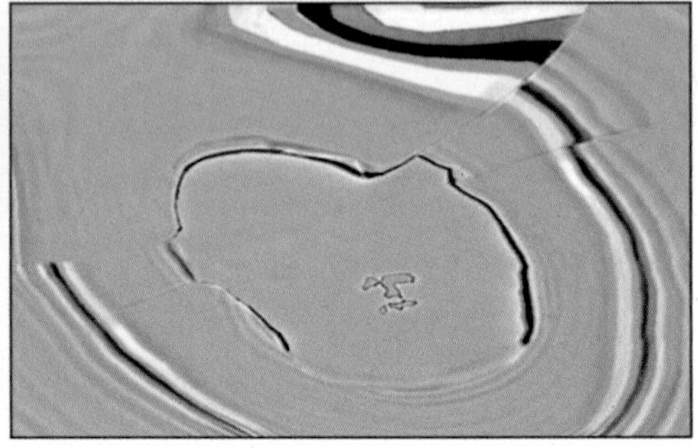

（c）RTM偏移

图 3－50　偏移深度切片效果对比(2600m)

（a）速度剖面

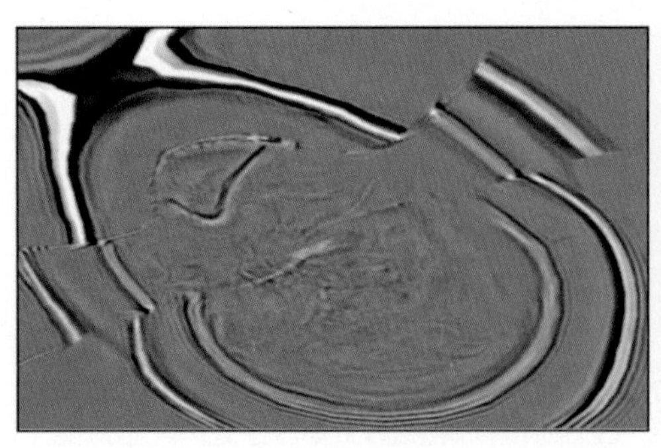

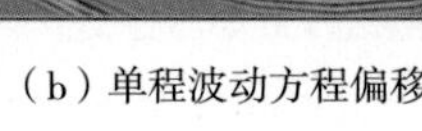

（b）单程波动方程偏移

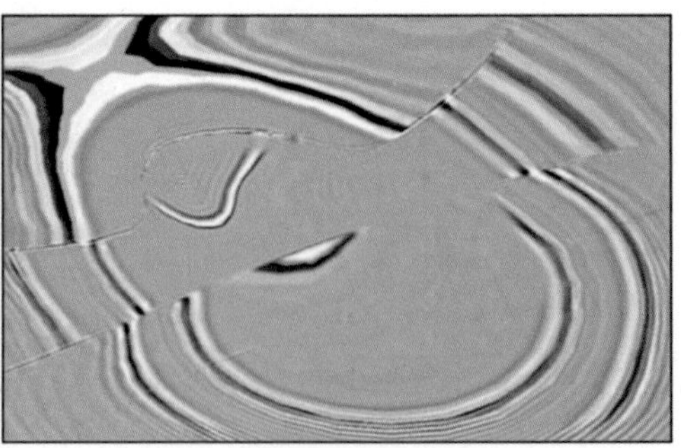

（c）RTM偏移

图 3－51　偏移深度切片效果对比(3200m)

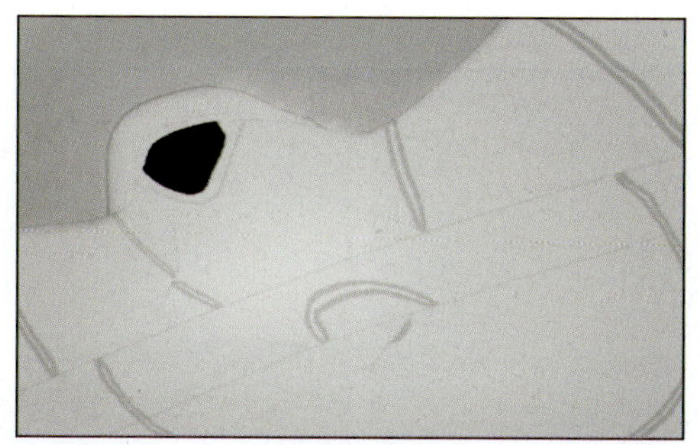
（a）速度剖面

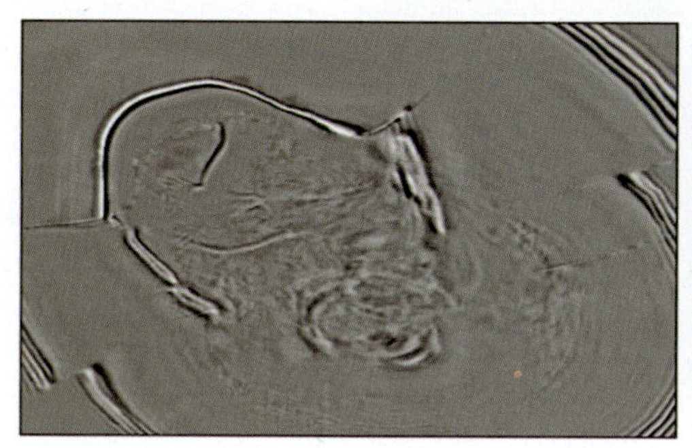
（b）单程波动方程偏移

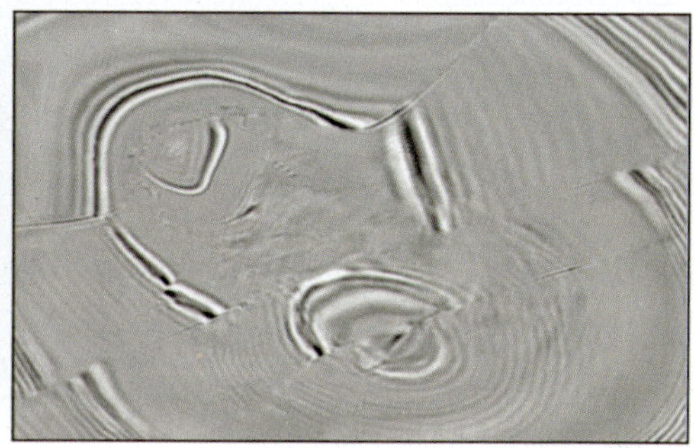
（c）RTM偏移

图 3－52　偏移深度切片效果对比(3800m)

三、实际资料处理

1. 盐下成像

盐下地震勘探由于盐丘速度与围岩差异大、厚度横向变化大、侧翼陡等问题造成地震波场复杂，从而使得盐丘边界刻画和盐下成像困难。图 3－53 到图 3－60 为某区复杂盐丘的成像效果对比，我们对该区 3D 资料分别进行了 Kirchhoff 叠前深度偏移、单程波动方程叠前深度偏移、RTM 偏移处理。Kirchhoff 叠前深度偏移方法由于其固有的理论缺陷使得不适应横向速度变化剧烈的地质构造，而且采用的高频近似也会影响中深层的成像质量，所以其偏移剖面[图 3－53(b)、图 3－54(b)、图 3－55(b)、图 3－56(b)]成像品质不高，尤其是盐下成像质量非常差。单程波动方程叠前深度偏移剖面[图 3－53(c)、图 3－54(c)、图 3－55

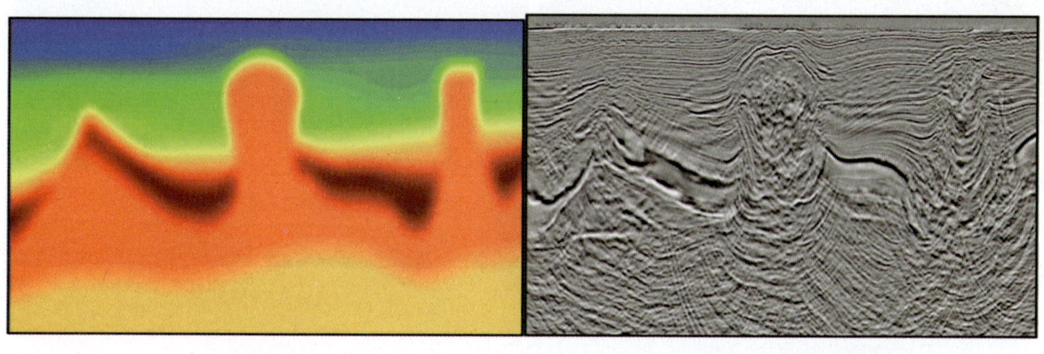
（a）速度剖面　　（b）Kirchhoff 叠前深度偏移

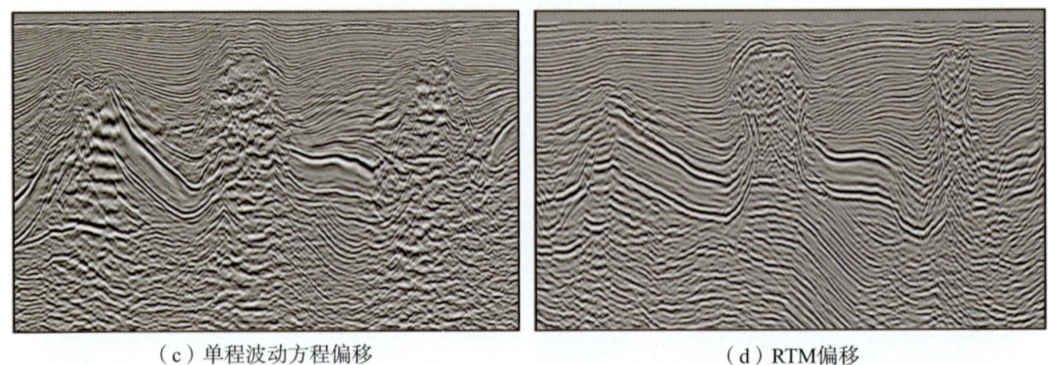
（c）单程波动方程偏移　　（d）RTM偏移

图3－53　偏移效果对比（Crossline1）

（c）、图3－56（c）］成像品质稍高一些，但因一系列近似造成的偏移倾角限制使得高陡盐丘侧翼成像质量非常差，盐下成像也不是很理想。RTM 偏移方法正好汇集了以上两种方法的优点，成像剖面［图3－53（d）、图3－54（d）、图3－55（d）、图3－56（d）］品质得到非常大的提高，岩丘顶界面、侧翼、底界面归位得非常好，盐丘与基岩的接触关系也非常清晰，盐下地层成像刻画得更加准确合理。

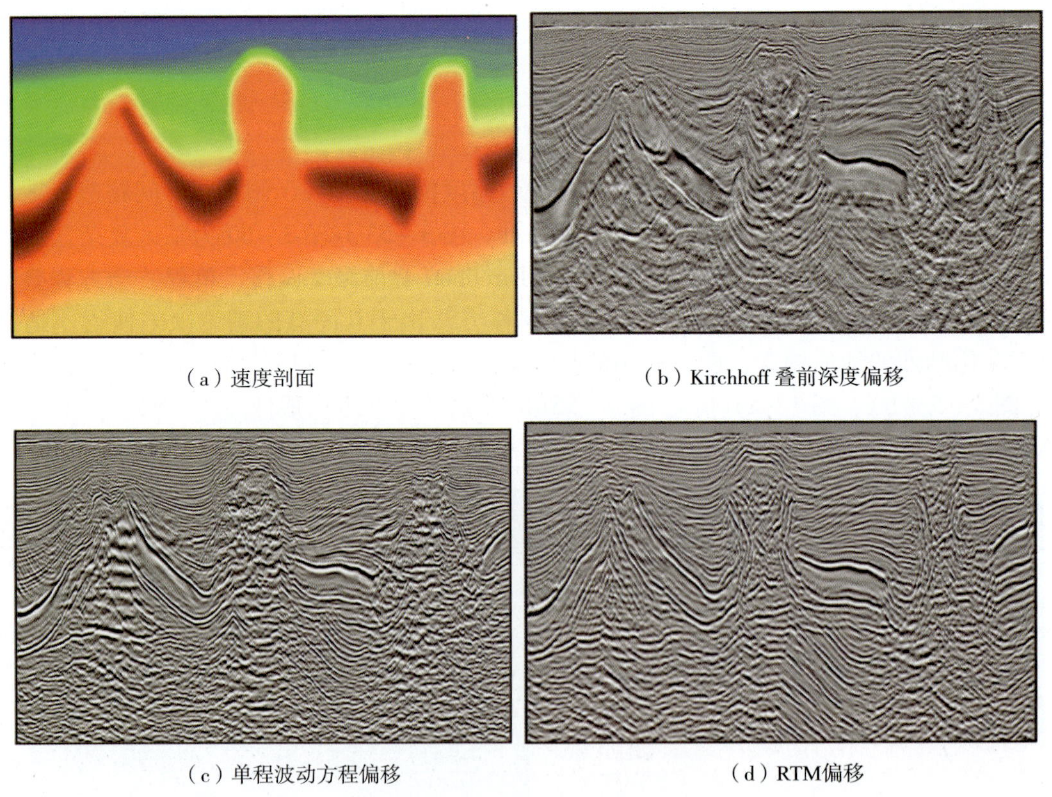
（a）速度剖面　　（b）Kirchhoff 叠前深度偏移

（c）单程波动方程偏移　　（d）RTM偏移

图3－54　偏移效果对比（Crossline2）

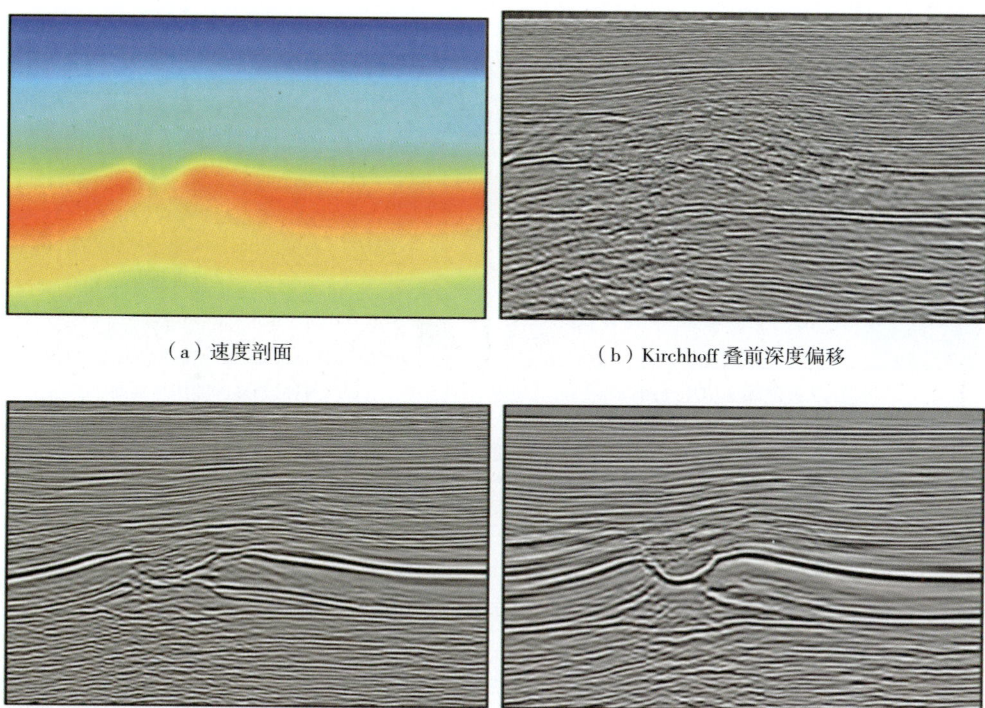

图3-55 偏移效果对比(Inline1)

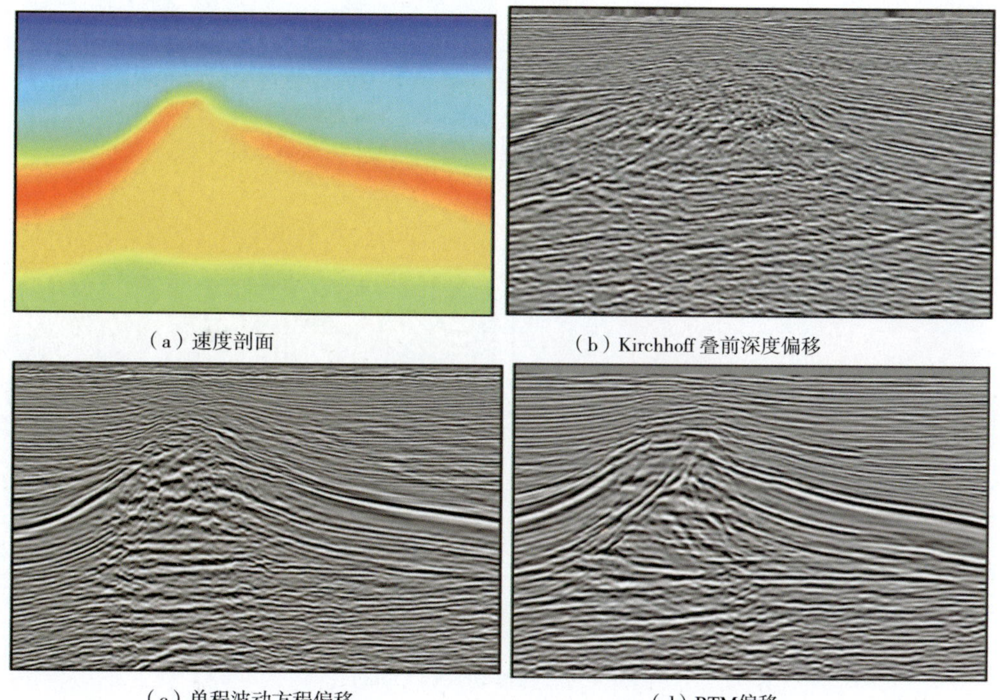

图3-56 偏移效果对比(Inline2)

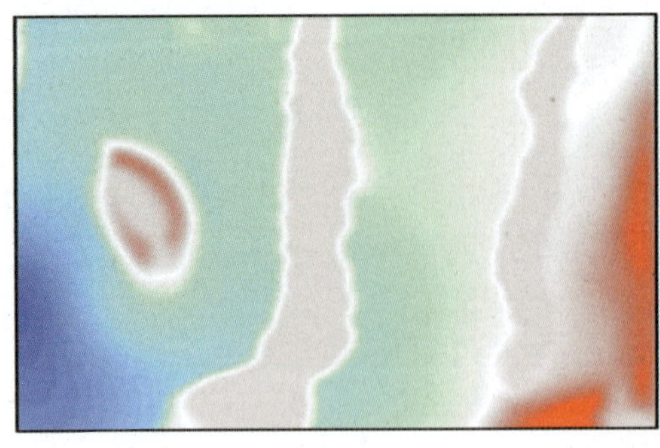

（a）速度深度切片剖面

（b）RTM偏移深度切片剖面

图 3－57　深度切片（1250m）

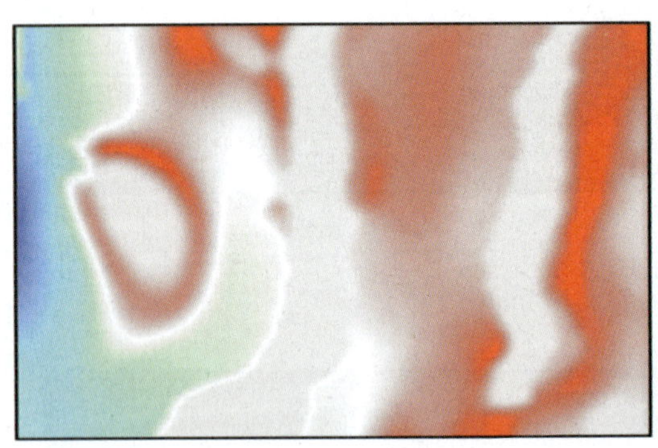

（a）速度深度切片剖面

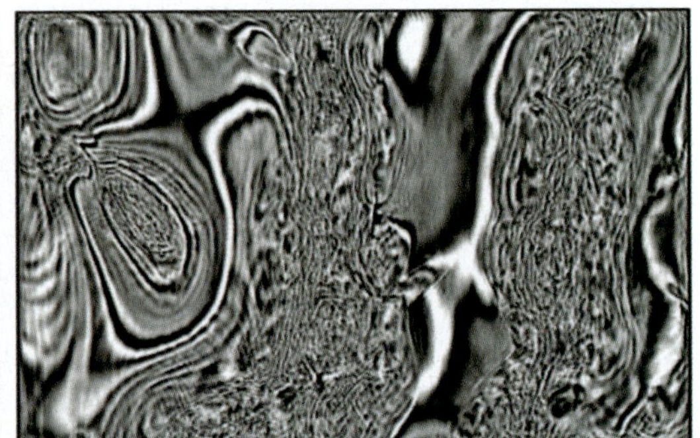

（b）RTM偏移深度切片剖面

图 3－58　深度切片（1500m）

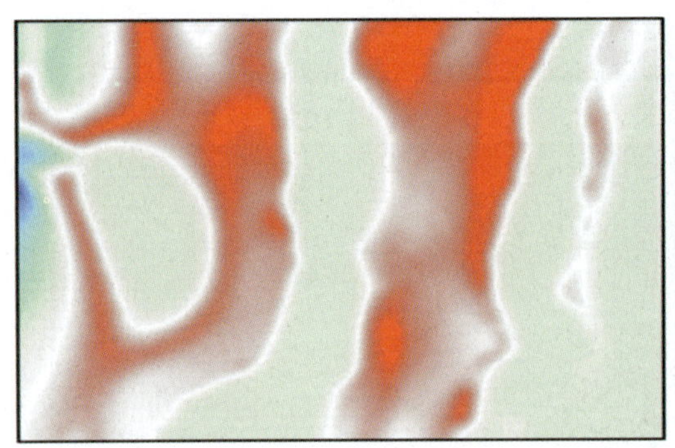

（a）速度深度切片剖面

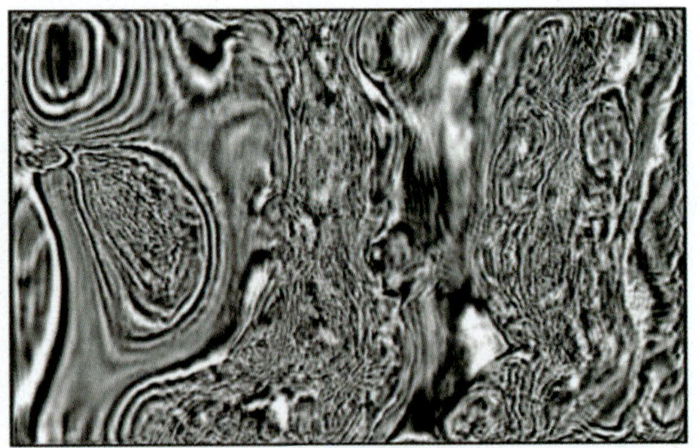

（b）RTM偏移深度切片剖面

图 3－59　深度切片（1750m）

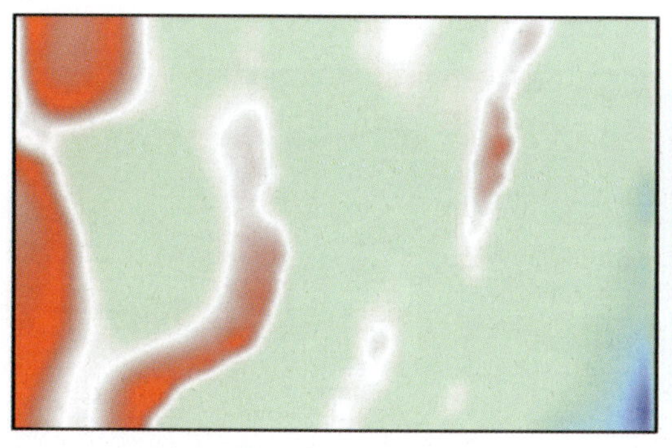
（a）速度深度切片剖面

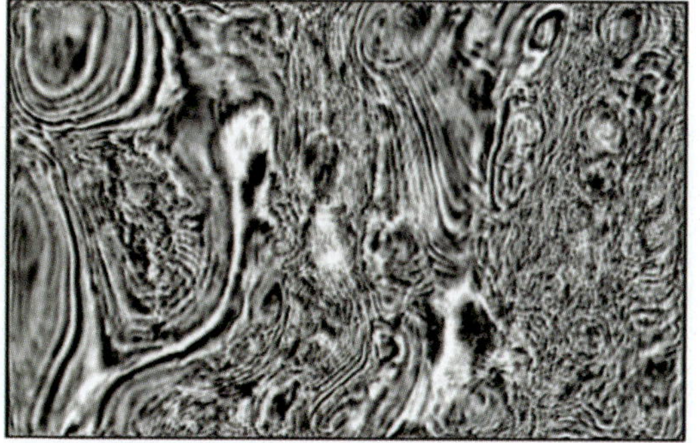
（b）RTM偏移深度切片剖面

图3－60　深度切片（2000m）

2. 碳酸盐岩缝洞成像

奥陶系碳酸盐岩缝洞型储层是我国西部地区重要的勘探目标类型，具有埋藏深、波场复杂、非均质性强等特点，地震精确成像难度非常大。波动类叠前深度偏移方法由于能比较好地处理复杂介质中的复杂波现象，能自然地处理多路径问题以及由速度变化引起的聚焦或焦散效应，并具有很好的振幅保持特性，因此最适合用于缝洞型储层成像。而双程波动类方法RTM除了具有非常高的成像精度外，还可以利用多次反射波进行成像，可以更准确地将缝洞型储层在纵横向上定位，降低解释的非唯一性，是缝洞型储层成像的最理想方法。图3－61、图3－62为某区地震资料两条测线PSTM和RTM处理效果对比图，可以看到RTM成像效果明显优于PSTM，尤其是在奥陶系碳酸盐岩目的储层成像中取得良好效果，反映缝洞的“串珠”成像更加精细，在PSTM剖面中不太明显的小串珠在RTM剖面中刻画得更加明显，从振幅属性分析图（图3－63）中也可以看到RTM成像剖面中串珠个数明显多于PSTM剖面，串珠与周围的振幅差异明显强于PSTM剖面。图3－64和图3－65是另一工区碳酸盐岩目的储层的成像效果对比，可以看到，RTM偏移剖面不但提高了缝洞的成像精度，而且在空间的位置也更加准确（图3－65，RTM处理结果与测井信息更加吻合）。

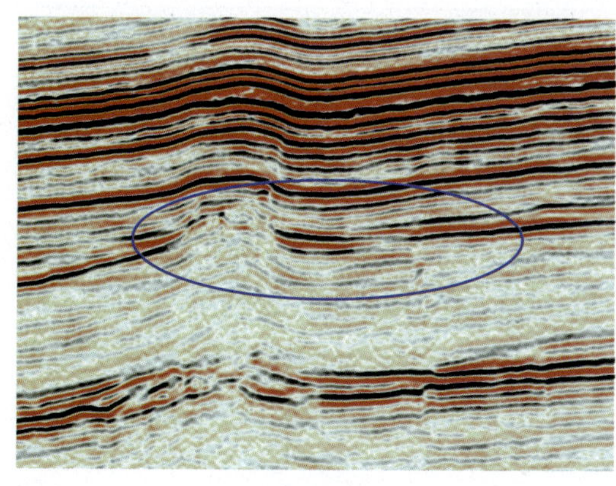
（a）叠前时间偏移

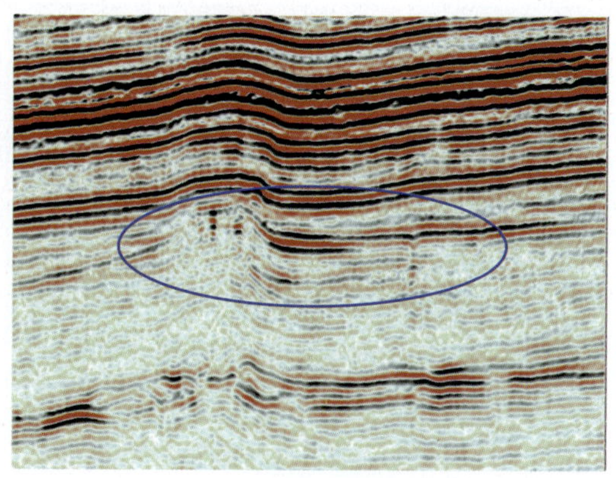
（b）RTM偏移

图3－61　偏移效果对比

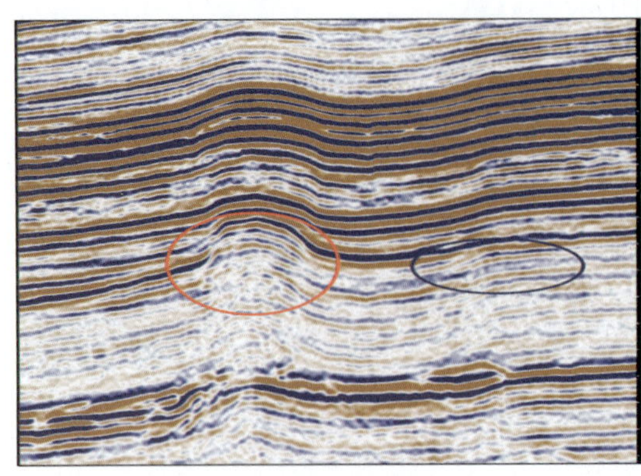

（a）叠前时间偏移　　（b）RTM偏移

图 3－62　偏移效果对比

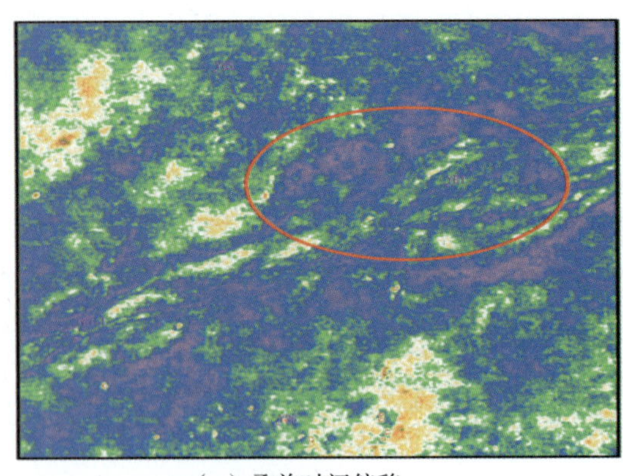

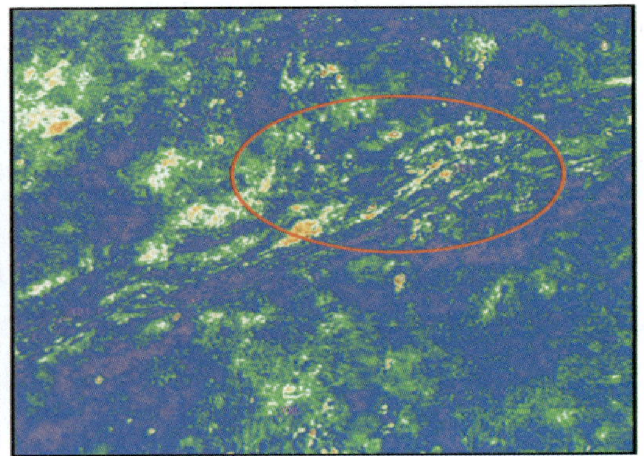

（a）叠前时间偏移　　（b）RTM偏移

图 3－63　振幅属性分析图

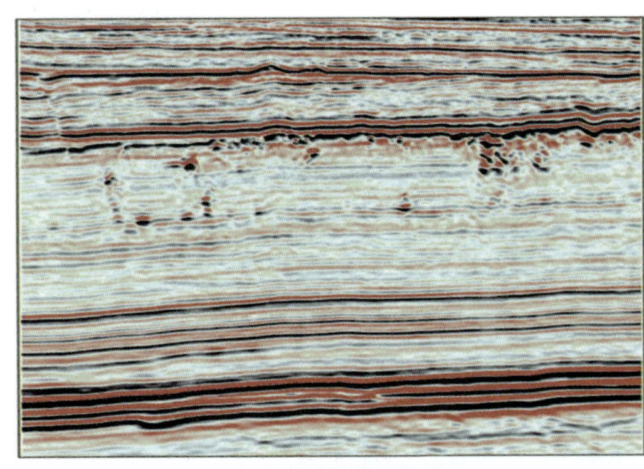

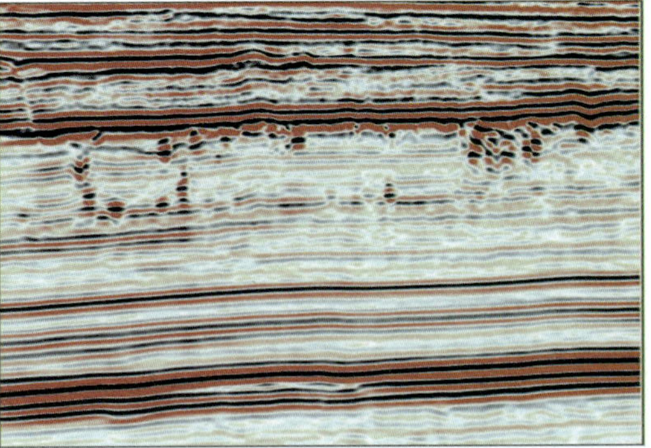

（a）叠前时间偏移　　（b）RTM偏移

图 3－64　偏移效果对比

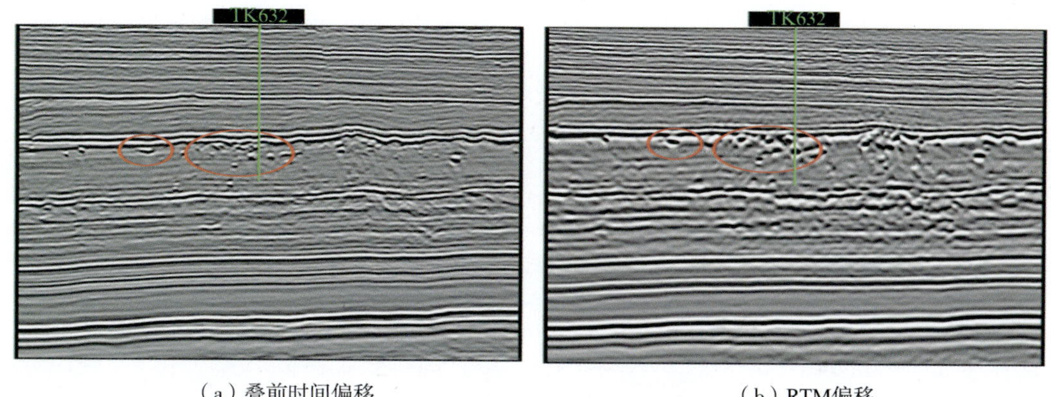

（a）叠前时间偏移　　（b）RTM偏移

图 3-65　偏移效果对比

3. 复杂山前带成像

复杂山前带地震资料具有地表复杂、地下复杂的双复杂特点，地表地形起伏剧烈、低降速带速度变化大、厚度变化大，地下构造复杂、速度横向变化大，从而造成地下地震波场复杂、成像困难。我们基于“真地表偏移”的思路分别对某 3D 工区进行了 Kirchhoff 叠前深度偏移和 RTM 偏移处理。相比于 Kirchhoff 叠前深度偏移剖面图 3-66(a)，RTM 偏移剖面图 3-66(b)信噪比、分辨率都得到很大提高，“画弧”现象也得到很大改善，尤其是中部目标储层成像图 3-67、右上部灰岩地层成像图 3-68、左上膏岩地层成像图 3-69 都得到非常大的提高。

4. 复杂断陷成像

图 3-70 和图 3-71 为一复杂断陷三维地震资料的成像剖面对比，可以看到 RTM 偏移剖面成像效果明显改善，断面清晰、收敛性强，断点位置准确，更易于正确解释断层。断层归位更准确、形态更清晰，断层下盘内幕成像得到明显改善，消除了假象，使得地层构造形态清晰可辨。

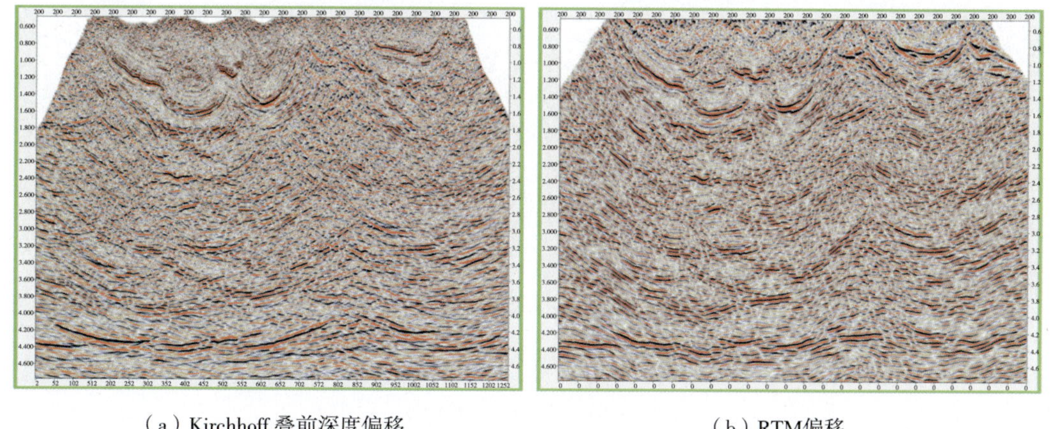

（a）Kirchhoff 叠前深度偏移　　（b）RTM偏移

图 3-66　偏移效果对比

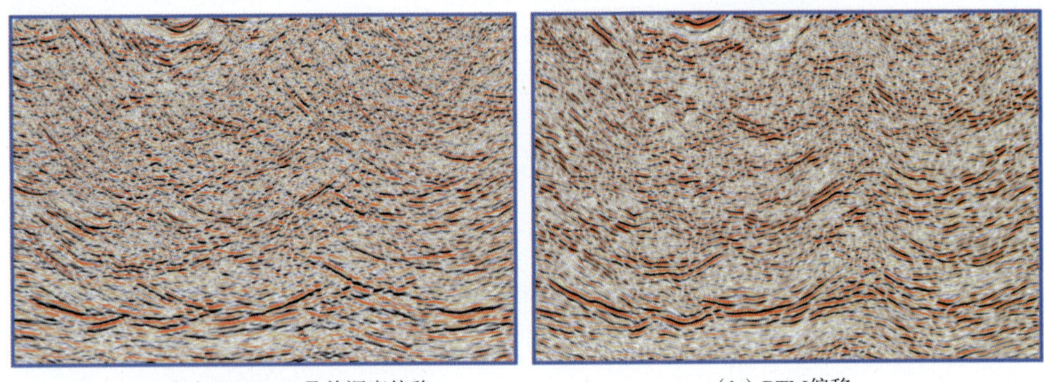

（a）Kirchhoff叠前深度偏移　　（b）RTM偏移

图3－67　偏移效果对比

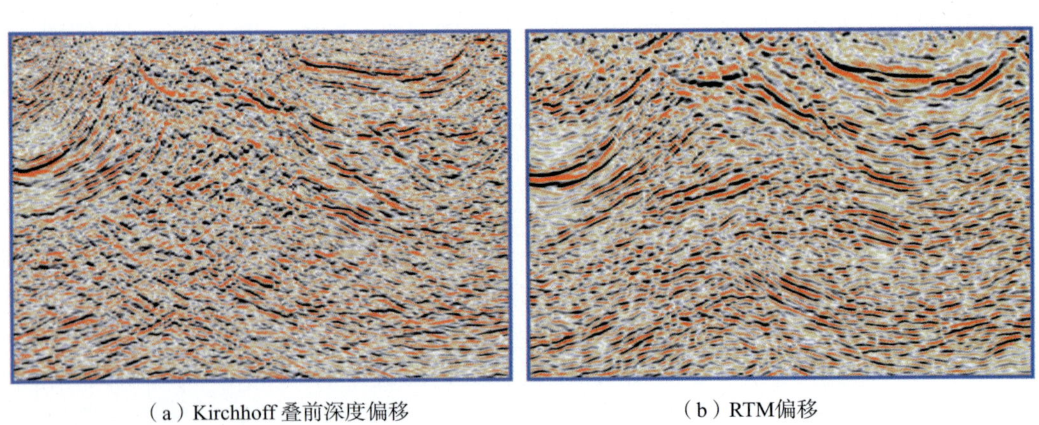

（a）Kirchhoff叠前深度偏移　　（b）RTM偏移

图3－68　偏移效果对比

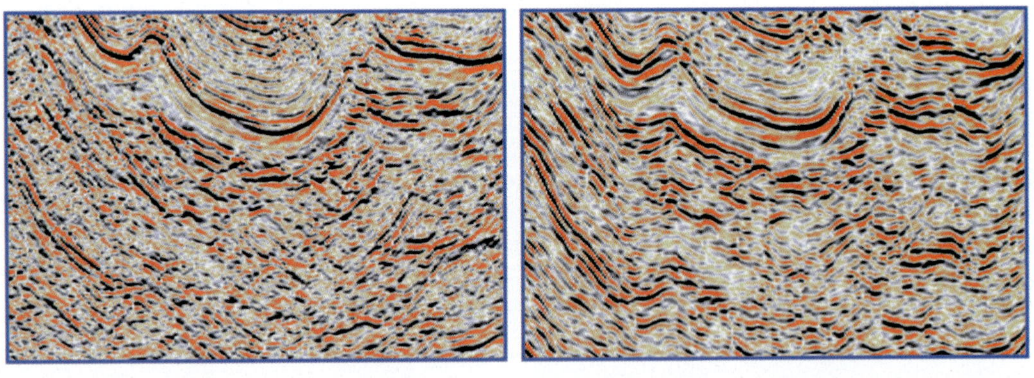

（a）Kirchhoff叠前深度偏移　　（b）RTM偏移

图3－69　偏移效果对比

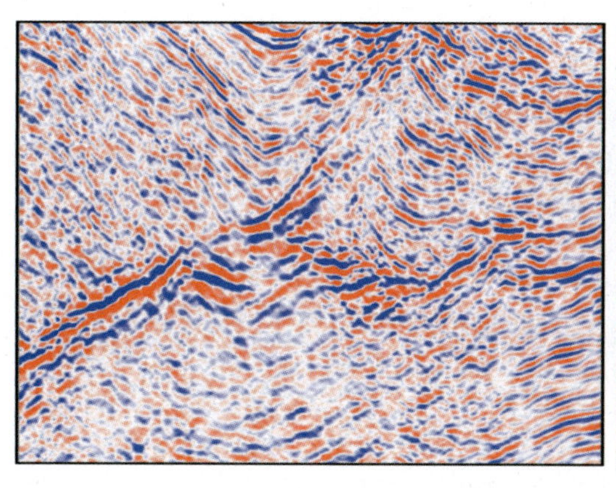

（a）Kirchhoff叠前深度偏移

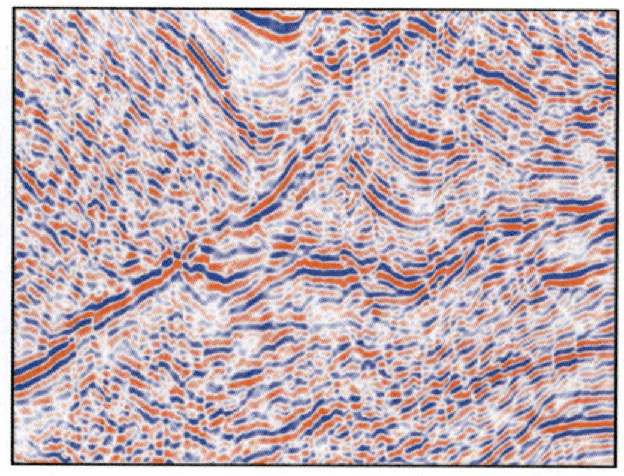

（b）RTM偏移

图3－70　偏移效果对比

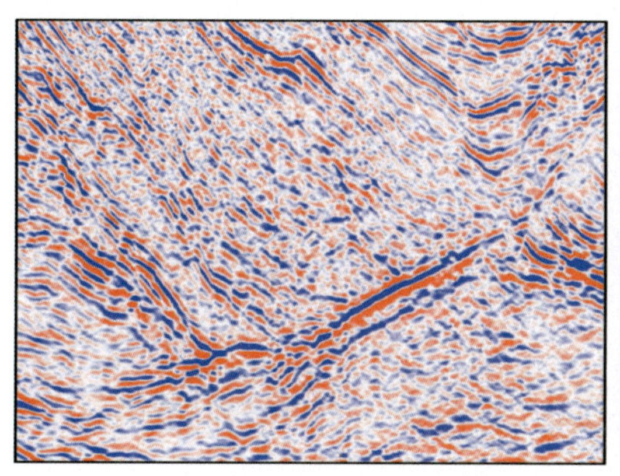

（a）Kirchhoff叠前深度偏移

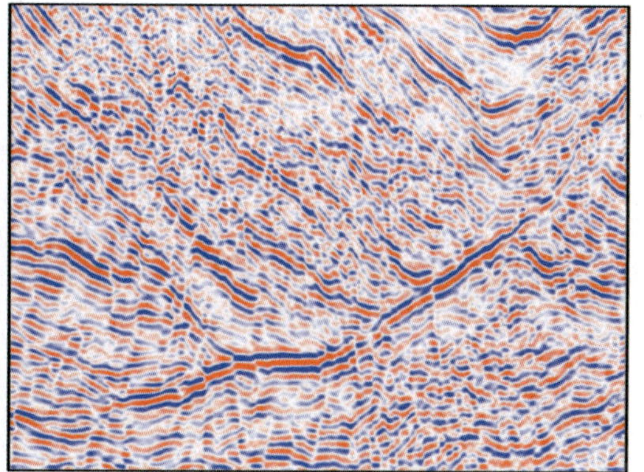

（b）RTM偏移

图3－71　偏移效果对比

小　结

RTM是目前理论最先进、成像精度最高的地震偏移成像方法。它基于全声波方程，因而具有明确的地质意义，物理概念清晰，其算法更稳健、更精确，能自然地处理多路径问题以及由速度变化引起的聚焦或焦散效应，并具有很好的振幅保持特性。RTM成像技术汇集了Kirchhoff方法和单程波动方程方法的优点，可以有效地处理纵横向存在剧烈变化的地球介质，具有相位准确、成像精度高、对介质速度横向变化和高陡倾角适应性强、甚至可以利用回转波、多次波正确成像等优点。

RTM并不是一个新的理论方法，实现也并不难，但要达到很高的实用性也不易。海量计算、海量存储以及逆时偏移特有的低频噪声是它走向工业化的主要瓶颈问题。除了本身技术的发展外与计算机技术的进步也密不可分，超大规模的多核/众核CPU计算机系统和

GPU/CPU 异构计算机系统可以有效推进 RTM 成像技术的发展和工业化进程。

偏移仅仅是地震资料数字处理系统中的重要一环，和其他的偏移方法相比，具有高成像精度、高振幅保真度的 RTM 方法对原始资料的信噪比和速度模型的精度要求更高。因此，做好针对性的叠前资料预处理，提高叠前道集的质量，以及处理解释一体化建立与地下地质构造匹配度较高的速度模型，是取得 RTM 应用成功的关键。

第四章　波动方程保幅地震偏移成像技术

地震数据中包含有丰富的旅行时信息和振幅信息。地震偏移成像的作用一方面使地震采集数据中的反射波或绕射波返回到产生它们的真实地下位置，实现地下地质构造的精确成像；另一方面得到该位置的反射真振幅或反射系数，从而实现地层岩性的精确成像。

以先进的波动理论为基础的波动方程叠前深度偏移因对复杂介质(构造复杂及速度纵横向变化大)进行高精度构造成像而受到推崇。传统的波动方程叠前深度偏移的研究都以构造成图为主要目标，基于可靠的宏观速度模型可以比较准确地输出地下地质构造的图像。不过，构造图像仅仅指示了岩石物性在什么位置发生变化，并不能说明岩石物性是怎样变化的。然而，确定岩石物性参数怎样变化对提高油气勘探的成功率非常重要，尤其是那些隐蔽型的岩性油气藏。因此，人们除了要求得到构造图像之外，还希望从地震数据中提取地下的岩性与储层参数信息，如纵横波速度、密度、孔隙度以及流体性质等。这样，地震波的振幅在地震资料处理和解释中的重要性逐渐得到人们的重视，波动方程叠前深度偏移方法也逐渐由为地质构造解释服务发展为岩性解释服务，逐渐由研究探测目标的几何图形发展为研究反射界面空间的波场特征、振幅变化和反射率等。

波动方程保幅叠前深度偏移是在给出正确位置的同时也给出真实振幅的一种特殊完善。它不但满足于得到地下反射的位置，保证走时信息的正确性，可以从运动学上准确描述地震波的传播过程；而且其充分考虑了介质参数变化对地震波振幅的改造，可以准确描述地震波传播的动力学特征。它不但可以使散射能量聚焦、归位，提高成像精度；而且可以输出正确反映地下反射系数的振幅信息，为后续的地震属性分析(如 AVO/AVA)提供更真实的地震信息。

第一节　波动方程保幅地震偏移的单程波动方程

在密度恒定的各向同性完全弹性介质中，给定一个零时刻($t=0$)在 $\boldsymbol{x}_s=(x_s,y_s,0)$ 的激发源，地震波的传播波场 p 满足如下的声波方程：

$$\begin{cases}\left(\dfrac{\omega^2}{v^2}+\dfrac{\partial^2}{\partial z^2}+\Delta\right)p(\boldsymbol{x};\omega)=-\delta(\boldsymbol{x}-\boldsymbol{x}_s)\\ p(\boldsymbol{x}_r;\omega)=Q(\boldsymbol{x}_r;\boldsymbol{x}_s;\omega)\end{cases}\qquad(4-1)$$

其中，v 为地震波在介质中的传播速度，ω 为圆频率，$\Delta=\dfrac{\partial^2}{\partial x^2}+\dfrac{\partial^2}{\partial y^2}$，$\boldsymbol{x}=(x,y,z)$，下标 s 代表炮点，下标 r 代表检波点，$Q(\boldsymbol{x}_r;\boldsymbol{x}_s;\omega)$ 对应地面接收系统记录到的反射信号，p 为频率域的声压波场。

远场地震波在地下介质传播时，没有外力作用，只受介质非均匀性影响，这类问题称为波的传播问题，地面震源和观测波场作为这种问题的边界条件。这样，地震波传播可以用声波方程(4－1)的无源形式来描述，即：

$$\left(\frac{\omega^2}{v^2}+\frac{\partial^2}{\partial z^2}+\Delta\right)p(\boldsymbol{x};\omega)=0 \tag{4-2}$$

式(4－2)称为双程波动方程。从数学物理方程求解的角度，把双程波动方程分裂为某一主要传播方向上的单程波动方程是可能的。在地震勘探中，介质特性在深度方向的变化最突出，因此可以将双程波动方程以垂向为优势方向进行分裂，得到单程的上、下行波方程。基于上、下行波方程进行深度方向的波场延拓属于边值问题，虽然物理上不可实现，但具有明确的物理意义，它们可以较准确地描述地震波在介质中的正向和逆向传播过程，故在地震波偏移中常用基于它们的波场延拓来消除地震波的传播效应。

传统的波动方程叠前深度偏移方法将式(4－2)分解为下面简单的单程波动方程来向下延拓上、下行波场：

$$\begin{cases}\left(\dfrac{\partial}{\partial z}-\Lambda\right)U=0\\ U(x_r,y_r,z=0;\omega)=Q(x_r,y_r;\omega)\end{cases} \tag{4-3a}$$

$$\begin{cases}\left(\dfrac{\partial}{\partial z}+\Lambda\right)D=0\\ D(x_s,y_s,z=0;\omega)=\delta(x-x_s)\end{cases} \tag{4-3b}$$

这里 U 和 D 分别为上、下行波的频率域形式，Λ 是平方根算子，表示为：

$$\Lambda=-\frac{i\omega}{v}\sqrt{1+\frac{v^2}{\omega^2}\Delta} \tag{4-4}$$

单程波动方程由于它的简洁性，并且容易理解，近二、三十年广泛应用于地震数据叠后和叠前偏移之中，为地震勘探解决了许多成像问题。但这种形式只有在均匀介质中才成立，在非均匀介质中只能保证相位信息的正确性，而不能准确描述地震波传播的动力学特征。为了地震波精确成像目的，尤其是便于讨论相应的保幅偏移方法，我们讨论适合更一般介质的单程波动方程以及它们在叠前深度偏移中的应用问题。

根据张关泉教授(1993)的解耦思想，式(4－2)可以分解为下面的单程波动方程：

$$\begin{cases}\left(\dfrac{\partial}{\partial z}-\Lambda\right)U+\Gamma U=0\\ \left(\dfrac{\partial}{\partial z}+\Lambda\right)D+\Gamma D=0\end{cases} \tag{4-5}$$

其中：$\Gamma=\dfrac{v'}{2v}\left[1-\left(\dfrac{\omega^2}{v^2}+\Delta\right)^{-1}\Delta\right]$，$v'=\dfrac{\partial v}{\partial z}$。可以证明，这样的波场分解基于更严格的地震波场解耦理论，充分考虑了振幅保真，既保持了声波方程(4－2)的运动学特征，又保持了它的动力学特征。

根据张关泉的定义：

$$\begin{cases}U=\dfrac{1}{2}\left(\Lambda+\dfrac{\partial}{\partial z}\right)p\\ D=\dfrac{1}{2}\left(\Lambda-\dfrac{\partial}{\partial z}\right)p\end{cases} \tag{4-6}$$

则：

$$D+U=\Lambda p \tag{4-7}$$

由此可以看出，U 和 D 并不是波场 p 的两个压力分量，而是通过(4-6)与 p 相联系。为了使我们的方法物理意义更加直观，同时避免频繁的波场变换带来的高昂计算代价，我们先对单程波场 U 和 D 作如下处理产生新的压力波场：

$$\begin{aligned} p_{\mathrm{u}} &= \Lambda^{-1} U \\ p_{\mathrm{d}} &= \Lambda^{-1} D \end{aligned} \tag{4-8}$$

这时，

$$p_{\mathrm{u}} + p_{\mathrm{d}} = p \tag{4-9}$$

可以看出，产生的新的压力波场 p_{u} 和 p_{d} 正是波场 p 的上、下行压力分量。

以下行压力波场 p_{d} 为例：

$$\begin{aligned} &\left(\frac{\partial}{\partial z} + \Lambda + \Gamma\right) D = 0 \\ &\Rightarrow \left(\frac{\partial}{\partial z} + \Lambda + \Gamma\right)(\Lambda p_{\mathrm{d}}) = 0 \\ &\Rightarrow \Lambda \frac{\partial p_{\mathrm{d}}}{\partial z} + p_{\mathrm{d}} \frac{\partial \Lambda}{\partial z} + \Lambda^2 p_{\mathrm{d}} + \Lambda \Gamma p_{\mathrm{d}} = 0 \end{aligned} \tag{4-10}$$

而：

$$\begin{aligned} \frac{\partial \Lambda}{\partial z} &= \frac{\partial\left(-\dfrac{i\omega}{v}\sqrt{1 + \dfrac{v^2}{\omega^2}\Delta}\right)}{\partial z} \\ &= \frac{v'}{v}\left[\frac{i\omega}{v}\sqrt{1 + \frac{v^2}{\omega^2}\Delta} + \frac{\Delta}{\dfrac{i\omega}{v}\sqrt{1 + \dfrac{v^2}{\omega^2}\Delta}}\right] \\ &= -2\Lambda\Gamma \end{aligned} \tag{4-11}$$

则式(4-10)可变为：

$$\begin{aligned} &\Lambda \frac{\partial p_{\mathrm{d}}}{\partial z} - 2\Lambda\Gamma p_{\mathrm{d}} + \Lambda^2 p_{\mathrm{d}} + \Lambda\Gamma p_{\mathrm{d}} = 0 \\ &\Rightarrow \left(\frac{\partial}{\partial z} + \Lambda - \Gamma\right) p_{\mathrm{d}} = 0 \end{aligned} \tag{4-12a}$$

同理，上行压力波场 p_{u} 满足：

$$\left(\frac{\partial}{\partial z} - \Lambda - \Gamma\right) p_{\mathrm{u}} = 0 \tag{4-12b}$$

结合相关的边界条件，就得到了关于新的上、下行压力波场的单程波动方程：

$$\begin{cases} \left(\dfrac{\partial}{\partial z} - \Lambda - \Gamma\right) p_{\mathrm{u}}(x,y,z;\omega) = 0 \\ p_{\mathrm{u}}(x,y,z=0;\omega) = Q(x,y;\omega) \end{cases} \tag{4-13a}$$

$$\begin{cases} \left(\dfrac{\partial}{\partial z} + \Lambda - \Gamma\right) p_{\mathrm{d}}(x,y,z;\omega) = 0 \\ p_{\mathrm{d}}(x,y,z=0;\omega) = \dfrac{1}{2}\Lambda^{-1}\delta(\boldsymbol{x} - \boldsymbol{x}_s) \end{cases} \tag{4-13b}$$

式(4-13a)和式(4-13b)组成的由传播项与散射项构成的单程波动方程在走时与首阶

振幅上满足全声波方程对应的程函方程与输运方程，充分考虑了介质参数变化对地震波振幅的改造，可以用于保幅叠前深度偏移的波场传播算子。

第二节　傅里叶有限差分保幅叠前深度偏移

单程波动方程的求解大体可以分为两类，其一为傅里叶变换方法，另一类为有限差分方法。两类方法各有特点，它们可以分开使用，也可以联合使用(即所谓的双域方法)。

傅里叶变换偏移算法一般借助快速傅里叶变换来进行波场延拓计算，最早期的傅里叶偏移方法应当是相移偏移。这种方法不存在偏移倾角限制，没有数值频散，而且计算效率非常高。但它由于要求平面波在传播过程中保持恒定，即基于层内常速的假设条件，使之不能有效地处理速度横向变化地层成像问题(空间坐标已经通过傅里叶变换到了波数域)。Gazdag 和 Sguazzero(1984)提出的“相移 + 插值(PSPI)”的傅里叶变换偏移方法也仅能适应速度场缓慢的横向变化。

波动方程有限差分算法借助于差分计算，把速度、密度等介质参数的影响体现在差分计算的矩阵方程中，因此，这类方法能自动适应速度场的任意变化。但是由于对单平方根算子进行有理级数展开所引起的高波数近似，使得对陡倾角界面反射的成像误差较大；提高微分方程的近似程度可以改善陡倾角界面的成像质量，但导致高阶近似方程所引起的计算效率的降低。近似阶数、空间采样及显式或隐式的实现方法都将影响问题的精度和稳定程度。此外，由于空间离散化造成的数值频散，导致了不同频率的波以不同速度传播，从而产生成像误差和人为假象；由矩形网格划分导致的三维数值各向异性，造成沿不同方向波传播速度不同。

从 20 世纪 90 年代初开始，应强横向变速介质精确成像的需要，形成了一类针对横向变速介质的双域(波数—空间)偏移方法。它们基于反问题求解中常用的摄动理论，根据速度场的非均匀程度自动在空间与波数域交替进行波场延拓。它兼具傅里叶变换方法、有限差分方法各自的优点，可以自适应于介质的复杂性。在均匀介质区域，它会自动在波数域中计算，其传播角度可达 90°。而在非均匀区域，将根据非均匀性强度加上空间域的修正计算。最早出现的双域传播算子是基于弱散射假设的，是对相移传播算子的直接改进，包括裂步傅里叶算子、相位屏算子。为了提高在强横向变速介质中大角度的成像精度，Ristow 和 Ruhl(1994)等人在裂步傅里叶方法基础上提出了性能更好的傅里叶有限差分算子；Wu 等(1994 ~ 2001)、De Hoop 等(2000)对相位屏方法进行了改进，提出了更精确的广义屏传播算子；Huang 等(1999)提出了基于局部 Born/Rytov 近似的传播算子。在本节我们着重讨论保幅单程波动方程的傅里叶有限差分解法，下一节讨论高阶广义屏解法。

一、波动方程保幅偏移方法的傅里叶有限差分解法

1. 单程波动方程的求解

以下行压力波场 p_d 为例，对式(4 - 13b)进行展开，我们可以得到：

$$\frac{\partial p_d}{\partial z} - \frac{i\omega}{v}\sqrt{1 + \frac{v^2}{\omega^2}\left(\frac{\partial^2}{\partial x^2} + \frac{\partial^2}{\partial y^2}\right)}p_d - \frac{v'}{2v}\left(\frac{1}{1 + \frac{v^2}{\omega^2}\left(\frac{\partial^2}{\partial x^2} + \frac{\partial^2}{\partial y^2}\right)}\right)p_d = 0 \tag{4-14}$$

根据反问题求解中常用的摄动理论，设每个深度层上的参考速度为 $v_0 = v_0(z)$，则式(4 - 14)可变为：

$$\begin{cases}\dfrac{\partial p_{\mathrm{d}}}{\partial z}-\dfrac{i\omega}{v_0}\sqrt{1+\dfrac{v_0^2}{\omega^2}\left(\dfrac{\partial^2}{\partial x^2}+\dfrac{\partial^2}{\partial y^2}\right)}p_{\mathrm{d}}-\dfrac{v'_0}{2v_0}\left(\dfrac{1}{1+\dfrac{v_0^2}{\omega^2}\left(\dfrac{\partial^2}{\partial x^2}+\dfrac{\partial^2}{\partial y^2}\right)}\right)p_{\mathrm{d}}+M\cdot p_{\mathrm{d}}=0\\ M=-\left[\dfrac{i\omega}{v}\sqrt{1+\dfrac{v^2}{\omega^2}\left(\dfrac{\partial^2}{\partial x^2}+\dfrac{\partial^2}{\partial y^2}\right)}-\dfrac{i\omega}{v_0}\sqrt{1+\dfrac{v_0^2}{\omega^2}\left(\dfrac{\partial^2}{\partial x^2}+\dfrac{\partial^2}{\partial y^2}\right)}\right]-\\ \qquad\left[\dfrac{v'}{2v}\left(\dfrac{1}{1+\dfrac{v^2}{\omega^2}\left(\dfrac{\partial^2}{\partial x^2}+\dfrac{\partial^2}{\partial y^2}\right)}\right)-\dfrac{v'_0}{2v_0}\left(\dfrac{1}{1+\dfrac{v_0^2}{\omega^2}\left(\dfrac{\partial^2}{\partial x^2}+\dfrac{\partial^2}{\partial y^2}\right)}\right)\right]\end{cases}\tag{4-15}$$

式(4－15)可分裂为三个方程：

$$\begin{cases}\dfrac{\partial p_{\mathrm{d}}}{\partial z}-\dfrac{i\omega}{v_0}\sqrt{1+\dfrac{v_0^2}{\omega^2}\left(\dfrac{\partial^2}{\partial x^2}+\dfrac{\partial^2}{\partial y^2}\right)}p_{\mathrm{d}}=0\\ \dfrac{\partial p_{\mathrm{d}}}{\partial z}-\dfrac{v'_0}{2v_0}\left(\dfrac{1}{1+\dfrac{v_0^2}{\omega^2}\left(\dfrac{\partial^2}{\partial x^2}+\dfrac{\partial^2}{\partial y^2}\right)}\right)p_{\mathrm{d}}=0\\ \dfrac{\partial p_{\mathrm{d}}}{\partial z}+M\cdot p_{\mathrm{d}}=0\end{cases}\tag{4-16}$$

1)第一个方程

由于该方程仅与参考速度有关，而参考速度在每一层中为常速，所以可以在频率－波数域中求解：

$$\begin{aligned}&\frac{\partial p_{\mathrm{d}}}{\partial z}-\frac{i\omega}{v_0}\sqrt{1-\frac{v_0^2}{\omega^2}(k_x^2+k_y^2)}p_{\mathrm{d}}=0\\ &\Rightarrow\frac{\partial p_{\mathrm{d}}}{\partial z}=\frac{i\omega}{v_0}\sqrt{1-\frac{v_0^2}{\omega^2}(k_x^2+k_y^2)}p_{\mathrm{d}}\\ &\Rightarrow\frac{\partial p_{\mathrm{d}}}{\partial z}=ik_zp_{\mathrm{d}}\end{aligned}\tag{4-17}$$

其中：$k_z=\dfrac{\omega}{v_0}\sqrt{1-\dfrac{v_0^2}{\omega^2}(k_x^2+k_y^2)}$。

如果写成逐层延拓的形式，为：

$$p_{\mathrm{d}}(k_x,k_y,z+\Delta z;\omega)=p_{\mathrm{d}}(k_x,k_y,z;\omega)\mathrm{e}^{i\Delta zk_z}\tag{4-18}$$

2)第二个方程

该方程也仅与参考速度有关，同样可以在频率—波数域中求解：

$$\begin{aligned}&\frac{\partial p_{\mathrm{d}}}{\partial z}-\frac{v'_0}{2v_0}\left(\frac{1}{1-\dfrac{v_0^2}{\omega^2}(k_x^2+k_y^2)}\right)p_{\mathrm{d}}=0\\ &\Rightarrow\frac{\partial p_{\mathrm{d}}}{\partial z}=\frac{v'_0}{2v_0}\cdot\frac{\dfrac{\omega^2}{v_0^2}}{\dfrac{\omega^2}{v_0^2}\left[1-\dfrac{v_0^2}{\omega^2}(k_x^2+k_y^2)\right]}p_{\mathrm{d}}\\ &\Rightarrow\frac{\partial p_{\mathrm{d}}}{\partial z}=\frac{v'_0}{2v_0}\left(\frac{k_{z0}^2}{k_z^2}\right)p_{\mathrm{d}}\end{aligned}\tag{4-19}$$

其中 $k_{z0}=\dfrac{\omega}{v_0}$。

因为:

$$\frac{v'_0}{2v_0}\left(\frac{k_{z0}^2}{k_z^2}\right)=\frac{1}{2k_z}\frac{\omega}{v_0^2\sqrt{1-\dfrac{v_0^2(k_x^2+k_y^2)}{\omega^2}}}\frac{\partial v_0}{\partial z}=-\frac{1}{2k_z}\frac{\partial k_z}{\partial z}=-\frac{\partial}{\partial z}(\ln\sqrt{k_z}) \tag{4-20}$$

把式(4-20)代入式(4-19),并写成逐层延拓的求解形式有:

$$\begin{aligned}&p_{\mathrm{d}}(k_x,k_y,z+\Delta z;\omega)=p_{\mathrm{d}}(k_x,k_y,z;\omega)\mathrm{e}^{-\ln\sqrt{\frac{k_z(z+\Delta z)}{k_z(z)}}}\\&\Rightarrow p_d(k_x,k_y,z+\Delta z;\omega)=\sqrt{\frac{k_z(z)}{k_z(z+\Delta z)}}p_d(k_x,k_y,z;\omega)\end{aligned} \tag{4-21}$$

3)第三个方程

为了方便求解,第三个方程又可以进一步分裂:

$$M=-M_1-M_2 \tag{4-22}$$

$$M_1=\frac{i\omega}{v}\sqrt{1+\frac{v^2}{\omega^2}\left(\frac{\partial^2}{\partial x^2}+\frac{\partial^2}{\partial y^2}\right)}-\frac{i\omega}{v_0}\sqrt{1+\frac{v_0^2}{\omega^2}\left(\frac{\partial^2}{\partial x^2}+\frac{\partial^2}{\partial y^2}\right)} \tag{4-23a}$$

$$M_2=\frac{v'}{2v}\left[\frac{1}{1+\dfrac{v^2}{\omega^2}\left(\dfrac{\partial^2}{\partial x^2}+\dfrac{\partial^2}{\partial y^2}\right)}\right]-\frac{v_0{}'}{2v_0}\left[\frac{1}{1+\dfrac{v_0^2}{\omega^2}\left(\dfrac{\partial^2}{\partial x^2}+\dfrac{\partial^2}{\partial y^2}\right)}\right] \tag{4-23b}$$

(1)针对 M_1:

设 $M_1=f(r^2)$,$r^2=\dfrac{\partial^2}{\partial x^2}+\dfrac{\partial^2}{\partial y^2}$,则有:

$$\begin{aligned}&f(r^2)=\frac{i\omega}{v}\sqrt{1+\frac{v^2}{\omega^2}r^2}-\frac{i\omega}{v_0}\sqrt{1+\frac{v_0^2}{\omega^2}r^2}\\&\Rightarrow f(0)=\frac{i\omega}{v}-\frac{i\omega}{v_0}\end{aligned} \tag{4-24}$$

$$\begin{aligned}&f'(r^2)=\frac{i\omega}{v}\cdot\frac{1}{2}\cdot\frac{\dfrac{v^2}{\omega^2}}{\sqrt{1+\dfrac{v^2}{\omega^2}r^2}}-\frac{i\omega}{v_0}\cdot\frac{1}{2}\cdot\frac{\dfrac{v_0^2}{\omega^2}}{\sqrt{1+\dfrac{v_0^2}{\omega^2}r^2}}\\&\Rightarrow f'(r^2)=\frac{1}{2}\cdot\frac{i\dfrac{v}{\omega}}{\sqrt{1+\dfrac{v^2}{\omega^2}r^2}}-\frac{1}{2}\frac{i\dfrac{v_0}{\omega}}{\sqrt{1+\dfrac{v_0^2}{\omega^2}r^2}}\\&\Rightarrow f'(0)=\frac{1}{2}\left(\frac{iv}{\omega}-\frac{iv_0}{\omega}\right)\end{aligned} \tag{4-25}$$

$$f''(r^2)=\frac{1}{2}\frac{iv}{\omega}\left(-\frac{1}{2}\right)\frac{\dfrac{v^2}{\omega^2}}{\left(1+\dfrac{v^2}{\omega^2}r^2\right)^{\frac{3}{2}}}-\frac{1}{2}\frac{iv_0}{\omega}\left(-\frac{1}{2}\right)\frac{\dfrac{v_0^2}{\omega^2}}{\left(1+\dfrac{v_0^2}{\omega^2}r^2\right)^{\frac{3}{2}}}$$

$$\Rightarrow f''(r^2) = -\frac{i}{4}\left[\frac{\left(\frac{v}{\omega}\right)^3}{\left(1+\frac{v^2}{\omega^2}r^2\right)^{\frac{3}{2}}} - \frac{\left(\frac{v_0}{\omega}\right)^3}{\left(1+\frac{v_0^2}{\omega^2}r^2\right)^{\frac{3}{2}}}\right] \tag{4-26}$$

$$\Rightarrow f''(0) = -\frac{i}{4}\left(\frac{v^3}{\omega^3} - \frac{v_0^3}{\omega^3}\right)$$

如此，我们对 M_1 进行泰勒展开并只取前三项，有：

$$\begin{aligned} M_1 &= f(r^2) \approx f(0) + f'(0)\cdot r^2 + \frac{f''(0)}{2}\cdot r^4 \\ &\approx \left(\frac{i\omega}{v} - \frac{i\omega}{v_0}\right) + \frac{i}{2}\left(\frac{v}{\omega} - \frac{v_0}{\omega}\right)r^2 - \frac{i}{8}\left(\frac{v^3}{\omega^3} - \frac{v_0^3}{\omega^3}\right)r^4 \end{aligned} \tag{4-27}$$

设 $p = \frac{v_0}{v} \leqslant 1$，$\delta_2 = p^2 + p + 1$，$S^2 = \frac{v^2}{\omega^2}\cdot r^2 = \frac{v^2}{\omega^2}\left(\frac{\partial^2}{\partial x^2} + \frac{\partial^2}{\partial y^2}\right)$，则有：

$$\begin{aligned} M_1 &\approx \frac{i\omega}{v_0}(p-1) + \frac{i\omega}{v_0}p(1-p)\cdot\frac{1}{2}S^2 - \frac{i\omega}{v_0}p(1-p)(1+p+p^2)\cdot\frac{1}{8}S^4 \\ &\approx \frac{i\omega}{v_0}(p-1) + \frac{i\omega}{v_0}p(1-p)\left(\frac{1}{2}S^2 - \frac{\delta_2}{8}S^4\right) \end{aligned} \tag{4-28}$$

把关于 S 的项写成微分形式：

$$\frac{1}{2}S^2 - \frac{\delta_2}{8}S_4 = \frac{S^2}{a_1 - b_1 S^2} \tag{4-29}$$

设：

$$f(S^2) = \frac{S^2}{a_1 - b_1 S^2} \tag{4-30}$$

$$g(S^2) = \frac{1}{a_1 - b_1 S^2} \Rightarrow g(0) = \frac{1}{a_1} \tag{4-31}$$

$$g'(S^2) = \frac{b_1}{(a_1 - b_1 S^2)^2} \Rightarrow g'(0) = \frac{b_1}{a_1^2} \tag{4-32}$$

则：

$$\begin{aligned} g(S^2) &\approx g(0) + g'(0)\cdot S^2 = \frac{1}{a_1} + \frac{b_1}{a_1^2}S^2 \\ \Rightarrow f(S^2) &= \frac{1}{a_1}S^2 + \frac{b_1}{a_1^2}S^4 \end{aligned} \tag{4-33}$$

即：

$$\frac{1}{2}S^2 - \frac{\delta_2}{8}S^4 = \frac{1}{a_1}S^2 + \frac{b_1}{a_1^2}S^4 \Rightarrow \begin{cases} a_1 = 2 \\ b_1 = -\frac{\delta_2}{2} \end{cases} \tag{4-34}$$

则

$$\frac{1}{2}S^2 - \frac{\delta_2}{8}S^4 \approx \frac{S^2}{2 + \frac{\delta_2}{2}S^2} \tag{4-35}$$

把式(4－35)代入式(4－28)，则可以得到：

$$M_1 \approx \frac{i\omega}{v_0}(p-1) + \frac{i\omega}{v_0}p(1-p)\cdot\frac{S^2}{2+\dfrac{\delta_2}{2}S^2}$$

$$\Rightarrow M_1 \approx i\left(\frac{\omega}{v}-\frac{\omega}{v_0}\right)+i\frac{\omega}{v}\left(1-\frac{v_0}{v}\right)\cdot\left[\frac{\dfrac{v^2}{\omega^2}\left(\dfrac{\partial^2}{\partial x^2}+\dfrac{\partial^2}{\partial y^2}\right)}{2+0.5(p^2+p+1)\cdot\dfrac{v^2}{\omega^2}\left(\dfrac{\partial^2}{\partial x^2}+\dfrac{\partial^2}{\partial y^2}\right)}\right] \tag{4-36}$$

对式(4－36)我们可以进一步进行分裂：

$$M_1 = M_{11} + M_{12} \tag{4-37}$$

其中：

$$M_{11} = i\left(\frac{\omega}{v}-\frac{\omega}{v_0}\right) = i\omega(S-S_0) = i\omega\Delta S \tag{4-38a}$$

$$M_{12} = i\frac{\omega}{v}\left(1-\frac{v_0}{v}\right)\left[\frac{\dfrac{v^2}{\omega^2}\left(\dfrac{\partial}{\partial x^2}+\dfrac{\partial^2}{\partial y^2}\right)}{2+0.5(p^2+p+1)\dfrac{v^2}{\omega^2}\left(\dfrac{\partial^2}{\partial x^2}+\dfrac{\partial^2}{\partial y^2}\right)}\right] \tag{4-38b}$$

式中的 $S=\dfrac{1}{v}$，$S_0=\dfrac{1}{v_0}$，$\Delta S = S - S_0$。

对于 M_{11}：

$$\begin{gathered}\frac{\partial p_{\mathrm{d}}}{\partial z} - M_{11}\cdot p_{\mathrm{d}} = 0\\ \Rightarrow \frac{\partial p_{\mathrm{d}}}{\partial z} - i\omega\Delta s\cdot p_{\mathrm{d}} = 0\end{gathered} \tag{4-39}$$

写成逐层延拓的形式求解：

$$p_{\mathrm{d}}(x,y,z+\Delta z;\omega) = p_{\mathrm{d}}(x,y,z;\omega)\mathrm{e}^{i\omega\Delta s\Delta z} \tag{4-40}$$

对于 M_{12}：

$$\begin{gathered}\frac{\partial p_{\mathrm{d}}}{\partial z} - M_{12}\cdot p_{\mathrm{d}} = 0\\ \Rightarrow \frac{\partial p_{\mathrm{d}}}{\partial z} = i\frac{\omega}{v}\left(1-\frac{v_0}{v}\right)\left[\frac{\dfrac{v^2}{\omega^2}\left(\dfrac{\partial^2}{\partial x^2}+\dfrac{\partial^2}{\partial y^2}\right)}{a+b\dfrac{v^2}{\omega^2}\left(\dfrac{\partial^2}{\partial x^2}+\dfrac{\partial^2}{\partial y^2}\right)}\right]p_{\mathrm{d}}\end{gathered} \tag{4-41}$$

式中，$a=2$，$b=0.5(p^2+p+1)$。

将式(4－41)展开，从而得到：

$$\begin{gathered}a\frac{\partial p_{\mathrm{d}}}{\partial z}+b\frac{v^2}{\omega^2}\left(\frac{\partial^3 p_{\mathrm{d}}}{\partial z\partial x^2}+\frac{\partial^3 p_{\mathrm{d}}}{\partial z\partial y^2}\right)-i\left(1-\frac{v_0}{v}\right)\frac{v}{\omega}\left(\frac{\partial^2 p_{\mathrm{d}}}{\partial x^2}+\frac{\partial^2 p_{\mathrm{d}}}{\partial y^2}\right)=0\\ \Rightarrow a'\frac{\partial p_{\mathrm{d}}}{\partial z}+b'\left(\frac{\partial^3 p_{\mathrm{d}}}{\partial z\partial x^2}+\frac{\partial^3 p_{\mathrm{d}}}{\partial z\partial y^2}\right)-ic'\left(\frac{\partial^2 p_{\mathrm{d}}}{\partial x^2}+\frac{\partial^2 p_{\mathrm{d}}}{\partial y^2}\right)=0\end{gathered} \tag{4-42}$$

在这里，式中的参数分别为：

$$\begin{cases} a' = a \\ b' = b\,\dfrac{v^2}{\omega^2} \\ c' = \left(1 - \dfrac{v_0}{v}\right)\dfrac{v}{\omega} \end{cases} \tag{4-43}$$

对上面的方程用有限差分法求解：

$$p_{\mathrm{d}}(x,y,z;\omega) = p_{\mathrm{d}}(x_i,y_i,z_n;\omega) = D_{i,j}^{n}(\omega) = D_{i,j}^{n} \tag{4-44}$$

则有：

$$\frac{\partial p_{\mathrm{d}}}{\partial z} \approx \frac{D_{i,j}^{n+1} - D_{i,j}^{n}}{\Delta z}$$

$$D_{i,j}^{n+1} \approx \frac{D_{i,j}^{n+1} + D_{i,j}^{n}}{2}$$

$$\frac{\partial^2}{\partial x^2} + \frac{\partial^2}{\partial y^2} \approx \frac{\dfrac{\delta^2}{\delta x^2} + \dfrac{\delta^2}{\delta y^2}}{1 + \alpha_x \Delta x^2 \dfrac{\delta^2}{\delta x^2} + \alpha_y \Delta y^2 \dfrac{\delta^2}{\delta y^2}}$$

$$\frac{\delta^2}{\delta x^2} \rightarrow \text{对应} -\frac{T_x}{\Delta x^2}$$

$$\frac{\delta^2}{\delta y^2} \rightarrow \text{对应} -\frac{T_y}{\Delta y^2}$$

$$T_x = T_y = (-1,2,-1)$$

而 $\alpha_x = \alpha_y$，为差分格式中用来降低频散，提高差分精度的调整系数，一般取 1/6 或稍小一些的数。

这时，式(4－42)就可以写成：

$$a'\left(\frac{D_{i,j}^{n+1} - D_{i,j}^{n}}{\Delta z}\right) + b'\left[\frac{-\dfrac{T_x}{\Delta x^2} - \dfrac{T_y}{\Delta y^2}}{1 + \alpha_x \Delta x^2\left(-\dfrac{T_x}{\Delta x^2}\right) + \alpha_y \Delta y^2\left(-\dfrac{T_y}{\Delta y^2}\right)}\right] \cdot \frac{D_{i,j}^{n+1} - D_{i,j}^{n}}{\Delta z} -$$

$$ic'\left[\frac{-\dfrac{T_x}{\Delta x^2} - \dfrac{T_y}{\Delta y^2}}{1 + \alpha_x \Delta x^2\left(-\dfrac{T_x}{\Delta x^2}\right) + \alpha_y \Delta y^2\left(-\dfrac{T_y}{\Delta y^2}\right)}\right] \cdot \frac{D_{i,j}^{n+1} + D_{i,j}^{n}}{2} = 0$$

$$\Rightarrow a'(1 - \alpha_x T_x - \alpha_y T_y)(D_{i,j}^{n+1} - D_{i,j}^{n}) - b'\left(\frac{T_x}{\Delta x^2} + \frac{T_y}{\Delta y^2}\right) \cdot (D_{i,j}^{n+1} - D_{i,j}^{n}) +$$

$$\frac{ic'\left(\dfrac{T_x}{\Delta x^2} + \dfrac{T_y}{\Delta y^2}\right)}{2}(D_{i,j}^{n+1} + D_{i,j}^{n}) = 0$$

$$\Rightarrow \left[I - \left(\alpha_x + \frac{b'}{a'\Delta x^2} - \frac{ic'}{2a'\Delta x^2}\right)T_x - \left(\alpha_y + \frac{b'}{a'\Delta y^2} - \frac{ic'}{2a'\Delta y^2}\right)T_y\right]D_{i,j}^{n+1}$$

$$= \left[I - \left(\alpha_x + \frac{b'}{a'\Delta x^2} + \frac{ic'}{2a'\Delta x^2}\right)T_x - \left(\alpha_y + \frac{b'}{a'\Delta y^2} + \frac{ic'}{2a'\Delta y^2}\right)T_y\right]D_{i,j}^{n}$$

$$\Rightarrow[I-(\alpha_x+\beta_{1x}-i\beta_{2x})T_x-(\alpha_y+\beta_{1y}-i\beta_{2y})T_y]D_{i,j}^{n+1}$$
$$=[I-(\alpha_x+\beta_{1x}+i\beta_{2x})T_x-(\alpha_y+\beta_{1y}+i\beta_{2y})T_y]D_{i,j}^{n} \tag{4-45}$$

其中：

$$\beta_{1x}=\frac{bv^2}{a\omega^2\Delta x^2},\ \beta_{2x}=\frac{\left(1-\frac{v_0}{v}\right)v}{2a\omega\Delta x^2},\ \beta_{1y}=\frac{bv^2}{a\omega^2\Delta y^2},\ \beta_{2y}=\frac{\left(1-\frac{v_0}{v}\right)v}{2a\omega\Delta y^2},$$
$$\alpha_x=\alpha_y=1/6,\ a=2,\ b=0.5(p^2+p+1),$$
$$I=\begin{pmatrix}0&0&0\\0&1&0\\0&0&0\end{pmatrix},\ T_x=\begin{pmatrix}0&0&0\\-1&2&-1\\0&0&0\end{pmatrix},\ T_y=\begin{pmatrix}0&-1&0\\0&2&0\\0&-1&0\end{pmatrix}$$

(2)针对 M_2：

$$M_2=\frac{v'}{2v}\left[\frac{1}{1+\frac{v^2}{\omega^2}\left(\frac{\partial^2}{\partial x^2}+\frac{\partial^2}{\partial y^2}\right)}\right]-\frac{v_0{}'}{2v_0}\left[\frac{1}{1+\frac{v_0^2}{\omega^2}\left(\frac{\partial^2}{\partial x^2}+\frac{\partial^2}{\partial y^2}\right)}\right] \tag{4-46}$$

对方括号内的项分别进行泰勒展开并取一阶近似：

$$M_2\approx\frac{v'}{2v}\left[1-\frac{v^2}{\omega^2}\left(\frac{\partial^2}{\partial x^2}+\frac{\partial^2}{\partial y^2}\right)\right]-\frac{v_0{}'}{2v_0}\left[1-\frac{v_0^2}{\omega^2}\left(\frac{\partial^2}{\partial x^2}+\frac{\partial^2}{\partial y^2}\right)\right]$$
$$\approx\left(\frac{v'}{2v}-\frac{v_0{}'}{2v_0}\right)-\left[\frac{v'}{2v}\cdot\frac{v^2}{\omega^2}\left(\frac{\partial^2}{\partial x^2}+\frac{\partial^2}{\partial y^2}\right)-\frac{v_0{}'}{2v_0}\cdot\frac{v_0^2}{\omega^2}\left(\frac{\partial^2}{\partial x^2}+\frac{\partial^2}{\partial y^2}\right)\right] \tag{4-47}$$

则：

$$M_2=M_{21}+M_{22} \tag{4-48}$$

其中：

$$M_{21}=\frac{v'}{2v}-\frac{v'_0}{2v_0} \tag{4-49a}$$

$$M_{22}=-\left[\frac{v'}{2v}\cdot\frac{v^2}{\omega^2}\left(\frac{\partial^2}{\partial x^2}+\frac{\partial^2}{\partial y^2}\right)-\frac{v_0{}'}{2v_0}\cdot\frac{v_0^2}{\omega^2}\left(\frac{\partial^2}{\partial x^2}+\frac{\partial^2}{\partial y^2}\right)\right] \tag{4-49b}$$

对于 M_{21}：

$$M_{21}=\frac{v'}{2v}-\frac{v'_0}{2v_0}=\frac{1}{2}\frac{\partial}{\partial z}(\ln v-\ln v_0)=\frac{1}{2}\frac{\partial}{\partial z}\left(l_n\frac{v}{v_0}\right) \tag{4-50}$$

则：

$$\frac{\partial p_{\mathrm{d}}}{\partial z}-M_{21}p_{\mathrm{d}}=0$$
$$\Rightarrow\frac{\partial p_{\mathrm{d}}}{\partial z}-\frac{1}{2}\frac{\partial}{\partial z}\ln\frac{v}{v_0}p_{\mathrm{d}}=0 \tag{4-51}$$
$$\Rightarrow\frac{\partial p_{\mathrm{d}}}{\partial z}-\frac{\partial}{\partial z}\ln\sqrt{\frac{v}{v_0}}p_{\mathrm{d}}=0$$

如果写成逐层延拓的形式进行求解，有：

$$\frac{\partial}{\partial z}\ln\sqrt{\frac{v(x,y,z)}{v_0(z)}}=\frac{\ln\sqrt{\frac{v(x,y,z+\Delta z)}{v_0(z+\Delta z)}}-\ln\sqrt{\frac{v(x,y,z)}{v_0(z)}}}{\Delta z} \tag{4-52}$$

则式(4－51)的解为：

$$
\begin{aligned}
&p_{\mathrm{d}}(x,y,z+\Delta z;\omega)=\mathrm{e}^{\Delta z\cdot\frac{\ln\sqrt{\frac{v(x,y,z+\Delta z)}{v_0(z+\Delta z)}}-\ln\sqrt{\frac{v(x,y,z)}{v_0(z)}}}{\Delta z}}p_d(x,y,z;\omega)\\
&\Rightarrow p_d(x,y,z+\Delta z;\omega)=\sqrt{\frac{v(x,y,z+\Delta z)\cdot v_0(z)}{v(x,y,z)\cdot v_0(z+\Delta z)}}p_d(x,y,z;\omega)
\end{aligned}
\tag{4-53}
$$

针对 M_{22}：

$$
M_{22}=-\left[\frac{v'}{2v}\cdot\frac{v^2}{\omega^2}\left(\frac{\partial^2}{\partial x^2}+\frac{\partial^2}{\partial y^2}\right)-\frac{v_0{}'}{2v_0}\cdot\frac{v_0^2}{\omega^2}\left(\frac{\partial^2}{\partial x^2}+\frac{\partial^2}{\partial y^2}\right)\right]
\tag{4-54}
$$

则有：

$$
\begin{aligned}
&\frac{\partial p_{\mathrm{d}}}{\partial z}+\left[\frac{v'}{2v}\cdot\frac{v^2}{\omega^2}\left(\frac{\partial^2}{\partial x^2}+\frac{\partial^2}{\partial y^2}\right)-\frac{v_0{}'}{2v_0}\cdot\frac{v_0^2}{\omega^2}\left(\frac{\partial^2}{\partial x^2}+\frac{\partial^2}{\partial y^2}\right)\right]p_{\mathrm{d}}=0\\
&\Rightarrow\frac{\partial p_{\mathrm{d}}}{\partial z}+\left[\frac{vv'}{2\omega^2}\left(\frac{\partial^2}{\partial x^2}+\frac{\partial^2}{\partial y^2}\right)-\frac{v_0v_0{}'}{2\omega^2}\left(\frac{\partial^2}{\partial x^2}+\frac{\partial^2}{\partial y^2}\right)\right]p_{\mathrm{d}}=0
\end{aligned}
\tag{4-55}
$$

用与前面类似的有限差分方法对式(4－55)求解，有：

$$
\begin{aligned}
&\frac{D_{i,j}^{n+1}-D_{i,j}^{n}}{\Delta z}+\left[\frac{-\frac{T_x}{\Delta x^2}-\frac{T_y}{\Delta y^2}}{1+\alpha_x\Delta x^2\left(-\frac{T_x}{\Delta x^2}\right)+\alpha_y\Delta y^2\left(-\frac{T_y}{\Delta y^2}\right)}\cdot\frac{vv'}{2\omega^2}-\right.\\
&\left.\frac{-\frac{T_x}{\Delta x^2}-\frac{T_y}{\Delta y^2}}{1+\alpha_x\Delta x^2\left(-\frac{T_x}{\Delta x^2}\right)+\alpha_y\Delta y^2\left(-\frac{T_y}{\Delta y^2}\right)}\cdot\frac{v_0v'_0}{2\omega^2}\right]\cdot\frac{D_{i,j}^{n+1}+D_{i,j}^{n}}{2}=0
\end{aligned}
\tag{4-56}
$$

$$
\Rightarrow\frac{D_{i,j}^{n+1}-D_{i,j}^{n}}{\Delta z}+\left[\frac{vv'}{2\omega^2}\cdot\frac{-\frac{T_x}{\Delta x^2}-\frac{T_y}{\Delta y^2}}{1-\alpha_xT_x-\alpha_yT_y}-\frac{v_0v'_0}{2\omega^2}\cdot\frac{-\frac{T_x}{\Delta x^2}-\frac{T_y}{\Delta y^2}}{1-\alpha_xT_x-\alpha_yT_y}\right]\cdot\frac{D_{i,j}^{n+1}+D_{i,j}^{n}}{2}=0
$$

$$
\Rightarrow\frac{D_{i,j}^{n+1}-D_{i,j}^{n}}{\Delta z}-\left(\frac{vv'}{2\omega^2}\cdot\frac{\frac{T_x}{\Delta x^2}+\frac{T_y}{\Delta y^2}}{1-\alpha_xT_x-\alpha_yT_y}-\frac{v_0v'_0}{2\omega^2}\cdot\frac{\frac{T_x}{\Delta x^2}+\frac{T_y}{\Delta y^2}}{1-\alpha_xT_x-\alpha_yT_y}\right)\cdot\frac{D_{i,j}^{n+1}+D_{i,j}^{n}}{2}=0
$$

$$
\Rightarrow(D_{i,j}^{n+1}-D_{i,j}^{n})(1-\alpha_xT_x-\alpha_yT_y)-\left[\frac{\Delta zvv'}{4\omega^2}\cdot\left(\frac{T_x}{\Delta x^2}+\frac{T_y}{\Delta y^2}\right)-\frac{\Delta zv_0v'_0}{4\omega^2}\cdot\left(\frac{T_x}{\Delta x^2}+\frac{T_y}{\Delta y^2}\right)\right](D_{i,j}^{n+1}+D_{i,j}^{n})=0
$$

$$
\Rightarrow\left\{(I-\alpha_xT_x-\alpha_yT_y)-\left[\frac{\Delta zvv'}{4\omega^2}\left(\frac{T_x}{\Delta x^2}+\frac{T_y}{\Delta y^2}\right)-\frac{\Delta zv_0v'_0}{4\omega^2}\left(\frac{T_x}{\Delta x^2}+\frac{T_y}{\Delta y^2}\right)\right]\right\}D_{i,j}^{n+1}
$$

$$
=\left\{(I-\alpha_xT_x-\alpha_yT_y)+\left[\frac{\Delta zvv'}{4\omega^2}\left(\frac{T_x}{\Delta x^2}+\frac{T_y}{\Delta y^2}\right)-\frac{\Delta zv_0v'_0}{4\omega^2}\left(\frac{T_x}{\Delta x^2}+\frac{T_y}{\Delta y^2}\right)\right]\right\}D_{i,j}^{n}
$$

$$
\Rightarrow\left[I-\left(\alpha_x+\frac{\Delta zvv'}{4\omega^2\Delta x^2}-\frac{\Delta zv_0v'_0}{4\omega^2\Delta x^2}\right)T_x-\left(\alpha_y+\frac{\Delta zvv'}{4\omega^2\Delta y^2}-\frac{\Delta zv_0v'_0}{4\omega^2\Delta y^2}\right)T_y\right]D_{i,j}^{n+1}
$$

$$
=\left[I-\left(\alpha_x-\frac{\Delta zvv'}{4\omega^2\Delta x^2}+\frac{\Delta zv_0v'_0}{4\omega^2\Delta x^2}\right)T_x-\left(\alpha_y-\frac{\Delta zvv'}{4\omega^2\Delta y^2}+\frac{\Delta zv_0v'_0}{4\omega^2\Delta y^2}\right)T_y\right]D_{i,j}^{n}
$$

即：

$$\left[I-(\alpha_x+r_{1x}-r_{2x})T_x-(\alpha_y+r_{1y}-r_{2y})T_y\right]D_{i,j}^{n+1}$$
$$=\left[I-(\alpha_x-r_{1x}+r_{2x})T_x-(\alpha_y-r_{1y}+r_{2y})T_y\right]D_{i,j}^{n} \tag{4-57}$$

其中：

$$r_{1x}=\frac{\Delta zvv'}{4\omega^2\Delta x^2}=\frac{\Delta z}{4\omega^2\Delta x^2}\cdot\frac{1}{2}\frac{\partial v^2}{\partial z}=\frac{\Delta z}{8\omega^2\Delta x^2}\cdot\frac{v^2(z+\Delta z)-v^2(z)}{\Delta z}$$
$$=\frac{v^2(z+\Delta z)-v^2(z)}{8\omega^2\Delta x^2}\overset{\text{or}}{=}\frac{\Delta zv(z)}{4\omega^2\Delta x^2}\cdot\frac{v(z+\Delta z)-v(z)}{\Delta z}$$

$$r_{2x}=\frac{\Delta\ zv_0v_0'}{4\omega^2\Delta\ x^2}=\frac{v_0^2(z+\Delta\ z)-v_0^2(z)}{8\omega^2\Delta\ x^2}\overset{\text{or}}{=}\frac{v_0(z)v_0(z+\Delta\ z)-v_0^2(z)}{4\omega^2\Delta\ x^2}$$

$$r_{1y}=\frac{\Delta zvv'}{4\omega^2\Delta y^2}=\frac{v^2(z+\Delta z)-v^2(z)}{8\omega^2\Delta y^2}\overset{\text{or}}{=}\frac{v(z)v(z+\Delta z)-v^2(z)}{4\omega^2\Delta y^2}$$

$$r_{2y}=\frac{\Delta\ zv_0v_0'}{4\omega^2\Delta\ y^2}=\frac{v_0^2(z+\Delta\ z)-v_0^2(z)}{8\omega^2\Delta\ y^2}\overset{\text{or}}{=}\frac{v_0(z)v_0(z+\Delta\ z)-v_0^2(z)}{4\omega^2\Delta\ y^2}$$

$$I=\begin{pmatrix}0&0&0\\0&1&0\\0&0&0\end{pmatrix},T_x=\begin{pmatrix}0&0&0\\-1&2&-1\\0&0&0\end{pmatrix},T_y=\begin{pmatrix}0&-1&0\\0&2&0\\0&-1&0\end{pmatrix},\alpha_x=\alpha_y=\frac{1}{6}$$

2. 与其他偏移方法的关系

综上所述，基于傅里叶有限差分保幅偏移方法主要分为相位处理和振幅补偿两部分，其中相位处理部分保证了旅行时信息的正确性，可以从运动学上准确描述地震波的传播过程；而振幅补偿部分对由于介质参数变化带来的振幅改造进行恢复，体现了地震波传播的动力学特征。

1）相位处理部分

$$\text{相移:}p_{\mathrm{d}}(k_x,k_y,z+\Delta z;\omega)=p_{\mathrm{d}}(k_x,k_y,z;\omega)\mathrm{e}^{i\Delta zk_z} \tag{Ⅰ}$$

$$\text{时移:}p_{\mathrm{d}}(x,y,z+\Delta z;\omega)=p_{\mathrm{d}}(x,y,z;\omega)\mathrm{e}^{i\omega\Delta s\Delta z} \tag{Ⅱ}$$

$$\text{有限差分补偿项:}\left[I-(\alpha_x+\beta_{1x}-i\beta_{2x})T_x-(\alpha_y+\beta_{1y}-i\beta_{2y})T_y\right]D_{i,j}^{n+1}$$
$$=\left[I-(\alpha_x+\beta_{1x}+i\beta_{2x})T_x-(\alpha_y+\beta_{1y}+i\beta_{2y})T_y\right]D_{i,j}^{n} \tag{Ⅲ}$$

2）振幅补偿部分

$$p_{\mathrm{d}}(k_x,k_y,z+\Delta z;\omega)=\sqrt{\frac{k_z(z)}{k_z(z+\Delta z)}}p_{\mathrm{d}}(k_x,k_y,z;\omega) \tag{Ⅳ}$$

$$p_{\mathrm{d}}(x,y,z+\Delta z;\omega)=\sqrt{\frac{v(x,y,z+\Delta z)\cdot v_0(z)}{v(x,y,z)\cdot v_0(z+\Delta z)}}p_{\mathrm{d}}(x,y,z;\omega) \tag{Ⅴ}$$

$$\left[I-(\alpha_x+r_{1x}-r_{2x})T_x-(\alpha_y+r_{1y}-r_{2y})T_y\right]D_{i,j}^{n+1}$$
$$=\left[I-(\alpha_x-r_{1x}+r_{2x})T_x-(\alpha_y-r_{1y}+r_{2y})T_y\right]D_{i,j}^{n} \tag{Ⅵ}$$

当我们仅仅考虑相位处理而不考虑振幅信息（传统的偏移思路）的时候，波场延拓算子由上面的（Ⅰ）、（Ⅱ）、（Ⅲ）三个公式组成，对应传统的傅里叶有限差分叠前深度偏移方法；如果我们在前面的公式推导中针对 M_1 进行泰勒展开时只取第一项，波场延拓算子就由（Ⅰ）、（Ⅱ）两部分组成了，这就对应传统的裂步傅里叶叠前深度偏移方法；如果仅仅考虑垂向速度变化而不考虑横向速度变化的情况时，又可以进一步退化为传统相移方法。

振幅补偿部分对由于介质参数变化带来的振幅改造进行恢复，是对传统叠前深度偏移方法的有效补充，是在给出正确位置的同时也给出真实振幅的完善，体现了地震波传播的动力学特征。和前面的相位处理一样，根据实际资料的速度横向变化情况取不同的阶数。当我们取振幅补偿的前两式（Ⅳ、Ⅴ）与前面的相位处理部分的前两式（Ⅰ、Ⅱ）就组成了基于裂步傅里叶的保幅叠前深度偏移方法的波场延拓算子。

3. 保幅传播算子的边界条件

从前面保幅波场传播算子的推导中可以看出，传统的下行波传播算子的边界条件式(4-3b)是不合适的。由于它对相位不产生影响，所以对构造成图而言影响不大。但如果要进行保幅成像，与上述的保幅传播方程一致，我们必须对边界条件作如下的适当处理。

下行压力分量的边界条件：

$$p_{\mathrm{d}}(x,y,z=0;\omega)=\frac{1}{2}\Lambda^{-1}\delta(\boldsymbol{x}-\boldsymbol{x}_s) \tag{4-58}$$

转换到频率－波数域：

$$p_{\mathrm{d}}(k_x,k_y,z=0;\omega)=\frac{i}{2k_z(z=0)}S(\omega) \tag{4-59}$$

$$k_z(z=0)=\frac{\omega}{v_0(z=0)}\sqrt{1-\frac{v_0^2(z=0)(k_x^2+k_y^2)}{\omega^2}} \tag{4-60}$$

由地面接收系统接收到的炮记录 Q 可以直接作为波场 p 的上行压力分量参与向下延拓计算。

4. 保幅成像条件

成像条件是地震偏移成像的另一核心关键要素。传统的相关成像条件[式(4-61)]为了计算简单忽略了公式中的分母实数项，因而它只能保证用于构造成像的相位正确性，不能得到正确反映反射系数的振幅；动力学成像条件[式(4-62)]的相对保幅性能要稍高一些，但由于式中的 U 和 D 不是地震波场 p 的直接上、下行分量，也不能准确的反映地下反射系数。通过波场转换，将式(4-62)修改为式(4-63)，从而得到与保幅成像算子相对应的传统动力学保幅成像条件：

$$R_{\mathrm{DC}}(x,y,z)=\int\frac{U(x,y,z,\omega)}{D(x,y,z,\omega)}\,\mathrm{d}\omega \tag{4-61}$$

$$R_{\mathrm{CR}}(x,y,z)=\int U(\omega,x,y,z)D(\omega,x,y,z)\,\mathrm{d}\omega \tag{4-62}$$

$$R_{\mathrm{DC}}(x,y,z)=\frac{1}{2\pi}\int\frac{p_{\mathrm{u}}(x,y,z;\omega)}{p_{\mathrm{d}}(x,y,z;\omega)}\mathrm{d}\omega \tag{4-63}$$

二、模型数值试验与实际资料处理

1. 脉冲响应测试

脉冲放置在 $x=3000.0\mathrm{m}$，$t=1.1\mathrm{ms}$ 处，所有的介质速度参数都为 $v=2000\mathrm{m/s}$，震源为 25Hz 的 Ricker 子波。图 4-1 为参考速度 v_0 取 2000m/s ($p=v_0/v=1.0$) 时传统边界条件[图 4-1(a)]和处理后的边界条件[图 4-1(b)]下，应用基于裂步的保幅叠前深度偏移方法的脉冲响应（即分别取相位处理和振幅恢复的前两项，在纵、横向速度中等变化情况下该方法的精度已经能够达到要求，而计算效率却能够得到大大的提高）。可以看到，两者在形状上是一样的（即在相位上是一致的），但若按传统的边界条件延拓下行波，波前振幅在各个方向上并不均衡，传播角度越大，振幅越小；而按处理后的边界条件进行延拓，各个方向上波前振幅比较均衡，这与点脉冲在均匀介质中波前能量扩散的实际情况一致。归一化波前峰值振幅曲线[图 4 -1(c)]进一步表明处理后的边界条件的合理性。图 4 -2 应用的偏移方法与图 4 -1 一样，而参考速度 v_0 取 1500m/s（$p = v_0/v = 0.75$），此时传统边界条件和处理

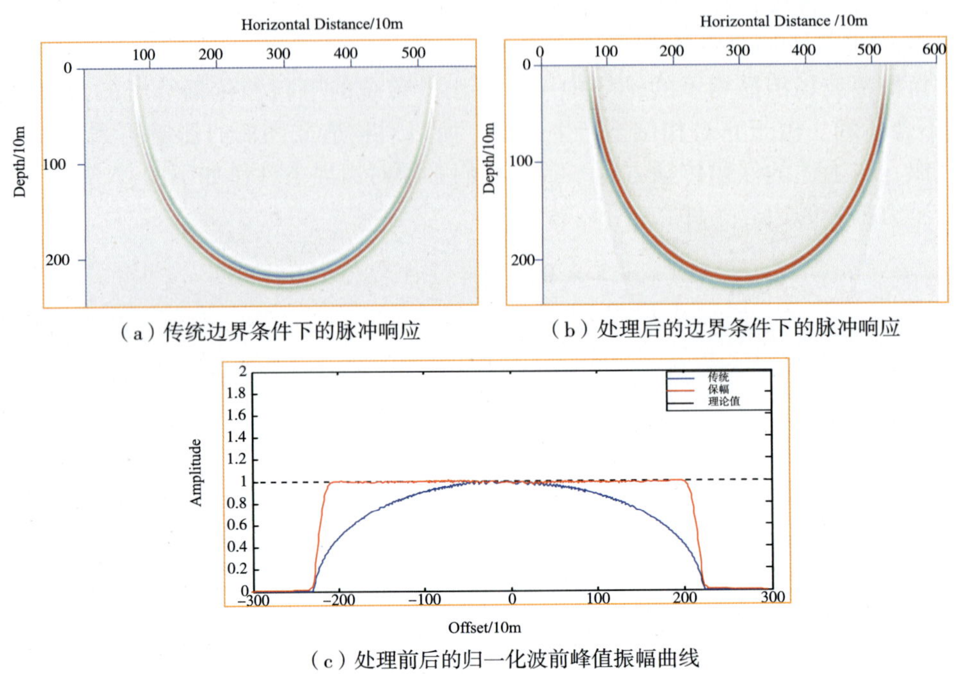

（a）传统边界条件下的脉冲响应

（b）处理后的边界条件下的脉冲响应

（c）处理前后的归一化波前峰值振幅曲线

图 4 -1　SSF 脉冲响应($p = v_0/v = 1.0$)

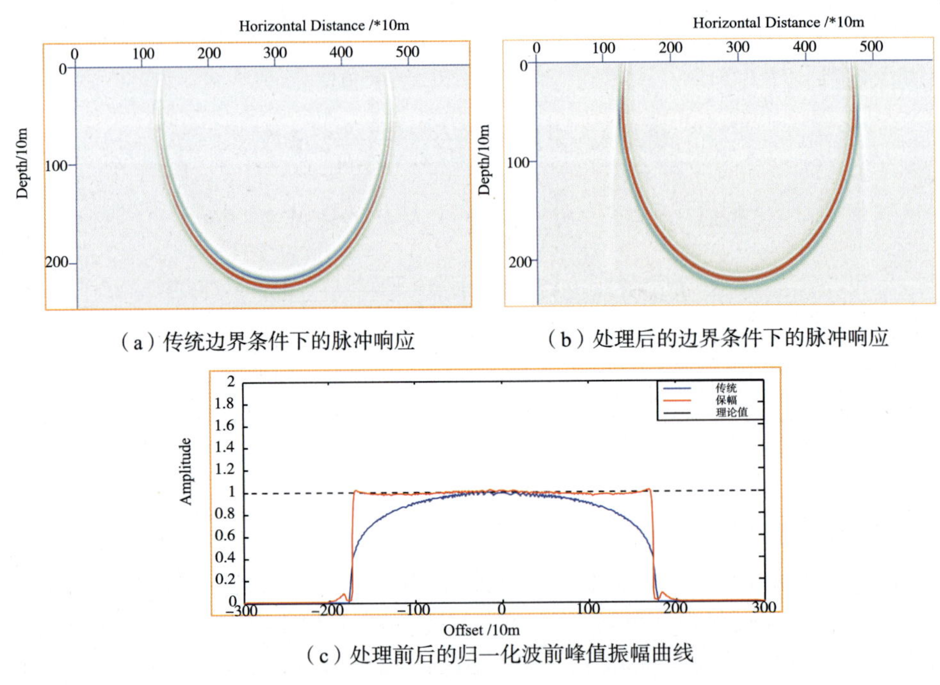

（a）传统边界条件下的脉冲响应

（b）处理后的边界条件下的脉冲响应

（c）处理前后的归一化波前峰值振幅曲线

图 4 -2　SSF 脉冲响应($p = v_0/v = 0.75$)

后的边界条件下的脉冲响应分别如图 4 -2(a)和 4 -2(b)所示，可见两者在相位上同样一致，但由于所取参考速度与实际速度存在较大扰动而使得响应曲线在相位上较大程度偏移实际曲线，但可以看到在这种情况下，处理后的边界条件对振幅的恢复还是取得较理想的效果[图 4 -2(c)]。图 4 -3 应用的偏移方法为基于傅里叶有限差分法保幅叠前深度偏移方法，从脉冲响应[图 4 -3(a)、图 4 -3(b)]和归一化波前峰值振幅曲线[图 4 -3(c)]可见，保幅方法不但对速度扰动引起的相位偏差进行了有效的校正，而且精确地恢复了由于边值条件不合适引起的振幅误差。

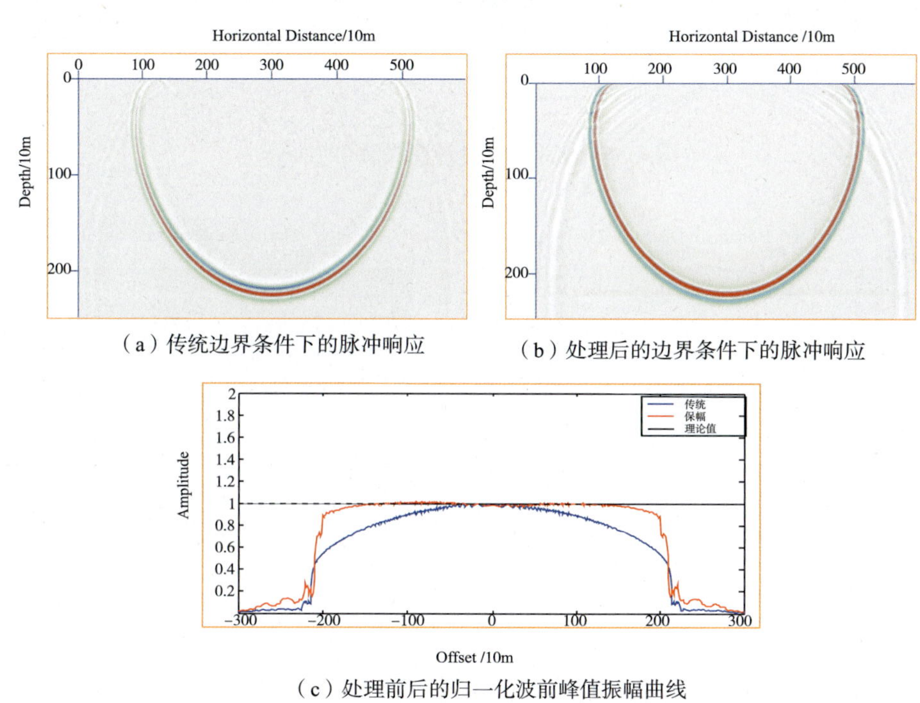

(a) 传统边界条件下的脉冲响应

(b) 处理后的边界条件下的脉冲响应

(c) 处理前后的归一化波前峰值振幅曲线

图 4 -3 FFD 脉冲响应($p = v_0/v = 0.75$)

2. 单炮记录的数值试验

图 4 -4(a)为一个简单的 2D 水平层状介质模型的速度剖面，速度由上至下分别为 2000m/s、3000m/s、4000m/s、5000m/s。图 4 -4(b)为该速度模型的一个单炮响应，观测系统为 -2400 ~2400m(25m)，炮点位置在模型中央。图 4 -5(a)为用传统 FFD 偏移算法获得的成像剖面，沿 3 个反射层拾取的归一化峰值振幅见图 4 -5(c)，可见能够给出了正确的成像位置，说明该方法对构造成像而言精度比较高，但偏移振幅并不准确，纵向上随着深度的增加，峰值振幅单调减少，横向上每一层的振幅也不一致。图 4 -5(b)为用基于 FFD 的保幅偏移方法获得的成像剖面，沿 3 个反射层拾取的归一化峰值振幅见图 4 -5(d)，它不但给出了正确的成像位置，另外它还补偿了几何扩散损失和入射角变化引起的振幅误差，恢复了期望的反射系数，只是其中仍有一些噪声的干扰引起一些边缘效应和小的抖动。

图 4 -6(a)为一简单倾斜反射速度模型，图 4 -6(b)为它的一个单炮响应，而图 4 -7(a)、图 4 -7(b)分别为传统 FFD 偏移和保幅偏移的结果，图 4 -7(c)显示的是两种方法偏移剖面上拾取的峰值振幅曲线，可以获得与上面类似的效果。

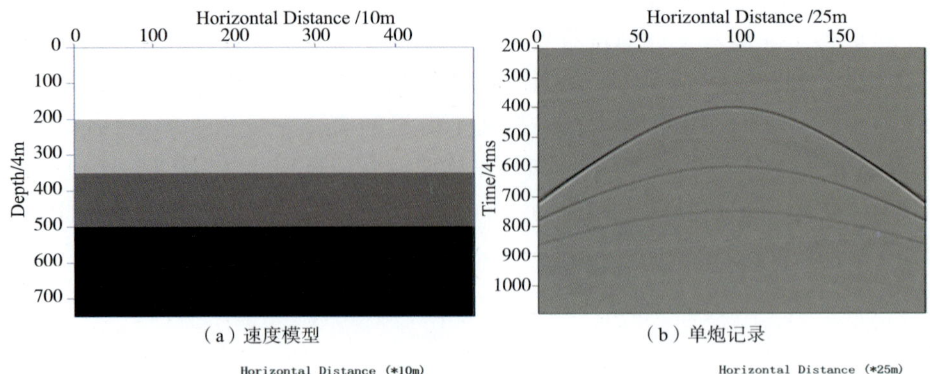

（a）速度模型　　（b）单炮记录

图 4－4　水平层状介质模型及单炮记录

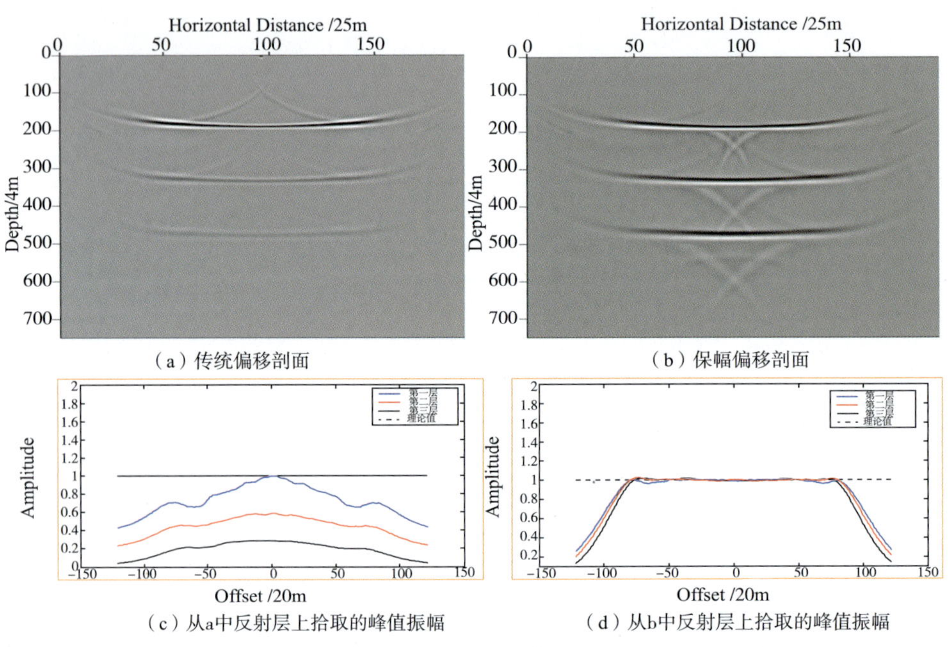

（a）传统偏移剖面　　（b）保幅偏移剖面

（c）从a中反射层上拾取的峰值振幅　　（d）从b中反射层上拾取的峰值振幅

图 4－5　水平层状介质模型成像剖面及振幅曲线

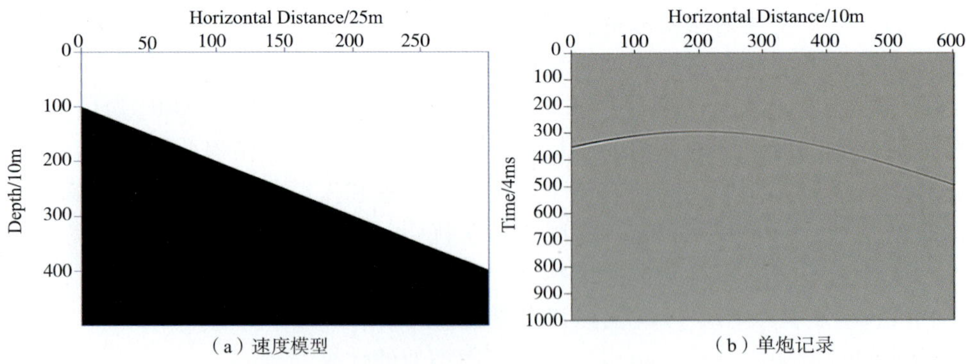

（a）速度模型　　（b）单炮记录

图 4－6　倾斜反射层模型及单炮记录

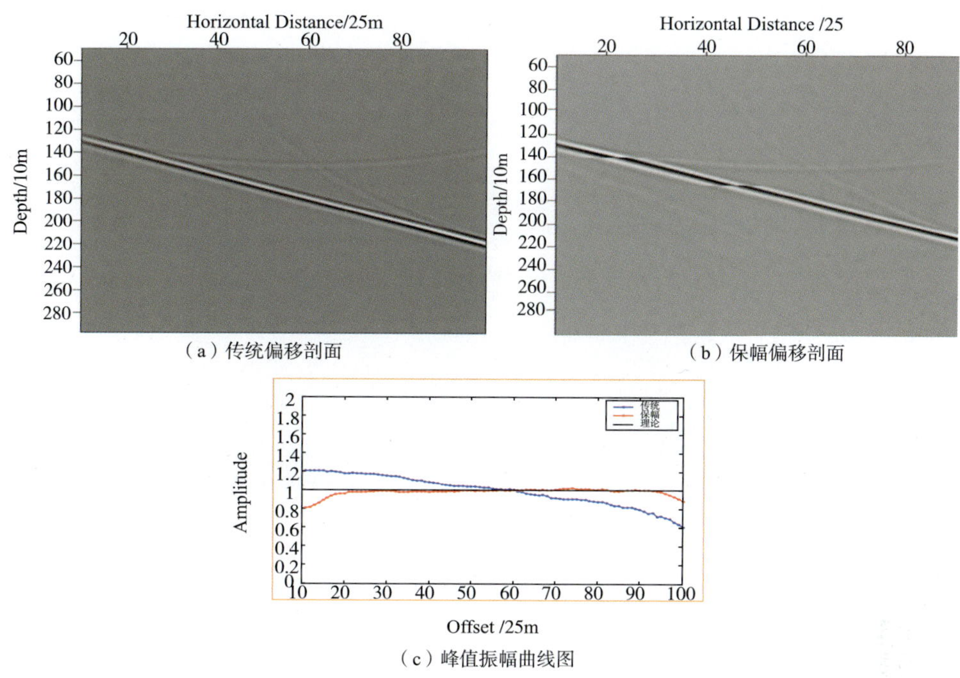

（a）传统偏移剖面
（b）保幅偏移剖面
（c）峰值振幅曲线图

图 4 -7　倾斜反射层的成像剖面及振幅曲线

3. SEG/EAGE 盐丘模型试算

图 4 -8 为经典 SEG/EAGE 盐丘模型的速度剖面，速度变化范围为：1524. 0 ~4481. 0m/s，从中可以看到模型中部的高速盐体与围岩速度相差非常大(可达到 2 ~ 3 倍)，这样剧烈的变速使得盐体边界、底部以及盐下构造层位成像非常困难。图 4 -9 为应用基于传统 FFD 叠前深度偏移方法获得的成像剖面，可以看到，整体的构造成像效果还是可以的，一些主要的地层都得到了有效的归位，但整体的波组特征不是很好，尤其是盐体下边界以及盐下层位的成像振幅相对较弱，成像效果比较差。图 4 -10 为应用基于 FFD 的保幅叠前深度偏移方法获得的成像剖面，与图 4 -9 相比(采用相同的显示参数)，除了位置归位比较准确外，整张剖面的成像振幅比较均衡，资料的品质在整体上得到有效的改善，尤其是盐体边界、盐下构造的成像质量

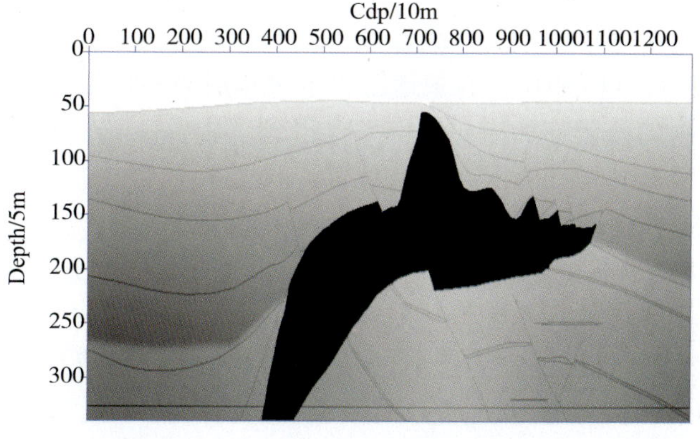

图 4 -8　SEG/EAGE 盐丘模型速度剖面

得到大大的改观，在图4－9中比较模糊的某些盐下层位的像得到显现，成像精度得到进一步提高。

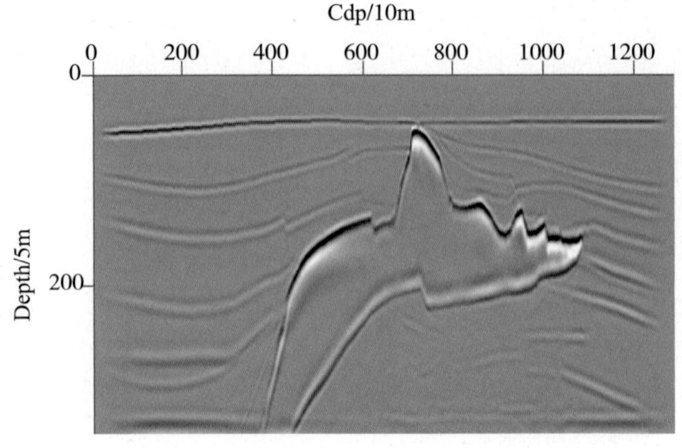

图4－9　传统FFD叠前深度偏移剖面

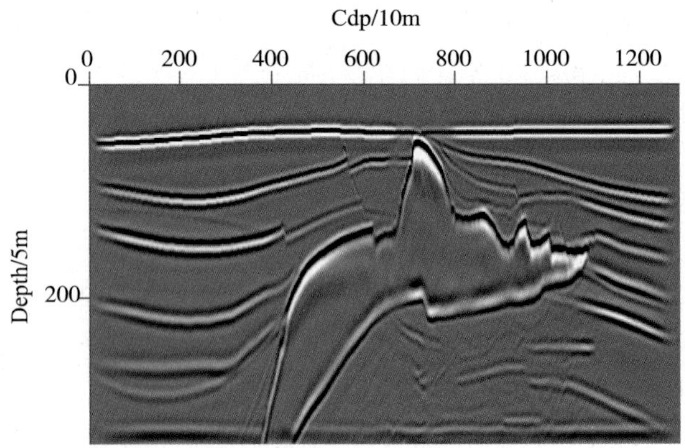

图4－10　FFD保幅叠前深度偏移剖面

4. 实际资料处理

利用FFD保幅叠前深度偏移对苏北某三维复杂断块地震资料进行了试处理，较好地解决了断裂复杂区由于速度变化剧烈导致成像效果差的问题。图4－12为其中一条inline线偏移剖面，与老剖面（图4－11）相比，有效地改善了偏移成像的质量，并在一定程度上提高了信噪比，地震资料的垂向分辨率和横向分辨率也得到了提高，资料的品质有了明显的改善。剖面左下部的控制断层及其辅助断层在断点位置、断层走势及构造细节等方面刻画得比常规剖面更清晰（图4－13）；剖面中部的断面也刻画得更加清晰、断点更加清楚（图4－14、图4－15）；剖面右上部浅层的几条断层归位更加准确、断面形态也更加清晰（图4－16）。另外，由于波动方程对中深层成像的理论优势，使得剖面的中深层成像得到明显改善，在图4－17中Tg面更加清楚，而Tg面与古生界反射的接触关系及其内幕信息更加清晰；在图4－18中，中深层的T33和T40两套地层的成像明显改善，波组特征更加清楚，具有较高的信噪比，更便于识别。

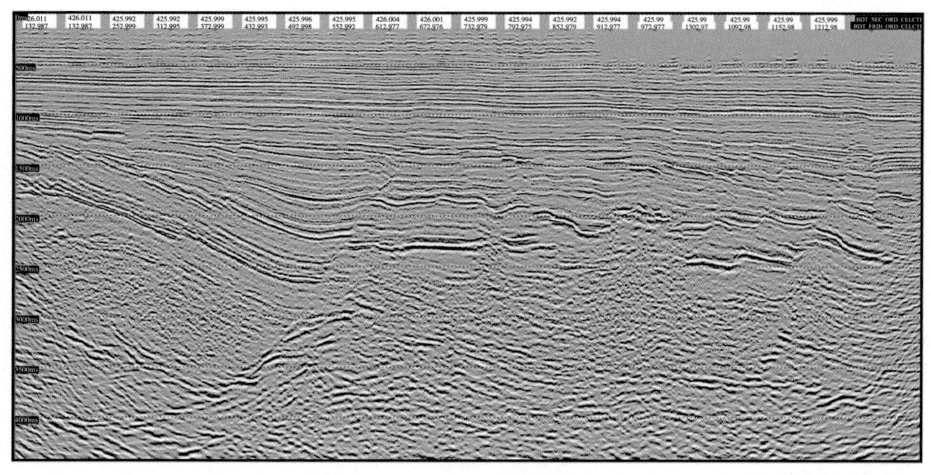

图 4－11　某实际资料老剖面

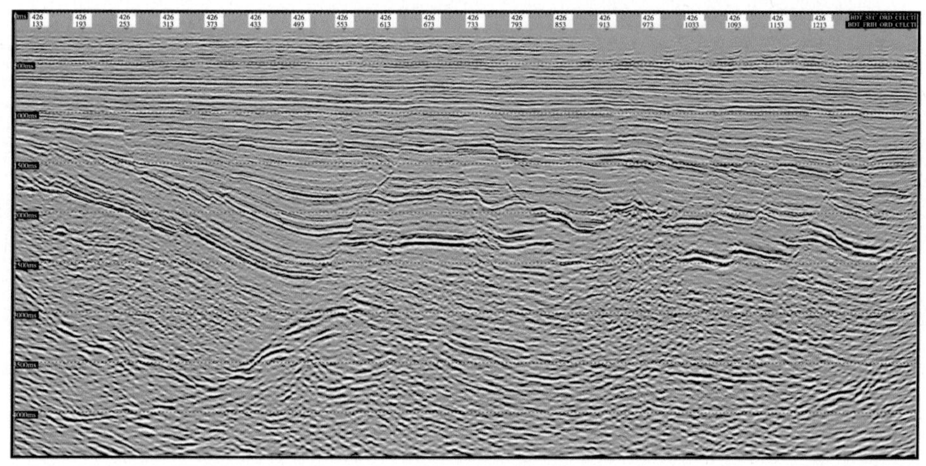

图 4－12　某实际资料 FFD 保幅叠前深度偏移剖面

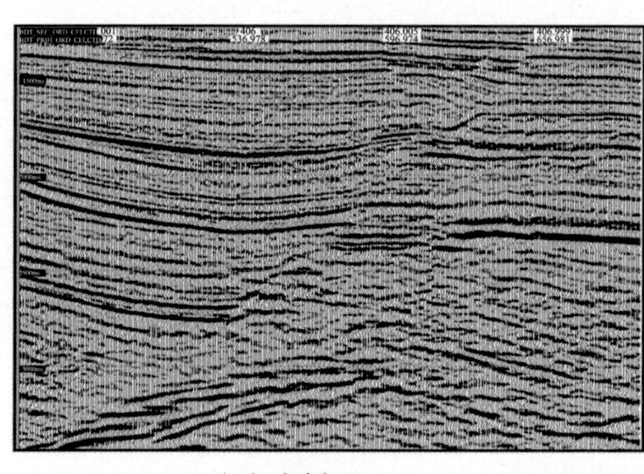

（a）老剖面

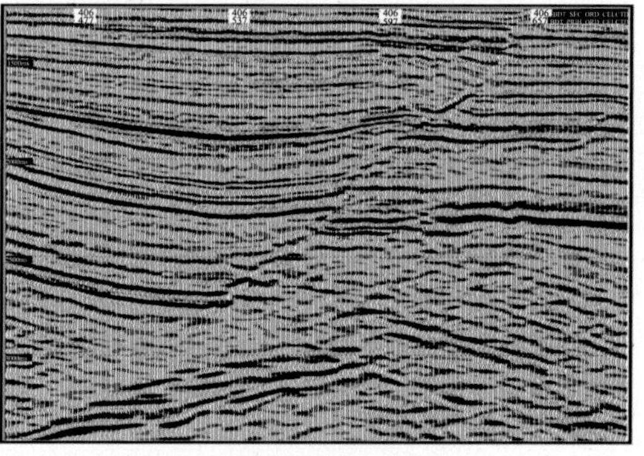

（b）FFD保幅叠前深度偏移剖面

图 4－13　偏移效果分析

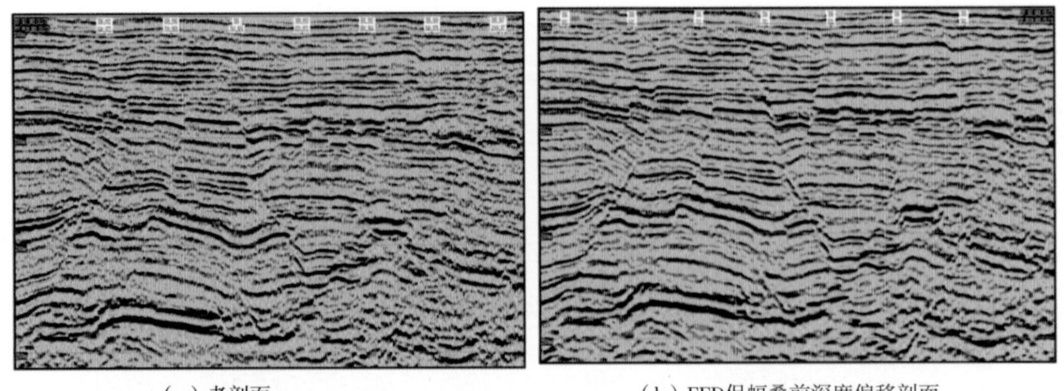

（a）老剖面　　（b）FFD保幅叠前深度偏移剖面

图4－14　偏移效果分析

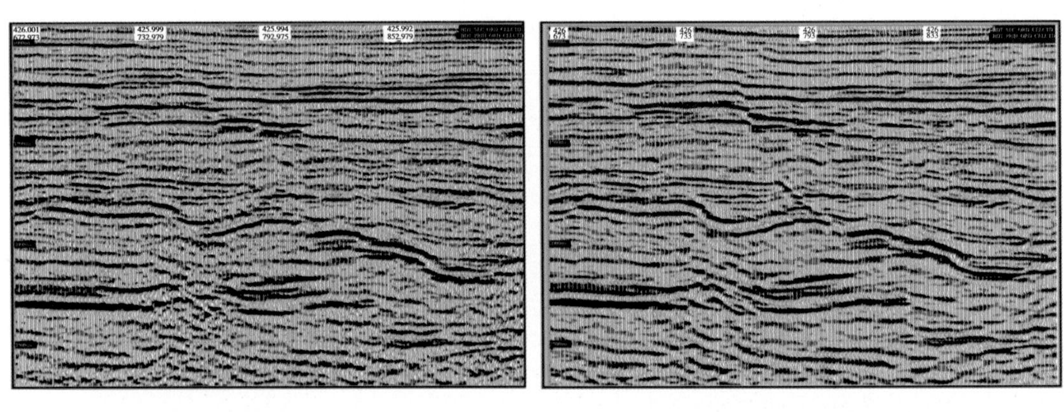

（a）老剖面　　（b）FFD保幅叠前深度偏移剖面

图4－15　偏移效果分析

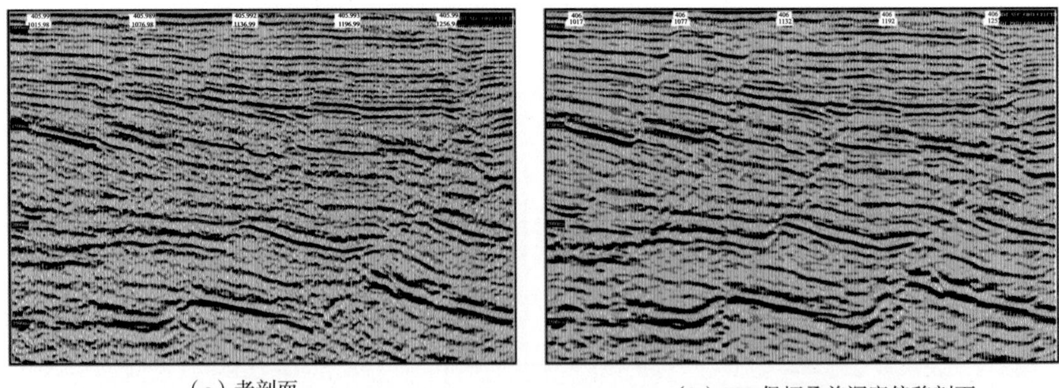

（a）老剖面　　（b）FFD保幅叠前深度偏移剖面

图4－16　偏移效果分析

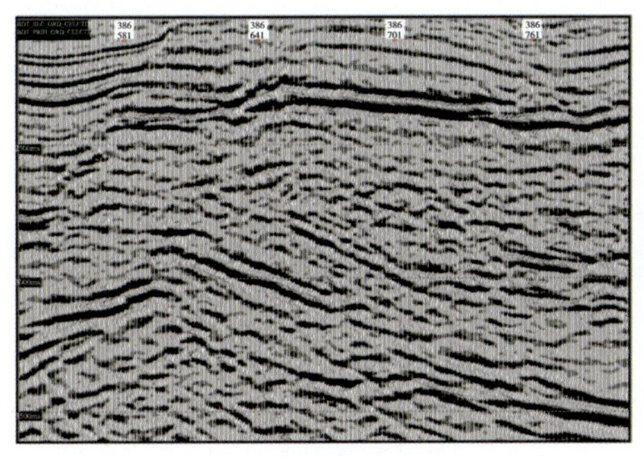

（a）老剖面　　　　（b）FFD保幅叠前深度偏移剖面

图4－17　偏移效果分析

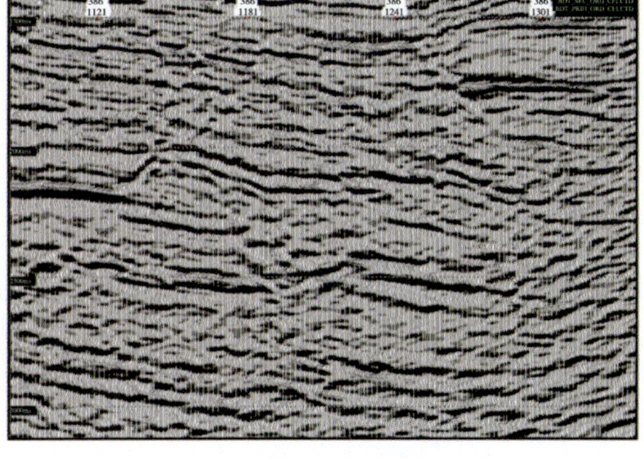

（a）老剖面　　　　（b）FFD保幅叠前深度偏移剖面

图4－18　偏移效果分析

第三节　高阶广义屏保幅叠前深度偏移

一、波动方程保幅偏移方法的高阶广义屏解法

1. 非稳态相移公式

仍然以下行压力波场 p_{d} 为例，式(4－14)的频率—波数域正向延拓的下行波方程可以写成：

$$\begin{cases} \dfrac{\partial p_{\mathrm{d}}}{\partial z} = i\sqrt{k^2 - (k_x^2 + k_y^2)}\,p_{\mathrm{d}} \\ \dfrac{\partial p_{\mathrm{d}}}{\partial z} = \dfrac{v'}{2v}\left(\dfrac{1}{1 - \dfrac{k_x^2 + k_y^2}{k^2}}\right)p_{\mathrm{d}} \end{cases} \tag{4-64}$$

其中，$k = \dfrac{\omega}{v}$。

设$\Lambda' = \sqrt{k^2 - (k_x^2 + k_y^2)}$，$\Gamma' = \frac{v'}{2v}\left(\frac{1}{1 - \frac{k_x^2 + k_y^2}{k^2}}\right)$，则将方程(4－64)的解写成逐层延拓的形式，它的非稳态相移公式为：

$$\begin{cases} p_d(k_x,k_y,z+\Delta z;\omega) = p_d(k_x,k_y,z;\omega)e^{i\Delta z\Lambda'} \\ p_d(k_x,k_y,z+\Delta z;\omega) = p_d(k_x,k_y,z;\omega)e^{\Delta z\Gamma'} \end{cases} \tag{4-65}$$

2. 指数项 Λ' 的展开式

指数项 Λ' 可表示为：

$$\Lambda' = \Lambda'_0\sqrt{1 + \frac{\Delta K}{(\Lambda'_0)^2}} \tag{4-66}$$

式中，$\Lambda'_0 = \sqrt{k_0^2 - (k_x^2 + k_y^2)}$，$k_0 = \frac{\omega}{v_0}$，$\Delta K = k^2 - k_0^2$。

在参考速度 v_0 不超过同一深度所有速度的情况下，将式(2－66)中的平方根关于变量 $\frac{\Delta K}{(\Lambda'_0)^2}$ 展开成泰勒级数：

$$\Lambda' = \Lambda'_0\left[1 + \sum_{I=1}^{M}\alpha_I\frac{(\Delta K)^I}{(\Lambda'_0)^{2I}}\right] \tag{4-67}$$

其中 α_I 是泰勒级数展开式的系数，即 $\alpha_I = \frac{1}{I!}\left[\frac{1}{2}\cdot\left(-\frac{1}{2}\right)\cdot\left(-\frac{3}{2}\right)\cdots\left(\frac{1}{2} - I + 1\right)\right]$，$M$ 是泰勒展开式的最高阶数。

因此，指数项 Λ' 可展开为：

$$\Lambda' = \Lambda'_0 + \Lambda'_1 \tag{4-68}$$

其中：

$$\Lambda'_0 = \sqrt{k_0^2 - (k_x^2 + k_y^2)} \tag{4-69a}$$

$$\Lambda'_1 = \sum_{I=1}^{M}\alpha_I\frac{(\Delta K)^I}{(\Lambda'_0)^{2I-1}} \tag{4-69b}$$

3. 指数项 Γ' 的展开式

利用参考速度 v_0，指数项 Γ' 可表示为：

$$\begin{aligned} \Gamma' &= \frac{v'}{2v}\left(\frac{1}{1 - \frac{k_x^2 + k_y^2}{k^2}}\right) \\ &= \frac{v'_0}{2v_0}\left(\frac{1}{1 - \frac{k_x^2 + k_y^2}{k_0^2}}\right) + \left[\frac{v'}{2v}\left(\frac{1}{1 - \frac{k_x^2 + k_y^2}{k^2}}\right) - \frac{v'_0}{2v_0}\left(\frac{1}{1 - \frac{k_x^2 + k_y^2}{k_0^2}}\right)\right] \end{aligned} \tag{4-70}$$

其中，可以利用泰勒展开：

$$\frac{1}{1 - \frac{k_x^2 + k_y^2}{k^2}} \approx 1 + \sum_{I=1}^{M}\left[\frac{k_x^2 + k_y^2}{k^2}\right]^I \tag{4-71a}$$

$$\frac{1}{1 - \frac{k_x^2 + k_y^2}{k_0^2}} \approx 1 + \sum_{I=1}^{M}\left[\frac{k_x^2 + k_y^2}{k_0^2}\right]^I \tag{4-71b}$$

将式(4－71a)、式(4－71b)代入到式(4－70)中，有：

$$\Gamma' = \frac{v'_0}{2v_0}\left(\frac{1}{1-\frac{k_x^2+k_y^2}{k_0^2}}\right)+\left(\frac{v'}{2v}-\frac{v'_0}{2v_0}\right)+\sum_{l=1}^{M}\frac{v'v^{2l-1}-v'_0v_0^{2l-1}}{2\omega^{2l}}(k_x^2+k_y^2)^l \tag{4-72}$$

因此，指数项 Γ' 可展开为：

$$\Gamma' = \Gamma'_0+\Gamma'_1+\Gamma'_2 \tag{4-73}$$

其中：

$$\Gamma'_0 = \frac{v'_0}{2v_0}\left(\frac{1}{1-\frac{k_x^2+k_y^2}{k_0^2}}\right) \tag{4-74a}$$

$$\Gamma'_1 = \frac{v'}{2v}-\frac{v'_0}{2v_0} \tag{4-74b}$$

$$\Gamma'_2 = \sum_{l=1}^{M}\frac{v'v^{2l-1}-v'_0v_0^{2l-1}}{2\omega^{2l}}(k_x^2+k_y^2)^l \tag{4-74c}$$

4. 奇异点处理

式(4－69b)分母项中的 Λ'_0 接近零时会出现数值奇异现象，我们可以引入一个非常小的数 ε，将分母上的 Λ'_0 改为 $\overline{\Lambda}'_0$，即：

$$\overline{\Lambda}'_0 = \sqrt{k_0^2-(k_x^2+k_y^2)(1+i\varepsilon)^2} \tag{4-75}$$

这样就可以绕开奇异点。将式(4－75)代入式(4－69b)，有：

$$\overline{\Lambda}'_1 = \sum_{l=1}^{M}\alpha_l\frac{(\Delta K)^l}{(\overline{\Lambda}'_0)^{2l-1}} \tag{4-76}$$

为了简化计算，我们也可以利用泰勒展开对式(4－69b)进行近似来解决数值奇异问题。首先将式(4－69b)写成如下形式：

$$\Lambda'_1 = \sum_{l=1}^{M}\alpha_l\left(\frac{1}{\Lambda'_0}\right)^{2l-1}(\Delta K)^l \tag{4-77}$$

式中的 $\frac{1}{\Lambda'_0}$ 可以写成：

$$\frac{1}{\Lambda'_0} = [k_0^2-(k_x^2+k_y^2)]^{-\frac{1}{2}} = (k_0)^{-1}\left[1-\frac{(k_x^2+k_y^2)}{k_0^2}\right]^{-\frac{1}{2}} \tag{4-78}$$

我们将式(4－78)中的 $\left[1-\frac{(k_x^2+k_y^2)}{k_0^2}\right]^{-\frac{1}{2}}$ 关于变量 $\frac{(k_x^2+k_y^2)}{k_0^2}$ 展开成泰勒级数：

$$\left[1-\frac{(k_x^2+k_y^2)}{k_0^2}\right]^{-\frac{1}{2}} = 1+A \tag{4-79}$$

且：

$$A = \sum_{n=1}^{\infty}\frac{\left(\frac{1}{2}\right)\left(\frac{1}{2}+1\right)\cdots\left(\frac{1}{2}+n-1\right)}{n!}\left(\frac{k_x^2+k_y^2}{k_0^2}\right)^n \tag{4-80}$$

如果取前四项近似，则有：

$$A = 0.5\left(\frac{k_x^2 + k_y^2}{k_0^2}\right) + 0.375\left(\frac{k_x^2 + k_y^2}{k_0^2}\right)^2 + 0.3125\left(\frac{k_x^2 + k_y^2}{k_0^2}\right)^3 + 0.2734375\left(\frac{k_x^2 + k_y^2}{k_0^2}\right)^4 \tag{4-81}$$

将式(4－79)代入式(4－78)，有：

$$\frac{1}{\Lambda'_0} = (k_0)^{-1}(1 + A) \tag{4-82}$$

再将式(4－82)代入式(4－69)，有：

$$\begin{aligned} \Lambda'_1 &= \sum_{l=1}^{M} \alpha_l (k_0)^{-(2l-1)} (1 + A)^{2l-1} (\Delta K)^l \\ &= \sum_{l=1}^{M} \alpha_l k_0 (k_0^2)^{-l} (1 + A)^{2l-1} (k^2 - k_0^2)^l \\ &= \sum_{l=1}^{M} \alpha_l k_0 (1 + A)^{2l-1} \left(\frac{v_0^2}{v^2} - 1\right)^l \end{aligned} \tag{4-83}$$

如果我们将式(4－78)中的 $\left[1 - \frac{(k_x^2 + k_y^2)}{k_0^2}\right]^{-\frac{1}{2}}$ 关于变量 $\frac{(k_x^2 + k_y^2)}{k_0^2}$ 进行连分式展开，则有：

$$\left[1 - \frac{(k_x^2 + k_y^2)}{k_0^2}\right]^{-\frac{1}{2}} \approx 1 + A \tag{4-84}$$

$$A = \frac{0.5\left(\frac{k_x^2 + k_y^2}{k_0^2}\right)}{1 - 0.75\left(\frac{k_x^2 + k_y^2}{k_0^2}\right)} \tag{4-85}$$

5. 基于广义高阶屏的保幅叠前深度偏移方法

我们再回到式(4－65)，可见保幅偏移的延拓算子可以由两部分组成，第一个方程对应相位处理，第二个方程对应振幅补偿。下面我们分别从这两个方程出发，讨论基于广义高阶屏的保幅叠前深度偏移方法。

(1)方程一：

$$p_d(k_x, k_y, z + \Delta z; \omega) = p_d(k_x, k_y, z; \omega) e^{i\Delta z \Lambda'} \tag{4-86}$$

利用式(4－68)、式(4－86)中的非稳态相移项 $e^{i\Delta z\Lambda'}$ 可近似为：

$$e^{i\Delta z\Lambda'} = e^{i\Delta z(\Lambda'_0 + \Lambda'_1)} = (1 + i\Delta z \Lambda'_1) e^{i\Delta z \Lambda'_0} \tag{4-87}$$

其中 $1 + i\Delta z\Lambda'_1$ 是 $e^{i\Delta z\Lambda'_1}$ 的泰勒级数展开式的前两项。

为简化起见，用 $FT[*]$ 表示沿 (x, y) 的傅里叶变换。将式(4－87)代入式(4－86)，并利用式(4－69a)、(4－83)整理后，可得波场：

$$p_d(k_x, k_y, z + \Delta z; \omega) \approx (p_{d0} + p_{d1})(k_x, k_y, z; \omega) e^{i\Delta z \Lambda'_0} \tag{4-88}$$

波场 $p_{d0}(k_x, k_y, z; \omega)$、$p_{d1}(k_x, k_y, z; \omega)$ 分别为：

$$p_{d0}(k_x, k_y, z; \omega) = FT[p_d(x, y, z; \omega)] \tag{4-89a}$$

$$p_{d1}(k_x, k_y, z; \omega) = (i\Delta z) \sum_{l=1}^{M} \alpha_l k_0 (1 + A)^{2l-1} FT\left[\left(\frac{v_0^2}{v^2} - 1\right)^l p_d(x, y, z; \omega)\right]$$

$$= \sum_{l=1}^{M}(1+A)^{2l-1}FT\left[\alpha_l(i\omega\Delta z)\frac{1}{v_0}\left(\frac{v_0^2}{v^2}-1\right)^l p_{\mathrm{d}}(x,y,z;\omega)\right] \tag{4-89b}$$

(2)方程二：

$$p_{\mathrm{d}}(k_x,k_y,z+\Delta z;\omega)=p_{\mathrm{d}}(k_x,k_y,z;\omega)\mathrm{e}^{\Delta z\Gamma'} \tag{4-90}$$

利用式(4－73)、式(4－74)、式(4－90)中的指数项 $\mathrm{e}^{\Delta z\Gamma'}$ 可近似为：

$$\mathrm{e}^{\Delta z\Gamma'}=\mathrm{e}^{\Delta z(\Gamma'_0+\Gamma'_1+\Gamma'_2)}\approx(1+\Delta z\Gamma'_2)\mathrm{e}^{\Delta z(\Gamma'_0+\Gamma'_1)}=(1+\Delta z\Gamma'_2)\mathrm{e}^{\Delta z\Gamma'_0}\mathrm{e}^{\Delta z\Gamma'_1} \tag{4-91}$$

其中 $1+\Delta z\Gamma'_2$ 是 $\mathrm{e}^{\Delta z\Gamma'_2}$ 的泰勒级数展开式的前两项。

对于 Γ'_0：

$$\Gamma'_0=\frac{v'_0}{2v_0}\left(\frac{1}{1-\frac{k_x^2+k_y^2}{k_0^2}}\right)=\frac{v'_0}{2v_0}\cdot\frac{k_0^2}{k_0^2\left[1-\frac{k_x^2+k_y^2}{k_0^2}\right]}=\frac{v'_0}{2v_0}\left(\frac{k_0^2}{k_z^2}\right) \tag{4-92}$$

其中 $k_z=\sqrt{k_0^2-(k_x^2+k_y^2)}$。

$$\frac{\partial k_z}{\partial z}=\frac{1}{2}\frac{1}{\sqrt{k_0^2-(k_x^2+k_y^2)}}(2k_0)(-1)\omega\frac{1}{v_0^2}\frac{\partial v_0}{\partial z}=-\frac{k_0^2}{v_0k_z}\frac{\partial v_0}{\partial z} \tag{4-93}$$

则：

$$\Gamma'_0=\frac{v'_0}{2v_0}\left(\frac{k_0^2}{k_z^2}\right)=-\frac{1}{2k_z}\frac{\partial k_z}{\partial z}=-\frac{\partial}{\partial z}(\ln\sqrt{k_z}) \tag{4-94}$$

把式(4－94)代入 $\mathrm{e}^{\Delta z\Gamma'_0}$ 并写成逐层延拓的形式：

$$\mathrm{e}^{\Delta z\Gamma'_0}=\mathrm{e}^{-\Delta z\left[\frac{\ln\sqrt{k_z(z+\Delta z)}-\ln\sqrt{k_z(z)}}{\Delta z}\right]}=\sqrt{\frac{k_z(z)}{k_z(z+\Delta z)}} \tag{4-95}$$

对于 Γ'_1：

$$\Gamma'_1=\frac{v'}{2v}-\frac{v'_0}{2v_0}=\frac{1}{2}\frac{\partial}{\partial z}[\ln v-\ln v_0]=\frac{1}{2}\frac{\partial}{\partial z}\left(\ln\frac{v}{v_0}\right) \tag{4-96}$$

如果写成逐层延拓的形式，式(4－96)就变为：

$$\Gamma'_1=\frac{v'}{2v}-\frac{v'_0}{2v_0}=\frac{\ln\sqrt{\frac{v(z+\Delta z)}{v_0(z+\Delta z)}}-\ln\sqrt{\frac{v(z)}{v_0(z)}}}{\Delta z} \tag{4-97}$$

把式(2－97)代入式 $\mathrm{e}^{\Delta z\Gamma'_1}$，就有：

$$\mathrm{e}^{\Delta z\Gamma'_1}=\mathrm{e}^{\Delta z\frac{\ln\sqrt{\frac{v(z+\Delta z)}{v_0(z+\Delta z)}}-\ln\sqrt{\frac{v(z)}{v_0(z)}}}{\Delta z}}=\sqrt{\frac{v(z+\Delta z)v_0(z)}{v(z)v_0(z+\Delta z)}} \tag{4-98}$$

将式(4－91)代入式(4－90)，并利用式(4－74a)、式(4－74b)、式(4－74c)以及式(4－95)、式(4－98)，整理后可得波场：

$$p_{\mathrm{d}}(k_x,k_y,z+\Delta z;\omega)\approx(p_{\mathrm{d0}}+p_{\mathrm{d1}})(k_x,k_y,z;\omega)\sqrt{\frac{k_z(z)}{k_z(z+\Delta z)}} \tag{4-99}$$

波场 $p_{\mathrm{d0}}(k_x,k_y,z;\omega)$、$p_{\mathrm{d1}}(k_x,k_y,z;\omega)$ 分别为：

$$p_{\mathrm{d0}}(k_x,k_y,z;\omega)=FT\left[p_{\mathrm{d}}(x,y,z;\omega)\sqrt{\frac{v(z+\Delta z)v_0(z)}{v(z)v_0(z+\Delta z)}}\right] \tag{4-100a}$$

$$p_{d1}(k_x,k_y,z;\omega) = \sum_{I=1}^{M}(k_x^2+k_y^2)^I FT\left[\frac{(v'v^{2I-1}-v'_0v_0^{2I-1})\Delta z}{2\omega^{2I}}p_d(x,y,z;\omega)\sqrt{\frac{v(z+\Delta z)v_0(z)}{v(z)v_0(z+\Delta z)}}\right] \tag{4-100b}$$

6. 与其他偏移方法的关系

基于广义高阶屏的保幅偏移方法的下行声压波场延拓也是由描述地震波传播运动学特征的相位处理部分和描述地震波传播动力学特征的振幅补偿部分组成。

(1)相位处理部分：

$$p_d(k_x,k_y,z+\Delta z;\omega) \approx (p_{d0}+p_{d1})(k_x,k_y,z;\omega)\mathrm{e}^{i\Delta z\Lambda'_0} \tag{Ⅰ}$$

$$p_{d0}(k_x,k_y,z;\omega) = FT[p_d(x,y,z;\omega)]$$

$$p_{d1}(k_x,k_y,z;\omega) = \sum_{I=1}^{M}(1+A)^{2I-1}FT\left[\alpha_1(i\omega\Delta z)\frac{1}{v_0}\left(\frac{v_0^2}{v^2}-1\right)^I p_d(x,y,z;\omega)\right]$$

(2)振幅补偿部分：

$$p_d(k_x,k_y,z+\Delta z;\omega) \approx (p_{d0}+p_{d1})(k_x,k_y,z;\omega)\sqrt{\frac{k_z(z)}{k_z(z+\Delta z)}} \tag{Ⅱ}$$

$$p_{d0}(k_x,k_y,z;\omega) = FT\left[p_d(x,y,z;\omega)\sqrt{\frac{v(z+\Delta z)v_0(z)}{v(z)v_0(z+\Delta z)}}\right]$$

$$p_{d1}(k_x,k_y,z;\omega) = \sum_{I=1}^{M}(k_x^2+k_y^2)^I FT\left[\frac{(v'v^{2I-1}-v'_0v_0^{2I-1})\Delta z}{2\omega^{2I}}p_d(x,y,z;\omega)\sqrt{\frac{v(z+\Delta z)v_0(z)}{v(z)v_0(z+\Delta z)}}\right]$$

当我们仅仅考虑相位处理而不考虑振幅信息(传统的偏移思路)的时候，波场延拓算子由上面的(Ⅰ)公式组成，对应传统的广义高阶屏思想的叠前深度偏移方法。如果对 Λ' 进行泰勒展开时只取第一项，则：

$$p_{d1}(k_x,k_y,z;\omega) = (1+A)FT\left[(i\omega\Delta z)\frac{1}{2v_0}\left(\frac{v_0^2}{v^2}-1\right)p_d(x,y,z;\omega)\right] \tag{4-101}$$

此时，式(4－101)就对应传统的扩展的局部 Born 近似的广义屏算子(奇异点处理采用泰勒展开)或者 Pade 屏算子(奇异点处理采用连分式展开)。

进一步，如果在奇异点处理时也只取第一项，则：

$$p_{d1}(k_x,k_y,z;\omega) = FT\left[(i\omega\Delta z)\frac{1}{2v_0}\left(\frac{v_0^2}{v^2}-1\right)p_d(x,y,z;\omega)\right] \tag{4-102}$$

此时，式(4－101)就对应传统的相屏算子。

如果采用近似：

$$\frac{1}{2v_0}\left(\frac{v_0^2}{v^2}-1\right) \approx \frac{1}{v}-\frac{1}{v_0} \tag{4-103}$$

则：

$$p_{d1}(k_x,k_y,z;\omega) = FT\left[(i\omega\Delta z)\left(\frac{1}{v}-\frac{1}{v_0}\right)p_d(x,y,z;\omega)\right] \tag{4-104}$$

此时，式(4－101)就对应传统的裂步傅里叶算子。

而振幅补偿部分也是根据实际资料的速度横向变化情况取不同的阶数。当在前面的式(Ⅱ)中，我们舍弃 $p_{d1}(k_x,k_y,z;\omega)$ 项，则：

$$p_{\mathrm{d}}(k_x,k_y,z+\Delta z;\omega)\approx p_{\mathrm{d0}}(k_x,k_y,z;\omega)\sqrt{\frac{k_z(z)}{k_z(z+\Delta z)}} \qquad (4-105)$$

$$p_{\mathrm{d0}}(k_x,k_y,z;\omega)=FT\left[p_{\mathrm{d}}(x,y,z;\omega)\sqrt{\frac{v(z+\Delta z)v_0(z)}{v(z)v_0(z+\Delta z)}}\right] \qquad (4-106)$$

与前面的相位处理部分对应传统裂步傅里叶算子的方程一起就组成了基于裂步傅里叶的保幅叠前深度偏移方法的波场延拓算子。

7. 稳定的广义高阶屏保幅叠前深度偏移方法

利用式(4－67)进行泰勒展开时是一种小扰动近似，在速度强横向变化或高频时，用式(4－100b)计算波场会出现不稳定性。只有当满足 $\left|\omega\max\left(\frac{1}{v}-\frac{1}{v_0}\right)\Delta z\right|<\delta$ 时，式(4－100b)计算的波场才稳定，其中 δ 是一个小的正实数，当取一阶近似时，$\delta\in(0.1,0.15)$。

由上述可知，在速度强横向变化或高频时，造成式(4－100b)计算波场出现不稳定的因素主要是参数 $\alpha_I(i\omega\Delta z)\frac{1}{v_0}\left(\frac{v_0^2}{v^2}-1\right)^I$。利用近似式 $e^{\xi}\approx 1+\xi$（$|\xi|$ 为一小数），我们可以把式(4－100b)改写为：

$$p_{\mathrm{d1}}(k_x,k_y,z;\omega)=\sum_{I=1}^{M}(1+A)^{2I-1}FT\left\{\left[e^{\alpha_I(i\omega\Delta z)\frac{1}{v_0}\left(\frac{v_0^2}{v^2}-1\right)^I}-1\right]p_{\mathrm{d}}(x,y,z;\omega)\right\} \qquad (4-107)$$

这样用式(4－107)替代式(4－100b)与前面的公式一起就组合成了稳定的广义高阶屏保幅叠前深度偏移方法的算子方程。

二、模型数值试验与实际资料处理

1. 脉冲响应测试

均匀介质的速度为 $v=5000$ m/s，参考速度选取 $c=3000$ m/s。图4－19从左到右分别对应一阶屏裂步傅里叶(SSF)、二阶屏扩展的局部Born近似(ELBF)、高阶屏(HOGS)的脉冲响应，其中上图对应传统方法，中图对应保幅方法，图4－19为归一化波前峰值振幅曲线。就相位归位而言，随着屏算子的阶数增加，由一阶SSF到二阶ELBF再到高阶HOGS，构造成像精度越来越高(响应接近理论半圆的程度)；而对于振幅，从响应的直观视觉和归一化波前峰值振幅曲线都可以看到，保幅方法得到的波前振幅与能量扩散的理论情况更加一致。

2. SEG 盐丘模型试验

SEG盐丘模型因其构造复杂、速度横向变化剧烈成为检验地震成像方法优劣的经典模型，图4－20为该模型的速度剖面。一阶SSF保幅偏移剖面[图4－21(a)]在横向速度比较均匀的区域绕射波收敛干净、断层归位准确，成像精度较高；但在速度变化剧烈区域绕射波收敛不足，地层接触关系不清晰，尤其是盐体边界和盐下地层的刻画非常差。二阶ELBF保幅偏移剖面[图4－21(b)]在盐体边界的成像有了大幅提高，地层接触关系也清晰多，但反映强烈复杂构造、剧烈横向速度变化的上边界小凹构造成像还是不理想，另外盐下成像也不是很清楚。高阶HOGS保幅偏移剖面[图4－21(c)]品质得到进一步提高，盐体边界的刻画以及盐体与围岩的接触关系非常清晰，盐下地层的成像也比较清楚。图4－21d为基于傅里叶有限差分(FFD)算法的保幅偏移剖面，构造成像精度与图4－21(c)相近，但它由于算法固有的数值频散导致成像噪音声大、品质较差。

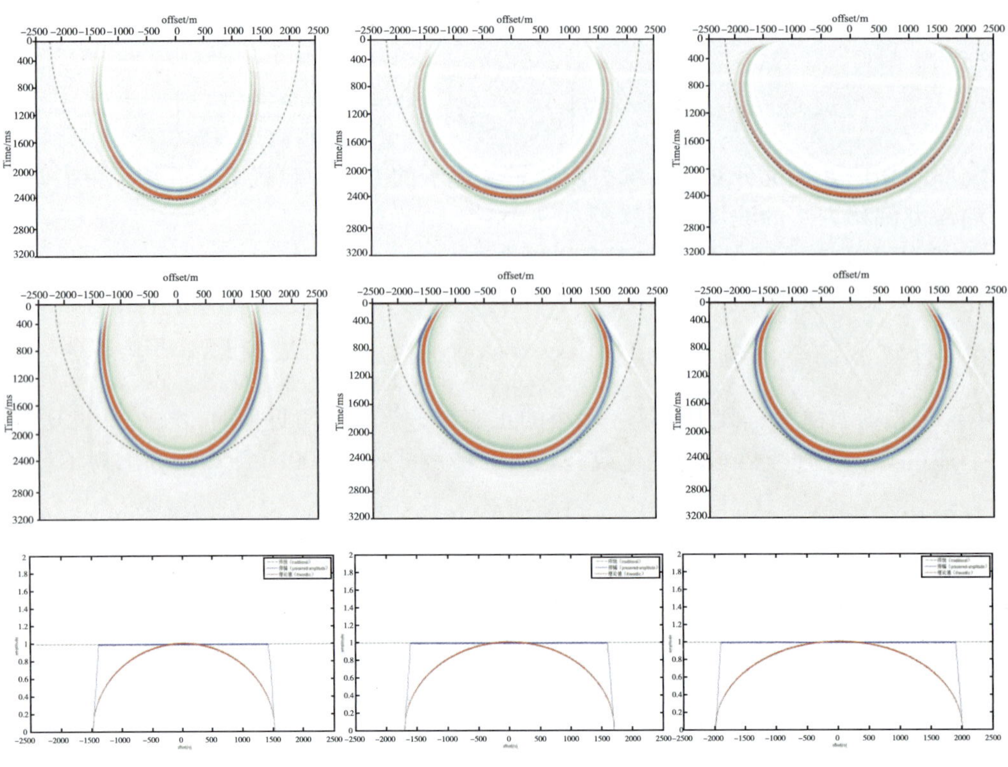

图 4－19　各种偏移算子的脉冲响应

（由左至右分别为 SSF、ELBF、HOGS；上为传统算子，中为保幅算子，下为归一化波前峰值振幅曲线）

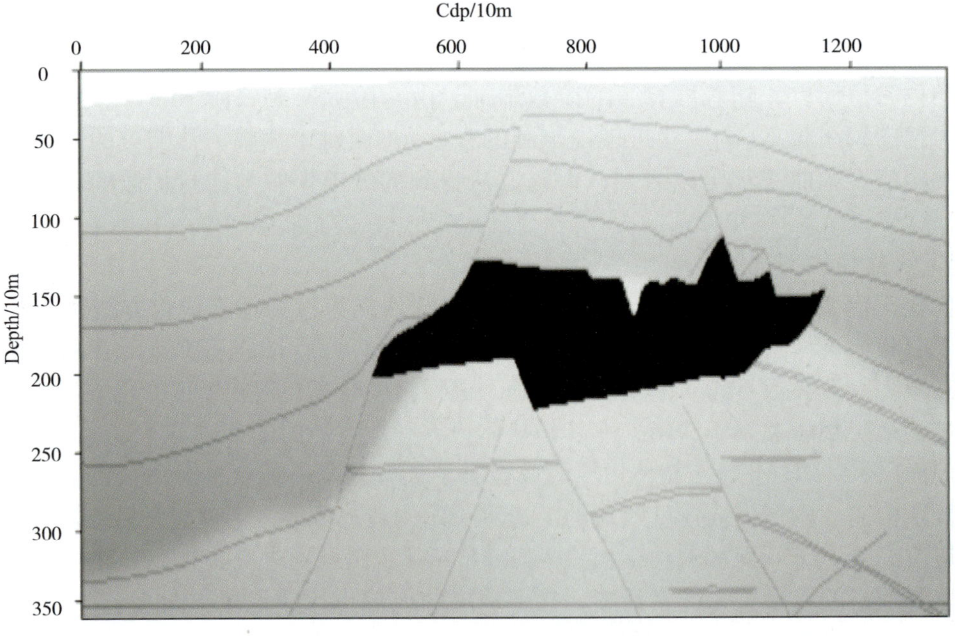

图 4－20　SEG 盐丘模型速度剖面

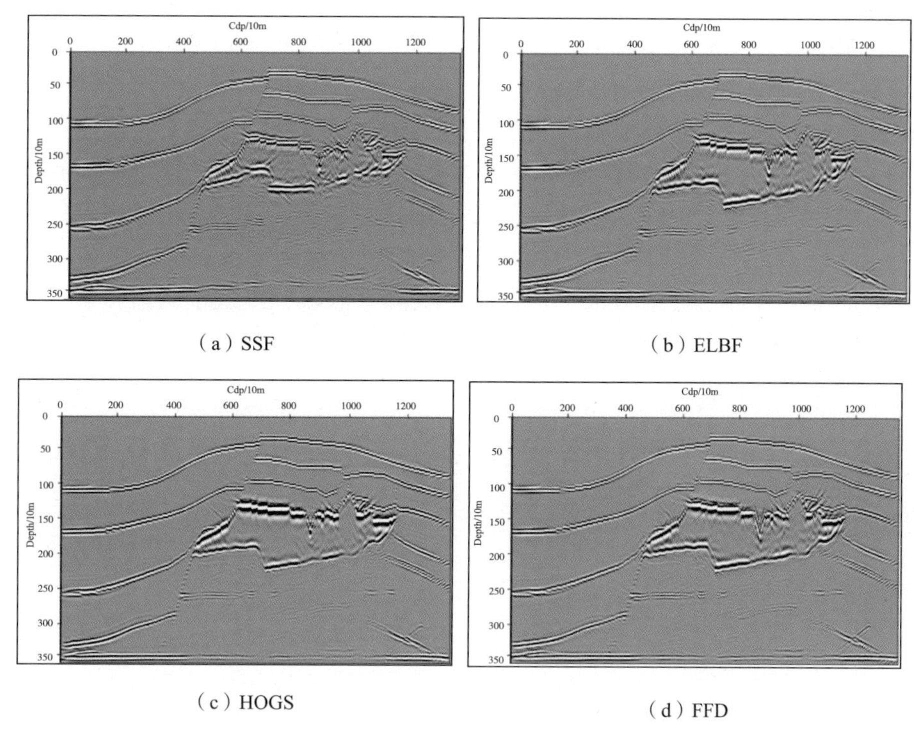

图 4 - 21 SEG 盐丘模型保幅偏移效果对比

3. 实际资料处理

利用广义高阶屏保幅叠前深度偏移方法对苏北另一复杂断块高精度三维地震资料进行了试处理，图 4 - 22 至图 4 - 27 分别为三条主测线的老剖面与本次广义高阶屏保幅方法获得的叠前深度偏移剖面的对比。可以看到新处理剖面的成像效果明显改善，分辨率和信噪比在整

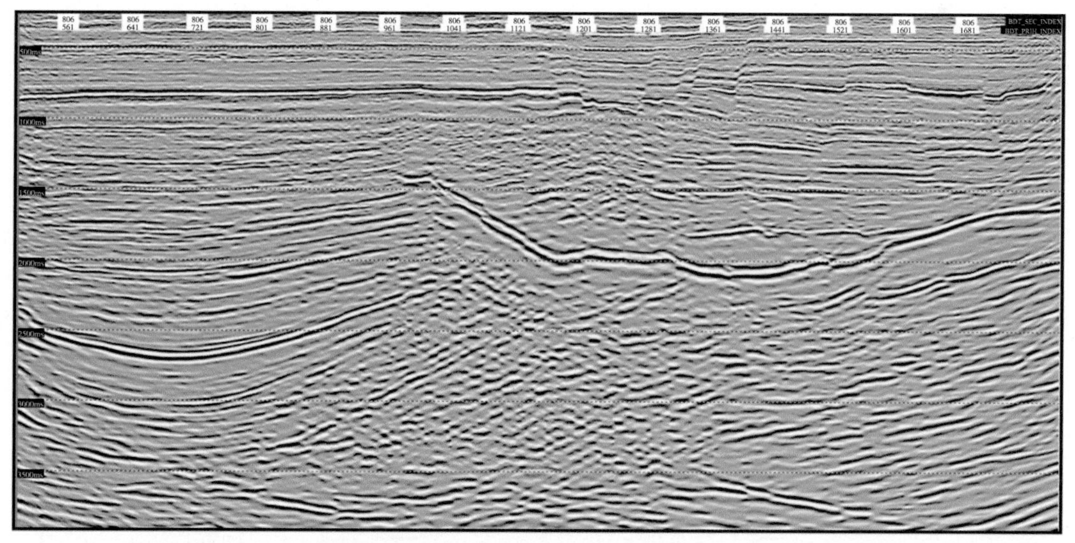

图 4 - 22 Inline1 老剖面

体上均得到明显提高，剖面上中浅层资料断点清楚，深层资料归位较准确，断层形态清晰，内幕成像得到明显改善，消除了假象，较好地解决了本区速度横向变化引起的偏移归位不准的问题。图 4－28～图 4－30 显示的是浅层一系列断层的效果对比，可以看到经过波动方程保幅叠前深度偏移处理后，断面清晰、收敛性强，断点位置准确，易于正确解释断层。在图 4－31～图 4－33 中，火成岩上方在老剖面中信息比较模糊的部分，新处理剖面的成像效果明显改善，信噪比得到较大提高，构造细节刻画得比较清晰，使得地层构造形态明显可辨。在图 4－34～图 4－36 中，波动方程对中深层成像的理论优势使得火成岩下方的戴南组地层的成像归位更加准确合理，波组特征更加清楚，消除了假象，降低了构造多解性，为提高该区的构造圈闭储层砂体组和岩性圈闭砂体组的预测精度打下了基础。

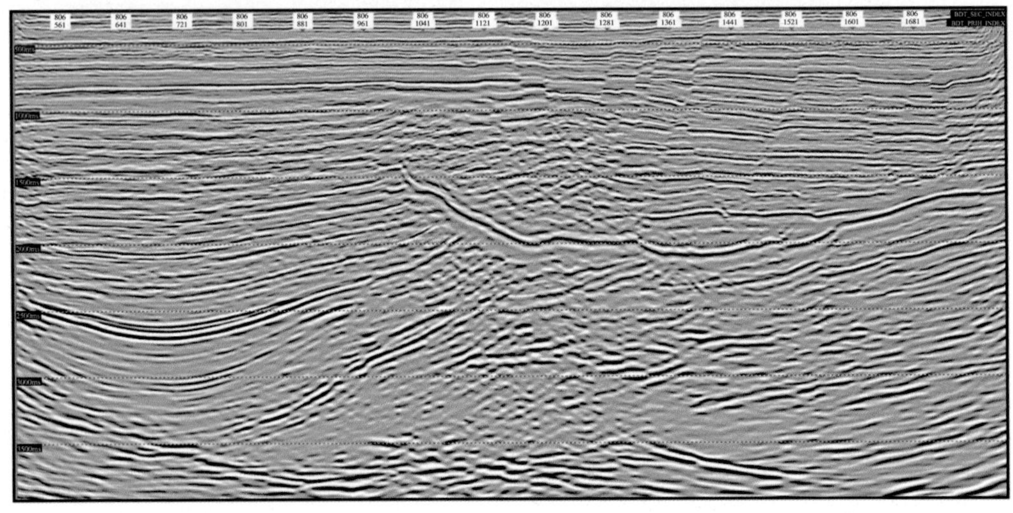

图 4－23　Inline1 新剖面

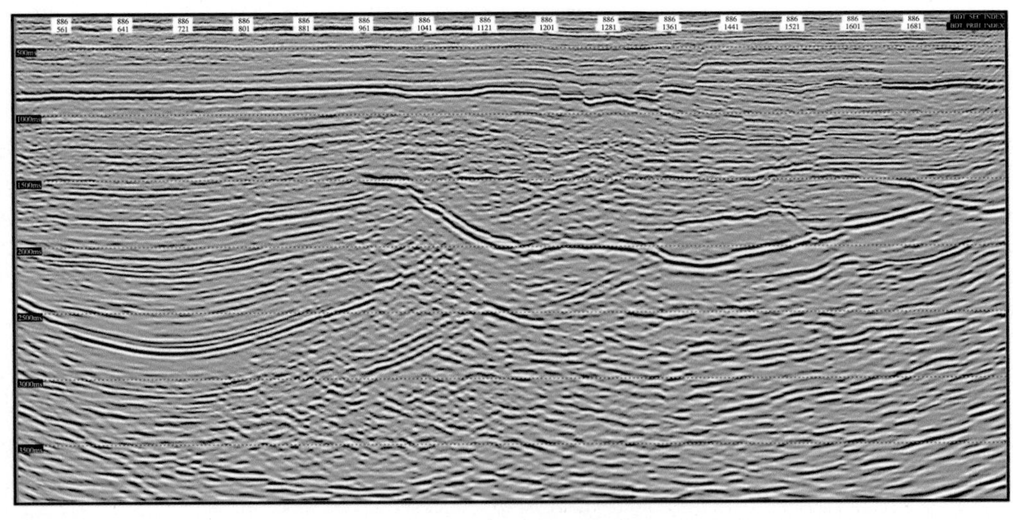

图 4－24　Inline2 老剖面

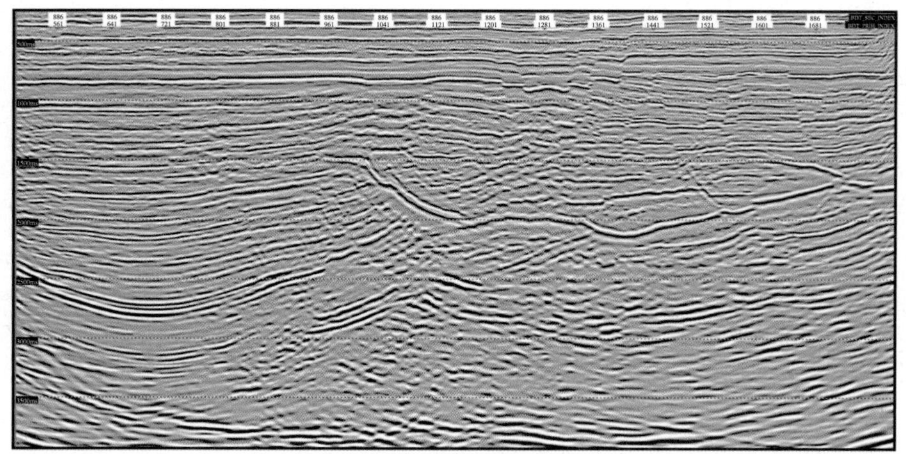

图 4－25　Inline2 新剖面

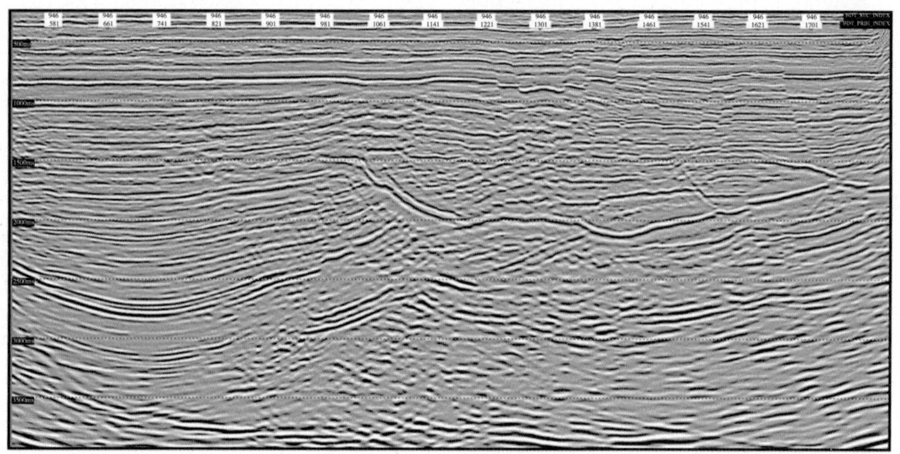

图 4－26　Inline3 老剖面

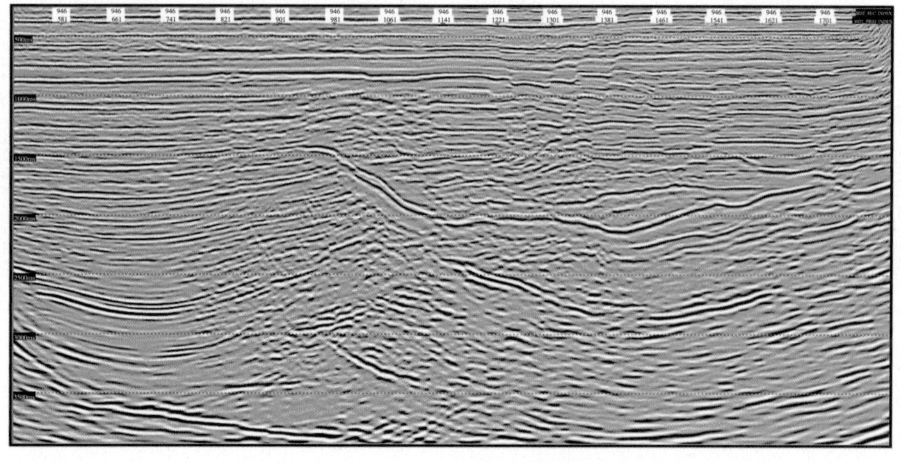

图 4－27　Inline3 新剖面

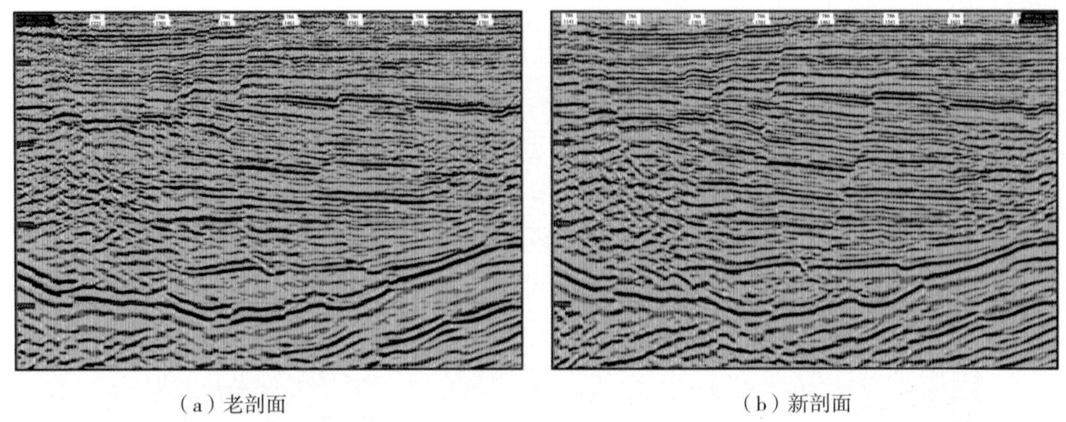

（a）老剖面　　（b）新剖面

图4－28　偏移效果分析

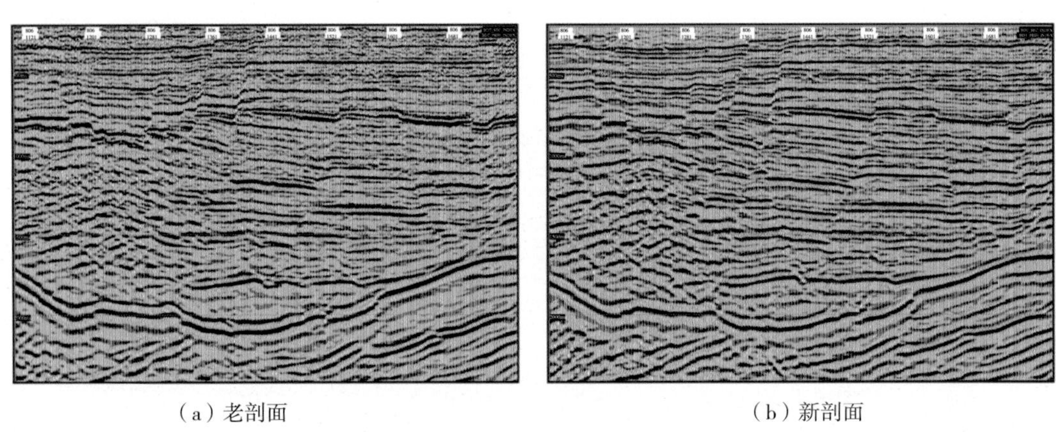

（a）老剖面　　（b）新剖面

图4－29　偏移效果分析

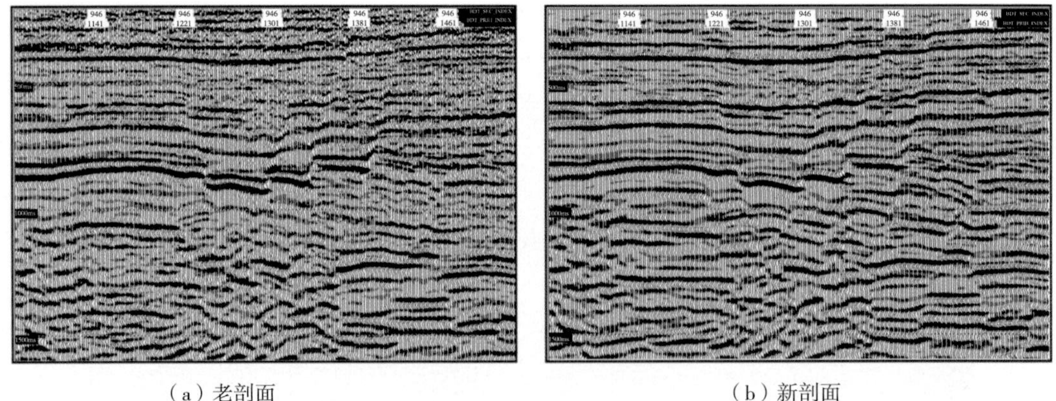

（a）老剖面　　（b）新剖面

图4－30　偏移效果分析

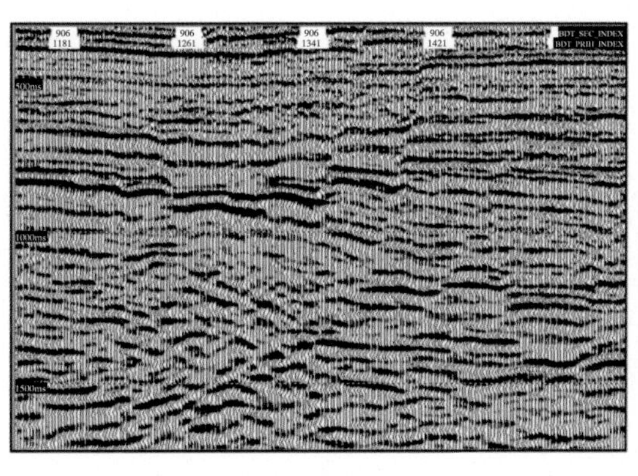

（a）老剖面　　（b）新剖面

图 4-31　偏移效果分析

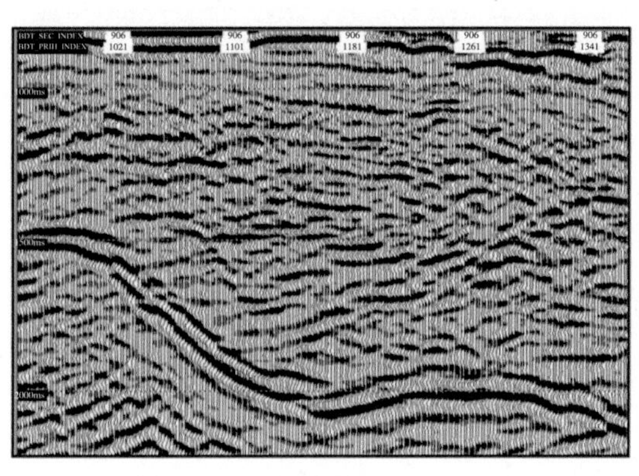

（a）老剖面

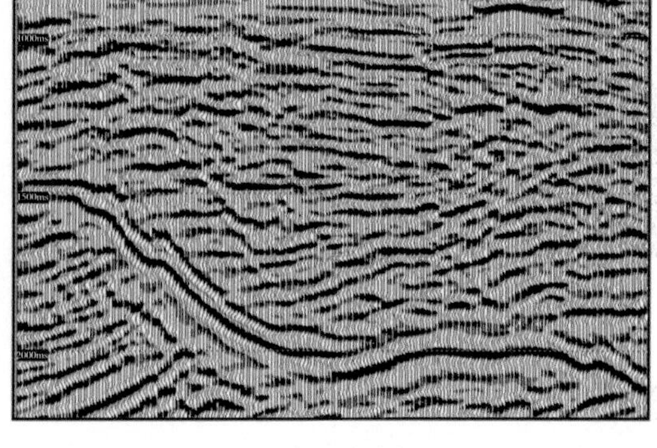

（b）新剖面

图 4-32　偏移效果分析

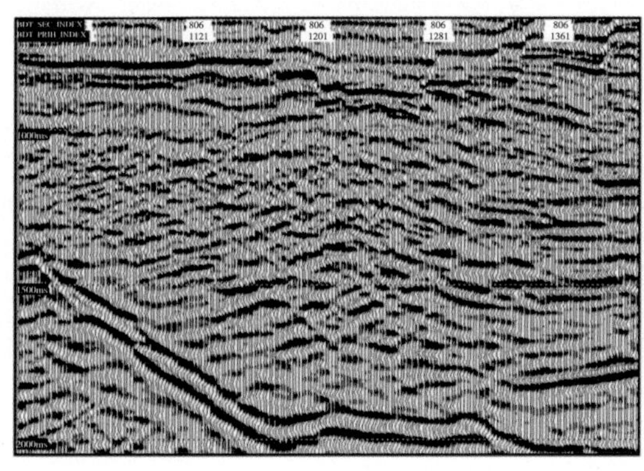

（a）老剖面

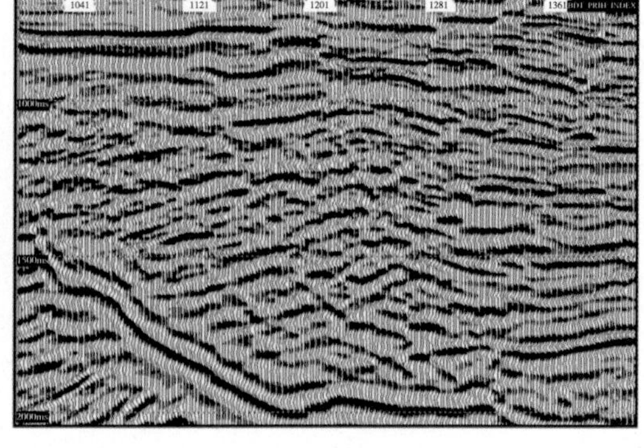

（b）新剖面

图 4-33　偏移效果分析

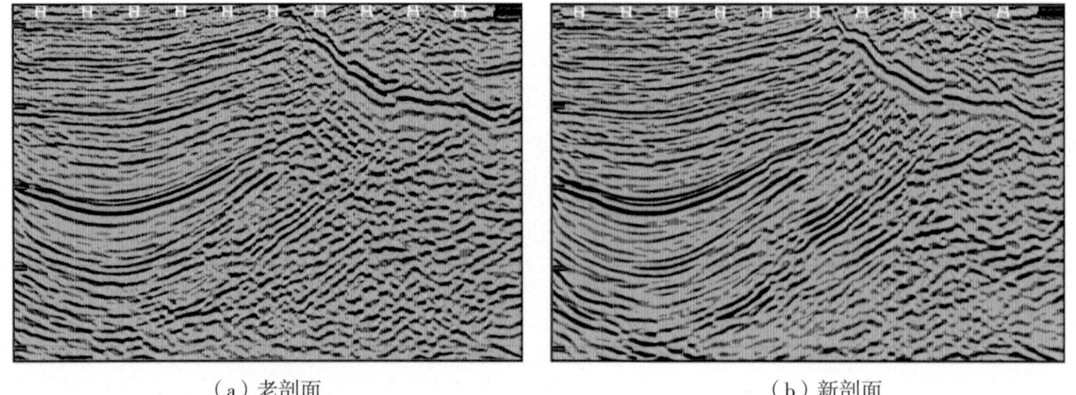

（a）老剖面　　（b）新剖面

图 4－34　偏移效果分析

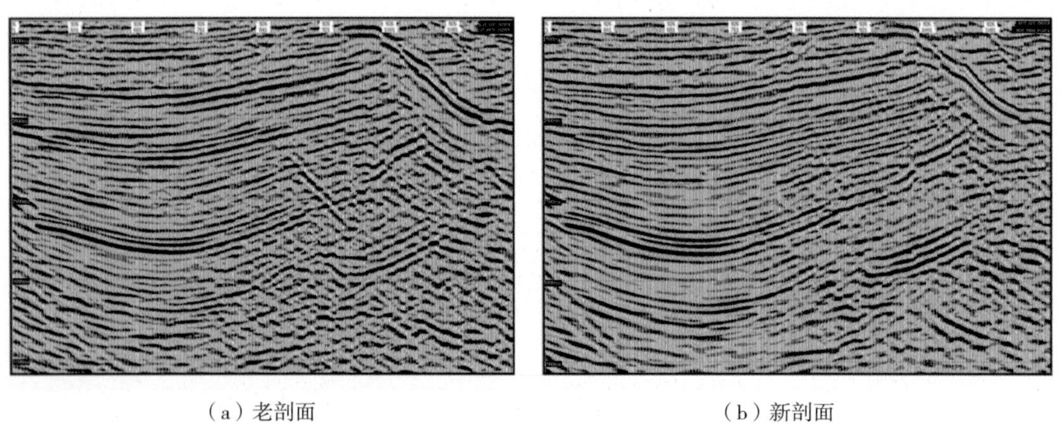

（a）老剖面　　（b）新剖面

图 4－35　偏移效果分析

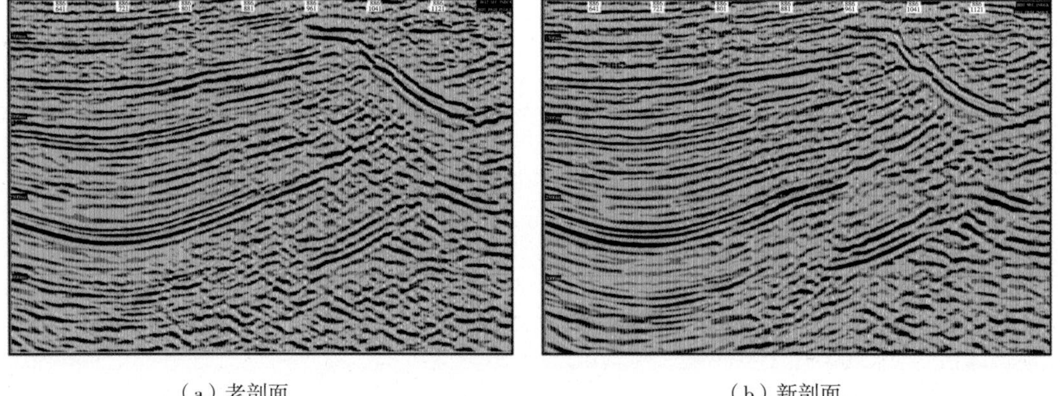

（a）老剖面　　（b）新剖面

图 4－36　偏移效果分析

第四节　双平方根方程保幅叠前深度偏移方法

波动方程叠前深度偏移可以用单平方根方程在单炮道集中进行，也可以用双平方根(DSR)方程在多炮－多偏移距域中进行，比如共偏移距道集、共方位角道集等。单炮道集是野外观测道集，具有明确的物理意义，但是为了兼顾各种波传播角，单炮偏移需要扩展一定的边道，并且炮点和检波点要同时向下外推，这使得计算量很大(而且由于地下构造千变万化，扩展的道也不一定合适)。另外，单炮偏移在炮点向下外推时需要人为地给出一个子波作为震源函数，该函数的形态会直接影响偏移成像的结果，但选择一个合适的子波是很难的(最理想是从地震数据中提取震源子波，但震源子波提取是资料处理中一个非常困难的课题)。单平方根方程炮域叠前深度偏移的优势是所有能用于描述波在复杂介质中传播的算子均可用于外推成像，另一个明显的优势是它对野外观测系统方式的适应性强，最多要求单炮道集是规则的。双平方根方程叠前深度偏移是把炮点和检波点同时向下外推，无论对何种道集进行偏移，每一个道集均覆盖整个成像范围，它具有倾角假频少、边界处理简单、无需求取震源子波以及计算效率高等特点，而且其成像道集更适合后续的偏移速度分析、振幅与偏移距关系(AVO)分析等等，因而在许多情况下更为适用。

一、DSR 方程定义的单程波动方程

在第一节中我们详细阐述了由单平方根方程定义的炮域保幅叠前深度偏移方法的单程波动方程：

$$\begin{cases}\left(\frac{\partial}{\partial z}+\Lambda_{\mathrm{s}}-\Gamma_{\mathrm{s}}\right)p_{\mathrm{d}}(x_{\mathrm{s}},z;x;\omega)=0\\\left(\frac{\partial}{\partial z}-\Lambda_{\mathrm{r}}-\Gamma_{\mathrm{r}}\right)p_{\mathrm{u}}(x_{\mathrm{r}},z;x;\omega)=0\end{cases}\tag{4-108}$$

其中：

$$\Lambda_{\mathrm{s}}=\frac{i\omega}{v(x_{\mathrm{s}},z)}\sqrt{1+\frac{v^2(x_{\mathrm{s}},z)}{\omega^2}\left(\frac{\partial}{\partial x_{\mathrm{s}}}\right)^2},\ \Lambda_{\mathrm{r}}=\frac{i\omega}{v(x_{\mathrm{r}},z)}\sqrt{1+\frac{v^2(x_{\mathrm{r}},z)}{\omega^2}\left(\frac{\partial}{\partial x_{\mathrm{r}}}\right)^2},$$

$$\Gamma_{\mathrm{s}}=\frac{v'(x_{\mathrm{s}},z)}{2v(x_{\mathrm{s}},z)}\left(1-\frac{v^2(x_{\mathrm{s}},z)\left(\frac{\partial}{\partial x_{\mathrm{s}}}\right)^2}{\omega^2+v^2(x_{\mathrm{s}},z)\left(\frac{\partial}{\partial x_{\mathrm{s}}}\right)^2}\right)=\frac{v'(x_{\mathrm{s}},z)}{2v(x_{\mathrm{s}},z)}\left(\frac{1}{1+\frac{v^2(x_{\mathrm{s}},z)}{\omega^2}\left(\frac{\partial}{\partial x_{\mathrm{s}}}\right)^2}\right),$$

$$\Gamma_{\mathrm{g}}=\frac{v'(x_{\mathrm{r}},z)}{2v(x_{\mathrm{r}},z)}\left(1-\frac{v^2(x_{\mathrm{r}},z)\left(\frac{\partial}{\partial x_{\mathrm{r}}}\right)^2}{\omega^2+v^2(x_{\mathrm{r}},z)\left(\frac{\partial}{\partial x_{\mathrm{r}}}\right)^2}\right)=\frac{v'(x_{\mathrm{r}},z)}{2v(x_{\mathrm{r}},z)}\left(\frac{1}{1+\frac{v^2(x_{\mathrm{r}},z)}{\omega^2}\left(\frac{\partial}{\partial x_{\mathrm{r}}}\right)^2}\right)$$

按照叠前深度偏移中的波场双重向下延拓理论，由深度 z_i 上震源 x_{s} 处激发、接收点 x_{r} 处接收的角频率为 ω 的波场 $p(x_{\mathrm{s}},x_{\mathrm{r}},z_i;\omega)$ 得出深度 z_{i+1} 上的相应波场 $p(x_{\mathrm{s}},x_{\mathrm{r}},z_{i+1};\omega)$，主要需要两个步骤：首先，波场 $p(x_{\mathrm{s}},x_{\mathrm{r}},z_i;\omega)$ 中的所有共炮点道集向下延拓至深度 z_{i+1} 后得到波场 $\bar{p}(x_{\mathrm{s}},z_i,x_{\mathrm{r}},z_{i+1};\omega)$；然后把波场 $\bar{p}(x_{\mathrm{s}},z_i,x_{\mathrm{r}},z_{i+1};\omega)$ 中的所有共检波点道集再向下延拓至深度 z_{i+1}，得到波场 $p(x_{\mathrm{s}},x_{\mathrm{r}},z_{i+1};\omega)$。

我们可以运用下式将式(4－108)中的单平方根方程保幅延拓算子转换为双平方根方程延拓算子：

$$p(x_s,x_r,z;\omega)=\int p_u(x_r,z;x;\omega)\ p_d^*(x_s,z;x;\omega)\mathrm{d}x \tag{4-109}$$

由于：

$$\frac{\partial p}{\partial z}=\int\left(\frac{\partial p_u}{\partial z}p_d^*+p_u\frac{\partial p_d^*}{\partial z}\right)\mathrm{d}x \tag{4-110}$$

而由单平方根方程定义的保幅单程波动方程(4－108)，我们可以得到：

$$\frac{\partial p_u}{\partial z}=(\Lambda_r+\Gamma_r)p_u \tag{4-111a}$$

$$\begin{aligned}&\frac{\partial p_d}{\partial z}=(-\Lambda_s+\Gamma_s)p_d\\ \Rightarrow&\frac{\partial p_d^*}{\partial z}=(\Lambda_s+\Gamma_s)p_d^*\end{aligned} \tag{4-111b}$$

将式(4－111a)、(4－111b)代入式(4－110)：

$$\begin{aligned}\frac{\partial p}{\partial z}&=\int[(\Lambda_r+\Gamma_r)p_up_d^*+p_u(\Lambda_s+\Gamma_s)p_d^*]\mathrm{d}x\\&=\int(\Lambda_r+\Gamma_r+\Lambda_s+\Gamma_s)p_up_d^*\mathrm{d}x\\&=(\Lambda_r+\Gamma_r+\Lambda_s+\Gamma_s)\int p_up_d^*\mathrm{d}x\\&=(\Lambda_r+\Gamma_r+\Lambda_s+\Gamma_s)p\end{aligned} \tag{4-112}$$

结合边界条件，从而可以得到由双平方根方程定义的保幅单程波动方程：

$$\begin{cases}\left(\dfrac{\partial}{\partial z}-\Lambda_s-\Gamma_s-\Lambda_r-\Gamma_r\right)p=0\\ p(x_s,x_r,z=0;\omega)=Q(x_s,x_r;\omega)\end{cases} \tag{4-113}$$

其中 $Q(x_s,x_r;\omega)$ 为由地面接收系统获得的炮集记录。

二、基于双平方根方程的保幅裂步傅里叶传播算子

为了方便求解，并能更清楚地认识到方程(4－113)中各项的物理意义，采用常用的裂步傅里叶(SSF)的双域方法对方程(4－113)进行求解，期望能够得到适应纵、横向速度变化的保幅传播算子。(当然如果为了达到更高的精度要求，我们也可以将该方法推广到更精确的传统傅里叶类方法中，如广义屏等。)

式(4－113)可以重写为：

$$\begin{aligned}&\frac{\partial p}{\partial z}-\frac{i\omega}{v(x_s,z)}\sqrt{1+\frac{v^2(x_s,z)}{\omega^2}\left(\frac{\partial}{\partial x_s}\right)^2}p-\frac{i\omega}{v(x_r,z)}\sqrt{1+\frac{v^2(x_r,z)}{\omega^2}\left(\frac{\partial}{\partial x_r}\right)^2}p\\&-\frac{v'(x_s,z)}{2v(x_s,z)}\left(\frac{1}{1+\frac{v^2(x_s,z)}{\omega^2}\left(\frac{\partial}{\partial x_s}\right)^2}\right)p-\frac{v'(x_r,z)}{2v(x_r,z)}\left(\frac{1}{1+\frac{v^2(x_r,z)}{\omega^2}\left(\frac{\partial}{\partial x_r}\right)^2}\right)p=0\end{aligned} \tag{4-114}$$

将 (x_s,x_r) 变换到中点—半炮检距坐标系 (x_m,x_h)：

$$\begin{cases} x_m = \dfrac{1}{2}(x_r + x_s) \\ x_h = \dfrac{1}{2}(x_r - x_s) \end{cases} \Leftrightarrow \begin{cases} x_s = x_m - x_h \\ x_r = x_m + x_h \end{cases} \tag{4-115}$$

对应的微分关系为：

$$\begin{cases} \dfrac{\partial}{\partial x_s} = \dfrac{1}{2}\left(\dfrac{\partial}{\partial x_m} - \dfrac{\partial}{\partial x_h}\right) \\ \dfrac{\partial}{\partial x_r} = \dfrac{1}{2}\left(\dfrac{\partial}{\partial x_m} + \dfrac{\partial}{\partial x_h}\right) \end{cases} \tag{4-116a}$$

$$\begin{cases} \left(\dfrac{\partial}{\partial x_s}\right)^2 = \dfrac{1}{4}\left(\dfrac{\partial}{\partial x_m} - \dfrac{\partial}{\partial x_h}\right)^2 \\ \left(\dfrac{\partial}{\partial x_r}\right)^2 = \dfrac{1}{4}\left(\dfrac{\partial}{\partial x_m} + \dfrac{\partial}{\partial x_h}\right)^2 \end{cases} \tag{4-116b}$$

将式(4－115)、(4－116)代入式(4－114)，则有：

$$\begin{aligned} &\frac{\partial p}{\partial z} - \frac{i\omega}{v(x_m - x_h, z)}\sqrt{1 + \frac{v^2(x_m - x_h, z)}{4\omega^2}\left(\frac{\partial}{\partial x_m} - \frac{\partial}{\partial x_h}\right)^2}\,p - \\ &\frac{i\omega}{v(x_m + x_h, z)}\sqrt{1 + \frac{v^2(x_m + x_h, z)}{4\omega^2}\left(\frac{\partial}{\partial x_m} + \frac{\partial}{\partial x_h}\right)^2}\,p - \\ &\frac{v'(x_m - x_h, z)}{2v(x_m - x_h, z)}\left(\frac{1}{1 + \dfrac{v^2(x_m - x_h, z)}{4\omega^2}\left(\dfrac{\partial}{\partial x_m} - \dfrac{\partial}{\partial x_h}\right)^2}\right)p - \\ &\frac{v'(x_m + x_h, z)}{2v(x_m + x_h, z)}\left(\frac{1}{1 + \dfrac{v^2(x_m + x_h, z)}{4\omega^2}\left(\dfrac{\partial}{\partial x_m} + \dfrac{\partial}{\partial x_h}\right)^2}\right)p = 0 \end{aligned} \tag{4-117}$$

显然，这个方程要比传统的双平方根方程定义的传播算子复杂得多，求解也更加困难。根据摄动理论，设每个深度层上参考速度为 $v_0 = v_0(z)$，则上式可重写为：

$$\frac{\partial p}{\partial z} + E_1 \cdot p + E_2 \cdot p = 0 \tag{4-118}$$

其中：

$$\begin{aligned} E_1 = &-\frac{i\omega}{v_0(z)}\sqrt{1 + \frac{v_0^2(z)}{4\omega^2}\left(\frac{\partial}{\partial x_m} - \frac{\partial}{\partial x_h}\right)^2} - \frac{i\omega}{v_0(z)}\sqrt{1 + \frac{v_0^2(z)}{4\omega^2}\left(\frac{\partial}{\partial x_m} + \frac{\partial}{\partial x_h}\right)^2} - \\ &\frac{v'_0(z)}{2v_0(z)}\left(\frac{1}{1 + \dfrac{v_0^2(z)}{4\omega^2}\left(\dfrac{\partial}{\partial x_m} - \dfrac{\partial}{\partial x_h}\right)^2}\right) - \frac{v'_0(z)}{2v_0(z)}\left(\frac{1}{1 + \dfrac{v_0^2(z)}{4\omega^2}\left(\dfrac{\partial}{\partial x_m} + \dfrac{\partial}{\partial x_h}\right)^2}\right) \end{aligned}$$

$$\begin{aligned} E_2 = &-\left[\frac{i\omega}{v(x_m - x_h, z)}\sqrt{1 + \frac{v^2(x_m - x_h, z)}{4\omega^2}\left(\frac{\partial}{\partial x_m} - \frac{\partial}{\partial x_h}\right)^2} - \frac{i\omega}{v_0(z)}\sqrt{1 + \frac{v_0^2(z)}{4\omega^2}\left(\frac{\partial}{\partial x_m} - \frac{\partial}{\partial x_h}\right)^2}\right] - \\ &\left[\frac{i\omega}{v(x_m + x_h, z)}\sqrt{1 + \frac{v^2(x_m + x_h, z)}{4\omega^2}\left(\frac{\partial}{\partial x_m} + \frac{\partial}{\partial x_h}\right)^2} - \frac{i\omega}{v_0(z)}\sqrt{1 + \frac{v_0^2(z)}{4\omega^2}\left(\frac{\partial}{\partial x_m} + \frac{\partial}{\partial x_h}\right)^2}\right] - \end{aligned}$$

$$\left[\frac{v'(x_m-x_h,\ z)}{2v(x_m-x_h,\ z)}\left(\frac{1}{1+\frac{v^2(x_m-x_h,\ z)}{4\omega^2}\left(\frac{\partial}{\partial x_m}-\frac{\partial}{\partial x_h}\right)^2}\right)-\frac{v'_0(z)}{2v_0(z)}\left(\frac{1}{1+\frac{v_0^2(z)}{4\omega^2}\left(\frac{\partial}{\partial x_m}-\frac{\partial}{\partial x_h}\right)^2}\right)\right]-$$

$$\left[\frac{v'(x_m+x_h,\ z)}{2v(x_m+x_h,\ z)}\left(\frac{1}{1+\frac{v^2(x_m+x_h,\ z)}{4\omega^2}\left(\frac{\partial}{\partial x_m}+\frac{\partial}{\partial x_h}\right)^2}\right)-\frac{v'_0(z)}{2v_0(z)}\left(\frac{1}{1+\frac{v_0^2(z)}{4\omega^2}\left(\frac{\partial}{\partial x_m}+\frac{\partial}{\partial x_h}\right)^2}\right)\right]$$

式(4－118)可以分裂为两个方程：

$$\begin{cases}\frac{\partial p}{\partial z}+E_1\cdot p=0\\ \frac{\partial p}{\partial z}+E_2\cdot p=0\end{cases}\tag{4－119}$$

1. 第一个方程

由于该方程只与参考速度 $v_0(z)$ 有关，而参考速度在每一层中为常数，所以可以在频率－波数域中求解。该方程重写为：

$$\frac{\partial p}{\partial z}+E_{11}\cdot p+E_{12}\cdot p=0\tag{4－120}$$

它又可以分裂为两个方程：

$$\begin{cases}\frac{\partial p}{\partial z}+E_{11}\cdot p=0\\ \frac{\partial p}{\partial z}+E_{12}\cdot p=0\end{cases}\tag{4－121}$$

其中：

$$E_{11}=-\frac{i\omega}{v_0(z)}\sqrt{1+\frac{v_0^2(z)}{4\omega^2}\left(\frac{\partial}{\partial x_m}-\frac{\partial}{\partial x_h}\right)^2}-\frac{i\omega}{v_0(z)}\sqrt{1+\frac{v_0^2(z)}{4\omega^2}\left(\frac{\partial}{\partial x_m}+\frac{\partial}{\partial x_h}\right)^2}$$

$$E_{12}=-\frac{v'_0(z)}{2v_0(z)}\left(\frac{1}{1+\frac{v_0^2(z)}{4\omega^2}\left(\frac{\partial}{\partial x_m}-\frac{\partial}{\partial x_h}\right)^2}\right)-\frac{v'_0(z)}{2v_0(z)}\left(\frac{1}{1+\frac{v_0^2(z)}{4\omega^2}\left(\frac{\partial}{\partial x_m}+\frac{\partial}{\partial x_h}\right)^2}\right)$$

我们先将式(4－121)中含 E_{11} 的部分进行展开，从而针对 E_{11} 进行求解：

$$\frac{\partial p}{\partial z}-\frac{i\omega}{v_0(z)}\sqrt{1+\frac{v_0^2(z)}{4\omega^2}\left(\frac{\partial}{\partial x_m}-\frac{\partial}{\partial x_h}\right)^2}p-\frac{i\omega}{v_0(z)}\sqrt{1+\frac{v_0^2(z)}{4\omega^2}\left(\frac{\partial}{\partial x_m}+\frac{\partial}{\partial x_h}\right)^2}p=0\tag{4－122}$$

从空间域（x_m,x_h）变换到波数域（k_m,k_h）

$$\frac{\partial p}{\partial z}=\left(\frac{i\omega}{v_0(z)}\sqrt{1-\frac{v_0^2(z)}{\omega^2}\left(\frac{k_m-k_h}{2}\right)^2}p+\frac{i\omega}{v_0(z)}\sqrt{1-\frac{v_0^2(z)}{\omega^2}\left(\frac{k_m+k_h}{2}\right)^2}\right)p\tag{4－123}$$

$$\Rightarrow\frac{\partial p}{\partial z}=-ik_zp$$

其中：

$$k_z=-sign(\omega)(k_{z_s}+k_{z_r}),$$

$$k_{z_s}=\frac{\omega}{v_0(z)}\sqrt{1-\frac{v_0^2(z)}{\omega^2}\left(\frac{k_m-k_h}{2}\right)^2},\ k_{z_g}=\frac{\omega}{v_0(z)}\sqrt{1-\frac{v_0^2(z)}{\omega^2}\left(\frac{k_m+k_h}{2}\right)^2}$$

则有：

$$p(k_m, k_h, z+\Delta z; \omega) = p(k_m, k_h, z; \omega) e^{-i\Delta z k_z} \tag{4-124}$$

然后我们将式(4-121)中含 E_{12} 的部分进行展开，从而针对 E_{12} 进行求解：

$$\frac{\partial p}{\partial z} - \frac{v'_0(z)}{2v_0(z)}\left(\frac{1}{1+\frac{v_0^2(z)}{4\omega^2}\left(\frac{\partial}{\partial x_m}-\frac{\partial}{\partial x_h}\right)^2}\right)p - \frac{v'_0(z)}{2v_0(z)}\left(\frac{1}{1+\frac{v_0^2(z)}{4\omega^2}\left(\frac{\partial}{\partial x_m}+\frac{\partial}{\partial x_h}\right)^2}\right)p = 0 \tag{4-125}$$

从空间域（x_m, x_h）变换到波数域（k_m, k_h）：

$$\frac{\partial p}{\partial z} = \frac{v'_0(z)}{2v_0(z)}\left(\frac{1}{1-\frac{v_0^2(z)}{\omega^2}\left(\frac{k_m-k_h}{2}\right)^2}\right)p + \frac{v'_0(z)}{2v_0(z)}\left(\frac{1}{1-\frac{v_0^2(z)}{\omega^2}\left(\frac{k_m+k_h}{2}\right)^2}\right)p$$

$$\Rightarrow \frac{\partial p}{\partial z} = \frac{v'_0(z)}{2v_0(z)}\frac{\frac{\omega^2}{v_0^2(z)}}{\frac{\omega^2}{v_0^2(z)}\left[1-\frac{v_0^2(z)}{\omega^2}\left(\frac{k_m-k_h}{2}\right)^2\right]}p + \frac{v'_0(z)}{2v_0(z)}\frac{\frac{\omega^2}{v_0^2(z)}}{\frac{\omega^2}{v_0^2(z)}\left[1-\frac{v_0^2(z)}{\omega^2}\left(\frac{k_m+k_h}{2}\right)^2\right]}p \tag{4-126}$$

设 $k_{z_0} = \frac{\omega}{v_0(z)}$，则：

$$\begin{aligned} \frac{\partial p}{\partial z} &= \frac{v'_0(z)}{2v_0(z)}\frac{k_{z_0}^2(z)}{k_{z_s}^2}p + \frac{v'_0(z)}{2v_0(z)}\frac{k_{z_0}^2(z)}{k_{z_r}^2}p \\ \Rightarrow \frac{\partial p}{\partial z} &= -\left[\frac{\partial}{\partial z}\ln\sqrt{k_{z_s}}\right]p - \left[\frac{\partial}{\partial z}\ln\sqrt{k_{z_r}}\right]p \end{aligned} \tag{4-127}$$

如果写成逐层延拓形式，有：

$$\begin{aligned} p(k_m, k_h, z+\Delta z; \omega) &= p(k_m, k_h, z; \omega) e^{\ln\sqrt{\frac{k_{z_s}(z)}{k_{z_s}(z+\Delta z)}}+\ln\sqrt{\frac{k_{z_g}(z)}{k_{z_r}(z+\Delta z)}}} \\ \Rightarrow p(k_m, k_h, z+\Delta z; \omega) &= \left[\sqrt{\frac{k_{z_s}(z)}{k_{z_s}(z+\Delta z)}}\cdot\sqrt{\frac{k_{z_r}(z)}{k_{z_r}(z+\Delta z)}}\right]p(k_m, k_h, z; \omega) \end{aligned} \tag{4-128}$$

2. 第二个方程

由于在该式中涉及到空间速度函数，因此要在频率－空间域对上面延拓后的波场进行补偿，以处理速度横向变化对相位和振幅的影响。

我们可以将该方程的 E_2 写成如下形式：

$$E_2 = E_{21_s} + E_{21_r} + E_{22_s} + E_{22_r} \tag{4-129}$$

$$E_{21_s} = -\frac{i\omega}{v(x_m-x_h, z)}\sqrt{1+\frac{v^2(x_m-x_h, z)}{4\omega^2}\left(\frac{\partial}{\partial x_m}-\frac{\partial}{\partial x_h}\right)^2} + \frac{i\omega}{v_0(z)}\sqrt{1+\frac{v_0^2(z)}{4\omega^2}\left(\frac{\partial}{\partial x_m}-\frac{\partial}{\partial x_h}\right)^2}$$

$$E_{21_r} = -\frac{i\omega}{v(x_m+x_h, z)}\sqrt{1+\frac{v^2(x_m+x_h, z)}{4\omega^2}\left(\frac{\partial}{\partial x_m}+\frac{\partial}{\partial x_h}\right)^2} + \frac{i\omega}{v_0(z)}\sqrt{1+\frac{v_0^2(z)}{4\omega^2}\left(\frac{\partial}{\partial x_m}+\frac{\partial}{\partial x_h}\right)^2}$$

$$E_{22_s} = -\left[\frac{v'(x_m-x_h, z)}{2v(x_m-x_h, z)}\left(\frac{1}{1+\frac{v^2(x_m-x_h, z)}{4\omega^2}\left(\frac{\partial}{\partial x_m}-\frac{\partial}{\partial x_h}\right)^2}\right) - \frac{v'_0(z)}{2v_0(z)}\left(\frac{1}{1+\frac{v_0^2(z)}{4\omega^2}\left(\frac{\partial}{\partial x_m}-\frac{\partial}{\partial x_h}\right)^2}\right)\right]$$

$$E_{22_r} = -\left[\frac{v'(x_m+x_h, z)}{2v(x_m+x_h, z)}\left(\frac{1}{1+\frac{v^2(x_m+x_h, z)}{4\omega^2}\left(\frac{\partial}{\partial x_m}+\frac{\partial}{\partial x_h}\right)^2}\right) - \frac{v'_0(z)}{2v_0(z)}\left(\frac{1}{1+\frac{v_0^2(z)}{4\omega^2}\left(\frac{\partial}{\partial x_m}+\frac{\partial}{\partial x_h}\right)^2}\right)\right]$$

(1)针对 E_{21} ：对 E_{21} 中所有根号内的项分别进行泰勒展开，并仅取第一项，可以得到：

$$E_{21_s} = -\frac{i\omega}{v(x_m - x_h, z)}\sqrt{1 + \frac{v^2(x_m - x_h, z)}{4\omega^2}\left(\frac{\partial}{\partial x_m} - \frac{\partial}{\partial x_h}\right)^2} + \frac{i\omega}{v_0(z)}\sqrt{1 + \frac{v_0^2(z)}{4\omega^2}\left(\frac{\partial}{\partial x_m} - \frac{\partial}{\partial x_h}\right)^2}$$

$$\Rightarrow E_{21_s} \approx -\frac{i\omega}{v(x_m - x_h, z)} + \frac{i\omega}{v_0(z)} \tag{4-130}$$

$$E_{21_r} = -\frac{i\omega}{v(x_m + x_h, z)}\sqrt{1 + \frac{v^2(x_m + x_h, z)}{4\omega^2}\left(\frac{\partial}{\partial x_m} + \frac{\partial}{\partial x_h}\right)^2} + \frac{i\omega}{v_0(z)}\sqrt{1 + \frac{v_0^2(z)}{4\omega^2}\left(\frac{\partial}{\partial x_m} + \frac{\partial}{\partial x_h}\right)^2}$$

$$\Rightarrow E_{21_r} \approx -\frac{i\omega}{v(x_m + x_h, z)} + \frac{i\omega}{v_0(z)} \tag{4-131}$$

(2)针对 E_{22} ：采用前面相同的思路，可以得到：

$$E_{22_s} = -\left[\frac{v'(x_m - x_h, z)}{2v(x_m - x_h, z)}\left(\frac{1}{1 + \frac{v^2(x_m - x_h, z)}{4\omega^2}\left(\frac{\partial}{\partial x_m} - \frac{\partial}{\partial x_h}\right)^2}\right) - \frac{v'_0(z)}{2v_0(z)}\left(\frac{1}{1 + \frac{v_0^2(z)}{4\omega^2}\left(\frac{\partial}{\partial x_m} - \frac{\partial}{\partial x_h}\right)^2}\right)\right]$$

$$\Rightarrow E_{22_s} = -\left[\frac{v'(x_m - x_h, z)}{2v(x_m - x_h, z)} - \frac{v'_0(z)}{2v_0(z)}\right] \tag{4-132}$$

$$E_{22_r} = -\left[\frac{v'(x_m + x_h, z)}{2v(x_m + x_h, z)}\left(\frac{1}{1 + \frac{v^2(x_m + x_h, z)}{4\omega^2}\left(\frac{\partial}{\partial x_m} + \frac{\partial}{\partial x_h}\right)^2}\right) - \frac{v'_0(z)}{2v_0(z)}\left(\frac{1}{1 + \frac{v_0^2(z)}{4\omega^2}\left(\frac{\partial}{\partial x_m} + \frac{\partial}{\partial x_h}\right)^2}\right)\right]$$

$$\Rightarrow E_{22_r} = -\left[\frac{v'(x_m + x_h, z)}{2v(x_m + x_h, z)} - \frac{v'_0(z)}{2v_0(z)}\right] \tag{4-133}$$

这样，我们可以将第二个方程再分裂为四个方程：

$$\begin{cases} \dfrac{\partial p}{\partial z} = -E_{21_s}p \\ \dfrac{\partial p}{\partial z} = -E_{21_r}p \\ \dfrac{\partial p}{\partial z} = -E_{22_s}p \\ \dfrac{\partial p}{\partial z} = -E_{22_r}p \end{cases} \tag{4-134}$$

对这四个方程分别进行求解，并写成逐层延拓的形式：

①
$$\frac{\partial p}{\partial z} = \left[\frac{i\omega}{v(x_m - x_h, z)} - \frac{i\omega}{v_0(z)}\right]p \tag{4-135}$$

$$\Rightarrow p(x_m, x_h, z + \Delta z; \omega) = p(x_m, x_h, z; \omega)e^{i\omega\Delta z\left[\frac{1}{v(x_m - x_h, z)} - \frac{1}{v_0(z)}\right]}$$

②
$$\frac{\partial p}{\partial z} = \left[\frac{i\omega}{v(x_m + x_h, z)} - \frac{i\omega}{v_0(z)}\right]p \tag{4-136}$$

$$\Rightarrow p(x_m, x_h, z + \Delta z; \omega) = p(x_m, x_h, z; \omega)e^{i\omega\Delta z\left[\frac{1}{v(x_m + x_h, z)} - \frac{1}{v_0(z)}\right]}$$

③
$$\frac{\partial p}{\partial z} = \left[\frac{v'(x_m - x_h, z)}{2v(x_m - x_h, z)} - \frac{v'_0(z)}{2v_0(z)}\right]p \tag{4-137}$$

$$\Rightarrow p(x_m, x_h, z + \Delta z; \omega) = p(x_m, x_h, z; \omega)e^{\Delta z\left[\frac{v'(x_m - x_h, z)}{2v(x_m - x_h, z)} - \frac{v'_0(z)}{2v_0(z)}\right]}$$

其中：

$$\frac{v'(x_m - x_h, z)}{2v(x_m - x_h, z)} - \frac{v'_0(z)}{2v_0(z)} = \frac{1}{2}\frac{\partial}{\partial z}[\ln v(x_m - x_h, z) - \ln v_0(z)]$$

$$= \frac{1}{2}\frac{\partial}{\partial z}\left[\ln \frac{v(x_m - x_h, z)}{v_0(z)}\right] = \frac{\ln\sqrt{\frac{v(x_m - x_h, z+\Delta z)}{v_0(z+\Delta z)}} - \ln\sqrt{\frac{v(x_m - x_h, z)}{v_0(z)}}}{\Delta z} \quad (4-138)$$

把式(4－138)代入式(4－137)，则式(4－137)就变为：

$$p(x_m, x_h, z+\Delta z;\omega) = p(x_m, x_h, z;\omega)\mathrm{e}^{\Delta z\left[\frac{v'(x_m - x_h, z)}{2v(x_m - x_h, z)} - \frac{v'_0(z)}{2v_0(z)}\right]}$$

$$\Rightarrow p(x_m, x_h, z+\Delta z;\omega) = p(x_m, x_h, z;\omega)\mathrm{e}^{\Delta z \times \frac{\ln\sqrt{\frac{v(x_m - x_h, z+\Delta z)}{v_0(z+\Delta z)}} - \ln\sqrt{\frac{v(x_m - x_h, z)}{v_0(z)}}}{\Delta z}} \quad (4-139)$$

$$\Rightarrow p(x_m, x_h, z+\Delta z;\omega) = p(x_m, x_h, z;\omega)\sqrt{\frac{v(x_m - x_h, z+\Delta z)v_0(z)}{v(x_m - x_h, z)v_0(z+\Delta z)}}$$

$$\frac{\partial p}{\partial z} = \left[\frac{v'(x_m + x_h, z)}{2v(x_m + x_h, z)} - \frac{v'_0(z)}{2v_0(z)}\right]p$$

④

$$\Rightarrow p(x_m, x_h, z+\Delta z;\omega) = p(x_m, x_h, z;\omega)\mathrm{e}^{\Delta z\left[\frac{v'(x_m + x_h, z)}{2v(x_m + x_h, z)} - \frac{v'_0(z)}{2v_0(z)}\right]} \quad (4-140)$$

$$\Rightarrow p(x_m, x_h, z+\Delta z;\omega) = p(x_m, x_h, z;\omega)\sqrt{\frac{v(x_m + x_h, z+\Delta z)v_0(z)}{v(x_m + x_h, z)v_0(z+\Delta z)}}$$

根据以上所述，式(4－124)、式(4－128)、式(4－135)、式(4－136)、式(4－139)、式(4－140)组合在一起就形成了基于双平方根方程的裂步傅里叶保幅叠前深度偏移方法的延拓算子方程。

三、共炮检距道集保幅叠前深度偏移方法

我们首先将基于双平方根方程的裂步傅里叶保幅叠前深度偏移延拓算子方程中只与参考速度 $v_0(z)$ 有关的项提出来单独考虑(因为参考速度在每一层中为常数，所以可以在频率－波数域中求解)，即：

$$p(k_m, k_h, z+\Delta z;\omega) = p(k_m, k_h, z;\omega)\mathrm{e}^{-i\Delta z k_z} \quad (4-141)$$

$$p(k_m, k_h, z+\Delta z;\omega) = \left[\sqrt{\frac{k_{z_s}(z)}{k_{z_s}(z+\Delta z)}} \times \sqrt{\frac{k_{z_r}(z)}{k_{z_r}(z+\Delta z)}}\right]p(k_m, k_h, z;\omega) \quad (4-142)$$

将式(4－141)、(4－142)组合在一起：

$$p(k_m, k_h, z+\Delta z;\omega) = \sqrt{\frac{k_{z_s}(z)}{k_{z_s}(z+\Delta z)}} \times \sqrt{\frac{k_{z_r}(z)}{k_{z_r}(z+\Delta z)}}p(k_m, k_h, z;\omega)\mathrm{e}^{-i\Delta z k_z} \quad (4-143)$$

式(4－143)则为基于双平方根方程的相移保幅叠前深度偏移延拓算子方程。

式(4－143)关于 k_h 的反傅里叶变换形式为：

$$p(k_m, x_h, z+\Delta z;\omega) = \sqrt{\frac{k_{z_s}(z)}{k_{z_s}(z+\Delta z)}}\sqrt{\frac{k_{z_r}(z)}{k_{z_r}(z+\Delta z)}}\mathrm{e}^{i(k_{z_s}+k_{z_r})\Delta z}p(k_m, k_h, z;\omega)\int_{-\infty}^{+\infty}\mathrm{e}^{-ik_h x_h}\mathrm{d}k_h$$

$$\Rightarrow p(k_m,x_h,z+\Delta z;\omega)=\int_{-\infty}^{+\infty}\sqrt{\frac{k_{z_s}(z)}{k_{z_s}(z+\Delta z)}}\sqrt{\frac{k_{z_r}(z)}{k_{z_r}(z+\Delta z)}}e^{i(k_{z_s}+k_{z_r})\Delta z}e^{-ik_hx_h}p(k_m,k_h,z;\omega)dk_h \tag{4-144}$$

这就是共炮检距道集的保幅波场延拓公式，对它的求解我们可以采用 Green 函数法，但是该方法对每个炮检距都要计算所有的炮检距分量，故计算量非常大、效率太低，尤其在三维情况下更不实用。参照稳相近似方法，即对式(4－144)中的积分部分作稳相近似，得到以下的波场延拓公式：

$$p(k_m,x_h,z+\Delta z;\omega)=\Psi e^{i\Phi(\tilde{k}_h)}p(k_m,x_h,z;\omega) \tag{4-145}$$

其中相位函数为：

$$\Phi(k_h)=\Delta z\sum_{iz}[k_{z_s}(iz)+k_{z_r}(iz)]-k_hx_h \tag{4-146}$$

k_h 为稳相路径(2D 情况下为稳相点)，它满足：

$$\Phi'(k_h)\equiv 0 \tag{4-147}$$

式(4－145)中的振幅校正因子为：

$$\Psi=\sqrt{\frac{2\pi}{|\Phi''(k_h)|}}e^{i\frac{\pi}{4}}\left\{\frac{\sqrt{\left(\frac{\omega}{v_0(z)}\right)^2-\left(\frac{k_m-\tilde{k}_h}{2}\right)^2}}{\sqrt{\left(\frac{\omega}{v_0(z+\Delta z)}\right)^2-\left(\frac{k_m-\tilde{k}_h}{2}\right)^2}}\frac{\sqrt{\left(\frac{\omega}{v_0(z)}\right)^2-\left(\frac{k_m+\tilde{k}_h}{2}\right)^2}}{\sqrt{\left(\frac{\omega}{v_0(z+\Delta z)}\right)^2-\left(\frac{k_m+\tilde{k}_h}{2}\right)^2}}\right\}^{\frac{1}{2}} \tag{4-148}$$

以上的理论分析可见，稳相近似方法的关键在于求解稳相点。由式(4－146)可以推导出：

$$\Phi'(k_h)=\Delta z\sum_{iz}\left[\frac{\frac{k_m-k_h}{4}}{\sqrt{\left(\frac{\omega}{v_0(iz)}\right)^2-\left(\frac{k_m-k_h}{2}\right)^2}}-\frac{\frac{k_m+k_h}{4}}{\sqrt{\left(\frac{\omega}{v_0(iz)}\right)^2-\left(\frac{k_m+k_h}{2}\right)^2}}\right]-x_h \tag{4-149}$$

$$\Phi''(k_h)=-\frac{\Delta z}{4}\sum_{iz}\left\{\begin{aligned}&\frac{1}{\sqrt{\left(\frac{\omega}{v_0(iz)}\right)^2-\left(\frac{k_m-k_h}{2}\right)^2}}+\frac{(k_m-k_h)^2}{4\left[\left(\frac{\omega}{v_0(iz)}\right)^2-\left(\frac{k_m-k_h}{2}\right)^2\right]^{\frac{3}{2}}}\\&+\frac{1}{\sqrt{\left(\frac{\omega}{v_0(iz)}\right)^2-\left(\frac{k_m-k_h}{2}\right)^2}}+\frac{(k_m-k_h)^2}{4\left[\left(\frac{\omega}{v_0(iz)}\right)^2-\left(\frac{k_m-k_h}{2}\right)^2\right]^{\frac{3}{2}}}\end{aligned}\right\} \tag{4-150}$$

由式(4－149)可知，$\Phi''(k_h)<0$ 恒成立，说明相位函数不存在拐点，在 k_h 的取值区间 $k_h\in\left(-\frac{2|\omega|}{v_0}+|k_m|,\frac{2|\omega|}{v_0}-|k_m|\right)$ 内(v_0 的取值必须使得每一个根式都有意义)有且仅有一个极值，即稳相解是唯一的。将式(4－149)代入式(4－147)，我们就可以得到：

$$\Delta z\sum_{iz}\left[\frac{\frac{k_m-k_h}{4}}{\sqrt{\left(\frac{\omega}{v_0(iz)}\right)^2-\left(\frac{k_m-k_h}{2}\right)^2}}-\frac{\frac{k_m+k_h}{4}}{\sqrt{\left(\frac{\omega}{v_0(iz)}\right)^2-\left(\frac{k_m+k_h}{2}\right)^2}}\right]=h \qquad (4-151)$$

式(4－151)对应一个一元六次方程，解析求解非常困难。如果对式(4－151)进行近似展开并丢掉高阶项变成线性方程，可推得 k_h 的近似解析解，并且计算效率非常高。但是该方法基于小炮检距假设，不适用于大炮检距数据。而保幅偏移的一个巨大贡献在于为 AVO 分析服务，AVO 分析需要大量的远炮检距信息，如果用于要求更高的保幅偏移，该方法显然不合适。采用二分法进行数值逼近求解，尽管该方法会增大一部分计算量，但精度会更高，可以保留更多(大炮检距)有效信息。通过二分法对式(4－151)求得稳相点 k_h 后，我们就可以用式(4－145)替代式(4－144)，这是一个基于共炮检距道集的相移保幅叠前深度偏移延拓算子方程。该方程在速度横向变化不大的情况下，对构造的归位和振幅的保真具有一定的精度。而当速度横向变化较大时，我们上一节的理论对相位和振幅进行更高精度的校正，从而组成基于共炮检距道集的裂步傅里叶保幅叠前深度偏移延拓算子方程。当然当速度横向变化非常剧烈时，我们还可以进一步提高精度，比如基于共炮检距道集的高阶屏保幅叠前深度偏移延拓算子方程等等。

四、模型数值试验

1. 2D 模型叠后深度偏移试验

图 4－37 为一简单凹陷模型的速度剖面，由上至下四层的速度分别为 2000m/s、2500m/s、3200m/s、4000m/s。图 4－38 对应该速度模型 2D 爆炸反射面合成零炮检距数据。图 4－39 和 4－40 分别对应传统共炮检距道集偏移算子和本章共炮检距道集保幅偏移算子得到的叠后偏移剖面。可见，传统偏移方法和保幅偏移方法在构造成图上是一致的，也就是说它们反映了相同的相位信息。但从振幅关系上看，传统方法由于忽略了介质参数变化对振幅的改造而使得中深层的反射能量较弱。保幅偏移充分考虑了这些振幅误差，将误差补偿作为偏移的一部分与偏移一起在偏移过程中实现，由该方法获得的剖面在中深层振幅得到有效的恢复，在整体上振幅更加均衡，资料的品质更高。

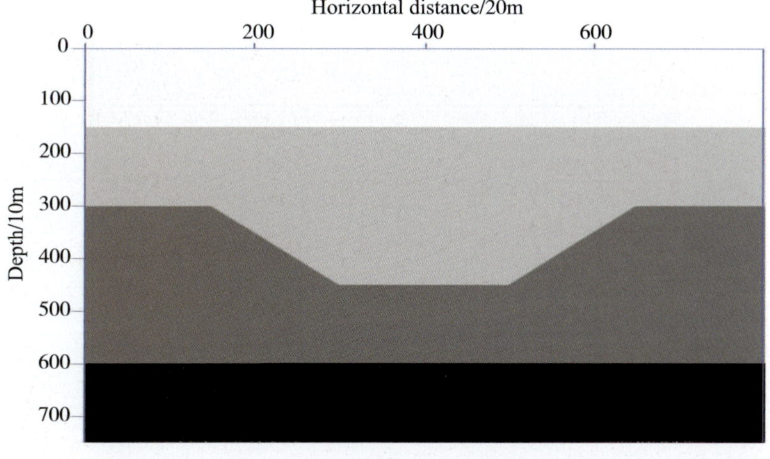

图 4－37 凹陷模型速度剖面

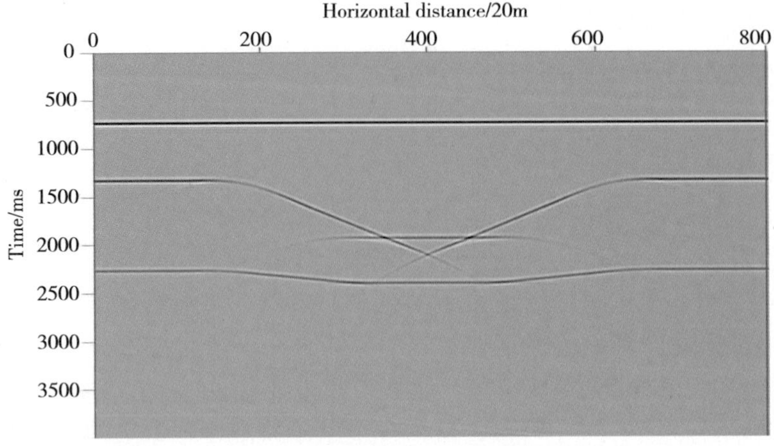

图 4－38　凹陷模型零炮检距剖面

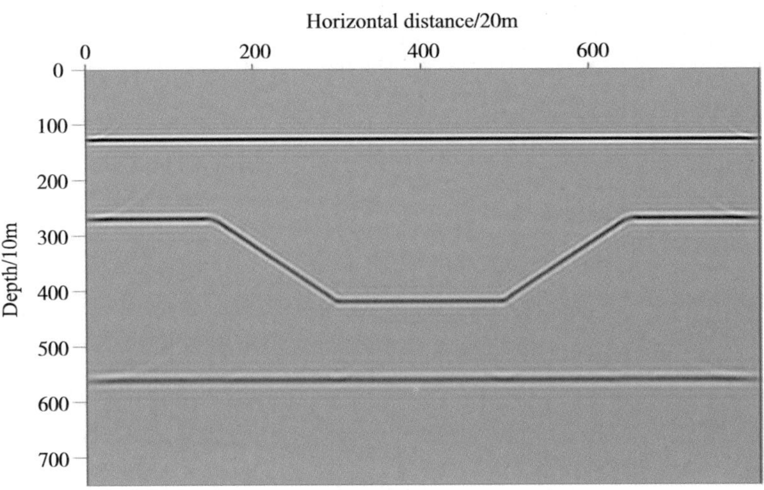

图 4－39　凹陷模型传统 DSR 叠后深度偏移剖面

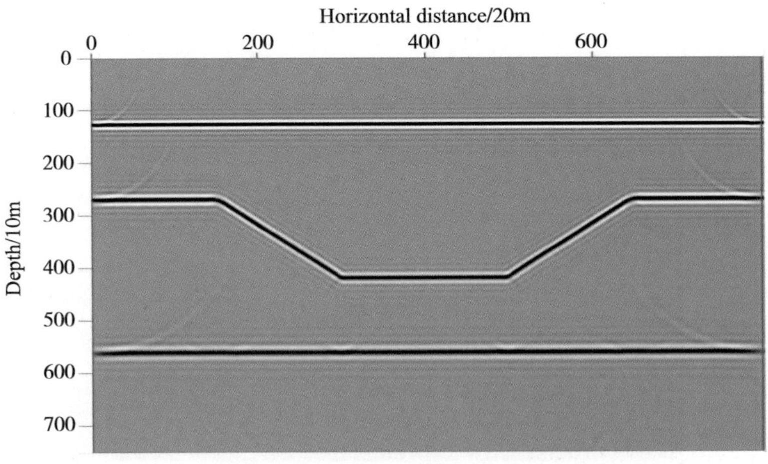

图 4－40　凹陷模型保幅 DSR 叠后深度偏移剖面

2. 2D 模型叠前深度偏移试验

Marmousi2 模型(图 4 -41)是由 Gray 在 2004 年为研究复杂构造和成像方法对 AVO 分析适用性的影响而设计的，是经典 Marmousi 模型的升级版。在本节我们仅仅探讨保幅偏移对常规处理的加强，也就是说主要研究保幅偏移对叠加剖面的改进，而关于保幅偏移对 AVO 分析的贡献将在下一节进行详尽的分析。图 4 -42(a)为第 161 炮(X =6420m)的正演单炮记

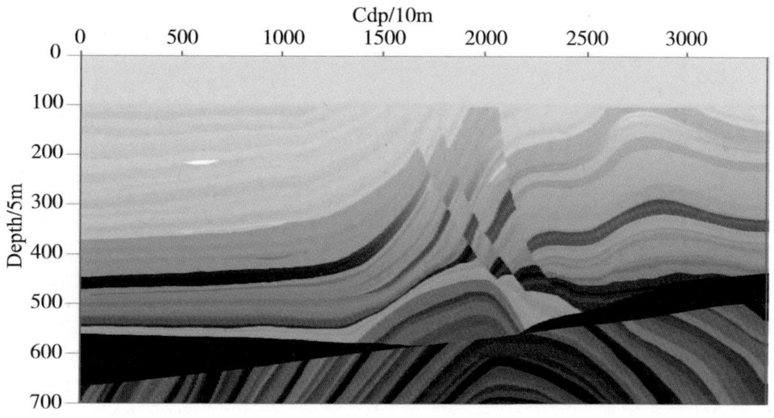

图 4 -41 Marmousi2 模型纵波速度剖面

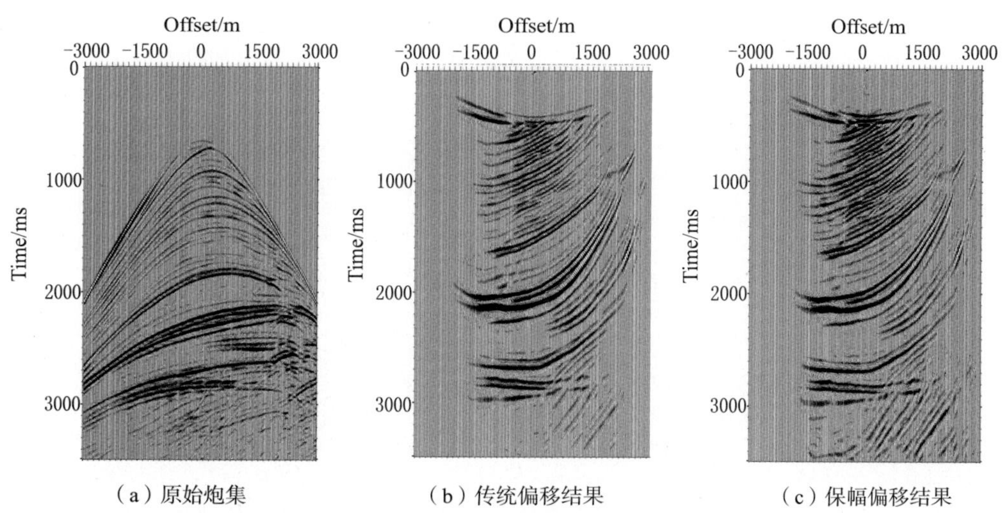

图 4 -42 Marmousi2 模型第 161 炮原始炮集记录和偏移结果

录，图 4 -42(b)和图 4 -42(c)分别对应传统共炮检距道集叠前深度偏移和保幅偏移的结果，可见，保幅偏移结果有效地补偿了振幅误差，上、下波组关系更加均衡。图 4 -43、图 4 -44 分别为共炮检距道集传统叠前深度偏移剖面和保幅叠前深度偏移剖面，可以看到保幅偏移剖面的整体波组特征更好，资料归位更加准确、断面形态更加清晰、内幕成像也得到改善，有效地改善了偏移成像的质量，地震资料的垂向分辨率和横向分辨率也都得到了提高。值得注意的是，保幅偏移剖面除了有效地补偿了中深层的振幅外，也改善了部分浅层的资料

质量(尤其是模拟的海底线)。这是由于对应该部分的正演炮集数据在小炮检距处振幅能量较弱，而大炮检距能量较强，偏移后由于偏移拉伸(类似于动校拉伸)浅层大炮检距资料被切除掉，只留下弱能量的小炮检距信息。而保幅偏移在偏移过程中补偿了这些由于炮检距引起的振幅误差，所以在浅层的资料品质也强于传统偏移剖面。

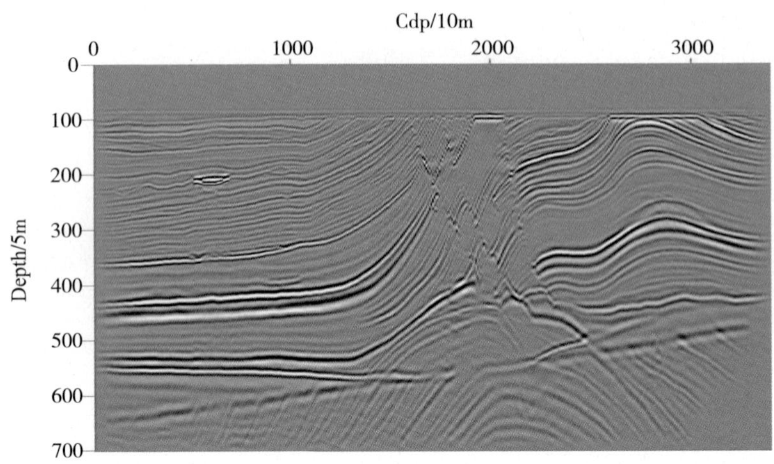

图 4 -43　Marmousi2 模型传统共炮检距道集叠前深度偏移剖面

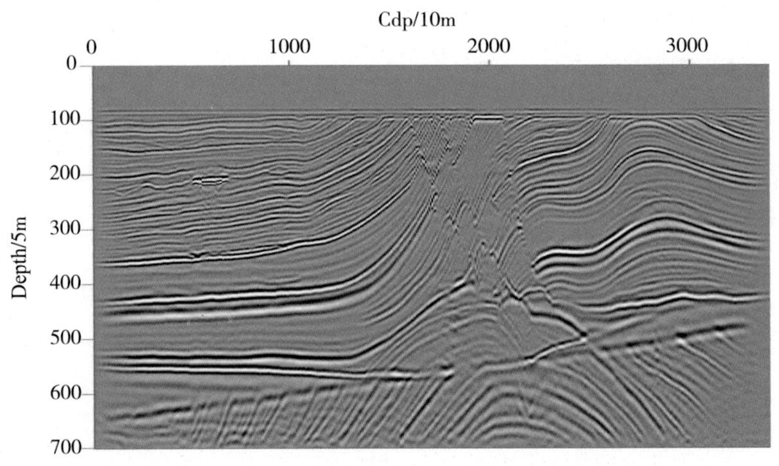

图 4 -44　Marmousi2 模型保幅共炮检距道集叠前深度偏移剖面

3.　3D 模型叠前深度偏移试验

图 4 -45 为经典三维 SEG/EAGE 盐丘模型 Inline 方向某一速度场剖面。图 4 -46 为基于传统偏移方法获得的成像剖面，可以看到，整体的成像效果还是可以的，但盐体下边界以及盐下层位的成像振幅相对较弱，成像效果比较差。图 4 -47 为保幅偏移方法获得的成像剖面，与图 4 -46 相比(采用相同的显示参数)，整个剖面的成像振幅比较均衡，资料的品质在整体上得到有效的改善，尤其是盐体边界、盐下构造的成像质量得到大大的改观，在图 4 -46 中比较模糊的某些盐下层位的像得到显现，成像精度得到进一步提高。

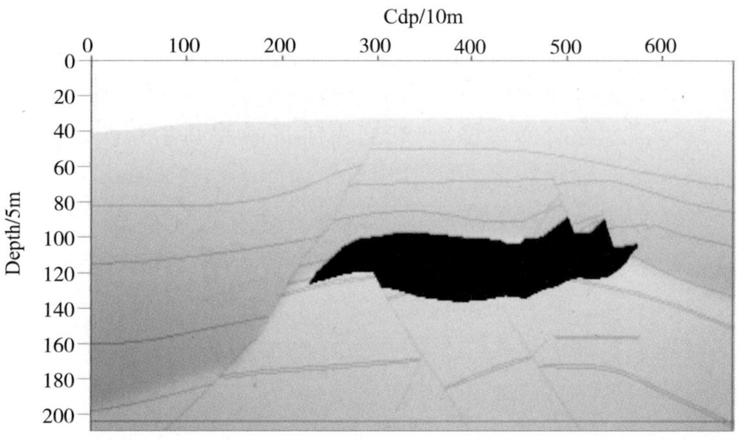

图 4－45　三维 SEG/EAGE 盐丘模型某 Inline 线速度剖面

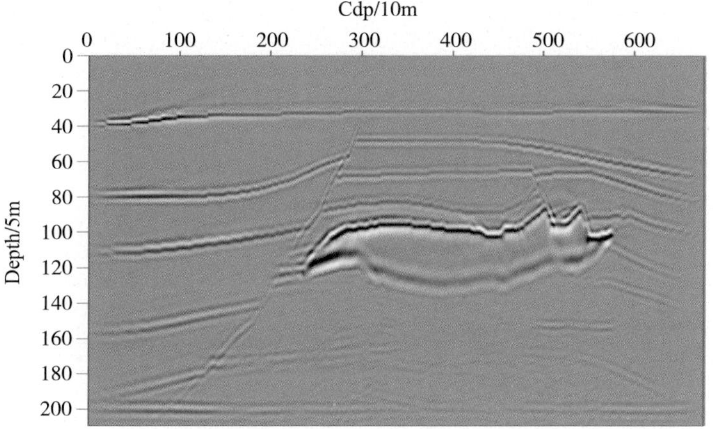

图 4－46　三维 SEG/EAGE 盐丘模型某 Inline 线传统共炮检距道集叠前深度偏移剖面

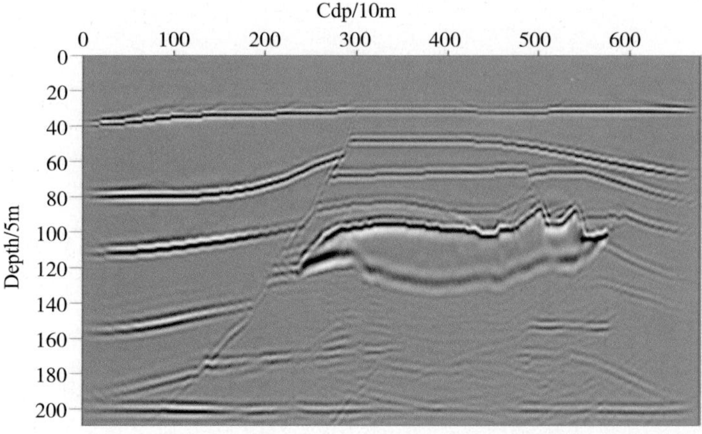

图 4－47　三维 SEG/EAGE 盐丘模型某 Inline 线保幅共炮检距道集叠前深度偏移剖面

五、实际资料处理

利用保幅共炮检距道集叠前深度偏移方法对中国东部某3D实际地震资料进行了试处理。图4－48为传统方法获得的偏移剖面，它是通过先进行一系列振幅恢复处理(例如基于简单模型的几何扩散校正、瞬时增益等)，然后再进行常规共炮检距叠前深度偏移处理。可以看到，虽然剖面的整体振幅比较均衡，但是中、深层的信息模糊，右侧倾角较大的断面形态也不清晰。图4－49为保幅偏移方法获得的剖面，它有效地补偿了中、深层的反射能量。与图4－48相比较，资料归位更加准确、断面形态更加清晰，内幕成像也得到明显改善，有效地改善了偏移成像的质量，并在一定程度上提高了信噪比，同时，地震资料的垂向分辨率和横向分辨率也都得到了提高。

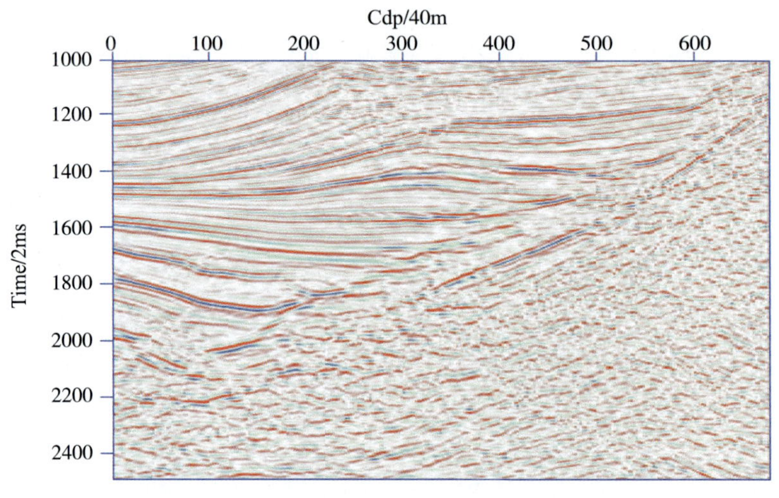

图4－48　传统共炮检距道集叠前深度偏移剖面

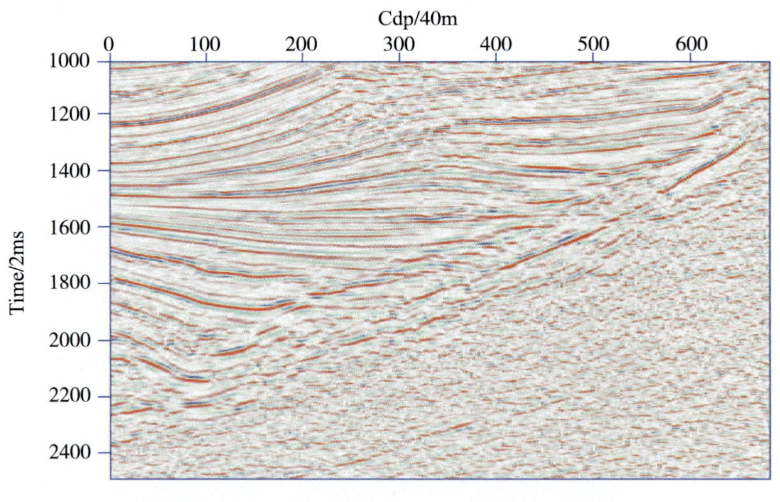

图4－49　保幅共炮检距道集叠前深度偏移剖面

第五节 波动方程保幅叠前深度偏移与 AVO 分析

叠前偏移和 AVO(Amplitude Versus Offset)分析是地震勘探中两项重要的技术。AVO 分析技术根据振幅随炮检距的变化规律所反映出的地下岩性及其孔隙流体的性质来直接预测油气和估计地壳岩性参数，它为资料解释者与开发地震工程师之间建立起了地震资料与岩石物性之间的联系。建立在先进的地震波理论之上的叠前深度偏移技术是地震波精确成像的重要手段，而双域波动方程保幅叠前深度偏移是在给出正确位置的同时也给出真实振幅的一种特殊完善，它不但可以使散射能量聚焦、归位，提高成像精度；而且可以输出正确反映地下反射系数的振幅信息，为后续的 AVO 分析提供更真实的地震信息，从而又建立起了地震资料处理人员与资料解释人员之间的联系。

AVO 分析研究主要是在叠前进行的，因此道集的归位必须采用叠前偏移；其次，属性体的归位采用叠后偏移是不合适的，特别是碳氢检测之类的属性体；再者，AVO 预处理是保幅处理，由于偏移前后不能应用 AGC 等均衡措施，必然导致偏移后画弧现象严重，影响处理效果。因而只有进行叠前偏移，才能对 CMP 道集进行归位，得到 CRP 道集，在此基础上进行 AVO 属性等后续处理，才能较好地解决 AVO 异常的归位问题，而且使绕射能量归位，减弱随机噪声的干扰，使 AVO 响应更清晰，提高 AVO 资料的分析质量。既然 AVO 分析是研究地震波振幅的技术，那么很显然要求应用于 AVO 预处理的叠前偏移必须为保幅偏移，它可以对叠前道集进行正确有效的振幅补偿和归位，尽可能地消除影响振幅的非地质因素，从而保留和突出影响振幅的地质因素。

传统的 AVO 方法已经广泛应用于 CMP 道集。然而，随着构造复杂度的提高，CMP 方法的基本假设已经不存在其合理性，此时获取一个地下的可解释的像已经不可能了，就更不用说应用于 AVO 分析的道集了。在这一章中，我们将叠前偏移与 AVO 分析这两项地震勘探中的重要技术有机地结合起来。重点论述波动方程保幅叠前深度偏移方法对 AVO 分析技术的重要意义，通过对经典模型数据进行叠前偏移处理并进行 AVO 分析，从而说明波动方程保幅叠前深度偏移方法在参数反演、岩性识别与储层预测领域的作用。

一、水平层状模型试算

根据 Rutherford 和 Williams 的经典 AVO 异常分类，分别设计三个水平层状模型，模型的参数如表 4-1 所示。图 4-50 为 Zoeppritz 方程计算出来的理论振幅响应曲线。第一类异常(通常称之为“暗点”)对应高波阻抗油气储层，振幅随炮检距逐渐减小；第二类异常对应的储层与围岩的波阻抗相近，振幅随炮检距逐渐增加；第三类异常(通常所说的“亮点”)对应低波阻抗油气储层，振幅随炮检距轻微增加。由波动方程保幅叠前深度偏移获得的共成像点道集(CIGs)的 AVO 特征与理论值吻合得很好(图 4-51)，可以说明在水平层状介质条件下波动方程保幅叠前深度偏移方法可以提供正确反映地下地质情况的 CIGs。

表 4－1　三类 AVO 异常弹性参数列表

AVO	Lithology	Vp/(m/s)	Vs/(m/s)	Rho/(g/c)
class1	Shale	3095	1515	2. 40
	Gas sand	4050	2525	2. 21
class2	Shale	2645	1170	2. 29
	Gas sand	2780	1665	2. 08
class3	Shale	2190	820	2. 16
	Gas sand	1545	900	1. 88

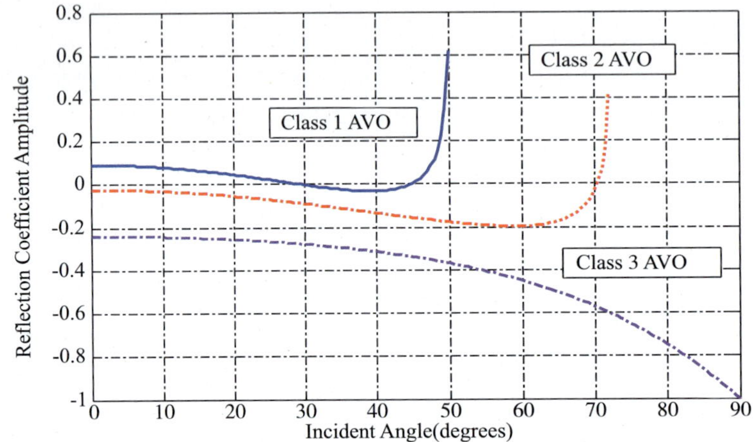

图 4－50　三类经典 AVO 异常的理论振幅响应曲线

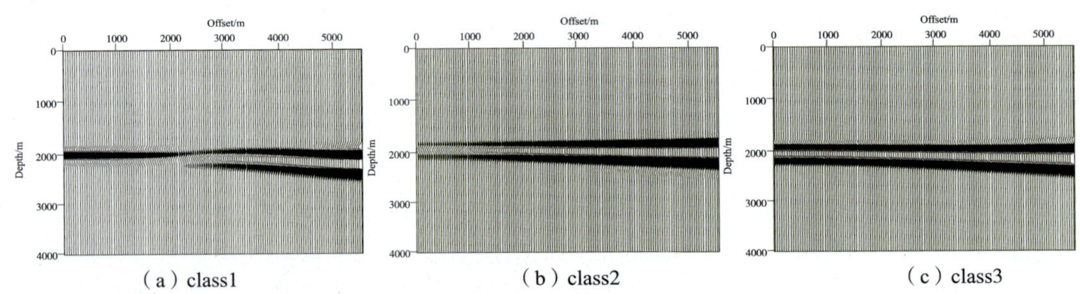

图 4－51　波动方程保幅叠前深度偏移 CIGs

二、断层模型试算

为了验证保幅叠前深度偏移方法的适应性，设计了一个简单的断层模型(图 4－52)。它的弹性参数对应上述的经典第一类 AVO 异常。基于该模型的合成数据，我们分别进行了传统的 NMO 和波动方程保幅叠前深度偏移试验。图 4－53 和图 4－54 分别为这两种方法获得的叠加剖面，可以看到在保幅的波动方程叠前深度偏移剖面中同相轴归位到了正确的位置，而且绕射波也得到了有效收敛。

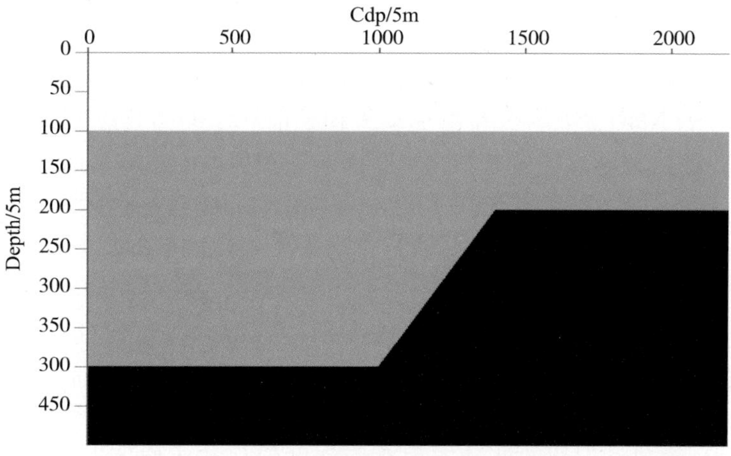

图 4－52 断层模型的纵波速度剖面

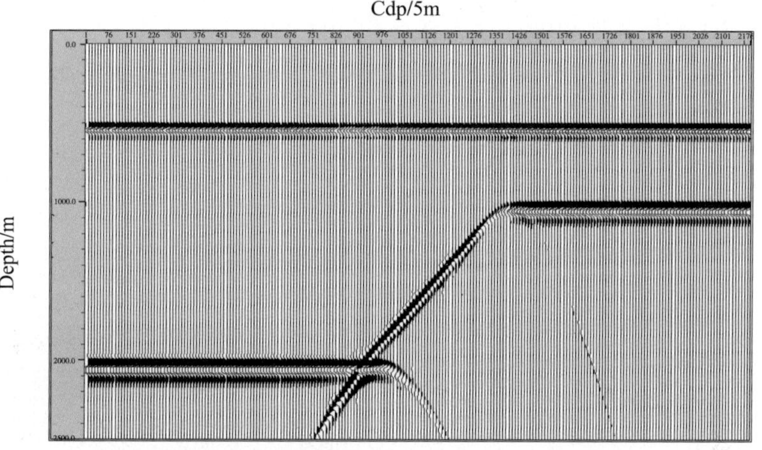

图 4－53　断层模型的 NMO 叠加剖面

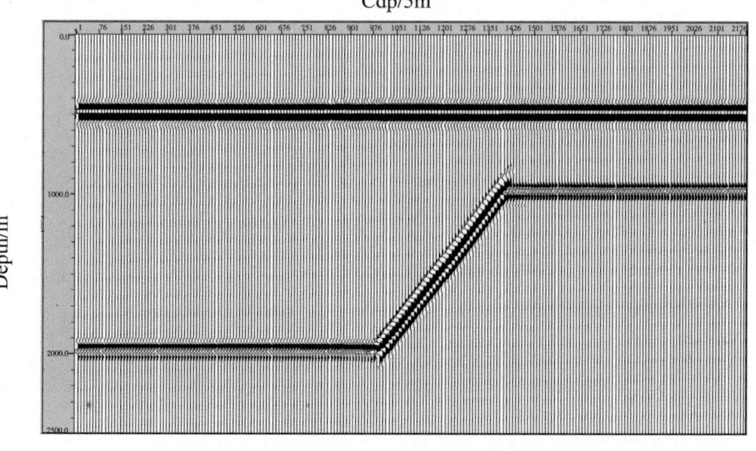

图 4－54　断层模型的保幅偏移剖面

为了检验波动方程保幅叠前深度偏移对 AVO 分析的影响，我们选取了模型中具有代表性的六个点(图 4－55)，并结合叠加剖面对 NMO 道集和共成像点道集进行 AVO 分析。因为传统的 AVO 分析是在时间域进行的，因此我们也将深度域的 CDP 道集转换到时间域。图 4－56 为 CDP＝200 的 NMO 道集和保幅的波动方程叠前深度偏移共成像点道集，由于在该点反射层为水平的，而且离断点比较远不会受断面波和绕射波的影响，所以两个道集基本上是一致的。图 4－57 为 CDP＝800 的 NMO 道集和保幅的波动方程叠前深度偏移共成像点道集，由叠加剖面对比可知，NMO 道集中的上轴为在水平反射层的有效反射波，而下轴为绕射波或断面波，在叠前偏移 CIGs 中可以看到绕射波得到收敛，而反射波与 NMO 道集基本一致。图 4－58 为 CDP＝960 的 NMO 道集和保幅的波动方程叠前深度偏移共成像点道集，此时 NMO 道集中的下轴为在水平反射层的有效反射波，而上轴为绕射波或断面波，与图 4－57 一样在叠前偏移 CIGs 中可以看到绕射波得到收敛，而反射波与 NMO 道集一致。图 4－59 为 CDP＝1040 的 NMO 道集和保幅的波动方程叠前深度偏移共成像点道集，此时 NMO 道集中除了下轴的绕射波或断面波外，由断面反射得到的有效反射波既没有校平也没有归位到正确位置，而在叠前偏移 CIGs 中绕射波得到收敛，反射波也归位到了正确的位置。图 4－60 为 CDP＝1200 的 NMO 道集和保幅的波动方程叠前深度偏移共成像点道集，由于该点离断点较远，所以已经没有了绕射波和断面波的影响，但是与图 4－59 一样由断面反射得到的有效反

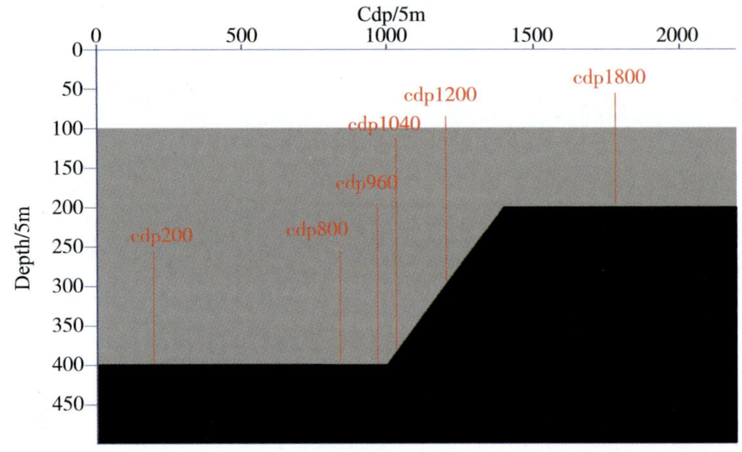

图 4－55　进行 AVO 分析的 CDP 位置图

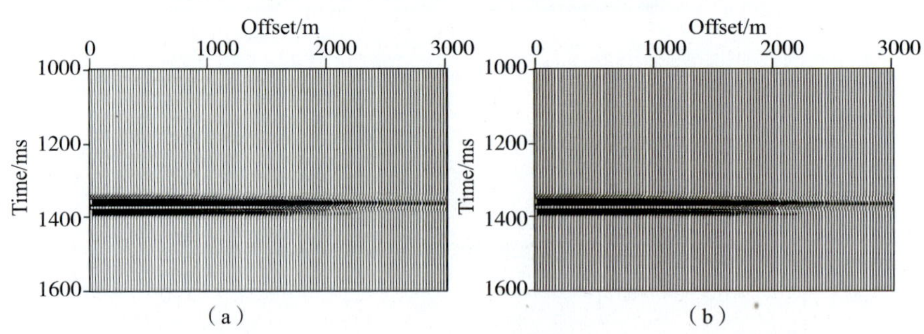

图 4－56　CDP＝200 位置的 NMO 道集(a)和保幅的波动方程叠前深度偏移 CIGs(b)

射波既没有校平也没有归位到正确位置，而在叠前偏移 CIGs 中反射波已经归位到了正确的位置。图 4－61 为 CDP＝1800 的 NMO 道集和保幅的波动方程叠前深度偏移共成像点道集，与图 4－56 一样两个道集是一致的。从图 4－56～图 4－61 可以看到，保幅的波动方程叠前深度偏移 CIGs 的振幅变化关系与理论情况相符，它消除了断层绕射、倾角因素的影响，可以提供更可靠的 AVO 异常特征。

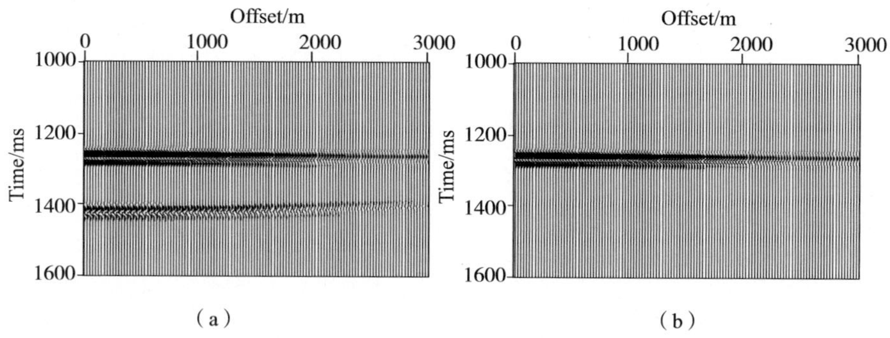

图 4－57　CDP＝800 位置的 NMO 道集(a)和保幅的波动方程叠前深度偏移 CIGs(b)

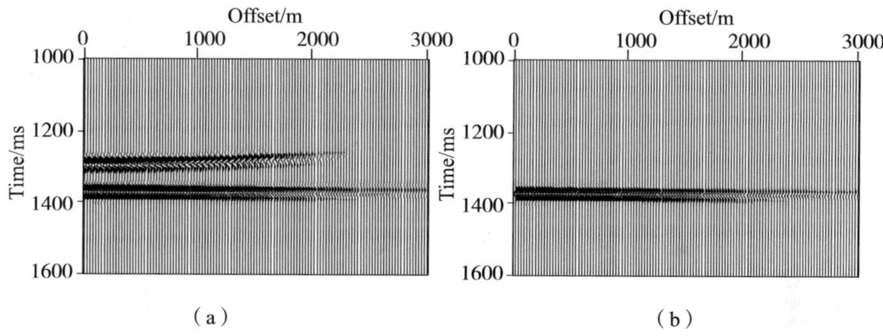

图 4－58　CDP＝960 位置的 NMO 道集(a)和保幅的波动方程叠前深度偏移 CIGs(b)

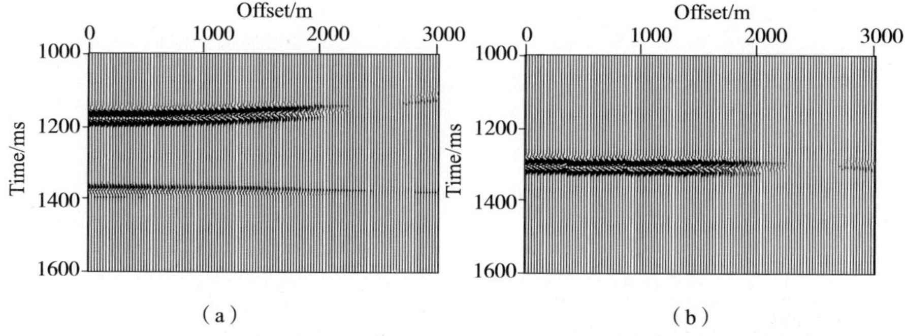

图 4－59　CDP＝1040 位置的 NMO 道集(a)和保幅的波动方程叠前深度偏移 CIGs(b)

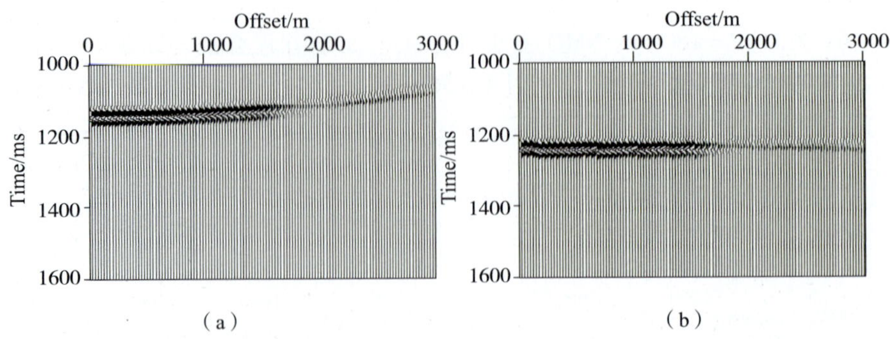

图 4-60　CDP=1200 位置的 NMO 道集(a)和保幅的波动方程叠前深度偏移 CIGs(b)

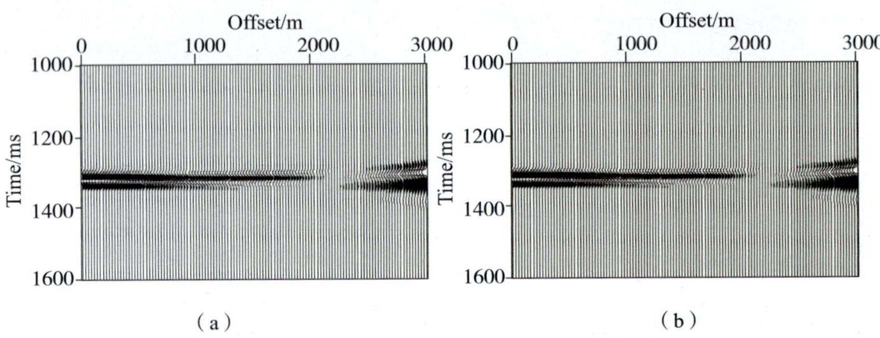

图 4-61　CDP=1800 位置的 NMO 道集(a)和保幅的波动方程叠前深度偏移 CIGs(b)

三、Marmousi2 模型试算

图 4-62～图 4-64 分别为 Marmousi 模型的纵波速度剖面、横波速度剖面和密度剖面。

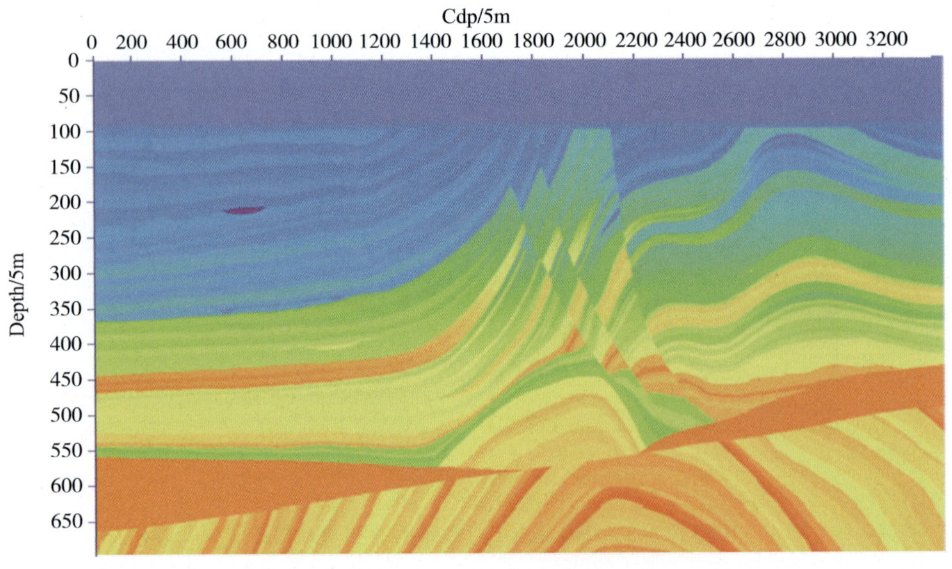

图 4-62　Marmousi2 纵波速度剖面

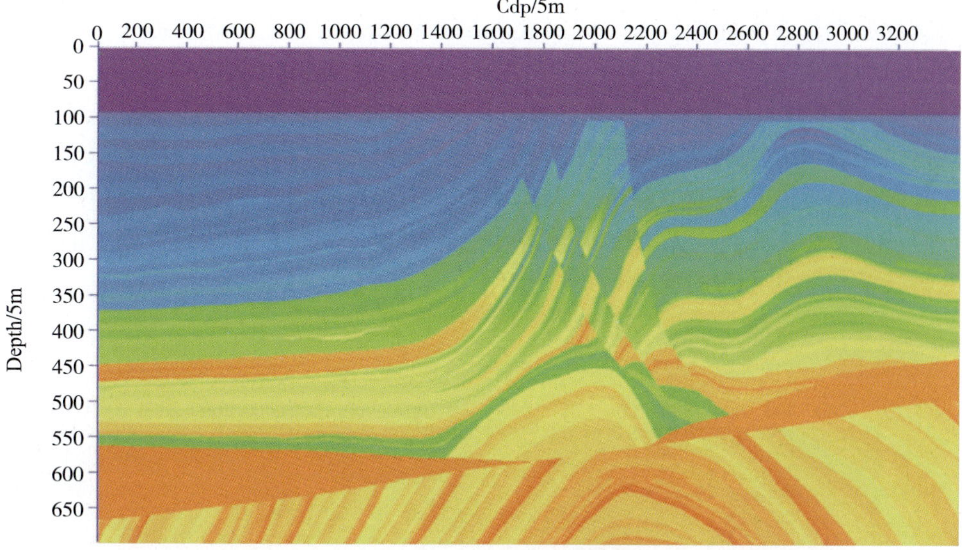

图 4-63　Marmousi2 横波速度剖面

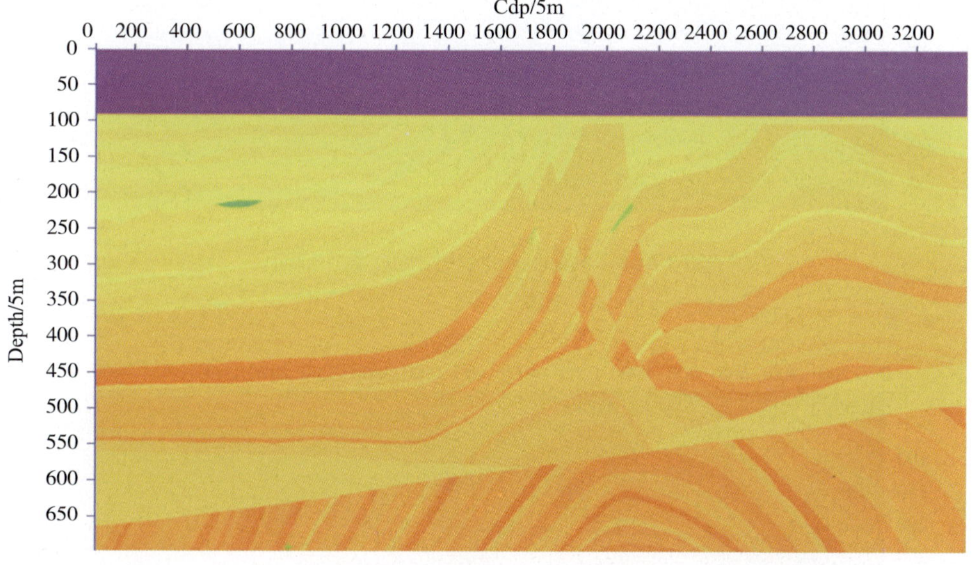

图 4-64　Marmousi2 密度剖面

1. 叠加效果分析

对 Marmousi2 模型的合成数据分别进行了常规的 NMO 叠加处理、保幅的 Kirchhoff 叠前时间偏移处理、保幅的 Kirchhoff 叠前深度偏移处理和波动方程保幅叠前深度偏移处理。图 4-65～图 4-68 分别为由它们获得的叠加剖面。为了便于比较，我们都将它们转换到深度域。

(1) NMO 叠加是最简单的叠加方法，也是常规处理中应用最广泛的方法。从图 4-65 中可以看到，在该剖面中只有很少的平层区域叠加同相轴是可以解释的，在这些区域的地层被成像到正确位置。但随着倾角的增大，倾斜层被错误地归位，像的品质逐渐降低。另外由于没有对地震数据进行偏移处理，所以绕射波也没有收敛，它完全模糊了地质构造复杂的中央区域。在剖面中出现了许多典型的由一些小的向斜构造引起的"蝴蝶结"现象。

(2) Kirchhoff 叠前时间偏移是一种计算效率比较高的偏移方法，目前在许多地震资料数字处理公司已经将该方法纳入常规处理流程。该方法具有可以对所有的输入道进行偏移的优点，但它受简单速度变化假设的限制。在图 4 - 66 中可以看到，平层和小倾角区域的像是非常好的，但在模型的复杂部分成像和归位效果变得很差，同时在复杂构造以下的深部出现了一些与深时转换相关的人为因素。

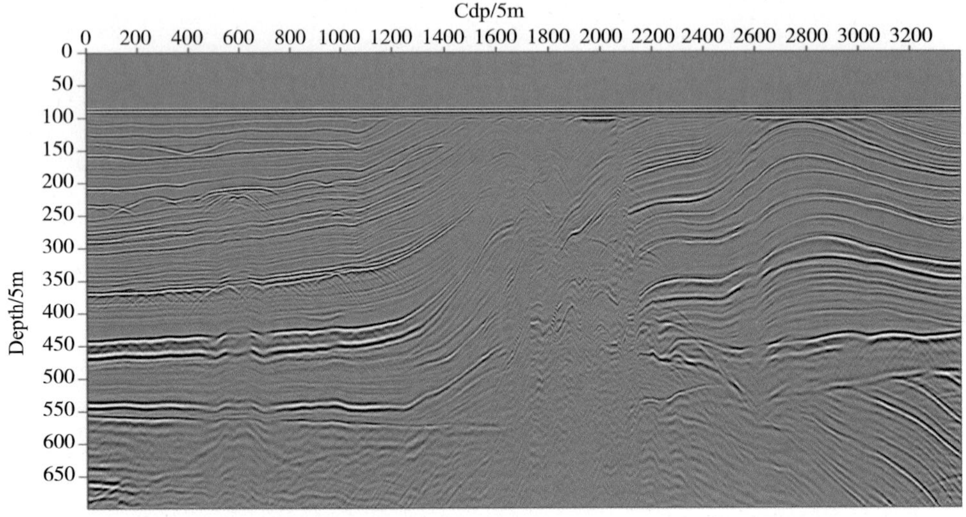

图 4 - 66　Marmousi2 模型 NMO 叠加剖面

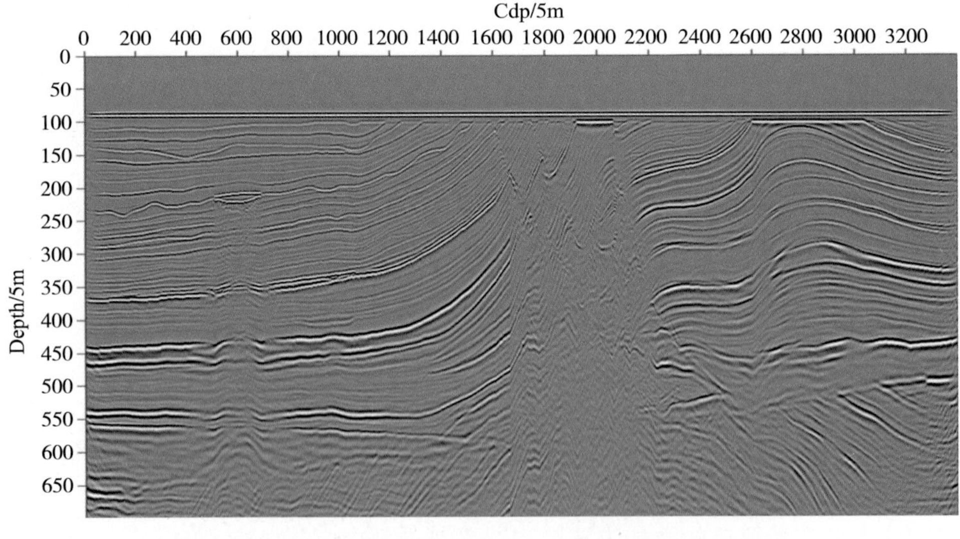

图 4 - 66　Marmousi2 模型保幅的 Kirchoff 叠前时间偏移剖面

（3）Kirchhoff 叠前深度偏移。因为用于叠前深度偏移的输入道没有经过 NMO 和叠加衰减，并且考虑了速度的横向变化，所以它非常适合用于成像问题。Kirchhoff 叠前深度偏移起源于 20 世纪 60 年代的绕射叠加方法，它利用波动方程的 Kirchhoff 积分解来反向传播地震波场以实现成像目的。Kirchhoff 叠前深度偏移相对于波动方程方法而言计算效率较高，但它用的射线追踪技术无法正确处理多波至、焦散（射线交叉）等复杂波现象。另外，类似绕射扫描叠加处理的 Kirchhoff 偏移的成像分辨率会随深度增加逐渐变差，从而影响深层的成像质量。如图 4－67 所示，模型中的大部分区域都获得了非常好的像，地层的深度和横向位置都与模型匹配得很好。在浅层和中等深度层，像的品质比较高，而且断层也被很好地归位。在模型的中心区域（泥灰背斜和不整合下的背斜），偏移得到的像非常差，而且振幅也变得非常弱。

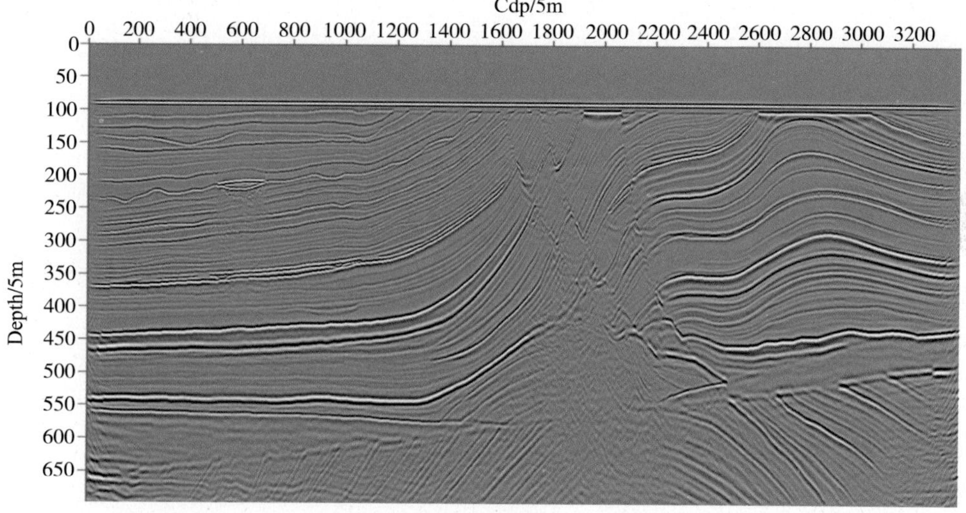

图 4－67　Marmousi2 模型保幅的 Kirchoff 叠前深度偏移剖面

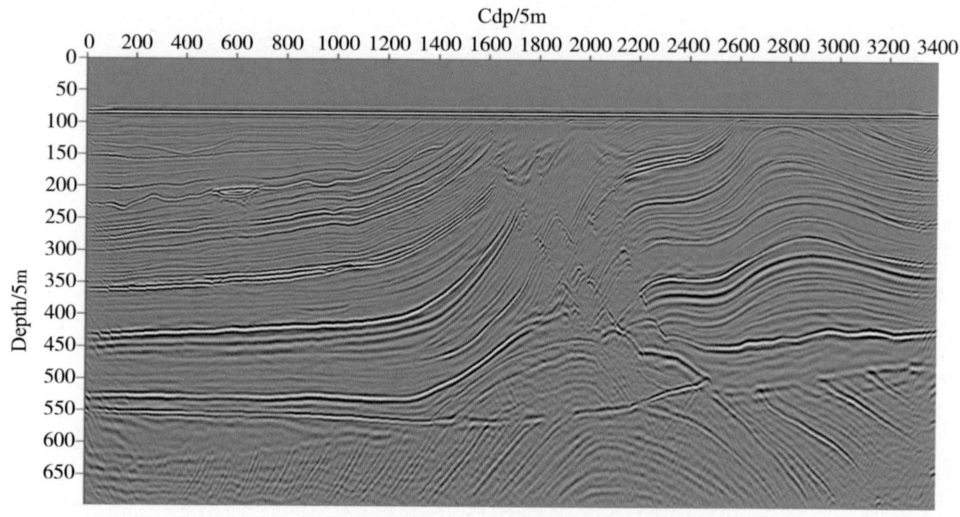

图 4－68 Marmousi2 模型保幅的波动方程叠前深度偏移剖面

(4)波动方程叠前深度偏移是高精度的成像方法，它是对复杂介质(构造复杂及速度纵横向变化大)成像的有效手段。如图4-68所示，在模型的大部分区域成的像与Kirchhoff叠前深度偏移结果(图4-67)相似，但在模型的复杂区域波动方程偏移结果品质更高。波动方程叠前深度偏移结果几乎所有的同相轴在空间上正确归位，断层面更加清晰，尤其是在模型的中心区域和深层区域，在Kirchhoff偏移剖面上比较模糊的地质构造在该剖面上得到很好的显现，振幅也得到有效的恢复，信噪比也变得更高。

2. 道集AVO分析

AVO异常探测方法需要分析叠前地震振幅。叠前地震振幅由简单的方法(如CMP)或者比较先进的叠前偏移方法(它提供共成像道集)得到。在这一部分，我们将前面讲到的四种方法得到的叠前道集用于AVO分析，并对这几种道集进行我们选取了其中几个具有代表性的含气砂岩进行分析，图4-69为Marmousi2模型的泊松比剖面，其中红线指向的位置为含气砂岩位置，标识中的数字为CDP号，A、B1、B2、C和D为我们自己定义的含气砂岩代号。与前面类似，我们也将这些道集转换到时间域。

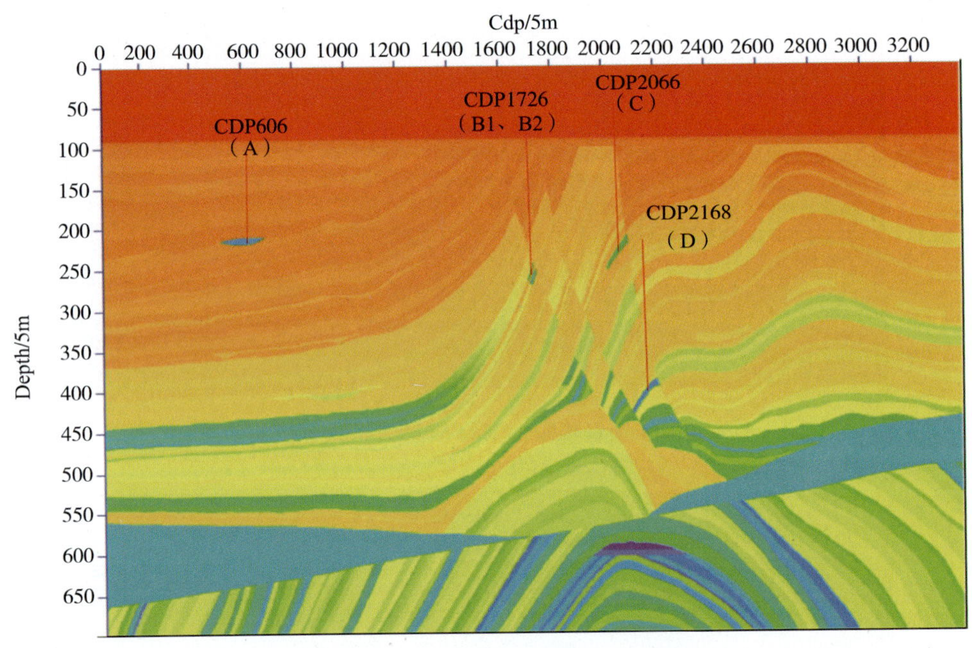

图4-69 Marmousi2模型泊松比剖面

(1)含气砂岩A。图4-70是对在CDP606位置的含气砂岩A进行的AVO响应研究。其中(a)为理论AVO曲线，(b)为模拟的理论响应(Gray，2004)，而(c)~(f)分别为经保幅的常规NMO、Kirchhoff叠前时间偏移、Kirchhoff叠前深度偏移、波动方程叠前深度偏移处理获得的道集。由图可见，观测到的AVO现象与理论响应非常相似，气藏的顶和底都是亮点(其中底为负相位)。对于砂岩的顶，振幅随着炮检距略微增大。由于该砂岩埋藏比较浅，而且又比较平缓，即使NMO道集也得到了期望的结果，而Kirchhoff叠前时间偏移、Kirchhoff叠前深度偏移、波动方程叠前深度偏移精度越来越高，都得到能够正确反映AVO关系的共成像点道集。对于砂岩的底，它显示了相反的极性，振幅也随着炮检距略微增大。

NMO 道集被干涉的绕射波所影响，因此它不适合用于 AVO 分析；Kirchhoff 叠前时间偏移共成像道集在近道比较好，它显示了期望的 AVO 结果，但在中、远道(Offset > 1600m)效果变差，同相轴变得不准确，其可能是由于叠前时间偏移的理论限制和用于偏移的速度平滑引起的；Kirchhoff 叠前深度偏移共成像道集与 Kirchhoff 叠前时间偏移相似，只不过中、远道的不准确程度要稍好一些；而波动方程叠前深度偏移共成像道集比前几种道集更平，AVO 特征也更加清晰，它最适合用于进行 AVO 分析。值得注意的是，由于在正演时所用的子波为负相位子波，从而导致实际道集的相位反转，下面的情况也类似。

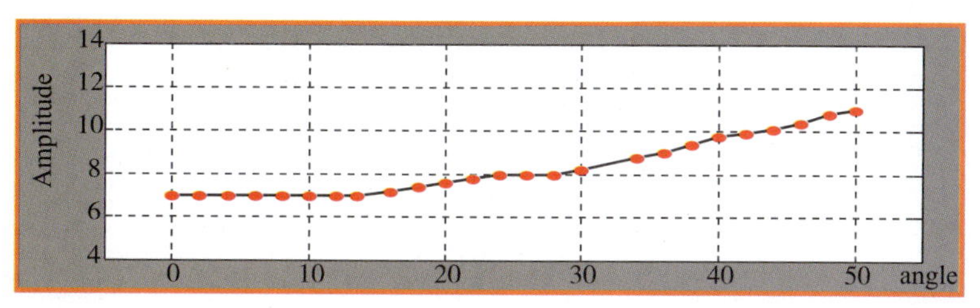

（a）理论AVO曲线

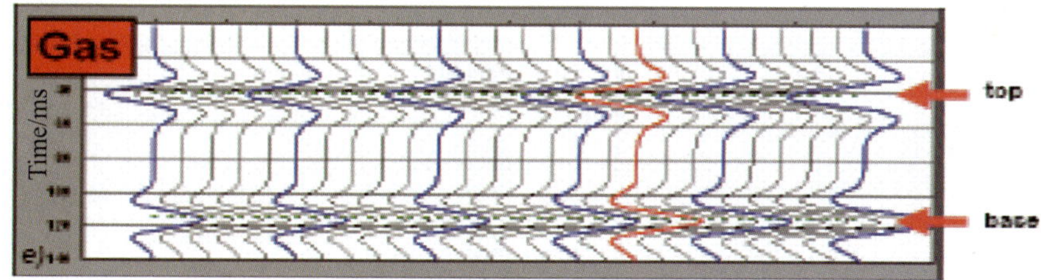

（b）理论合成响应

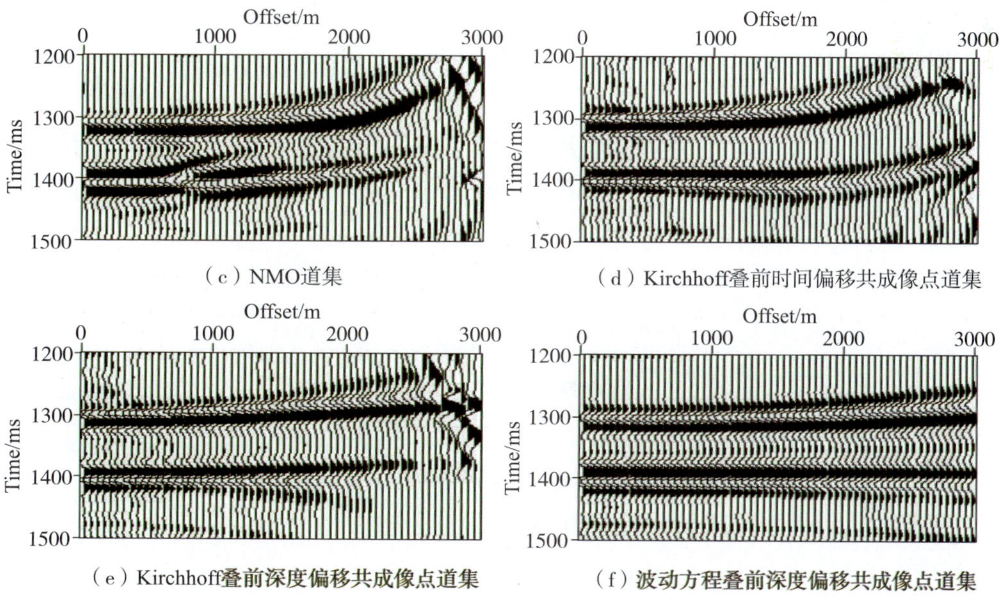

（c）NMO道集

（d）Kirchhoff叠前时间偏移共成像点道集

（e）Kirchhoff叠前深度偏移共成像点道集

（f）波动方程叠前深度偏移共成像点道集

图 4 – 70　在 CDP606 位置含气砂岩 A 的 AVO 响应研究

(2)含气砂岩 B1、B2。图 4－71 是对在 CDP1726 位置的含气砂岩 B1、B2 进行的 AVO 响应研究。含气砂岩 B1 非常薄(26m)并且处于一个构造非常复杂的区域，因此 NMO 技术是失败的，在叠加剖面上都探测不到同相轴，更不用说道集了；在 Kirchhoff 叠前时间偏移叠加剖面上有可能确定砂岩的顶，但在成像道集上探测不到；Kirchhoff 叠前深度偏移共成像道集可以追踪到该砂岩的顶，并在近道观测到与理论曲线大致吻合的 AVO 关系(振幅随炮检距近似为常数)，而中、远道(Offset >1300m)就变得不准确了。波动方程叠前深度偏移共成像道集不但可以轻松地追踪到该砂岩的顶，而且它在几乎所有的炮检距都有与理论曲线大致吻合的 AVO 关系。含气砂岩 B2 尽管较厚(55m)，但由于它处于复杂区域，所以仍然成像不

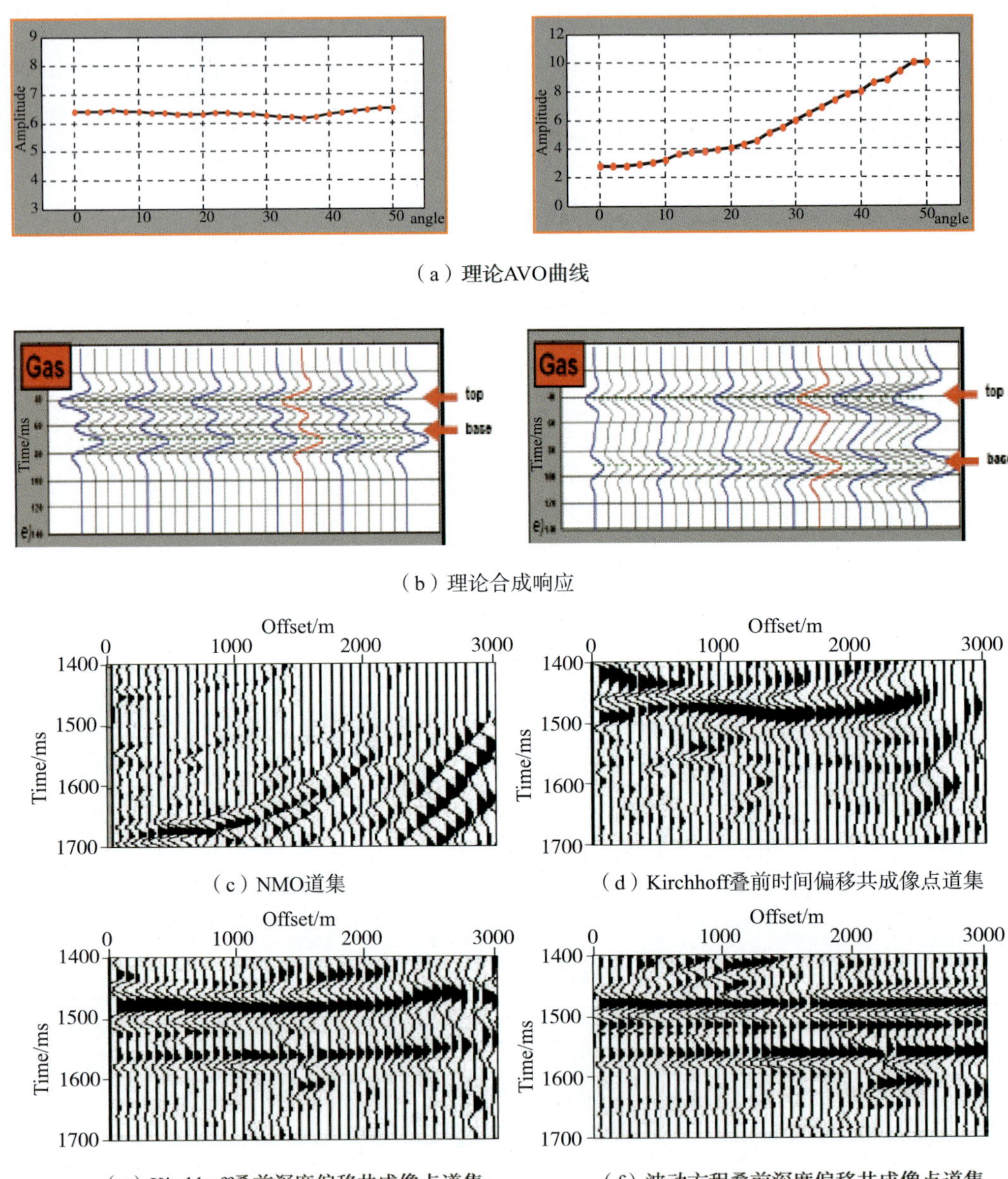

(a) 理论AVO曲线

(b) 理论合成响应

(c) NMO道集

(d) Kirchhoff叠前时间偏移共成像点道集

(e) Kirchhoff叠前深度偏移共成像点道集

(f) 波动方程叠前深度偏移共成像点道集

图 4－71　在 CDP1726 位置的含气砂岩 B1、B2 的 AVO 响应研究

好。NMO 叠加和 Kirchhoff 叠前时间偏移不能解决构造的复杂性，从而不能在道集中形成同相轴。Kirchhoff 叠前深度偏移共成像点道集和波动方程叠前深度偏移共成像点道集可以探测到该砂岩的底，并且能够探测到与理论一致的 AVO 现象，振幅随炮检距较强幅度地增大。和前面一样，波动方程方法获得的道集效果更好、精度更高。另外，这两个气藏靠得非常近，又处于模型的复杂区域。由于地震分辨率的原因，含气砂岩 B1 的底和含气砂岩 B2 的顶很难探测到，即使效果最好的波动方程方法也是将两者混和在了一起，区分不了。

（3）含气砂岩 C。图 4－72 是对在 CDP2066 位置的含气砂岩 C 进行的 AVO 响应研究。除了 NMO 叠加，其他方法都能得到比较好的叠加像。因此，应用 NMO 道集不可能探测到这个油气单元。Kirchhoff 叠前时间偏移共成像点道集只有比较少的几个近道可以探测到砂岩

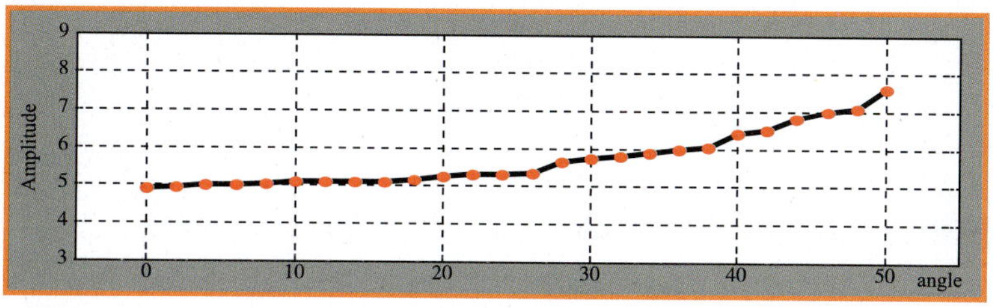

（a）理论AVO曲线

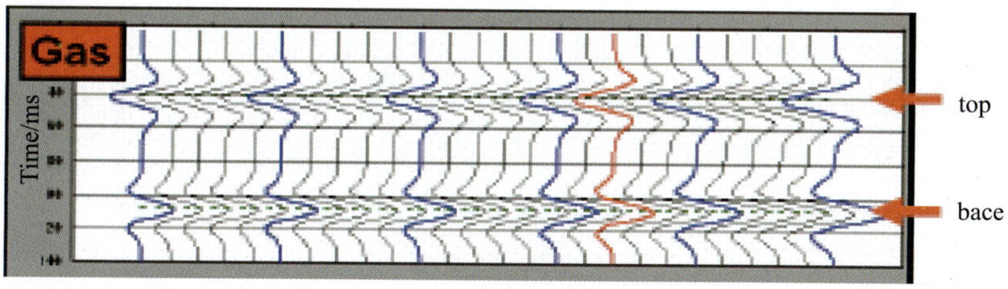

（b）理论合成响应

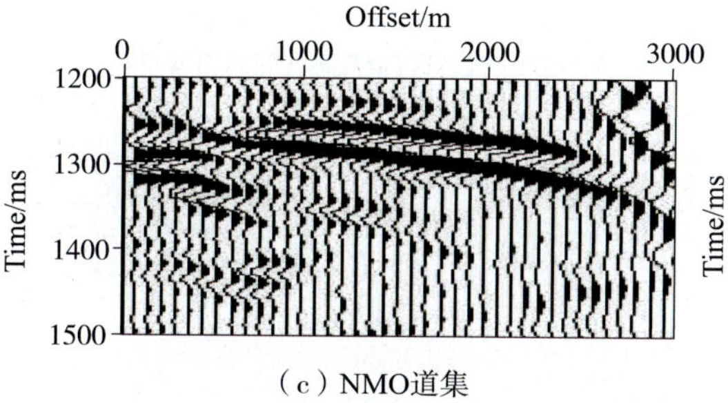

（c）NMO道集

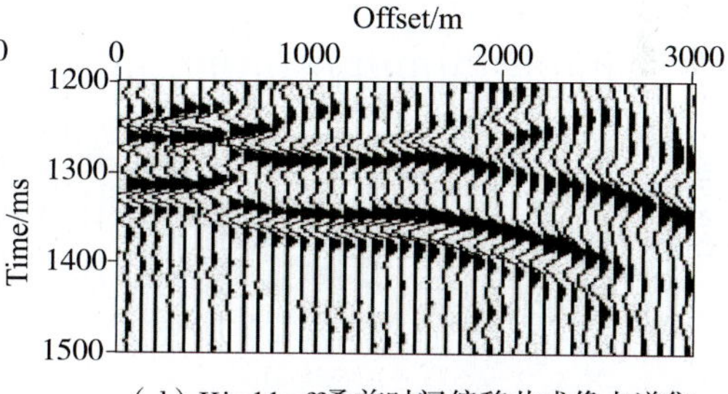

（d）Kirchhoff叠前时间偏移共成像点道集

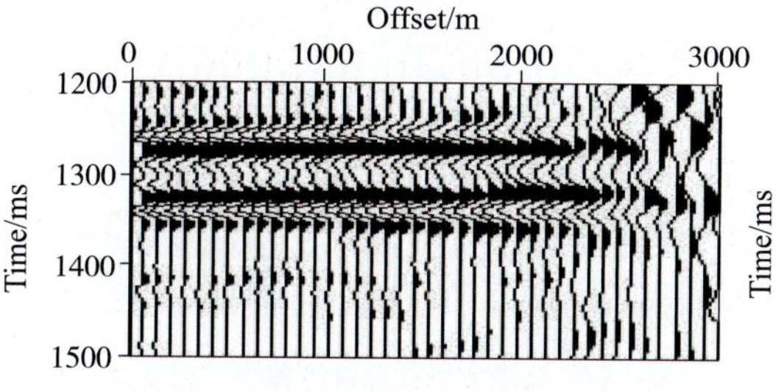

（e）Kirchhoff叠前深度偏移共成像点道集

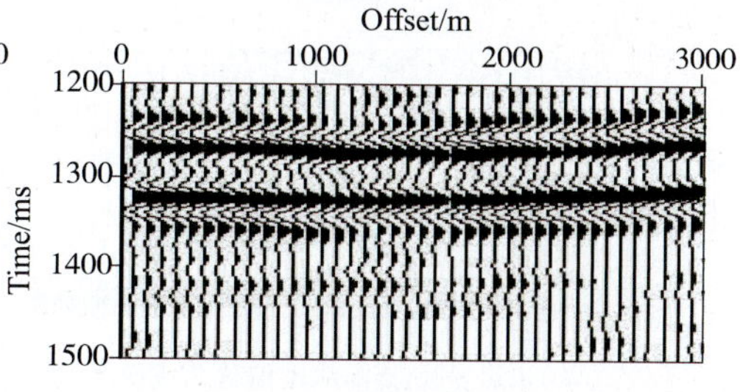

（f）波动方程叠前深度偏移共成像点道集

图 4－72　在 CDP2066 位置的含气砂岩 C 的 AVO 响应研究

的顶和底，并且可以观察到与理论一致的 AVO 现象（此处的振幅应该为随炮检距中等增大，但在近炮检距几乎为常数），到了中等炮检距以后由于经过比较复杂的地质构造，同相轴丢失了。Kirchhoff 叠前深度偏移和波动方程叠前深度偏移提供了满意的共成像道集，砂岩的顶和底都可以追踪到，振幅随炮检距中等增大，与理论响应非常吻合，波动方程方法效果更好。

(4)含气砂岩 D。图 4－73 是对在 CDP2168 位置的含气砂岩 D 进行的 AVO 响应研究。含气砂岩 D 埋藏较深，应用 NMO 叠加不能够成像，在 CMP 道集上几乎看不到任何响应，因而无法进行 AVO 分析；Kirchhoff 叠前时间偏移共成像道集可以在近道探测到微弱的同相轴，

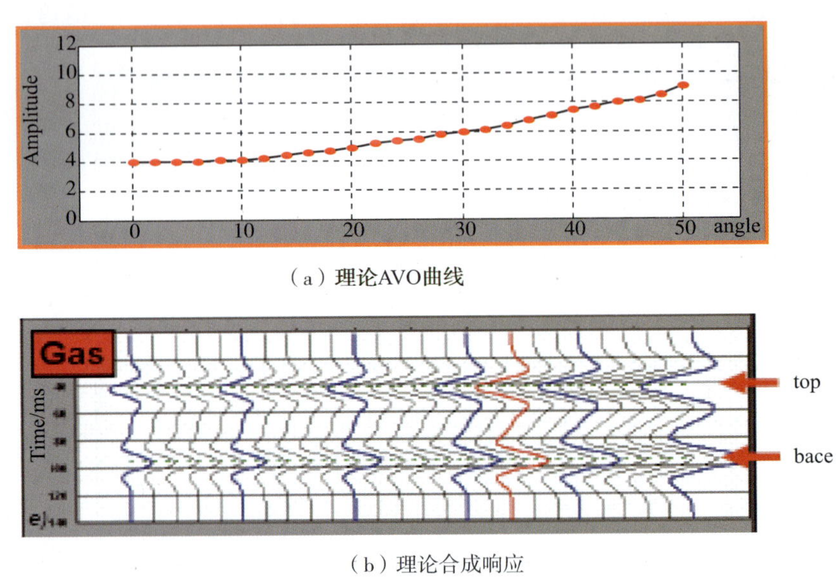

（a）理论AVO曲线

（b）理论合成响应

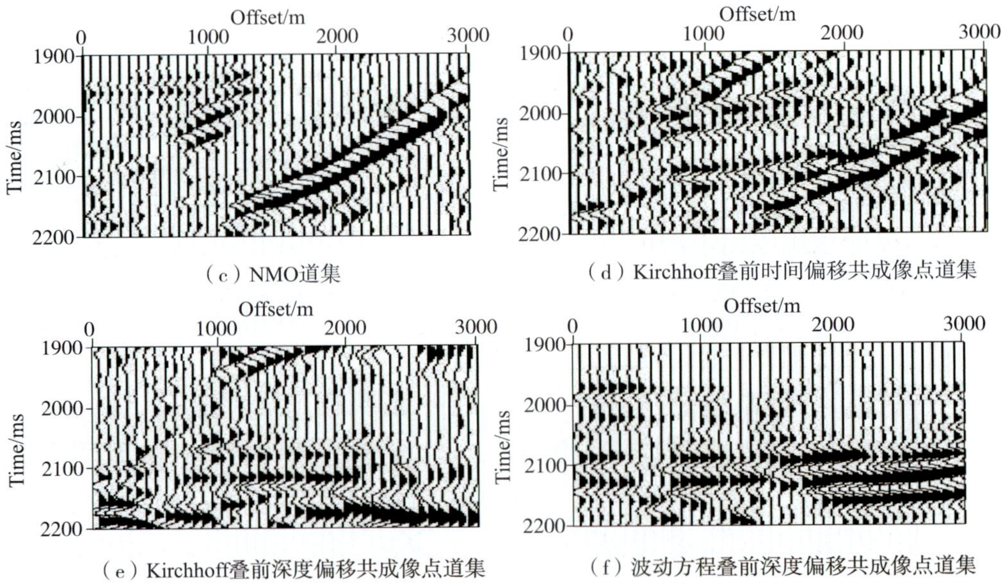

（c）NMO道集

（d）Kirchhoff叠前时间偏移共成像点道集

（e）Kirchhoff叠前深度偏移共成像点道集

（f）波动方程叠前深度偏移共成像点道集

图 4－73　在 CDP2168 位置的含气砂岩 D 的 AVO 响应研究

尽管由于时间偏移的局限性校得不是很平，但还是可以观察到与理论曲线一致的 AVO 现象，振幅随炮检距逐渐增大；与 Kirchhoff 叠前时间偏移共成像道集相比，Kirchhoff 叠前深度偏移共成像道集的近道同相轴已经被较好地校平，也能够观察到较理想的 AVO 特征，但能量仍然较弱，而在中、远炮检距则情况更糟；在波动方程叠前深度偏移共成像道集上我们可以探测到比较理想的同相轴，也能观察到与理论曲线吻合得比较好的 AVO 现象。

从上述的叠加效果分析和共成像点道集分析可知，波动方程保幅叠前深度偏移方法具有高的成像精度，不但可以使散射能量聚焦、归位，提供高品质的叠加剖面，而且可以输出正确反映地下反射系数的振幅信息，其所提供的共成像点道集最适合用于进行 AVO 分析，从而为 AVO 技术的发展开辟了更宽广的领域。

小　结

波动方程叠前深度偏移是基于先进理论基础的高精度地震波成像技术。传统波动方程叠前深度偏移方法是定性的，它以构造成图为主要目标，满足于得到地下反射的正确位置，保证了走时的正确性，可以从运动学上准确描述地震波的传播过程，是强横向变速地区构造成像的最有效工具；但由于对振幅信息没有太多的关注，忽略了介质参数变化对地震波振幅的改造，只具有振幅的相对保持功能，不能准确描述地震波传播的动力学特征。随着能源工业对地震勘探要求的不断提高，地震波的振幅在地震资料处理和解释中的重要性逐渐得到人们的重视，波动方程叠前深度偏移方法也逐渐由为地质构造解释服务发展为岩性解释服务，逐渐由研究探测目标的几何图形发展为研究反射界面空间的波场特征、振幅变化和反射率等。波动方程保幅叠前深度偏移方法基于严格的波动理论，是在给出正确位置的同时也给出真实振幅的一种特殊完善，它将振幅误差补偿作为偏移的一部分与“运动学偏移”一起在偏移过程中实现，不但可以从运动学上准确地描述地震波的传播过程，保证旅行时的准确；而且可获得地震波的真正振幅，准确地描述了地震波传播的动力学特征。

单程波动方程是研究地震波在地下复杂介质中传播模拟与偏移成像的重要工具。基于严格的声波方程保幅解耦理论推导出的保幅上、下行波方程能更准确地描述非均匀介质中地震波的传播过程，这些由传播项和散射项构成的单程波动方程在走时与首阶振幅上满足全声波方程对应的程函方程与输运方程，它为波动方程保幅偏移成像理论与方法研究奠定了理论基础。而基于反问题求解中常用的摄动理论的双域方法根据速度场的非均匀程度自动在空间与波数域交替进行波场延拓，它兼具了傅里叶变换方法、有限差分方法各自的优点，可以自适应于介质的复杂性，是实现波动方程保幅叠前深度偏移的有效工具。

波动方程叠前深度偏移可以用单平方根方程在单炮道集中进行，也可以用双平方根方程在多炮－多偏移距域中进行。按照叠前深度偏移中的波场双重向下延拓理论，可以实现保幅的单程波动方程从共炮域公式到 CMP 域公式的转换，从而推导出由双平方根方程定义的保幅延拓算子方程。它兼具有双平方根方程偏移的高效性和保幅理论的先进性，获得的偏移结果能够提供更真实的地下地震信息。该方法的研究，对常规处理手段的加强、特殊处理如参数反演、岩性识别与储层预测等具有特别重要的意义。

叠前偏移和 AVO 分析是地震勘探中两项重要的技术。建立在更先进的地震波理论之上的波动方程保幅叠前深度偏移技术是精确的成像方法，它能消除介质传播因素对地震波振幅的改造，输出聚焦与归位之后的保幅共成像点道集，从而建立起了地震资料处理人员与资料解释人员之间的联系；AVO 分析技术根据振幅随炮检距的变化规律所反映出的地下岩性及其孔隙流体的性质来直接预测油气和估计地层岩性参数，它为资料解释者与开发地震工程师之间建立起了地震资料与岩石物性之间的联系。叠前偏移和 AVO 分析的有机结合是地震勘探技术发展的必然趋势，使地震波成像从单一的构造成像演化成为构造成像和地震属性分析组成的综合体系，为岩性成像及地震岩性反演奠定了理论基础，进一步提高了钻探的成功率、降低了勘探风险。

第五章　基于各向异性介质的地震偏移成像技术

地下地层介质具有普遍的各向异性特性。如中国东部的一些陆相石油储层不少是由泥岩和砂岩薄互层构成的，而泥岩和砂岩薄互层的厚度远远小于地震波的波长，从而导致地震波在其中的传播显现出各向异性特性；西部塔里木海相碳酸盐岩属典型的岩溶－裂缝型储集体，这些充填流体的缝、孔、洞的存在使得地震波在其中的传播也显现出各向异性的特性。传统地震偏移成像处理主要是以完全弹性和各向同性的物理假设为理论基础，往往会导致成像精度不高、地震分辨率降低、甚至成像深度与实际位置偏差的问题。

随着勘探程度的不断提高和对油气资源急剧增长的需求，油气勘探面临的地质对象更为复杂，油气开发要求对油气藏储集体的了解更为精细，基于更趋于实际地球介质的各向异性波动理论的地震资料处理及偏移成像方法得到越来越多的重视。近几年来，为了获得品质更高的地震数据，宽方位采集技术得到了越来越广泛的应用，从而使得由于各向异性导致的成像误差也越显突出，更迫切需要基于各向异性理论的偏移成像方法提供支撑；另一方面，宽方位角采集数据的信息冗余性也有助于我们得到更加稳定的各向异性参数，从而推动了各向异性偏移成像方法的应用。另外，一些高精度地震成像新技术（譬如 RTM）克服了偏移孔径和偏移倾角的限制，往往为了精确刻画较陡的地质构造需要较大的偏移孔径，理论上讲当偏移孔径与偏移深度的比值达到一定程度的时候偏移算子就应当考虑各向异性因素。总之，为了获得更精确的地下地质构造刻画，开展地震各向异性偏移成像方法研究是高精度地震成像技术的必然发展趋势。

波兰科学家 Rudzki 于 19 世纪末 20 世纪初首次提出各向异性的课题。20 世纪 50 年代，Gassmann 等人进行了各向异性介质对地震波传播影响方面的研究。20 世纪 70 年代，Levin 等人给出了椭圆各向异性介质中反射波、折射波和多次波的特性描述，从而为各向异性介质地震处理方法研究奠定了扎实的理论基础。20 世纪 90 年代，Tsvankin 等人进行了各向异性介质反射波时距曲线方程的推导，在各向异性介质地震资料处理及成像技术的发展历程中起了一个里程碑的作用。本世纪初伴随着地震成像方法的发展，各向异性介质地震成像方法得到飞速发展，基于各向异性介质的 Kirchhoff 偏移、单程波动方程偏移、高斯束偏移、RTM 偏移等得到发展并逐渐实现实用化。

第一节　各向异性介质基本波动理论

一、各向异性介质波动方程及 Christoffel 方程

根据弹性动力学原理提供的本构方程、运动微分方程和几何方程，可建立一般各向异性介质弹性波的波动方程：

$$\rho \frac{\partial}{\partial t^2}\boldsymbol{U} = \boldsymbol{L}(\boldsymbol{C}\boldsymbol{L}^T\boldsymbol{U}) + \rho\boldsymbol{F} \tag{5-1}$$

还可写成下标形式：

$$\rho \frac{\partial u_i}{\partial t^2} - c_{ijkl}\frac{\partial u_k}{\partial x_j \partial x_l} = \rho f_i \tag{5-2}$$

式(5－1)和式(5－2)即以位移表示的一般各向异性介质弹性波的波动方程，详尽描述了均匀各向异性完全弹性介质中各质点在不同时刻的位移情况和弹性波在该介质中的传播规律。其中ρ为介质密度，t为时间变量，$\boldsymbol{U}=(u_x, u_y, u_z)^T$为位移矢量，$\boldsymbol{F}=(f_x, f_y, f_z)^T$为单位质量元素上的体力向量，$\boldsymbol{L}$为偏导数算子矩阵：

$$\boldsymbol{L} = \begin{bmatrix} \frac{\partial}{\partial x} & 0 & 0 & 0 & \frac{\partial}{\partial z} & \frac{\partial}{\partial y} \\ 0 & \frac{\partial}{\partial y} & 0 & \frac{\partial}{\partial z} & \frac{\partial}{\partial x} & 0 \\ 0 & 0 & \frac{\partial}{\partial z} & \frac{\partial}{\partial y} & \frac{\partial}{\partial x} & 0 \end{bmatrix} \tag{5-3}$$

C为刚度矩阵，记$c_{ijkl} = C_{mn}$，(m，$n=1$，2…6)，其对应关系如下：$11\to1$，$22\to2$，$33\to3$，23 和 $32\to4$，13 和 $31\to5$，12 和 $21\to6$，则该矩阵有如下形式：

$$\boldsymbol{C} = \begin{bmatrix} C_{11} & C_{12} & C_{13} & C_{14} & C_{15} & C_{16} \\ C_{21} & C_{22} & C_{23} & C_{24} & C_{25} & C_{26} \\ C_{31} & C_{32} & C_{33} & C_{34} & C_{35} & C_{36} \\ C_{41} & C_{42} & C_{43} & C_{44} & C_{45} & C_{46} \\ C_{51} & C_{52} & C_{53} & C_{54} & C_{55} & C_{56} \\ C_{61} & C_{62} & C_{63} & C_{64} & C_{65} & C_{66} \end{bmatrix} \tag{5-4}$$

虽然各向异性介质的波动方程每一项都有其明确的物理意义，但它没有体现波传播特征，实际生产中应用更为广泛的是 Christoffel 方程。Christoffel 方程由波动方程导出，用以研究地震波的传播特征，如相速度和群速度，在地震波理论研究与实际应用中起着非常重要的作用。为了研究波的传播特征，去掉弹性波方程(5－1)的体力项，方程(5－1)可写成：

$$\rho \frac{\partial^2}{\partial t^2}\boldsymbol{U} = \boldsymbol{L}(\boldsymbol{C}\boldsymbol{L}^T\boldsymbol{U}) \tag{5-5}$$

弹性波方程(5－5)式的平面波解为：

$$\boldsymbol{U} = \boldsymbol{P}\exp[ik(\boldsymbol{n}\cdot\boldsymbol{x} - vt)] \tag{5-6}$$

式中，$\boldsymbol{U} = (u_x, u_y, u_z)^T$为位移矢量；$\boldsymbol{x} = (x, y, z)^T$为位置矢量；$\boldsymbol{n} = (n_x, n_y, n_z)^T$为波的传播方向；$v$为平面波传播的速度，即相速度；$k = \frac{\omega}{v}$为波数；$t$为时间；$\boldsymbol{P} = (p_x, p_y, p_z)^T$为波的偏振方向，在波前满足$\boldsymbol{n}\cdot x - vt = \text{const}$。

将平面波解式(5－6)代入波动方程(5－5)中，则有：

$$\begin{bmatrix} \Gamma_{11} - \rho v^2 & \Gamma_{12} & \Gamma_{13} \\ \Gamma_{21} & \Gamma_{22} - \rho v^2 & \Gamma_{23} \\ \Gamma_{31} & \Gamma_{32} & \Gamma_{33} - \rho v^2 \end{bmatrix} \begin{bmatrix} p_x \\ p_y \\ p_z \end{bmatrix} = 0 \tag{5-7}$$

$$\begin{cases}\Gamma_{11}=c_{11}n_x^2+c_{66}n_y^2+c_{55}n_z^2+2c_{56}n_yn_z+2c_{15}n_zn_x+2c_{16}n_xn_y\\ \Gamma_{12}=c_{16}n_x^2+c_{26}n_y^2+c_{45}n_z^2+(c_{25}+c_{46})n_yn_z+(c_{14}+c_{56})n_zn_x+(c_{12}+c_{66})n_xn_y\\ \Gamma_{13}=c_{15}n_x^2+c_{46}n_y^2+c_{35}n_z^2+(c_{45}+c_{36})n_yn_z+(c_{13}+c_{55})n_zn_x+(c_{14}+c_{56})n_xn_y\\ \Gamma_{21}=c_{16}n_x^2+c_{26}n_y^2+c_{45}n_z^2+(c_{25}+c_{46})n_yn_z+(c_{14}+c_{56})n_zn_x+(c_{12}+c_{66})n_xn_y\\ \Gamma_{22}=c_{66}n_x^2+c_{22}n_y^2+c_{44}n_z^2+2c_{24}n_yn_z+2c_{46}n_zn_x+2c_{26}n_xn_y\\ \Gamma_{23}=c_{56}n_x^2+c_{24}n_y^2+c_{34}n_z^2+(c_{23}+c_{44})n_yn_z+(c_{36}+c_{45})n_zn_x+(c_{25}+c_{46})n_xn_y\\ \Gamma_{31}=c_{15}n_x^2+c_{46}n_y^2+c_{35}n_z^2+(c_{36}+c_{45})n_yn_z+(c_{13}+c_{55})n_zn_x+(c_{14}+c_{56})n_xn_y\\ \Gamma_{32}=c_{56}n_x^2+c_{24}n_y^2+c_{34}n_z^2+(c_{23}+c_{44})n_yn_z+(c_{36}+c_{45})n_zn_x+(c_{25}+c_{46})n_xn_y\\ \Gamma_{33}=c_{55}n_x^2+c_{44}n_y^2+c_{33}n_z^2+2c_{34}n_yn_z+3c_{35}n_zn_x+2c_{45}n_xn_y\end{cases}\tag{5-8}$$

这里 Γ 是 Christoffel 矩阵，其矩阵元素 Γ_{ij} 具体表示形式如(5－8)式，它与介质的弹性参数、波的传播方向有关。根据弹性矩阵的对称性，Christoffel 矩阵也是对称的，即 $\Gamma_{12}=\Gamma_{21}$，$\Gamma_{13}=\Gamma_{31}$，$\Gamma_{23}=\Gamma_{32}$，公式(5－7)就是著名的 Kelvin－Christoffel 方程。从数学角度讲，Christoffel 方程描述的是本征值问题，为使波的偏振矢量 $\boldsymbol{P}$ 有非零解，就需要使 Christoffel矩阵行列式为零，即：

$$\det\begin{bmatrix}\Gamma_{11}-\rho v^2 & \Gamma_{12} & \Gamma_{13}\\ \Gamma_{21} & \Gamma_{22}-\rho v^2 & \Gamma_{23}\\ \Gamma_{31} & \Gamma_{32} & \Gamma_{33}-\rho v^2\end{bmatrix}=0\tag{5-9}$$

方程(5－9)是 Kelvin－Christoffel 方程的另一种表示形式，它是关于 ρv^2 的一元三次方程。在各向异性介质中，给定任意传播方向，Christoffel 方程会产生三个相速度根，分别对应 P 波和两个 S 波。因此，S 波通过各向异性介质时会产生横波分裂现象，两个 S 波分别以不同的相速度和偏振方向传播。在特定的方向上，分裂的 S 波的相速度是一致的，以相同的相速度传播，这时又会产生 S 波奇异性(shear－wave singularities，Crampin，1985；Tsvankin，2001)。在各向同性介质中，两个 S 波以相同相速度和偏振方向传播。既然，Christoffel 矩阵是实对称矩阵，三个本征值对应的偏振矢量 $\boldsymbol{P}$ 是相互正交的。除了特定的传播方向外，偏振矢量 $\boldsymbol{P}$ 和传播方向 $\boldsymbol{n}$ 既不平行也不垂直，即在各向异性介质中没有纯 P 波和纯 S 波。

二、各向异性介质中的对称性

不同于晶体学家研究岩石本身的对称性，勘探地震学家往往通过各向异性弹性常数来描述各向异性介质的对称性。根据实际地球介质各向异性的基本对称性，可将各向异性介质分为以下五种形式。

1)极端各向异性

极端各向异性(Arbitrary anisotropy)是非对称性系统或称为三斜系统(Triclinic system)，没有对称面，弹性矩阵具有 21 个独立弹性常数。这是各向异性介质的一般形式，可用来描述具有任意方向各向异性的岩石介质，其弹性矩阵为：

$$\boldsymbol{C} = \begin{bmatrix} c_{11} & c_{12} & c_{13} & c_{14} & c_{15} & c_{16} \\ c_{12} & c_{22} & c_{23} & c_{24} & c_{25} & c_{26} \\ c_{13} & c_{23} & c_{33} & c_{34} & c_{35} & c_{36} \\ c_{14} & c_{24} & c_{34} & c_{44} & c_{45} & c_{46} \\ c_{15} & c_{25} & c_{35} & c_{45} & c_{55} & c_{56} \\ c_{16} & c_{26} & c_{36} & c_{46} & c_{56} & c_{66} \end{bmatrix} \tag{5-10}$$

随着对称性程度的增加，其各向异性程度会降低，独立的弹性常数的个数减少。如果弹性介质有一个对称面，这样的对称系统称为单斜系统。

2）单斜各向异性

单斜系统（monoclinic system）中的弹性矩阵具有13个独立弹性常数，单斜各向异性介质（只有一个对称面）。单斜对称系统有13个独立弹性参数。一般认为不同时期两套非正交的平行裂隙而形成，其对称面垂直于两套裂隙面的交线，或由水平地层中嵌入的同一时期的倾斜地层组成。以xoy平面为对称面单斜各向异性介质的弹性矩阵为：

$$\boldsymbol{C} = \begin{bmatrix} c_{11} & c_{12} & c_{13} & 0 & 0 & c_{16} \\ c_{12} & c_{22} & c_{23} & 0 & 0 & c_{26} \\ c_{13} & c_{23} & c_{33} & 0 & 0 & c_{36} \\ 0 & 0 & 0 & c_{44} & c_{45} & 0 \\ 0 & 0 & 0 & c_{c}45 & c_{55} & 0 \\ c_{16} & c_{26} & c_{36} & 0 & 0 & c_{66} \end{bmatrix} \tag{5-11}$$

3）正交各向异性

正交各向异性介质具有三个相互正交的对称面。地球物理学家认为正交对称性在上地幔中是由相对于扩张中心排列的正交晶体橄榄石引起。而在沉积盆地中，一般认为是由周期性薄互层（PTL）和具有水平对称轴的垂直裂缝（EDA）组合而导致的正交各向异性（Orthorhombic Anisotropy），有的学者认为是PTL + EDA介质。三种实际各向异性介质模型如图5－1所示。正交各向异性介质的弹性矩阵有9个独立弹性常数，其为实际地球介质模型，因为需要确定9个弹性参数，实际应用很少。正交各向异性的弹性矩阵为：

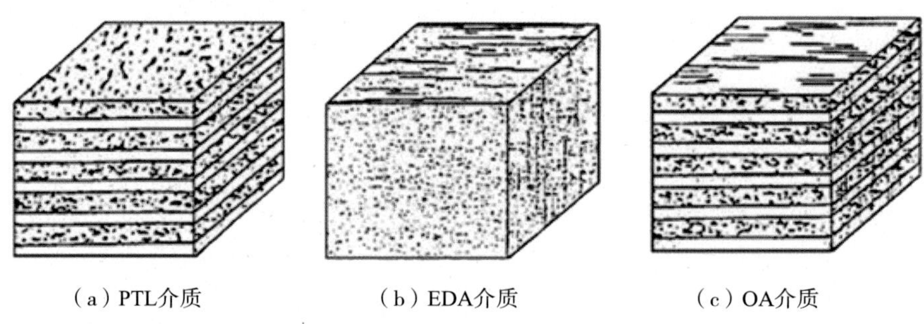

（a）PTL介质　（b）EDA介质　（c）OA介质

图5－1　由对称性简化的向异性介质模型

$$C = \begin{bmatrix} c_{11} & c_{12} & c_{13} & 0 & 0 & 0 \\ c_{12} & c_{22} & c_{23} & 0 & 0 & 0 \\ c_{13} & c_{23} & c_{33} & 0 & 0 & 0 \\ 0 & 0 & 0 & c_{44} & 0 & 0 \\ 0 & 0 & 0 & 0 & c_{55} & 0 \\ 0 & 0 & 0 & 0 & 0 & c_{66} \end{bmatrix} \tag{5-12}$$

3)横向各向同性介质

横向各向同性介质(简称 TI)是具有柱对称轴的介质，根据其对称轴在空间定向是垂直还是水平又分别称为 VTI(Transversely Isotropy With A Vertical Axis of Symmetry)介质和 HTI(Transversely Isotropy With A Horizontal Axis of Symmetry)介质。TI 介质弹性矩阵具有 5 个独立的弹性常数，VTI 介质是本文分析的重点，其弹性矩阵为：

$$C = \begin{bmatrix} c_{11} & c_{11}-2c_{66} & c_{13} & 0 & 0 & 0 \\ c_{11}-2c_{66} & c_{11} & c_{13} & 0 & 0 & 0 \\ c_{13} & c_{13} & c_{33} & 0 & 0 & 0 \\ 0 & 0 & 0 & c_{44} & 0 & 0 \\ 0 & 0 & 0 & 0 & c_{44} & 0 \\ 0 & 0 & 0 & 0 & 0 & c_{66} \end{bmatrix} \tag{5-13}$$

VTI 是非常重要的各向异性模型，因为实际中 70% 的沉积岩石展现 TI 介质的各向异性，常用来描述由周期性的薄互层、岩石内部结构和平行排列的微裂隙引起的各向异性。当 VTI 介质的对称轴在观测坐标系中具有倾角时就会形成 TTI 介质。

VTI 和 HTI 介质可以认为是 OA 介质的特例，HTI 又可以看作是 VTI 介质的垂直对称轴旋转 90°得到的。勘探地球物理学家认为：地壳中介质的各向异性主要是由定向裂隙和薄互层引起的。VTI 介质一般认为是周期性薄互层(Periodic Thin Layer - PTL)形成的，是地学研究最早的一类各向异性。在地壳中特别是在沉积盆地中，细微的层状岩石将导致 PTL 各向异性；HTI 介质一般是由平行排列的垂直裂隙、裂缝而产生的。由于地壳中普遍存在平行排列的流体充填的垂直裂隙、微裂隙或优势定向排列的孔隙空间，Crampin(1984)将这一现象称为广泛扩容各向异性(Extensive Dilatancy Anisotropy - EDA)介质。HTI 介质的弹性矩阵为：

$$C = \begin{bmatrix} c_{11} & c_{12} & c_{12} & 0 & 0 & 0 \\ c_{12} & c_{22} & c_{22}-2c_{44} & 0 & 0 & 0 \\ c_{12} & c_{22}-2c_{44} & c_{22} & 0 & 0 & 0 \\ 0 & 0 & 0 & c_{44} & 0 & 0 \\ 0 & 0 & 0 & 0 & c_{55} & 0 \\ 0 & 0 & 0 & 0 & 0 & c_{55} \end{bmatrix} \tag{5-14}$$

4)各向同性介质

均匀各向同性(Isotropy)岩石中，所有平面都是对称面，且弹性特性在所有方向都是相同的。目前勘探地震学理论大多基于各向同性介质模型，因为各向同性介质模型较为简单，在层状介质模型的层间介质认为是各向同性的。各向同性表现为：不含裂隙的固有各向同性；含随机分布裂隙的岩石；随机分布的晶体或颗粒的岩石。其弹性矩阵为：

$$\boldsymbol{C}=\begin{bmatrix} c_{11} & c_{12} & c_{12} & 0 & 0 & 0 \\ c_{12} & c_{11} & c_{12} & 0 & 0 & 0 \\ c_{12} & c_{12} & c_{11} & 0 & 0 & 0 \\ 0 & 0 & 0 & c_{44} & 0 & 0 \\ 0 & 0 & 0 & 0 & c_{44} & 0 \\ 0 & 0 & 0 & 0 & 0 & c_{44} \end{bmatrix} \tag{5-15}$$

各向同性的弹性矩阵通常表示为熟悉的 Lame 系数 λ 和 μ 形式：

$$\boldsymbol{C}=\begin{bmatrix} \lambda+2\mu & \lambda & \lambda & 0 & 0 & 0 \\ \lambda & \lambda+2\mu & \lambda & 0 & 0 & 0 \\ \lambda & c_{12} & \lambda+2\mu & 0 & 0 & 0 \\ 0 & 0 & 0 & \mu & 0 & 0 \\ 0 & 0 & 0 & 0 & \mu & 0 \\ 0 & 0 & 0 & 0 & 0 & \mu \end{bmatrix} \tag{5-16}$$

三、TI 介质的 Thomsen 参数表征

弹性介质模型的性质是由弹性矩阵 C 确定的，弹性矩阵 C 确定了应力与应变之间的关系，但由其确定弹性波动方程系数的物理意义很不直观，由此导致波传播的相速度隐含在波动方程的系数中，其物理意义不明确。为方便理论研究和实际应用，围绕波传播的相速度公式，展现公式的物理意义，Thomsen(1986)提出了一套表征 TI 介质弹性性质的参数，定义如下：

$$\left.\begin{aligned} V_{\mathrm{P0}} &= \sqrt{\frac{c_{33}}{\rho}} \\ V_{\mathrm{S0}} &= \sqrt{\frac{c_{55}}{\rho}} \\ \varepsilon &= \frac{c_{11}-c_{33}}{2c_{33}} \\ \gamma &= \frac{c_{66}-c_{44}}{2c_{44}} \\ \delta &= \frac{(c_{13}+c_{44})^2-(c_{33}-c_{44})^2}{2c_{33}(c_{33}-c_{44})} \end{aligned}\right\} \tag{5-17}$$

上述定义 TI 介质的五个 Thomsen 参数为：V_{P0}、V_{S0} 分别为 QP 波和 QS 波垂直 TI 介质各向同性面的相速度；ε、δ 和 γ 是表示 TI 介质各向异性强度的三个无量纲因子。其中，ε 是度量 QP 波各向异性强度参数，ε 越大，介质的纵波各向异性越大，$\varepsilon=0$，纵波无各向异性；δ 是 V_{P0} 和 V_{P90} 之间的一种过度性参数；γ 可以看成是度量 QS 波各向异性强度或横波分裂强度的参数，γ 越大，介质的横波各向异性越大，$\gamma=0$ 时，横波无各向异性。一般情况下，ε 和 γ 的单调性是一致的，即同时增减或为零。

四、VTI 介质弹性波相速度与群速度

VTI 介质中相速度和群速度不再是同一个速度，通过图 5－2 可以看出两者的区别。

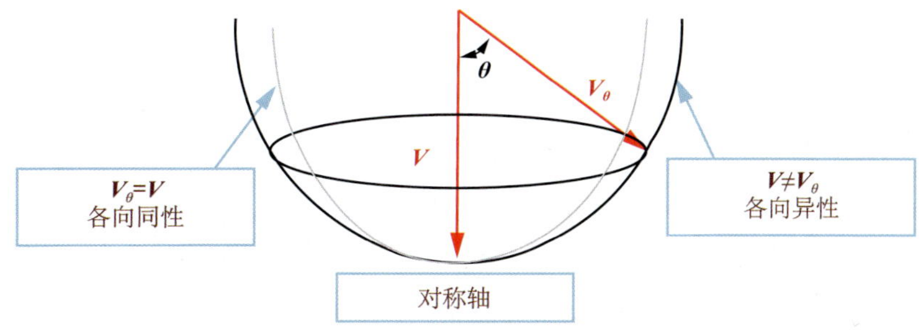

图 5-2　各向异性速度对旅行时的影响

通过求解 TI 介质的 Kelvin - Christoffel 方程可以得到精确的相速度(Thomsen，1986；Tsvanking，2001)，它们代表了平面波传播的速度。值得注意的是，在各向异性介质中其方向与波前面并非严格正交。

$$V_P(\theta)=\frac{1}{\sqrt{2\rho}}\sqrt{(c_{11}+c_{55})\sin^2\theta+(c_{33}+c_{55})\cos^2\theta+D(\theta)} \tag{5-18}$$

$$V_{SV}(\theta)=\frac{1}{\sqrt{2\rho}}\sqrt{(c_{11}+c_{55})\sin^2\theta+(c_{33}+c_{55})\cos^2\theta-D(\theta)} \tag{5-19}$$

$$V_{SH}(\theta)=\frac{1}{\sqrt{2\rho}}\sqrt{c_{66}\sin^2\theta+c_{44}\cos^2\theta} \tag{5-20}$$

其中，$\boldsymbol{D}(\boldsymbol{\theta})=\sqrt{[(c_{11}-c_{55})\sin^2\theta-(c_{33}-c_{55})\cos^2\theta]+4(c_{13}+c_{55})\sin^2\theta\cos^2\theta}$，$\rho$ 是介质的密度，$\boldsymbol{V}_P(\theta)$ 是 qP 波的相速度，$V_{SV}(\boldsymbol{\theta})$是 qSV 波的相速度，$\boldsymbol{V}_{SH}(\boldsymbol{\theta})$是 qSH 波的相速度，这些相速度都是传播角 θ 的函数。qP、qSV、qSH 三种波分别表示的是准 P 波、准 SV 波和准 SH 波。q 代表波在各向异性介质中传播，其极化方向与传播方向既不平行也不垂直，所以没有纯 P、SV、SH 波的概念，前面加一个定语“准”。

在弱各向异性假设下，利用 Thomsen 参数表征式(5-17)，将 VTI 介质相速度式(5-18)、式(5-19)和式(5-20)改写成如下的形式：

$$\boldsymbol{V}_P(\boldsymbol{\theta})=V_{P0}(1+\delta\sin^2\theta\cos^2\theta+\varepsilon\sin^4\theta) \tag{5-21}$$

$$V_{SV}(\theta)=V_{S0}(1+\delta\sin^2\theta\cos^2\theta) \tag{5-22}$$

$$V_{SH}(\theta)=V_{S0}(1+\gamma\sin^2\theta) \tag{5-23}$$

其中，式(5-22)的 $\sigma=\left(\frac{V_{P0}}{V_{S0}}\right)^2(\varepsilon-\delta)$。

地震波能量包络的传播速度是群速度，也叫能量速度或射线速度。对二维 TI 介质，根据 Berryman(1979)方程导出了群速度值和相速度值的关系式：

$$\boldsymbol{V}_G^2[\phi(\theta)]=V^2(\theta)+(\mathrm{d}V(\theta)/\mathrm{d}\theta)^2 \tag{5-24}$$

$$\tan\phi=\left(\tan\theta+\frac{1}{V}\frac{\mathrm{d}V}{\mathrm{d}\theta}\right)\left(1-\frac{\tan\theta}{V}\frac{\mathrm{d}V}{\mathrm{d}\theta}\right) \tag{5-25}$$

式中，$\boldsymbol{V}_G(\phi)$为群速度，$\phi(\boldsymbol{\theta})$为射线角，$\boldsymbol{\theta}$ 为相角。

根据式(5-24)和式(5-25)，Byun(1984)给出了弱各向异性条件下的群速度与相速度，群速度角与相角的关系。

通过前面的表达式可以看出，对于准 P 波，只需 V_{P0}、ε 和 δ 参数就可以得到弱各向异性介质中给定相角方向的相速度和群速度。通过两个模型数据(见表 5 - 1、表 5 - 2、图 5 - 3)分别固定 ε 和 δ 其中一个，改变另一个值，计算出相速度和群速度随着传播角度的变化来直观地说明 ε 和 δ 分别对准 P 波的相速度和群速度的影响。

表 5 - 1　各向异性介质模型参数一(固定 δ，改变 ε)

参　数	V_{P0}	V_{S0}	ε	δ
1	2.24	1.01	0	-0.25
2	2.24	1.01	0.1	-0.25
3	2.24	1.01	0.2	-0.25
4	2.24	1.01	0.3	-0.25

表 5 - 2　各向异性介质模型参数二(固定 ε，改变 δ)

参　数	V_{P0}	V_{S0}	ε	δ
1	2.24	1.01	0.28	-0.3
2	2.24	1.01	0.28	-0.2
3	2.24	1.01	0.28	-0.1
4	2.24	1.01	0.28	0.0

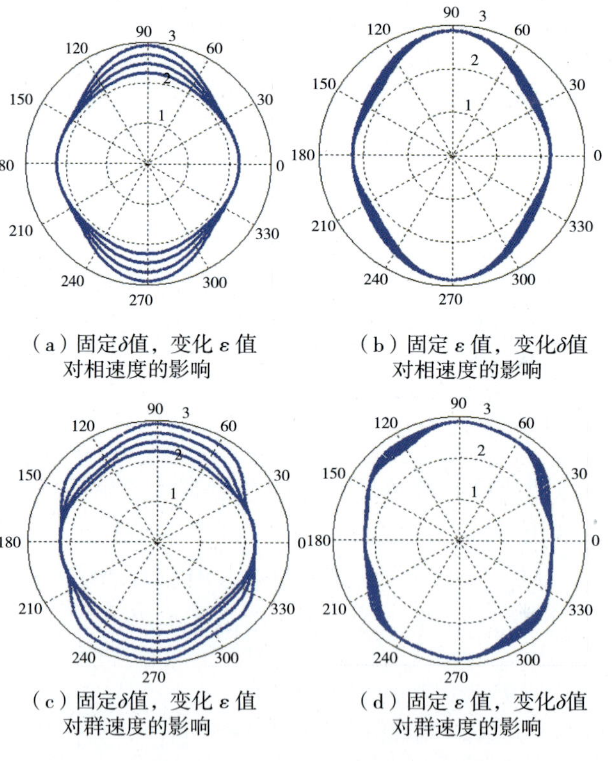

(a) 固定δ值，变化 ε 值对相速度的影响

(b) 固定 ε 值，变化δ值对相速度的影响

(c) 固定δ值，变化 ε 值对群速度的影响

(d) 固定 ε 值，变化δ值对群速度的影响

图 5 - 3　参数 ε 和 δ 对相速度和群速度的影响

从图5－3可以看出，固定δ值，变化ε值，在角度范围(－30°，30°)、(150°，210°)，ε对相速度几乎没影响，对群速度的影响也很小。在角度范围(30°，150°)、(210°，330°)，在角度范围(60°，120°)、(240°，330°)，ε对相速度影响很大，对群速度的影响也很大，尤其是在90°和270°处达到最大，其余角度范围对群速度的影响相比相速度的影响要大些。固定ε值，变化δ值，对于每个角度而言，对相速度和群速度的影响都十分小，尤其是在0°、90°、180°和270°处达到了极小，几乎没有影响，在45°、135°、225°、315°处，影响相对大些。这一结论为后期各向异性参数建模提供了很有利的依据。

五、TTI介质弹性波相速度与群速度

在理论上，通常用VTI和HTI介质来描述沉积岩薄互层和有方向排列的垂直裂缝引起的地球各向异性模型，但是，在实际生产过程中，常常面临由于观测系统与各向异性介质的本构坐标系不重合导致的观测方向上极化各向异性(TTI)与方位各向异性的现象。了解TTI介质与VTI介质的关系之后，求解TTI介质的弹性矩阵就要分两步进行：一是计算本构坐标系下的弹性矩阵，二是Bond变换，将本构坐标系下的弹性矩阵转换到观测坐标系下。当观测系统与各向异性介质的对称轴有夹角时，可表示如图5－4的形式：

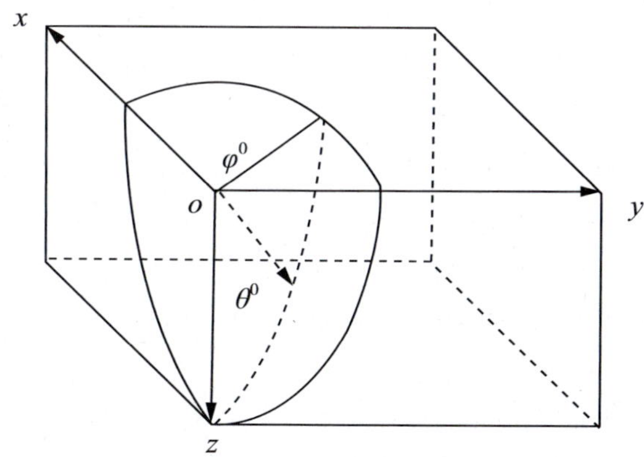

图5－4 观测系统与各向异性对称轴的关系

该3D观测系统中，各向异性介质的对称轴在oxz平面内与观测系统z轴的夹角θ^0为极化角，在oxy平面内与x轴的夹角φ^0为方位角。对应VTI介质对称轴与观测系统夹角会引起极化各向异性，Bond变换矩阵为：

$$\boldsymbol{M}_{\theta^0}=\begin{bmatrix}\cos^2\theta^0 & 0 & \sin^2\theta^0 & 0 & -\sin2\theta^0 & 0\\ 0 & 1 & 0 & 0 & 0 & 0\\ \sin^2\theta^0 & 0 & \cos^2\theta^0 & 0 & \sin2\theta^0 & 0\\ 0 & 0 & 0 & \cos\theta^0 & 0 & \sin\theta^0\\ \frac{1}{2}\sin2\theta^0 & 0 & -\frac{1}{2}\sin2\theta^0 & 0 & \cos2\theta^0 & 0\\ 0 & 0 & 0 & -\sin\theta^0 & 0 & \cos\theta^0\end{bmatrix}\tag{5－26}$$

假设TTI介质的弹性矩阵为$\boldsymbol{C}_{\mathrm{TTI}}$，经过**Bond**变换后表示为：

$$\boldsymbol{C}_{\mathrm{TTI}}=\begin{bmatrix} c_{11} & c_{12} & c_{13} & 0 & c_{15} & 0 \\ c_{12} & c_{22} & c_{23} & 0 & c_{25} & 0 \\ c_{13} & c_{23} & c_{33} & 0 & c_{35} & 0 \\ 0 & 0 & 0 & c_{44} & 0 & c_{46} \\ c_{15} & c_{25} & c_{35} & 0 & c_{55} & 0 \\ 0 & 0 & 0 & c_{46} & 0 & c_{66} \end{bmatrix} \tag{5-27}$$

其中，

$$c_{11}=(\cos^2\theta^0 c_{11}^0+\sin^2\theta^0 c_{13}^0)\cos^2\theta^0+(\cos^2\theta^0 c_{13}^0+\sin^2\theta^0 c_{33}^0)\sin^2\theta^0+\sin^2 2\theta^0 c_{44}^0$$

$$c_{12}=\cos^2\theta^0 c_{12}^0+\sin^2\theta^0 c_{13}^0,c_{14}=0,c_{16}=0$$

$$c_{13}=(\cos^2\theta^0 c_{11}^0+\sin^2\theta^0 c_{13}^0)\sin^2\theta^0+(\cos^2\theta^0 c_{13}^0+\sin^2\theta^0 c_{33}^0)\cos^2\theta^0-\sin^2 2\theta^0 c_{44}^0$$

$$c_{15}=0.5(\cos^2\theta^0 c_{11}^0+\sin^2\theta^0 c_{13}^0)\sin 2\theta^0-0.5(\cos^2\theta^0 c_{13}^0+\sin^2\theta^0 c_{33}^0)\sin 2\theta^0-\sin 2\theta^0 c_{44}^0(\cos^2\theta^0-\sin^2\theta^0)$$

$$c_{22}=c_{11}^0,c_{23}=\sin^2\theta^0 c_{12}^0+\cos^2\theta^0 c_{13}^0,c_{24}=0,c_{26}=0$$

$$c_{25}=0.5\sin 2\theta^0 c_{12}^0-0.5\sin 2\theta^0 c_{13}^0$$

$$c_{33}=(\sin^2\theta^0 c_{11}^0+\cos^2\theta^0 c_{13}^0)\sin^2\theta^0+(\sin^2\theta^0 c_{13}^0+\cos^2\theta^0 c_{33}^0)\cos^2\theta^0+\sin^2 2\theta^0 c_{44}^0$$

$$c_{35}=0.5(\sin^2\theta^0 c_{11}^0+\cos^2\theta^0 c_{13}^0)\sin 2\theta^0-0.5(\sin^2\theta^0 c_{13}^0+\cos^2\theta^0 c_{33}^0)\sin 2\theta^0+\sin 2\theta^0 c_{44}^0(\cos^2\theta^0-\sin^2\theta^0)$$

$$c_{34}=0,c_{36}=0$$

$$c_{44}=\cos^2\theta^0 c_{44}^0+\sin^2\theta^0 c_{66}^0,c_{45}=0,c_{46}=-\cos\theta^0\sin\theta^0 c_{44}^0+\cos\theta^0\sin\theta^0 c_{66}^0$$

$$c_{55}=0.25(\sin 2\theta^0 c_{11}^0-\sin 2\theta^0 c_{13}^0)\sin 2\theta^0-0.25(\sin 2\theta^0 c_{13}^0-\sin 2\theta^0 c_{33}^0)\sin 2\theta^0+(\cos^2\theta^0-\sin^2\theta^0)^2 c_{44}^0$$

$$c_{56}=0,c_{66}=\sin^2\theta^0 c_{44}^0+\cos^2\theta^0 c_{66}^0$$

采用与 VTI 介质求取相速度同样的思路，求解得到 TTI 介质弹性波的相速度分别为：

$$V_{\mathrm{P}}=\sqrt{\frac{1}{2\rho}(c_{44}^0+c_{11}^0 F+c_{33}^0 E^2+\sqrt{D})} \tag{5-28a}$$

$$V_{\mathrm{SV}}=\sqrt{\frac{1}{2\rho}(c_{44}^0+c_{11}^0 F+c_{33}^0 E^2-\sqrt{D})} \tag{5-28b}$$

$$V_{\mathrm{SH}}=\sqrt{\frac{1}{\rho}(c_{66}^0 F+c_{44}^0 E^2)} \tag{5-28c}$$

其中，

$$\begin{aligned} \boldsymbol{D}=&\left\{\begin{matrix}(c_{11}^0-c_{44}^0)[(\sin\theta\cos\varphi\cos\theta^0+\cos\theta\sin\theta^0)^2+\sin^2\theta\sin^2\varphi]- \\ (c_{33}^0-c_{44}^0)(-\sin\theta\cos\varphi\sin\theta^0+\cos\theta\cos\theta^0)^2\end{matrix}\right\}^2+ \\ &4(c_{13}^0+c_{44}^0)^2[(\sin\theta\cos\varphi\cos\theta^0+\cos\theta\sin\theta^0)^2+\sin^2\theta\sin^2\varphi]\times \\ &(-\sin\theta\cos\varphi\sin\theta^0+\cos\theta\cos\theta^0)^2 \end{aligned} \tag{5-29}$$

$$E=(-\sin\theta\cos\varphi\sin\theta^0+\cos\theta\cos\theta^0)$$

$$F=(\sin\theta\cos\varphi\cos\theta^0+\cos\theta\sin\theta^0)^2+\sin^2\theta\sin^2\varphi$$

$$G=(\sin\theta\cos\varphi\cos\theta^0+\cos\theta\sin\theta^0)$$

在各向异性介质中，由于弹性波的群速度是相速度的函数，根据 Berryman(1979)计算群速度的公式：

$$\boldsymbol{V}_{\mathrm{G}} = \frac{\partial kV}{\partial k_x}\boldsymbol{i} + \frac{\partial kV}{\partial k_y}\boldsymbol{j} + \frac{\partial kV}{\partial k_z}\boldsymbol{k} \tag{5-30}$$

其中，$\boldsymbol{V}$ 是相速度，$\boldsymbol{k}$ 是波矢量模，$\boldsymbol{k}_x = \boldsymbol{k}\sin\theta\cos\varphi$，$\boldsymbol{k}_y = k\sin\theta\sin\varphi$，$\boldsymbol{k}_z = k\cos\theta$。分别对群速度的三个分量进行推导，得到各向异性介质中群速度的矢量表达式为：

$$\begin{aligned} V_{Gx} &= \left(V\sin\theta + \cos\theta\frac{\partial V}{\partial \theta}\right)\cos\varphi - \frac{\sin\varphi}{\sin\theta}\frac{\partial V}{\partial \varphi} \\ V_{Gy} &= \left(V\sin\theta + \cos\theta\frac{\partial V}{\partial \theta}\right)\sin\varphi + \frac{\cos\varphi}{\sin\theta}\frac{\partial V}{\partial \varphi} \\ V_{Gz} &= V\cos\theta - \sin\theta\frac{\partial V}{\partial \theta} \end{aligned} \tag{5-31}$$

代入 TTI 介质的相速度表达式，可以得到 TTI 介质 qP 波、qSV 和 qSH 的群速度表示式如下：

qP 波的群速度：

$$\begin{aligned} \boldsymbol{V}_{Gx}^{\mathrm{P}} = &\{((c_{11}^0 + c_{44}^0)\cos\theta^0 G - (c_{33}^0 + c_{44}^0)\sin\theta^0 E)\sqrt{D} + 2(c_{13}^0 + c_{44}^0)^2 E(\cos\theta^0 EG - \sin\theta^0 F) + \\ &((c_{11}^0 - c_{44}^0)F - (c_{33}^0 - c_{44}^0)E^2)((c_{11}^0 - c_{44}^0)\cos\theta^0 G + (c_{33}^0 - c_{44}^0)\sin\theta^0 E)\}\frac{1}{2\rho v_{\mathrm{P}}\sqrt{D}} \\ \boldsymbol{V}_{Gy}^{\mathrm{P}} = &\frac{\sin\theta\cos\varphi}{2\rho v_{\mathrm{P}}\sqrt{D}}\{(c_{11}^0 + c_{44}^0)\sqrt{D} + 2(c_{13}^0 + c_{44}^0)^2 E^2 + (c_{11}^0 - c_{44}^0)((c_{11}^0 - c_{44}^0)F - (c_{33}^0 - c_{44}^0)E^2)\} \\ \boldsymbol{V}_{Gz}^{\mathrm{P}} = &\{((c_{11}^0 + c_{44}^0)\sin\theta^0 G + (c_{33}^0 + c_{44}^0)\cos\theta^0 E)\sqrt{D} + 2(c_{13}^0 + c_{44}^0)^2 E(\sin\theta^0 EG + \cos\theta^0 F) + \\ &((c_{11}^0 - c_{44}^0)F - (c_{33}^0 - c_{44}^0)E^2)((c_{11}^0 - c_{44}^0)\sin\theta^0 G - (c_{33}^0 - c_{44}^0)\cos\theta^0 E)\}\frac{1}{2\rho v_{\mathrm{P}}\sqrt{D}} \end{aligned} \tag{5-32}$$

qSV 波群速度：

$$\begin{aligned} \boldsymbol{V}_{Gx}^{\mathrm{SV}} = &\{((c_{11}^0 + c_{44}^0)\cos\theta^0 G - (c_{33}^0 + c_{44}^0)\sin\theta^0 E)\sqrt{D} - [2(c_{13}^0 + c_{44}^0)^2 E(\cos\theta^0 EG - \sin\theta^0 F) + \\ &((c_{11}^0 - c_{44}^0)F - (c_{33}^0 - c_{44}^0)E^2)((c_{11}^0 - c_{44}^0)\cos\theta^0 G + (c_{33}^0 - c_{44}^0)\sin\theta^0 E)]\}\frac{1}{2\rho v_{\mathrm{SV}}\sqrt{D}} \\ \boldsymbol{V}_{Gy}^{\mathrm{SV}} = &\frac{\sin\theta\cos\varphi}{2\rho v_{\mathrm{SV}}\sqrt{D}}\{(c_{11}^0 + c_{44}^0)\sqrt{D} - [2(c_{13}^0 + c_{44}^0)^2 E^2 + (c_{11}^0 - c_{44}^0)((c_{11}^0 - c_{44}^0)F - (c_{33}^0 - c_{44}^0)E^2)]\} \\ \boldsymbol{V}_{Gz}^{\mathrm{SV}} = &\{((c_{11}^0 + c_{44}^0)\sin\theta^0 G + (c_{33}^0 + c_{44}^0)\cos\theta^0 E)\sqrt{D} - [2(c_{13}^0 + c_{44}^0)^2 E(\sin\theta^0 EG + \cos\theta^0 F) + \\ &((c_{11}^0 - c_{44}^0)F - (c_{33}^0 - c_{44}^0)E^2)((c_{11}^0 - c_{44}^0)\sin\theta^0 G - (c_{33}^0 - c_{44}^0)\cos\theta^0 E)]\}\frac{1}{2\rho v_{\mathrm{SV}}\sqrt{D}} \end{aligned} \tag{5-33}$$

qSH 波群速度：

$$\begin{aligned} V_{Gx}^{\mathrm{SH}} &= \frac{1}{\rho v_{\mathrm{SH}}}(c_{66}^0 G\cos\theta^0 - c_{44}^0 E\sin\theta^0) \\ V_{Gy}^{\mathrm{SH}} &= \frac{c_{66}^0\sin\theta\sin\varphi}{\rho v_{\mathrm{SH}}} \\ V_{Gz}^{\mathrm{SH}} &= \frac{1}{\rho v_{\mathrm{SH}}}(c_{66}^0 G\sin\theta^0 + c_{44}^0 E\cos\theta^0) \end{aligned} \tag{5-34}$$

上述 TTI 介质中的相速度及群速度的表达式均是采用弹性参数进行表征的，实际物理意义十分模糊，为了直观地建立相速度、群速度与各向异性参数之间的关系，引入各向异性参数与弹性参数之间的关系，将上述相速度和群速度表达式改写为：

TTI 介质的相速度表达式：

$$
\begin{aligned}
V_{\mathrm{P}} &= \sqrt{\frac{1}{2}(V_{\mathrm{S0}}^2 + (1+2\varepsilon)V_{\mathrm{P0}}^2 F + V_{\mathrm{P0}}^2 E^2 + \sqrt{D})} \\
V_{\mathrm{SV}} &= \sqrt{\frac{1}{2}(V_{\mathrm{S0}}^2 + (1+2\varepsilon)V_{\mathrm{P0}}^2 F + V_{\mathrm{P0}}^2 E^2 - \sqrt{D})} \qquad (5-35) \\
V_{\mathrm{SH}} &= V_{\mathrm{S0}}\sqrt{((1+2\gamma)F + E^2)}
\end{aligned}
$$

TTI 介质的 qP 波群速度表达式：

$$
\begin{aligned}
V_{\mathrm{G}x}^{\mathrm{P}} = \frac{1}{2v_{\mathrm{P}}\sqrt{D}}\{&[((1+2\varepsilon)V_{\mathrm{P0}}^2 + V_{\mathrm{S0}}^2)\cos\theta^0 G - (V_{\mathrm{P0}}^2 + V_{\mathrm{S0}}^2)\sin\theta^0 E]\sqrt{D} + \\
&2(V_{\mathrm{P0}}^2 - V_{\mathrm{S0}}^2)((1+2\delta)V_{\mathrm{P0}}^2 - V_{\mathrm{S0}}^2)E(\cos\theta^0 EG - \sin\theta^0 F) + \\
&[(1+2\varepsilon)V_{\mathrm{P0}}^2 - V_{\mathrm{S0}}^2)F - (V_{\mathrm{P0}}^2 - V_{\mathrm{S0}}^2)E^2] \times \\
&[((1+2\varepsilon)V_{\mathrm{P0}}^2 - V_{\mathrm{S0}}^2)\cos\theta^0 G + (V_{\mathrm{P0}}^2 - V_{\mathrm{S0}}^2)\sin\theta^0 E]\} \\
V_{\mathrm{G}y}^{\mathrm{P}} = \frac{\sin\theta\cos\varphi}{2v_{\mathrm{P}}\sqrt{D}}\{&((1+2\varepsilon)V_{\mathrm{P0}}^2 + V_{\mathrm{S0}}^2)\sqrt{D} + 2(V_{\mathrm{P0}}^2 - V_{\mathrm{S0}}^2)((1+2\delta)V_{\mathrm{P0}}^2 - V_{\mathrm{S0}}^2)E^2 + \\
&((1+2\varepsilon)V_{\mathrm{P0}}^2 - V_{\mathrm{S0}}^2)[((1+2\varepsilon)V_{\mathrm{P0}}^2 - V_{\mathrm{S0}}^2)F - (V_{\mathrm{P0}}^2 - V_{\mathrm{S0}}^2)E^2]\} \\
V_{\mathrm{G}z}^{\mathrm{P}} = \frac{1}{2v_{\mathrm{P}}\sqrt{D}}\{&[((1+2\varepsilon)V_{\mathrm{P0}}^2 + V_{\mathrm{S0}}^2)\sin\theta^0 G + (V_{\mathrm{P0}}^2 + V_{\mathrm{S0}}^2)\cos\theta^0 E]\sqrt{D} + \\
&2(V_{\mathrm{P0}}^2 - V_{\mathrm{S0}}^2)((1+2\delta)V_{\mathrm{P0}}^2 - V_{\mathrm{S0}}^2)E(\sin\theta^0 EG + \cos\theta^0 F) + \\
&[((1+2\varepsilon)V_{\mathrm{P0}}^2 - V_{\mathrm{S0}}^2)F - (V_{\mathrm{P0}}^2 - V_{\mathrm{S0}}^2)E^2] \times \\
&[((1+2\varepsilon)V_{\mathrm{P0}}^2 - V_{\mathrm{S0}}^2)\sin\theta^0 G - (V_{\mathrm{P0}}^2 - V_{\mathrm{S0}}^2)\cos\theta^0 E]\} \qquad (5-36)
\end{aligned}
$$

TTI 介质的 qSV 波群速度表达式：

$$
\begin{aligned}
V_{\mathrm{G}x}^{\mathrm{SV}} = \frac{1}{2v_{\mathrm{SV}}\sqrt{D}}\{&[((1+2\varepsilon)V_{\mathrm{P0}}^2 + V_{\mathrm{S0}}^2)\cos\theta^0 G - (V_{\mathrm{P0}}^2 + V_{\mathrm{P0}}^2)\sin\theta^0 E]\sqrt{D} - \\
&[2(V_{\mathrm{P0}}^2 - V_{\mathrm{S0}}^2)((1+2\delta)V_{\mathrm{P0}}^2 - V_{\mathrm{S0}}^2)E(\cos\theta^0 EG - \sin\theta^0 F) + \\
&(((1+2\varepsilon)V_{\mathrm{P0}}^2 - V_{\mathrm{S0}}^2)F - (V_{\mathrm{P0}}^2 - V_{\mathrm{P0}}^2)E^2) \times \\
&(((1+2\varepsilon)V_{\mathrm{P0}}^2 - V_{\mathrm{S0}}^2)\cos\theta^0 G + (V_{\mathrm{P0}}^2 - V_{\mathrm{P0}}^2)\sin\theta^0 E)]\} \\
V_{\mathrm{G}y}^{\mathrm{SV}} = \frac{\sin\theta\cos\varphi}{2v_{\mathrm{SV}}\sqrt{D}}&[((1+2\varepsilon)V_{\mathrm{P0}}^2 + V_{\mathrm{S0}}^2)\sqrt{D} - [2(V_{\mathrm{P0}}^2 - V_{\mathrm{S0}}^2)((1+2\delta)V_{\mathrm{P0}}^2 - V_{\mathrm{S0}}^2)E^2 + \\
&((1+2\varepsilon)V_{\mathrm{P0}}^2 - V_{\mathrm{S0}}^2)(((1+2\varepsilon)V_{\mathrm{P0}}^2 - V_{\mathrm{S0}}^2)F - (V_{\mathrm{P0}}^2 - V_{\mathrm{P0}}^2)E^2)]\} \\
V_{\mathrm{G}z}^{\mathrm{SV}} = \frac{1}{2\rho v_{\mathrm{SV}}\sqrt{D}}\{&(((1+2\varepsilon)V_{\mathrm{P0}}^2 + V_{\mathrm{S0}}^2)\sin\theta^0 G + (V_{\mathrm{P0}}^2 + V_{\mathrm{P0}}^2)\cos\theta^0 E)\sqrt{D} - \\
&[2(V_{\mathrm{P0}}^2 - V_{\mathrm{S0}}^2)((1+2\delta)V_{\mathrm{P0}}^2 - V_{\mathrm{S0}}^2)E(\sin\theta^0 EG + \cos\theta^0 F) + \\
&(((1+2\varepsilon)V_{\mathrm{P0}}^2 - V_{\mathrm{S0}}^2)F - (V_{\mathrm{P0}}^2 - V_{\mathrm{P0}}^2)E^2) \times \\
&(((1+2\varepsilon)V_{\mathrm{P0}}^2 - V_{\mathrm{S0}}^2)\sin\theta^0 G - (V_{\mathrm{P0}}^2 - V_{\mathrm{P0}}^2)\cos\theta^0 E)]\} \qquad (5-37)
\end{aligned}
$$

TTI 介质的 qSH 波群速度表达式：

$$
\begin{aligned}
V_{Gx}^{SH} &= \frac{V_{S0}^2}{v_{SH}}((1+2\gamma)\cos\theta^0 G - \sin\theta^0 E) \\
V_{Gy}^{SH} &= \frac{V_{S0}^2}{v_{SH}}(1+2\gamma)\sin\theta\sin\varphi \\
V_{Gz}^{SH} &= \frac{V_{S0}^2}{v_{SH}}((1+2\gamma)\sin\theta^0 G + \cos\theta^0 E)
\end{aligned}
\tag{5-38}
$$

VTI 介质是 TTI 介质中 $\theta^0 = 0$ 时的一个特例，那么对应于 TTI 介质每一种类型的波采用弹性参数表示的相速度和群速度的表达式如下：

$$
\begin{aligned}
D &= \{(c_{11}^0 - c_{44}^0)\sin^2\theta - (c_{33}^0 - c_{44}^0)\cos^2\theta\}^2 + 4(c_{13}^0 + c_{44}^0)^2\sin^2\theta\cos^2\theta \\
E &= \cos\theta \\
F &= \sin^2\theta \\
G &= \sin\theta\cos\varphi
\end{aligned}
\tag{5-39}
$$

VTI 介质的相速度表达式：

$$
\begin{aligned}
V_P &= \sqrt{\frac{1}{2\rho}(c_{44}^0 + c_{11}^0\sin^2\theta + c_{33}^0\cos^2\theta + \sqrt{D})} \\
V_{SV} &= \sqrt{\frac{1}{2\rho}(c_{44}^0 + c_{11}^0\sin^2\theta + c_{33}^0\cos^2\theta - \sqrt{D})} \\
V_{SH} &= \sqrt{\frac{1}{\rho}(c_{66}^0\sin^2\theta + c_{44}^0\cos^2\theta)}
\end{aligned}
\tag{5-40}
$$

VTI 介质的 qP 群速度表达式：

$$
\begin{aligned}
V_{Gx}^{P} &= \frac{((c_{11}^0 + c_{44}^0)\sqrt{D} + 2(c_{13}^0 + c_{44}^0)^2\cos^2\theta + (c_{11}^0\sin^2\theta - c_{33}^0\cos^2\theta + c_{44}^0\cos2\theta)(c_{11}^0 - c_{44}^0))}{2\rho v_P\sqrt{D}}\sin\theta\cos\varphi \\
V_{Gy}^{P} &= \frac{((c_{11}^0 + c_{44}^0)\sqrt{D} + 2(c_{13}^0 + c_{44}^0)^2\cos^2\theta + (c_{11}^0\sin^2\theta - c_{33}^0\cos^2\theta + c_{44}^0\cos2\theta)(c_{11}^0 - c_{44}^0))}{2\rho v_P\sqrt{D}}\sin\theta\sin\varphi \\
V_{Gz}^{P} &= \frac{((c_{33}^0 + c_{44}^0)\sqrt{D} + 2(c_{13}^0 + c_{44}^0)^2\sin^2\theta - (c_{11}^0\sin^2\theta - c_{33}^0\cos^2\theta + c_{44}^0\cos2\theta)(c_{33}^0 - c_{44}^0))}{2\rho v_P\sqrt{D}}\cos\theta
\end{aligned}
\tag{5-41}
$$

VTI 介质的 qSV 群速度表达式：

$$
\begin{aligned}
&V_{Gx}^{SV} \\
&= \frac{((c_{11}^0 + c_{44}^0)\sqrt{D} - [2(c_{13}^0 + c_{44}^0)^2\cos^2\theta + (c_{11}^0\sin^2\theta - c_{33}^0\cos^2\theta + c_{44}^0\cos2\theta)(c_{11}^0 - c_{44}^0)])}{2\rho v_{SV}\sqrt{D}}\sin\theta\cos\varphi \\
&V_{Gy}^{SV} \\
&= \frac{((c_{11}^0 + c_{44}^0)\sqrt{D} - [2(c_{13}^0 + c_{44}^0)^2\cos^2\theta + (c_{11}^0\sin^2\theta - c_{33}^0\cos^2\theta + c_{44}^0\cos2\theta)(c_{11}^0 - c_{44}^0)])}{2\rho v_{SV}\sqrt{D}}\sin\theta\sin\varphi \\
&V_{Gz}^{SV} = \frac{((c_{33}^0 + c_{44}^0)\sqrt{D} - [2(c_{13}^0 + c_{44}^0)^2\sin^2\theta - (c_{11}^0\sin^2\theta - c_{33}^0\cos^2\theta + c_{44}^0\cos2\theta)(c_{33}^0 - c_{44}^0)])}{2\rho v_{SV}\sqrt{D}}\cos\theta
\end{aligned}
\tag{5-42}
$$

VTI 介质的 qSH 群速度表达式：

$$
\begin{aligned}
V_{Gx}^{SH} &= \frac{c_{66}^{0}}{\rho v_{SH}}\sin\theta\cos\varphi \\
V_{Gy}^{SH} &= \frac{c_{66}^{0}}{\rho v_{SH}}\sin\theta\sin\varphi \\
V_{Gz}^{SH} &= \frac{c_{44}^{0}}{\rho v_{SH}}\cos\theta
\end{aligned}
\tag{5-43}
$$

对应于 TTI 介质，每一种类型的波采用 Thomsen 参数表示的相速度和群速度的表达式如下：

VTI 介质的相速度表达式：

$$
\begin{aligned}
V_{P} &= \sqrt{\frac{1}{2}[V_{S0}^{2} + V_{P0}^{2}((1+2\varepsilon)\sin^{2}\theta + \cos^{2}\theta) + \sqrt{D}]} \\
V_{SV} &= \sqrt{\frac{1}{2}[V_{S0}^{2} + V_{P0}^{2}((1+2\varepsilon)\sin^{2}\theta + \cos^{2}\theta) - \sqrt{D}]} \\
V_{SH} &= V_{S0}\sqrt{(1+2\gamma)\sin^{2}\theta + \cos^{2}\theta}
\end{aligned}
\tag{5-44}
$$

其中：

$$
\begin{aligned}
D = {} & [((1+2\varepsilon)V_{P0}^{2} - V_{S0}^{2})\sin^{2}\theta - (V_{P0}^{2} - V_{S0}^{2})\cos^{2}\theta]^{2} + \\
& 4(V_{P0}^{2} - V_{S0}^{2})((1+2\delta)V_{P0}^{2} - V_{S0}^{2})\sin^{2}\theta\cos^{2}\theta
\end{aligned}
$$

VTI 介质的 qP 群速度表达式：

$$
\begin{aligned}
V_{Gx}^{P} = {} & \frac{\sin\theta\cos\varphi}{2v_{P}\sqrt{D}}\{((1+2\varepsilon)V_{P0}^{2} + V_{S0}^{2})\sqrt{D} + 2(V_{P0}^{2} - V_{S0}^{2})((1+2\delta)V_{P0}^{2} - V_{S0}^{2})\cos^{2}\theta + \\
& ((1+2\varepsilon)V_{P0}^{2}\sin^{2}\theta - V_{P0}^{2}\cos^{2}\theta + V_{S0}^{2}\cos2\theta)((1+2\varepsilon)V_{P0}^{2} - V_{S0}^{2})\} \\
V_{Gy}^{P} = {} & \frac{\sin\theta\sin\varphi}{2v_{P}\sqrt{D}}\{((1+2\varepsilon)V_{P0}^{2} + V_{S0}^{2})\sqrt{D} + 2(V_{P0}^{2} - V_{S0}^{2})((1+2\delta)V_{P0}^{2} - V_{S0}^{2})\cos^{2}\theta + \\
& ((1+2\varepsilon)V_{P0}^{2}\sin^{2}\theta - V_{P0}^{2}\cos^{2}\theta + V_{S0}^{2}\cos2\theta)((1+2\varepsilon)V_{P0}^{2} - V_{S0}^{2})\} \\
V_{Gz}^{P} = {} & \frac{\cos\theta}{2v_{P}\sqrt{D}}\{(V_{P0}^{2} + V_{S0}^{2})\sqrt{D} + 2(V_{P0}^{2} - V_{S0}^{2})((1+2\delta)V_{P0}^{2} - V_{S0}^{2})\sin^{2}\theta - \\
& ((1+2\varepsilon)V_{P0}^{2}\sin^{2}\theta - V_{P0}^{2}\cos^{2}\theta + V_{S0}^{2}\cos2\theta)(V_{P0}^{2} - V_{S0}^{2})\}
\end{aligned}
\tag{5-45}
$$

VTI 介质的 qSV 群速度表达式：

$$
\begin{aligned}
V_{Gx}^{SV} = {} & \frac{\sin\theta\cos\varphi}{2v_{SV}\sqrt{D}}\{((1+2\varepsilon)V_{P0}^{2} + V_{S0}^{2})\sqrt{D} - 2(V_{P0}^{2} - V_{S0}^{2})((1+2\delta)V_{P0}^{2} - V_{S0}^{2})\cos^{2}\theta + \\
& ((1+2\varepsilon)V_{P0}^{2}\sin^{2}\theta - V_{P0}^{2}\cos^{2}\theta + V_{S0}^{2}\cos2\theta)((1+2\varepsilon)V_{P0}^{2} - V_{S0}^{2})\} \\
V_{Gy}^{SV} = {} & \frac{\sin\theta\sin\varphi}{2v_{SV}\sqrt{D}}\{((1+2\varepsilon)V_{P0}^{2} + V_{S0}^{2})\sqrt{D} - 2(V_{P0}^{2} - V_{S0}^{2})((1+2\delta)V_{P0}^{2} - V_{S0}^{2})\cos^{2}\theta + \\
& ((1+2\varepsilon)V_{P0}^{2}\sin^{2}\theta - V_{P0}^{2}\cos^{2}\theta + V_{S0}^{2}\cos2\theta)((1+2\varepsilon)V_{P0}^{2} - V_{S0}^{2})\} \\
V_{Gz}^{SV} = {} & \frac{\cos\theta}{2v_{SV}\sqrt{D}}\{(V_{P0}^{2} + V_{S0}^{2})\sqrt{D} - 2(V_{P0}^{2} - V_{S0}^{2})((1+2\delta)V_{P0}^{2} - V_{S0}^{2})\sin^{2}\theta - \\
& ((1+2\varepsilon)V_{P0}^{2}\sin^{2}\theta - V_{P0}^{2}\cos^{2}\theta + V_{S0}^{2}\cos2\theta)(V_{P0}^{2} - V_{S0}^{2})\}
\end{aligned}
\tag{5-46}
$$

VTI 介质的 qSH 群速度表达式：

$$
\begin{aligned}
V_{Gx}^{SH} &= \frac{(1+2\gamma)V_{S0}^2}{v_{SH}}\sin\theta\cos\varphi \\
&= \frac{V_{S0}(1+2\gamma)}{\sqrt{(1+2\gamma)\sin^2\theta+\cos^2\theta}}\sin\theta\cos\varphi \\
V_{Gy}^{SH} &= \frac{(1+2\gamma)V_{S0}^2}{v_3}\sin\theta\sin\varphi \\
&= \frac{V_{S0}(1+2\gamma)}{\sqrt{(1+2\gamma)\sin^2\theta+\cos^2\theta}}\sin\theta\sin\varphi \\
V_{Gz}^{SH} &= \frac{V_{S0}^2}{v_{SH}}\cos\theta \\
&= \frac{V_{S0}}{\sqrt{(1+2\gamma)\sin^2\theta+\cos^2\theta}}\cos\theta
\end{aligned}
\tag{5-47}
$$

第二节　各向异性 Kirchhoff 叠前深度偏移成像技术

与各向同性地震偏移方法一样，各向异性地震偏移方法由积分类和波动方程类两类构成，并且在算法结构上差异不大。积分类叠前深度偏移方法是一类可以用于速度建模及偏移的高效实用的叠前偏移算法，因具有高角度、无频散，占用内存少，计算效率高等诸多优势而广泛应用于生产。各向异性积分类叠前深度偏移方法主要有 Kirchhoff 叠前深度偏移和高斯束叠前深度偏移两种方法，本节主要介绍 Kirchhoff 叠前深度偏移方法。

各向异性 Kirchhoff 叠前深度偏移已经在生产中得到了广泛应用，该算法的基本思路就是将地下的每一位置看作一个绕射点，将介质网格剖分，然后计算从地面每一个炮点位置到地下不同绕射点的旅行时，构建旅行时表。通过射线追踪计算出每一个绕射点到地面炮点和接收点的走时以及相应的几何扩散因子，在孔径范围内对数据进行扫描，将记录得到的数据沿着预测的时距曲面进行同相叠加，放在输出点的位置上。对地下每个绕射点进行上述循环，就可以对地下构造进行成像。上述过程中最为重要的一个环节就是射线追踪来计算旅行时，为了将 Kirchhoff 偏移算法扩展到 VTI 介质，需要利用各向异性介质中的射线追踪算法来计算地下介质的时间表。在射线追踪理论中，最主要的是计算旅行时和射线传播所经过的空间坐标，因此主要研究程函方程的求解。对于任意各向异性介质，也就是非均匀的各向异性介质，21 个弹性刚度系数都随空间变化，程函方程需要利用数值方法来求解，对于 VTI 介质，可以求解程函方程的解析解。

一、基于弹性参数的 VTI 介质射线追踪

通过求解程函方程，可以求得沿着某条给定射线上特定点的旅行时和空间坐标。对于任意各向异性介质，程函方程 $N_i(\overline{U})=0$ 可以写为：

$$(\Gamma_{ik}-\delta_{ik})U_k=0 \tag{5-48}$$

其中，Γ_{ik} 称为 Christoffel 矩阵，表达式为：

$$\Gamma_{ij}=a_{ijkl}p_jp_l,a_{ijkl}=\frac{c_{ijkl}}{\rho},p_i=\frac{\partial\tau}{\partial x} \tag{5-49}$$

方程(5-48)仍然可以化简为一个特征值问题。将位移向量用一个数量振幅因子和单位

向量的乘积来代替，即 $U_k = \Delta g_k$，方程(5－48)变成：

$$(\Gamma_{ik} - \delta_{ik})g_k = 0 \tag{5-50}$$

这个方程与矩阵 Γ 的特征值问题非常类似。关于矩阵 Γ 标准的特征值问题可以写为：

$$(\Gamma_{ik} - G\delta_{ik})g_k = 0 \tag{5-51}$$

当满足条件 $G=1$ 时方程(5－51)等价于方程(5－50)。因此，通过求解矩阵 Γ 的特征值并令其等于1，就可以得到需要的程函方程，即一个关于旅行时的二阶偏微分方程。

对于VTI介质，其Christoffel矩阵 Γ 较为简单，为了进一步简化，令VTI介质的对称轴与 x_3 一致。如果实际对称轴方向不符，可以通过旋转坐标轴来使其一致。由于VTI介质是轴向对称的，因此可以设波在 $x_1 - x_3$ 平面内传播，也就是令 x_2 分量为0，从而有 $\Gamma_{12} = \Gamma_{13} = 0$。

基于这些设定，VTI介质的Christoffel矩阵的特征方程可以简化为：

$$\det\begin{bmatrix} \Gamma_{11} - G & 0 & \Gamma_{13} \\ 0 & \Gamma_{22} - G & 0 \\ \Gamma_{13} & 0 & \Gamma_{33} - G \end{bmatrix} = 0 \tag{5-52}$$

可以得到 G 的三次方程：

$$(\Gamma_{22} - G)[(\Gamma_{11} - G)(\Gamma_{33} - G) - \Gamma_{13}^2] = 0 \tag{5-53}$$

化简后得：

$$\begin{gathered} \Gamma_{22} - G = 0\ , \\ G^2 - (\Gamma_{11} + \Gamma_{33})G + \Gamma_{11}\Gamma_{33} - \Gamma_{13}^2 = 0 \end{gathered} \tag{5-54}$$

求解可以得到三个根的解析表达式：

$$\begin{aligned} G_{1,3} &= \frac{(\Gamma_{11} + \Gamma_{33}) \pm \sqrt{(\Gamma_{11} - \Gamma_{33})^2 + 4\Gamma_{13}^2}}{2} \\ G_2 &= \Gamma_{22} \end{aligned} \tag{5-55}$$

因此可以得出三种体波对应的程函方程，分别对应P波、SV波和SH波三种不同的波，也就是分别令：

$$G_m(x_i, p_i) = 1 \tag{5-56}$$

其中 $m = 1,2,3$，分别对应三种不同的波，P波、SH波和SV波。

可以将其重写成Hamittonian形式：

$$H(x_i, p_i) = \frac{1}{2}(G_m(x_i, p_i) - 1), m = 1,2,3 \tag{5-57}$$

上式通常用特征矩阵法求解，其特征值是3D空间曲线 $x_i = x_i(u)$，u 为沿着射线变化的参数，可以选择为弧长 s，也可以选择时间 t 为参变量。沿着这条射线，需要满足条件 $H(x_i, p_i) = 0$，同时旅行时 $T(u)$ 可以通过求积分来简单算出。特征线是一阶常微分方程系统的解，非线性偏微分方程(5－57)的特征线方程组的标准形式如下：

$$\begin{aligned} \frac{\mathrm{d}x_i}{\mathrm{d}u} &= \frac{\partial H}{\partial p_i} = \frac{1}{2}\frac{\partial G_m}{\partial p_i} \\ \frac{\mathrm{d}p_i}{\mathrm{d}u} &= -\frac{\partial H}{\partial p_i} = -\frac{1}{2}\frac{\partial G_m}{\partial x_i} \\ \frac{\mathrm{d}t}{\mathrm{d}u} &= p_i\frac{\partial H}{\partial p_i} = \frac{1}{2}\frac{\partial G_m}{\partial p_i} \end{aligned} \tag{5-58}$$

选择时间 t 为参变量，即上式中的 $u = t$，则式(5－58)的最后一个公式为：

$$\frac{\mathrm{d}t}{\mathrm{d}u} = 1 \tag{5-59}$$

因此，对于所选定形如式(5－57)的 H，选择沿着射线的参变量为时间 t，则最后的射线追踪系统缩减为6个方程：

$$\frac{\mathrm{d}x_i}{\mathrm{d}t} = \frac{1}{2}\frac{\partial G_m}{\partial p_i},\frac{\mathrm{d}p_i}{\mathrm{d}t} = -\frac{1}{2}\frac{\partial G_m}{\partial x_i} \quad i = 1,2,3 \tag{5-60}$$

当 $m = 2$ 时，对应于 SH 波，将 $G_2 = \Gamma_{22}$ 代入射线追踪系统式(5－60)，得到：

$$\frac{\mathrm{d}x_i}{\mathrm{d}u} = \frac{1}{2}\frac{\partial \Gamma_{22}}{\partial p_i},\frac{\mathrm{d}p_i}{\mathrm{d}t} = -\frac{1}{2}\frac{\partial \Gamma_{22}}{\partial x_i} \quad i = 1,2,3 \tag{5-61}$$

对于 $m = 1$ 和 $m = 3$，$\partial G/\partial p_i$ 和 $\partial G/\partial x_i$ 可以采用隐函数求偏导通过特征方程获得，最后的射线追踪系统为：

$$\begin{aligned}\frac{\mathrm{d}x_i}{\mathrm{d}t} &= \frac{1}{2}\left[\frac{\partial}{\partial p_i}(T_{11} + T_{33} - T_{11}T_{33} + T_{13}^2)\right]/\left[2 - (T_{11} + T_{33})\right] \\ \frac{\mathrm{d}p_i}{\mathrm{d}t} &= -\frac{1}{2}\left[\frac{\partial}{\partial x_i}(\Gamma_{11} + \Gamma_{33} - \Gamma_{11}\Gamma_{33} + \Gamma_{13}^2)\right]/\left[2 - (\Gamma_{11} + \Gamma_{33})\right]\end{aligned} \tag{5-62}$$

其中，$i = 1,2,3$。对于均匀 VTI 介质，其弹性刚度系数不随空间变化，由 $\partial\Gamma_{ij}/\partial x_i = 0$ 可推出 $\mathrm{d}p_i/\mathrm{d}t = 0$，射线在传播中保持方向不变，也就是只需计算 $\mathrm{d}x_i/\mathrm{d}t$。

二、基于 Thomsen 参数的 VTI 介质射线追踪

公式(5－62)是 VTI 介质的射线追踪理论计算公式，其没有任何近似，因此在给定弹性刚度系数矩阵之后，可以得到准确的计算结果。虽然利用这组公式可以计算地下 VTI 介质的旅行时，但是实际应用中无法得到 VTI 介质的准确弹性刚度系数矩阵，因此通常只是用作理论模型的射线追踪正演。在实际中，VTI 介质采用 Thomsen 参数，特别是对于弱各向异性介质，Thomsen 参数的应用更广泛，可以定量地表示 VTI 介质各向异性的程度。因此，如果直接用 Thomsen 参数表示射线追踪系统，可以定量研究各向异性对射线的影响程度。因此，本节介绍声学近似意义下的射线追踪，该算法利用参数 Thomsen 和 NMO 速度，将地下介质假设为声学介质的情况下推导出近似的标量波动方程，进而从 TI 介质中 qP 波标量波动方程出发推导出相应的程函方程和射线方程。通过声学近似（$V_s = 0$），获得波动方程、程函方程、输运方程以及射线方程。相应的射线追踪方程在不改变原有参数（沿对称轴传播速度 V_{P0}、TI 介质 Thomsen 参数、对称轴倾角等）的前提下，还需要 NMO 速度 V_{nmo}，才可进行射线追踪。

VTI 介质中，声学近似意义下的 qP 波程函方程为：

$$(1 + 2\eta)U_{nmo}^2\left[\left(\frac{\partial\tau_0}{\partial x}\right)^2 + \left(\frac{\partial\tau_0}{\partial y}\right)^2\right] + U_{P0}^2\left(\frac{\partial\tau_0}{\partial z}\right)^2 - 2\eta U_{nmo}^2 U_{p0}^2\left[\left(\frac{\partial\tau_0}{\partial x}\right)^2 + \left(\frac{\partial\tau_0}{\partial y}\right)^2\right]\left(\frac{\partial\tau_0}{\partial z}\right)^2 = 1 \tag{5-63}$$

其中，$\eta = \dfrac{\varepsilon - \delta}{1 + 2\delta}$，$V_{nmo}$ 为 NMO 速度，V_{P0} 为垂直速度，η 为各向异性参数。通过特征值方法，可以推导出一个描述射线轨迹的常微分方程组。为此，需要将上式改写为如下形式，最终得到射线追踪方程组：

$$
\begin{aligned}
\frac{\mathrm{d}x}{\mathrm{d}s} &= v_{\mathrm{nmo}}^2 p_x(1+2\eta(1-p_z^2 v_{\mathrm{P0}}^2))\\
\frac{\mathrm{d}z}{\mathrm{d}s} &= (1-2v_{\mathrm{nmo}}^2 \eta p_r^2 p_z v_{\mathrm{P0}}^2)\\
\frac{\mathrm{d}p_x}{\mathrm{d}s} &= -v_{\mathrm{nmo}}(1+2\eta)p_r^2\frac{\partial v}{\partial x} - v_{\mathrm{nmo}}^2 p_r^2\eta_x + v_{\mathrm{nmo}} p_r^2 p_z^2 v_{\mathrm{P0}}^2\left(2\eta\frac{\partial v}{\partial x} + v_{\mathrm{nmo}}\eta_x\right) - (1-2v_{\mathrm{nmo}}^2\eta p_r^2)p_z^2 v_{\mathrm{P0}}\frac{\partial v_{\mathrm{p0}}}{\partial x}\\
\frac{\mathrm{d}p_z}{\mathrm{d}s} &= -v_{\mathrm{nmo}}(1+2\eta)p_r^2\frac{\partial v}{\partial z} - v_{\mathrm{nmo}}^2 p_r^2\eta_z + v_{\mathrm{nmo}} p_r^2 p_z^2 v_{\mathrm{P0}}^2\left(2\eta\frac{\partial v}{\partial z} + v_{\mathrm{nmo}}\eta_z\right) - (1-2v_{\mathrm{nmo}}^2\eta p_r^2)p_z^2 v_{\mathrm{P0}}\frac{\partial v_{\mathrm{p0}}}{\partial x}\\
\frac{\mathrm{d}t}{\mathrm{d}s} &= (v_{\mathrm{nmo}}^2(1+2\eta)p_x^2 + (1-4v_{\mathrm{nmo}}^2\eta p_x^2)p_z^2 v_{\mathrm{P0}}^2)\\
\frac{\mathrm{d}p_y}{\mathrm{d}s} &= -v_{\mathrm{nmo}}(1+2\eta)p_r^2\frac{\partial v_{\mathrm{nmo}}}{\partial y} - v_{\mathrm{nmo}}^2 p_r^2\eta_y + v_{\mathrm{nmo}} p_r^2 p_z^2 v_{\mathrm{P0}}^2\left(2\eta\frac{\partial v_{\mathrm{nmo}}}{\partial y} + v_{\mathrm{nmo}}\eta_y\right) - (1-2v_{\mathrm{nmo}}^2\eta p_r^2)p_z^2 v_{\mathrm{P0}}\frac{\partial v_{\mathrm{p0}}}{\partial y}
\end{aligned}
\tag{5-64}
$$

其中，$\eta_x = \frac{\partial \eta}{\partial x}, \eta_y = \frac{\partial \eta}{\partial y}, \eta_z = \frac{\partial \eta}{\partial z}, p_r^2 = p_x^2 + p_y^2$。

该方程组描述了VTI介质声学近似意义下射线路径、走时及射线参数信息。

图5－5显示了一个三层的VTI介质模型，第一层界面深度为200m，弹性参数为 c_{11} = 8.77Gpa，c_{13} = 7.48Gpa，c_{33} = 7.96Gpa，c_{55} = 0.44Gpa，密度为2.1g/cm³，第二层界面深度为400米，弹性参数为 c_{11} = 26.99Gpa，c_{13} = 14.31Gpa，c_{33} = 17.28Gpa，c_{55} = 2.76Gpa，密度2.3g/cm³，第三层界面弹性参数为 c_{11} = 39.08Gpa，c_{13} = 17.94Gpa，c_{33} = 32.3Gpa，c_{55} = 7.97Gpa，密度为2.5g/cm，图5－6为射线追踪路径图，最大入射角为45°。红色为各向异性射线追踪路径，紫色为各向同异性射线追踪路径，从图中可以看出，当射线垂直入射时，

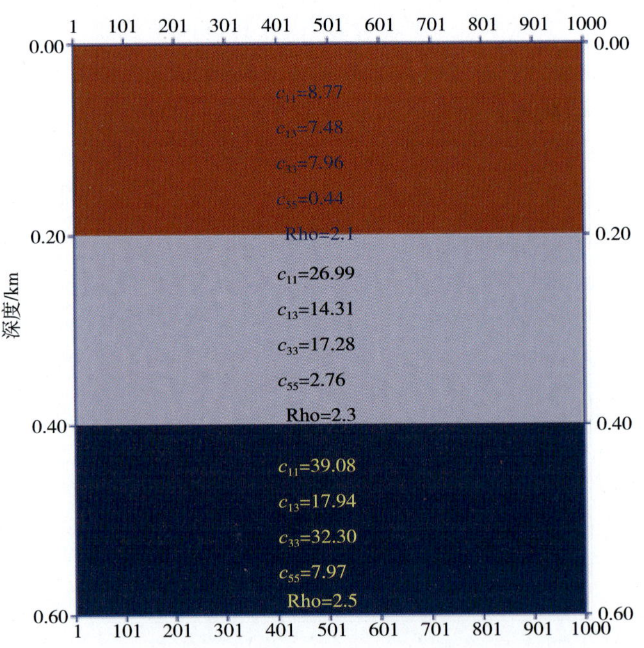

图5－5　三层各向异性介质模型对应的弹性参数模型

各向同异和各向异性射线追踪路径相同，随着入射角的增大，两者差异也变大，这就是为何用大偏移距提取各向异性参数的原因。

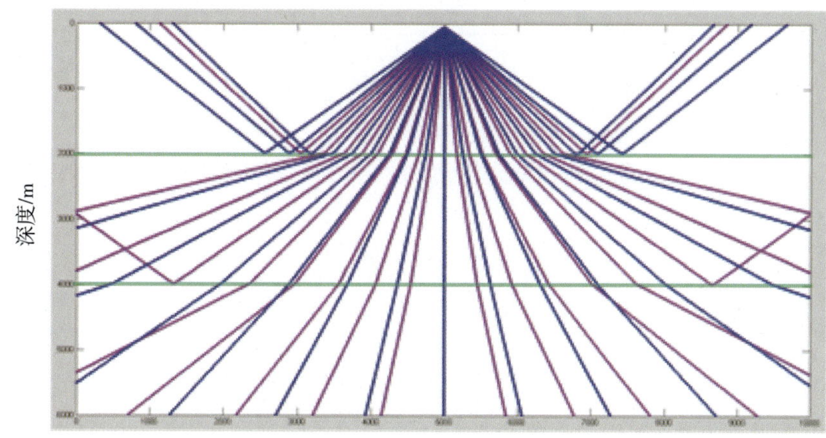

图 5－6　射线追踪路径图

三、Kirchhoff 叠前深度偏移原理

根据 Kirchhoff 积分，在 t 时刻，介质内部空间任一点 P 上的波函数可以用包含 P 点的封闭表面 S 上的波函数及其法向偏导数在 $t-\frac{r}{c}$ 时的值来确定，所需延迟时间 $\frac{r}{c}$ 为波动由 S 曲面上的任意点到 P 点的传播时间。Schneider 在 1978 年的给出了从标量波动方程的 Kirchhoff 积分解推导 Kirchhoff 偏移法的过程，系统阐述了 Kirchhoff 偏移法的数学原理。

选择一个包含成像点 $\boldsymbol{x}$ 的闭合曲面 S，S 由三部分组成：包括 $z=0$ 的地面观测平面 S_0，无限接近于反射体的平面 S_z，以及连接两个平面的无限远的垂直圆柱平面 S_∞，如图 5－7 所示。波动方程的 Kirchhoff 积分解可表示为：

$$U(\boldsymbol{x},t)=\frac{1}{4\pi}\int \mathrm{d}t_0\int \mathrm{d}S_0[G\partial_{\mathrm{n}}U(\boldsymbol{x}_s,\boldsymbol{x}_r,t_0)-U(\boldsymbol{x}_s,\boldsymbol{x}_r,t_0)\partial_n \mathrm{G}] \tag{5－65}$$

其中，$U(\boldsymbol{x}_s,\boldsymbol{x}_r,t_0)$ 是地表观测到的地震波场，G 是格林函数，$\partial_n G$ 是格林函数对界面法向 $\boldsymbol{n}$ 的导数，$\boldsymbol{x}$ 是地下成像点的位置，$U(\boldsymbol{x},t)$ 是在该位置要计算的波场。

从物理的观点来讲，成像点附近的 S_z 面对重建散射波场的贡献可以忽略不计；同时，由于偏移孔径的有限性，因此无限远柱面 S_∞ 的积分也可以忽略不计。最后闭合曲面 S 上的积分变成了对地表观测平面 S_0 的积分，也就是利用地表观测的波场可以恢复地下散射点 $\boldsymbol{x}$ 处的散射波场。

为了从 Kirchhoff 积分解中推导出 Kirchhoff 偏移公式，需要构造格林函数。对于非均匀介质，可以利用渐近射线理论（Asymptotic ray theory，ART）来近似格林函数。单炮 Kirchhoff 偏移积分公式为：

$$\boldsymbol{n}\cdot\nabla\tau_r(\boldsymbol{x}_{\mathrm{r}},\boldsymbol{x},\boldsymbol{x}_{\mathrm{s}})A(\boldsymbol{x}_{\mathrm{r}},\boldsymbol{x},\boldsymbol{x}_{\mathrm{s}})\partial_1 U(\boldsymbol{x}_{\mathrm{r}},\tau_{\mathrm{s}}(\boldsymbol{x},\boldsymbol{x}_{\mathrm{s}})+\tau_{\mathrm{r}}(\boldsymbol{x},\boldsymbol{x}_{\mathrm{r}}),\boldsymbol{x}_{\mathrm{s}}) \tag{5－66}$$

其中，S_0 是地表观测平面，$\boldsymbol{n}$ 为地表观测平面的外法线方向向量，$\boldsymbol{x}$，$\boldsymbol{x}_{\mathrm{s}}$，$\boldsymbol{x}_{\mathrm{r}}$ 分别表示成像点、震源点和接收点；τ_{s} 和 τ_{r} 分别是从震源和检波点到地下成像点的时间，$A(\boldsymbol{x}_{\mathrm{r}},\boldsymbol{x},\boldsymbol{x}_{\mathrm{s}})$ 是几

何扩散因子，即振幅加权因子，$U^{\frac{1}{2}}[\boldsymbol{x}_r,\tau_s(\boldsymbol{x},\boldsymbol{x}_s)+\tau_r(\boldsymbol{x},\boldsymbol{x}_r),\boldsymbol{x}_s]$ 是记录波场。

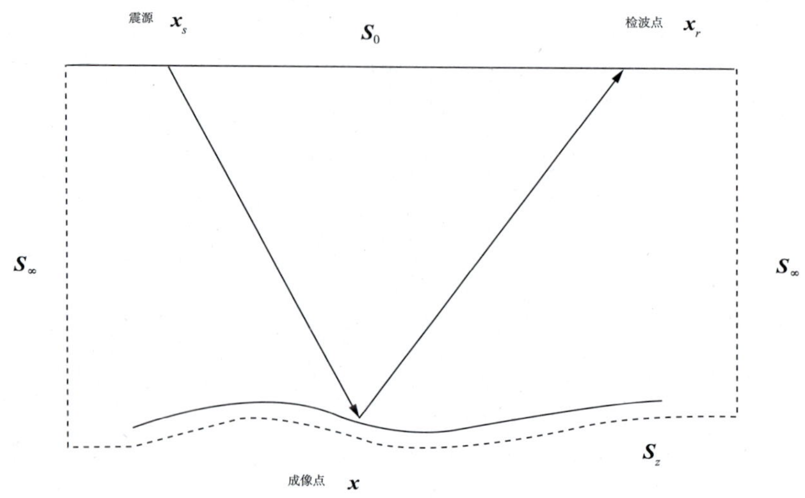

图 5－7　Kirchhoff 偏移的几何示意图

在算法实现中，公式(5－66)是一个沿着绕射轨迹为 $t=\tau_s(\boldsymbol{x},\boldsymbol{x}_s)+\tau_r(\boldsymbol{x},\boldsymbol{x}_r)$ 的所有点的加权叠加。Kirchhoff 叠前深度偏移的基本过程为：①首先利用深度域速度模型，从震源 S 和检波点 R 向成像点进行射线追踪或波前计算；②按照相应的旅行时从地震记录中拾取子波并进行叠加。

对于 Kirchhoff 叠前深度偏移来说，如果所有的射线路径计算得到的旅行时都是正确的，那么对应的所有地震记录数据的叠加结果会在某些部位产生极大值，这些极大值就给出了地下反射体的位置。因此，关键在于时间场的计算。对于 VTI 介质，其相速度随传播方向不同而变化，射线路径不再与波前垂直，需要通过求解程函方程来计算其时间场。

Kirchhoff 偏移的具体实现通常有两种做法，一种是基于双曲线轨迹上的振幅求和，一种是基于半圆弧的叠加。通常时间偏移采用前一种方法，深度偏移采用后一种方法。具体的做法是对于初始输入时间剖面 (x,t) 上的每一个样点，在输出空间剖面 (x,z) 上输出一个半圆弧，所有样点的半圆弧的叠加和就是最后的偏移结果。这里的半圆弧实际上是针对常速度介质的自激自收剖面来说，也称为时间剖面上一个脉冲的偏移响应，可以看作是 x 点接收到的反射时间为 t 的所有地下反射点的集合，或者说几何轨迹。偏移的过程就是为 (x,t) 上的每一个脉冲寻找相应的 (x,z) 剖面上的反射点轨迹。反射点的轨迹位置由地下介质的时间表决定，所谓时间表实际上就是建立时间剖面 (x,t) 与地下深度点空间坐标 (x,z) 的映射关系，偏移的过程就是利用这种映射关系，将时间剖面上的点归位到它相应的空间位置。

四、模型测试及实际资料试算

1. 薄互层模型试验

该模型为一个四层的薄互层，第一层是各向同性介质，厚度为500m，速度为2000m/s，第二层是薄互层介质，总厚度为500m，低速层和高速层的速度分别为2800m/s 和3200m/s，非椭圆率 η 为0.03，第三层是各向同性介质，厚度为600m，速度为4000m/s，第四层是各向同性介质，厚度为500m，速度为6000m/s。图5-8和图5-9分别为薄互层模型和正演模拟的炮记录。正演数据总共199炮，炮间隔为100m，每炮601道，道间隔为10m，时间采样2ms，记录长度为2s，子波主频为30Hz，使得波长远大于薄层厚度，适用于薄互层各向异性研究。图5-10中的(a)和(b)分别对应于CMP道集分选后提取得到的各向异性参数非椭圆率η和动校正速度信息。图5-11(a)是采用各向同性Kirchhoff叠前深度偏移得到的偏移剖面，可以看出，忽略各向异性会造成各向异性介质地层下方所有界面成像位置错误，并且构造模糊。图5-11(b)是采用各向异性Kirchhoff叠前深度偏移得到的偏移剖面，可以看出，在偏移算法中考虑各向异性因素，使得所有界面能够正确归位到相应的位置，并且内部异常构造边界刻画清楚。

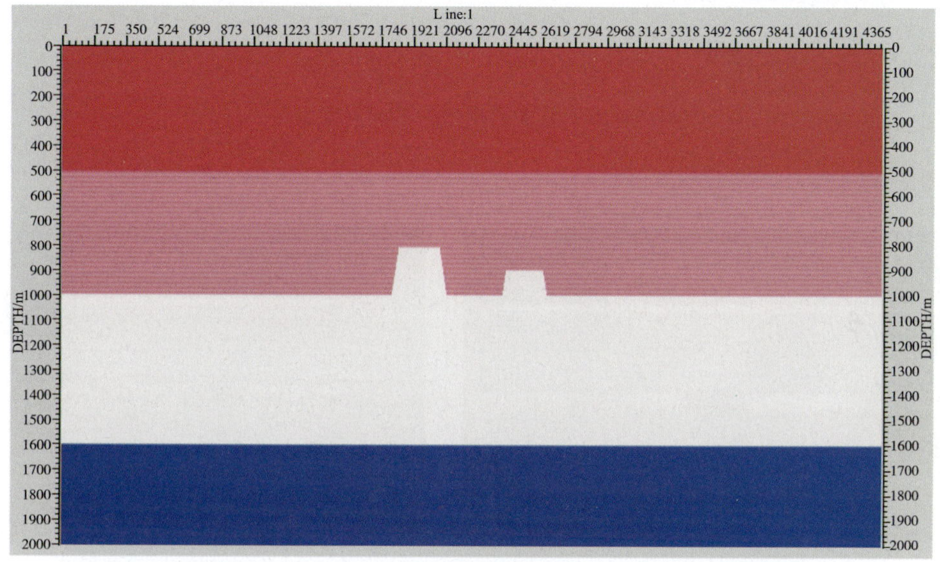

图5-8　薄互层模型

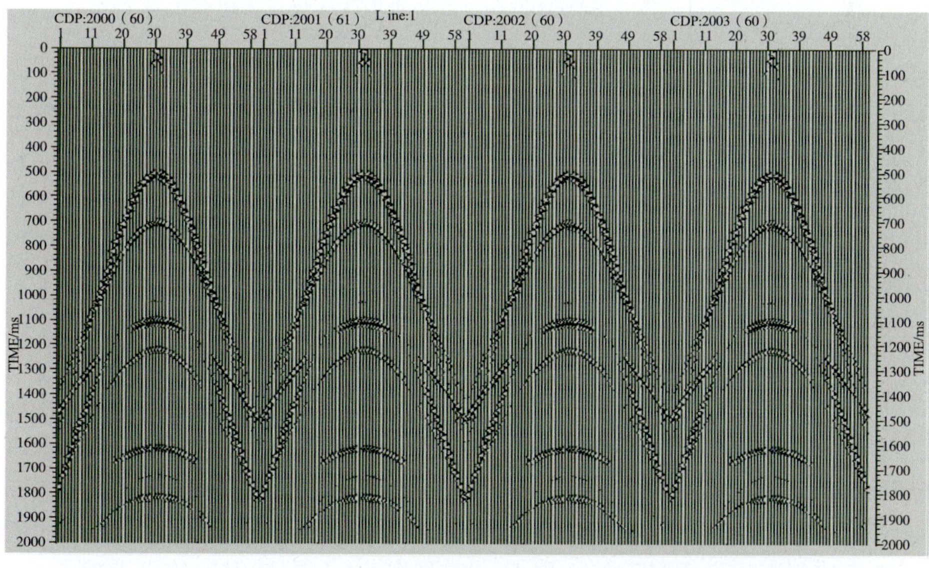

图5-9　薄互层模型正演炮记录

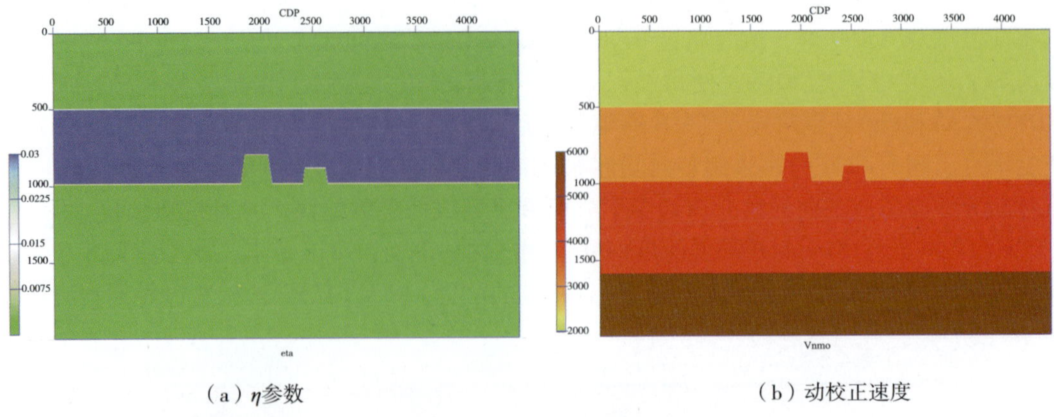

（a）η参数　　（b）动校正速度

图 5－10　薄互层模型的各向异性参数

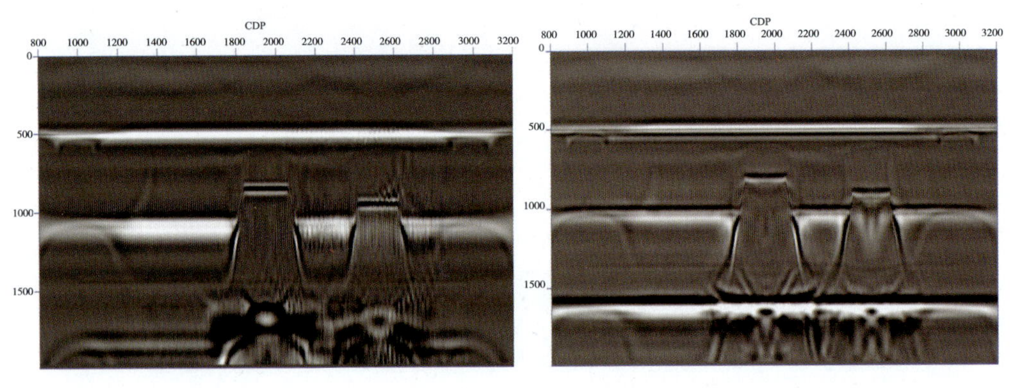

（a）各向同性Kirchhoff叠前深度偏移剖面　　（b）各向异性Kirchhoff叠前深度偏移剖面

图 5－11　薄互层模型的 Kirchhoff 叠前深度偏移剖面对比

2. Hessian 二维模型试验

Hessian 二维模型数据是利用 VTI 介质的有限差分正演得到的合成数据。Hessian 模型横向采样 3617，垂向采样 1501，纵横向采样间隔都是 20ft。Hessian 模型炮数据有两套，一套数据包含多次波，共 360 炮，炮间隔 200ft，检波点间隔 40ft，最小偏移距为零，最大偏移距为 19960ft，记录长度 8s，时间采样间隔为 4ms。另一套数据没有多次波，共 720 炮，炮间隔 100ft，检波点间隔 40ft，最小偏移距为零，最大偏移距为 26200ft，记录长度为 7.992s，采样间隔为 6ms。本次模型测试采用第二套数据。

图 5－12 是 Hessian 模型对应的各向异性参数，其中，(a)是垂向传播速度，(b)是动校正速度，(c)是非椭圆率 η 参数。图 5－13 是对应于图 5－12 模型数据的 Kirchhoff 叠前深度偏移，其中(a)是各向同性介质 Kirchhoff 叠前深度偏移剖面，(b)是各向异性 Kirchhoff 叠前深度偏移剖面。对比两张偏移剖面发现，虽然大多数层位的成像质量相差不多，但是各向同性 Kirchhoff 叠前深度偏移剖面上陡峭构造边界如圆圈标注区域成像较差，而各向异性 Kirchhoff 叠前深度偏移剖面成像质量较好。图 5－14 是 Hessian 模型垂向传播速度与偏移剖面的叠合显示，(a)对应于各向同性介质，(b)对应于各向异性介质。在各向同性叠前深度偏移

剖面上，异常构造体的成像深度与速度剖面的界面深度不吻合，而各向异性 Kirchhoff 叠前深度偏移剖面上的成像深度与速度剖面的界面深度吻合。

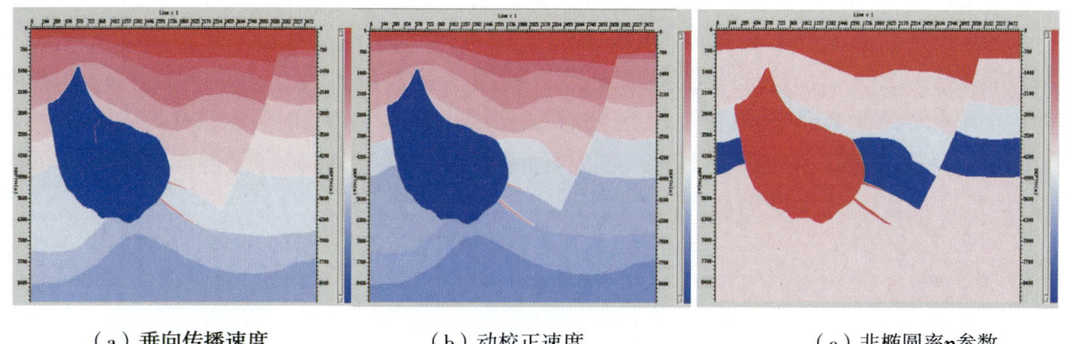

（a）垂向传播速度　　（b）动校正速度　　（c）非椭圆率η参数

图 5－12　Hessian 二维模型

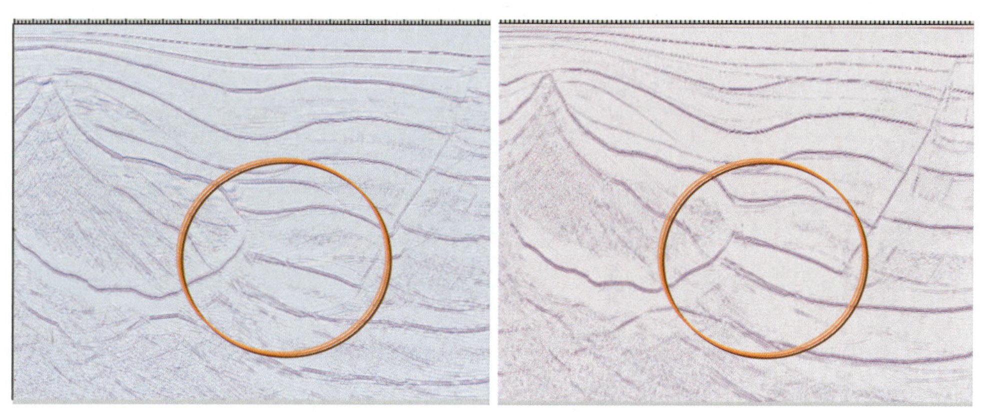

（a）各向同性Kirchhoff偏移结果　　（b）各向异性Kirchhoff偏移结果

图 5－13　Hessian 模型的 Kirchhoff 偏移结果

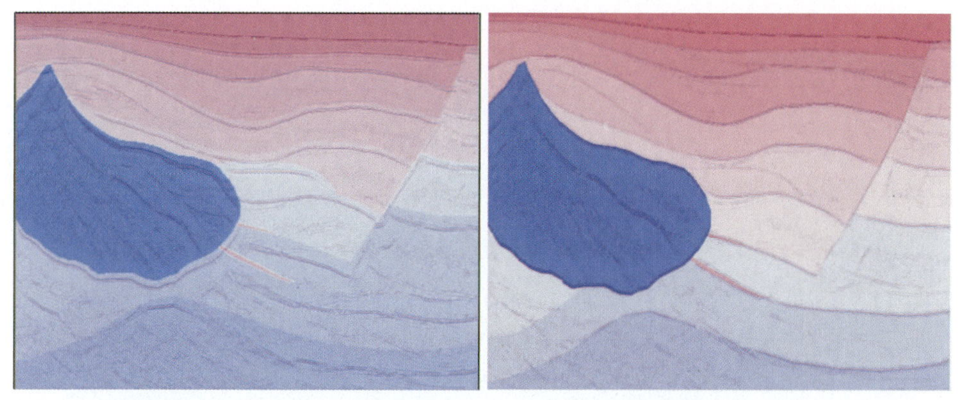

（a）速度模型和各项同性偏移剖面　　（b）速度模型和各项异性剖面

图 5－14　Hessian 速度模型和偏移剖面的叠合显示

3. 实际资料试验

图 5－15 是新疆某地区的叠前炮记录，每炮有 320 道，道间距是 50m，属于大偏移距资料。通过对 CMP 道集数据进行长偏移距时距曲线分析证实该地区存在各向异性，并对该资料进行了各向异性速度分析和参数提取，图 5－16 是动校正速度分析结果，图 5－17 是水平速度分析结果，图 5－18 是 η 参数提取结果，利用这些参数进行了各向同性 Kirchhoff 叠前深度偏移和各向异性 Kirchhoff 叠前深度偏移，分别见图 5－19 和图 5－20。从图中可以看出，在同相轴的连续性和分辨率方面，各向异性叠前深度偏移明显好于各向同性叠前深度偏移，特别是在浅层，效果更加显著。

图 5－15　新疆某探区实际资料的炮数据

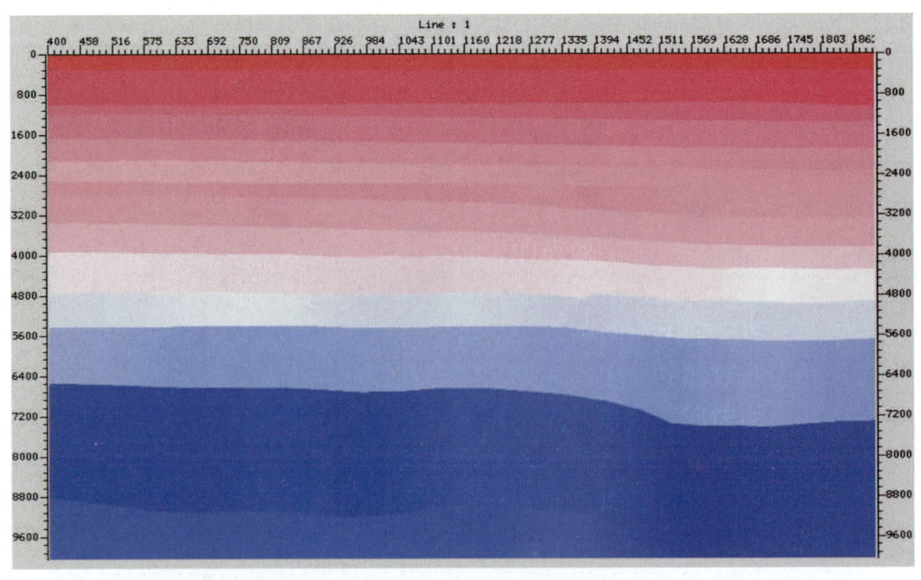

图 5－16　动校正速度

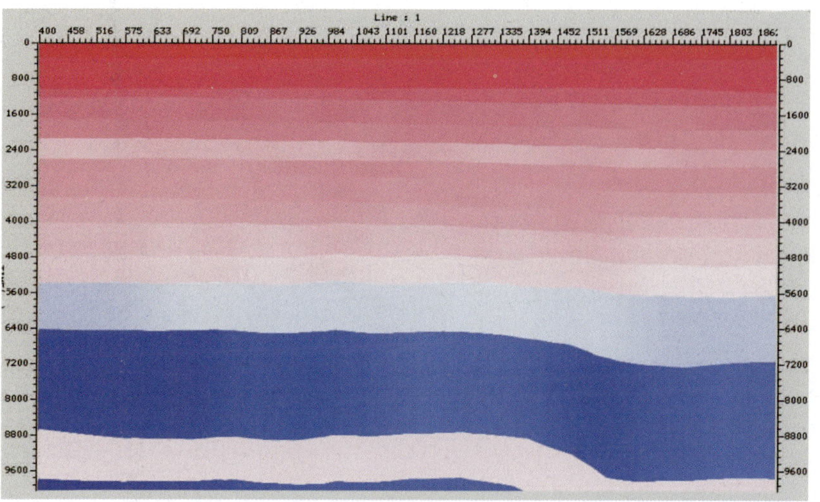

图 5－17 水平速度分析结果

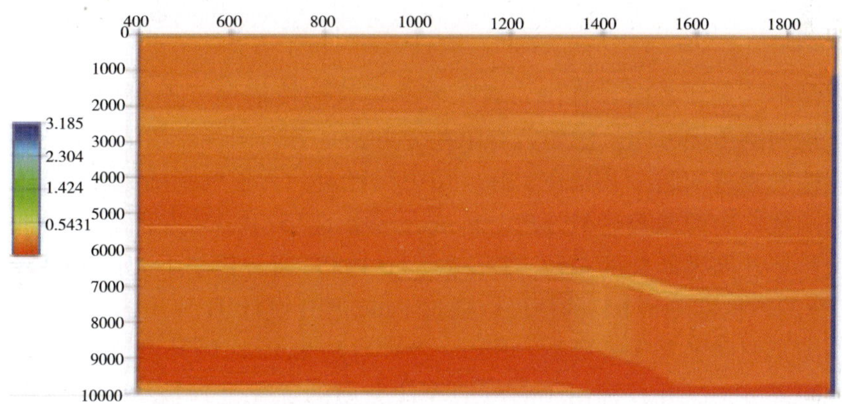

图 5－18 非椭圆率 η 参数提取结果

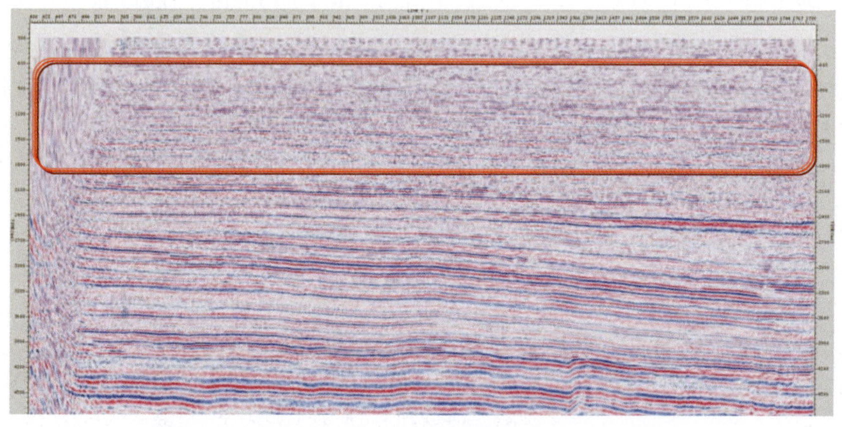

图 5－19 各向同性 Kirchhoff 叠前深度偏移剖面

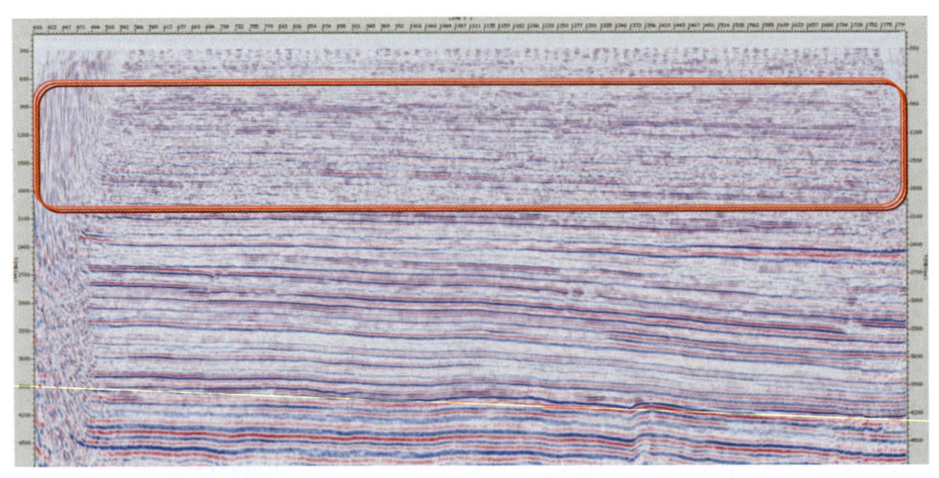

图 5－20　各向异性 Kirchhoff 叠前深度偏移剖面

第三节　各向异性单程波波动方程偏移成像技术

地下介质是不均匀和各向异性的，意味着地震波的传播速度不仅依赖于它们的空间位置，而且还有它们的传播方向。隐函数有限差分方法是各向同性介质最有效的偏移方法，该方法可以处理横向变速问题，并且在实际应用中很稳定。为了解隐函数有限差分法，一般利用一个合理的函数将离散函数近似处理。传统方法中的 15°和 45°方程通过 Pade 扩展函数或者合理因子进行展开获得函数的系数。Lee 和 Suh(1985)通过最小平方优化理论计算系数值，利用与 45°同样的数据达到了 65°的精度。通过 Pade 展开设计 TI 介质的隐函数有限差分法是非常困难的，因为离散关系比较复杂，Ristow(1999)基于 Pade 展开设计了弱各向异性的 VTI 介质隐函数有限差分法，并且提出了对一般 VTI 介质的优化处理技术。为了提高呈祥，Liu 等(2005)引入了一个相位校正算子。

利用 FD 校正算子，能够处理速度横向变化问题。Ristow 和 Ruhl(1994)提出其系数可以通过泰勒展开或者优化算法获得。Zhang 等(2005)；Fei 和 Liner(2006)研发了基于泰勒展开和 Pade 展开分析 VTI 介质的 FFD 偏移方法。单国建(2008)等研发了一种不是基于泰勒展开的通过对离散关系进行偏移处理的方法。下面首先介绍各向异性平面波成像流程，其余成像技术的推导过程也类似。

一、各向同性介质隐函数 FD 流程

各向同性介质离散关系表达式如下：

$$s_z^2 + s_r^2 = 1 \tag{5-67}$$

其中，$s_z = \dfrac{vk_z}{\omega}$，$s_r = \dfrac{v\sqrt{k_x^2 + k_y^2}}{\omega}$。给定 s_r 可以计算出 s_z：

$$s_z = \pm\sqrt{1 - s_r^2} \tag{5-68}$$

对方程(5－68)进行傅里叶反变换可以得到上行波和下行波的单程波方程。为了推导单

程波的 FD 算法，对方程(5－68)右端的平方根算子用一个数值函数进行近似：

$$\sqrt{1-s_r^2} \approx 1.0-\frac{\sum_{i=1}^{n} \alpha_i (s_r^2)^i}{1-\sum_{i=1}^{n} \beta_i (s_r^2)^i} \tag{5-69}$$

系数 α_i ，β_i ，$i=1,2,\cdots,n$ ，采用 Pade 有理式展开求取。例如，($n=1$)对应的二阶近似，也就是典型的 45°方程：

$$\sqrt{1-s_r^2} \approx 1.0-\frac{\frac{1}{2}s_r^2}{1-\frac{1}{4}s_r^2} \tag{5-70}$$

系数 α_i ，β_i ，$i=1,2,\cdots,n$ ，通过最小平方优化可使得 FD 算法更加精确。

二、VTI 介质的离散关系

传统坐标系中 VTI 介质有一个垂向的对称轴，相速度取决于介质的垂向速度，以及传播方向和对称轴之间的夹角。在 VTI 介质中，相速度 qP 和 qSV 波表达式如下（Tsvankin，1996）：

$$\frac{v^2(\theta)}{v_{P0}^2}=1+\varepsilon\sin^2\theta-\frac{f}{2}\pm\frac{f}{2}\sqrt{\left(1+\frac{2\varepsilon\sin^2\theta}{f}\right)^2-\frac{2(\varepsilon-\delta)\sin^2 2\theta}{f}} \tag{5-71}$$

θ 是相角，也就是波的传播方向与垂向坐标轴之间的夹角；$f=1-\left(\frac{v_{S0}}{v_{P0}}\right)^2$ ，v_{S0} 和 v_{P0} 分别是 qSV 波和 qP 波与垂向之间的夹角。

对平面波传播，相角 θ 和波数 k_x ，k_y ，k_z 通过下式建立关系：

$$\sin\theta=\frac{v(\theta)k_r}{\omega},\ \cos\theta=\frac{v(\theta)k_z}{\omega} \tag{5-72}$$

其中，$k_r=\sqrt{k_x^2+k_y^2}$ 。对方程(5－70)取平方，并且将方程(5－72)代入方程(5－70)得到 VTI 介质的离散关系表达式：

$$d_4 s_z^4+d_2 s_z^2+d_0=0 \tag{5-73}$$

其中，$s_z=\frac{k_z v_{P0}}{\omega}$ ，系数 d_0 ，d_2 ，d_4 分别是：

$$d_0=(2-2\varepsilon-f)s_r^2-1-[(1-f)(1+2\varepsilon)]s_r^4$$

$$d_2=[-2(1-f)(1+\varepsilon)-2f(\varepsilon-\delta)]s_r^2+(2-f)$$

$$d_4=f-1$$

其中，$s_r=\frac{k_r v_{P0}}{\omega}$ 。VTI 介质的离散关系表达式(5－73)是一个四次方程，求解得到四个根：其中两个表示上行和下行的 qP 波，另外两个表示上行和下行的 qSV 波。Alkhalifah(1998)指出在实际应用中，v_{S0} 对 qP 波的相速度表达式贡献不大。假定 qSV 波速度比 qP 波速度小的多，那么 $f\approx 1$ ，qP 波的离散关系表达式可简化为：

$$s_z^2=\frac{1-(1+2\varepsilon)s_r^2}{1-2(\varepsilon-\delta)s_r^2} \tag{5-74}$$

对方程(5－74)作傅里叶反变换(s_z^2 替换为 $-v_{P0}^2\frac{\partial t^2}{\partial z^2}$, s_r^2 替换为 $-v_{P0}^2\left(\frac{\partial t^2}{\partial x^2}+\frac{\partial t^2}{\partial y^2}\right)$), 可得到 VTI 介质的双程声波方程:

$$\left[\frac{\partial^4}{\partial z^2\partial t^2}-2(\varepsilon-\delta)v_{P0}^2\left(\frac{\partial^4}{\partial z^2\partial x^2}+\frac{\partial^4}{\partial z^2\partial y^2}\right)\right]P=\left[\frac{1}{v_{P0}^2}\frac{\partial^4}{\partial t^4}-(1+2\varepsilon)\left(\frac{\partial^4}{\partial t^2\partial x^2}+\frac{\partial^4}{\partial t^2\partial y^2}\right)\right]P \tag{5-75}$$

其中, $P=(x,y,z,t)$ 是时空域波场。将 s_z 作为 s_r 的函数求解方程式(5－74)可以得到各向同性介质中上行波和下行波的离散关系表达式:

$$s_z(\varepsilon,\delta;s_r)=\sqrt{\frac{1-(1+2\varepsilon)s_r^2}{1-2(\varepsilon-\delta)s_r^2}} \tag{5-76}$$

通过傅里叶反变换(s_z 替换为 $i\frac{v_{P0}^2}{\omega}\frac{\partial}{\partial z}$, s_r^2 替换为 $-\frac{v_{P0}^2}{\omega^2}\left(\frac{\partial^2}{\partial x^2}+\frac{\partial^2}{\partial y^2}\right)$), 可以得到 VTI 介质上行波和下行波单程波的波动方程:

$$\frac{\partial}{\partial z}P=\pm i\frac{\omega}{v_{P0}}\sqrt{\frac{1-(1+2\varepsilon)\frac{v_{P0}^2}{\omega^2}\left(\frac{\partial^2}{\partial x^2}+\frac{\partial^2}{\partial y^2}\right)}{1-2(\varepsilon-\delta)\frac{v_{P0}^2}{\omega^2}\left(\frac{\partial^2}{\partial x^2}+\frac{\partial^2}{\partial y^2}\right)}} \tag{5-77}$$

其中, $P=(x,y,z,\omega)$ 是频率空间域的波场。

通过 VTI 介质相速度的表达公式:

$$\frac{v^2(\theta)}{v_{P0}^2}=1+2\delta\sin^2\theta\cos^2\theta+2\varepsilon\sin^4\theta \tag{5-78}$$

给出一个合理函数表示 s_z^{weak} 的离散关系近似表达式:

$$s_z^{\text{weak}}\approx 1-\sum_{i=1}^{n}\frac{a_i(s_r^2)^2}{1-b_i(s_r^2)^i} \tag{5-79}$$

系数通过 Taylor 展开式或者 Pade 展开式获得。$n=1$ 时, 给出二阶近似表达式:

$$a_1=0.5(1+2\delta) \tag{5-80}$$

$$b_1=\frac{2(\varepsilon-\delta)}{1+2\delta}+0.25(1+2\delta) \tag{5-81}$$

如果 $\varepsilon=0$, 并且 $\delta=0$, 方程(5－77)成为各向同性介质典型的45°方程。与各向同性介质不同的是, FD 系数在 VTI 介质中存在横向变化。对于一般意义下的 VTI 介质, Ristow (1999)利用相速度方程(5－78), 可以优化系数 a_i , b_i , $i=1,2,\cdots,n$ 。

对于优化后的离散关系:

$$\bar{s}_z=1-\sum_{i=1}^{n}\frac{a_is_r^2}{1-b_is_r^2} \tag{5-82}$$

得到的离散误差表示为:

$$\mu=\frac{\bar{s}_z-s_z}{s_z} \tag{5-83}$$

同样, 对于每一个 s_r , 相位角 θ 满足:

$$\tan\theta=\frac{s_r}{s_z} \tag{5-84}$$

通过傅里叶反变换，可以得到下面的偏微分方程：

$$\frac{\partial P}{\partial z}=i\frac{\omega}{v_{\mathrm{P0}}}+i\frac{\omega}{v_{\mathrm{P0}}}\sum_{i=1}^{n}\frac{a_i\frac{v_{\mathrm{P0}}^2}{\omega^2}\left(\frac{\partial^2}{\partial x^2}+\frac{\partial^2}{\partial y^2}\right)}{1+b_i\frac{v_{\mathrm{P0}}^2}{\omega^2}\left(\frac{\partial^2}{\partial x^2}+\frac{\partial^2}{\partial y^2}\right)}P \tag{5-85}$$

方程(5－85)通过联立求解。例如，二阶近似，方程(5－85)改写为下面的联立偏微分方程：

$$\frac{\partial P}{\partial z}=i\frac{\omega}{v_{\mathrm{P0}}}P \tag{5-86}$$

$$\frac{\partial P}{\partial z}=i\frac{\omega}{v_{\mathrm{P0}}}\sum_{i=1}^{n}\frac{a_i\frac{v_{\mathrm{P0}}^2}{\omega^2}\left(\frac{\partial^2}{\partial x^2}+\frac{\partial^2}{\partial y^2}\right)}{1+b_i\frac{v_{\mathrm{P0}}^2}{\omega^2}\left(\frac{\partial^2}{\partial x^2}+\frac{\partial^2}{\partial y^2}\right)}P \tag{5-87}$$

方程(5－86)是薄透镜项(Claerbout，1985)，通过空间域的相移算子得到。方程(5－87)通过FD流程求解实现。各向同性介质，a_1，b_1 是固定值。而各向异性介质，a_1，b_1 是各向异性参数 ε，δ 的函数，在横向上有变化。在方程(5－87)代入 a_1，b_1，VTI介质的FD算子如同各向同性介质的FD算子一样求解。

对于各向同性介质的3D传播算子(Claerbout，1985)，方程(5－87)被分解为 x，y 分量：

$$\frac{\partial P}{\partial z}=i\frac{\omega}{v_{\mathrm{p}}}\left[\frac{a_1\frac{v_{\mathrm{p}}^2}{\omega^2}\frac{\partial^2}{\partial x^2}}{1+b_i\frac{v_{\mathrm{p}}^2}{\omega^2}\frac{\partial^2}{\partial x^2}}+\frac{a_1\frac{v_{\mathrm{p}}^2}{\omega^2}\frac{\partial^2}{\partial y^2}}{1+b_i\frac{v_{\mathrm{p}}^2}{\omega^2}\frac{\partial^2}{\partial y^2}}\right]P \tag{5-88}$$

双向分裂造成的数值误差可以通过频率域和空间域的相移校正滤波器来修正(Li，1991)。二阶近似情况下，相移校正算子如下：

$$P=P\mathrm{e}^{i\Delta zk_{\mathrm{L}}} \tag{5-89}$$

$$k_{\mathrm{L}}=\frac{\omega}{v_{\mathrm{p}}^r}\sqrt{\frac{1-(1+2\varepsilon_r)\frac{k_r^2}{\left(\frac{\omega}{v_{\mathrm{p}}^r}\right)^2}}{1-2(\varepsilon_r-\delta_r)\frac{k_r^2}{\left(\frac{\omega}{v_{\mathrm{p}}^r}\right)^2}}}-\frac{\omega}{v_{\mathrm{p}}^r}\left[1-\frac{a_1^r\left(\frac{\omega}{v_{\mathrm{p}}^r}k_x\right)^2}{1-b_1^r\left(\frac{\omega}{v_{\mathrm{p}}^r}k_x\right)^2}-\frac{a_1^r\left(\frac{\omega}{v_{\mathrm{p}}^r}k_y\right)^2}{1-b_1^r\left(\frac{\omega}{v_{\mathrm{p}}^r}k_y\right)^2}\right] \tag{5-90}$$

其中，v_{p}^r 是参考速度，ε_r 和 δ_r 是参考各向异性参数，a_1^r，b_1^r 是对应各向异性参数 ε_r 和 δ_r 优化后的FD系数。各向异性介质FFD算法中最低的速度值 $c(z)$ 被认为是实际速度场的背景速度 $v(x,y,z)$。实际速度和参考速度波场延拓之间的差别表现在下面表达式：

$$\Delta s_z(\rho;s_r)=\frac{v}{\omega}\Delta k_z=\frac{v}{\omega}(k_z-k_z^r)=\sqrt{1-s_r^2}-\sqrt{\frac{1}{\rho^2}-s_r^2} \tag{5-91}$$

其中，$\rho=\frac{c(z)}{v(x,z)}$，$s_r=\frac{vk_r}{\omega}$，$k_r=\sqrt{k_x^2+k_y^2}$。

偏移算子 Δs_z 可被 $\Delta\bar{s}_z$ 近似处理为：

$$\Delta\bar{s}_z(\rho;s_r)=\left(1-\frac{1}{\rho}\right)-\sum_{i=1}^{n}\frac{a_is_r^2}{1-b_is_r^2} \tag{5-92}$$

系数 a_i , b_i , $i = 1,2,\cdots,n$ ，可以通过 Taylor 展开、Pade 展开或者数值优化得到。利用这些系数，离散关系近似为：

$$k_z \approx \frac{\omega}{c}\sqrt{1 - \frac{c^2}{\omega^2}k_r^2} + \left(\frac{\omega}{v} - \frac{\omega}{c}\right) - \frac{\omega}{v}\sum_{i=1}^{n}\frac{a_i s_r^2}{1 - b_i s_r^2} \tag{5-93}$$

对于二阶近似，Ristow 和 Ruhl(1994)通过泰勒展开得到 $a_1 = 0.5(1-\rho)$, $b_1 = 0.25(\rho^2+\rho+1)$ ，同时从优化算法也得到了 b_1 。

对方程(5-93)进行傅里叶反变换，得到 FFD 算子如下：

$$\frac{\partial P}{\partial z} = i\left[\frac{\omega}{c}\sqrt{1 + \frac{c^2}{\omega^2}\left(\frac{\partial^2}{\partial x^2} + \frac{\partial^2}{\partial y^2}\right)} + \left(\frac{\omega}{v} - \frac{\omega}{c}\right) + \frac{\omega}{v}\sum_{j=1}^{n}\frac{a_j\frac{v^2}{\omega^2}\left(\frac{\partial^2}{\partial x^2} + \frac{\partial^2}{\partial y^2}\right)}{1 + b_j\frac{v}{\omega}\left(\frac{\partial^2}{\partial x^2} + \frac{\partial^2}{\partial y^2}\right)}\right]P \tag{5-94}$$

方程(5-94)右端的第一项通过频率波数域相移法求解，后两项通过频率空间域的 FD 法求解。实际速度接近于参考速度($\rho = 1$)时，相移起主要作用，FFD 精度较高；实际速度大于参考速度时，FD 起主要作用，因此 FFD 适用于强横向变速情况。

三、优化的 VTI 介质 FFD

在 VTI 介质中，各向异性参数 $\varepsilon(x,y,z)$ 和 $\delta(x,y,z)$ ，速度场 $v_{P0}(x,y,z)$ ，如果我们运用各向异性参数的 $\varepsilon^r(z)$, $\delta^r(z)$ 速度场 $c_{P0}^r(z)$ ，实际参数与参考参数之间误差的离散关系如下：

$$\Delta s_z(\varepsilon,\delta,\varepsilon^r,\delta^r,\rho;s_r) = \frac{v_{P0}}{\omega}(k_z - k_z^r) \tag{5-95}$$

$$\Delta s_z(\varepsilon,\delta,\varepsilon^r,\delta^r,\rho;s_r) = \sqrt{\frac{1-(1+2\varepsilon)s_r^2}{1-2(\varepsilon-\delta)s_r^2}} - \sqrt{\frac{\frac{1}{\rho^2}-(1+2\varepsilon^r)s_r^2}{1-2\rho^2(\varepsilon^r-\delta^r)s_r^2}} \tag{5-96}$$

其中, $\rho = \frac{c_{P0}(z)}{v_{P0}(x,z)}$, $s_r = \frac{v_{P0}^2(k_x^2+k_y^2)}{\omega}$ ，与各向同性介质一样：

$$\Delta \bar{s}_z(\varepsilon,\delta,\varepsilon^r,\delta^r,\rho;s_r) = \left(1 - \frac{1}{\rho}\right) - \frac{\sum_{i=1}^{n}\alpha_i(s_r^2)^i}{1 - \sum_{i=1}^{n}\beta_i(s_r^2)^i} \tag{5-97}$$

系数通过加权最小平方优化得到：

$$\min\int_0^{s_r}\omega(s_r)\left[\Delta s_z(\varepsilon,\delta,\varepsilon^r,\delta^r,\rho;s_r) - \left(1-\frac{1}{\rho}\right) - \frac{\sum_{i=1}^{n}\alpha_i(s_r^2)^i}{1-\sum_{i=1}^{n}\beta_i(s_r^2)^i}\right]\mathrm{d}s_r \tag{5-98}$$

将优化问题式(5-98)改写成下述新的优化问题：

$$\min\int_0^{s_r}\omega(s_r)\left\{\begin{matrix}\left[\Delta s_z(\varepsilon,\delta,\varepsilon^r,\delta^r,\rho;s_r) - \left(1-\frac{1}{\rho}\right)\right)\left(1-\sum_{i=1}^{n}\beta_i(s_r^2)^i\right) - \\ \left(\sum_{i=1}^{n}\alpha_i(s_r^2)^i\right]\end{matrix}\right\}^2\mathrm{d}s_r \tag{5-99}$$

可以通过线性最小平方方法求解。方程(5－99)中的误差算子为 $\Delta s_z(\varepsilon,\delta,\varepsilon^r,\delta^r,\rho;s_r)$，系数 α_i，β_i 是 $\rho,\varepsilon,\delta,\varepsilon^r,\delta^r$ 的函数。利用隐函数法，方程(5－97)的数理方程可以进一步展开为低阶数理方程：

$$\Delta\bar{s}_z(\varepsilon,\delta,\varepsilon^r,\delta^r,\rho;s_r) = \left(1-\frac{1}{\rho}\right)-\sum_{i=1}^{n}\frac{a_i s_r^2}{1-b_i s_r^2} \tag{5-100}$$

系数 a_i，b_i 由系数 α_i，β_i 得到，为 $\rho,\varepsilon,\delta,\varepsilon^r,\delta^r$ 的函数。对于二阶近似，k_z 的离散函数表达式近似为：

$$k_z \approx \frac{\omega}{c_{P0}}\sqrt{\frac{1-(1+2\varepsilon^r)\left(\frac{c_{P0}k_r}{\omega}\right)^2}{1-2(\varepsilon^r-\delta^r)\left(\frac{c_{P0}k_r}{\omega}\right)^2}}+\left(\frac{\omega}{v_{P0}}-\frac{\omega}{c_{P0}}\right)-\frac{\omega}{v_{P0}}\frac{a_1\left(\frac{v_{P0}k_r}{\omega}\right)^2}{1-b_1\left(\frac{v_{P0}k_r}{\omega}\right)^2} \tag{5-101}$$

通过对方程(5－101)傅里叶反变换，得到相应的偏微分方程。其解如下：

$$\frac{\partial P}{\partial z} = i\frac{\omega}{c_{P0}}\sqrt{\frac{1-(1+2\varepsilon^r)\left(\frac{c_{P0}k_r}{\omega}\right)^2}{1-2(\varepsilon^r-\delta^r)\left(\frac{c_{P0}k_r}{\omega}\right)^2}}P \tag{5-102}$$

$$\frac{\partial P}{\partial z} = i\left(\frac{\omega}{v_{P0}}-\frac{\omega}{c_{P0}}\right)P \tag{5-103}$$

$$\frac{\partial P}{\partial z} = i\frac{\omega}{v_{P0}}\frac{a_1\left(\frac{v_{P0}}{\omega}\right)^2\left(\frac{\partial^2}{\partial x^2}+\frac{\partial^2}{\partial y^2}\right)}{1+b_1\left(\frac{v_{P0}}{\omega}\right)^2\left(\frac{\partial^2}{\partial x^2}+\frac{\partial^2}{\partial y^2}\right)}P \tag{5-104}$$

方程(5－102)通过频率波数域的相移法求解，方程(5－103)和方程(5－104)通过频率空间域的 FD 法求解。

与各向同性介质一样，选择 z 处的最低速度作为该深度的参考速度，可以选择非零值或者零值作为各向异性参数的参考值。对于各向异性介质和横向变速介质，用零值意味着在 FD 校正之后有一个各向同性相移。与隐函数 FD 算法一样，我们将计算的系数存于一个表格中。如果选用非零值，系数是一个五维的，因为波场延拓算子误差 Δs_z 不仅与 ε,δ,ρ 有关，而且与参考参数 ε^r,δ^r 有关。如果选用零值作为参考值，那么系数表就是三维的了。

四、脉冲响应

对一个真实速度 v_{P0} 为5000m/s，$\varepsilon=0.4$，$\delta=0.2$ 的模型取参考速度为3000 m/s，采用 FD 和 FFD 分别按照各向同性处理和各向异性处理(图 5－21)。从各向同性 FD 和各向异性 FD 的脉冲响应结果发现，各向异性 FD 的脉冲响应相比较偏移倾角更大，更能适应速度横向变化，算子的精度更高。从各向同性 FFD 脉冲响应和各向异性 FFD 脉冲响应的结果显示来看，虽然各向同性 FFD 的脉冲响应在大角度处的频散较严重，而各向异性 FFD 大角度处的频散现象几乎没有，进一步说明了各向异性算子的描述精度更高。

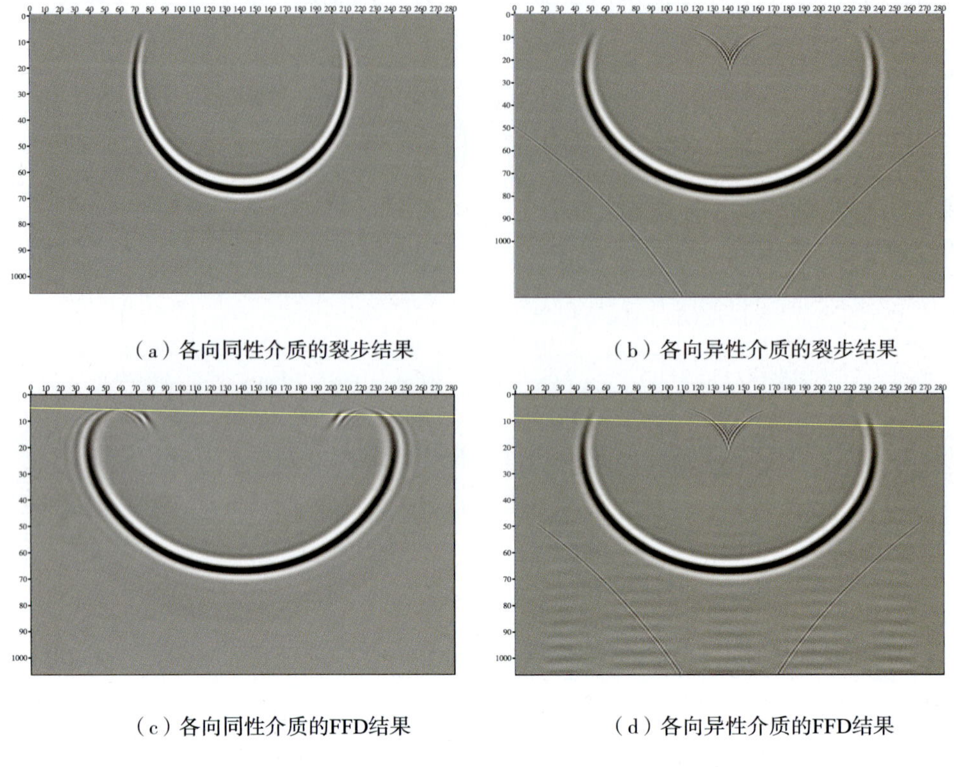

（a）各向同性介质的裂步结果　　（b）各向异性介质的裂步结果

（c）各向同性介质的FFD结果　　（d）各向异性介质的FFD结果

图 5－21　脉冲响应

第四节　各向异性 RTM 成像技术

随着勘探要求的不断提高和物探采集、处理手段的不断进步，宽方位采集技术的标准化，考虑接收数据中 P 波分量各向异性的影响已成为了不可回避的问题，各向异性介质中的波场的分离和标量波成像是当今工业界的热点问题。

对于各向异性介质，严格意义上的声波是不可能存在的，但对于构造成像来说，与各向同性介质相类似，只需作各向异性介质 P 波运动学特征的声学近似就能进行 P 波波场的外推和成像。Alkhalifah(1998)首先提出了拟声波近似这一概念，在耦合的频散关系中令垂直方向上 SV 波速度为零，简化了频散关系，导出了可解的 qP 波方程，Alkhalifah(2000)、Zhou(2006)、Du(2008)利用不同辅助变量简化了方程的 Kile 和 Toro(2001)、Zhang(2003)、Chu(2011)、Reynam(2011)、Gezhan(2011)利用二维情况下解耦的 P－SV 关系导出了不同形式的“纯 P 波”方程，但“纯 P 波”方程的快速数值算法仍不是太成熟；Dellinger 和 Etgen(1990)，Jia Yan 和 Paul Sava(2010)在弹性波场外推过程中，利用 P－SV 极化方向相互垂直，求解 Christoffel 方程得到极化方向投影算子进行 P－SV 波分离，但这样需要计算弹性波方程组，其计算量巨大。

下面首先回顾了 TI 介质中拟声波近似和 RTM 的发展历程，分析总结几种重要方法的特点，介绍一套计算稳健的 TI 介质中标量波的 RTM 策略，并展示 BP－TTI 模型的测试结果。

一、拟声波近似及其控制方程

1. 拟声波近似下的控制方程及解法

声学近似的意义在于用标量场而非矢量场描述各向异性介质波场，不用外推矢量波，大大减少了计算量；所导出的控制方程能很好的逼近实际介质中P波分量的运动学特征，保证构造成像的精确性；不用波场分离就能较好的解决P、S波耦合的问题，使得P波成像不受S波的干扰（现阶段还不是太理想）。

Alkhalifah（1998）首先提出了声波近似方法（虽然这种方式现在看来并非是最好的），认为通过设定竖直方向上的S波速度为零速度可以从运动学上很好地近似描述P波分量，同时大大简化控制方程。

二维情况下，求解 Christoffel 方程，并代入 Thomsen 参数，得到不同极化类型波的相速度公式：

$$\frac{V^2(\theta)}{V_{\mathrm{P0}}^2} = 1 + \varepsilon\sin^2\theta - \frac{f}{2} \pm \sqrt{1 + \frac{4\sin^2\theta}{f}(2\delta\cos^2\theta - \varepsilon\cos2\theta) + \frac{4\varepsilon^2\sin^4\theta}{f^2}} \quad (5-105)$$

其中，$f = 1 - \dfrac{v_{\mathrm{S0}}^2}{v_{\mathrm{P0}}^2} = 1 - \dfrac{c_{55}}{c_{33}}$，“+”代表P波，“-”代表SV波。

Alkhalifah 利用耦合的频散做近似，将式（5-105）两边平方，经过整理，得到P-SV耦合的频散关系：

$$k_z^2 = \frac{v_{\mathrm{nmo}}^2}{v_{\mathrm{P0}}^2}\left(\frac{\omega^2}{v_{\mathrm{nmo}}^2} - \frac{\omega^2(k_x^2 + k_y^2)}{\omega^2 - v_{\mathrm{nmo}}^2\eta(k_x^2 + k_y^2)}\right) \quad (5-106)$$

两边同时乘上F-K域的波场 $F(k_x, k_y, k_z, \omega)$，反变换到时间域得到最终控制方程：

$$\frac{\partial^4 F}{\partial t^4} - (1 + 2\eta)v_{\mathrm{nmo}}^2\left(\frac{\partial^4 F}{\partial x^2\partial t^2} + \frac{\partial^4 F}{\partial y^2\partial t^2}\right) = v_{\mathrm{P0}}^2\frac{\partial^4 F}{\partial z^2\partial t^2} - 2\eta v_{\mathrm{nmo}}^2 v_{\mathrm{P0}}^2\left(\frac{\partial^4 F}{\partial x^2\partial z^2} + \frac{\partial^4 F}{\partial y^2\partial z^2}\right) \quad (5-107)$$

式（5-107）中有时间的4阶偏导数项，如果直接解，涉及到的时间层过多，所需储存的波场多，计算效率低。因此，不少学者提出了不同的解法以降低式（5-107）时间偏导阶数，代表性的解法大致有以下三种：

①Alkhalifah（2000）解法

引入中间辅助变量 $p = \dfrac{\partial^2 F}{\partial t^2}$，则对以下两个方程求解：

$$\frac{\partial^2 p}{\partial t^2} = (1 + 2\eta)v_{\mathrm{nmo}}^2\left(\frac{\partial^2 p}{\partial x^2} + \frac{\partial^2 p}{\partial y^2}\right) + v_{\mathrm{P0}}^2\frac{\partial^2 p}{\partial z^2} - 2\eta v_{\mathrm{nmo}}^2 v_{\mathrm{P0}}^2\left(\frac{\partial^4 F}{\partial x^2\partial z^2} + \frac{\partial^4 F}{\partial y^2\partial z^2}\right) + f_{\mathrm{source}}$$

$$p = \frac{\partial^2 F}{\partial t^2} \quad (5-108)$$

②Zhou（2006）解法

利用

$$v_{\mathrm{nmo}} = v_{\mathrm{P0}}\sqrt{1 + 2\delta}$$

$$\eta = \frac{\varepsilon - \delta}{1 + 2\delta} \quad (5-109)$$

重写式（5-106）成：

$$k_z^2 = \frac{\omega^2}{v_{P0}^2} - (1+2\delta)(k_x^2+k_y^2) - (1+2\delta)(k_x^2+k_y^2)\frac{2v_{P0}^2(\varepsilon-\delta)(k_x^2+k_y^2)}{\omega^2 - 2v_{P0}^2(\varepsilon-\delta)(k_x^2+k_y^2)} \tag{5-110}$$

在式(5－110)两边乘上 $p(\omega,k_x,k_y,k_z)$，并引入辅助变量：

$$q(\omega,k_x,k_y,k_z) = \frac{2v_{P0}^2(\varepsilon-\delta)(k_x^2+k_y^2)}{\omega^2 - 2v_{P0}^2(\varepsilon-\delta)(k_x^2+k_y^2)}p(\omega,k_x,k_y,k_z) \tag{5-111}$$

那么式(5－110)可以写作：

$$k_z^2 p(\omega,k_x,k_y,k_z) = \left[\frac{\omega^2}{v_{P0}^2} - (1+2\delta)(k_x^2+k_y^2)\right]p(\omega,k_x,k_y,k_z) - (1+2\delta)(k_x^2+k_y^2)q(\omega,k_x,k_y,k_z) \tag{5-112}$$

联立式(5－111)、式(5－112)，反变到时空域，得到控制方程：

$$\begin{aligned}\frac{\partial^2 p}{\partial t^2} &= v_n^2\left(\frac{\partial^2 p}{\partial x^2}+\frac{\partial^2 p}{\partial y^2}+\frac{\partial^2 q}{\partial x^2}+\frac{\partial^2 q}{\partial y^2}\right) + v_z^2\frac{\partial^2 p}{\partial z^2} + f_{\text{source}} \\ \frac{\partial^2 q}{\partial t^2} &= (v_x^2 - v_n^2)\left(\frac{\partial^2 p}{\partial x^2}+\frac{\partial^2 p}{\partial y^2}+\frac{\partial^2 q}{\partial x^2}+\frac{\partial^2 q}{\partial y^2}\right)\end{aligned} \tag{5-113}$$

为表述简洁，用 v_n 代表 nmo 速度，v_z 表示沿 z 方向的 P 波速度，$v_x = v_z\sqrt{1+2\varepsilon}$ 代表 x 方向上的 P 波速度。

③X. Du(2008)解法

利用式(5－109)，将式(5－106)重写为：

$$\omega^4 - [v_x^2(k_x^2+k_y^2) + v_z^2k_z^2]\omega^2 - v_z^2(v_n^2 - v_x^2)(k_x^2+k_y^2)k_z^2 = 0 \tag{5-114}$$

在式(5－114)两边乘上 $p(\omega,k_x,k_y,k_z)$，并引入辅助变量：

$$q(\omega,k_x,k_y,k_z) = \frac{\omega^2 + (v_n^2 - v_x^2)(k_x^2+k_y^2)}{\omega^2}p(\omega,k_x,k_y,k_z) \tag{5-115}$$

式(5－114)可以重写成

$$\omega^2 p(\omega,k_x,k_y,k_z) = v_x^2(k_x^2+k_y^2)p(\omega,k_x,k_y,k_z) + v_z^2k_z^2q(\omega,k_x,k_y,k_z) \tag{5-116}$$

联立式(5－115)、式(5－116)，反变到时间域，有：

$$\begin{aligned}\frac{\partial^2 p}{\partial t^2} &= v_x^2\left(\frac{\partial^2 p}{\partial x^2}+\frac{\partial^2 p}{\partial y^2}\right) + v_z^2\frac{\partial^2 q}{\partial z^2} + f_{\text{source}} \\ \frac{\partial^2 q}{\partial t^2} &= v_n^2\left(\frac{\partial^2 p}{\partial x^2}+\frac{\partial^2 p}{\partial y^2}\right) + v_z^2\frac{\partial^2 q}{\partial z^2} + f_{\text{source}}\end{aligned} \tag{5-117}$$

2. 拟声波近似下的波场校正

以上三种方程基于相同的频散关系式(5－106)，只是引入的辅助变量的形式不一样，不同的辅助函数的引入导致求解的波场有差别(但 P 波的运动学特征一致的，因为采用的是同一个频散关系)，但由于采用的都是耦合频散关系，令 $v_{S0}=0$ 是考虑控制方程的简化，无论用那种具体形式的控制方程，P 波分量中都会有耦合的 SV 波分量(二维情况下)，如图 5－22 所示。

Grechka(2004)对声学各向异性中的横波干扰进行了全面的叙述，就是令 $v_{S0}=0$ 并不意味着 SV 波相速度处处为零，据 Thomsen(1986)，有：

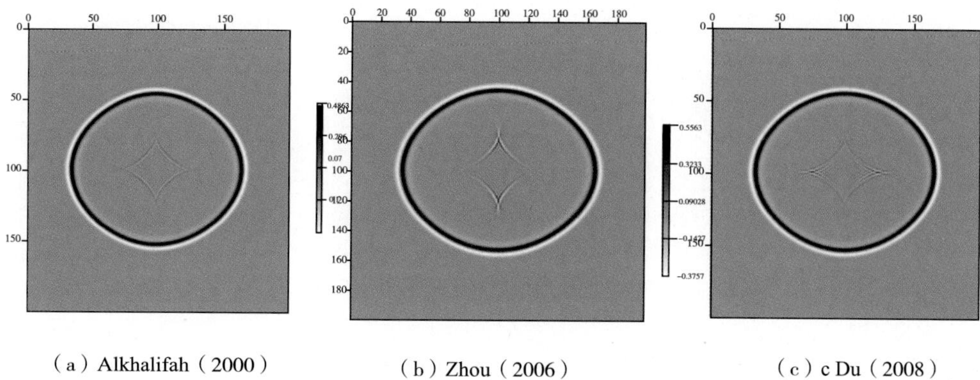

（a）Alkhalifah（2000）　（b）Zhou（2006）　（c）c Du（2008）

图 5－22　拟声近似下不同计算策略均与介质波场快照

$$\begin{aligned}\lim_{v_{S0}\to 0} v_{sv}^2(\theta) &= \lim_{v_{S0}\to 0}\left\{v_{S0}^2\left[1+\frac{v_{P0}^2}{v_{S0}^2}(\varepsilon-\delta)\sin^2\theta\cos^2\theta\right]\right\} \\ &= v_{P0}^2(\varepsilon-\delta)\sin^2\theta\cos^2\theta\end{aligned} \tag{5-118}$$

从式(5－118)可以明显看出，在 $v_{S0}=0$ 的假设下仅仅当相角为 0～90°度时，才有 $v_{S0}=0$，在其余处均不为零。

比较三种不同的计算策略，第一种和第二种的物理意义比较明确，式(5－108)和式(5－113)P 波波场的控制方程均可以看作一个椭圆各向异性部分再加上一个校正部分。我们知道在椭圆各向异性介质中，胀缩震源不产生转化的 SV 波，我们可以利用这一点对波场进行校正以减小波场中的横波分量的影响。

①FK 域校正

Yu Zhang(2009)认为可在式(5－112)的基础上作如下的校正，

定义校正项为：

$$q\frac{(1+2\delta)k_x^2}{[(1+2\delta)k_x^2+k_z^2]} \tag{5-119}$$

则校正后的波场为：

$$p_c^n = p^n + q^n\frac{(1+2\delta)k_x^2}{[(1+2\delta)k_x^2+k_z^2]} \tag{5-120}$$

从后面的讨论可以看出，这种校正后的波场实际上是在常数假设下近似的纯 P 波波场。

在常速介质的假设下，利用 Alkhalifah(2000)提出的控制方程进行这种校正所包含的有效 P 波能量更小，校正有更好的效果(见图 5－23)。对式(5－108)，定义新的校正项：

$$q\frac{2((\varepsilon-\delta)k_x^2k_z^2)v_z^4}{((1+2\varepsilon)k_x^2+k_z^2)v_z^2} \tag{5-121}$$

校正后的波场可以表示为：

$$p_c = p + q\frac{2((\varepsilon-\delta)k_x^2k_z^2)v_z^4}{((1+2\varepsilon)k_x^2+k_z^2)v_z^2} \tag{5-122}$$

式(5－122)相当于对椭圆各向异性介质背景下的扰动场 q 用频散关系作了‘rescaled’，本质上，还是利用了背景场和扰动场波场成分的差异。

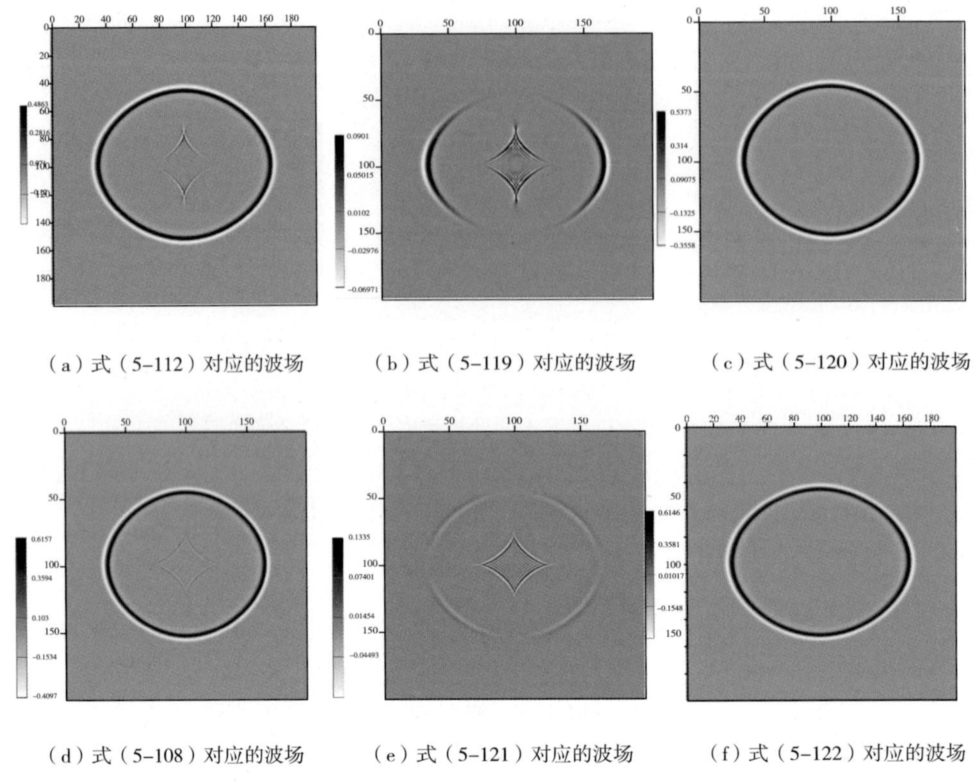

（a）式（5-112）对应的波场　（b）式（5-119）对应的波场　（c）式（5-120）对应的波场

（d）式（5-108）对应的波场　（e）式（5-121）对应的波场　（f）式（5-122）对应的波场

图 5 - 23　常速介质下 FK 域校正示意图

然而，上述的 FK 域中的校正注定无法在实际生产中发挥更大的作用，首先是常速介质的假设，在变速介质中上述的校正存在误差；另外，在大规模波场逆时外推中，每一个时间步都要进行 FT，这会大大的降低计算效率。

②TX 域校正

H. Guan(2011)直接利用式(5 - 112)时空域对应波场的特征，进行如下的校正：

$$p_c = v_n^2 H_2(p + q) + v_z^2 H_1 p \tag{5 - 123}$$

式(5 - 123)实际上就是式(5 - 120)在时空域的近似表达。利用式(5 - 120)和式(5 - 123)进行校正的比较如图 5 - 24 所示。在变速介质中式(5 - 123)的校正效果要好于式(5 - 120)，但是这两种方式都没能完全消除 SV 波分量。因为，都不是严格意义上的波场分离。

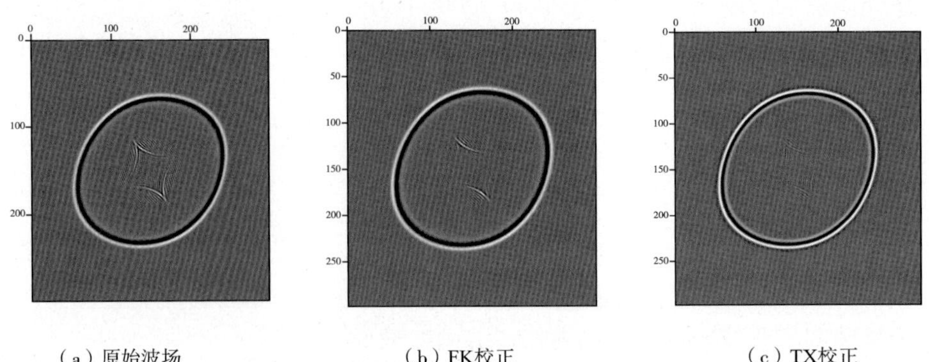

（a）原始波场　（b）FK校正　（c）TX校正

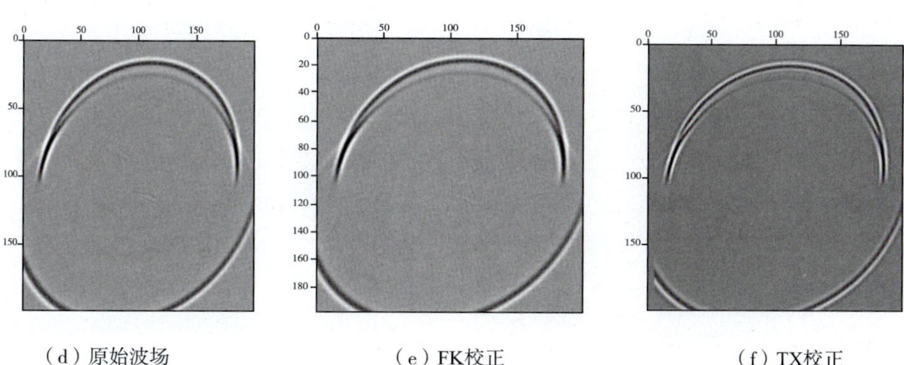

（d）原始波场　　（e）FK校正　　（f）TX校正

图 5-24　常速/变速介质下 FK 域和 TX 域校正对比

关于校正策略，我们认为从波场分离的角度出发更加合适。有两种策略，一种是边传播耦合的波场边用空变的滤波器做分离，这个问题将单独拿出来讨论；另一种，直接求解解耦后的频散关系所对应的控制方程，这就是下面要介绍的内容。

二、从拟声波近似到纯声波近似

1. 纯声波方程的导出及其解法

从式(5-105)可以看出，二维情况下，P 波和 SV 波的相速度可以完全解耦。既然如此，为什么不直接求解解耦后的控制方程呢？本节首先将前人有关研究工作进行分析，然后给出我们在该方面的研究结果。

基本上都是通过解耦后的频散关系来推导控制方程。我们再来分析式(5-105)：

$$\frac{V^2(\theta)}{V_{P0}^2}=1+\varepsilon\sin^2\theta-\frac{f}{2}\pm\sqrt{1+\frac{4\sin^2\theta}{f}(2\delta\cos^2\theta-\varepsilon\cos2\theta)+\frac{4\varepsilon^2\sin^4\theta}{f^2}}$$

其中，$f=1-\frac{v_{S0}^2}{v_{P0}^2}=1-\frac{c_{55}}{c_{33}}$；“+”代表 P 波；“-”代表 SV 波。

解耦后的相速度公式带有根号，如何处理根号，不同的学者有不同的策略。Kile 和 Toro (2001)，Zhang(2003)，Chu(2011)，对根号进行一阶展开，利用 Alkhalifah 的方式，令 $v_{S0}=0$，简化频散关系，导出相应的控制方程；Reynam(2011)、Zhang(2011)直接对式(5-169)根号进行一阶近似，导出相应的控制方程，Liu(2009)，令 $v_{S0}=0$ 然后用函数逼近的方式直接求解根号项。利用解耦后频散关系来推导控制方程，令 $v_{S0}=0$ 是否对解耦后的 P 波传播有影响，影响到底有多大，需作进一步分析。

对式(5-169)作一阶近似，导出的 P 波和 SV 波的频散关系为：

P 波：

$$\omega^2=v_{Pz}^2k_z^2+v_x^2k_x^2-\frac{(v_x^2-v_n^2)k_x^2k_z^2}{k_z^2+Fk_x^2}\qquad(5-124)$$

SV 波：

$$\omega^2=v_{Sz}^2(k_z^2+k_x^2)+\frac{(v_x^2-v_n^2)k_x^2k_z^2}{k_z^2+Fk_x^2}\qquad(5-125)$$

可以用谱方法求解均匀介质式(5-124)、式(5-125)对应的控制方程，如图 5-25 所示。

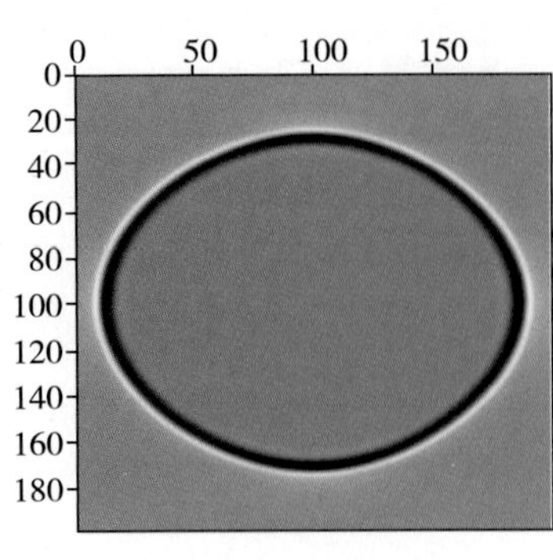

（a）P波波场快照

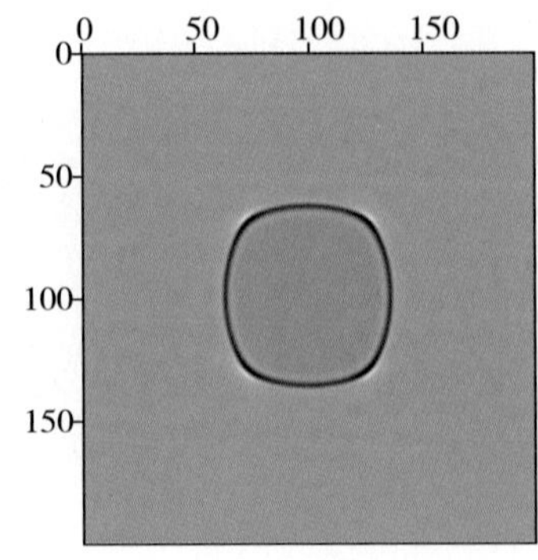

（b）SV波波场快照

图 5－25　均匀介质一阶近似下的 P 波和 SV 波

$\varepsilon = 0.24, \delta = 0.1, v_{pz} = 3000\mathrm{m/s}, v_{pz} = 1500\ \mathrm{m/s}$

我们尝试了用更高阶的有理分式（二阶连分式）去展开式（5－105）中的根号项，得到了逼近程度更高的频散关系和对应时空域的控制方程，如表 5－3 所示。式（5－124）对应的时空域控制方程不能利用差分直接求解，可以通过通过方程分裂的方式来解决，式（5－124）反变换到时空域后的控制方程为：

$$\frac{\partial^2 p}{\partial t^2} = v_{p0}^2\left[(1+2\varepsilon)\frac{\partial^2 p}{\partial x^2} + \frac{\partial^2 p}{\partial z^2}\right] - v_{p0}^2 \frac{2(\varepsilon-\delta)\dfrac{\partial^4}{\partial^2 x \partial^2 z}}{F\dfrac{\partial^2}{\partial x^2} + \dfrac{\partial^2}{\partial z^2}} p \tag{5－126}$$

令：

$$\frac{p}{F\dfrac{\partial^2}{\partial x^2} + \dfrac{\partial^2}{\partial z^2}} = q \tag{5－127}$$

则式（5－126）可以分裂为：

$$\begin{aligned} &F\frac{\partial^2 q^n}{\partial x^2} + \frac{\partial^2 q^n}{\partial z^2} = p^n \\ &\frac{\partial^2 p^{n+1}}{\partial t^2} = v_{P0}^2\left[(1+2\varepsilon)\frac{\partial^2 p^n}{\partial x^2} + \frac{\partial^2 p^n}{\partial z^2}\right] - v_{p0}^2 2(\varepsilon-\delta)\frac{\partial^4 q^n}{\partial^2 x \partial^2 z} \end{aligned} \tag{5－128}$$

如果式（5－128）的两个方程可方便求解，那么该问题到此也基本解决了，但是令人遗憾的是式（5－128）的第一个方程需要用隐格式求解，隐格式求解效率低，在计算量巨大的 RTM 中并不是很合适。

表 5－3　利用不同逼近精度的有理分式导出的纯 P 波频散关系及其控制方程

一阶展开
$\omega^2 = v_{pz}^2 k_z^2 + v_x^2 k_x^2 - \dfrac{(v_x^2 - v_n^2)k_x^2 k_z^2}{k_z^2 + F k_x^2}$
一阶展开 P 波频散关系及对应的时空域的控制方程
$\dfrac{\partial^2 p}{\partial t^2} = v_{P0}^2\left[(1+2\varepsilon)\dfrac{\partial^2 p}{\partial x^2} + \dfrac{\partial^2 p}{\partial z^2}\right] - v_{P0}^2 \dfrac{2(\varepsilon-\delta)\dfrac{\partial^4}{\partial^2 x \partial^2 z}}{F\dfrac{\partial^2}{\partial x^2} + \dfrac{\partial^2}{\partial z^2}} p$

续表

一阶展开控制方程分裂后的两个方程
$F\frac{\partial^2 q^n}{\partial x^2}+\frac{\partial^2 q^n}{\partial z^2}=p^n$ $\frac{\partial^2 p^{n+1}}{\partial t^2}=v_{P0}^2[(1+2\varepsilon)\frac{\partial^2 p^n}{\partial x^2}+\frac{\partial^2 p^n}{\partial z^2}]-v_{p0}^2 2(\varepsilon-\delta)\frac{\partial^4 q^n}{\partial^2 x\partial^2 z}$
二阶连分式展开
$\omega^2=v_{P0}^2[(1+2\varepsilon)k_x^2+k_z^2-\frac{f(\varepsilon-\delta)4k_x^2k_z^2(k_x^2+k_z^2)+8\varepsilon k_x^2k_z^2}{2f\left(k_x^2+k_z^2+\frac{2\varepsilon k_x^2}{f}\right)^2-4(\varepsilon-\delta)k_x^2k_z^2}]$
二阶连分式展开 P 波频散关系及对应的时空域控制方程
$\frac{\partial^2 p}{\partial t^2}=v_{P0}^2[(1+2\varepsilon)\frac{\partial^2 p}{\partial x^2}+\frac{\partial^2 p}{\partial z^2}]-v_{P0}^2\frac{f(\varepsilon-\delta)4\frac{\partial^4}{\partial x^2\partial z^2}\left(-\frac{\partial^2}{\partial x^2}-\frac{\partial^2}{\partial z^2}\right)-8\varepsilon(\varepsilon-\delta)\frac{\partial^2}{\partial x^2}\frac{\partial^4}{\partial x^2\partial z^2}}{4(\varepsilon-\delta)\frac{\partial^4}{\partial x^2\partial z^2}-2f[\left(1+\frac{2\varepsilon}{f}\right)\frac{\partial^2}{\partial x^2}+\frac{\partial^2}{\partial z^2}]^2}P$
二阶连分式展开控制方程分裂后的两个方程
$4(\varepsilon-\delta)\frac{\partial^4 q}{\partial x^2\partial z^2}-2f\left[\frac{\partial^2 q}{\partial z^2}+\left(1+\frac{2\varepsilon}{f}\right)\frac{\partial^2 q}{\partial x^2}\right]=p$ $\frac{\partial^2 p}{\partial t^2}=v_{P0}^2\left[(1+2\varepsilon)\frac{\partial^2 p}{\partial x^2}+\frac{\partial^2 p}{\partial z^2}\right]-v_{P0}^2\left[4f(\varepsilon-\delta)\left(-\frac{\partial^6 q}{\partial x^4\partial z^2}-\frac{\partial^6 q}{\partial x^2\partial z^4}\right)-8\varepsilon(\varepsilon-\delta)\frac{\partial^6 q}{\partial x^4\partial z^2}\right]$

相较而言，Liu(2009 年)利用函数逼近的方法，直接逼近根号表达式的想法值得进一步研究，因为近似少，方程稳定、精确；另外，非差分方法可以实现对模型更好的采样，也许能达到和显式有限差分相近的计算效率。

2. 利用弹性波波场分离传播纯 P 波

除了可以利用解耦的频散关系传播纯 P 波，还可以利用 P/SV 极化方向的正交性，在外推弹性波的过程中采用极化方向投影算子进行 qP、qS 分离(Dellinger and Etgen，1990，Jia Yan and Paul Sava，2010)。二维情况下，有：

$$qP=iU_{\mathrm{p}}(k)W=iU_xW_x+iU_zW_z \tag{5-129}$$

其中，$U_{\mathrm{P}}(k)$ 为 P 波极化方向矢量，W 为矢量波场，Jia Yan(2010)将式(5-129)变换到时空域：

$$qP=L_x[W_x]+L_z[W_z] \tag{5-130}$$

其中，L_x，L_z 分别为 iU_x、iU_z 的反傅里叶变换。变换到时空域的好处是在波场外推过程中能利用计算好的空变量直接校正，效率较高。

但是，我们并不认为这种策略适用于各向异性介质标量波 RTM，因为需要外推弹性波方程，这与声学近似的初衷象违背。

三、TI 介质标量波 RTM 的问题分析

1. 从 VTI 到 TTI

从 VTI(TI with vertical axis of symmetry)介质到 TTI(TI with tilted axis of symmetry)介质，并没有引入新的波现象，但是却会使得控制方程变得更为复杂，也就是引入了更多的交叉导

数项，这会大大增加计算量；另外，在 TTI 介质中耦合的横波分量会导致计算不稳定，这个问题在后面的章节中会单独讨论。通过对式(5－108)、式(5－113)、式(5－117)坐标旋转，可以方便地推广到 TTI 介质，例如二维情况下，对于式(5－113)推广到 TTI 介质后，变为：

$$\frac{\partial^2 p}{\partial t^2} = v_n^2 H_2(p+q) + v_z^2 H_1 p + f_{\text{source}}$$
$$\frac{\partial^2 q}{\partial t^2} = (v_x^2 - v_n^2) H_2(p+q) \tag{5-131}$$

其中，

$$H_2 = \cos^2\theta_0 \frac{\partial^2}{\partial x^2} + \sin^2\theta_0 \frac{\partial^2}{\partial z^2} - \sin 2\theta_0 \frac{\partial^2}{\partial x \partial z}$$
$$H_1 = \sin^2\theta_0 \frac{\partial^2}{\partial x^2} + \cos^2\theta_0 \frac{\partial^2}{\partial z^2} + \sin 2\theta_0 \frac{\partial^2}{\partial x \partial z} \tag{5-132}$$

2. 数值稳定性

TTI 介质相较于各向同性 VTI 介质中的标量波数值模拟，会存在数值计算不稳定的问题，据 Tsvankin(2001)、Fletcher(2009)，主要原因是：

(1)令 $v_{S0}=0$ 会导致 SV 波波前面形成三角结(triplications)，如图 5－26 所示，这些三角结在对称轴变化剧烈的处会出现数值不稳定；

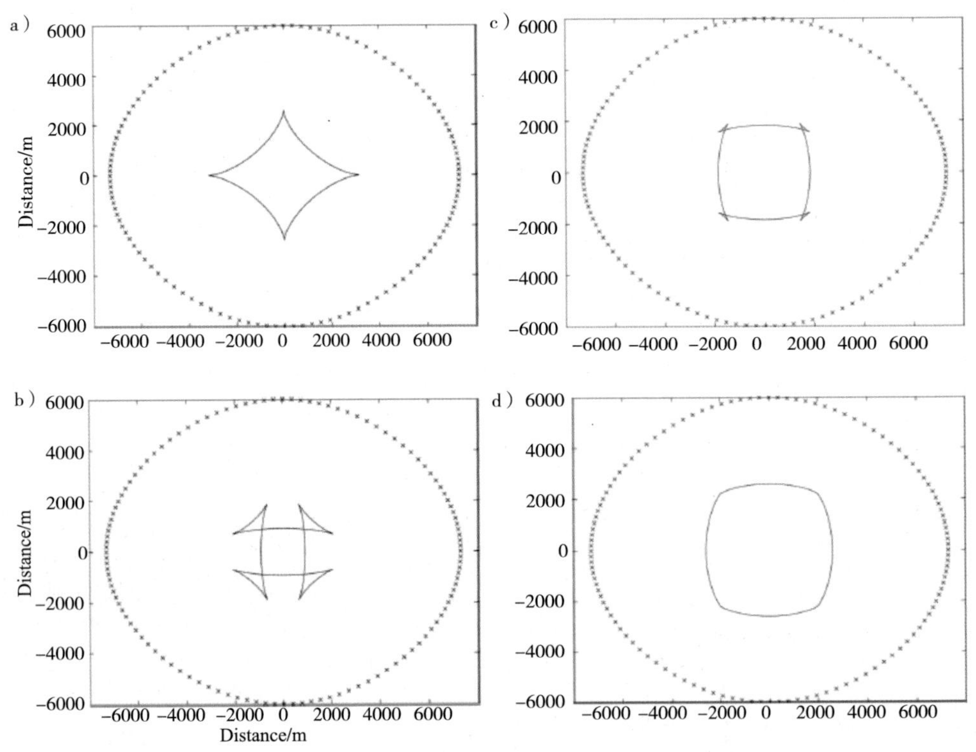

图 5－26　均匀 VTI 介质中 P 以及 SV 波波前示意图(据 Fletcher，2009)
参数 σ 控制着 P－SV 耦合波场中 SV 波前的交叉程度

(2)SV 波在对称轴变化剧烈处的反射也会导致不稳定。

我们知道 $\sigma = \frac{v_{Pz}^2}{v_{Sz}^2}(\varepsilon - \delta)$ 是与SV波波前面形态十分相关的一个量，不同 σ 值对应的SV波波前面的形态如图(5－26)所示，我们发现当 σ 足够小时，三角结会消失掉，因此，针对问题(1)，我们可以设定 σ 始终为一个小值(即设定 v_{Sz} 为一个有限值)。对于问题(2)，我们有：

$$R_{aniso,SV}(\theta) = \frac{1}{2}(\sigma_1 - \sigma_2)\sin^2\theta \tag{5-133}$$

其中，$R_{aniso,SV}$ 为介质的各向异性反射系数；σ_1，σ_2 分别为界面两侧的 σ 值，我们若能使 σ 处为一常数，则 $R_{aniso,SV}$ 处为零。显然，(1)、(2)很容易同时满足。

四、模型测试及实际资料试算

1. Hessian 二维模型

该模型数据与第二节的Hessian模型数据一样，同样采用第二套数据进行算法测试，不过由于RTM算法的声波控制方程采用Thomsen参数表示，因此该处需要用到与Hessian数据匹配的Thomsen参数模型，如图5－27所示：

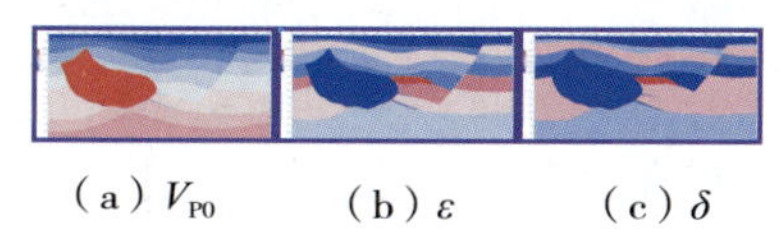

(a) V_{P0}　(b) ε　(c) δ

图5－27　HESS模型Thomsen参数模型

图5－28是对应于图5－27模型数据的Kirchhoff叠前深度偏移，其中(a)是各向同性介质RTM深度偏移剖面，(b)是各向异性RTM深度偏移剖面。从偏移剖面中可以看出，各向同性RTM深度偏移剖面中断层位置刻画不清晰，异常体右下角的两个细小层位成像与异常体存在间断，并且剖面上的同相轴成像质量整体较差。但是，相比之下，各向异性RTM深度偏移剖面中同相轴整体成像质量较好。

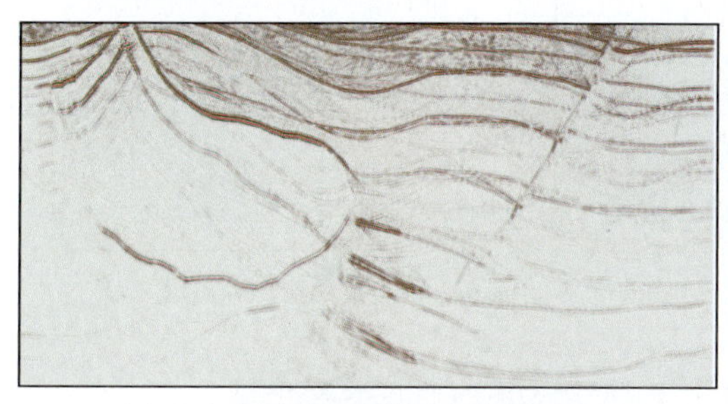

(a) 各向同性RTM深度偏移剖面

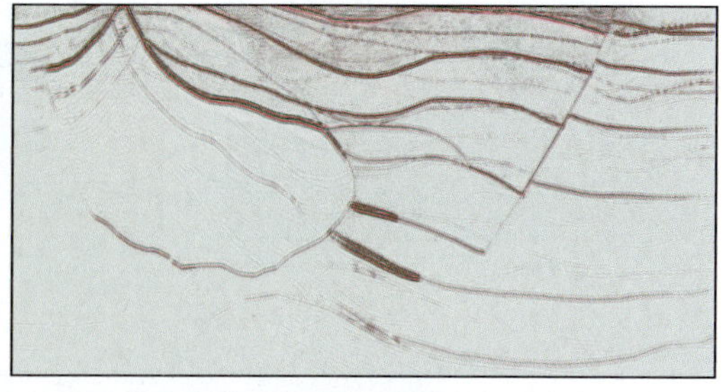

(b) 各向异性RTM深度偏移剖面

图5－28　深度偏移剖面对比

2. 3D 盐丘模型

该模型为一3D－VTI介质有限差分正演得到的模型数据，共3333炮炮数据，一共33条测线，每条测线101炮，线间隔为360m，炮间隔120m，每炮301×301道地震数据，道间隔为30m，记录长度为8s，采样间隔为2ms，震源和检波点埋置在地下10m深的位置。图5－29为该模型示意图。

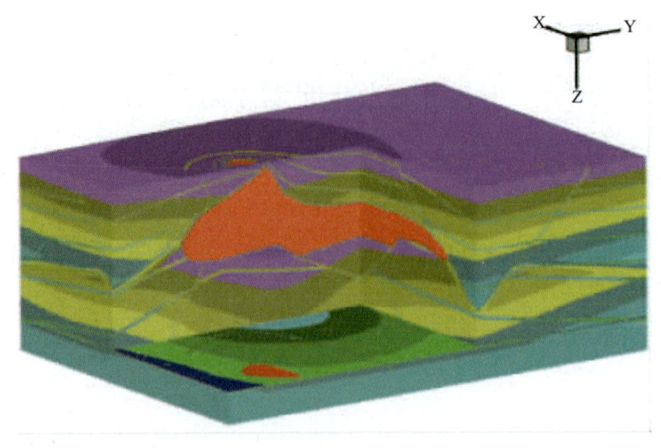

图5－29　3D盐丘模型示意图

图5－30、图5－31分别为Inline251线和Crossline251线的RTM成像效果对比，(a)、(b)、(c)为对应的Thomsen参数模型，(d)、(e)分别为各向同性RTM深度偏移剖面和各向异性RTM深度偏移剖面。对比发现，各向异性RTM成像剖面品质明显优于各向同性结果，盐丘边界的刻画、地层之间接触关系更清楚合理。尤其是剖面中圆圈标注的断层区域，各向异性RTM成像结果断层归位也准确。针对剖面深层红色方框内的水平基线，各向异性RTM成像更理想，而且深度与真实位置也更吻合。图中5－32为分别为由各向同性RTM和各向异性RTM获得的成像道集，可以看到各向同性RTM由于忽略了各向异性参数的影响，得到的成像道集同相轴在远偏移距处弯曲(图5－32a)；而各向异性RTM克服了各向异性参数的影响，得到的成像道集同相轴在各个偏移距位置均拉平(图5－32b)。

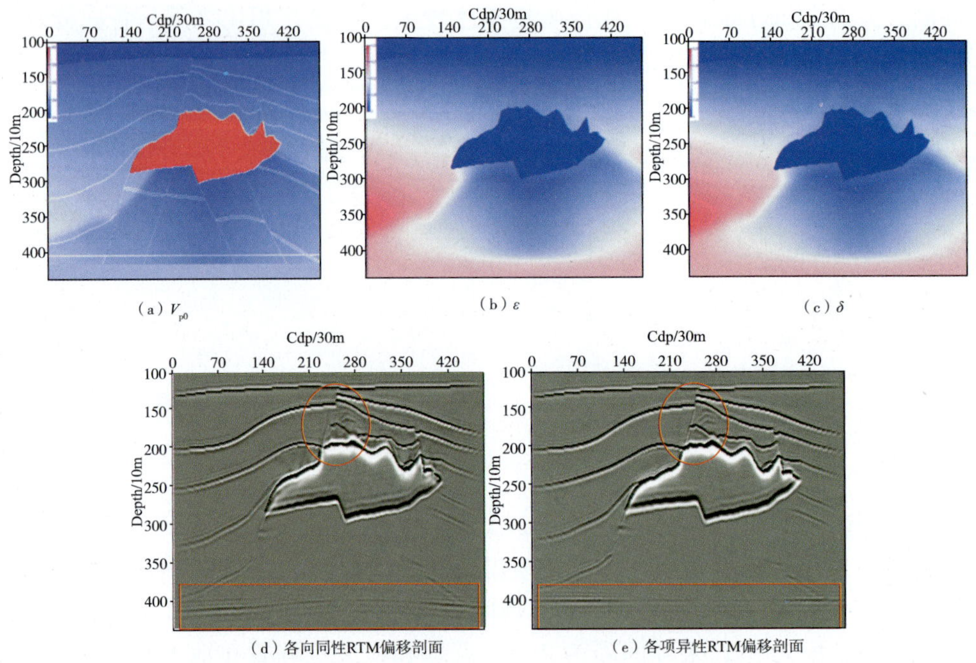

图5－30　Inline 251对应的各向异性参数场与偏移剖面

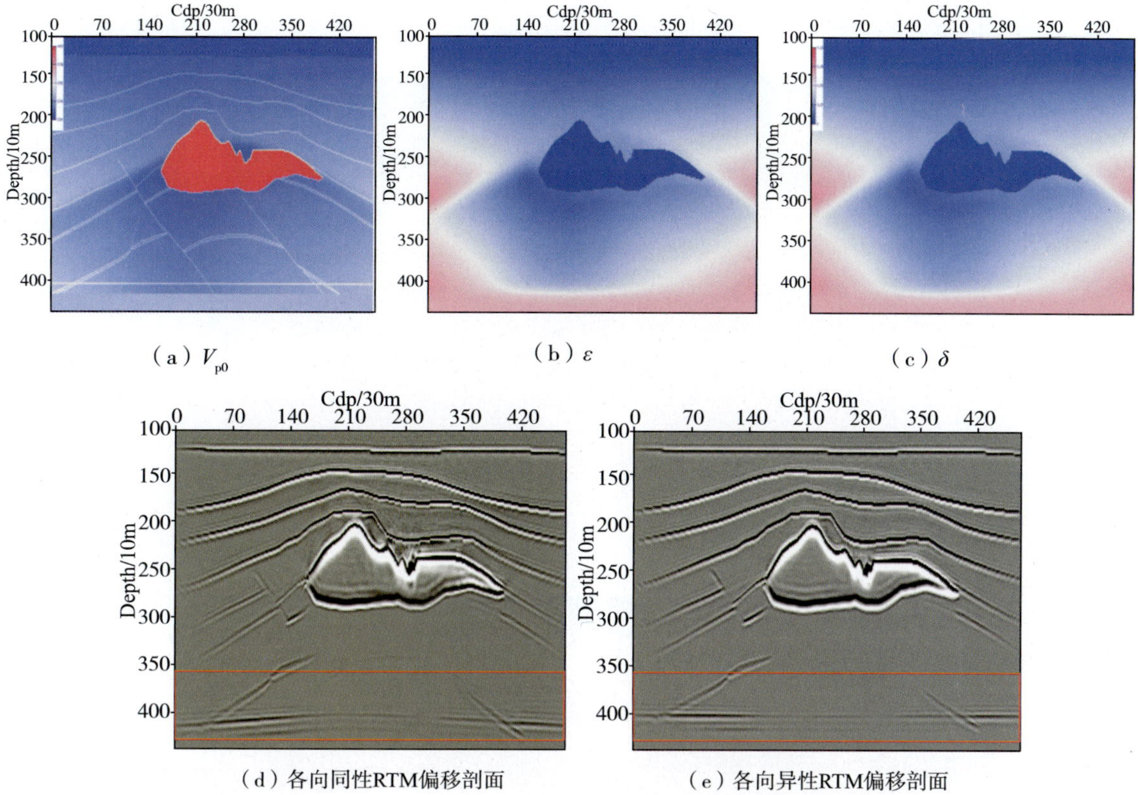

（a）V_{p0}　　（b）ε　　（c）δ

（d）各向同性RTM偏移剖面　　（e）各向异性RTM偏移剖面

图 5－31　Crossline 251 对应的各向异性参数场与偏移剖面

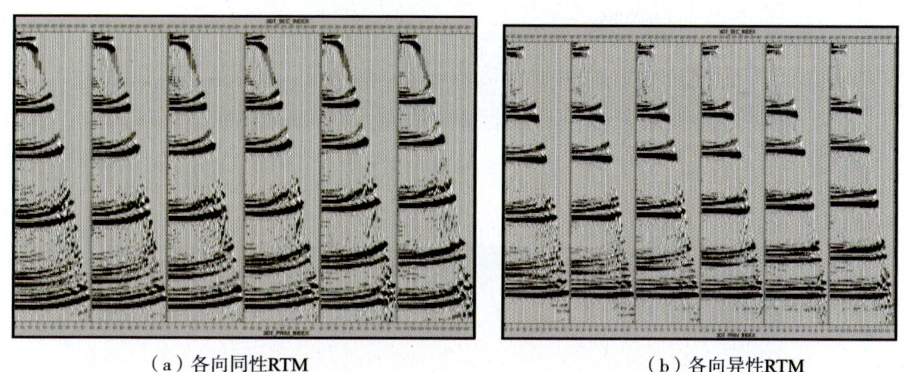

（a）各向同性RTM　　（b）各向异性RTM

图 5－32　共成像点道集

3. 实际资料处理

图 5－33 是某实际资料的 RTM 成像效果对比，（a）、（b）、（c）为对应的 Thomsen 参数模型，（d）、（e）分别为各向同性 RTM 深度偏移剖面和各向异性 RTM 深度偏移剖面。通过井分层数据的投影可以看出，由于各向异性的影响各向同性 RTM 偏移剖面中的目的层位与测井分层数据存在明显的深度差；而 VTI－RTM 偏移算子由于考虑了各向异性的因素，有效克服了各向异性对偏移成像的影响，所以其偏移剖面的目的层位与测井分层数据吻合得非常好，没有明显的深度差。

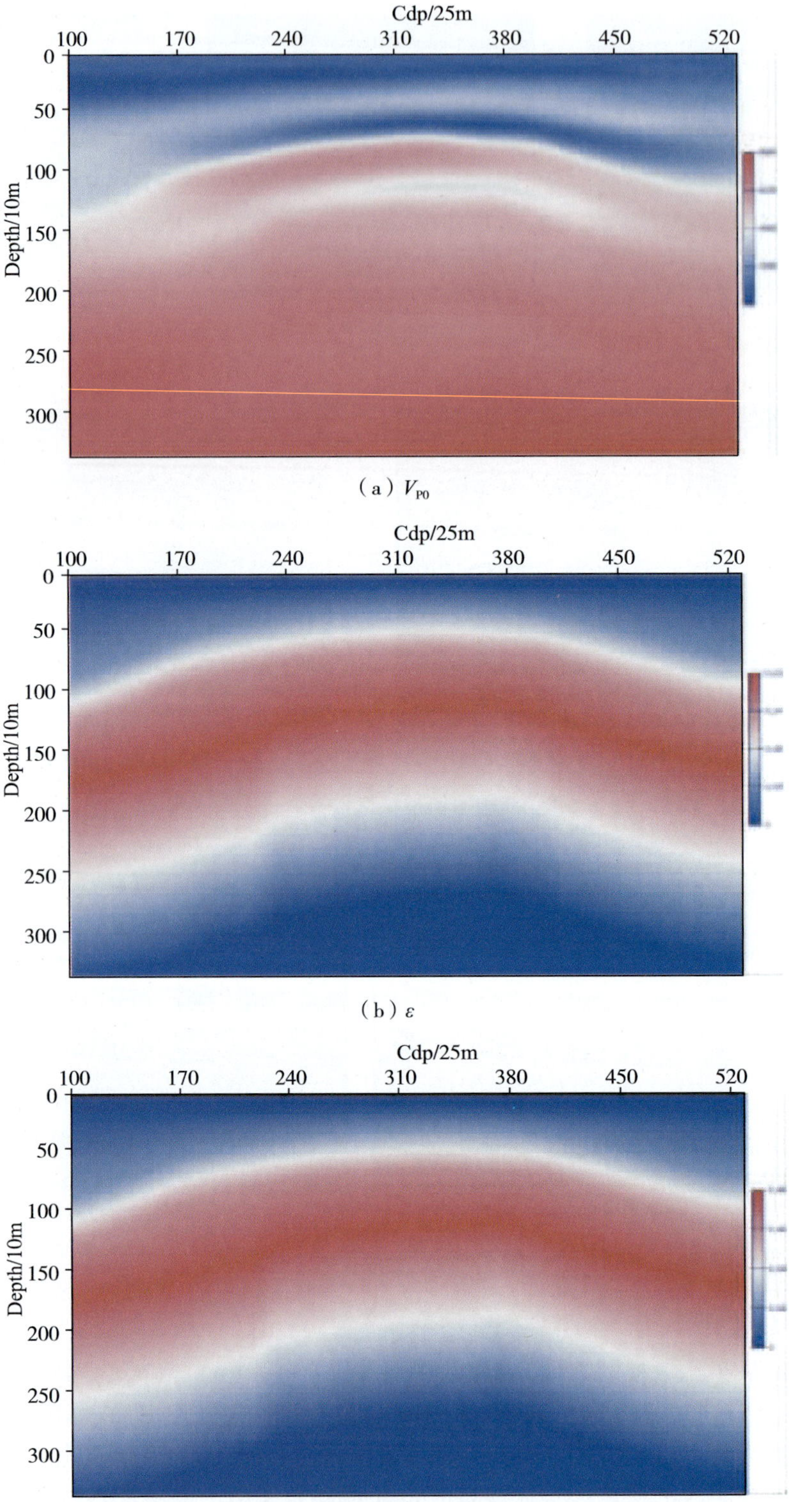

（a）V_{P0}

（b）ε

（c）δ

图 5－33　某 3D 实际资料对应的各向异性参数场及 RTM 偏移剖面

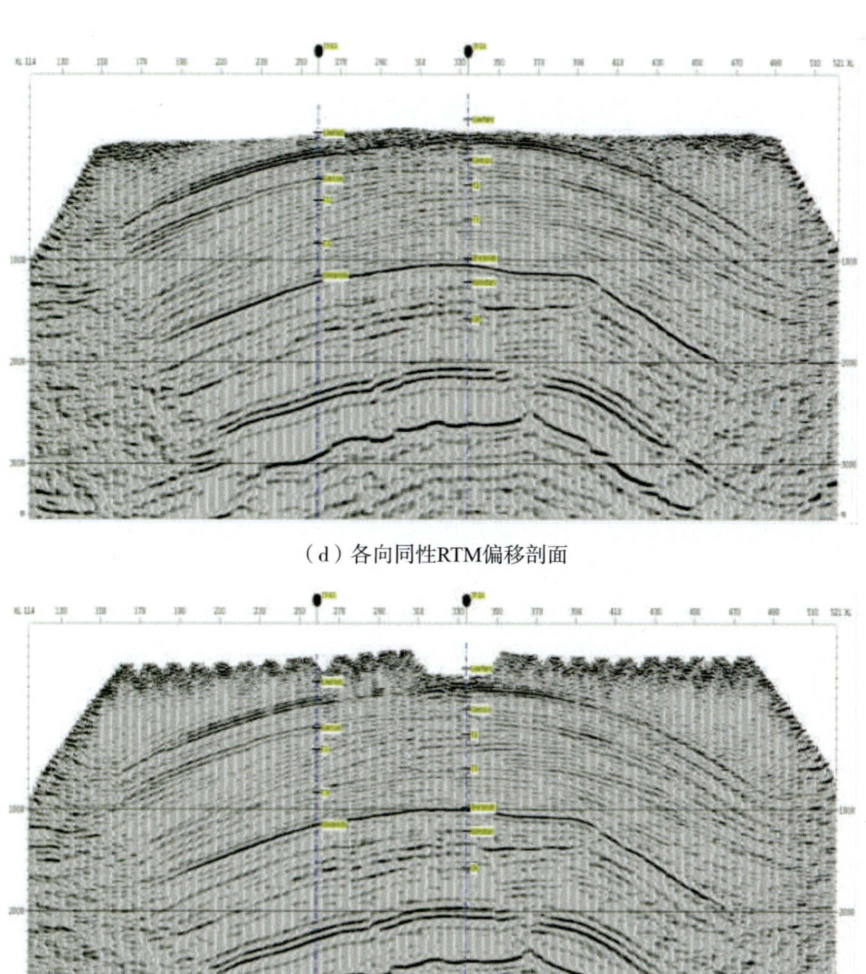

（d）各向同性RTM偏移剖面

（e）VTI-RTM偏移剖面

图 5－33　某 3D 实际资料对应的各向异性参数场及 RTM 偏移剖面（续）

小　结

各向异性特性在地下介质中普遍存在，传统以各向同性物理假设为基础的地震资料数字处理方法往往会导致剖面品质不高、地震分辨率降低、甚至成像深度与实际位置偏差的问题。随着地震采集、处理以及计算机等技术的发展，一方面由于各向异性造成的影响越显突出，迫切需要基于各向异性理论的偏移成像方法提供支撑；另一方面高品质采集数据、更高的计算能力也推动了各向异性处理方法的发展。目前各向异性处理技术已成为地震资料数字处理的一个新的发展趋势，将为深层次油气勘探开发提供重要的地球物理技术支撑。

本世纪初以来，伴随着叠前深度偏移成像方法的快速发展，各向异性介质地震成像方法也得到飞速发展。高效实用的各向异性 Kirchhoff 叠前深度偏移是目前各向异性偏移成像的主流技术，也是各向异性参数建模的有效配套工具，该方法具有高偏移角度、无频散、对观测系统和起伏地表适应性强、占用资源少和实现效率高的特点，但高频近似和单走时路径假设的处理使得该技术不适用于速度横向变化剧烈的介质高精度成像；基于各向异性介质的单程波动方程叠前深度偏移采用描述地震波在复杂介质中传播过程的波场延拓算子进行偏移成像，物理概念清晰，潜在地更稳健、更精确，能自然地处理多路径问题以及由速度变化引起的聚焦或焦散效应，并具有很好的振幅保持特性，但该算法的单程波逼近和拟微分方程简化导致了偏移倾角限制，不适应高陡构造成像；各向异性 RTM 技术避免了上、下行波场的分离，对波动方程的近似较少，从而克服了偏移倾角和偏移孔径的限制，可以有效地处理纵横向存在剧烈变化的地球介质物性特征，该技术具有相位准确、成像精度高、对介质横向速度变化和高陡倾角适应性强、甚至可以利用回转波和多次波正确成像等优点，各向异性 RTM 是目前理论最先进、成像精度最高的各向异性地震偏移成像方法。

各向异性叠前深度偏移仅仅是各向异性地震处理系统中的重要一环。它是一个解释性的处理过程，遵循了地质与地球物理相结合及地震资料处理与解释一体化的指导思想。利用各向异性叠前深度偏移方法解决复杂构造地区的偏移成像问题是一个系统工程，除了要求有高精度的各向异性偏移算子外，还需有能正确反映地下地质情况的信噪比较高的原始采集地震数据以及与地下地质情况匹配较好的地质模型与各向异性宏观参数场。稳定、可靠的各向异性参数场更是制约地震成像效果的核心关键。

第六章　基于 GPU 的深度域波动方程成像技术

自 20 世纪 70 年代初至今，叠前深度偏移经历了发展 - 停滞 - 再发展多个阶段。到 20 世纪 90 年代，计算技术的飞跃发展以及 Kirchhoff 叠前深度偏移技术在墨西哥湾的成功应用，将地震偏移成像技术推向了发展高峰。进入 21 世纪，波动方程叠前深度偏移技术得到了较快的发展，并借助于高性能集群计算技术的发展在实际生产中得到了广泛的应用。近年来，基于双程波波动方程的逆时偏移技术发展迅速，并基于异构协同并行计算技术在生产中得到成功应用。

地震偏移成像技术的重要载体主要体现在两个方面，其一是高性能计算装备；其二是地震成像软件系统，其中地震偏移成像专业软件是油气藏研究的重要手段和工具，是面向油气勘探开发的地球物理技术核心竞争力的重要体现，可不断提高地震资料的处理精度，为油气勘探开发提供了强有力的技术支撑。地震油气勘探技术一方面对高性能计算技术呈现出持续而强劲的需求，为高性能计算产业提供了一个长期而稳定的市场；另一方面高性能计算技术的发展能否以较优的性能价格比提供满足需求的产品，仍然是我们面临的挑战，高性能计算技术成为石油物探技术发展的制约因素之一。

过去十多年中，集群计算机系统成为石油物探数据处理的主流甚至是唯一系统架构类型。这种模式下，通过增加 CPU 个数和核数在一定程度上可以提升处理系统的性能，但随之带来的内存墙和散热等技术瓶颈使得 CPU 性能提升有较大难度，从而大大影响了叠前深度偏移技术的发展和应用。近年来随着计算机图形处理器（GPU）的兴起和发展，逐渐产生了基于 GPU 的通用计算技术，在此基础上，CPU/GPU 协同并行计算技术也日趋成熟。该技术主要通过开发原本用于图形处理的 GPU 的强大并行计算能力，使得 GPU 可以分担 CPU 上的部分密集的计算，二者交互协同形成一种多核并行计算技术。CPU/GPU 协同并行计算技术融合了 CPU 在复杂顺序计算和 GPU 在大规模并行计算的双重优势，通过硬件协同和软件融合，组成了全新的异构模式，可以大幅度提高计算机的运算能力和效率。从技术发展趋势来看，面向高精度叠前深度偏移技术的异构并行系统将成为今后的一个重要发展方向。

第一节　面向地震成像计算的 GPU/CPU 异构并行平台

异构系统是由功能或性能相异的处理器通过一定的互连结构连接起来的计算系统，一般由通用微处理器和专用加速处理器构成。按照两者集成的方式可以分为芯片级和设备级：前者在芯片内面向不同的指令集成了不同类型的计算部件；后者将加速处理器作为专用的设备，典型的例子为当前高性能领域最流行的加速器 GPU（Graphic Processing Unit）。GPU 以其强大的计算性能、不断优化的编程界面吸引了众多非图形计算领域的关注，目前已在高性能计算领域得到了广泛的应用，是一种极具发展潜力的处理器体系结构，而且面向 GPU 的通用计算也成为计算机领域的一个热点研究方向。CPU/GPU 异构系统兼具多方面的优势：即通用微处理器通过处理标量计算能提供通用计算能力，使得异构系统可以适应多领域的应用；另一方面，GPU 面向某些特定的领域提供强大的计算性能，使得异构系统比同构系统拥有更高的性能和效能，是并行计算发展的新动力。CPU/GPU 异构协同并行计算包括硬件架构协同以及混合编程模式 - 软件协同。

传统的并行计算系统一般采用多台同类型的高性能计算节点组成计算集群，同构并行用于运算大量分布式的应用程序，计算节点中的 CPU 一般采用同厂家的同架构处理器，集群根据处理器数目按需求配置内存，计算节点间采用 Infiniband 等高带宽低延迟的互联设备进行网络互联。CPU 的设计目标是使执行单元能够以很低的延迟获得数据和指令，因此采用了复杂的控制逻辑和分支预测，以及大量的缓存来提高执行效率；而 GPU 必须在有限的面积上实现很强的计算能力和很高的存储器带宽，因此需要大量执行单元来运行更多相对简单的线程，在当前线程等待数据时就切换到另一个处于就绪状态等待计算的线程。简而言之，CPU 对延迟将更敏感，而 GPU 则侧重于提高整体的数据吞吐量。因此，CPU 与 GPU 从设计思路和架构上就存在着差异，这些差异决定了 GPU 不可能取代 CPU，或者说，能取代 CPU 的 GPU 就不再是 GPU 了。异构计算的真正意义在于发挥不同架构处理器的优势，从而实现系统整体计算能力的最大化。CPU 在设计之初就兼顾程序执行的并行性、通用性和平衡性，在改进指令执行效率的过程中，不停地加入新的指令集，使得 CPU 已经成为计算机中设计最复杂的芯片。与之相反，GPU 的单一处理核心却较诞生之初显得简单。最早，针对图形处理的关键计算，GPU 将处理单元分为顶点着色器、光栅化引擎、纹理贴图单元等不同部分，分别完成不同计算任务，当统一渲染架构提出后，统一的计算单元取代了之前的不同单元。从两者的差异可以看出，对于复杂指令，如调度、循环、分支、逻辑判断以及执行等程序任务，GPU 无能为力，只有在可拆分成简单指令的可重复并行数值计算中，GPU 才体现出其强大的性能。因此，CPU + GPU 异构化是使两者互相取长补短，实现良好性能的计算系统。采用 CPU + GPU 模式的并行计算系统，即由不同类型的服务器组成异构并行计算集群，是目前较通用的异构并行计算系统。著名的超级计算机“天河一号 A”通过并行 GPU 与多核 CPU 的大规模结合，该超级计算机在性能、尺寸以及功耗等方面均很优异，成为当代异构计算的典型机型，若该系统只采用 CPU，要实现同等性能则需要 5 万颗以上的 CPU 以及两倍的占地面积。

图 6 - 1 为 CPU/GPU 异构体系结构示意图，显示了 GPU 参与通用计算最基本的使用环境。根据该图可知，CPU 和 GPU 通过外部 PCI - E 总线互连，各自拥有独立的片外存储器。GPU 对应用程序进行加速的基本流程包括三步：将输入数据从 CPU 端存储器拷贝至 GPU 端存储器；调用 GPU 执行；将输出数据从 GPU 端存储器拷回 CPU 端存储器。一般来说，由于 GPU 是依靠大量运算单元并行执行来获取高吞吐率和计算性能，因此面向 GPU 的通用计算通常是将程序中耗时较长且可并行化运行的循环结构映射到 GPU 上运行。

CPU/GPU 混合异构计算系统程序开发工具大致分为以下 4 类：基于底层图形 API 的开发方法，即使用 CG、GLSL 等图形绘制语言将算法映射到图形处理过程，适用于积累了大量基于图形 API 方法编写的遗留程序的开发者；基于低层次抽象的轻量级 GPU 编程工具，即使用 CUDA、OpenCL 等编程工具编写 GPU 内核程序，适用于需要编写少量专业领域算法应用程序的开发者；基于高层次抽象的函数库或模板库，即直接调用已经封装好的诸如 CU-

BLAS、CUFFT、CUDPP之类的函数库进行开发，适用于编写大部分运行时间都用于执行标准函数的应用程序的开发者；基于高层次抽象的使用编译器的方法，即通过使用指示语句、算法模板以及复杂的代码分析技术，由编译器或语言运行时系统自动生成GPU内核程序，如Portland Group编译器、HMPP等，适用于开发大量使用专业领域算法应用程序的开发者。作为基于GPU通用计算的开发平台，CUDA非常适合于多个线程高度并行的数据计算，开发者可以直接将GPU作为数据并行计算设备进行开发，而无需将其映射到图形API。CUDA编程模型如图6－2所示，CUDA包含一个C扩展语言和一个相应的编译器，用户编写的C语言代码经过编译器编译后转换成GPU代码和CPU代码。适合GPU执行的代码由CUDA驱动控制GPU执行相关数据操作，而适合CPU执行的代码则由标准C编译器生成机器码的CPU进行控制。

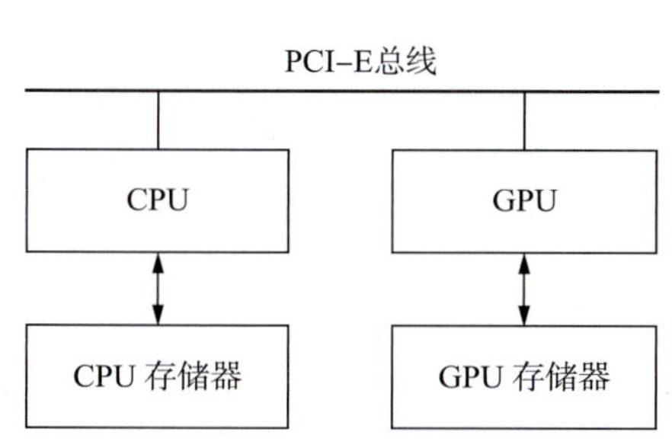

图6－1　CPU/GPU异构体系结构示意图

CUDA常用函数库 FFT，BLAS...		用户编写的包含CPU和GPU函数的代码
NVIDIA C编译器		
GPU程序代码		CPU程序代码
CUDA驱动	调试工具	标准C函数编译器
GPU		CPU

图6－2　CUDA编程模型

在这一超强异构并行计算系统平台上进行地震偏移成像计算时，系统表现出高速运算、高速存储、高速通讯的特点，可大幅地提高地震成像的效率。与同构集群系统相比，其成本低，占地、用电少。

目前已有的开发平台包括Stanford大学的brook GPU、PeakStream公司推出的开发包、OpenCL、以及Nvidia公司的CUDA等。自Nvidia公司进军高性能计算领域以来，硬件产品不断更新，从G80到G90直到今天的专用计算显卡Tesla系列，开发工具也从最早的版本0.8到今天的5.0，并全套免费提供，其中除了编译器(Nvc)、系统函数库(Cudafft、Cudablas)之外，还有专门的剖析工具(Cuda Visual Profiler)，可在仿真模式下提供调试，支持C/C++开发环境。CUDA的优势在于：它是一个完全针对GPU计算的C语言开发环境，可与Nvidia公司的GPU高度协同，因此一般应用程序通过适当的优化可以获得很高的效率；同时，由于采用标准的C语言开发环境，编程人员在较短的时间内就能熟悉GPU程序开发。

一、地震叠前深度偏移工业化处理的硬件需求分析

地震资料偏移处理中的逆时深度偏移(RTM)技术基于双程波波动方程，对地震资料进行逆时外推来实现，避免了上下行波分离，从而克服了偏移倾角限制，具有成像任意倾斜构造甚至回转波的能力，该技术是典型的大规模计算和大数据吞吐的处理技术。RTM需计算震源波场正向传播以及地震资料反向传播过程中各个时刻的波场，但因其各自时间的延拓方向不同，实际应用中必须存储其中一个方向的传播过程(常规方法要求保留正向延拓所有时刻、所有网格点的波场)，因此，需要巨量的存储设备和非常快的I/O速度，使得计算机的

内存、硬盘容量和I/O都难以承受。随着RTM技术的进步，发展了震源波场重构的方法，这样只需保存每个时刻震源波场的边界信息，然后在检波点波场进行逆推时作为边界条件再重构震源波场，虽然存储量大大减少，I/O问题也得到解决，但计算量增加近50%。另外，常规地震处理面元下(12.5m×2.5m)的炮集数据都在几TB到几十TB之间，成像空间在1000×1000×1000左右，处理步数为8000~12000步。下面以RTM为例进行需求分析：

基于上述对RTM基本原理和计算过程的分析，通常RTM处理算法中须考虑的主要因素有：

(1)计算效率：RTM中最耗时的计算是利用有限差分算法进行波场外推，为典型的单指令多数据的处理操作，非常适合GPU处理。例如Nvidia Tesla Kepler K10有3072个核，可以同时处理3072个样本，尤其对于RTM的单精度计算，具有非常高的处理效率。

(2)GPU显存：显存的大小决定了每块显卡能处理的波场大小。RTM处理时，若不采用数据交换策略，每块显卡上要存放正推波场、反推波场、速度场、成像场等至少6个同等大小的波场，否则需要在多卡上分块计算，或者利用流式在单卡上进行处理。

(3)GPU与内存的数据交换速度：RTM是大数据吞吐的处理，炮集数据、波场数据等需要在GPU与内存直接进行交换，因此，GPU与内存之间的数据交换速度就非常关键。目前GPU大多采用PCIE与总线相连，PCIE二代的传输速率在4~5GB/s左右，PCIE三代可达到10GB/s，且支持双向数据传输。

(4)CPU、CPU在RTM处理中的作用在不同的算法设计中有所不同，但总的来说，CPU主要负责GPU的控制、数据的准备、数据在节点间的发送与接收等。因而，面向RTM处理的集群对CPU的性能要求可适当低些。

(5)CPU内存的大小：CPU内存上要存放炮集数据、速度场数据、成像数据、波场中间数据等，尤其是波场中间数据，因此也需要较大的内存空间。算法不同，需求有些差异，一般每块GPU配备48GB以上的内存。

(6)节点间网络连接：RTM处理需要在节点间进行大量的数据传输。随着节点数规模的增加，对网络的传输能力和拓扑设计的挑战也越大，节点间的数据交换量主要是炮集数据。如果采用多卡处理单炮的算法，则每个时间步都需要交换重叠区的数据。目前，大规模集群的网络通信主要有以太网和Infiniband网卡两种，前者的万兆网卡通讯速度在1GB/s左右，且随着节点增多，路由的计算和等待负担增大，容易引起性能下降。后者是近年来发展起来成熟的节点间通信方式，通讯带宽可到40GB/s，且其路由策略适合点点之间通信，因而迅速成为大规模集群的首选。

(7)本地外存：RTM处理中会产生一些临时结果，上述临时结果可以保存在本地外存上，也可以视网络通信压力，保存在高速的网络树上。

(8)开发软件：CUDA5.0是Nvidia公司最新推出的GPU计算开发软件包，提供了许多实用的软件，比如共享内存上两个显卡之间的直接数据访问(DMA)、基于Infiniband的远程数据直接访问等，上述软件包在集群计算中可以显著地提高开发的方便性和软件性能的稳定性。

综上所述，面对RTM等大计算量、大数据吞吐的地震数据处理技术，为其构建CPU/GPU异构计算集群的策略，首先应考虑浮点运算性能，GPU浮点运算性能远高于CPU，单精度浮点运算即可满足RTM计算的要求；其次，GPU显存的大小，由于地震采集数据的精度越来越高，单炮数据量越来越大，因此对 GPU 显存空间的大小提出很高的要求；再次就是网络的通信量与通信速度，因 GPU 显存的限制，进行大规模 RTM 计算时必须采用多级数据调度技术，合理利用硬盘、内存和显存空间。

二、用于地震叠前深度偏移处理的 CPU/GPU 集群架构

根据上述对 RTM 计算结构分析，为提高 RTM 等叠前深度偏移处理效率，新一代 CPU/GPU 异构计算集群的架构如下：

1. 计算节点

计算节点由 80～100 台服务器组成，单个节点由 1U 的计算服务器和 1U 的 I/O 服务器节点组成，其配置如下：

(1)CPU/GPU 异构集群中的 CPU 的性能并不要求很高，如采用 2 * Xeon X5660 3.20 GHz 四核处理器；

(2)128GB DDR3－1333 ECC 内存，足够 RTM 运算中需内存空间；

(3)2 * 1TB 2.5" 10K 6G SAS 硬盘，作为临时超大数据存储；

(4)2 * NVIDIA Tesla Kepler 10 GPU 卡，2012 年 Nvidia 正式发布了基于 kepler GK104 的 Tesla K10 高性能计算卡。K10 卡有 3072 个流处理器，单精度浮点性能为 4.58TFlops，显存提升到 8GB GDDR5，带宽达到 320GB/s，可以将大量高性能计算应用的性能提升 10 倍甚至超过 10 倍，同时 Tesla K10 具有显存空间的优势；

(5)1 个 Infiniband HCA 卡，用与建立高速的 Infiniband 网络；

(6)3 个 PCIe 16x Gen 3 I/O 插槽，高速的 PCIE 3.0 总线保证 GPU 数据传输。

2. 网络交换机

mellanox 4036E 4x QDR InfiniBand 交换机。4x QDR Infiniband 网络能提供 40Gb/s 的网络传输能力，特别是 Infiniband 提供了 RDMA 技术。RDMA 技术是对传统总线技术 DMA 技术的继承，它通过网络把数据直接传入计算机的存储区域，将数据从本地系统快速移动到远程系统的存储器中，消除了外部存储器复制和文本交换操作，因而能腾出总线空间和 CPU 周期用于改进应用系统性能。

第二节　基于 GPU 的波动方程叠前深度偏移技术

基于单程波动方程的波动方程叠前深度偏移(WEM)技术是本世纪初在国内外迅速发展起来的一项地震成像技术，它克服了叠前时间偏移的缺陷，使得地震成像精度大幅度提高。但在实际应用中，WEM 面临着海量数据的巨大计算量，较长的处理周期等困难。如何大幅度提高 WEM 的计算效率是该项技术推广应用中亟须解决的问题。国内外一些学者致力于偏移成像方法及算法的改进以提高计算效率，但任何以牺牲保幅性及成像精度等为代价来获得高计算效率的偏移方法都不是可接受的选择。在计算机技术的发展日新月异的今天，高性能并行计算机的应用，特别是高性价比的 CPU/GPU 异构集群系统给这一领域带来了广阔前景，该系统具有维护和升级成本低、可扩展性好、计算性能强等优点。

为推进 WEM 处理常规化，根据地震叠前偏移成像巨大的计算量和数据量的特点，开发基于 CPU/GPU 异构平台的稳定高效的波动方程叠前深度偏移的并行计算软件，需考虑以下

几个问题：

1. 地震成像的数据管理

针对 WEM 计算所涉及的数据，设计相应的数据文件格式，快速有效地从多文件海量数据中获取所需信息；根据不同的输入/输出数据，采用不同读写方式(串行/并行)，便于并行计算时的负载平衡以及计算中断后的数据恢复，充分提高地震叠前偏移计算效率。

2. 并行计算的负载平衡

由于 WEM 的巨大计算量，必须采用并行计算的策略来才能实用化；而 WEM 计算问题中所固有的可分解性和线性叠加性质，为实现偏移成像的并行计算提供了可能。考虑到计算节点性能的差异及多在用户运行环境下最大限度地发挥系统效率，采用“任务池”分配方式的主从并行计算模式实现动态负载均衡。

WEM 计算的核心是波场延拓，一般可以抽象成矩阵和矩阵的乘积、矩阵和向量的乘积、矩阵数乘等，这类算法很适合移植到 CPU/GPU 异构平台进行多线程的并行计算。

3. 断点保护和容错处理

由于 WEM 计算时间较长，采用作业簿登记方式，加入处理过程的断点保护和容错处理功能，以保证大规模数据处理过程中个别节点出现故障时系统能正常运行。

一、基于 GPU 的 WEM 实现策略

单炮道集 WEM 偏移成像分别对炮点波场和检波点波场进行下行波和上行波外推，利用激励时间成像条件提取每一外推层的成像值。单炮的波场延拓分为波场外推和偏移成像两部分，每外推一步，需要两次二维傅里叶正变换，一次相移，两次二维傅里叶反变换，一次时移和一次叠加成像，以上七部分计算都有很高的并行度，可以采用 GPU 来进行加速处理。因此基于 GPU 开发的炮域叠前深度偏移程序，并行策略包括任务并行和数据并行两部分。任务并行是在 CPU 上实现基于单炮的粗粒度并行，采用主从并行计算模式，数据并行是在 GPU 上基于波场外推的细粒度并行。由于炮域叠前深度偏移 95% 以上的计算量都来自于波场外推，因此这样的并行策略能够充分发挥 GPU 的优势，可获得很高的加速比。

二、WEM 的数据管理

按照软件工程化的要求，一个系统性能的优劣在很大程度上取决于系统结构的合理性，其直接影响系统的灵活性、可靠性和计算效率。系统结构大致可分为数据结构和控制结构。数据结构是指对系统所用数据的组织，包括对数据类型的确定、数据流向的分析及数据的管理，它是整个系统的基础。控制结构是系统的控制方式和各功能模块间的调度与运作，它是整个系统的核心。数据结构和控制结构的有机结合，是一个应用系统成功的关键。由于地震数据的巨大数量和复杂性，使得地震数据与其他类型的数据相比，更加难以管理、存储和存取。因此地震数据管理，仍然是石油工业计算机应用面对的一个大的挑战。

地震叠前偏移计算要求计算机系统能具有 3T 性能(即要求计算机系统能提供 1Teraflops 计算能力、1Terabyte 主存容量和 1Terabyte/s I/O 带宽)。目前的高性能计算机还未达到如此性能。而数据的输入/输出一直是高性能计算中的瓶颈，叠前偏移并行计算仍采用文件系统进行数据管理，文件系统作为计算机磁盘数据的管理者，对于系统输入输出能力有重要的影响。Case/Amdahl 经验法则表明 1MIPS 的计算能力需要 1Mbit 的 I/O 带宽与之匹配。现代计算机系统的 I/O 能力就显得过于薄弱，并且这种情况还在不断恶化。根据 Moore 定律，

CPU计算能力、内存容量等硬件技术指标以指数方式每18个月增长一倍。与此同时，磁盘带宽的增长远远落后于计算能力的增长，使单机系统的I/O与计算速度的差距越来越大。造成I/O瓶颈的主要原因是CPU和I/O设备速度增长的不匹配。集成电路技术的快速发展使得CPU速度有了显著的提高，而磁盘等I/O设备由于受限于其机械部件的速度，相对而言其性能的改进要慢得多。最近几年，越来越多的并行/分布式系统由于同时采用多个CPU，使得高性能计算系统中的计算能力与I/O能力更加严重失衡。因此近年来并行I/O的研究在国际上极受重视，是当前高性能计算研究领域的重点之一。如何提高地震叠前偏移处理效率，并行多文件数据管理受到人们的关注。

地震叠前偏移虽然涉及的数据类型不是太多，如叠前地震数据、叠后地震数据、速度场数据和频率波数域数据等，但是数据量惊人。在进行叠前偏移成像计算时，必须在这浩瀚的数据海洋中快速找到相应的数据。目前的地震数据大都采用SEG－Y格式，但形式各异，且要分多文件存放。如何快速有效地获取所需信息，真正实现数据的共享，确保数据的一致性、并行读写和快速查询定位，避免使用过程中可能产生的数据崩溃，这就要求在数据管理上能提供某些方面的智能性。地震叠前偏移计算量非常巨大，必须采取并行处理模式，也就是要求数据文件须方便并行读/写。地震叠前偏移处理软件系统一般以数据并行编程模式为主，即将相同的操作同时作用于不同的数据，数据并行编程模型提供编程者一个全局的地址空间，只要简单地指明执行什么样的并行操作和并行操作的对象，就能实现数据并行的编程。但数据并行涉及到数据元素在存储器中的分配问题，在并行读取数据、进行信息检索时则必须考虑如何组织数据，以便查找和存取数据元素更为方便。

针对叠前地震偏移计算的特点，进行相关数据管理，有两个根本性的考虑：

1. 数据管理服务化

数据服务化理念，即数据面向服务架构，保证数据的存取方式和文件格式的一致性和完整性，真正实现数据共享，在WEM运行过程中确保数据的一致性和并行存取的快速查询定位，避免在读写过程中可能发生的数据崩溃和泄漏。基于上述要求，须解决两个技术关键：一是数据的抽象，即将WEM所需的数据分为二类，一类是不规则数据，如炮域数据；一类是规则数据，如速度模型、成像数据。二是数据的存放，数据存放本质上是将数据模型向文件系统映射的过程，地震叠前偏移处理软件系统有其自身的特殊性，地震成像是通过并行计算来实现，因此数据的存放也须适应并行存取，根据数据实体的特征选择不同的数据组织方式尽量使数据的存放稳定可靠，既不杂乱，又无冗余，同时还有较快的查询速度。用多维数据表(索引)映射不规则炮域叠前数据，可实现数据的快速并行存取。

2. 自主数据管理

自主数据管理可提高WEM运行的灵活性，增强并行计算过程中的容错、容断性，使并行系统的运行效果得以最好的发挥。采用何种数据读写方式(串行/并行)；数据的I/O(输入/输出)与动态负载平衡策略以及计算中断后的数据恢复功能，都是偏移计算中数据管理中要解决的问题。

在WEM计算过程中炮域叠前数据和速度模型数据采用并行读写方式。所谓并行读写，即各进程执行完全独立的I/O操作，但不同的进程是对同一文件进行操作，各进程拥有独立的文件指针，每次读写操作都必须明确指定读写文件的地址(如图6－3)。

WEM计算的中间结果数据采用非并行读写方式，非并行读写就是各进程执行完全独立的 I/O 操作，即不同的进程仅对不同的文件进行操作。这种方法看似并行读写，为了区别于对同一文件并行读写，称此方法为非并行读写(如图 6－4)。一般将此中间结果存放在每个进程的本地盘中，这样既节约了数据的传输时间，又解决了可能发生的断点恢复问题。程序运行正常结束后，这些中间结果文件自行删除，避免文件垃圾的存在。

WEM 计算的最终成像结果数据采用串行读写方式。其串行读写是指由某一个进程负责数据的读写操作。一方面，根据其他各进程的需要，分别读入对应的数据，并传送给其余各进程；另一方面，将其他各进程计算完成的数据收集起来，按照数据所对应的位置写入相应文件(如图 6－5)。

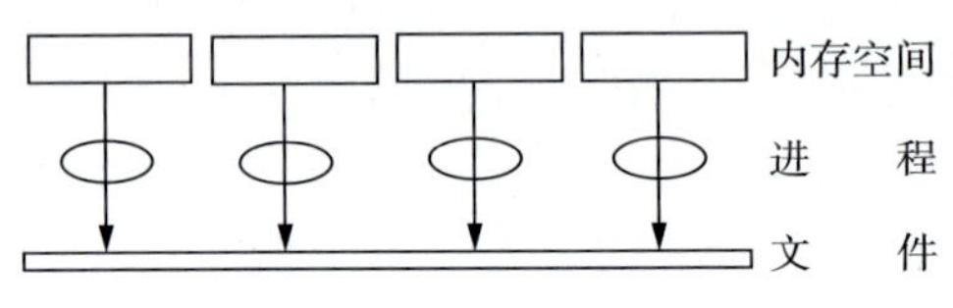

图 6－3　并行读写示意图

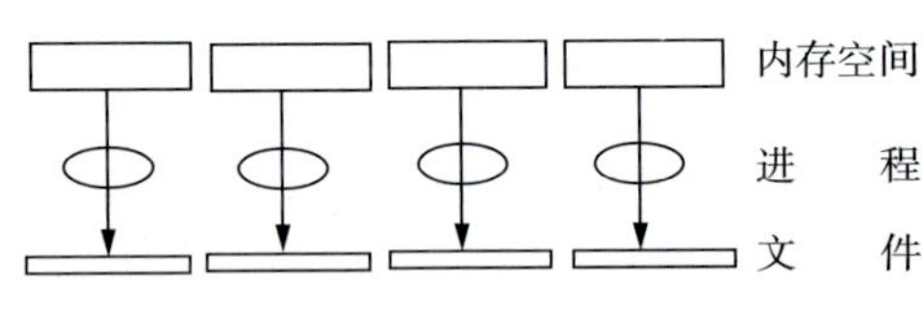

图 6－4　非并行读写示意图

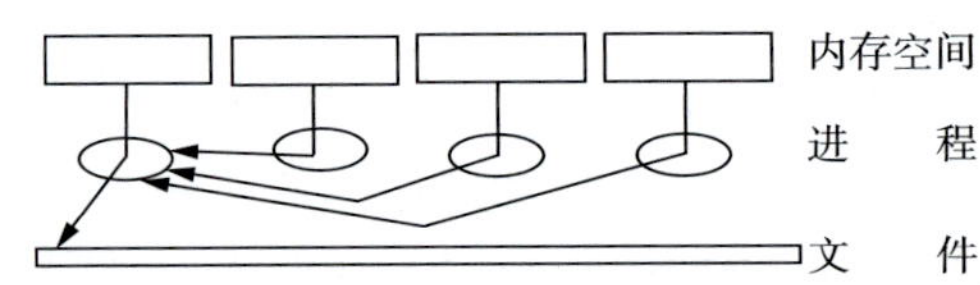

图 6－5　串行读写示意图

在 WEM 计算中主要涉及三种数据文件：一是输入的地震数据；二是相应的速度模型数据；三是输出的成像结果。以炮集为单位进行并行计算，每个进程采用并行输入方式读取不同的地震炮集数据，拥有同一数据的文件句柄，分别读取不同的道数据进行计算。速度模型与成像结果数据的大小相当，计算中调用次数基本一致，只是成像数据每一步需作一次累加计算。考虑到机器非正常中断，以及数据恢复，因此对成像数据采用非并行读写，每个节点对应各自的成像数据文件。这样不仅解决了中断后的数据恢复问题，而且可随时收集各节点数据，获得成像效果；成像数据的临时文件均放在各节点的本地盘上，减少服务器与各节点间的通讯开销，提高运算速度；解决了输出文件向共享盘写而带来的结果数据的不确定性。最后对各节点的输出数据进行归约处理，形成最终的成像结果。

速度模型数据的输入。由于在 WEM 计算中，速度模型数据使用频繁，而且数据量相对较小，为了减少 I/O 操作以提高计算效率，在偏移计算中调整相应配置和策略以获得最好的性能。小尺寸的数据访问对并行 I/O 的性能影响比较大，小尺寸的数据访问不但在数据多维分布的情况下相当慢，而且在数据一维分布的情况下也有着较差的性能。因此，对这样的只读数据，可以进行预取的方式，一次将数据全部读入，放入各个节点的内存，这样速度数据的应用既不需要经服务器与各进程存储设备之间的转发与传送，同时也极大地缓解了 I/O 节点的瓶颈效应。

三、WEM 的并行设计

物理问题在计算机上的并行求解思路通常是先将物理模型转换成数学模型，然后根据数

学模型的并行性进行并行计算模型划分与设计，再根据并行计算机体系结构的数据存储与访问特征进行适合于该并行机的并行程序设计与求解。其设计思路如图 6 - 6 所示。

并行算法设计必须把待解的物理模型与计算机系统结构(Computer architecture)和并行程序设计平台紧密结合。以 CPU/GPU 异构集群、MPI(Message Passing Interface，消息传递编程模型)和 CUDA(Compute Unified Device Architecture，统一计算设备架构)为硬、软件并行程序设计平台，剖析 WEM 的计算模式，以提高并行效率为目的，进行并行算法分析与程序设计。

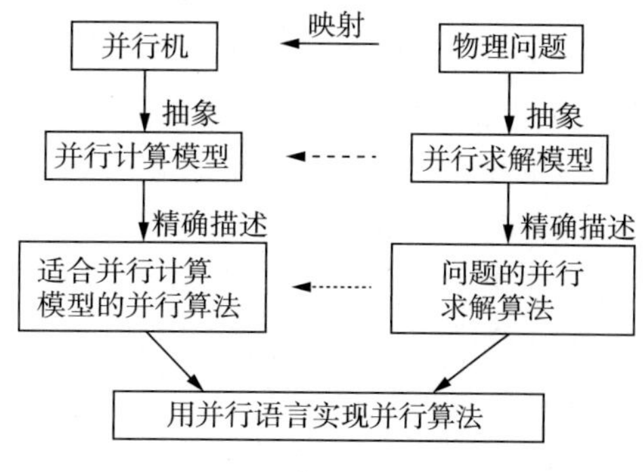

图 6 - 6　并行程序设计思路

MPI 移植性强、可扩展性好，异步通信功能完备、定义明确详细、通信效率较高，它吸收了众多消息传递编程环境的优点，可支持 FORTRAN77/90、C/C + + 等语言，是被广泛使用的编写消息传递程序的标准。

1. 并行粒度选择

并行算法设计首先要选择合适的并行粒度。并行算法根据计算任务的大小可分为粗粒度并行算法(一个并行任务包含较长的程序段和较大的计算量)、细粒度并行算法(一个并行任务包含较短的程序段和较小的计算量)和介于二者之间的中粒度并行算法。并行粒度的选择在物理问题并行性分析基础上，必须兼顾通信开销、计算与通信的重叠程度、负载均衡及容错处理等并行程序设计中的关键问题。

进行基于波动方程的叠前深度偏移成像时，在共炮域、共中心点域、共偏移距域等域里，采用分步傅里叶法(SSF)、傅里叶有限差分法(FFD)、频率 - 空间域有限差分法(WX - FD)或混合域广义屏传播算子(GSP)等算子将波场向下延拓，在相应的成像点位置进行偏移成像。常规的深度偏移成像串行算法如示意图 6 - 7 所示，在不同的域里进行波场外推时，主要的循环体是不同的，如一个炮集、一个共偏移距道集、一个共 CDP 道集或一个频率切片。该循环体中的每一次的偏移成像都是一个相对独立的作业，计算时相互之间不需要或很少需要进行数据交换，具有很强的并行性，很适合作为一个独立的并行作业。该作业的偏移成像任务在一个 CPU 上完成，粒度中等，通信次数和通信量均很小，而且负载均衡容易处理。当然该作业也可以用几个 CPU 来计算，例如在炮域里进行偏移成像时，把一炮数据的偏移成像用几个 CPU 来完成，但这不仅大大增加了通信开销，而且很难处理好负载均衡及容错处理等并行程序设计的关键问题。所以我们在相应的域里，将一个炮集、

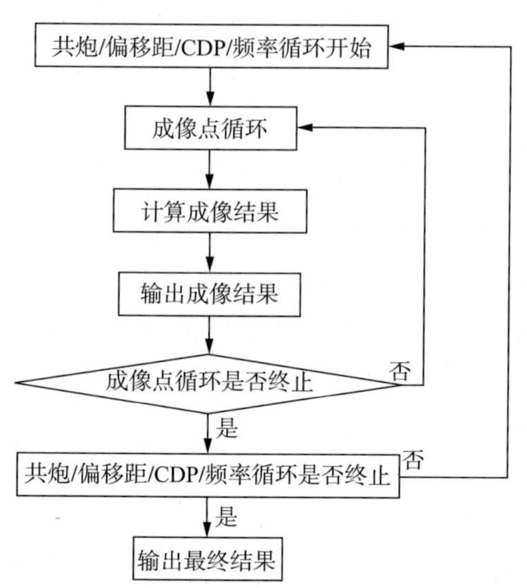

图 6 - 7　叠前深度偏移串行算法示意图

一个共偏移距道集、一个共 CDP 道集或一个频率切片的深度偏移作为一个并行粒度，在一个 CPU 上独立完成其偏移成像任务。

该模型适合 SPMD 算法，即在不同节点上用相同的程序对不同的数据体进行计算，由此采用 SPMD 算法进行程序设计。

2. 主从模式并行程序设计

并行的最终目的就是缩短任务的总体执行时间。在特定硬件环境情况下，负载均衡程度对并行效率影响很大。基于消息传递的 MPI 并行程序设计时，通常有两种并行编程模式：对等模式和主从模式，二者的并行效率差异很大。

对等模式并行算法的实现较为容易，但它没有考虑节点本身之间的性能差异。特别是在多用户情况下，不考虑每个节点运行过程中负载的变动情况，就直接给每个节点固定分配 M 份作业是不太合理的。在这种情况下，只是在理想状态下（每个节点在运用时可利用的性能一致）才能很好地达到负载均衡。但由于节点本身之间就存在着性能差异，以及多用户使每个节点运行过程中负载量变化很大，实际应用过程中这种机器运行理想状态不容易达到。运用这种模式进行程序设计主要存在如下问题：①负载均衡问题。当采用的节点计算性能差异较大时，只有最慢的节点运行结束时，整个程序才能运行结束，而运算较快的节点早就完成了作业，一直就处于等待状态。实际上每个节点本身就存在一定的性能差异（有的差异很大），以及在某个程序计算进行时，其他程序在任何时候在某个或某些节点上提交作业都会影响这些节点的运行速度。②容错处理问题。如果某个或某些节点因故障停止运算时，倘若该节点的运行结果不影响其他节点的最终运算结果，那么就得重新计算该节点上平均分配的作业。如果该分配量较大时，如中等至大面积的三维叠前深度偏移，节点出现故障后那么重复计算量就很大。

为此，在并行程序设计中采用主从模式的并行编程模式比较理想。主从模式并行算法的实现虽然较为复杂，但能很好地达到负载均衡。原因是它不像对等模式那样一开始就机械地为每个节点平均分配作业，而是主进程（Master）先为每个从进程分配一份作业，最先完成作业的从进程（Worker）一旦完成作业，就立即自动给主进程反馈信息，报告交付的作业已经顺利完成，于是主进程就优先给这一从进程节点优先分配新的作业，直到所有的作业完成。主从模式的并行程序设计流程图如图 6 - 8 所示。

主从模式程序设计的具体实现是在程序一开始，主进程读取参数，计算出偏移成像的总炮数，进而计算出偏移成像所需的相关参数，然后将其广播到各从进程上。各个从进程先得到一份作业进行偏移成像，并输出结果，同时将完成作业的信号即时通知主进程。主进程根据从进程反馈的即时信息，立刻就能判断出哪个最先完成作业、并且运行正常的节点，主进程就给该从进程优先分配新的作业，直到完成所有的作业。

优先分配作业的主从模式主要具有以下优点：

（1）容易实现负载均衡。当采用的节点计算性能差异较大时，运算速度较快的节点就会多完成一些作业，而运算速度较慢的节点会少完成一些作业。所有的节点几乎同时结束运行，节点等待时间很小，最大的等待时间为最快或较快节点计算一份作业所需的时间。当采用的节点中，程序运行开始或运行过程中有一个或几个被他人提交作业后或退出该节点，致使其中一些节点运算速度减慢，此时负载大的节点就会自动得到较小的作业量，而负载小的节点就会自动分到较多的作业。这种分配由程序根据节点的适时性能自动动态管理。

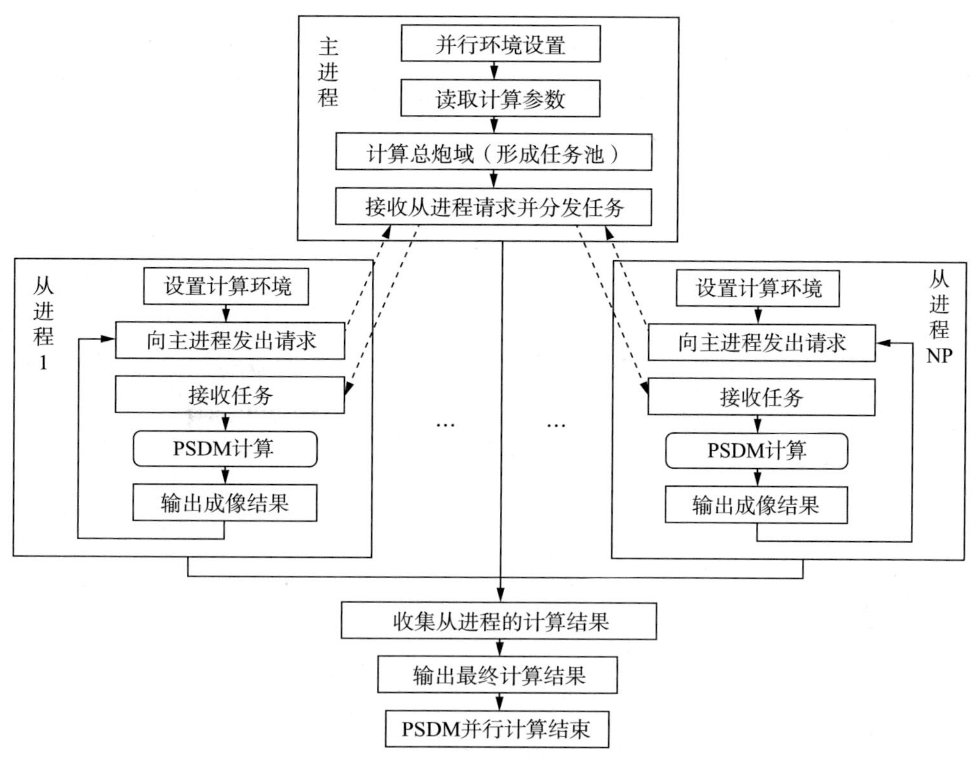

图 6－8　实现 WEM 的主从并行计算模式

(2)容错易于处理。如果某节点因故障停止运算，那么主机就停止向该节点派遣作业。这就使得倘若每完成一份作业，将计算结果保存于主机硬盘，或保存于各节点本地盘，当计算过程中某个节点发生故障，但该节点本地盘仍能被访问，那么最后我们只需重新计算该节点上出现故障时的一份作业。如果将每份作业的计算结果保存于各节点本地盘，当计算过程中某个节点发生故障，但该节点本地盘到整个作业计算完毕后都不能被访问，那么最后我们只需重新计算该节点上出现故障时及其以前的所有作业(倘若这些计算结果之前尚未被归约或复制到其他盘，如主机硬盘)。这样利用主从模式进行并行程序设计时，当节点出现故障后，其重新计算的任务就能大为减少。

3. 容错处理(断点保护与恢复)

叠前深度偏移并行计算时出现系统故障主要有两种，即主节点故障和从节点故障。主节点系统崩溃时，必须重新启动程序。从节点系统故障又表现为如下三种形式：①从节点暂时性故障，通过系统管理删除该进程，然后重新启动该节点；②从节点永久性故障，该节点已不能重新启动，但其硬盘仍可访问；③从节点永久性故障，不仅该节点不能再重新启动，而且其硬盘也不能再被访问。

以主从模式的程序设计，对每个节点上已完成的作业号、应完成的作业而未完成的作业号进行实时登记(在此称之为作业薄)，且从节点的计算结果保存于从节点上。如果主节点出现故障而从节点均运行正常，那么就得重新启动程序，且通过作业薄的统计与分析，就只需计算剩余的作业。如果主节点运行正常而某一或某些从节点出现故障，针对从节点的故障性质进行分别处理。对于第一、第二种故障，统计分析作业薄，等作业计算完毕后，再重新启动程序后只需计算出现故障时的那份作业。对于第三种故障，等作业计算完毕后，统计分析作业薄，再重新启动程序，此时需要计算出现故障时及其以前所有分配的作业。

四、基于 GPU 的 WEM 程序设计

图 6－9 为 WEM 的并行结构。从图中可看出，炮域 SSF 叠前深度偏移采用 MPI 主从模式动态负载平衡并行策略进行炮域并行计算：主进程分发任务、监控从进程和统计各炮计算时间；从进程进行单炮偏移计算，其计算“热点”是波场延拓(外推)和成像处理。波场外推的过程分为 5 步：①傅里叶正变换，将空间域的上行波场转换到波数域；②对所有的频率和波数进行相移处理；③傅里叶反变换，将相移后的波场数据变回到空间－频率域；④在空间－频率域作时移处理；⑤对各频率的波场进行积分，获得深度域的偏移结果。在上述 5 个步骤中，共有 2 次傅里叶正变换、2 次傅里叶反变换、1 次相移、1 次时移和 1 次并行结果归约，这些操作可以采用 GPU 多线程并行模式同时进行(如图 6－10)。

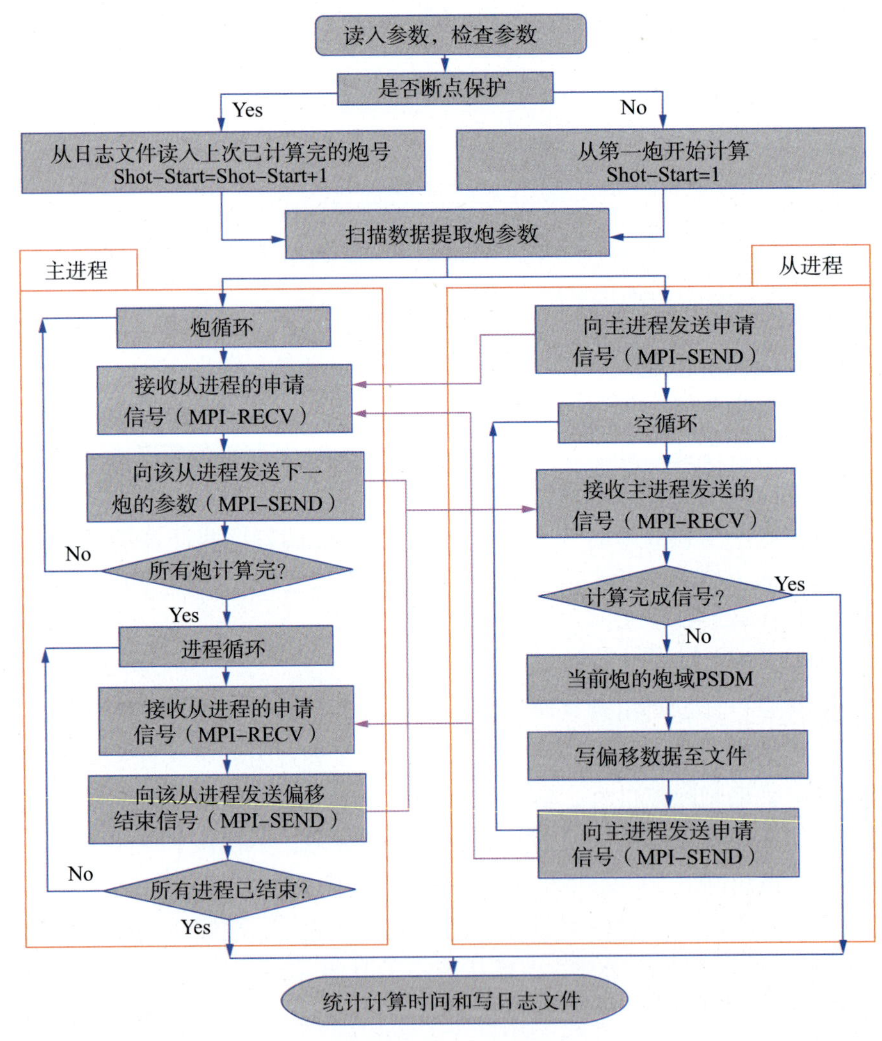

图 6－9　WEM 的并行结构

1. 算法优化

(1)CUFFT 性能优化

通过上述算法分析，可看出 FFT 在整个计算过程中占据主导地位。因此，要提高计算效率，就要从优化 FFT 着手。CUDA提供了专有的 FFT 计算库 CUFFT，可以容易实现 GPU 平台的 FFT 计算。但 CUFFT 对信号长度比较敏感，它的计算时间与信号长度并非线性关系(图 6－11)。当信号的长度离散点为奇数时，运算速度较慢；当信号的长度离散点为偶数时，速度较快；当信号长度离散点数为 2 的幂次时，速度最快。所以，优化 CUFFT 可以通过对 NX，NY 镶边到 2 的幂次，或者 2 的幂次的倍数来提高 CUFFT 的计算效率。

此外，CUFFT 除了可以实现常规的实数域或复数域的一维、二维或三维的离散傅里叶变换外，还具有批处理功能。利用该功能可以将原来分片(频率域)二维 FFT 一次完成，可节省大量的调用线程的时间，如图 6－12 所示。

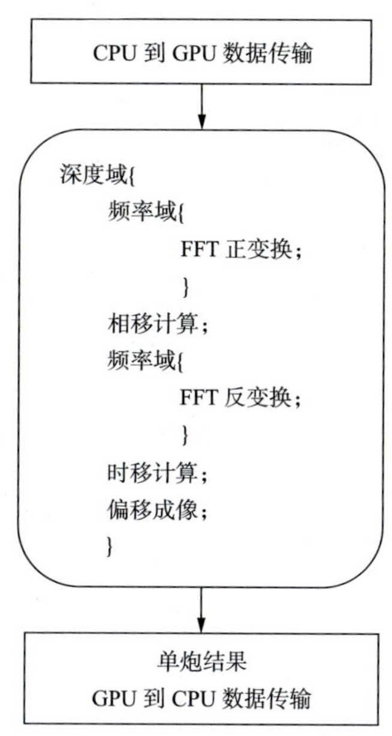

图 6－10　核心算法流程

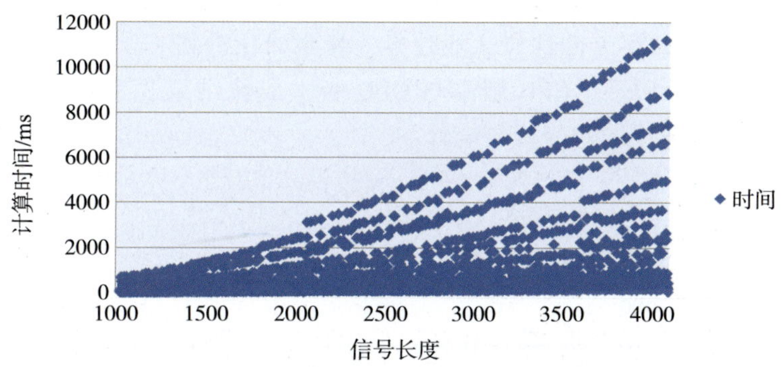

图 6－11　不同信号长度的计算时间

```
cufftHandle plan;
int  dims[2] ={ny, nx};
cufftPlanMany (&plan, 2, dims, NULL, 1, 0, NULL, 1, 0, CUFFT-C2C, nw);
cufftExecC2C (plan, d-xys, d-xts, CUFFT-FORWARD);
```

图 6－12　FFT 算法优化

(2)算法结构优化

GPU 计算时，需要通过 GPU 显存进行数据读写，该读写具有一定的访存延迟。因此，为了减少数据访存延迟，可以对其他相关的几个函数进行优化，尽量合并函数，以减少线程的调用和数据的读写时间，最终流程如图 6－13 所示：

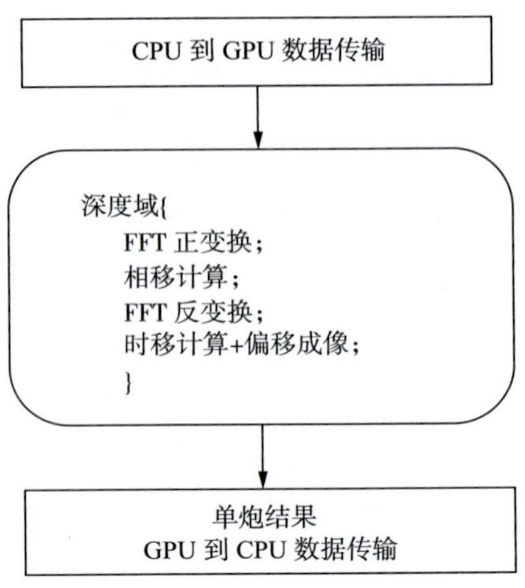

图 6－13　最终流程

五、模型数值试验与实际资料试处理

1. SEG/EAGE 盐丘模型数据试验

采用国际标准数据体 SEG/EAGE 三维盐丘模型 C3 数据（窄方位角）对 GPU 版 WEM 算法精度和计算效率进行如下试验。测试包括单个计算函数、单炮及全工区的计算时间和加速比；GPU 与 CPU 炮域叠前深度偏移算法的效果、效率对比分析。

偏移结果如图 6－14 所示，CPU 版本与 GPU 版本成像结果几乎无差别。我们采用下述的均方误差公式对数据进行误差分析与统计。

$$e = \frac{\sum (S_{ij}^{\mathrm{CPU}} - S_{ij}^{\mathrm{GPU}})^2}{\sum (S_{ij}^{\mathrm{CPU}})^2} \times 100\% \tag{6-1}$$

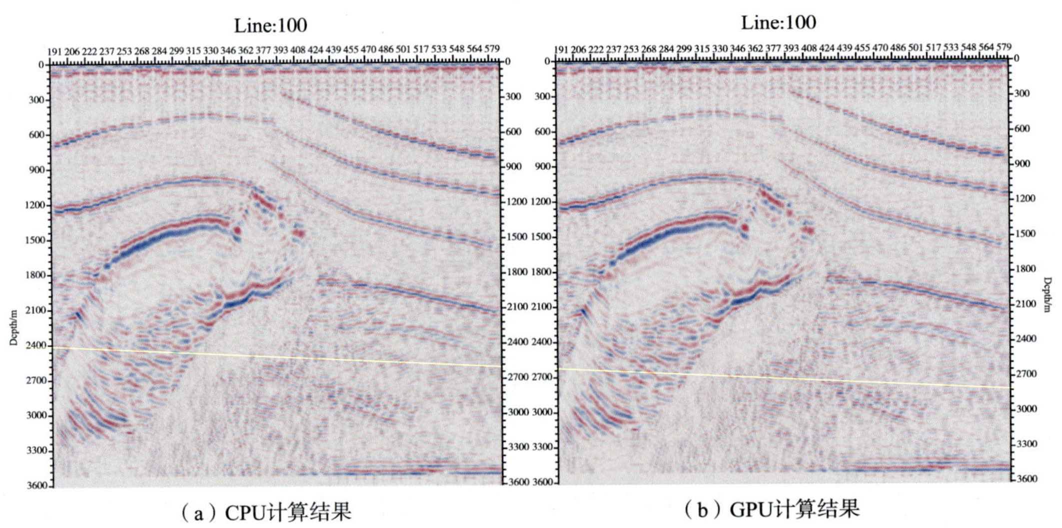

（a）CPU计算结果　　（b）GPU计算结果

图 6－14　偏移剖面对比

如图 6 - 15 所示，纵轴为百分比，横轴为相对误差大小(‰)。通过分析计算，偏移剖面的均方误差大小为0.002%，其中相对误差小于0.1%所占的比重为87.41%，可以说明基于 GPU 的 WEM 算法与 CPU 版本是一致的。

每个子函数时间对比如图 6 - 16 所示。

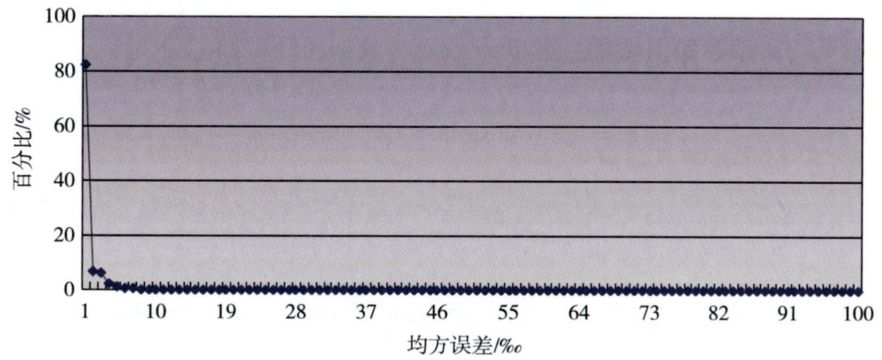

图 6 - 15　WEM 误差统计图

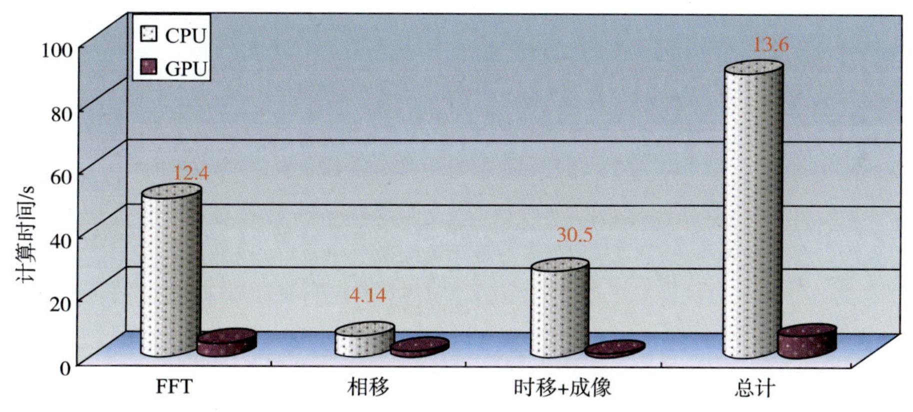

图 6 - 16　子函数加速比

观察图 6 - 17 与图 6 - 18 可以看出，GPU 对盐丘模型的加速比平均只有十几倍左右，其加速比不高的主要原因是盐丘模型数据较小，不能充分展现 GPU 线程计算的优势。

2. 实际资料试处理

分别利用 CPU 版本和 GPU 版本 WEM 对某实际资料(图 6 - 19 为该工区的速度模型显示)进行了偏移处理。从图 6 - 20、图 6 - 21 可以看出，两个版本 WEM 获得的偏移剖面几乎一致，整体偏移效果较好，能量均匀，同相轴连续性好，断层断点清晰，与速度模型的吻合度较高。

采用式(6 - 1)所示的均方误差公式对偏移结果数据进行误差分析与统计。如图 6 - 22 所示，纵轴为百分比，横轴为相对误差大小(‰)。通过分析计算，偏移剖面的均方误差大小为0.002%，其中相对误差小于0.1%所占的比重为87.41%，可以说明基于 GPU 的 WEM 算法与 CPU 版本是一致的。从图 6 - 23 可以看出，该方法提速 WEM 最大可达 128 倍；加速比为 60 倍以上的占 1/5；加速比为 40 倍以上的占 3/4。图 6－24 中红色部分表示 CPU 每个进程(共 185 个进程)的计算时间，蓝色部分表示 GPU 每个进程(共 96 个进程)的计算时间。总的计算时间为：CPU 用了 46h × 185 个进程，GPU 用了 2h × 96 个进程，GPU 总的加速比为 44 倍。

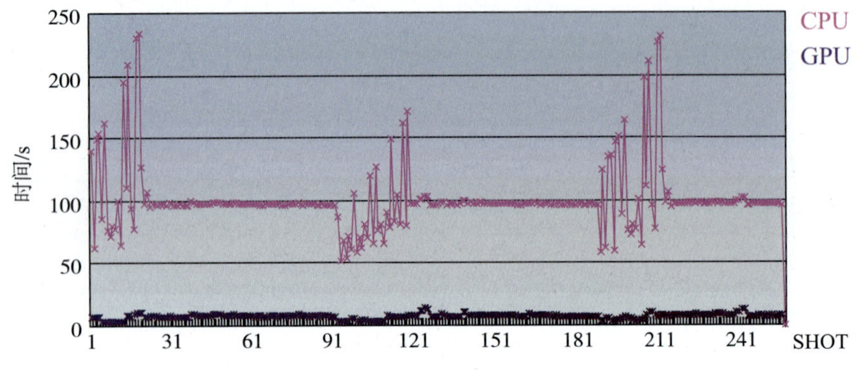

图 6－17 256 炮 CPU 与 GPU 时间对比

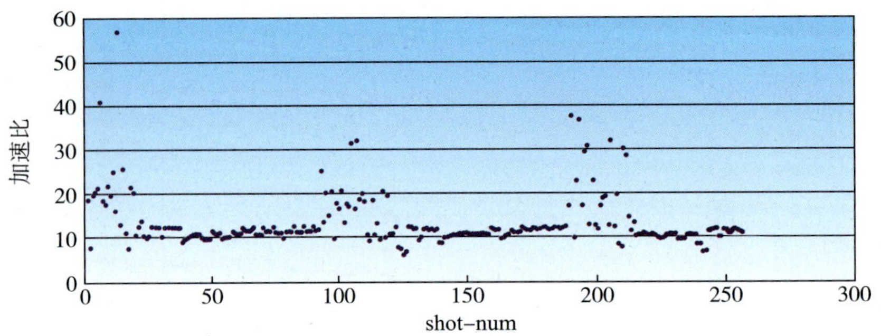

图 6－18 每炮加速比

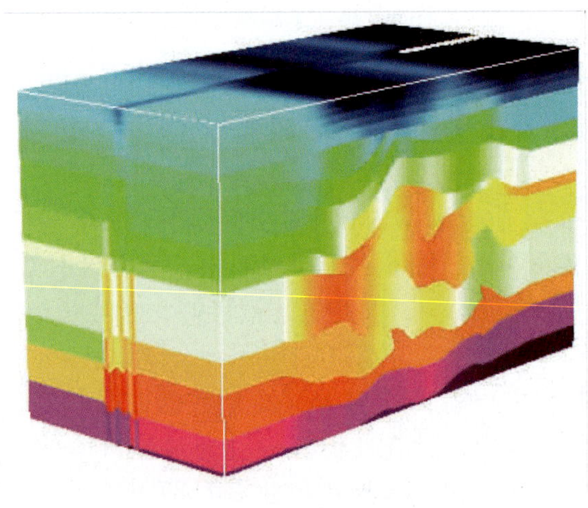

图 6－19 某工区三维速度模型

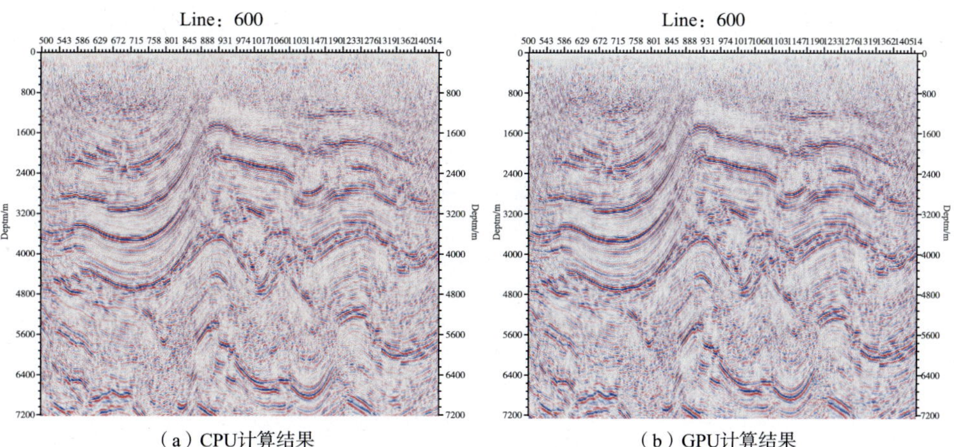

(a) CPU计算结果　　(b) GPU计算结果

图 6－20　偏移剖面对比

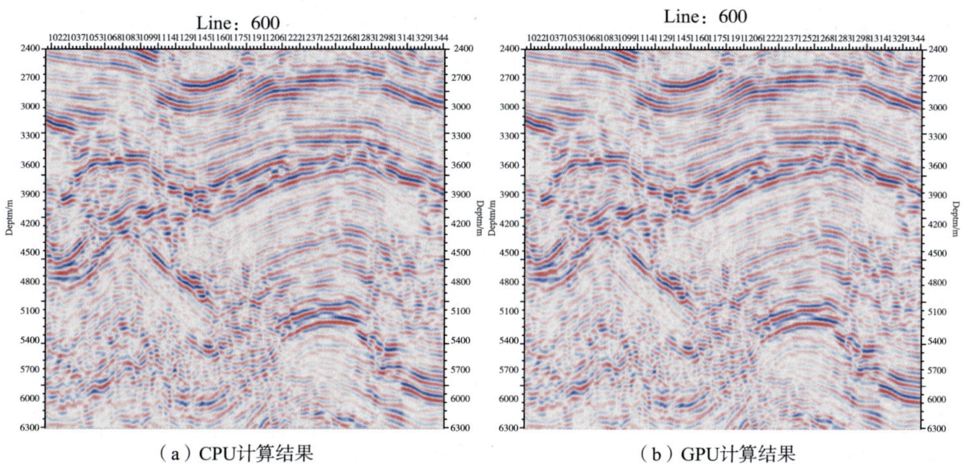

(a) CPU计算结果　　(b) GPU计算结果

图 6－21　偏移剖面局部对比

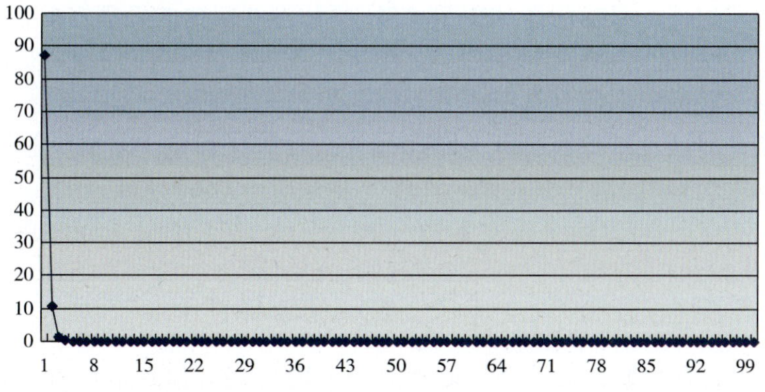

图 6－22　GPU WEM 计算误差统计图

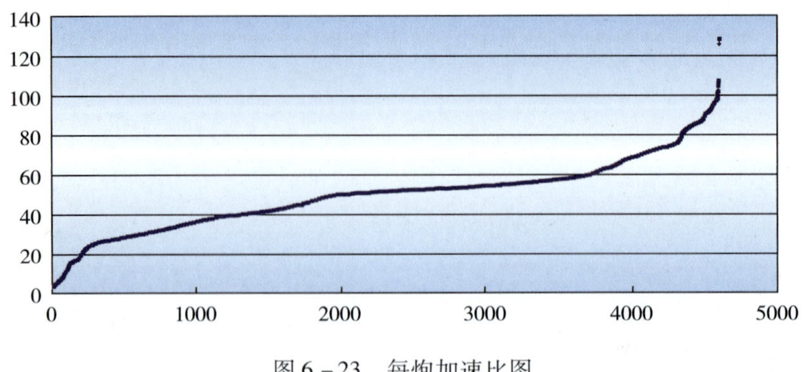

图 6－23　每炮加速比图

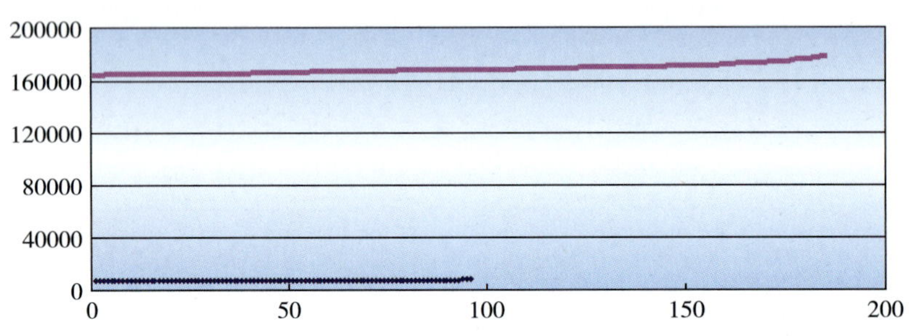

图 6－24　每个进程计算时间(红色为 CPU 进程，蓝色为 GPU 进程)

第三节　基于 GPU 的 RTM 成像技术

RTM 地震偏移成像是通过双程波波动方程在时间上对地震资料进行反向外推并结合成像条件实现偏移，它避免了上下行波的分离，且不受倾角的限制，并能够对任意倾斜构造进行成像。RTM 是目前理论最先进、成像精度最高的地震偏移成像方法。

RTM 是典型的大计算量、大数据吞吐的地震数据处理方法，须采用并行计算的策略才能达到实际的应用要求；而 RTM 固有的可分解性和线性叠加性质，使其具有良好的并行基础。GPU/CPU 协同并行计算就是将 GPU 和 CPU 两种不同架构的处理器结合在一起，组成硬件上的协同并行模式，同时在应用程序上实现 GPU 和 CPU 软件协同的并行计算。CPU 主要负责 GPU 的控制、数据的准备、数据在节点间的发送与接收等，即进行并行控制；GPU 主要进行 RTM 中最耗时的波场外推计算，即进行并行计算。目前工业界普遍采用的有限差分法进行波场外推是典型的单指令多数据的计算，非常适合 GPU 处理，例如 NVidia Tesla Kepler K10 有 3072 个核心，可以同时处理 3072 个样本，尤其是 RTM 的单精度计算，具有非常高的处理效率。

一、基于 CPU 平台的并行设计

RTM 计算以单炮集数据为基本计算单元，每一炮数据的偏移成像都是一个相对独立的作业，计算时相互之间不需要或很少需要进行数据交换，因而具有很强的并行性，很适合作为一个独立的并行作业。这是典型的 SPMD 算法，即在不同结点上用相同的程序对不同的数

据体进行计算。不同节点上的计算任务不是同时开始或结束，各个节点任务的开始与结束和其他节点任务的开始与结束无关，并且不同节点上相同程序不同数据的计算或通信也不是同时进行的。每个节点上一份作业完成后，同时又分给一份新作业，并立即开始执行，这样会大大增加计算相对于通信的时间比重，可有效提高计算效率。考虑到计算节点间性能的差异及多用户运行环境下最大限度地发挥各个节点的计算效率，可采用“任务池”分配方式（如图6－8所示），即主从并行计算模式来实现RTM计算时的动态负载均衡。

具体的实现过程是：首先，主进程读取计算参数，获得RTM成像的总炮数及相关参数，形成“任务池”；然后，各个从进程到主进程接受计算“任务”，并进行RTM成像计算，将每一炮的成像结果保存在本地盘的临时文件中，完成后再从主进程获取新的“任务”，如此循环直到所有的“任务”完成；最后，收集各个从进程的计算结果，从而获得最终的RTM成像结果。

二、基于GPU的并行设计

GPU上实现RTM计算主要包括两个关键部分，即并行策略和存储策略。因为GPU的并行计算属于细粒度的，其并行结构分为三个层次：线程、线程块以及由线程块组成的线程网格，它可以针对数据体中的每个元素进行并行计算，粒度之细是CPU无法相比的。RTM的主要计算热点为有限差分计算，有限差分算子可以抽象为向量乘法问题。因此，将整个RTM计算过程中计算量最密集的波场延拓通过GPU并行策略实现，最能提高计算效率。需要注意的是，利用高阶有限差分法计算需要大的内存读写，以三维时间二阶、空间8阶差分网格为例，每计算一个网格点的值都需要读取周围25个网格点的数据，内存读取冗余度非常高。在GPU计算中，一组线程构成一个线程块进行运算（一个线程块内的各个线程公用共享存储器）。理想的情况是将一个线程块所需的数据一次调入共享存储器，GPU计算核心从共享存储器读取数据进行运算。对于三维高阶差分运算，需要导入共享存储器的数据已经远远超过GPU的共享存储器大小。Micikevicius（2008）提出只把两维数组放入共享存储器，另外一维利用每个线程的寄存器存储，从而可解决共享存储器空间不足的问题，如图6－25所示。

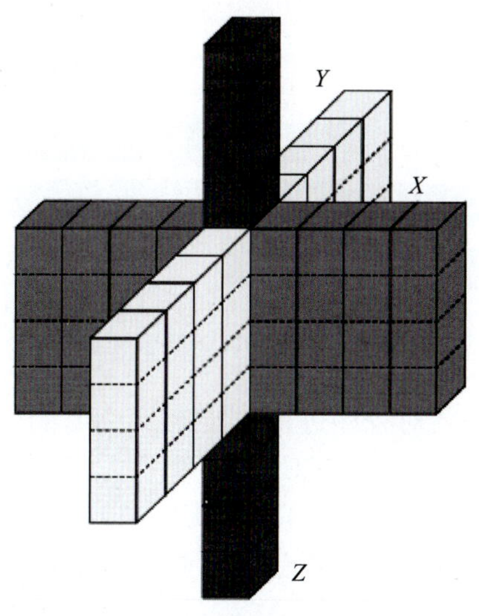

图6－25　差分计算格式

1. 单卡 GPU 实现策略

由于 GPU 的显存空间有限，目前的 Tesla 10 系列的显卡只有 4GB 的内存。当数据量较小时，单卡的 GPU 显存能够满足数据存储的要求，此时的 RTM 计算模式相对简单，每炮数据的 RTM 计算只需在一块 GPU 卡上进行，如图 6－26 所示：

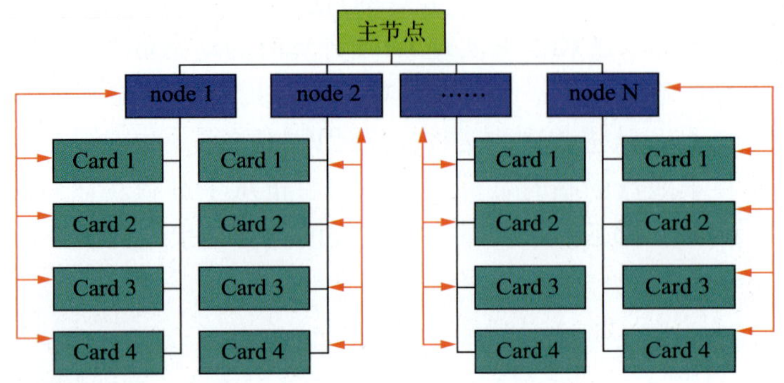

图 6－26　GPU_ RTM 单卡计算模式

具体实现过程如图 6－27 所示：

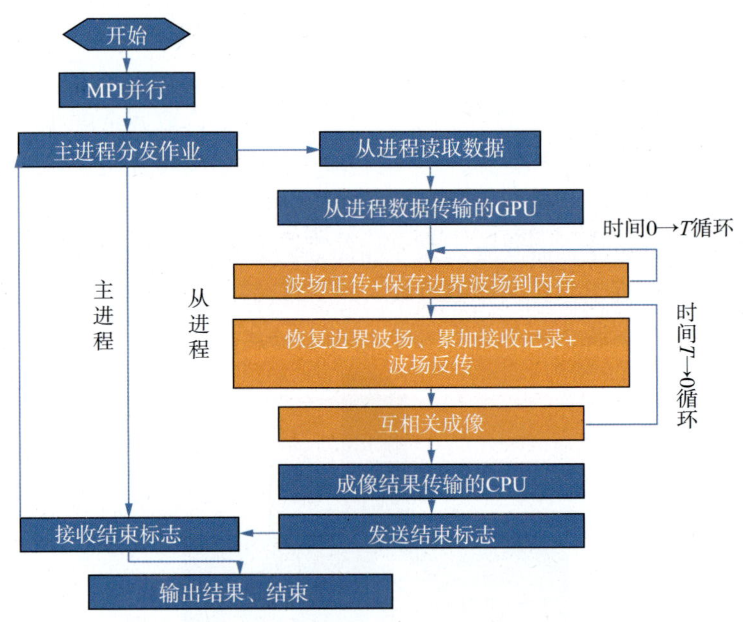

图 6－27　GPU_ RTM 单卡计算流程

在 GPU 开始计算之前还需要对程序进行初始化及 GPU 计算设备的选择。

CUT_ DEVICE_ INIT( )；//初始化 CUDA 环境

cudaSetDevice(idx)；//选择 ID 号为 idx 的 CUDA 设备进行计算

由于 GPU 不能对系统内存进行直接操作，因此需要将所需数据(炮集数据，速度数据) 先从主机内存传输至 GPU 显存中(由 cudaMalloc 开辟显存空间，cudaMemcpy 进行数据传输)。

在上述准备工作完成之后，才可以开始 GPU 计算。

```
dim3 dimBlock(BSIZE, BSIZE, 1); //设置线程块大小
dim3 dimGrid((nnz + dimBlock. x - 1)/dimBlock. x, (nnx + dimBlock. y - 1)/dimBlock. y, 1); //根据数组大小和线程块大小获得线程网格结构
for(0 - >T)//震源波场正向延拓{
extrapolation< < <dimGrid, dimBlock> > >(d_ wave_ s); //由上述线程网格进行波场延拓计算;
save_ bound_ wave_ single(); //将计算完成的波场边界保存
}
for(T - >0)//接收器波场反向延拓{
recov_ bound_ wave(); //接收当前时间震源波场边界
extrapolation< < <dimGrid, dimBlock> > >(d_ wave_ s); //恢复当前时间震源波场
extrapolation< < <dimGrid, dimBlock> > >(d_ wave_ r); //当前时间接收波场延拓
imaging< < <dimGrid1, dimBlock> > >(d_ rimage, d_ wave_ s, d_ wave_ r); //当前时间震源波场和接收波场相关成像
}
cudaMemcpy(RIMAGE, d_ rimage, sizeof(float) * nx_ apt * ny_ apt * nz, cudaMemcpyDeviceToHost); //将计算结果通过 GPU 显存传回主机内存中
```

以上就是 GPU - RTM 单卡实现的详细过程，因为没有节点间数据传输，相对实现较容易，计算的加速比也较高。

2. 多卡 GPU 实现

当处理数据量较大时，GPU 单卡显存已经不能满足单炮数据的存储量。为了解决这一难题，可采用多卡联合作业模式。首先将数据空间划分成 N 块，每块 GPU 卡计算其中一块数据，如图 6 - 28 所示。此时相应的 RTM 计算模式也较复杂，即不仅 GPU 与主机间需要进行数据传输，还需要 GPU 卡之间进行数据交换。而 GPU 卡之间是不能直接进行数据传输的，只能通过主机这一桥梁才能进行数据交换，因此增加了计算的复杂度和数据的 I/O 量，该计算模式如图 6 - 29 所示。

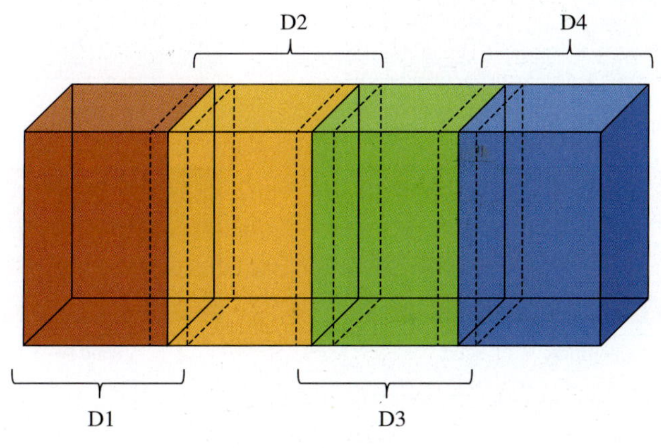

图 6 - 28　数据划分

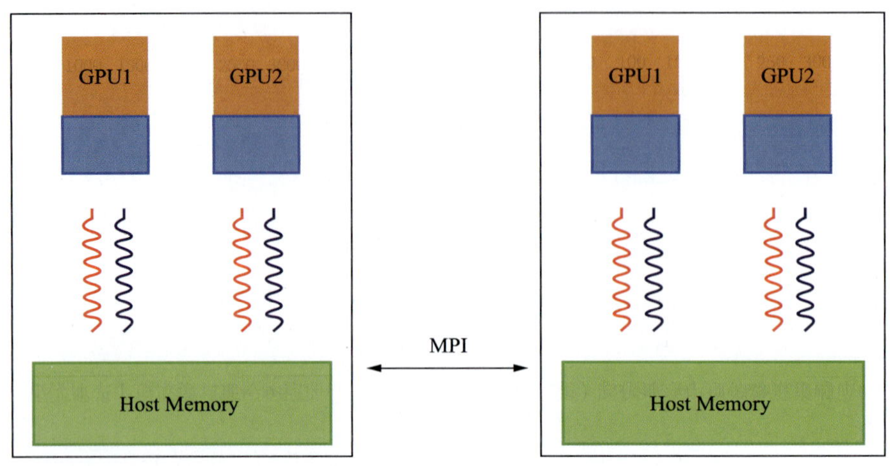

图 6－29　GPU_ RTM 多卡联合作业计算模式

为了使算法满足大规模地震数据的处理，可设计利用内存作为中转站的数据交换机制，这种机制不限定每个节点 GPU 卡的数量，根据计算需求动态规划每炮计算需要的节点数和 GPU 卡的数量。那么一次数据交换就需要 4 次 GPU 与 CPU 之间的数据传输，以及一次 CPU 内存间的传输，而 CPU 与 GPU 的数据 I/O 具有一定的访存延迟。通过 GPU 多卡处理可以解决 GPU 显存不足的限制，但同时引入了通讯量的问题。利用多卡联合计算一炮数据，意味着将一个炮数据体分别用不同的 GPU 卡计算，那么在计算过程中就需要卡与卡之间的数据交换，从而增加了 GPU 卡之间的 I/O 通信量。为了优化 GPU 卡间的数据通信，可采用数据 I/O 隐藏策略，将数据体按照 GPU 显存进行划分，每块 GPU 卡可分为独立计算部分和边界的重叠计算部分。计算过程分为两步进行，如图 6－30 所示：(1) 对重叠数据部分进行计算；(2) 在计算独立数据部分的同时，进行卡与卡之间重叠数据的交换。通过数据计算与数据 I/O 通讯的同时进行，可实现数据 I/O 的隐藏策略。在新一代 GPU 架构中(Fermi 架构)增

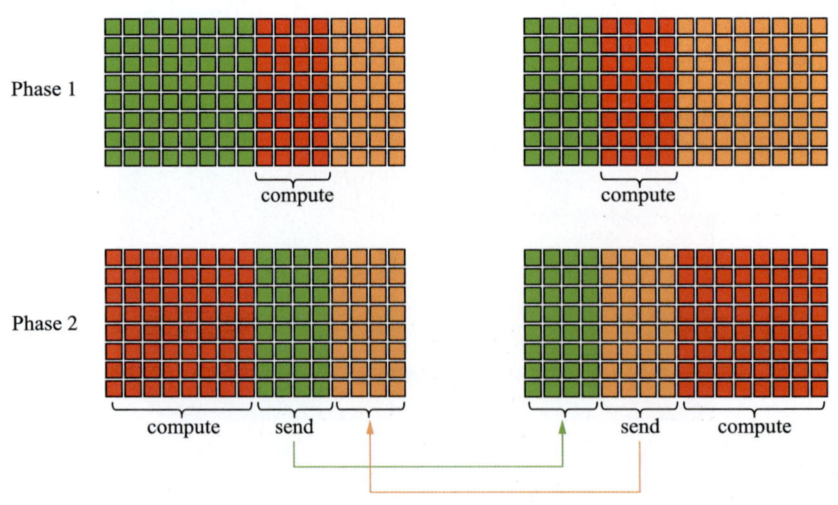

图 6－30　数据 I/O 的隐藏策略

加了 GPUDirect™技术，该技术可以直接读取和写入 CUDA 主机内存，消除不必要的系统内存拷贝和 CPU 开销，还支持 GPU 之间以及类似 NUMA 结构的 GPU 与 GPU 间内存的直接访问的 P2P DMA 传输。这些功能为未来版本的 GPU 与其他设备之间的直接点对点通信奠定了基础。

实现数据 I/O 隐藏必须利用 GPU 流处理技术。GPU 计算中可以创建多个流，每个流是按顺序执行的一系列操作，而不同的流与其他流之间可以是乱序执行的，也可以是并行执行的。即可以使一个流的计算与另一个流的数据传输同时进行，从而提高 GPU 的资源利用率。

流的定义是创建一个 cudaStream_ t 对象，并在启动内核和进行 memcpy 时将该对象作为参数传入，参数相同的对象属于同一个流，参数不同的对象属于不同的流。

```
cudaStream_ t stream1, stream2; //创建两个流;
ghost_ area <<<stream1>>>; //流 1 计算重合区域;
separate_ area <<<stream2>>>; //流 2 计算独立区域;
exchange_ data <<<stream1>>>; //流 1 交换重合区域数据;
save_ bound_ wave <<<stream1>>>; //流 1 存储波场。
```

具体计算流程如图 6-31 所示：

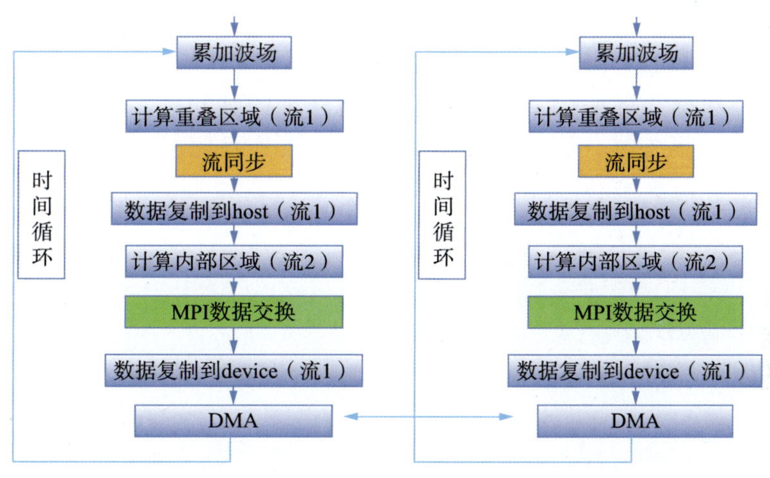

图 6-31　基于流的多卡 GPU-RTM 实现策略

同样，在进行 GPU 计算之前要对 GPU 设备进行初始化、设备选择、输出传输、线程网格的设定等，然后开始基于流的多卡 GPU-RTM 计算。

```
for(0->T)//震源波场正向延拓{
ghost_ area(d_ wave_ s, stream1); //流 1 进行重合区域震源波场延拓计算
separate_ area(d_ wave_ s, stream2); //流 2 进行独立区域震源波场延拓计算
exchange_ data(stream1); //流 1 交换数据
save_ bound_ wave(stream1); //流 1 将计算完成的震源波场边界保存
}
for(T->0)//接收器波场反向延拓{
recov_ bound_ wave(stream1); //流 1 接收当前时间震源波场边界
```

```
ghost_ area(d_ wave_ r, stream1); //流1计算当前时间重合区域接收波场
ghost_ area(d_ wave_ s, stream1); //流1计算当前时间重合区域震源波场
separate_ area(d_ wave_ s, stream2); //流2计算当前时间独立区域震源波场
separate_ area(d_ wave_ r, stream2); //流2计算当前时间独立区域接收器波场
imaging<<<dimGrid, dimBlock>>>(d_ rimage, d_ wave_ s, d_ wave_ r, stream2); //流2进行当前时间震源波场和接收器波场相关成像
exchange_ data(d_ wave_ s, stream1); //流1交换震源波场重合区域数据
exchange_ data(d_ wave_ r, stream1); //流1交换接收波场重合区域数据
}
cudaMemcpy(RIMAGE, d_ rimage, sizeof(float) * nx_ apt * ny_ apt * nz, cudaMemcpy-DeviceToHost); //将计算结果通过GPU显存传回主机内存
```

从以上实现过程可以看出，在实现多卡 GPU - RTM 程序设计时不仅要考虑 GPU 卡之间的数据交换，还要利用 GPU 流技术来实现计算与传输的并行，实现过程较复杂。但是基于流的 GPU - RTM 程序设计解决了 GPU 显存不足的问题，从而可实现大规模地震数据的 RTM 处理。

三、模型数值试验与实际资料试处理

1. 3D SEG/EAGE 模型数据试验

RTM 的并行策略包括任务并行和数据并行两部分。任务并行是在 CPU 上实现基于炮并行的粗粒度并行，数据并行是在 GPU 上实现波场外推的细粒度并行。因为 RTM 计算量的 95%以上都来自于波场外推，因此该并行策略能够充分发挥 GPU 的优势，达到很高的加速比。

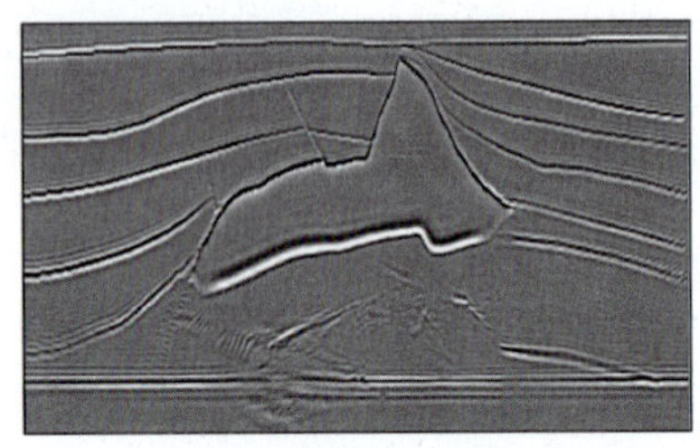

（a）CPU-RTM偏移剖面

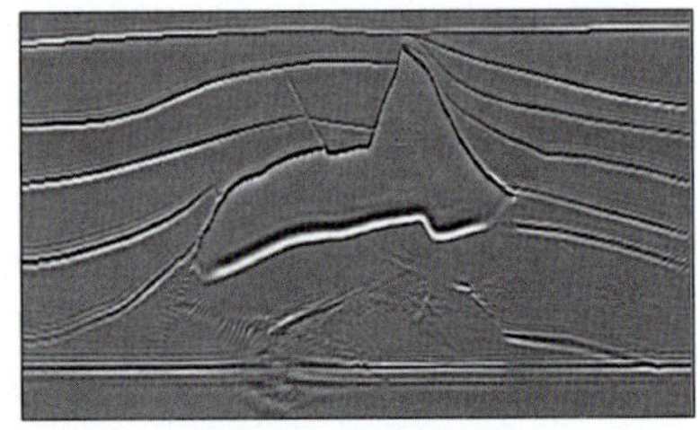

（b）GPU-RTM偏移剖面

图 6 - 32　盐丘模型数据 RTM 剖面(Inline161)

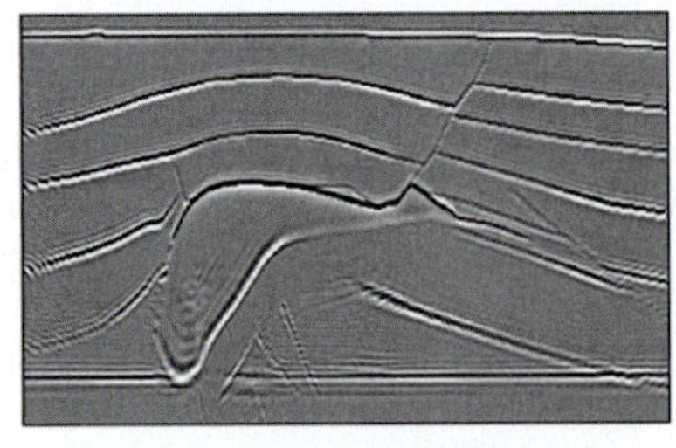

（a）CPU-RTM偏移剖面

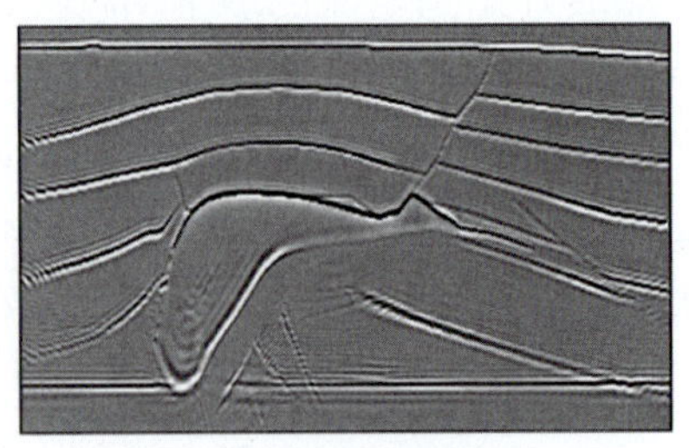

（b）GPU-RTM偏移剖面

图 6 - 33　盐丘模型数据 RTM 剖面(Crossline161)

三维盐丘模型的单炮计算规模如下：偏移孔径的半径为9000m，偏移深度为4200m，时间延拓步长为0.5ms(数据为8s记录、16000延拓步)。分别基于CPU、GPU两个版本的RTM模块进行偏移成像处理，从图6-32和图6-33可以看到，两个版本的偏移成像效果几乎一致。而从计算效率上看，CPU版本RTM的单炮计算用时为506m41.394s(单节点)，GPU版本RTM的单炮计算用时为11m37.942s(单节点)，达到了44倍的加速比。

2. 实际资料试处理

对某区块的实际资料分别基于CPU和GPU集群进行了RTM偏移处理。图6-34为CPU平台和GPU平台上的逆时偏移剖面对比图，可以看出二者计算效果相当。计算时间对比如图6-35所示，CPU平台RTM的单炮用时大约为26.2h(单节点)，在100个节点上完成全部处理需要37.5d；而GPU平台RTM的单炮用时仅仅为0.43h左右，在24个节点上完成全部处理只需7.8d，加速比达到61倍。

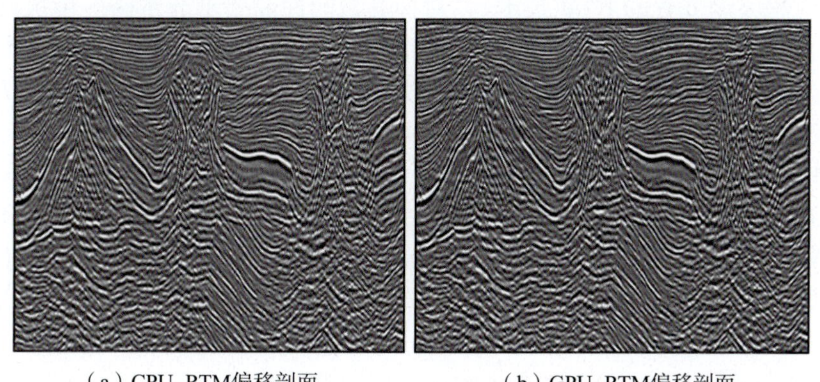

(a) CPU-RTM偏移剖面　　(b) GPU-RTM偏移剖面

图6-34　偏移剖面对比

面积	总炮数	计算平台	总用时	加速比
185.25 km^2	45061	CPU（100*12）	37.5 d	61倍
		GPU（24*4）	7.8 d	

图6-35　计算时间对比

小　结

随着地震勘探开发的不断深入，地震偏移成像的主流技术已从叠前时间偏移进入叠前深度偏移，尤其是近两年来逐渐进入工业化生产的RTM技术，这些高精度的地震成像技术得以实现的硬软件基础是高性能计算技术的发展。超大规模的众核CPU计算机系统和GPU/CPU异构计算机系统促进了现代地震成像技术的快速发展。CPU平台的并行计算是进程级的并行，多指令流和多数据流，是粗粒度的并行计算。GPU/CPU异构平台是线程级的并行，在多指令流多数据流的基础上复用单指令流多数据流。

由于GPU集群有许多不同于CPU集群的物理特性，比如：数据交换方式、存储资源结构等，使得传统基于CPU的并行处理软件在移植到GPU集群之前需要对并行程序进行分析，找出其是否具有高并行度、大运算量、较少数据交换等特点，从而判断其是否适合移植到GPU上进行并行处理。首先对算法结构进行细致分析，确定算法的计算核心；其次根据GPU的线程结构，细化并行计算粒度；最后结合数据结构和GPU的存储特性、计算流、库函数等进行细致优化。这样才能实现算法的GPU优化，得到理想的计算效率。

以先进的波动理论为基础的波动方程叠前深度偏移成像技术采用描述地震波在复杂介质中传播过程的波场延拓算子进行偏移成像，物理概念清晰，算法更稳健、更精确，能自然地处理多路径问题以及由速度变化引起的聚焦或焦散效应，并具有很好的振幅保持特性。波动方程叠前深度偏移成像技术是复杂介质高精度成像的理想手段，但其具有计算量巨大的特点(尤其是基于双程波动方程的RTM技术)，对计算机的性能要求非常高。传统的CPU同构并行模式通过增加CPU个数和核数在一定程度上可以提升计算系统的性能，但随之带来的内存墙和散热等瓶颈问题使得CPU性能提升有较大难度，从而大大影响了波动方程叠前深度偏移技术的发展和应用。CPU/GPU协同并行计算技术融合了CPU在复杂顺序计算和GPU在大规模并行计算的双重优势，通过硬软件协同，组成了全新的异构模式，可大幅度提高运算能力和计算效率，从而促进了波动方程叠前深度偏移成像技术的实用化和产业化。

采用GPU/CPU协同并行计算技术，面向大规模地震叠前深度偏移处理的CPU/GPU集群计算策略和架构设计，可极大提高计算效率。与CPU集群相比，具有设备及运行维护成本低等优点。

1)CPU/GPU协同并行计算将是高性能计算机的发展趋势

CPU/GPU协同并行计算(CPPC)不仅能极大提高计算效率，而且投入少，运行维护成本低。

2)协同并行计算将促进地震资料处理技术进一步地发展

由于CPU/GPU协同并行计算速度的大幅度提高，使得过去无法进行的地球物理大规模计算成为可能，例如在现场处理中实现叠前偏移计算、快速的叠前深度偏移、大运算量的波动方程偏移技术的应用等。因此，CPU/GPU协同并行计算将促进地震资料处理技术的进一步发展，将大大提高地震资料处理效率，缩短处理周期。

3)大幅度降低处理系统软硬件的购置成本及运行费用

相对于传统的CPU服务器集群，GPU超级计算机在性价比、占地空间、功耗等方面的优势非常明显。通常情况下与CPU集群相比，同等计算能力下CPU/GPU集群硬件成本仅为1/10，功率不足1/20。如果考虑机房、空调、UPS、维护等因素，运营成本还会大幅度降低。

4)大力发展自主知识产权的协同并行计算软件

对于协同并行计算，硬件只是基础，最大的挑战在于CPU/GPU协同计算的软件开发。为了打破国外大型地球物理公司对前沿前端技术的垄断，我们需要抓紧时间大力发展具有自主知识产权的用于油气勘探地震资料处理的协同并行计算软件。

第七章　深度域速度分析与建模技术

速度问题是勘探地震学的核心问题，许多地震工作者致力于地震速度的研究，因为地震勘探等价于速度勘探，对地下介质地震波速度的描述能力的发展过程代表了勘探地震学的发展历程。地震勘探几十年的发展历程从本质上讲是围绕着对地下介质速度场的认识展开的。对速度场的认识程度基本上代表了对一个探区的地下地质情况的认识程度。一个原因是地下介质的地震波速度与岩石的物理性质有密切的关系，反映岩石类别和其中含流体(石油或天然气)的状况；另一个原因是地下介质的地震波速度决定了地震波偏移成像的结果，间接地决定了地质学家对整个探区地质构造的把握。对于任何偏移方法，速度模型的正确性都是决定构造成像质量的关键，尤其是叠前深度偏移对速度模型的依赖性更强、反应更敏感、要求更高。因此，在研究各种叠前深度偏移方法的同时，研究偏移速度模型的建立方法已是国内外偏移成像领域中又一重点课题。可以这样说："偏移速度建模是地震成像的核心，而叠前深度偏移只是检验速度场是否正确的一种工具。"

速度和各向异性参数估计问题是一个标准的反演问题。在假定已知的介质参数分布情况下，通过震源激发可以预测观测波场，正是因为观测波场与介质参数分布之间存在这种可预测的关联性，才使得利用观测波场估计地下参数的分布成为可能。在地震剖面上，可以得到地震波的旅行时间，从单个旅行时推地层速度及界面深度的问题是不适定问题，不可能有唯一解的。只有当存在多个偏移距的信息时，才能根据偏移距所蕴涵的时间、速度、深度信息对地层速度进行分析。速度分析的方法目前主要有相干反演法、剩余速度分析法、深度聚焦分析法和层析反演速度建模法等。

基于双曲假设的CMP道集扫描速度分析是获取速度模型低波数成分的常用方式，该方法得到的叠加速度或DMO速度用来做常规处理。常规的速度分析假设地下结构为平层，CMP道集对应的时距曲线表现为双曲型的，利用一系列不同的试验速度进行扫描，在每个时间得到一系列对应不同试验速度的叠加能量或多道相关值，此时凡是能把双曲线校平为一条直线，且对应能量达到最大的速度，应该是所求的RMS速度，该方法适用于速度横向变化不大或地质构造比较平缓的探区。当地层倾斜时，时距曲线方程由于地层倾角的影响而加入一个DMO项，破坏了它的双曲线形状，这就需要先做DMO去掉地层倾角的影响，然后做DMO后的不受倾角影响的速度分析，但是常规DMO都是把变换成零偏移距的结果放在炮检中点的位置上，因此在CMP道集中，斜层的反射点弥散的问题仍未解决，因此DMO后的CMP道集并不代表同一点的反射信息，也就不能期望反射时距曲线是严格的双曲线。因此人们又想到用偏移后的数据进行速度分析，偏移又包括时间偏移与深度偏移两种。时间偏移后，同一点的反射都遵循着成像射线，此时反射点的弥散问题已得到解决，但上覆层的影响不统一，因此速度分析的结果受上覆层的影响精度仍不甚理想。深度偏移成像后，同一地面的反射均来自这一点的下方，因此如果上层问题解决的好，叠前偏移后的速度分析是可靠的。

基于成像道集来更新或判别速度的标准有两个，道集拉平和道集聚焦。前者认为，对于地下某一成像点，如果用于偏移的速度模型正确，则由不同的叠前道集数据得到的偏移成像结果是一致的，即成像道集中的同相轴应该是水平的，否则成像道集中的同相轴不水平而出现剩余时差，同相轴向上弯曲则认为偏移速度过小，成像道集同相轴向下弯曲则认为偏移速度过大，使用该判定准则的成像速度分析方法称为剩余曲率分析法(RCA)。深度聚焦分析法主要是基于零时间成像和零偏移距成像深度一致准则，该准则认为，在叠前深度偏移时，以错误的速度模型偏移到正确的深度与以正确的速度模型偏移到错误的深度是等价的。这两种速度分析方法都是一个共成像点道集进行的，实际上影响剩余时差或者聚焦好坏的是整个波传播路径相关的速度场。因此，基于成像道集剩余时差的层析反演速度方法以及基于模拟炮道集残差的波形反演方法能够更好的估计速度模型。叠前深度偏移与偏移速度分析相结合的处理方法则是对复杂构造成像的有力工具，它能很好的适应于速度横向变化剧烈或地质构造相当复杂的探区。

当前各向异性旅行时反演和速度分析方法已经广泛应用于各向异性参数的估算，这些方法大多数是通过分析非双曲时差公式中的高阶项来获得时间域的 NMO 速度和非椭圆参数 η，从而建立用于时间偏移的初始速度模型和各向异性模型，通过 Dix 公式计算每一层的速度和非椭圆参数 η，然而基于这种层剥离的实现方式会导致在反演过程中每一层的速度和非椭圆参数 η 的误差随深度累积。为了获取更高质量的各向异性参数，很多学者将目光聚焦在基于共成像点道集建立各向异性模型的方法。当用于偏移的速度和各向异性参数准确时，相应的 CIG 道集呈现拉平形态，当速度和/或各向异性参数不准确时，CIG 道集出现非零剩余深度差。利用各向异性层析估算速度和各向异性参数，从而使道集拉平，实现了各向异性层析作为深度偏移输入工具的功能。

各向异性层析最大的挑战之一是速度与各向异性参数之间的耦合，传统的层析反演不足以解决该问题，需要利用不同形式的正则化约束各向异性层析反演，为此，很多学者就更好的估算各向异性参数进行了深入研究。地震反射层析是一个欠定反问题，需要正则化来约束层析反问题的求解。各向异性层析更为欠定，V_{P0}、ε 和 δ 三个参数对旅行时的影响不同，且数量级不同，因此，需要给出适应三个参数不同特性的正则化方式。其中一些常用的手段包括：利用井数据通过局部各向异性层析估算 VTI 介质参数；对层析方程进行倾角滤波正则化来约束层析更新的形态，从而使更新模型与地下构造更吻合；联合多个单井局部层析得到的各向异性剖面建立全局的各向异性剖面；结合 check shot 约束和适用各向异性层析的正则化分离速度与 Thomsen 参数之间的权衡；将地质和井信息的约束加入到各向异性层析之中，在降低解的不确定度的同时，获得与地质连续的各向异性模型等等。

第一节　成像道集偏移速度分析技术

如果用于偏移的速度模型正确，则其共成像点道集的同相轴应该是被拉平的，叠加能量最强，成像效果好；若成像道集的同相轴不是水平的，则成像效果就变差，并会出现剩余时差，使用该判定准则的成像速度分析方法称为剩余曲率分析法(RCA)。该方法通过分析偏移提取的偏移距域(角度域)共成像点道集的剩余曲率，求取剩余速度信息并用于更新速度。剩余曲率分析法的关键是建立共成像点道集剩余曲率与偏移速度的关系，并通过剩余曲率扫描能量谱拾取对应的曲率值，获得速度模型更新量。Al - yahya(1989)给出了地下速度小倾角假设下的炮偏移共接收点道集的剩余时差曲线公式，Lee 和 Zhang(1992)给出了带倾角的炮偏移共接收点道集的剩余时差曲线公式，Tieman(1995)发展了适合横向变速介质的 RCA，Mosher(1997)发展了适合角度域成像道集的 RCA。张凯(2008)发展了射线参数域、角度域适合倾斜地层的 RCA，张兵(2010)将 RCA 推广到起伏地表共偏移距成像道集。剩余曲率分析方法能够进一步提高深度域速度模型精度，为层析反演速度分析提供较高精度的初始速度模型。

一、剩余曲率偏移速度分析技术

1. 水平层剩余曲率分析

当地下反射层水平时，由图 7 - 1 可知，即地下倾角为零，对于 Kirchhoff 叠前深度偏移生成的共成像点道集，下式成立：

$$t_r = 2\sqrt{\left(\frac{x}{2v}\right)^2 + \left(\frac{z}{v}\right)^2} \tag{7-1}$$

t_r 是信号在介质中传播的旅行时，v 是反射界面以上的平均速度。当用偏移速度 v_m 进行偏移时，旅行时变为：

$$t_{rm} = 2\sqrt{\left(\frac{x}{2v_m}\right)^2 + \left(\frac{z_m}{v_m}\right)^2} \tag{7-2}$$

因为 t_r 、t_{rm} 都是地表记录到的真实旅行时，所以当偏移速度变化时，式 7 - 1 中的旅行时是不会变化的，变的是成像位置。因此有：

$$\sqrt{\left(\frac{x}{2v}\right)^2 + \left(\frac{z}{v}\right)^2} = \sqrt{\left(\frac{x}{2v_m}\right)^2 + \left(\frac{z_m}{v_m}\right)^2} \tag{7-3}$$

简化得到：

$$z_m = \sqrt{\frac{x^2}{4}(\gamma^2 - 1) + \gamma^2 z^2} \tag{7-4}$$

其中，$\gamma = \dfrac{v_m}{v}$。

上式描述了水平层状介质时，由于偏移速度误差引起成像道集的深度差。公式中 x 表示共成像点道集的偏移距；γ 表示剩余曲率，当偏移速度正确时，成像道集被拉平，$\gamma = 1$，$z_m = z$，不同偏移距的成像点深度与偏移距无关；若偏移速度不正确，$\gamma \neq 1$，不同偏移距成像点深度与偏移距之间存在一定的曲线关系，通过对共成像道集进行一系列曲率值的扫描可

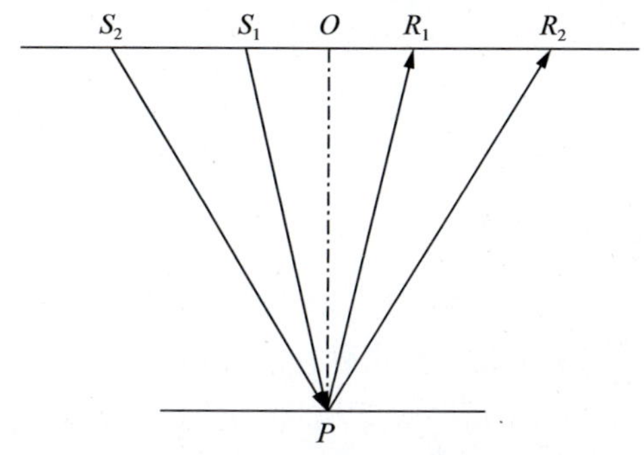

图 7 - 1　水平层状介质炮检关系几何示意图

以得到 γ 谱，再通过拾取最佳 γ 值就可以得到更新后的速度模型。

图 7－2 是公式(7－4)在 $z=2000$ m 时不同 γ 值的曲线。从上到下 γ 分别取 0.7、0.8、0.9、1.0、1.1、1.2、1.3。通过对公式(7－4)和图 7－2 的分析可知，当 $\gamma<1$ 时，同相轴向上弯曲，呈现椭圆关系，当 $\gamma>1$ 时同相轴向下弯曲，呈现双曲关系。当 $\gamma<1$ 时，偏移距展布比较窄，深度对偏移距变化更敏感，因此比较少的偏移距就能够更好地确定曲线的曲率。

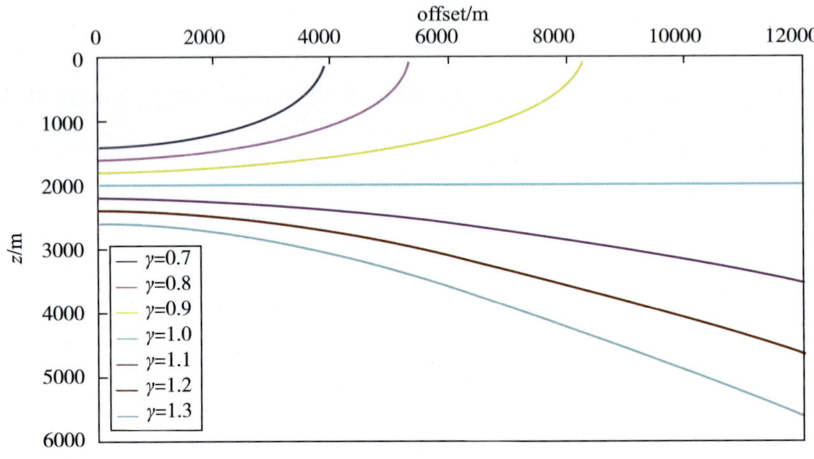

图 7－2　$z=2000$ m 时不同 γ 值曲线

2. 倾斜地层剩余曲率分析

由图 7－3 可知，对于 Kirchhoff 叠前深度偏移生成的共成像点道集，其旅行时可以表示为：

$$t=(\sqrt{a^2+z^2}+\sqrt{b^2+z^2})/v \tag{7-5}$$

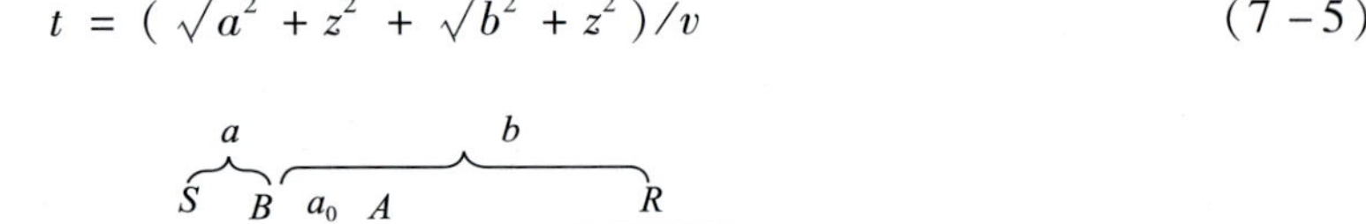

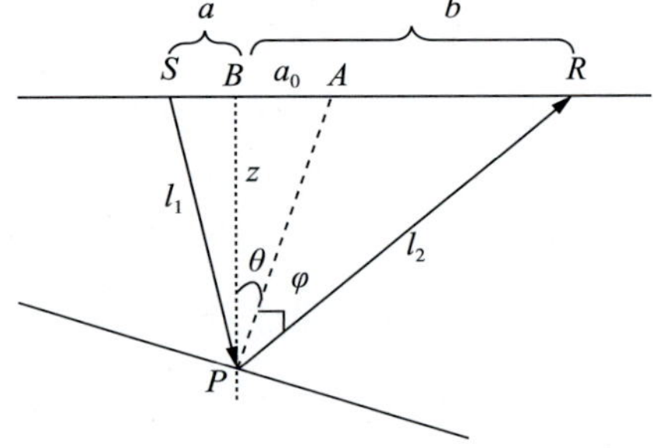

图 7－3　倾斜地层射线路径示意图

当偏移速度是 v_m 时，旅行时变为：

$$t_m=(\sqrt{a^2+z_m^2}+\sqrt{b^2+z_m^2})/v_m \tag{7-6}$$

因为旅行时是观测量，所以不变，因此有：$t_m=t$，从而得到：

$$z_m=\sqrt{\frac{\gamma^2}{4}L-\frac{a^2+b^2}{2}+\frac{(a^2-b^2)^2}{4\gamma^2 L}} \tag{7-7}$$

其中：
$$\begin{cases} L = 2z^2 + a^2 + b^2 + 2\sqrt{z^4 + (a^2 + b^2)z^2 + a^2b^2} \\ a = z \times \tan(\varphi - \theta) \\ b = z \times \tan(\varphi + \theta) \end{cases} \tag{7-8}$$

θ 是偏移得到的地层倾角，ϕ 是偏移距道集的张角，z 是深度，a 和 b 分别是炮点和检波点到 CDP 点的距离，$a+b$ 等于偏移距，γ 是剩余曲率。

根据图 7－3，θ 为偏移时得到的倾角，$\boldsymbol{\phi}$ 是未知的，需要用偏移距 x，及深度 z 和倾角 $\boldsymbol{\phi}$ 来表示。根据三角形关系，可以得到：

$$z\tan(\phi + \theta) + z\tan(\phi - \theta) = x \tag{7-9}$$

简化得到：

$$\tan^2\phi\left(\frac{x}{z}\tan^2\theta\right) + \tan\varphi(2 + 2\tan^2\theta) - \frac{x}{z} = 0 \tag{7-10}$$

利用求根公式得到：

$$\tan\phi = \frac{x/z}{\sqrt{(1 + \tan^2\theta)^2 + x^2/z^2 \times \tan^2\theta} + (1 + \tan^2\theta)} \tag{7-11}$$

式中，x 是全偏移距；θ 是倾角；ϕ 是半张角。将式(7－11)，式(7－8)代入式(7－7)就可以得到倾斜地层下的曲线响应。

3. 起伏地表剩余曲率公式推导

图 7－4 是起伏地表情况下的射线路径示意图，此时旅行时 t_r 可表示为：

$$t_r = (SC + CR)/v \tag{7-12}$$

式中，SC 和 CR 表示射线路径；v 是层速度；O 点是 CDP 点。

等效偏移距 L_{offset} 可表示为：

$$L_{offset} = a + b \tag{7-13}$$

式中，a 与 b 表示分别炮点半偏移距和检波点半偏移距。

那么旅行时可进一步表示为：

$$t_r = w\sqrt{a^2 + (z - dz_1)^2} + w\sqrt{b^2 + (z - dz_2)^2} \tag{7-14}$$

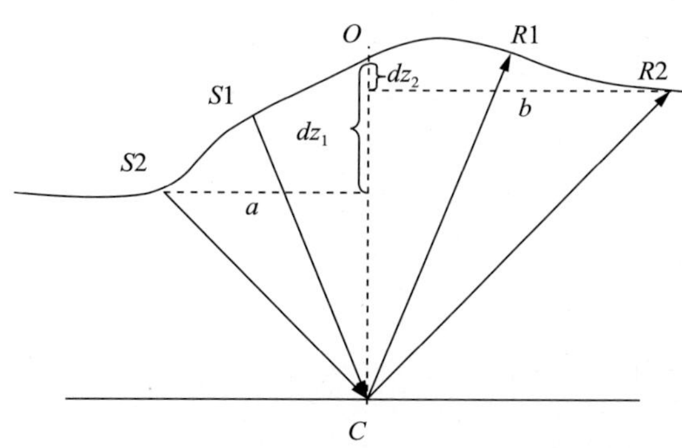

图 7－4　起伏地表射线路径示意图

根据图 7－4 所示几何关系可以得到下列等式：

$$\frac{a}{z-dz_1}=\frac{b}{z-dz_2} \tag{7-15}$$

结合公式(7－13)、式(7－15)可以得到 a 和 b 的表达式如下：

$$b=\frac{L_{\text{offset}}(z-dz_2)}{2z-dz_1-dz_2} \tag{7-16}$$

$$a=\frac{L_{\text{offset}}(z-dz_1)}{2z-dz_1-dz_2} \tag{7-17}$$

将式(7－16)，式(7－17)代入式(7－14)得新的旅行时表达式：

$$t_r=\frac{1}{v}(z-dz_1)\sqrt{\left(\frac{L_{\text{offset}}}{2z-dz_1-dz_2}\right)^2+1}+\frac{1}{v}(z-dz_2)\sqrt{\left(\frac{L_{\text{offset}}}{2z-dz_1-dz_2}\right)^2+1} \tag{7-18}$$

即：

$$t_r=\frac{1}{v}(2z-dz_1-dz_2)\sqrt{\left(\frac{L_{\text{offset}}}{2z-dz_1-dz_2}\right)^2+1} \tag{7-19}$$

令 $\hat{Z}=(2z-dz_1-dz_2)/2$ ，那么式(7－19)变为：

$$t_r=2\frac{\hat{Z}}{v}\sqrt{\left(\frac{L_{\text{offset}}}{2\hat{Z}}\right)^2+1}\text{ ，即}$$

$$t_r=\sqrt{\left(\frac{L_{\text{offset}}}{v}\right)^2+\left(\frac{2\hat{Z}}{v}\right)^2} \tag{7-20}$$

当偏移速度为 v_m 时则有：

$$t_{rm}=\sqrt{\left(\frac{L_{\text{offset}}}{v_m}\right)^2+\left(\frac{2\hat{Z}_m}{v_m}\right)^2} \tag{7-21}$$

其中 $\hat{Z}_m=(2z_m-dz_1-dz_2)/2$ ，因为旅行时是观测得到的，所以在偏移中保持不变，改变的只是成像深度，利用两者的旅行时相等，从而得到如下关系式：

$$\sqrt{\left(\frac{L_{\text{offset}}}{v_m}\right)^2+\left(\frac{2\hat{Z}_m}{v_m}\right)^2}=\sqrt{\left(\frac{L_{\text{offset}}}{v}\right)^2+\left(\frac{2\hat{Z}}{v}\right)^2} \tag{7-22}$$

简化得到：

$$\hat{Z}_m=\sqrt{\frac{L_{\text{offset}}^2}{4}(\gamma^2-1)+\hat{Z}^2\gamma^2} \tag{7-23}$$

其中，$\gamma=v_m/v$ 。

从而得到：

$$z_m=(dz_1+dz_2)/2+\sqrt{\frac{L_{\text{offset}}^2}{4}(\gamma^2-1)+\frac{(2z-dz_1-dz_2)^2}{4}\gamma^2} \tag{7-24}$$

该式为起伏地表剩余曲率扫描公式。

当地表水平时，$dz_1=dz_2=0$ ，公式(7－24)退化为平地表的公式(7－25)，即：

$$z_m=\sqrt{\frac{L_{\text{offset}}^2}{4}(\gamma^2-1)+\gamma^2z^2} \tag{7-25}$$

通过公式(7－23)、式(7－24)可以看出，扫描起始深度 $\hat{Z}$ 与炮检点和成像点的高程差结合在一起，同样的 CIG 道集，不同的 $\boldsymbol{L}_{\text{offset}}$ 有不同的 $\hat{Z}$，这样在进行剩余曲率谱的计算中要用到不同偏移距处炮检点的高程值。

4. 剩余曲率谱的计算与速度更新

为了获得剩余速度值，需要计算剩余曲率谱，然后拾取剩余速度谱对应的极值 γ，进而求取更新后的速度模型。由于偏移速度已知，真速度变化可由 γ 求出。对于剩余曲率谱的计算，Al－Yahya(1989)提出了能量相关的表达式，其公式如下：

$$\text{Spe}\ (z,\gamma)\ =\ \Big[\sum_{i=1}^{Ntr}U(z_i,i)\Big]^2\Big/\sum_{i=1}^{Ntr}U^2(z_i,i) \tag{7－26}$$

其中 $U(z_i,i)$ 表示剩余曲率扫描公式确定的扫描曲线。

在低信噪比情况下，为了提高复杂道集的剩余曲率谱精度，对式(7－26)进行改进，具体形式如下：

$$\text{Spe}\ (z,\gamma)\ =\ \Big[\sum_{i=1}^{Ntr}U(z_i,i)\Big]^{2n}\Big/\sum_{i=1}^{Ntr}U^{2n}(z_i,i) \tag{7－27}$$

当 n 取1、2、3时，相似相关谱的计算结果如图7－5所示，通过对比2阶、4阶和6阶的剩余曲率谱，可以看出随着阶数的提高，剩余速度谱的分辨率提高了，从而更有利于提高自动拾取的精度。

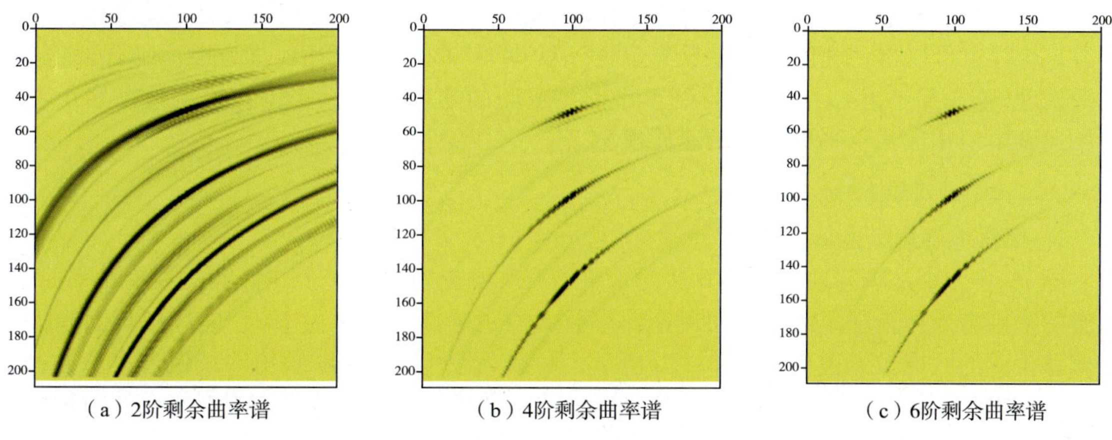

(a) 2阶剩余曲率谱　(b) 4阶剩余曲率谱　(c) 6阶剩余曲率谱

图7－5　不同阶次剩余曲率谱

RCA 的速度模型更新可以采取两种方式进行，一种是逐层剥离进行层速度修改，一种是对整个模型进行纵向修正。对于层剥离的速度模型更新，假设地层可以简单的分为 N 个地层，并且第 i 层的速度已经确定，现在要估计第 $i+1$ 层的速度，其步骤如下：

1)利用第 $i+1$ 层的初始速度将波场从 i 层延拓到 $i+1$ 层底部；

2)对第 $i+1$ 层进行偏移，输出角度(偏移距)道集和偏移剖面；

3)计算成像道集的剩余曲率谱，并自动拾取剩余曲率值；

4)利用剩余曲率公式求取该层的速度模型更新量，并应用于当前层；

5)建立新的速度模型，并进行下一层的速度分析。

对于整个模型进行纵向修正，速度模型更新采用逐个 CDP 进行，每个 CDP 单独计算剩余速度更新量，然后进行空间插值和平滑处理。其中用到 (z_n,γ_n) 和初始速度模型来计算当前道的速度模型更新量。

根据（z_n,γ_n）中的 z_n 深度信息和深度间隔可以获得当前的深度样点数 n_i，然后利用深度域初始偏移速度计算平均速度，公式如下：

$$\bar{v}_i = n_i / \left(\sum_{j=1}^{n_i} \frac{1}{v_j} \right) \tag{7-28}$$

$\bar{v}_i$ 表示第 i 个拾取点的平均速度，n_i 代表从地表到 z_n 处的深度样点数，v_j 是初始偏移速度模型第 j 个点处的速度值。

那么，第一个拾取点的速度更新量可以表示为：

$$\mathrm{delt}V_1 = \bar{v}_1/\gamma_1 - \bar{v}_1 \tag{7-29}$$

当 i 大于 1 时，第 i 个拾取点的速度更新量可以表示为：

$$\mathrm{delt}V_i = \frac{n_i - n_{i-1}}{\dfrac{n_i}{\bar{v}_i/\gamma_i} - \dfrac{n_{i-1}}{\bar{v}_{i-1}/\gamma_{i-1}}} - \frac{n_i - n_{i-1}}{\dfrac{n_i}{\bar{v}_i} - \dfrac{n_{i-1}}{\bar{v}_{i-1}}} \tag{7-30}$$

对于速度模型的更新，涉及两个方面，一是剩余速度，二是反演深度，对于剩余速度更新量用式(7－29)和式(7－30)来计算，对于反演深度直接根据拾取的剩余曲率求取。反演深度通过如下公式计算：

$$Z_{\mathrm{cal}} = Z_{\mathrm{mig}}/\gamma(x,z) \tag{7-31}$$

可以看出，该公式对拾取的剩余曲率比较敏感，因此需要对空间的反演深度进行一定的平滑，这样就可以得到速度修正量及其位置。对 delt$V$ 进行空间插值(如反距离加强插值)和平滑处理(如高斯平滑)，就可以得到整个模型空间的速度修正量，将该速度模型修正量与初始速度模型相加就得到更新后的速度模型。

二、模型数据测试

1. 倾斜地层剩余曲率分析

图 7－6 分别是剩余曲率值是 0.9 时水平地层和倾斜地层理论公式计算的剩余曲率曲线，两者的差别有效地验证了倾斜地层剩余曲率公式的正确性。倾角为 22.5°的倾斜界面模型通过偏移生成的共成像点道集如图 7－7b 所示，7－7a 是同样深度零倾角的成像道集。通过对比可以看出：①倾斜地层情况下，道集整体上移；②成像道集的曲率有点变小；③与理论曲线相符合。

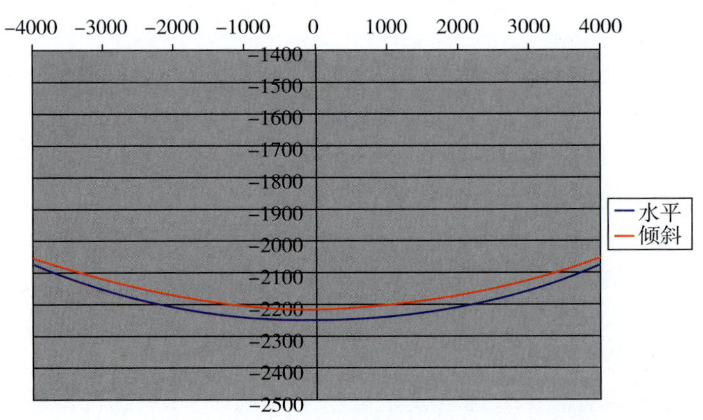

图 7－6 速度偏小时倾角为 22.5°(红)和水平地层(蓝)的剩余曲率曲线对比

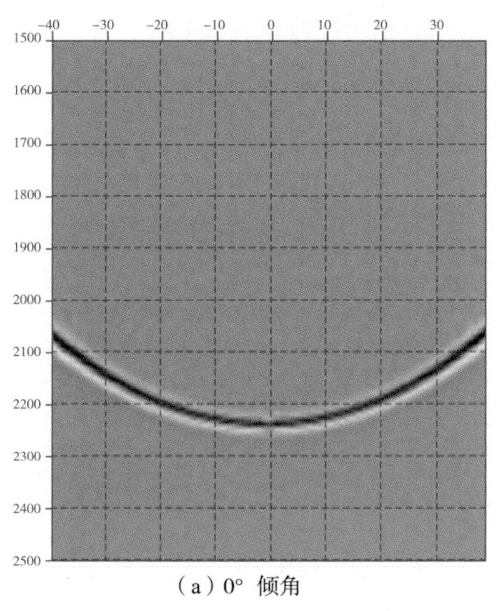

（a）0° 倾角

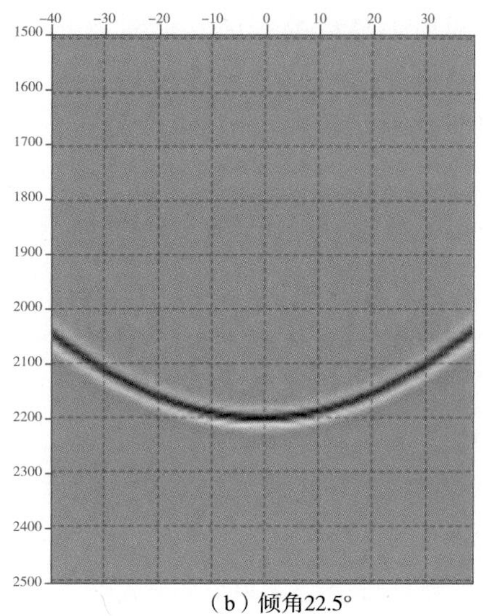

（b）倾角22.5°

图 7－7　不同倾角的模型数据偏移成像道集对比

2. 起伏地表剩余曲率分析

为了验证起伏地表剩余曲率公式的正确性，设计一个简单的理论模型：其水平反射层的深度为 $z = 3000$ m，地表高程为正弦函数，振幅 500m，所分析的成像点在最高点，如图 7－8 所示，剩余曲率值的扫描范围是 $\gamma \in (0.7, 0.3)$。由于模型简单，旅行时沿直射线进行传播，因此可以直接求出偏移道集的响应形态。为了显示起伏地表对响应曲线的影响，与水平地表剩余曲率公式计算的响应曲线进行了对比，如图 7－9 所示。

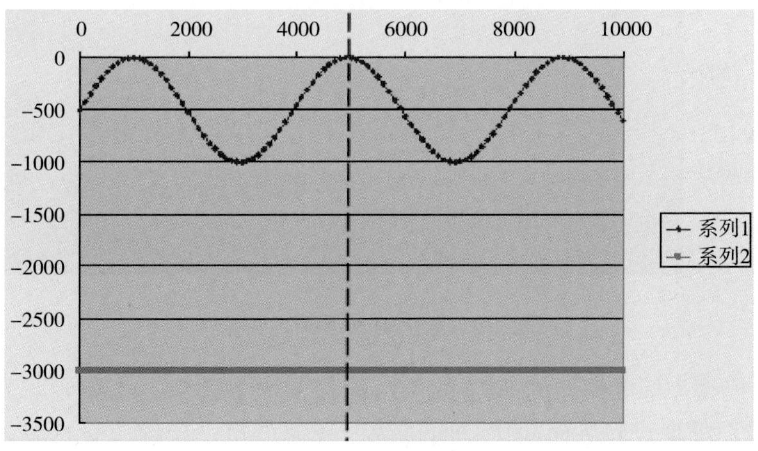

图 7－8　理论模型示意图

横向位置 5000m 处是最高点，对其进行速度分析曲线响应测试，图 7－9(a)是起伏地表公式的响应曲线，图 7－9(b)是水平地表公式的响应曲线。

通过对比分析可以看出，随着高程的起伏，响应曲线也出现了变化。当 $\gamma = 1.0$ 偏移速度正确时，道集响应不受地表高程的影响；当偏移速度不正确时，起伏地表响应曲线明显受到地表高程的影响，而水平地表的响应曲线则比较规则。从趋势上看，两种响应曲线的趋势保持一致，即速度偏小时曲线上扬，速度偏大时曲线向下弯曲，但是每条曲线的细节差别比较大。

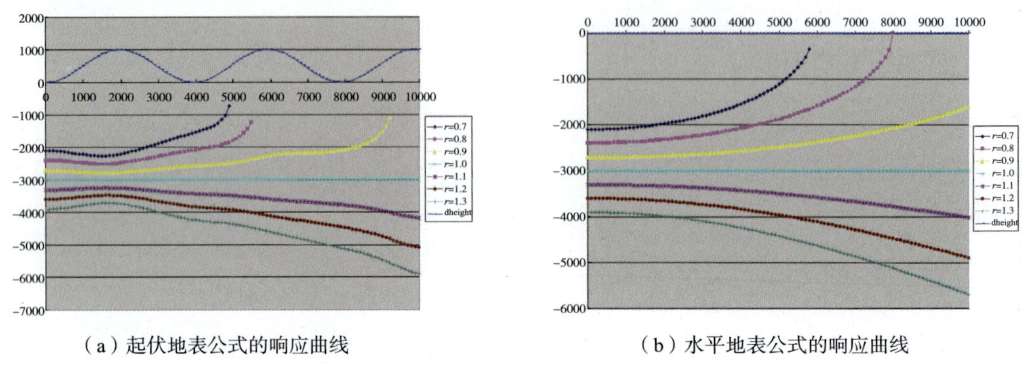

（a）起伏地表公式的响应曲线　　（b）水平地表公式的响应曲线

图 7－9　响应曲线

为了研究起伏地表偏移共成像点道集是否和理论预测一致，采用起伏地表模型进行正演模拟得到的炮记录进行共偏移距域起伏地表偏移，并抽取偏移距域共成像点道集。所选道集的 CDP 位置如图 7－10 所示的星点，分别对应于山顶、山坡和山谷。

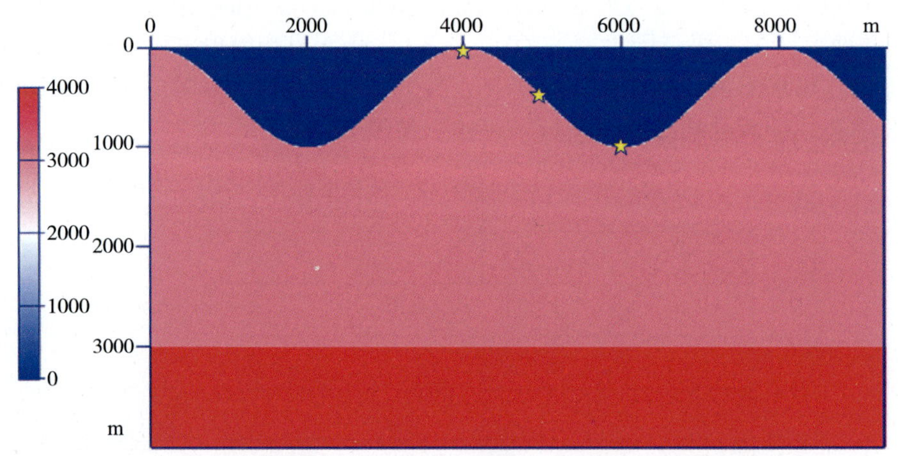

图 7－10　起伏地表模型正演模型

选用的初始模型为标准模型的 80% 的值，偏移剖面如图 7－11 所示。当速度模型变小为 80% 时，成像面随地表起伏而起伏，而且绕射现象严重，成像质量比较差，可以看出偏移速度对偏移结果的影响是很明显的。为了进一步认识起伏地表对成像道集的影响，抽取不同 CDP 位置处的道集进行对比分析，成像道集如图 7－12 所示，可以看出，速度模型不正确时，不同位置的成像道集受到地表起伏的影响比较大，呈现出不同的形态，而对于水平地表来说，道集是规则的双曲线形态。

通过对比图 7－12 不同位置处的道集响应可以看出，起伏地表对 CIGS 的影响是比较明显的，尤其是山顶和山谷处，成像道集形态受到了明显的影响；对比图 7 – 13 可以看出，起伏地表道集响应跟水平道集之间存在明显的差别，水平地表难以适应起伏地表情况，起伏地表剩余曲率响应曲线能够很好地匹配成像道集，模型数据的测试结果验证了起伏地表剩余曲率公式的正确性。

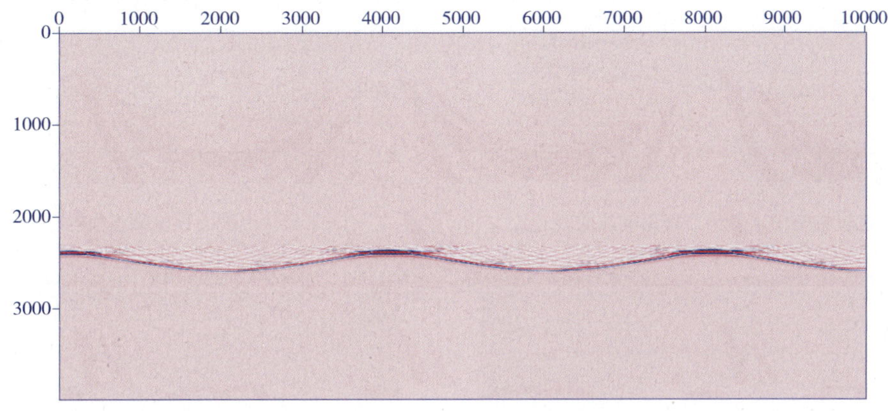

图 7 – 11　80% 速度模型偏移结果

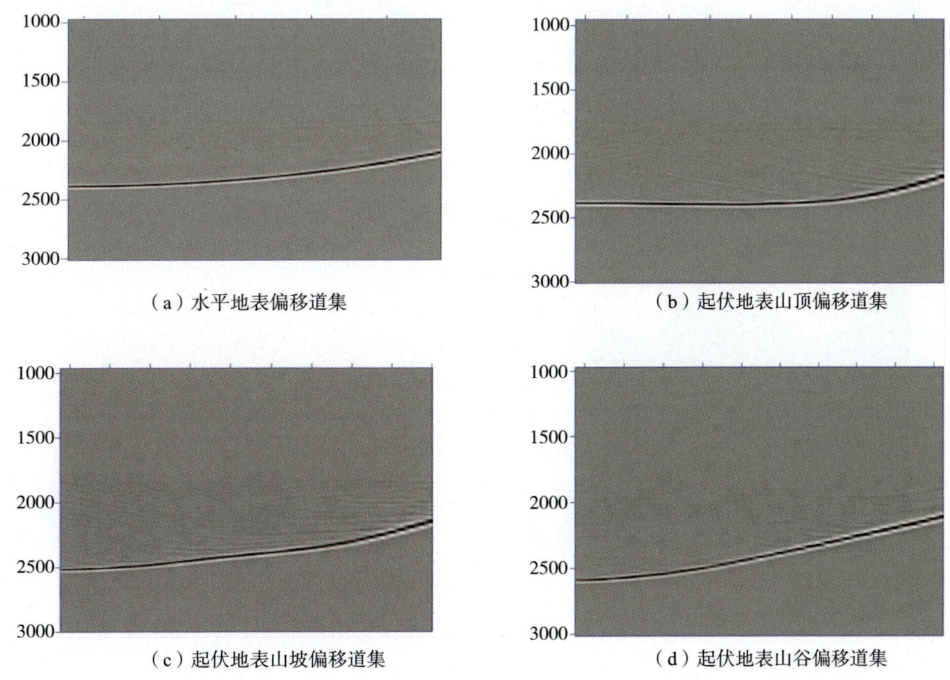

图 7 – 12　偏移道集

理论计算的水平地表成像道集和不同起伏位置处起伏地表成像道集的对比如图 7 – 13 所示：

对拾取的 γ 值和速度模型修正量进行横向平均，得到新的模型修正量如图 7 – 14(a) 所示，更新后的速度模型如图 7 – 14(b) 所示：

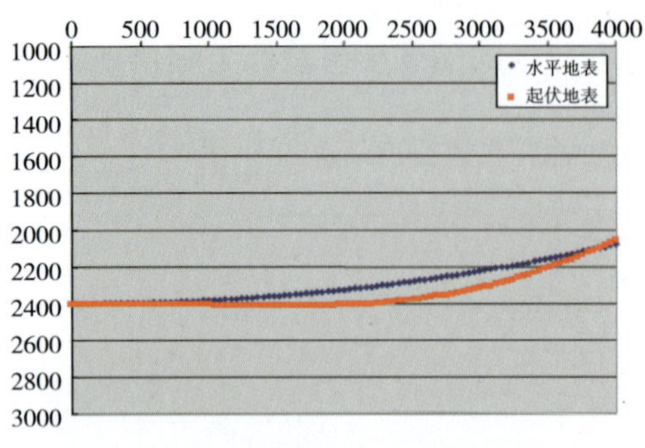

（a）起伏地表山顶道集与理论响应曲线对比

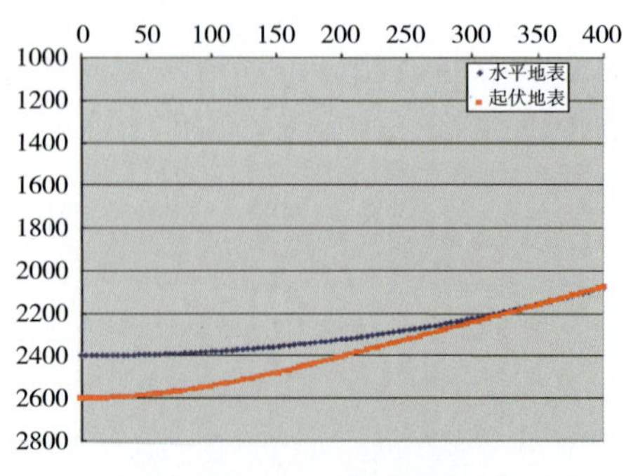

（b）起伏地表山顶偏移道集响应曲线

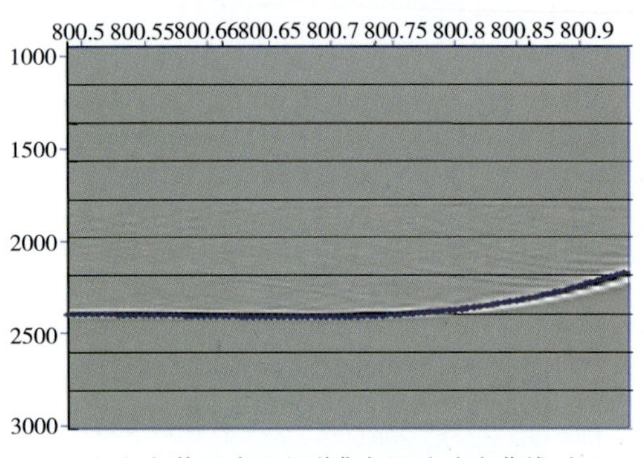

（c）起伏地表山谷道集与理论响应曲线对比

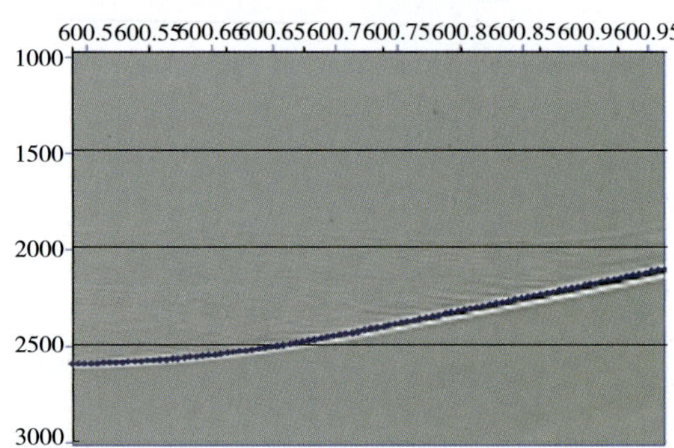

（d）起伏地表偏移道集响应曲线

图 7－13　响应曲线对比

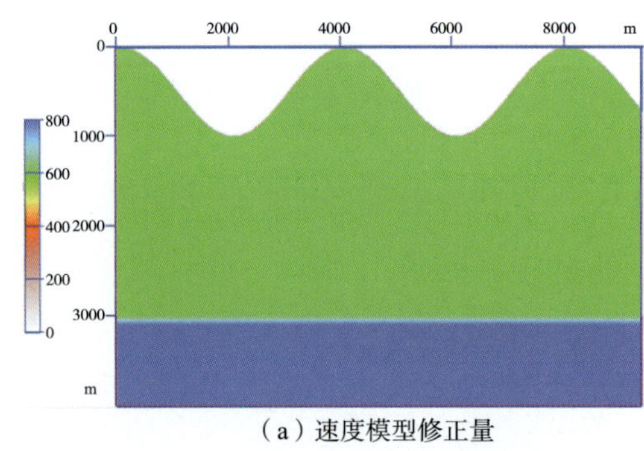

（a）速度模型修正量

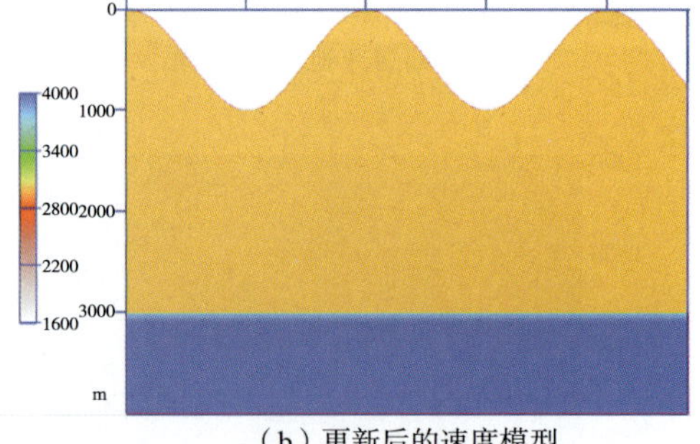

（b）更新后的速度模型

图 7－14　更新后的建设模型

利用更新后的速度模型重新进行起伏地表叠前深度偏移，偏移剖面如图 7－15(a)所示，偏移道集如图 7－16 所示，标准速度模型的偏移结果如图 7－15(b)所示。比较图 7－15(a)和图 7－15(b)可以看出，更新后的速度模型可以较好地将偏移同相轴校正到较准确的位置，反射层深度准确，说明了起伏地表修正模型的正确性。

对于偏移道集，比较图 7－16 可以看出，不同 CDP 处的成像道集基本上被校平，说明速度模型比较准确，同时表明起伏地表速度分析方法能够把速度模型修正得比较到位。

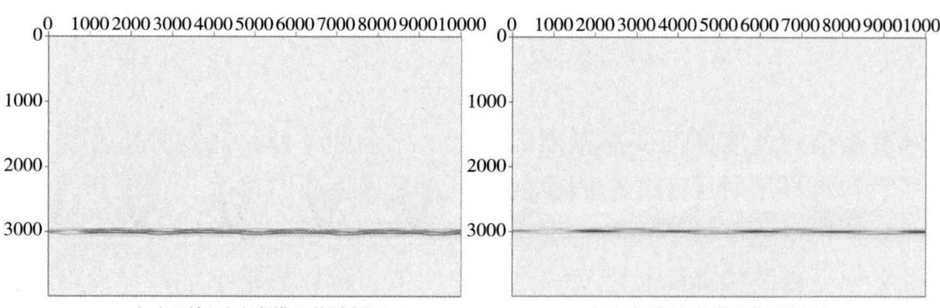

（a）更新后速度模型偏移剖面　　（b）标准速度模型偏移剖面

图 7－15　偏移剖面对比

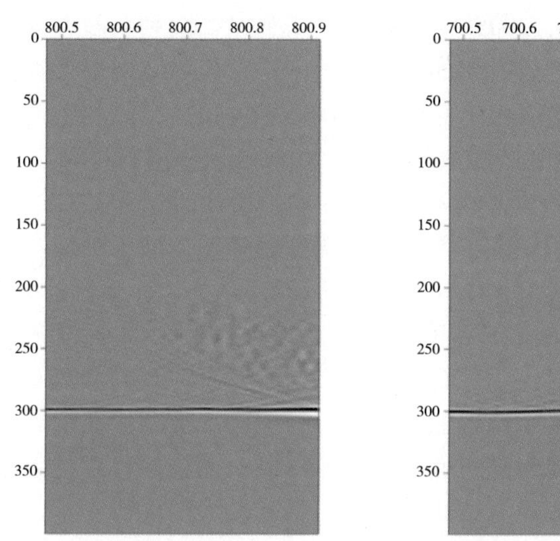

（a）更新后速度偏移山顶处道集；

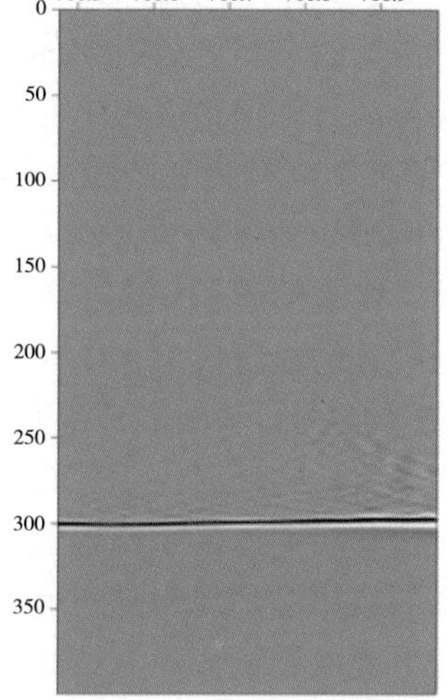

（b）更新后速度偏移山坡处道集；

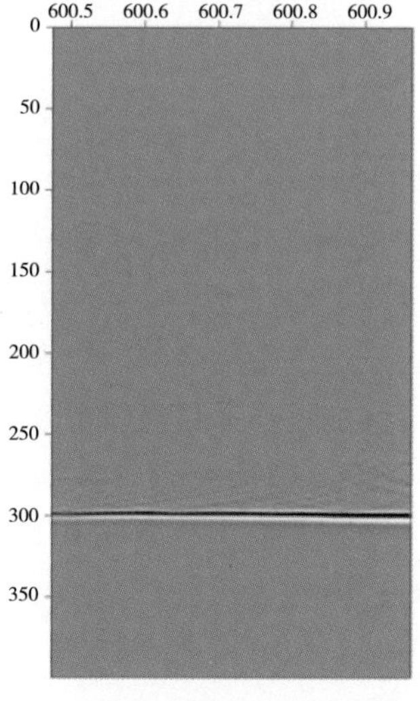

（c）更新后速度偏移山谷处道集；

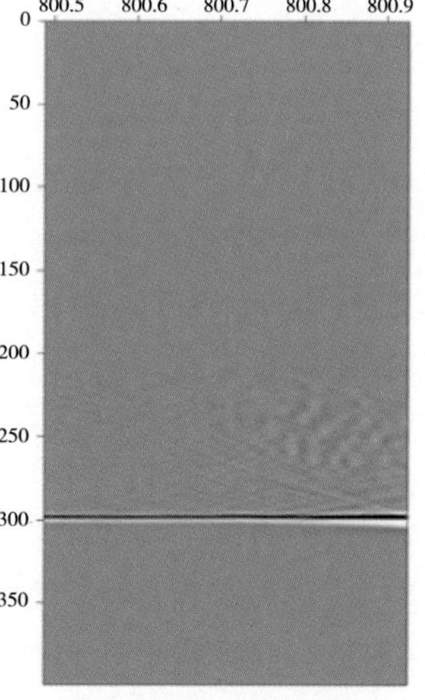

（d）标准模型偏移成像道集

图 7－16　道集剖面

第二节　成像道集层析速度反演技术

在地质构造复杂和速度横向变速剧烈的探区，剩余曲率偏移速度分析方法往往在弱横向变速、小偏移距和水平反射层这 3 个假设前提下进行速度模型修改，它更新的是厚层的层速度，难以适合复杂构造速度模型更新。层析速度反演利用实测数据的旅行时和预测数据的旅行时差的反投影来更新波传播路径上每一点的速度值，可以更精细地估计速度的变化。典型的初至波层析反演速度分析技术在表层速度估计、井间层析、全球地震层析等地球物理研究中得到了广泛的应用。层析的实现域有两种，一种是在未偏移的时间域中拟合观测旅行时来反演参数（如 Bishop 等，1985；Cai 等，1999），另一种是在深度成像域中拉平 CIG 道集来实现（如 Zhou 等，2003；Dirks 等，2005）。时间域层析通过一次剩余时差的拾取来层析反投影地下模型，当地下构造复杂时剩余时差的拾取变得困难，成像结果很大程度上依靠准确的拾取；深度成像域层析通过 PSDM 简化了 CIG 道集同相轴的拾取，同相轴需要在每次层析迭代中被拾取。PSDM 能较适应构造复杂的成像，因此在成像域中进行层析反演更为可靠。层析反演用于建立速度模型受到很多学者的关注（Zhou 等，2001；Cai 等，2006），该建模方法克服了由于层剥离效应带来的累积误差，并已成为深度偏移的处理工具被广泛应用。为了得到与地下构造细节上吻合的速度模型，Guillaume 等（2011）引入 HD 层析的概念（High Definition Tomography），在传统层析的基础上，将有效的剩余时差和倾角的小的空间变化转化为局部速度的扰动。基于偏移后共反射点道集（或共成像点道集）的层析方法在原理上与反射层析是一致的，但是在偏移后的道集中绕射能量归位，数据的干涉和扭曲现象大大减少；在偏移过程中隐式或显式的数据叠加使得随机噪音也得到压制；而且偏移后的数据更容易解释。因此基于偏移后成像道集的层析成像方法相较反射层析有较大的优势。基于反射波的成像道集层析反演速度分析技术，将成像道集的剩余时差根据射线路径进行更新，可实现对整个速度模型进行迭代更新。

一、成像道集层析速度反演技术

1. 射线层析原理

层析成像问题是利用目标体外部观测投影值反求目标体内物性参数的分布（王华忠，2010）。层析的数学理论基础是 J. Radon 的论文：“论如何根据某些流型上的积分来确定函数”。现在人们称之为 Radon 变换或经典 Radon 变换（吴律，1997）。

层析反演的数据来源可以看作如下的过程：从源点出发的具有一定能量和频率成分的波与所经过的介质发生物理作用并经过一段时间后到达接收点，该波的频率、能量等信息发生变化，这些旅行时间、频率、能量等物理量的累积结果被检测到。该观测结果被称为投影值，该累积过程称为投影过程。投影过程可以用 Radon 变换进行理论描述，Radon 变换是一个正变换。利用这些投影产生目标体内部的图象的过程称为反投影过程，Radon 反变换对应于反投影过程。一般地，有四种产生目标图象的方法：Fourier 投影方法，滤波反投影方法，ART/SIRT 方法和矩阵求逆方法。

二维情况下，线性 Radon 变换是被积函数沿着直线 L 的积分，也即被积函数沿直线方向的投影（见图 7－17），其公式如下：

$$Ru(p,\boldsymbol{\xi}) = \int u(\boldsymbol{x})\delta(p - \boldsymbol{\xi} \cdot \boldsymbol{x})\mathrm{d}\boldsymbol{x} \tag{7-32}$$

其中，$\boldsymbol{\xi} = (\cos\theta, \sin\theta)$，表示单位向量，$\boldsymbol{x} = (x_1, x_2)$ 表示直线 L 上的点，p 是坐标原点到直线 L 的距离，可表示为：

$$p = \boldsymbol{\xi} \cdot \boldsymbol{x} = (\xi_1 x_1 + \xi_2 x_2) \tag{7-33}$$

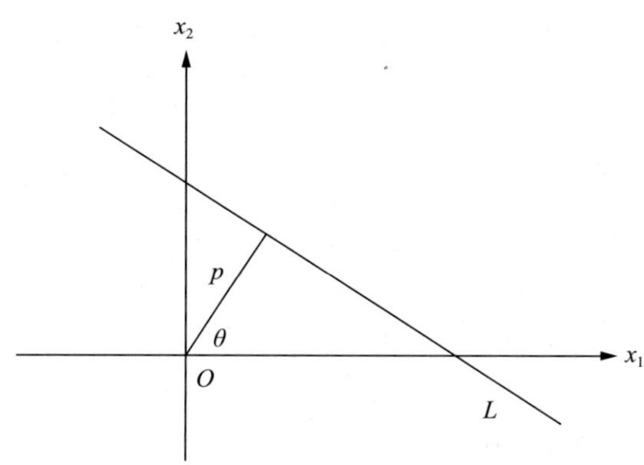

图 7-17　直射线投影示意图

二维 Radon 反变换又称二维 Radon 反演公式，是根据函数 u 的投影值求取被积函数 u 的过程。在二维情况下可以用二维 Fourier 逆变换求取函数 u，其在极坐标情况下的表达式为：

$$u(\boldsymbol{x}) = \int_0^{\pi}\mathrm{d}\theta\int_0^{\infty} s\mathrm{d}s\int_{-\infty}^{+\infty} Ru(p,\boldsymbol{\xi})\mathrm{e}^{-i2\pi s(p-\xi\cdot x)}\mathrm{d}p \tag{7-34}$$

经过简化可得到 Radon 反演公式：

$$u(\boldsymbol{x}) = \frac{1}{2\pi^2}\int_0^{\pi}\mathrm{d}\theta\int_{-\infty}^{+\infty}\frac{Ru(p,\boldsymbol{\xi})}{p - \boldsymbol{\xi} \cdot \boldsymbol{x}}\mathrm{d}p \tag{7-35}$$

Fourier 投影方法，滤波反投影方法，ART/SIRT 方法和矩阵求逆方法等图像重建的基本算法与 Radon 变换有着密切的联系。尽管理论基础都是 Radon 变换，但是不同领域中的物理问题，对重建图像的要求不同，所用的算法也不相同。另外不同的发射、吸收装置以及不同的观测系统，图像重建的算法也不一样。

虽然地震层析是以经典的 Radon 变化为基础，但是大多数情况下岩性分布很不均匀，不能用直射线处理，因而不能利用 Radon 变换的方式表达投影过程，而是通过射线追踪技术来实现投影的过程。同样，反投影过程也必须按照射线追踪的路径进行求取，这是地球物理工作者对层析反演范畴的一次重要扩展。但是仍然有许多问题需要进一步的分析，才能让基于射线(波路径)的地震层析的理论基础更可靠。

问题一是追踪的射线路径严重依赖于问题的解。很明显，问题的解在初始阶段并不知道，因此需要给出一个比较合理的初始解，这是地震层析反演与其他层析的不同之处。其他领域的层析反演所依赖的射线路径默认是直线，如(x 射线，γ 射线等)，其路径积分是沿着激发点和接收点之间的射线，因此是个确定的问题。而由于地震波的低频特征，激发点和接收点之间的积分路径不能简单的认为是直射线。因此，为了求解的可行性，必须要求初始解比较接近真实解，这样才能保证追踪的射线路径跟真实的射线路径有很好的一致性，才能够让求解过程是可信的。因此，地震层析反演首先需要一个比较合理的初始模型。通过不断的迭代，层析反演的结果不断接近真实结果，射线路径也更加逼近真实的路径，当误差小于一定的阀门时，问题求解结束。

问题二是地震观测数据的范围有限，很难实现全方位观测。如井间层析在平行于井的方向以及井附近观测数据就非常少，射线覆盖次数很低；反射层析则只在垂向小张角范围内才有比较好的覆盖次数；近地表层析射线的路径则基本平行于地表。这样的观测实际上就是不完全的投影过程，因而基于 Radon 变换与反变换处理过程就变得不稳健。此时就需要地球物理学者发挥聪明才智，结合自身的专业特点，在求解过程中加入地质认识、测井等信息，并对反演矩阵进行正则化处理，进而增强求解的稳定性。

对于基于共成像点道集的层析反演速度分析，还有一个问题制约了反演的精度，即反射点的定位问题。对比其他领域的层析反演和地震方面的井间层析和初至波层析，唯独基于共成像点道集的层析反演需要反射点的位置、倾角等信息。实际是，反射点的倾角、位置等信息依赖于初始解，当初始解不准确时，这些信息也不准确，从而严重影响射线在介质中的传播路径。因此，保证反射层析的收敛性很重要，只有在求解过程收敛的情况下，才可以通过不断迭代的处理逐步逼近真实的解。

2. 共成像点道集层析反演原理

共成像点道集层析反演就是将成像道集的剩余时差沿着射线路径进行反投影，得到速度模型更新量，完成速度模型的一次迭代更新。

共成像点道集剩余时差可以在偏移距道集上拾取，也可以在角度道集上拾取。对于角度域共成像点道集，对应的角度为成像点处的张角。对于 Kirchhoff 叠前深度偏移，产生的道集为地表偏移距域共成像点道集。下面分析 Kirchhoff 叠前深度偏移共偏移距域道集剩余深度差与速度扰动量之间的关系，并以此关系为基础建立层析方程组，进而迭代求取剩余速度。

当初始速度模型与真实模型的低波数成分接近时，对于共偏移距成像道集满足如图 7－18所示的关系。图中，S 是某偏移距道集对应的炮点，R 是对应的检波点，A 是偏移速度的成像点，A'是正确速度时的偏移位置，实线 SAR 是偏移速度的射线追踪路径，虚线 $SA'R$ 是假设真速度时的射线路径，距离 AB 是拾取的剩余深度差，θ 、ϕ 分别是偏移射线路径入射角和理论射线路径入射角，当射线路径比较长，速度误差比较小时，近似认为 $\theta = \phi$ ，红线是共成像点 CIP 位置。根据叠前深度偏移理论可知，路径 SAR 与 SA′R 的总旅行时总是相等的，只是成像位置不同，因此可以建立如下方程：

$$\int_{\Gamma}(s - \delta s)\mathrm{d}l = \int_{\Gamma'} s\mathrm{d}l \tag{7-36}$$

式中，s 是真慢度；δs 是慢度扰动量；Γ' 是真速度射线路径；Γ 是偏移速度射线路径，可以通过射线追踪得到。对于公式(7－36)，经过变换得到：

$$\int_{\Gamma}\delta s\mathrm{d}l = \int_{\Gamma} s\mathrm{d}l - \int_{\Gamma'} s\mathrm{d}l = \Delta T \tag{7-37}$$

式中，δs 就是要求的慢度修正量；右端项 ΔT 就是剩余时差。为了建立剩余时差 ΔT 与剩余深度 ΔZ 的关系，分析图 7－18 的反射点局部，如图 7－19 所示。

在反射点局部，可以假定 s 是常数，又因为在远离反射点处两条射线路径比较接近，即在反射点局部，公式(7－37)的右端项就是两条射线路径之差乘以慢度 s 。有：

$$\Delta T = 2s\Delta L \tag{7-38a}$$

其中，

$$\Delta L = \Delta z\cos\theta\cos\varphi\ ,\ \Delta z = AB \tag{7-38b}$$

式中，ϕ 是地层倾角。将以上关系式代入式（7－37）得到剩余深度差和慢度扰动量之间的关系式：

$$\int_{\Gamma}\delta s\mathrm{d}l = 2s\Delta z\cos\theta\cos\phi \tag{7-39}$$

对式（7－39）式左端项进行离散化，得到：

$$\sum_{i=1}^{N}\Delta s_i l_i = 2s\Delta z\cos\theta\cos\phi \tag{7-40}$$

式中，Δs_i 为第 i 个网格点的慢度扰动量；l_i 为该射线在第 i 个网格内的射线长度。这样每个拾取的剩余深度差 Δz 就对应一条确定的射线路径，从而建立一个方程。众多射线及其对应的时差组合在一起构成了大型稀疏矩阵，即：

$$L\Delta s = \Delta T \tag{7-41}$$

式中：$\boldsymbol{L}$ 为系数矩阵，其元素为每条射线在每个速度网格上的射线长度，每行代表一条射线；Δs 为慢度修正量向量；ΔT 为剩余时差向量。公式（7－40）是在二维情形下推导的，该公式可以自然适用于三维情形；因为公式（7－40）是在成像点附近局部推导的，根据反射定律，入射射线、出射射线及法线仍然在一个局部小平面内。此外，由于该方程包含了成像点处的入射角和反射角，自然适合角度道集的层析反演，而且比偏移距道集射线追踪更加直观和方便。当速度或者构造沿着 Crossline 方向变化比较剧烈时，不同方位角成像道集的剩余时差会有差别，此时应该提取多个方位的成像道集，通过射线追踪建立多方位角层析反演方程，提高层析反演的精度。

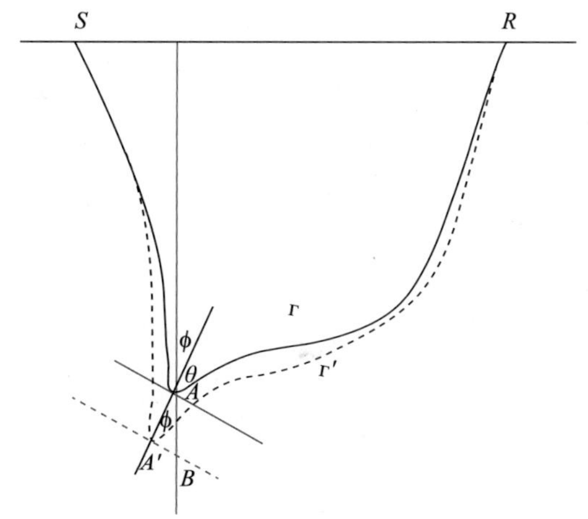

图 7－18　倾斜复杂介质射线路径

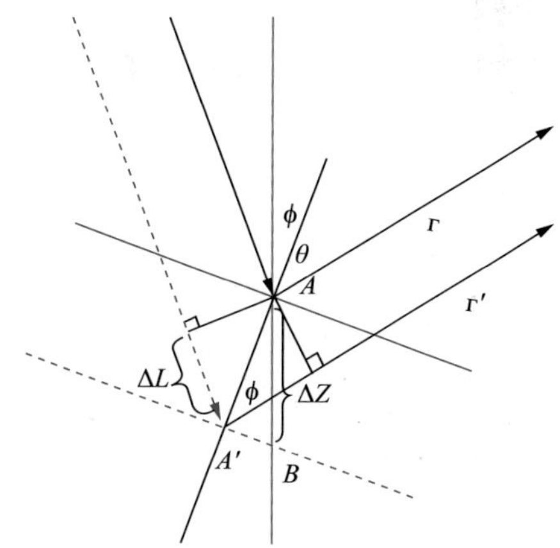

图 7－19　成像点局部射线路径分析

求出方程组（7－41）的合理解是旅行时层析速度反演的最终目的。求解该线性方程组的过程，就是对速度异常重建的过程，主要解法可分为分析法和代数重建法两大类。分析方法主要有：Radon 变化法、Fourier 法和滤波反投影方法（褶积反投影法）等；代数重建法主要有：代数重建法（ART）、同时迭代反演方法（SIRT）、最小二乘正交分解法（LSQR）和阻尼最小二乘法等。

进行层析速度反演首先要有一个合理的初始速度模型，然后通过叠前深度偏移得到偏移道集和剖面，再拾取剩余深度差，建立层析方程，最后通过射线追踪利用迭代法求解离散的大型稀疏方程组，得到速度修正量，进而更新初始速度模型，进行新一轮迭代。共成像点道集层析速度反演的思路如图 7－20 所示。

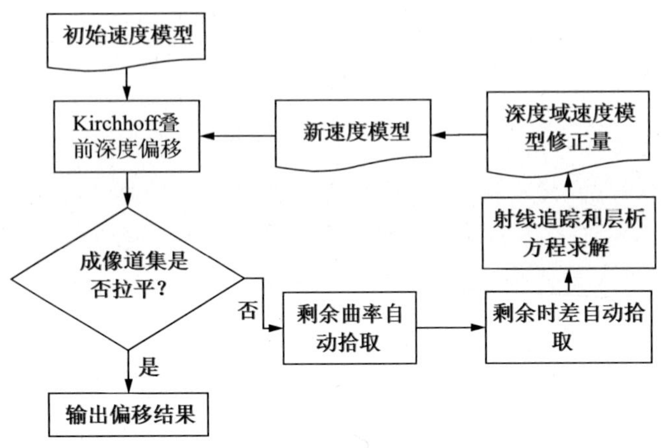

图 7－20　共成像点道集层析速度反演基本流程

3. 大型层析方程组的求解

1）同时迭代重建方法（SIRT）

SIRT 是同时迭代重建方法（Simultaneous Iterative Reconstruction Method）的简称，此方法是 ART（代数重建方法，Algebraic Reconstruction Technique）的一个变种，所以首先了解什么是 ART。

矩阵方程：

$$A\boldsymbol{x}=\boldsymbol{b} \tag{7-42}$$

其中 $\boldsymbol{A}$ 是 m 行 n 列的矩阵，$\boldsymbol{x}$ 是 $n\times 1$ 的列向量，$\boldsymbol{b}$ 是 $m\times 1$ 的行向量，已知矩阵 $\boldsymbol{x}$ 和向量 $\boldsymbol{b}$，求解 x 。

ART 方法在给定的初始解 $\boldsymbol{x}^0$ 的情况下，逐个利用矩阵的行向量更新解。即利用 A 第一行的方程更新解为 $\boldsymbol{x}^1$，以 $\boldsymbol{x}^1$ 为初值利用 A 第二行的方程更新解为 $\boldsymbol{x}^2$，以此类推，以 $\boldsymbol{x}^i$ 为初值利用 A 第 $i+1$ 行的方程更新解为 $\boldsymbol{x}^{i+1}$ ，其中 $i+1\leqslant m$ 。如此更新至 $\boldsymbol{x}^m$ ，即到 A 的最后一个行向量后，再重新回到第一行继续迭代。这个过程实际上等价于 Kaczmarz 法（Kaczmarz method。Kaczmarz，1937）。

ART 利用一个方程更新解时的一个原则是令解 $\boldsymbol{x}^i$ 的更新量 $\Delta\boldsymbol{x}^i$ 二范数最小，即：

$$M=\sum_j(\Delta x_j^i)^2 \tag{7-43}$$

最小，同时满足方程（7－42），此时有，

$$\sum_j A_j^i\Delta x_j^i=\Delta b^i \tag{7-44}$$

其中：

$$\begin{aligned}\Delta x_j^i&=x_j^{i+1}-x_j^i\\ \Delta b^i&=b-b^i\\ b^i&=\sum_j A_j^i x_j^i\end{aligned} \tag{7-45}$$

则可利用 Lagrange 乘子法建立如下的目标函数：

$$K = \sum_j [(\Delta x_j^i)^2 - \lambda A_j^i \Delta x_j^i] + \lambda \Delta b^i \tag{7-46}$$

其中 λ 是 Lagrange 乘子，式(7－46)对 Δx_j^i 微分为零时目标函数 K 有极值，此时有：

$$\frac{\partial K}{\partial \Delta x_j^i} = 2\Delta x_j^i - \lambda A_j^i = 0 \tag{7-47}$$

即：

$$\Delta x_j^i = \frac{\lambda A_j^i}{2} \tag{7-48}$$

把式(7－48)代入方程(7－44)中，得到：

$$\lambda = \frac{2\Delta b^i}{\sum_j (A_j^i)^2} \tag{7-49}$$

把式(7－49)代入式(7－48)，即得到 ART 利用 A 一行的方程计算解更新量的公式：

$$\Delta x_j^i = \frac{A_j^i \Delta b^i}{\sum_j (A_j^i)^2} \tag{7-50}$$

SIRT 在给定初始解 $\boldsymbol{x}^0$ 的基础上，以 $\boldsymbol{x}^0$ 作为初始值利用式(7－50)同时计算所有的更新量 Δx_y^{i1}，计算所有行向量方程计算的更新量 Δx_j^{i1} 的平均值，即：

$$\Delta x_j^1 = \frac{1}{N_j^l} \sum \Delta x_j^{i1} \tag{7-51}$$

其中，Δx_j^1 是第一次迭代中计算的第 j 个未知数的更新量，N_j^1 是第一次迭代中 $\boldsymbol{A}$ 矩阵第 j 列的非零值个数。至此，结合式(7－50)和式(7－51)可以得到 SIRT 第 l 次迭代中更新量的计算公式：

$$\Delta x_j^l = \frac{1}{N_j^l} \sum_i \frac{A_j^i (b^i - \sum_k A_k^i x_k^l)}{\sum_j (A_j^i)^2} \tag{7-52}$$

2)最小二乘 QR 分解法(LSQR)

与传统的最小二乘方法不同，LSQR 方法并不是直接求线性方程，而是在最小二乘思想的指导下在目标函数限定的解空间内寻找最佳的解。LSQR 技术主要的关键点有 3 个：①Lanczos 迭代；②正交变换；③模型迭代。在第一个过程中，LSQR 方法运用 Lanczos 迭代方法产生模型空间的一组正交基 $v_k, 1 \leqslant k \leqslant n$ 和数据空间的一组正交基 $u_k, 1 \leqslant k \leqslant n$，并形成 $(n+1) \times n$ 阶的下双对角矩阵 B 和 $n \times n$ 阶的上双对角矩阵 R。第二个过程的正交变换主要是通过一系列 Givens 平面旋转正交变换来实现，该过程需要建立两个双对角矩阵 B 和 R 之间的联系，完成最小二乘与 QR 分解的结合。最后一步通过迭代运算求取方程的解，通过迭代的方式逐步逼近最小二乘解。LSQR 的主要优点包括要求的内存量小、易并行、计算效率高、精度高等，缺点是无法直接给出矩阵的广义逆，也就无法得到模型的分辨率矩阵和协方差矩阵，这是所有迭代法的共同缺点。

LSQR 算法可以用如下的构架来表示：

初始化：

$$\beta_1 \boldsymbol{u}_1 = \boldsymbol{d}, \beta_1 = \|\boldsymbol{d}\|, \alpha_1 \boldsymbol{v}_1 = A^T \boldsymbol{u}_1, \alpha_1 = \|A^T \boldsymbol{u}_1\|,$$

$$\boldsymbol{w}_1 = \boldsymbol{v}_1, x = 0, \varphi_1 = \beta_1, \rho_1 = \alpha_1$$

对于 $k = 1,2,3,\ldots$，进入迭代求解过程。

Lanczos 迭代算法，得到两个双对角矩阵：

$$\beta_{k+1}\boldsymbol{u}_{k+1} = A\boldsymbol{v}_k - \alpha_k\boldsymbol{u}_k$$

$$\alpha_{k+1}\boldsymbol{v}_{k+1} = A^T\boldsymbol{u}_{k+1} - \beta_{k+1}\boldsymbol{v}_k$$

Givens 正交变换：

$$\tilde{\rho}_k = \sqrt{\rho_k^2 + \beta_{k+1}^2}$$

$$c_k = \rho_k / \tilde{\rho}_k$$

$$s_k = \beta_{k+1} / \tilde{\rho}_k$$

$$\theta_{k+1} = s_k \alpha_{k+1}$$

$$\tilde{\varphi}_k = c_k \varphi_k$$

$$\rho_{k+1} = -c_k \alpha_{k+1}$$

$$\varphi_{k+1} = s_k \varphi_k$$

其中 ρ_{k+1}、φ_{k+1} 是下次迭代的初始值；

更新方程的解 $\boldsymbol{x}$ 和梯度方程 $\boldsymbol{g}$：

$$\boldsymbol{x}_k = \boldsymbol{x}_{k-1} + (\tilde{\varphi}_k / \tilde{\rho}_k)\boldsymbol{w}_k$$

$$\boldsymbol{w}_{k+1} = \boldsymbol{v}_{k+1} - (\theta_{k+1} / \rho_k)\boldsymbol{w}_k$$

如果不收敛，回第 2 步，否则迭代结束。

3）最小二乘共轭梯度法（LSCG）

共轭梯度法是解决大型线性方程组的有效方法，其优点是所需存储量小，具有步收敛性，稳定性高，而且不需要任何外来参数；每次迭代所需的计算主要是向量之间的运算，便于并行化。对于对称正定矩阵，共轭梯度法的收敛率依赖于系数矩阵的特征值分布。对于层析反演方程（7－42），系数矩阵 $\boldsymbol{A}$ 不满足对称正定性，此时需要求解如下的正规方程组：

$$\boldsymbol{A}^T\boldsymbol{A}\boldsymbol{x} = \boldsymbol{A}^T\boldsymbol{b} \tag{7-53}$$

如果 $\boldsymbol{A}^T\boldsymbol{A}$ 是病态的，则用常规的共轭梯度法直接求解（7－53）式并不能得到满意的数值解。Paige 和 Saunders（1982）指出，这很大程度上是因为直接计算矢量 $\boldsymbol{A}^T\boldsymbol{A}p$。根据恒等式 $(p, \boldsymbol{A}^T\boldsymbol{A}p) = (\boldsymbol{A}p, \boldsymbol{A}p)$，可以进一步优化共轭梯度求解流程。

LSCG 算法可以用如下的构架来表示：

首先初始化：

$$\boldsymbol{x}^{(0)} = 0;\ s^{(0)} = b;\ \boldsymbol{r}^{(0)} = \boldsymbol{A}^T b;\ p^{(0)} = r^{(0)}$$

对于 $k = 0,1,2,3,\ldots$，进入迭代求解过程，

$$\boldsymbol{w}^{(k)} = \boldsymbol{A}\boldsymbol{p}^{(k)}$$

$$\boldsymbol{\alpha}_k = (r^{(k)}, r^{(k)}) / (\boldsymbol{w}^{(k)}, \boldsymbol{w}^{(k)})$$

$$x^{(k+1)} = x^{(k)} + \boldsymbol{\alpha}_k p^{(k)}$$

$$s^{(k+1)} = s^{(k)} - \boldsymbol{\alpha}_k \boldsymbol{w}^{(k)}$$

$$\boldsymbol{r}^{(k+1)} = \boldsymbol{A}^{\mathrm{T}} s^{(k+1)}$$

如果 $\boldsymbol{r}^{(k+1)} = 0$ 或小于给定的阀值则推出循环，否则：

$$\beta_k = (\boldsymbol{r}^{(k+1)}, \boldsymbol{r}^{(k+1)}) / (\boldsymbol{r}^{(k)}, \boldsymbol{r}^{(k)})$$

$$p^{(k+1)} = \boldsymbol{r}^{(k+1)} + \beta_k p^{(k)}$$

迭代结束。

需要注意到，$\boldsymbol{r}^{(k)}$ 是正规方程的残差，而 $s^{(k)} = b - \boldsymbol{A}x^{(k)}$ 则是最小二乘方程组的残差。

二、模型数据和实际数据试验

1. 模型数据试验

为了验证层析反演速度分析方法的正确性，采用3D盐丘模型数据进行了详细测试。利用标准速度的90%作为初始速度模型进行迭代更新，这样便于定量分析反演结果。测试流程为：首先利用初始速度模型进行Kirchhoff叠前深度偏移，接着对偏移生成的共成像点道集进行剩余深度差自动拾取和反射点倾角自动扫描，最后进行层析反演剩余慢度差，将速度更新量加到初始速度上，得到更新后的速度模型，完成一次迭代。为了验证速度更新效果，对反演速度模型进行了Kirchhoff叠前深度偏移，比较偏移剖面和共成像点道集，并对该速度模型定量分析，结果证实层析反演能够快速、有效地更新速度模型。

图7-21、图7-22和图7-23分别为L50和L95的初始速度模型、反演模型和标准模型。与其对应的偏移剖面分别如图7-24、图7-25和图7-26所示。对应的成像道集(L50，CDP460)如图7-27所示。速度模型更新量如图7-28所示。综合分析可以看出，反演模型很好地保持了原有速度模型的结构特征，即使在速度倒转的区域，速度模型的更新结果也比较令人满意；反演模型的偏移剖面质量得到了很大提高，反射层位置基本正确，与标准模型的偏移结果相当；反演模型产生的成像道集基本拉平，与标准模型生成的成像道集基本一致，验证了反演模型的有效性。

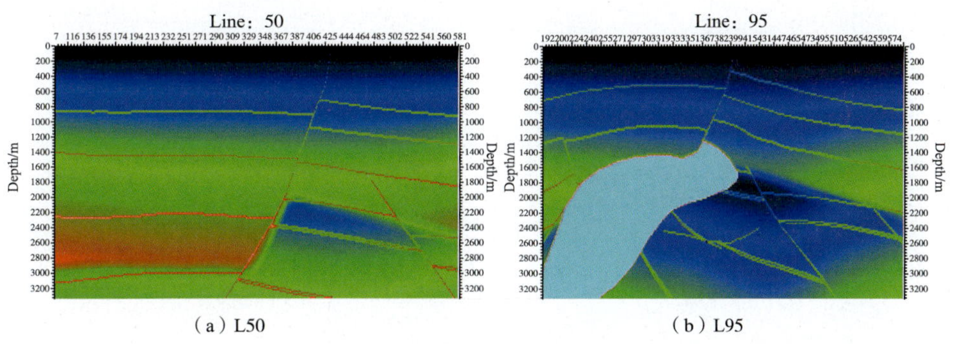

(a) L50　　(b) L95

图7-21　初始速度建模

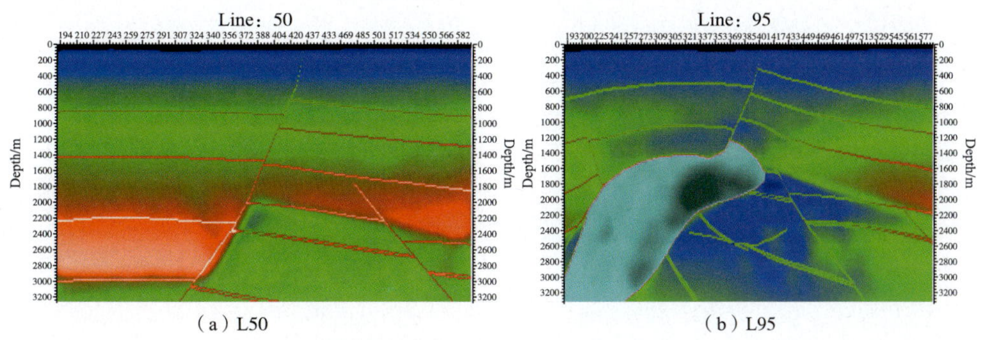

(a) L50　　(b) L95

图7-22　速度模型反演结果

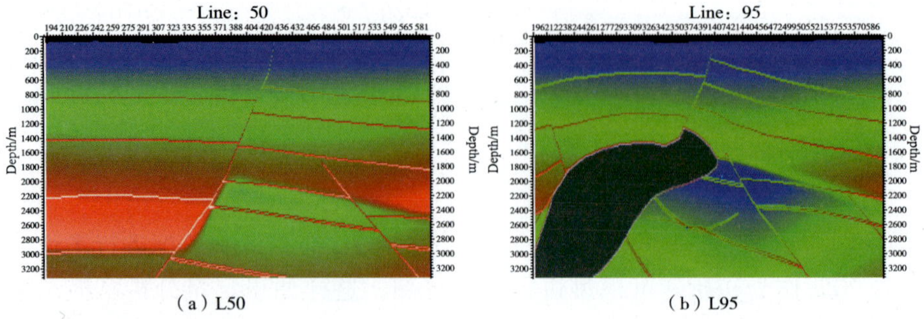

（a）L50 （b）L95

图7－23 标准速度模型

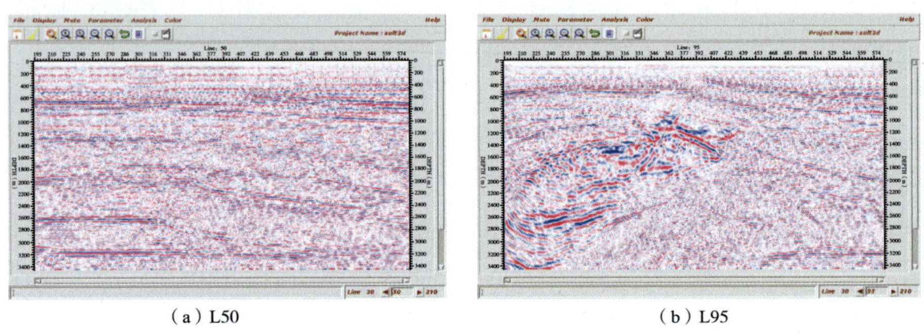

（a）L50 （b）L95

图7－24 初始速度模型偏移剖面

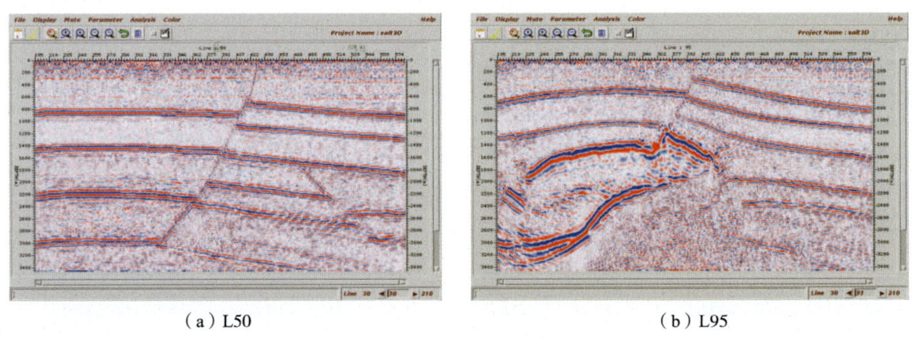

（a）L50 （b）L95

图7－25 反演速度模型偏移剖面

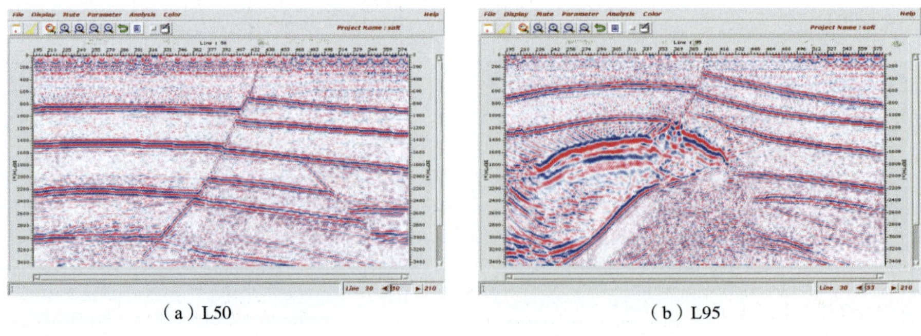

（a）L50 （b）L95

图7－26 标准速度模型偏移剖面

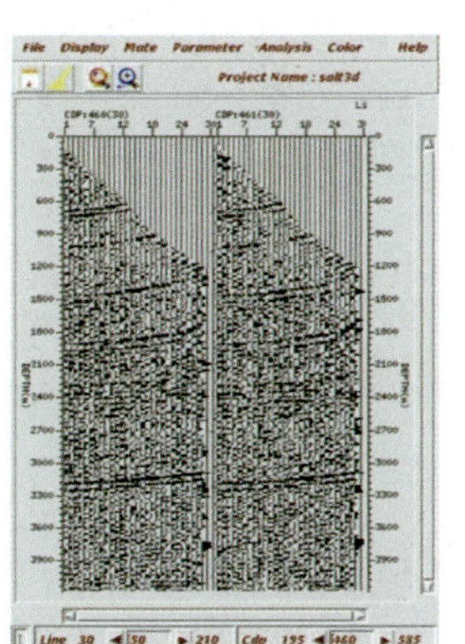

（a）L50初始速度模型的成像道集；

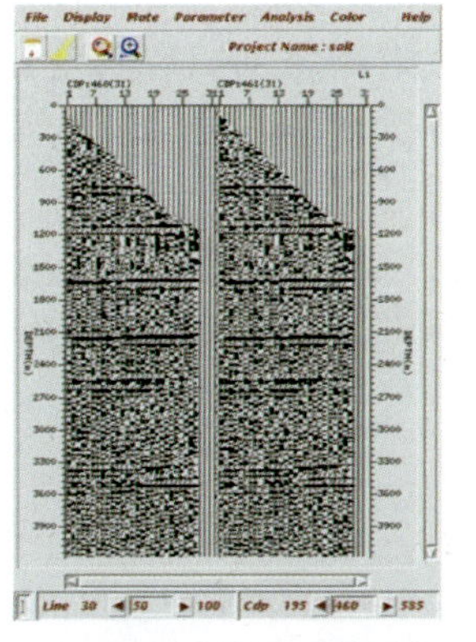

（b）反演速度模型的成像道集；

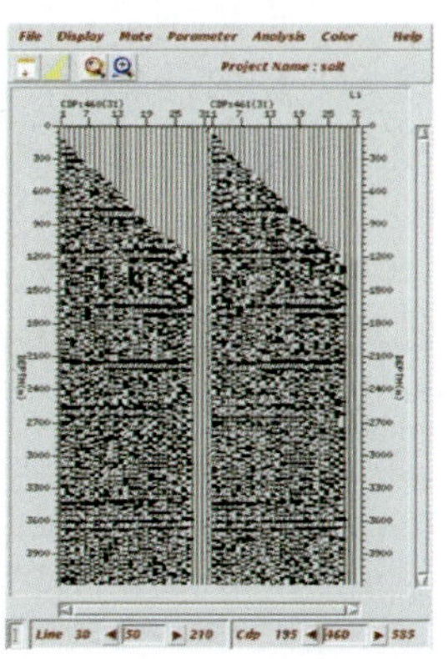

（c）标准速度模型的成像道集

图 7－27　不同速度模型的成像道集(CDP460)

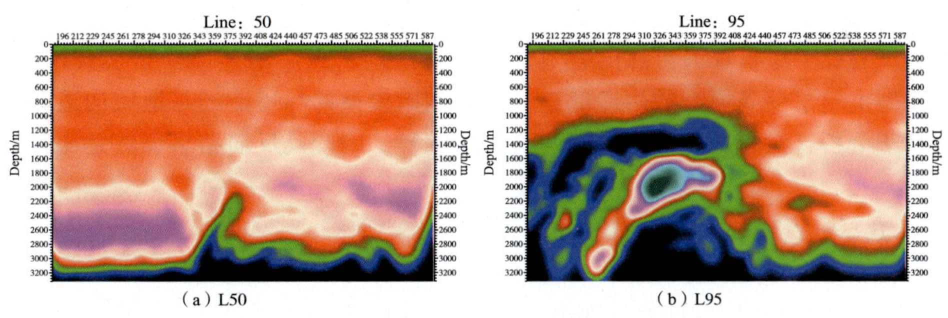

（a）L50　　（b）L95

图 7－28　速度模型更新量

为了进一步分析层析反演模型的精度，以反演模型的第 50 线为例进行分析，纵向上取 CDP3000，横向上取深度 1200m，用蓝线、绿线和红线分别代表初始速度、反演速度和标准速度。其分析结果如下：图 7－29(a)和图 7－29(b)分别为反演速度模型第 50 线第 300CDP 处的速度曲线和剩余速度相对误差曲线，可以看出，无论是背景速度还是反射层位处的速度都得到了很好的还原，相对误差基本在 2% 附近；图 7－30(a)和图 7－30(b)分别为第 50 线深度 1200m 处不同 CDP 位置的速度曲线和剩余速度相对误差曲线，可以看出，反演速度模

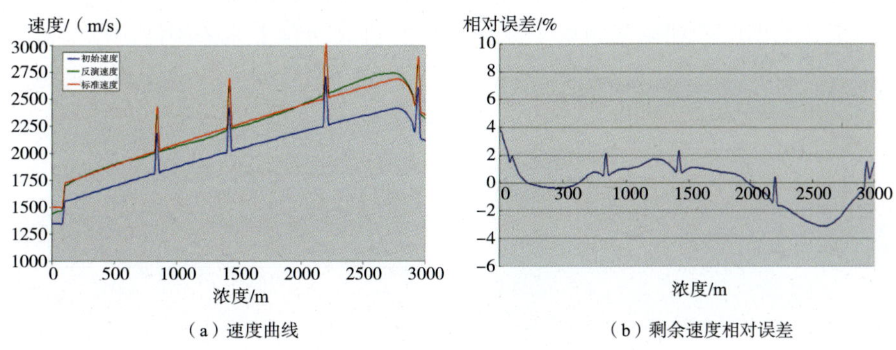

（a）速度曲线　　（b）剩余速度相对误差

图 7－29　第 50 线 300CDP 处速度误差分析

型与标准速度模型匹配很好，两者趋势一致，相对误差基本控制在2%附近，能很好地反演出速度突变区域。同时注意到，层位附近速度相对误差变化比较明显，这是由于速度模型更新量的平滑引起的，在背景速度发生倒转的区域，速度误差也偏大。

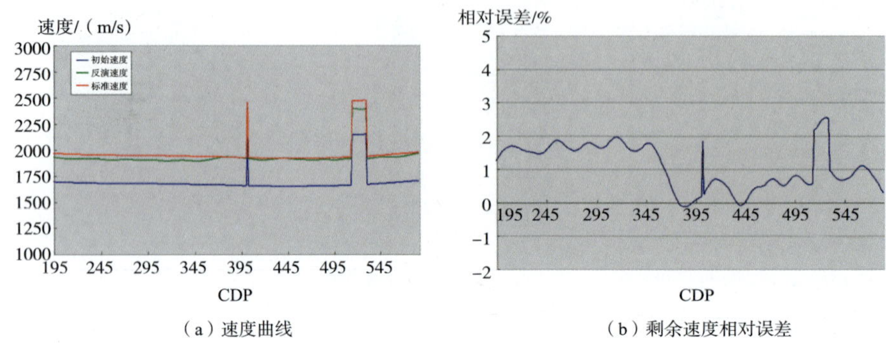

（a）速度曲线　　（b）剩余速度相对误差

图7－30　第50线深度1200m速度误差分析

模型测试验证了层析反演方法的有效性，同时得到两点启示：①要重视初始速度建模，初始速度模型决定了反演模型的构造形态，因此初始模型要尽可能的与地质构造一致；②层析反演是基于分析点对全局速度模型的联合优化调整，因此其反演结果仍然是比较平滑的背景速度场。

2. 实际数据试处理

为了验证该方法的实际应用能力，对天山南一复杂山前带数据进行测试。该区地质构造复杂，信噪比低，常规叠前时间偏移处理难以对目标区域进行准确成像。在前期叠前时间偏移的基础上，结合该工区的地质构造特点，建立了初始深度域模型，并利用层析反演进行了多次速度模型迭代更新测试，提高了速度模型的精度和偏移剖面的质量。图7－31(a)和图7－31(b)分别是初始速度模型及其对应的偏移剖面；图7－32(a)和图7－32(b)分别是一次层析迭代更新模型及其对应的偏移剖面；图7－33(a)和图7－33(b)分别是二次层析迭代更新模型及其对应的偏移剖面；图7－34(a)和图7－34(b)分别是三次层析迭代更新模型及其对应的偏移剖面。图7－35是三次层析迭代更新的速度模型更新量；图7－36是初始模型，层析迭代更新模型以及最终速度模型右侧山区对应的共成像点道集。对比速度模型、偏移剖面和成像道集可以看出，随着迭代次数的增加，速度修正量在逐渐减小，偏移剖面的整体质量和成像道集的拉平程度不断提高，实际数据的处理结果验证了成像道集层析反演技术的实用性。

（a）初始速度模型

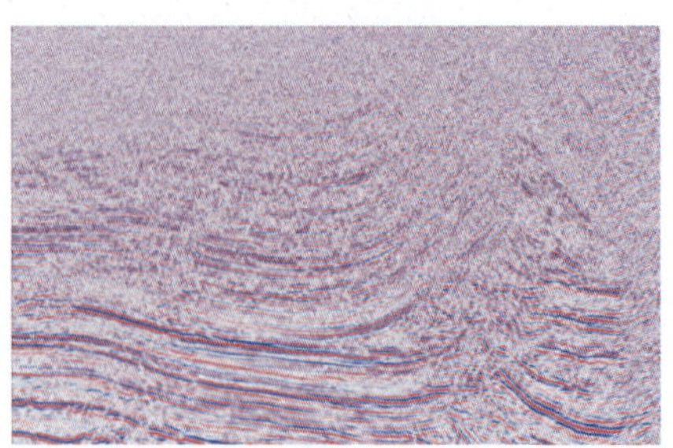

（b）偏移剖面

图7－31　初始速度模型及对应的偏移剖面

（a）一次迭代速度模型　　（b）偏移剖面

图 7－32　一次迭代速度模型及对应的偏移剖面

（a）二次迭代速度模型

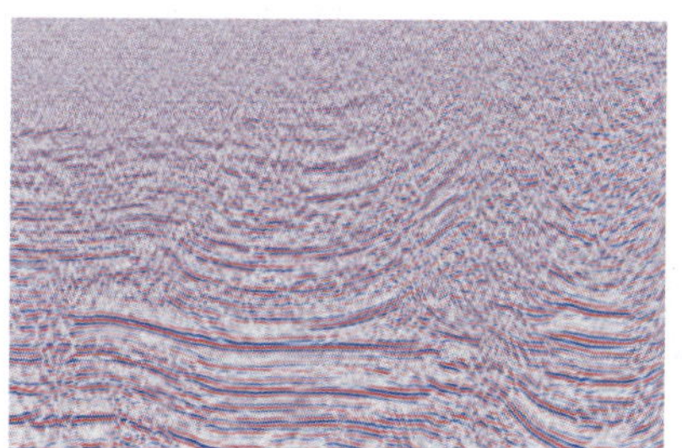

（b）偏移剖面

图 7－33　二次迭代速度模型及对应的偏移剖面

（a）三次迭代速度模型

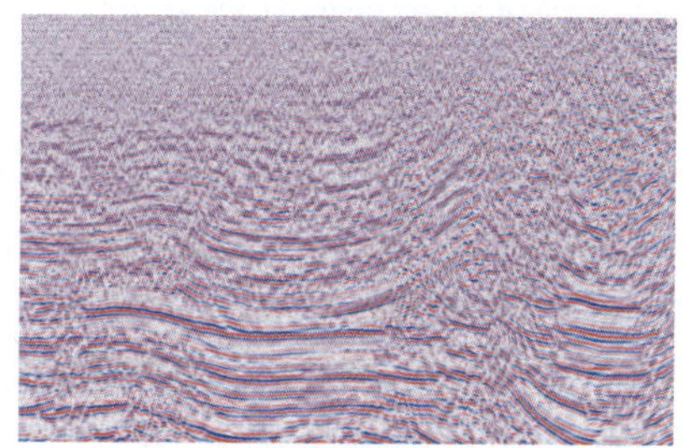

（b）偏移剖面

图 7－34　三次迭代速度模型及对应的偏移剖面

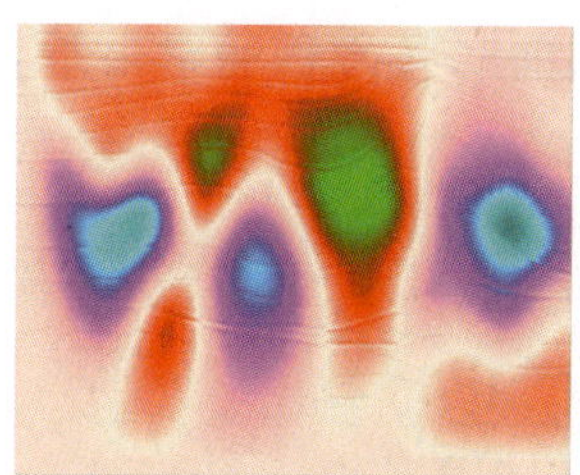

（a）一次层析模型

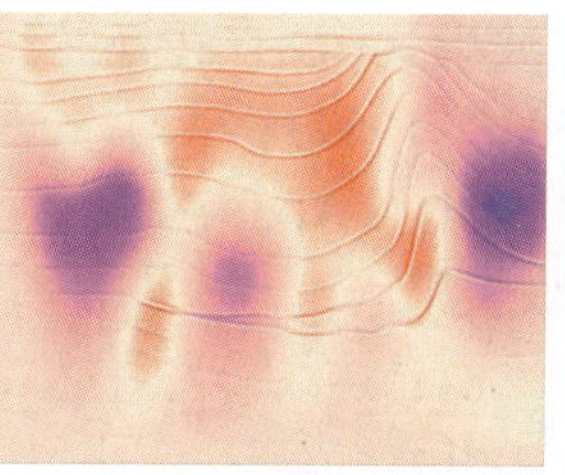

（b）二次层析模型

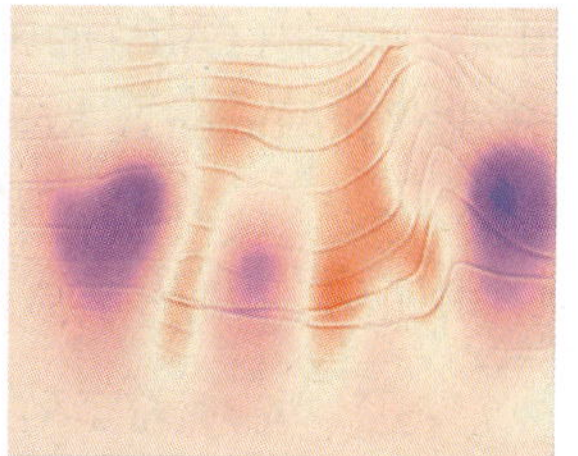

（c）三次层析模型

图 7－35　速度模型更新量

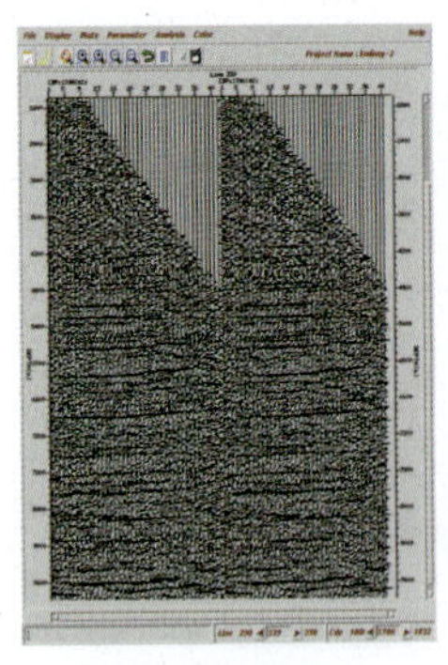
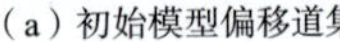
(a)初始模型偏移道集

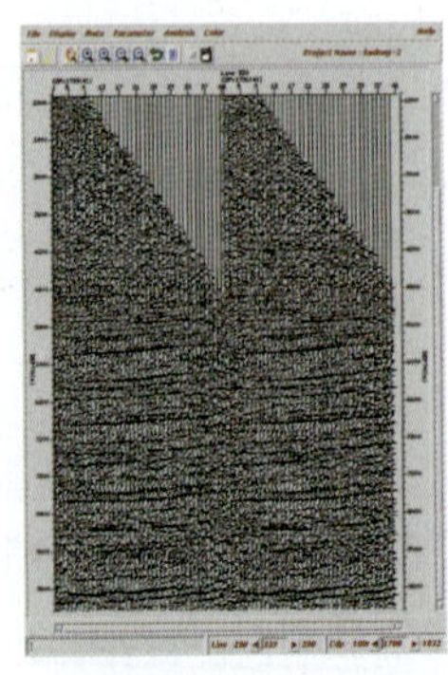
(b)一次更新模型偏移道集

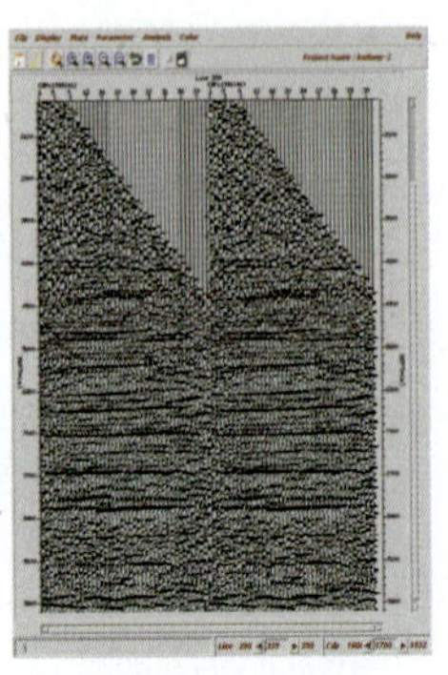
(c)二次更新模型偏移道集

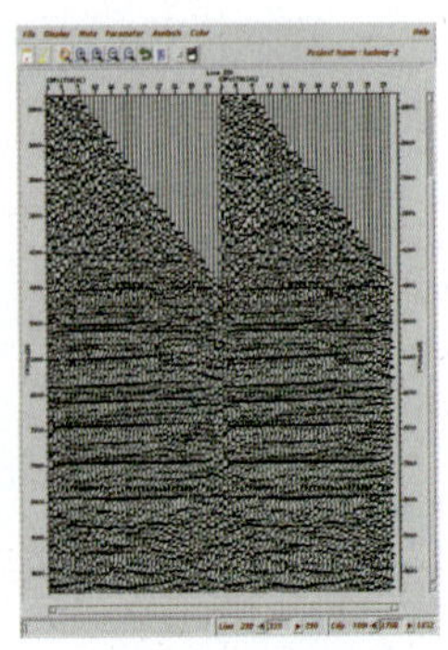
(d)三次更新模型偏移道集

图 7-36　不同迭代模型成像道集对比

第三节　初始各向异性参数提取技术

各向异性偏移成像技术的核心在于各向异性参数提取及建模技术，对于准 P 波来说影响各向异性介质地震波传播速度的主要参数为：v_{P0}、ε 和 δ。目前，提取建立初始各向异性参数的途径主要通过：①从测井数据提取；②通过道集数据旅行时扫描提取。

一、基于地震数据的初始参数提取技术

在进行各向异性地震数据处理之前，已有的地震资料包括预处理后的 CMP 道集、炮集，按照传统的各向同性地震数据处理流程，需要对 CMP 道集进行动校正，叠加，时间域的速度分析及偏移处理。与各向同性地震数据处理流程不同的是，在进行各向异性动校正时需采用不同的时距曲线表达式对远偏移距的地震数据进行动校正，然后才能提取后期处理过程需要的各向异性属性。

从各向异性时距曲线表达式的研究中可以发现，一般基于 Alkhalifah(1994)提出的非椭圆率 η、近偏移距动校正速度 V_{nmo} 及零偏移距双程旅行时 t_0 进行时距曲线描述。针对目前工业界采用的传统的时距曲线表达式(称为 RI 表达式)在中远偏移距存在一定的不稳定性，对参数提取的精度有较大的影响，我们对基于 Shanks 变换的时距曲线表达式(称 Shanks 表达式)和广义时距曲线表达式(称 GME 表达式)进行了分析。

1.　RI 表达式

关于共中心点道集(CMP)的纯波模式(没有转换波)双曲时差方程通常由垂直轴附近处的 Taylor 展开式得到(Taner & Koehler, 1969)：

$$t^2 = A_0 + A_2x^2 + A_4x^4 + \cdots \tag{7-54}$$

其中，x 是炮检距，每项系数如下：

$$A_0 = t_0^2\ ,\ A_2 = \left.\frac{\mathrm{d}(t^2)}{\mathrm{d}(x^2)}\right|_{x=0}\ ,\ A_4 = \left.\frac{\mathrm{d}}{\mathrm{d}(x^2)}\frac{\mathrm{d}(t^2)}{\mathrm{d}(x^2)}\right|_{x=0} \tag{7-55}$$

方程(7-55)式中，t_0 是零炮检距双程旅行时，A_2 与 NMO 速度有关($A_2 = V_{\mathrm{nmo}}^{-2}$)，$A_4$ 表示由各向异性引起的非双曲时差。如果仅仅基于 NMO 速度对大炮检距双曲时差进行分析，会产生较大的误差。

对方程(7-54)式略去高次项得到小炮检距正常时差双曲时差方程：

$$t_{\mathrm{hyp}}^2 = t_0^2 + \frac{x^2}{V_{\mathrm{nmo}}^2} \tag{7-56}$$

在均匀 VTI 介质中，Hake 等人(1984)推导了水平层三阶项反射时差方程。如果忽略 VTI 介质横波速度的影响，qP 波反射时差方程可以表示为 V_{nmo} 和各向异性参数 η 的函数：

$$t^2(x) = t_0^2 + \frac{x^2}{V_{\mathrm{nmo}}^2} - \frac{2\eta x^4}{t_0^2 V_{\mathrm{nmo}}^4} \tag{7-57}$$

其中，t 为总旅行时，t_0 是双程零偏移距旅行时，x 是偏移距。非双曲时差公式(7-57)由两部分构成：前两项描述的是传统的双曲时差；第三项描述的是对非双曲时差的贡献，与各向异性参数 η 成比例，主要控制非双曲时差曲线形状。针对 Hake 方程(7-57)的非双曲时差项，Tsvankin 和 Thomsen(1995)推导了校正因子以增加非双曲时差方程对各向异性介质大偏移距的适应性和稳定性。改进的非双曲时差方程为：

$$t^2(x) = t_0^2 + \frac{x^2}{V_{\mathrm{nmo}}^2} - \frac{2\eta x^4}{t_0^2 V_{\mathrm{nmo}}^4 (1 + Ax^2)} \tag{7-58}$$

其中，$A = \dfrac{2\eta}{t_0^2 V_{\mathrm{nmo}}^4 \left(\dfrac{1}{V_h^2} - \dfrac{1}{V_{\mathrm{nmo}}^2}\right)}$，$V_h = V_{\mathrm{nmo}} \sqrt{1 + 2\eta}$，$V_h$ 是均匀各向异性介质中的水平速度。

Alkhalifah 和 Tsvankin(1995)将方程(7-58)简化为：

$$t^2(x) = t_0^2 + \frac{x^2}{V_{\mathrm{nmo}}^2} - \frac{2\eta x^4}{V_{\mathrm{nmo}}^2 [t_0^2 V_{\mathrm{nmo}}^2 + (1 + 2\eta) x^2]} \tag{7-59}$$

在各向异性介质中大炮检距($x/z > 1$)情况下，随着炮检距的增大，公式(7-59)精度会更高；将方程中分母项中设 $x = 0$，则方程(7-59)变为(7-57)式；在方程(7-59)分母项中增加 x 校正因子，主要是弥补泰勒展开式高阶项截断误差以提高大炮检距非双曲时差方程精度。目前，在工业界对各向异性介质非双曲时差速度分析普遍采用方程(7-59)，并在实际处理中得到了成功应用。方程(7-59)中仅用到了两个参数，V_{nmo} 和非双曲参数 η，而不是 V_{P0}、ε 和 δ，为了推导方程(7-59)还用到了一个假设，即 $V_{\mathrm{S0}} = 0$。虽然方程(7-59)是在单一水平反射层中推导出来的，但是它同样适用于倾斜地层，但双程旅行时射线就不再是垂直地层出射了。如果 V_{nmo} 和 η 比较准确，就可以消除由各向异性的影响而导致横向成像位置的误差，但是在叠前深度偏移中，V_{P0} 的拾取不精确可能造成成像深度误差。

2. Shanks 表达式

由 η 表示的 VTI 介质核函数为：

$$\begin{aligned}(1 + 2\eta)\left[\left(\frac{\partial\tau}{\partial x}\right)^2 + \left(\frac{\partial\tau}{\partial y}\right)^2\right] + v_{\mathrm{v}}^2(x,y,z)\left(\frac{\partial\tau}{\partial z}\right)^2 - \\ 2\eta v^2(x,y,z) v_{\mathrm{v}}^2(x,y,z)\left[\left(\frac{\partial\tau}{\partial x}\right)^2 + \left(\frac{\partial\tau}{\partial y}\right)^2\right]\left(\frac{\partial\tau}{\partial z}\right)^2 = 1\end{aligned} \tag{7-60}$$

采用扰动理论求解方程(7-60)，假设 η 值很小，利用级数序列表达式改写方程式得到：

$$\tau(x,y,z) \approx \tau_0(x,y,z) + \tau_1(x,y,z)\eta + \tau_2(x,y,z)\eta^2 + \tau_3(x,y,z)\eta^3 \tag{7-61}$$

令方程(7-60)中的 η 为零，得到椭圆各向异性对应的表达式：

$$v^2(x,y,z)\left[\left(\frac{\partial\tau_0}{\partial x}\right)^2+\left(\frac{\partial\tau_0}{\partial y}\right)^2\right]+v_v^2(x,y,z)\left(\frac{\partial\tau_0}{\partial z}\right)^2=1 \tag{7-62}$$

令 η 一次方项系数相等得到：

$$\begin{aligned}&v^2(x,y,z)\frac{\partial\tau_0}{\partial x}\frac{\partial\tau_1}{\partial x}+v^2(x,y,z)\frac{\partial\tau_0}{\partial y}\frac{\partial\tau_1}{\partial y}+v_v^2(x,y,z)\frac{\partial\tau_0}{\partial z}\frac{\partial\tau_1}{\partial z}\\&=-\left[1-v_v^2(x,y,z)\left(\frac{\partial\tau_0}{\partial z}\right)^2\right]\end{aligned} \tag{7-63}$$

令 η 二次方项系数相等得到：

$$\begin{aligned}&v^2(x,y,z)\frac{\partial\tau_0}{\partial x}\frac{\partial\tau_2}{\partial x}+v^2(x,y,z)\frac{\partial\tau_0}{\partial y}\frac{\partial\tau_2}{\partial y}+v_v^2(x,y,z)\frac{\partial\tau_0}{\partial z}\frac{\partial\tau_2}{\partial z}\\&=-\frac{1}{2}\left[v^2(x,y,z)\left(\frac{\partial\tau_1}{\partial x}\right)^2+v^2(x,y,z)\left(\frac{\partial\tau_1}{\partial y}\right)^2+v_v^2(x,y,z)\left(\frac{\partial\tau_1}{\partial z}\right)^2\right]+\\&2\left[v_v^2(x,y,z)\frac{\partial\tau_0}{\partial z}\frac{\partial\tau_1}{\partial z}-v^2(x,y,z)\left(\frac{\partial\tau_0}{\partial x}\frac{\partial\tau_1}{\partial x}+\frac{\partial\tau_0}{\partial y}\frac{\partial\tau_1}{\partial y}\right)\right]\times\\&\left[1-v_v^2(x,y,z)\left(\frac{\partial\tau_0}{\partial z}\right)^2\right]\end{aligned} \tag{7-64}$$

令 η 三次方项系数相等得到：

$$\begin{aligned}&v^2(x,y,z)\frac{\partial\tau_0}{\partial x}\frac{\partial\tau_3}{\partial x}+v^2(x,y,z)\frac{\partial\tau_0}{\partial y}\frac{\partial\tau_3}{\partial y}+v_v^2(x,y,z)\frac{\partial\tau_0}{\partial z}\frac{\partial\tau_3}{\partial z}\\&=4v^2(x,y,z)v_v^2(x,y,z)\frac{\partial\tau_0}{\partial z}\frac{\partial\tau_1}{\partial z}\left(\frac{\partial\tau_0}{\partial x}\frac{\partial\tau_1}{\partial x}+\frac{\partial\tau_0}{\partial y}\frac{\partial\tau_1}{\partial y}\right)+\\&2\left(v_v^2(x,y,z)\frac{\partial\tau_0}{\partial z}\frac{\partial\tau_2}{\partial z}-v^2(x,y,z)\left(\frac{\partial\tau_0}{\partial x}\frac{\partial\tau_2}{\partial x}+\frac{\partial\tau_0}{\partial y}\frac{\partial\tau_2}{\partial y}\right)\right)\times\left(1-v_v^2(x,y,z)\left(\frac{\partial\tau_0}{\partial z}\right)^2\right)+\\&\left(v_v^2(x,y,z)\left(\frac{\partial\tau_1}{\partial z}\right)^2-v^2(x,y,z)\left(\frac{\partial\tau_1}{\partial x}\right)^2-v^2(x,y,z)\left(\frac{\partial\tau_1}{\partial y}\right)^2\right)\times\left(1-v_v^2(x,y,z)\left(\frac{\partial\tau_0}{\partial z}\right)^2\right)-\\&v^2(x,y,z)\frac{\partial\tau_1}{\partial x}\frac{\partial\tau_2}{\partial x}-v^2(x,y,z)\frac{\partial\tau_1}{\partial y}\frac{\partial\tau_2}{\partial y}-v_v^2(x,y,z)\frac{\partial\tau_1}{\partial z}\frac{\partial\tau_3}{\partial z}\end{aligned} \tag{7-65}$$

利用序列：

$$\begin{aligned}A_0&=\tau_0\\A_1&=\tau_0+\tau_1\eta\\A_2&=\tau_0+\tau_1\eta+\tau_2\eta^2\\A_3&=\tau_0+\tau_1\eta+\tau_2\eta^2+\tau_3\eta^3\end{aligned} \tag{7-66}$$

借助于 Shanks 变换：

$$S(A_n)=\frac{A_{n+1}A_{n-1}-A_n^2}{A_{n+1}-2A_n+A_{n-1}} \tag{7-67}$$

提高程函方程求解过程中的收敛速度，得到的不同级数序列对应的各向异性非双曲时距曲线表达式：

$$\tau(x,y,z)\approx\frac{A_0A_2-A_1^2}{A_0-2A_1+A_2}=\tau_0(x,y,z)+\frac{\eta\tau_1^2(x,y,z)}{\tau_1(x,y,z)-\eta\tau_2(x,y,z)}$$

$$\tau(x,y,z) \approx \frac{A_1A_3 - A_2^2}{A_1 - 2A_2 + A_3} = \tau_0(x,y,z) + \eta\left[\tau_1(x,y,z) + \frac{\eta\tau_2^2(x,y,z)}{\tau_2(x,y,z) - \eta\tau_3(x,y,z)}\right] \tag{7-68}$$

其中：

$$\tau_0(r,z) = \frac{\sqrt{r^2 + z^2}}{v_{\mathrm{nmo}}^2} \qquad \tau_2(r,z) = \frac{3(r^8 + 4r^6z^2)}{2v_{\mathrm{nmo}}(r^2 + z^2)^{\frac{3}{2}}}$$
$$\tau_1(r,z) = -\frac{r^4}{v_{\mathrm{nmo}}(r^2 + z^2)^{\frac{7}{2}}} \qquad \tau_3(r,z) = -\frac{r^8(5r^4 + 28r^2z^2 + 104z^4)}{2v_{\mathrm{nmo}}(r^2 + z^2)^{\frac{11}{2}}} \tag{7-69}$$

3. GME 表达式

旅行时的统一形式：

$$t^2(x) \approx t_0^2 + \frac{x^2}{v^2} + \frac{Ax^4}{v^4\left[t_0^2 + B\frac{x^2}{v^2} + \sqrt{t_0^4 + 2Bt_0^2\frac{x^2}{v^2} + C\frac{x^4}{v^4}}\right]} \tag{7-70}$$

可以退化到很多学者提出的各种不同形式的非双曲时差表达形式，如果 $A=0$，便退化到了双曲时差方程：

$$t^2(x) \approx t_0^2 + \frac{x^2}{v^2} \tag{7-71}$$

如果 $A = (1-s)/2; B = s/2; C = 0$，便退化到(Malovichko，1978；Castle，1994)提出的三项非双曲时差方程：

$$t(x) \approx t_0\left(1 - \frac{1}{s}\right) + \frac{1}{s}\sqrt{t_0^2 + s\frac{x^2}{v^2}} \tag{7-72}$$

如果 $A = -4\eta; B = 1 + 2\eta; C = (1 + 2\eta)^2$，便退化到 Alkhalifah 和 Tsvankin(1995)提出的方程：

$$t^2(x) \approx t_0^2 + \frac{x^2}{v^2} - \frac{2\eta x^4}{v^4\left[t_0^2 + (1 + 2\eta)\frac{x^2}{v^2}\right]} \tag{7-73}$$

如果 $B = 0; C = 2A$，便退化到 Blias(2009)提出的方程：

$$t^2(x) \approx \frac{t_0^2}{2} + \frac{x^2}{v^2} + \frac{1}{2}\sqrt{t_0^4 + \frac{2Ax^4}{v^4}} \tag{7-74}$$

选择 $A = 2\tan^2\theta; B = 1 - \tan^2\theta; C = 1/\cos^4\theta$，式(7-70)可写为：

$$t(x) \approx \frac{1}{2}\sqrt{t_0^2 + \frac{x(x + t_0v\sin2\theta)}{v^2\cos^2\theta}} + \frac{1}{2}\sqrt{t_0^2 + \frac{x(x - t_0v\sin2\theta)}{v^2\cos^2\theta}}$$
$$= \frac{\sqrt{z^2 + (y + x/2)^2}}{V} + \frac{\sqrt{z^2 + (y - x/2)^2}}{V} \tag{7-75}$$

令 $A = -4\eta; B = \dfrac{1 + 8\eta + 8\eta^2}{1 + 2\eta}; C = \dfrac{1}{(1 + 2\eta)^2}$，式(7-70)可写为：

$$t^2(x) \approx t_0^2 + \frac{x^2}{v^2} - \frac{4\eta x^4}{v^4\left[t_0^2 + \frac{1 + 8\eta + 8\eta^2}{1 + 2\eta}\frac{x^2}{v^2} + \sqrt{t_0^4 + 2\frac{1 + 8\eta + 8\eta^2}{1 + 2\eta}t_0^2\frac{x^2}{v^2} + \frac{1}{(1 + 2\eta)^2}\frac{x^4}{v^4}}\right]} \tag{7-76}$$

4. 三种表达式精度分析

设计一个双层模型，第一层为各向异性介质，令 $V_{nmo} = 2000\ m/s$，$t_0 = 1\ s$。采用射线追踪得到不同偏移距的旅行时 t，与三种时距曲线表达式运算得到的对应偏移距的旅行时 t_{app} 进行对比，记 $|t - t_{app}|$ 为绝对误差，$\frac{|t - t_{app}|}{t} \times 100\%$ 为相对误差，下面是对应的误差分析结果。

从图 7－37 可以看出，对于该平层模型，在偏移距深度比和非椭圆率值变大的情况下，绝对误差和相对误差呈现增大的趋势，并且绝对误差的最大值可达到 30ms，对于地震数据采样率 1ms、2ms 和 4ms 的情况下，其误差太大，同时也说明该方法在各向异性增强和偏移距较大时误差较大，不稳定。

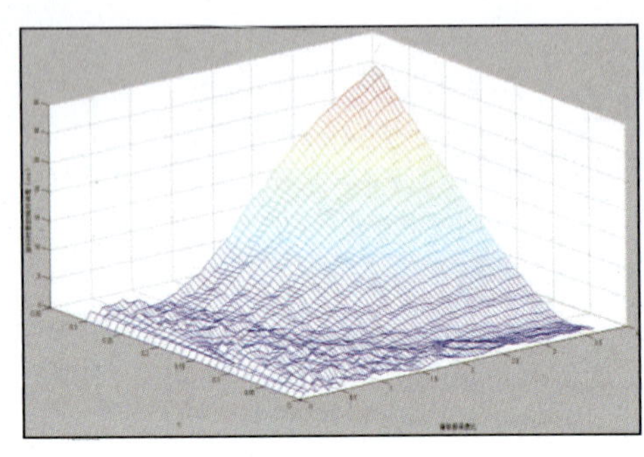
（a）绝对误差

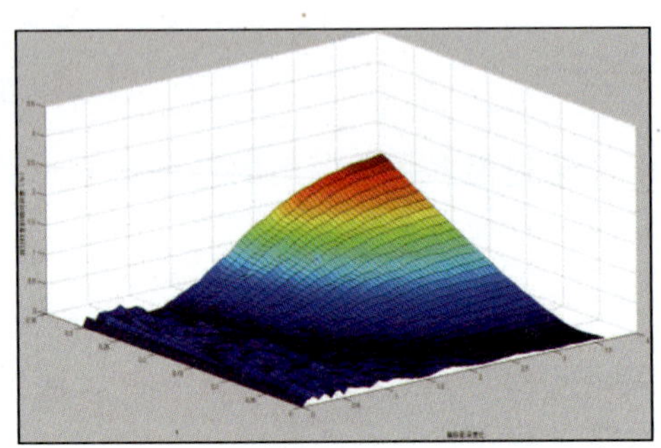
（b）相对误差

图 7－37　RI 表达式的绝对误差及相对误差

从图 7－38 可以看出，对于该平层模型，在偏移距深度比变大，非椭圆率值变大的情况下，绝对误差和相对误差增大的趋势较小，并且绝对误差的最大值才达到 4ms，对于地震数据采样率 1ms、2ms 和 4ms 的情况下，该误差可以接受，并且该方法对于各向异性增强和偏移距范围增大的地震数据也很稳定，但计算效率较 RI 表达式有所降低。

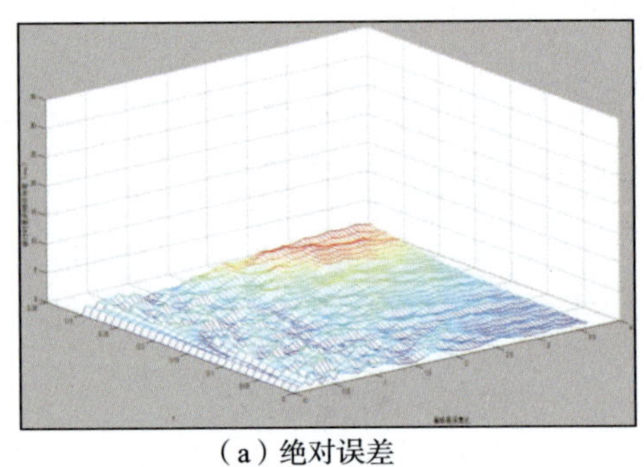
（a）绝对误差

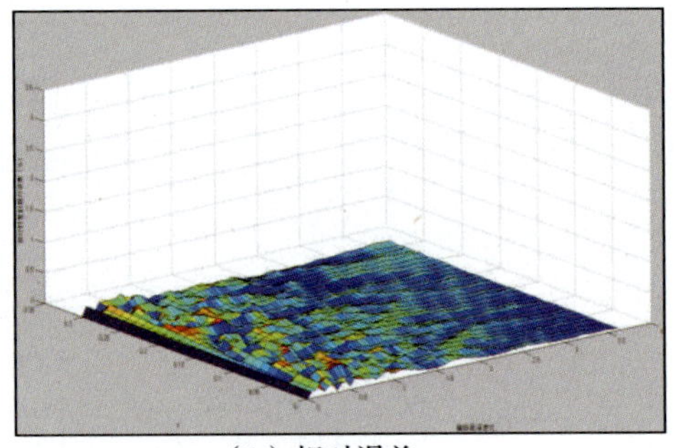
（b）相对误差

图 7－38　Shanks 表达式二阶序列展开的绝对误差及相对误差

从图 7－39 可以看出，对于该平层模型，在偏移距深度比变大，非椭圆率值变大的情况

下，绝对误差和相对误差增大的趋势较小，并且绝对误差的最大值才达到2ms，对于地震数据采样率1ms、2ms和4ms的情况下，该误差可以接受，并且该方法对于各向异性增强和偏移距范围增大的地震数据很稳定，但计算效率较Shanks表达式二阶序列展开有所降低。

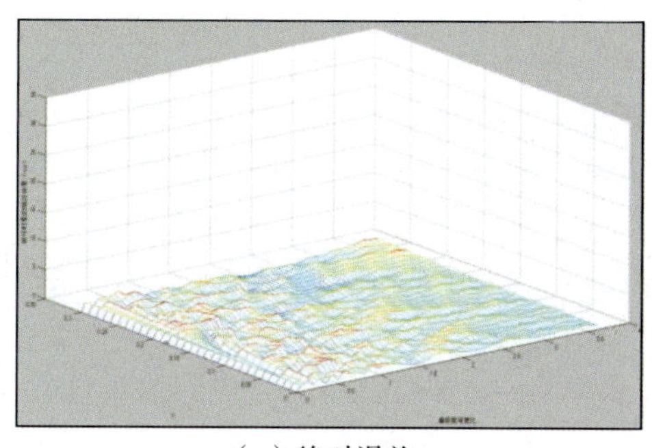

（a）绝对误差

（b）相对误差

图7－39　Shanks表达式三阶序列展开的绝对误差及相对误差

从图7－40可以看出，对于该平层模型，在偏移距深度比变大，非椭圆率值变大的情况下，绝对误差和相对误差增大的趋势较小，并且绝对误差的最大值才达到2ms，对于地震数据采样率1ms、2ms和4ms的情况下，该误差可以接受，并且该方法对于各向异性增强和偏移距范围增大的地震数据很稳定，相比前面的两类表达式，该表达式稳定性更佳，但是计算效率介于RI表达式和Shanks表达式之间。

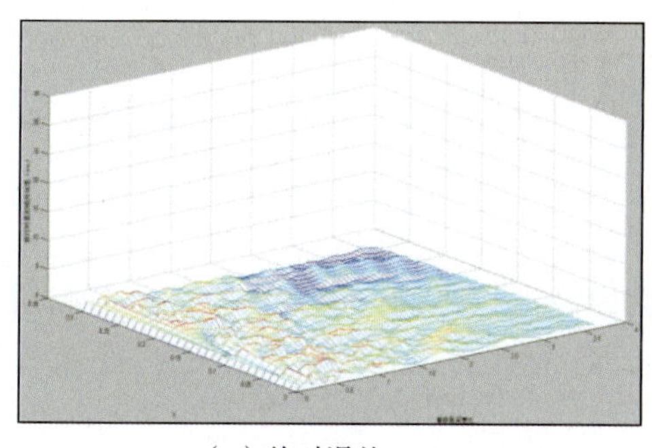

（a）绝对误差

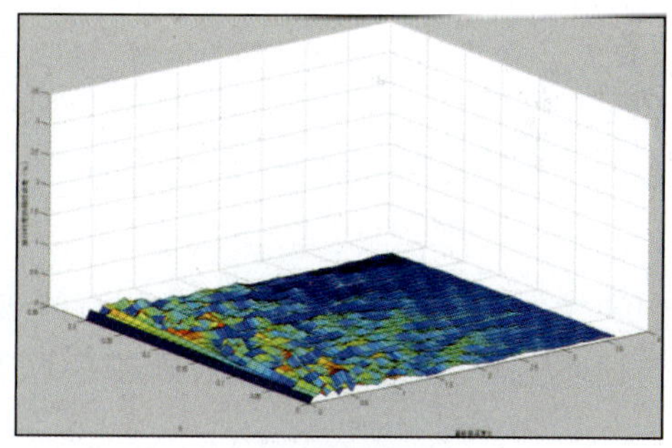

（b）相对误差

图7－40　Shanks表达式三阶序列展开的绝对误差及相对误差

二、基于测井地震相结合资料的初始参数提取技术

横向各向同性介质（简称TI）是具有柱对称轴的介质，根据其对称轴在空间定向是垂直还是水平又分别称为VTI（Transversely Isotropy With A Vertical Axis of Symmetry）介质和HTI（Transversely Isotropy With A Horizontal Axis of Symmetry）介质。TI介质弹性矩阵具有5个独立的弹性常数，VTI介质是研究的重点，其弹性矩阵为：

$$\boldsymbol{C}=\begin{bmatrix} c_{11} & c_{11}-2c_{66} & c_{13} & 0 & 0 & 0 \\ c_{11}-2c_{66} & c_{11} & c_{13} & 0 & 0 & 0 \\ c_{13} & c_{13} & c_{33} & 0 & 0 & 0 \\ 0 & 0 & 0 & c_{44} & 0 & 0 \\ 0 & 0 & 0 & 0 & c_{44} & 0 \\ 0 & 0 & 0 & 0 & 0 & c_{66} \end{bmatrix} \tag{7-77}$$

VTI 是重要的各向异性模型，因为实际中 70% 的沉积岩石展现 TI 介质的各向异性，常用来描述由周期性的薄互层、岩石内部结构和平行排列的微裂隙引起的各向异性。

根据 Stonely(1949)的理论，引入另外五个参数，分别与弹性参数建立如下的关系：

$$\begin{aligned} a &= C_{11} = C_{22} \\ c &= C_{33} \\ f &= C_{13} = C_{23} \\ l &= C_{44} = C_{55} \\ m &= C_{66} \end{aligned} \tag{7-78}$$

根据 Backus(1962)各向同性弹性层的加权平均属性与各向异性刚度张量之间建立如下关系：

$$\begin{aligned} a &= \left(\frac{\lambda}{\lambda+2\mu}\right)^2\left(\frac{1}{\lambda+2\mu}\right)^{-1}+4\left[\frac{\mu(\lambda+\mu)}{\lambda+2\mu}\right] \\ c &= \left(\frac{1}{\lambda+2\mu}\right)^{-1} \\ f &= \left(\frac{\lambda}{\lambda+2\mu}\right)\left(\frac{1}{\lambda+2\mu}\right)^{-1} \\ l &= \left(\frac{1}{\mu}\right)^{-1} \\ m &= (\mu) \end{aligned} \tag{7-79}$$

各向异性的程度取决于层与层之间流体参数以及加权平均窗函数的长度。层与层之间流体参数与地质、岩石参数及构造有着密切联系，窗函数的长度与地震波的传播波长度密切相关。

Thomsen 参数与上述五个参数之间的关系：

$$\begin{aligned} v_{P0} &= \sqrt{\frac{c}{(\rho)}} \\ v_{S0} &= \sqrt{\frac{l}{(\rho)}} \\ \varepsilon &= \frac{a-c}{2c} \\ \delta &= \frac{(f+l)^2-(c-l)^2}{2c(c-l)} \\ \gamma &= \frac{m-l}{2l} \end{aligned} \tag{7-80}$$

那么，可以认为 Thomsen 参数是薄各向异性层间的加权平均。

图 7－41 是某探区一口测井的的速度、密度信息，及利用速度和密度信息提取的 Thomsen 参数。

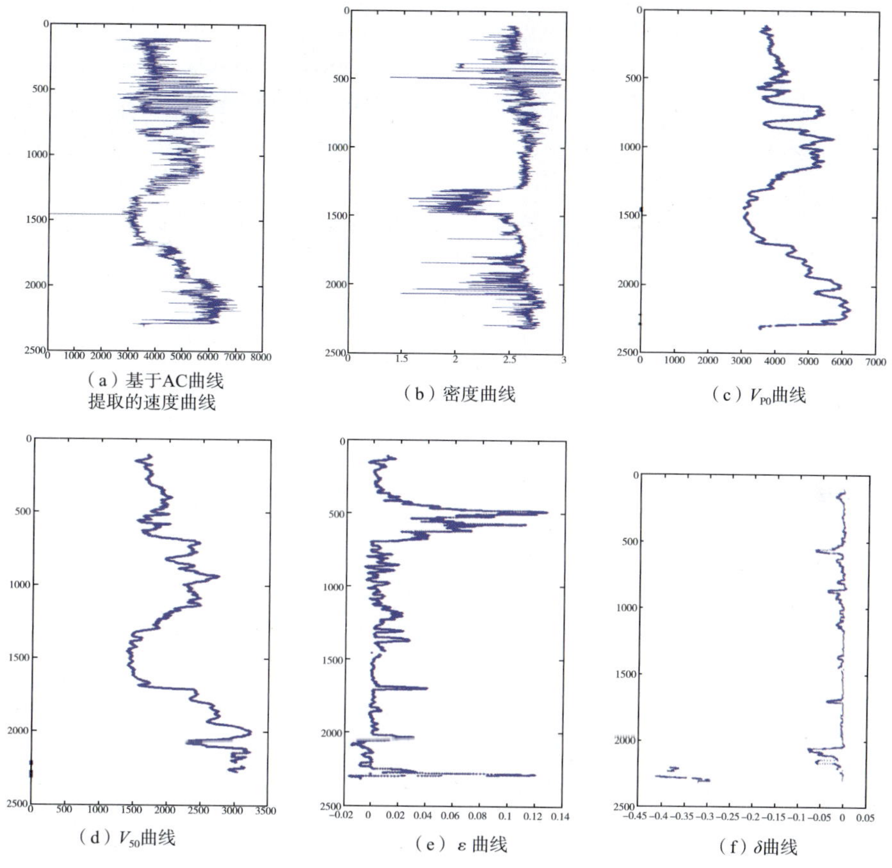

（a）基于AC曲线提取的速度曲线　（b）密度曲线　（c）V_{P0}曲线

（d）V_{S0}曲线　（e）ε 曲线　（f）δ曲线

图 7－41　某实际测井数据的各向异性参数

三、模型数据测试与实际数据试处理

1. 模型数据测试

下面对一多层各向异性模型进行测试，其测试结果如图 7－42 所示。

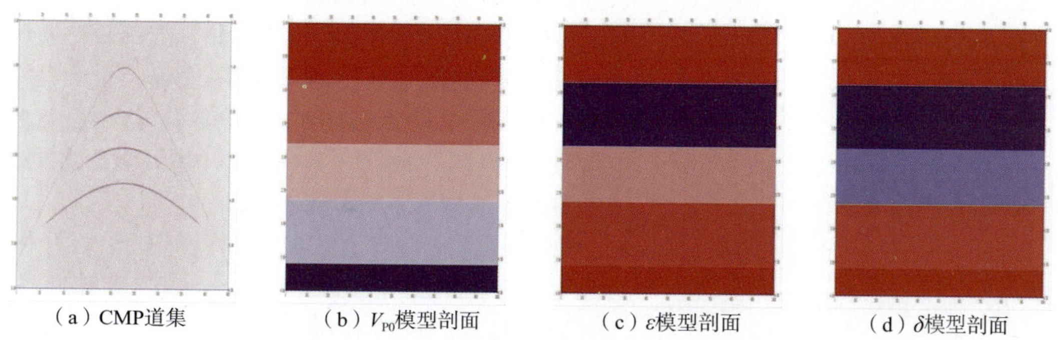

（a）CMP道集　（b）V_{P0}模型剖面　（c）ε模型剖面　（d）δ模型剖面

图 7－42　模型数据

基于模型数据的 CMP 道集进行参数扫描分别得到的 V_{nmo} 和 V_h 剖面如图 7－43 所示。利用 V_{P0} 数据作时深转换得到深度域的 Thomsen 参数如图 7－44 所示。

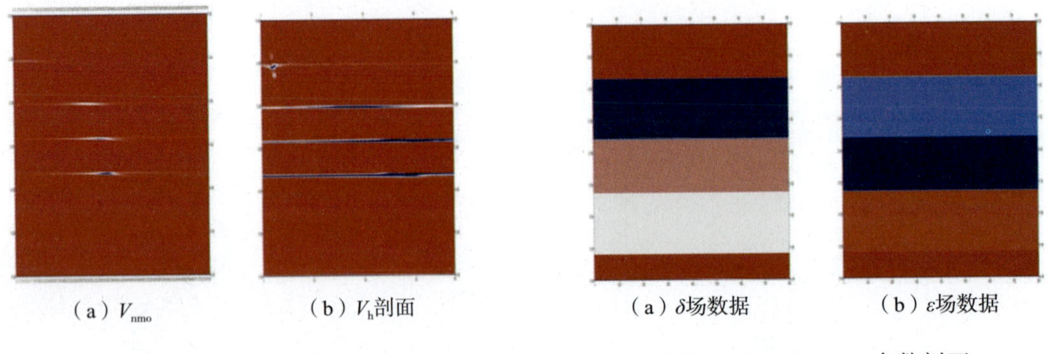

（a）V_{nmo}　（b）V_h剖面

图 7－43　参数剖面

（a）δ场数据　（b）ε场数据

图 7－44　Thomsen 参数剖面

扫描得到的各向异性参数与真实的各向异性参数场的对比分析如图 7－45 所示。

	Vnmo（真实）	Vnmo（扫描）	Err /%	Vhor（真实）	Vhor（扫描）	Err /%	Delta（真实）	Delta（扫描）	Err /%	Epsilon（真实）	Epsilon（扫描）	Err /%
第一层	1700	1700	0	1700	1700	0	0.0	0.0	0	0.0	0.0	0
第二层	2140.582	2140	-0.027	2310.885	2280	-1.34	0.369	0.422	14.4	0.579	0.665	15
第三层	2185.141	2180	-0.235	2629.453	2600	-1.12	0.096	0.0894	6.88	0.73	0.826	13.2
第四层	2248.948	2240	-0.398	2607.369	2600	-0.283	0.025	0.021	16	0.055	0.0556	1.1

图 7－45　误差分析结果

方框显示数据为相对误差，如果缩小速度扫描间隔，其参数精度还会提高，但是会增加计算量。

2. 实际数据试处理

该工区位于我国西部，测线 651 条，线号范围为 450～1100，cdp 方向为 1051 个点，范围为 450～1500，线间隔 15m，cdp 间隔 15m，炮集数据时间采样点数 3001，采样间隔 2ms，最大偏移距 7048m，深度采样点数 1001，深度采样间隔为 10m。共收集 17 口测井数据，其中 12 口井可用于各向异性参数提取。

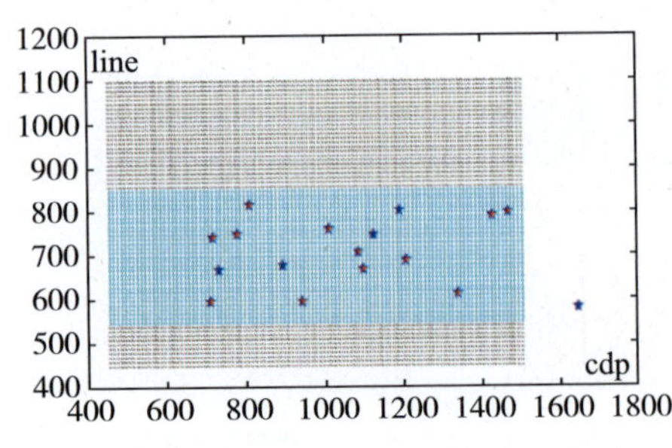

图 7－46　工区测井分布图

图 7－46 中的蓝色区域为深度域层位解释区域，五角星为工区的测井位置。

首先对每一口可利用的测井数据制作合成记录，并进行井位标定。图 7－47 是某一口井的井震标定结果，并将该井的井震标定结果在时间域层位解释剖面上进行投影(见图7－48)。

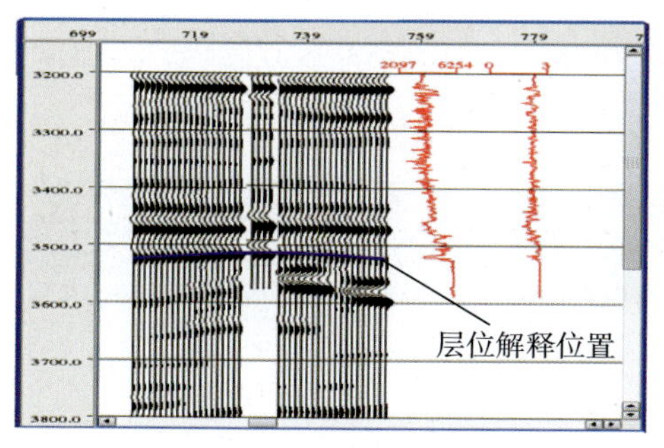

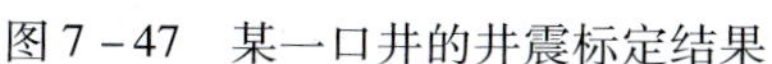
图7－47　某一口井的井震标定结果

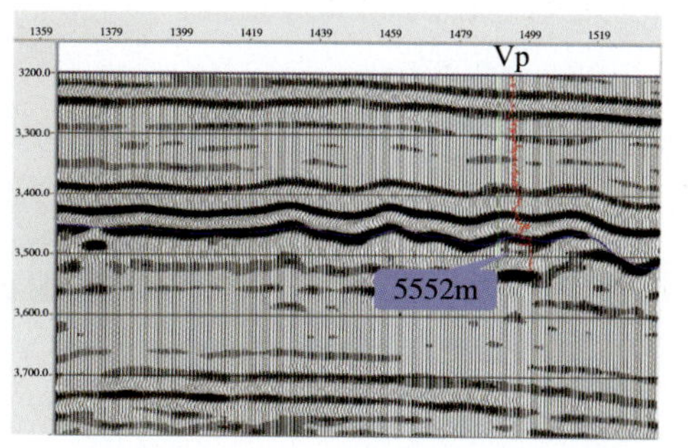

图7－48　井震标定结果在时间域层位解释剖面上的投影

图7－49为对某口井进行各向异性参数提取的结果。

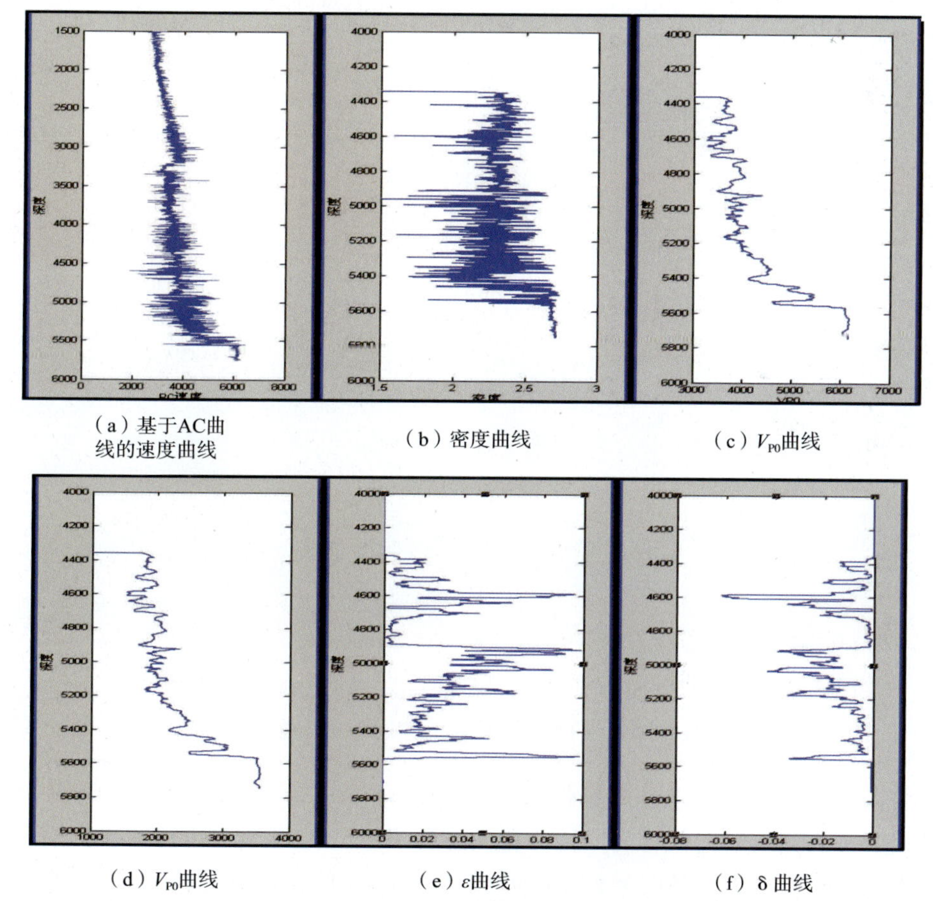

(a) 基于AC曲线的速度曲线　(b) 密度曲线　(c) V_{P0}曲线

(d) V_{P0}曲线　(e) ε曲线　(f) δ曲线

图7－49　基于实际测井数据的各向异性参数

利用井震标定的层位对工区范围内的整体层位数据进行解释，并利用时深关系约束将层位数据作时深转换，最后对地震数据的各向异性参数模型进行约束校正。对 V_{P0} 校正前后的结果如图 7－50 所示。

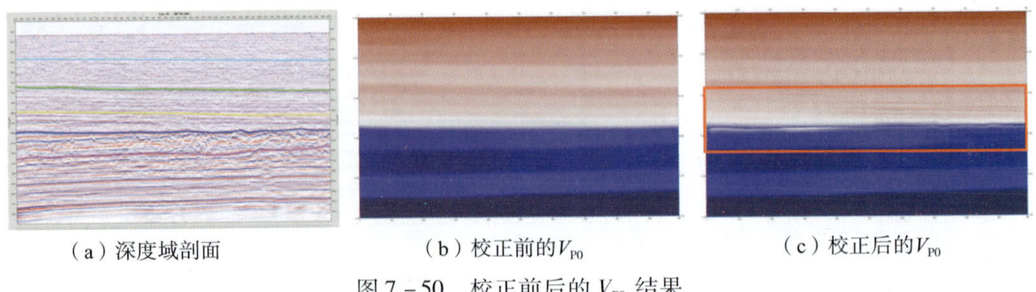
（a）深度域剖面　（b）校正前的V_{P0}　（c）校正后的V_{P0}

图 7－50　校正前后的 V_{P0} 结果

根据地震数据时深转换及测井数据得到的 Thomsen 参数、时深关系及深度域层位数据，对整个探区的参数模型进行约束校正，其结果如图 7－51 所示。

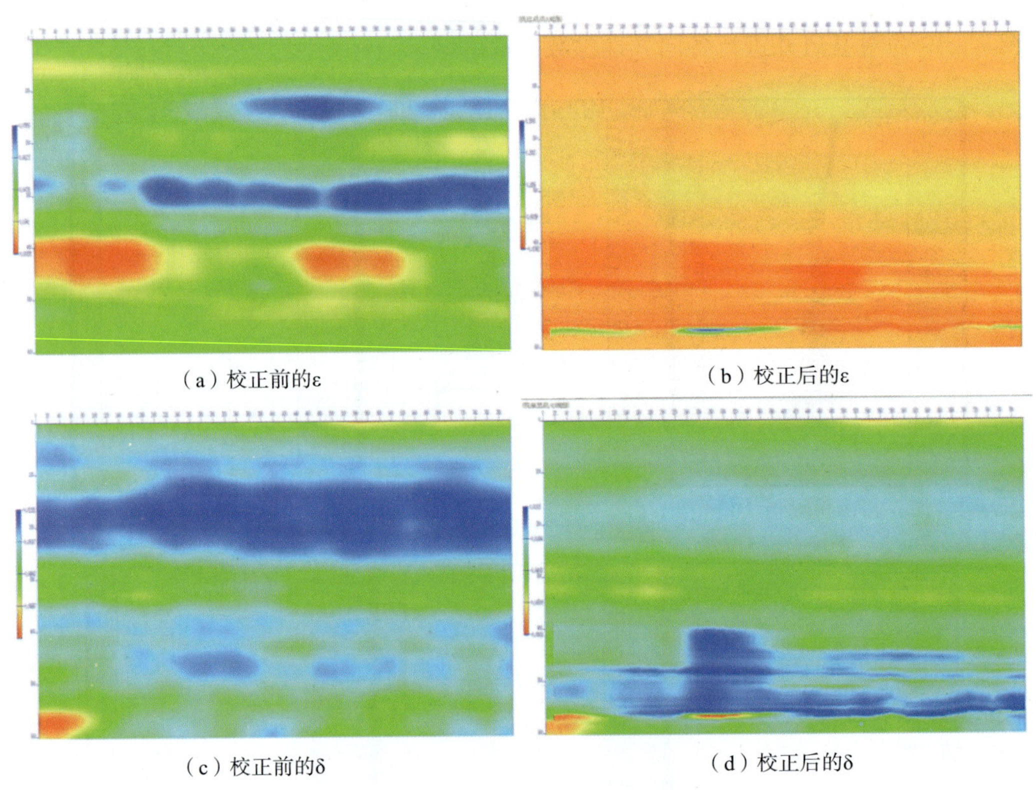
（a）校正前的ε　（b）校正后的ε

（c）校正前的δ　（d）校正后的δ

图 7－51　约束校正前后的 Thomsen 参数剖面

利用校正后的参数，采用各向异性 Kirchhoff 叠前深度偏移对该工区实际资料进行了试处理，对其中一条测线数据作各向同性和各向异性 Kirchhoff 叠前深度偏移剖面对比分析。从图 7－52 中可看出，各向异性 Kirchhoff 叠前深度偏移剖面相比各向同性 Kirchhoff 叠前深度偏移剖面整体的同相轴连续性有所增强，并且从局部放大对比结果可看出，忽略各向异性进行各向同性叠前深度偏移在井位置同相轴与测井数据有深度误差，而各向同性 Kirchhoff叠前深度偏移由于考虑了各向异性的影响，使得井位置同相轴与测井数据的井位分层吻合度较好。

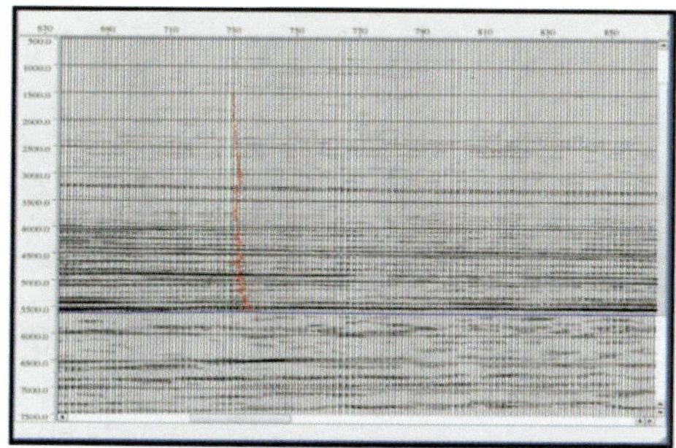

（a）各向同性Kirchhoff叠前深度偏移剖面

（b）各向异性Kirchhoff叠前深度偏移剖面

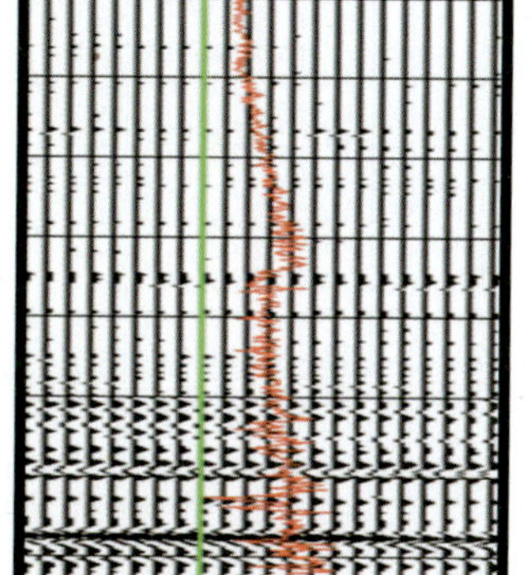

（c）各向同性Kirchhoff叠前深度偏移剖面局部放大剖面

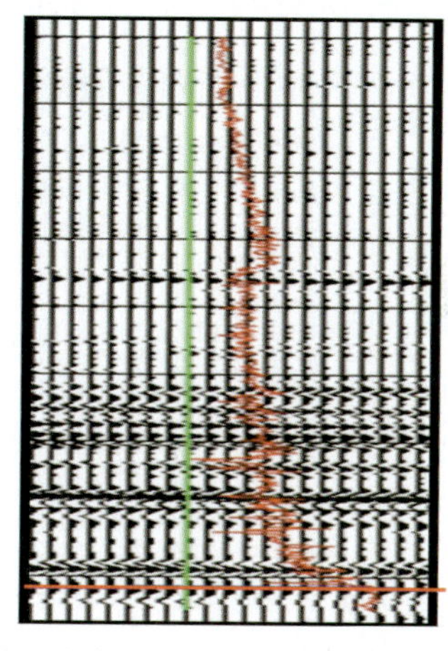

（d）各向异性Kirchhoff叠前深度偏移剖面局部放大剖面

图 7－52　各向同性与各向异性 Kirchhoff 叠前深度偏移剖面及局部放大剖面对比

第四节　成像道集各向异性参数层析反演技术

目前精细更新各向异性参数的途径主要是通过成像道集的剩余时差进行各向异性参数层析反演。该技术主要包括以下四个部分：①各向异性射线追踪技术；②各向异性层析方程建立技术；③各向异性层析矩阵求解技术；④递进式各向异性参数提取及建模流程。

一、成像道集各向异性层析反演技术

1. 各向异性层析方程

在高频近似理论下，射线走时和各向异性参数之间的关系如下：

$$\tau(S,R) = \int_{L(S,R)} s_{\mathrm{group}}\,\mathrm{d}l \qquad (7-81)$$

其中，S 和 R 分别代表炮点和检波点，$\tau(S,R)$ 是炮检点之间的旅行时，$L(S,R)$ 是炮点 S 与检波点 R 之间的射线路径，s_{group} 是各向异性参数 $v_{\mathrm{P0}}, \varepsilon, \delta$ 的函数。

因此，真实各向异性参数模型中炮检点之间的旅行时可表示为如下形式：

$$\tau_{\text{true}}(S,R) = \int_{L_{\text{true}}(S,R)} s_{\text{group}}^{\text{true}} \mathrm{d}l \tag{7-82}$$

式中，$\tau_{\text{true}}(S,R)$ 是观测的真实旅行时，$L_{\text{true}}(S,R)$ 是真实射线路径；$s_{\text{group}}^{\text{true}}$ 是真实各向异性参数的函数。

而在初始各向异性参数模型中炮检对之间的旅行时可表示为如下形式：

$$\tau_{\text{curr}}(S,R) = \int_{L_{\text{curr}}(S,R)} s_{\text{group}}^{\text{curr}} \mathrm{d}l \tag{7-83}$$

式中，$\tau_{\text{curr}}(S,R)$ 是基于初始模型计算的旅行时，$L_{\text{curr}}(S,R)$ 是初始模型中的射线路径；$s_{\text{group}}^{\text{curr}}$ 是初始各向异性参数的函数。

真实旅行时和初始旅行时的差如下：

$$\tau_{\text{true}}(S,R) - \tau_{\text{curr}}(S,R) = \int_{L_{\text{true}}(S,R)} s_{\text{group}}^{\text{true}} \mathrm{d}l - \int_{L_{\text{curr}}(S,R)} s_{\text{group}}^{\text{curr}} \mathrm{d}l \tag{7-84}$$

上式右端真实射线路径未知，假设初始慢度模型与真实慢度模型在一定程度上接近，据 Fermat 原理可知，真实模型的射线路径与初始模型的射线路径近似相等：

$$L_{\text{true}}(S,R) \approx L_{\text{curr}}(S,R) \tag{7-85}$$

因此，真实旅行时和初始旅行时的时差表示如下：

$$\begin{aligned}\Delta\tau &= \tau_{\text{true}}(S,R) - \tau_{\text{curr}}(S,R) = \int_{L_{\text{true}}(S,R)} s_{\text{group}}^{\text{true}} \mathrm{d}l - \int_{L_{\text{curr}}(S,R)} s_{\text{group}}^{\text{curr}} \mathrm{d}l \\ &\approx \int_{L_{\text{curr}}(S,R)} s_{\text{group}}^{\text{true}} \mathrm{d}l - \int_{L_{\text{curr}}(S,R)} s_{\text{group}}^{\text{curr}} \mathrm{d}l = \int_{L_{\text{curr}}(S,R)} (s_{\text{group}}^{\text{true}} - s_{\text{group}}^{\text{curr}}) \mathrm{d}l \\ &= \int_{L_{\text{curr}}(S,R)\Delta} s_{\text{group}} \mathrm{d}l\end{aligned} \tag{7-86}$$

即：

$$\Delta\tau = \int_{L_{\text{curr}}(S,R)} \Delta s_{\text{group}} \mathrm{d}l \tag{7-87}$$

上式是各向异性层析反演方程，每对炮检对都可以表示成一个如此的线性方程，所有的炮检对构成线性方程组，转换为矩阵形式如下：

$$\boldsymbol{K}\Delta s_{\text{group}} = \Delta\boldsymbol{\tau} \tag{7-88}$$

其中，$\Delta\boldsymbol{\tau}$ 为剩余时差矩阵，$\Delta\boldsymbol{s}_{\text{group}}$ 为各向异性参数更新量矩阵：

$$\Delta\boldsymbol{s}_{\text{group}} = [\Delta\boldsymbol{s}_{\text{P0}} \quad \Delta\boldsymbol{\varepsilon} \quad \Delta\boldsymbol{\delta}]^{\text{T}} \tag{7-89}$$

与各向同性方程组不同的是，各向异性方程组中，$\boldsymbol{K}$ 不再仅是射线长度的矩阵，而是射线长度和各向异性参数导数的函数矩阵，形式如下：

$$\boldsymbol{K} = \left[\boldsymbol{L}\frac{\partial s_{\text{group}}}{\partial s_{\text{P0}}} \quad \boldsymbol{L}\frac{\partial s_{\text{group}}}{\partial \varepsilon} \quad \boldsymbol{L}\frac{\partial s_{\text{group}}}{\partial \delta}\right] \tag{7-90}$$

式中，$\boldsymbol{L}$ 是射线长度的矩阵。

求解层析方程组可以得到各向异性参数更新量 Δs_{group}，进而更新各向异性参数模型 s_{group}。由于上述推导中存在近似，一次层析反演得到的更新模型并不精确，因此需要通过多次迭代得到准确的各向异性参数模型。

各向异性层析反演的目的是更新 $v_{\text{P0}}, \varepsilon, \delta$ 三个参数，因此在解方程之前还需获得剩余时差 $\Delta\tau$ 和射线长度 L。

2. 剩余时差自动拾取技术

通过剩余曲率分析确定一个时窗，在角度道集的时窗内自动拾取剩余深度，这个深度是偏移深度，需将其换为理论深度，进而才能转换为剩余时差。

1）剩余曲率分析

拟采用各向同性剩余曲率分析代替各向异性剩余曲率分析，并且尽量简化计算公式，减小计算量，提高计算效率。为了解决近似带来的误差，可以将时窗稍作调整（例如加大时窗的范围），只要能保证成像点在时窗范围内就可以达到剩余曲率分析的目的。

假设地下倾角为零，旅行时表示如下：

$$t_r = \sqrt{\left(\frac{x}{2v}\right)^2 + \left(\frac{z}{v}\right)^2} \tag{7-91}$$

式中，t_r 为信号的旅行时，v 是反射界面以上的平均速度。

当用偏移速度 v_m 进行偏移时，旅行时 t_{rm} 的表达式变为：

$$t_{rm} = \sqrt{\left(\frac{x}{2v_m}\right)^2 + \left(\frac{z_m}{v_m}\right)^2} \tag{7-92}$$

其中，t_r、t_{rm} 都是地表记录到的真实旅行时，因此旅行时大小不变，而是相应的地下成像点的位置发生了变化。

将上两式联立得到如下公式：

$$\sqrt{\left(\frac{x}{2v}\right)^2 + \left(\frac{z}{v}\right)^2} = \sqrt{\left(\frac{x}{2v_m}\right)^2 + \left(\frac{z_m}{v_m}\right)^2} \tag{7-93}$$

简化得到偏移深度 z_m：

$$z_m = \sqrt{\frac{x^2}{4}(\gamma^2 - 1) + \gamma^2 z^2} \tag{7-94}$$

上式描述了各向同性水平层状介质时，由于偏移速度的误差引起的成像道集中的深度差。其中，x 为共成像点道集的偏移距。剩余曲率表示为 $\gamma = v_m/v$，当偏移速度正确时，成像道集被拉平，剩余曲率 $\gamma = 1$，偏移深度与真深度相同，即 $z_m = z$，不同偏移距的偏移深度与偏移距 x 无关；若偏移速度不正确，即 $\gamma \neq 1$，不同偏移距的偏移深度与偏移距之间存在一定的曲线关系，通过对共成像点道集进行一系列剩余曲率的扫描可以得到 γ 谱，通过拾取获得最佳 γ 值。

2）偏移深度的自动拾取

对于每个需要拾取的 CDP 点，需要所需拾取的层位数、对应的剩余曲率以及初始深度，利用公式 $z_m = \sqrt{\frac{x^2}{4}(\gamma^2 - 1) + \gamma^2 z^2}$ 计算剩余曲率约束曲线。并对成像点的每一道的理论深度约束曲线附近开一个窗，用滑动时窗内的值与上一道进行相关，公式如下：

$$r_{xy}(\tau) = \sum_{n=1}^{\text{trace\_len}} x_n y_{n-\tau} \tag{7-95}$$

找到最大相关值对应的窗口滑动量 τ，进而确定下一道拾取的成像深度 $z_m = (n + \tau) d_z$，其中 d_z 为深度采样间隔。对共成像点道集的所有道循环完成该成像点偏移深度的自动拾取。

为了得到剩余深度差还需要计算成像点所在的理论深度，每个偏移距道集对应的理论深度的计算公式为：$z_{0,i}=\dfrac{\sqrt{z_{\mathrm{m},i}^2-x_i^2\gamma^2-1)}}{4}$，平均理论深度的计算公式为：

$$z_0=\sum_{i=1}^{Ntrace}z_i/Ntrace\text{。}$$

利用理论深度和偏移深度便可以求出每一道的剩余深度差。

剩余深度差和剩余时差的转换：

$$\Delta\tau=2s_m\Delta z\cos\theta\cos\phi \tag{7-96}$$

3)倾斜界面梯度的扫描

用 $s(\boldsymbol{x},t)$ 表示地震数据体，$\boldsymbol{x}$ 为空间坐标，t 为时间坐标。对于给定的数据点 $(\boldsymbol{x},t)$，该点所对应的互相关函数定义如下：

$$CCF(\boldsymbol{g},\boldsymbol{x}_i,t)=\sum_{0<\|\boldsymbol{x}_i-\boldsymbol{x}_k\|_2<D}\int_{t-\Delta t}^{t+\Delta t}s(\boldsymbol{x}_i,t)s(\boldsymbol{x}_k,t+(\boldsymbol{x}_i-\boldsymbol{x}_k)\boldsymbol{g})\mathrm{d}t \tag{7-97}$$

上式中 D 为空间窗的半径，$2\Delta t$ 为时窗的长度，$\boldsymbol{g}$ 为同相轴的梯度向量，互相关函数最大值时对应的梯度向量为所求值。

以梯度向量 $\boldsymbol{g}$ 为法线方向的平面对数据进行重采样，其重采样信号的协方差如下：

$$COV(\boldsymbol{g},\boldsymbol{x}_i,t)=\sum_{0<\|\boldsymbol{x}_i-\boldsymbol{x}_k\|_2<D}\|s(\boldsymbol{x}_k,t+(\boldsymbol{x}_i-\boldsymbol{x}_k)\boldsymbol{g})-E\|^2 \tag{7-98}$$

其中，$E=\dfrac{1}{N}\sum_{0<\|\boldsymbol{x}_i-\boldsymbol{x}_k\|_2<D}s(\boldsymbol{x}_k,t+(\boldsymbol{x}_i-\boldsymbol{x}_k)\boldsymbol{g})$，$E$ 为重采样信号的期望，N 为空间窗内地震道的数量，协方差最小时对应的梯度向量也是所需求值。

因此可通过互相关函数和协方差将原始数据每个采样点处的梯度向量 g 表示为如下形式：

$$\boldsymbol{g}_{\mathrm{final}}=\arg\left[\max_{g}\frac{CCF(\boldsymbol{g},\boldsymbol{x}_i,t)}{COV(\boldsymbol{g},\boldsymbol{x}_i,t)+1}\right] \tag{7-99}$$

其中，$\boldsymbol{g}_{\mathrm{final}}$ 表示在点 $(\boldsymbol{x},t)$ 处求得的最终的梯度向量 g。

由梯度向量 $\boldsymbol{g}$ 可以得到其对应的切向向量 $\boldsymbol{l}=(l_x,l_z)$，具体形式如下：

$$\boldsymbol{l}=(l_x,l_z)=\left(\frac{1}{\sqrt{1+g^2}},\frac{g}{\sqrt{1+g^2}}\right) \tag{7-100}$$

法线方向向量 $\boldsymbol{n}=(n_x,n_z)$ 与切向向量 $\boldsymbol{l}=(l_x,l_z)$ 的关系为：

$$\begin{gathered}n_xl_x+n_zl_z=0\\ n_x^2+n_z^2=1\\ n_z<0\end{gathered} \tag{7-101}$$

利用计算得到的反射点法向量可以确定反射点处射线追踪的射线出射方向。

4)三维数据界面倾角自动扫描实现方法

给定需要扫描倾角信息的成像点位置，沿 InLine 方向读取大小为 $nWL\times N_z$ 的 2D 成像剖面，nWL 是 InLine 方向搜索角度用到的窗长度，N_z 是深度方向采样点数；在 InLine 方向的局部 2D 成像剖面中搜索出成像点 InLine 方向的梯度向量，进而得到相应的切向向量，通过等式(7-101)计算出反射点处的法向向量。界面倾角扫描的算法实现流程如图 7-53 所示。

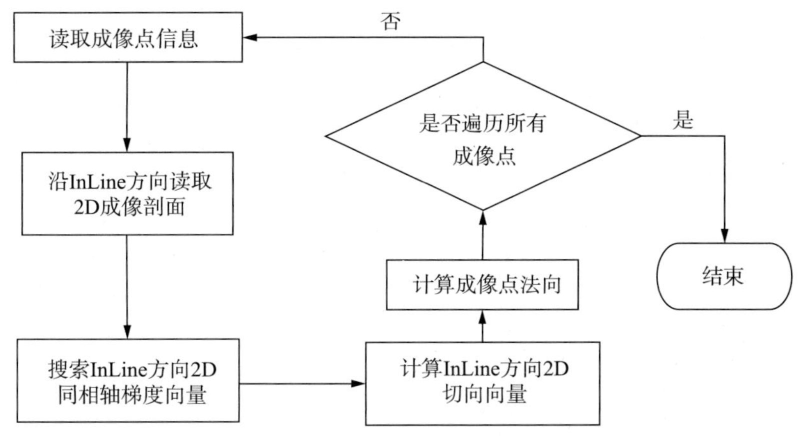

图 7－53　界面倾角扫描流程示意图

3. 射线追踪技术

首先计算反射点处的界面倾角，得到反射点法线方向，结合入射角就可得到反射角和透射角，然后通过射线追踪得到每个网格内的射线路经和射线长度，最终形成矩阵 L。

由声学近似的频散关系可以得到相应的 qP 波方程，很多学者对频散关系进行了深入研究，提出了不同的频散关系和相应的 qP 波方程。

Alkhalifah(2000)认为，即使是在很强的各向异性介质中，P 波速度和旅行时是独立于 V_{S0} 的，因此认为 P 波旅行时仅是 V_{P0}、ε、δ 的函数。从弹性波方程的准确频散关系出发，将 $V_{SZ}=0$ 代入其中，得到 VTI 介质的频散关系：

$$p_z^2=\frac{v^2}{v_v^2}\left(\frac{1}{v^2}-\frac{p_x^2+p_y^2}{1-2v^2\eta(p_x^2+p_y^2)}\right) \tag{7-102}$$

其中，v 是 NMO 速度 V_{NMO}，v_v 为垂直速度 V_{P0}，它们满足如下关系：

$$V_{P0}=\sqrt{\frac{c_{33}}{\rho}},V_{NMO}(0)=V_{P0}\sqrt{1+2\delta},\eta=\frac{\varepsilon-\delta}{1+2\delta} \tag{7-103}$$

利用 $\boldsymbol{k}=\omega\boldsymbol{p}$，上式变为：

$$k_z^2=\frac{v^2}{v_v^2}\left[\frac{\omega^2}{v^2}-\frac{\omega^2(k_x^2+k_y^2)}{\omega^2-2v^2\eta(k_x^2+k_y^2)}\right] \tag{7-104}$$

上式两边同时乘以傅里叶域的波场 $\varphi(k_x,k_y,k_z,\omega)$，分别对 k_x,k_y,k_z,ω 作反傅里叶变换得到 VTI 介质的 qP 波方程：

$$\frac{\partial^4\varphi}{\partial t^4}-(1+2\eta)v^2\left(\frac{\partial^4\varphi}{\partial x^2\partial t^2}+\frac{\partial^4\varphi}{\partial y^2\partial t^2}\right)=v_v^2\frac{\partial^4\varphi}{\partial z^2\partial t^2}-2\eta v^2v_v^2\left(\frac{\partial^4\varphi}{\partial x^2\partial z^2}+\frac{\partial^4\varphi}{\partial y^2\partial z^2}\right) \tag{7-105}$$

$\eta=0$ 时对应椭圆各向异性介质的 qP 波方程：

$$\frac{\partial^2\varphi}{\partial t^2}\left[\frac{\partial^2F}{\partial t^2}-v^2\left(\frac{\partial^2F}{\partial x^2}+\frac{\partial^2F}{\partial y^2}\right)-v_v^2\frac{\partial^2F}{\partial z^2}\right]=0 \tag{7-106}$$

对于各向同性介质而言，$v_v=v$，qP 波方程变为：

$$\frac{\partial^2P}{\partial t^2}=v^2\left(\frac{\partial^2P}{\partial x^2}+\frac{\partial^2P}{\partial y^2}+\frac{\partial^2P}{\partial z^2}\right) \tag{7-107}$$

然而，通过求解利用该频散关系得到的 qP 波方程存在一定的问题，从波场快照中出现钻石型的波场，Alkhalifah 认为这是钻石型的假象，然而 Grechka 等(2004)证实这种钻石型的假象是 SV 波，可见简单的令剪切波速度为零是不能把介质中的剪切波完全消除掉；并且仅当 $\varepsilon-\delta\geqslant 0$ 时，qP 波方程才稳定可解，$\varepsilon-\delta<0$ 时，则方程变得不稳定。

Liu(2009)从 Alkhalifah(2000)导出的 VTI 介质的四阶 qP 波方程出发，相应 3D VTI 介质的频散关系为：

$$k_z^2=\frac{V_{\mathrm{NMO}}^2}{V_{\mathrm{P}}^2}\left(\frac{\omega^2}{V_{\mathrm{NMO}}^2}-\frac{\omega^2(k_x^2+k_y^2)}{\omega^2-2V_{\mathrm{NMO}}^2\eta(k_x^2+k_y^2)}\right) \tag{7-108}$$

式中，$V_{\mathrm{NMO}}=V_{\mathrm{P}}\sqrt{1+2\delta}$，$\eta=\dfrac{\varepsilon-\delta}{1+2\delta}$。

将上述频散关系分离得到 P 波和 SV 波对应的 qP 波方程：

$$\frac{1}{V_{\mathrm{P}}^2}\frac{\partial^2}{\partial t^2}P=\frac{1}{2}\left\{\left[m\left(\frac{\partial^2}{\partial x^2}+\frac{\partial^2}{\partial y^2}\right)+\frac{\partial^2}{\partial z^2}\right]+\sqrt{\left[m\left(\frac{\partial^2}{\partial x^2}+\frac{\partial^2}{\partial y^2}\right)+\frac{\partial^2}{\partial z^2}\right]-8\gamma\left(\frac{\partial^2}{\partial x^2}+\frac{\partial^2}{\partial y^2}\right)\frac{\partial^2}{\partial z^2}}\right\}P \tag{7-109}$$

$$\frac{1}{V_{\mathrm{P}}^2}\frac{\partial^2}{\partial t^2}P_{\mathrm{SV}}=\frac{1}{2}\left\{\left[m\left(\frac{\partial^2}{\partial x^2}+\frac{\partial^2}{\partial y^2}\right)+\frac{\partial^2}{\partial z^2}\right]-\sqrt{\left[m\left(\frac{\partial^2}{\partial x^2}+\frac{\partial^2}{\partial y^2}\right)+\frac{\partial^2}{\partial z^2}\right]-8\gamma\left(\frac{\partial^2}{\partial x^2}+\frac{\partial^2}{\partial y^2}\right)\frac{\partial^2}{\partial z^2}}\right\}P_{\mathrm{SV}} \tag{7-110}$$

其中：

$$m(\boldsymbol{x})=1+2\varepsilon(\boldsymbol{x}),\gamma(\boldsymbol{x})=\varepsilon(\boldsymbol{x})-\delta(\boldsymbol{x}),(\boldsymbol{x})=(x,y,z) \tag{7-111}$$

将 VTI 介质的频散关系分离，得到分离后的 qP 波和 qSV 波方程，qP 波方程在 $\varepsilon<\delta$ 时同样也是稳定可解的，qSV 波方程仅对 $\varepsilon\geqslant\delta$ 满足适定性。

Zhan(2011)从 Tsvankin(2001)准确相速度出发：

$$\frac{V^2(\theta)}{V_{\mathrm{P0}}^2}=1+\varepsilon\sin^2\theta-\frac{f}{2}+\frac{f}{2}\left(1+\frac{2\varepsilon\sin^2\theta}{f}\right)\sqrt{1-\frac{2(\varepsilon-\delta)\sin^2 2\theta}{f\left(1+\frac{2\varepsilon\sin^2\theta}{f}\right)^2}} \tag{7-112}$$

将根号一阶展开($\sqrt{1+X}=1+X/2$)，得到近似的 P 波相速度：

$$\frac{V^2(\theta)}{V_{\mathrm{P0}}^2}\approx 1+2\varepsilon\sin^2\theta-\frac{(\varepsilon-\delta)\sin^2 2\theta}{2\left(1+\frac{2\varepsilon\sin^2\theta}{f}\right)} \tag{7-113}$$

Pestana 等(2011)表明当 $\left|\dfrac{2(\varepsilon-\delta)\sin^2 2\theta}{f\left(1+\frac{2\varepsilon\sin^2\theta}{f}\right)^2}\right|\ll 1$ 时，上式是较为准确的 P 波频散关系。

将 $\sin\theta=V(\theta)k_x/\omega$，$\cos\theta=V(\theta)k_z/\omega$，$V^2(\theta)=\omega^2(k_x^2+k_z^2)$ 代入上式，得到相应频散关系：

$$\omega^2=V_{\mathrm{P0}}^2\left[(1+2\varepsilon)k_x^2+k_z^2-\frac{2(\varepsilon-\delta)k_x^2k_z^2}{Fk_x^2+k_z^2}\right] \tag{7-114}$$

令式(7-114)中 $\varepsilon=0$ 得到 Etgen 和 Brandsberg-Dahl(2009)、Crawley 等(2010)提出的 VTI 介质的频散关系：

$$\omega^2=V_{\mathrm{P0}}^2\left[(1+2\varepsilon)k_x^2+k_z^2-\frac{2(\varepsilon-\delta)k_x^2k_z^2}{k_x^2+k_z^2}\right] \tag{7-115}$$

声学近似下的声波方程虽然是物理上不可实现的，但是在运动学上声波方程是弹性波方程很好的近似。由声波方程可推导出能够描述波传播射线理论的程函方程和射线方程。不仅可以直接求解声波方程来求取旅行时，还可以通过求解射线方程进行正演旅行时的计算。下面主要介绍 Alkhalifah(2000)声学近似的程函方程和射线方程，由准确频散关系出发，令剪切波速度为零得到近似频散关系，进而得到相应的 qP 波方程、程函方程和射线方程。

平面波解为：

$$\varphi(x,y,z,t) = A(x,y,z)f[t-\tau(x,y,z)] \tag{7-116}$$

Alkhalifah(2000)将平面波解代入 qP 波方程，取$f[t-\tau(x,y,z)]$四阶导数项系数，得到相应的程函方程：

$$v^2(1+2\eta)\left[\left(\frac{\partial\tau}{\partial x}\right)^2+\left(\frac{\partial\tau}{\partial y}\right)^2\right]+v_v^2\left(\frac{\partial\tau}{\partial z}\right)^2\times\left[1-2v^2\eta\left(\left(\frac{\partial\tau}{\partial x}\right)^2+\left(\frac{\partial\tau}{\partial y}\right)^2\right)\right]=1 \tag{7-117}$$

其中，$v_v = V_{P0}, v = V_{P0}\sqrt{1+2\delta}, \eta = \dfrac{\varepsilon-\delta}{1+2\delta}$。

取 $\eta = 0, v_v = v$ 变为各向同性介质的程函方程：

$$v^2\left[\left(\frac{\partial\tau}{\partial x}\right)^2+\left(\frac{\partial\tau}{\partial y}\right)^2+\left(\frac{\partial\tau}{\partial z}\right)^2\right]=1 \tag{7-118}$$

通过特征值方法，可以构建一个描述射线轨迹的常微分方程组。为此，需要将 Alkhalifah(2000)程函方程改写为如下形式：

$$\varphi\left(x,y,z,\frac{\partial t}{\partial x},\frac{\partial t}{\partial y},\frac{\partial t}{\partial z}\right)=0 \tag{7-119}$$

式中，$p_x = \dfrac{\partial t}{\partial x}, p_y = \dfrac{\partial t}{\partial y}, p_z = \dfrac{\partial t}{\partial z}$，根据 Aki 和 Richards(1980)运动学方程的解满足如下关系：

$$\frac{\mathrm{d}x}{\mathrm{d}s}=\frac{1}{2}\frac{\partial\varphi}{\partial p_x},\frac{\mathrm{d}y}{\mathrm{d}s}=\frac{1}{2}\frac{\partial\varphi}{\partial p_y},\frac{\mathrm{d}z}{\mathrm{d}s}=\frac{1}{2}\frac{\partial\varphi}{\partial p_z} \tag{7-120a}$$

$$\frac{\mathrm{d}p_x}{\mathrm{d}s}=-\frac{1}{2}\frac{\partial\varphi}{\partial x},\frac{\mathrm{d}p_y}{\mathrm{d}s}=-\frac{1}{2}\frac{\partial\varphi}{\partial y},\frac{\mathrm{d}p_z}{\mathrm{d}s}=-\frac{1}{2}\frac{\partial\varphi}{\partial z} \tag{7-120b}$$

$$\frac{\mathrm{d}t}{\mathrm{d}s}=\frac{1}{2}\left(p_x\frac{\partial\varphi}{\partial p_x}+p_y\frac{\partial\varphi}{\partial p_y}+p_z\frac{\partial\varphi}{\partial p_z}\right) \tag{7-120c}$$

式(7-120)分别对变量 x,y,z,p_x,p_y,p_z 求导，可以得出一个常微分方程组，即射线方程：

$$\begin{cases}\dfrac{\mathrm{d}x}{\mathrm{d}s}=v^2p_x[1+2\eta(1-p_z^2v_v^2)]\\[2mm]\dfrac{\mathrm{d}y}{\mathrm{d}s}=v^2p_y[1+2\eta(1-p_z^2v_v^2)]\\[2mm]\dfrac{\mathrm{d}z}{\mathrm{d}s}=(1-2v^2\eta p_r^2)p_zv_v^2\end{cases} \tag{7-121a}$$

$$\begin{cases}\dfrac{\mathrm{d}p_x}{\mathrm{d}s}=-v(1+2\eta)p_r^2v_x-v^2p_r^2\eta_x+vp_r^2p_z^2v_v^2(2\eta v_x+v\eta_x)-(1-2v^2\eta p_r^2)p_z^2v_v(v_v)_x\\[2mm]\dfrac{\mathrm{d}p_y}{\mathrm{d}s}=-v(1+2\eta)p_r^2v_y-v^2p_r^2\eta_y+vp_r^2p_z^2v_v^2(2\eta v_y+v\eta_y)-(1-2v^2\eta p_r^2)p_z^2v_v(v_v)_y\\[2mm]\dfrac{\mathrm{d}p_z}{\mathrm{d}s}=-v(1+2\eta)p_r^2v_z-v^2p_r^2\eta_z+vp_r^2p_z^2v_v^2(2\eta v_z+v\eta_z)-(1-2v^2\eta p_r^2)p_z^2v_v(v_v)_z\end{cases} \tag{7-121b}$$

$$\frac{\mathrm{d}T}{\mathrm{d}s} = v^2(1+2\eta)(p_x^2+p_y^2) + (1-4v^2\eta p_x^2-4v^2\eta p_y^2)p_z^2 v_v^2 \qquad (7-121\mathrm{c})$$

其中，$v_x = \partial v/\partial x, v_y = \partial v/\partial y, v_z = \partial v/\partial z, p_r^2 = p_x^2 + p_y^2$。方程(7－121a)、(7－121b)和(7－121c)分别描述了TI介质声学近似意义下射线坐标、射线方向和走时信息。

根据Zhan(2011)给出的2D VTI介质的频散关系，两边同时乘以傅里叶域的波场$\varphi(k_x, k_y, k_z, \omega)$，分别对$k_x, k_y, k_z, \omega$作反傅里叶变换得2D VTI介质$x-t$域的qP波方程：

$$F\frac{\partial^4\varphi}{\partial x^2 t^2} + \frac{\partial^4\varphi}{\partial z^2 t^2} = V_{\mathrm{P0}}^2\left[(1+2\varepsilon)F\frac{\partial^4\varphi}{\partial x^4} + (1+2\delta+F)\frac{\partial^4\varphi}{\partial x^2 z^2} + \frac{\partial^4\varphi}{\partial z^4}\right] \qquad (7-122)$$

将平面波解代入qP波方程，基于高频近似，取实部中ω^4项前的系数对应相等，得到相应的程函方程：

$$F\left(\frac{\partial\tau}{\partial x}\right)^2 + \left(\frac{\partial\tau}{\partial z}\right)^2 = V_{\mathrm{P0}}^2\left[(1+2\varepsilon)F\left(\frac{\partial\tau}{\partial x}\right)^4 + (1+2\delta+F)\left(\frac{\partial\tau}{\partial x}\right)^2\left(\frac{\partial\tau}{\partial z}\right)^2 + \left(\frac{\partial\tau}{\partial z}\right)^4\right] \qquad (7-123)$$

各向同性时，即$\varepsilon = \delta = 0, F = 1$，上述程函方程变为：

$$V_{\mathrm{P0}}^2\left[\left(\frac{\partial\tau}{\partial x}\right)^2 + \left(\frac{\partial\tau}{\partial z}\right)^2\right] = 1 \qquad (7-124)$$

将式(7－123)改写为如下形式$\varphi(x,y,z,p_x,p_y,p_z) = 0$，即：

$$\varphi(x,y,z,p_x,p_y,p_z) = V_{\mathrm{P0}}^2\left[(1+2\varepsilon)Fp_x^4 + (1+2\delta+F)p_x^2p_z^2 + p_z^4\right] - Fp_x^2 - p_z^2 = 0 \qquad (7-125)$$

根据Aki和Richards(1980)给出如式(7－125)方程解的形式，便可以推导出描述射线轨迹的常微分方程组，即2D情形时的射线方程。

$$\begin{cases} \dfrac{\mathrm{d}x}{\mathrm{d}s} = \dfrac{1}{2}\dfrac{\partial\varphi}{\partial p_x} = V_{\mathrm{P0}}^2\left[2(1+2\varepsilon)Fp_x^3 + (1+2\delta+F)p_xp_z^2\right] - Fp_x \\ \dfrac{\mathrm{d}z}{\mathrm{d}s} = \dfrac{1}{2}\dfrac{\partial\varphi}{\partial p_z} = V_{\mathrm{P0}}^2\left[(1+2\delta+F)p_x^2p_z + 2p_z^3\right] - p_z \end{cases} \qquad (7-126\mathrm{a})$$

$$\begin{cases} \dfrac{\mathrm{d}p_x}{\mathrm{d}s} = -\dfrac{1}{2}\dfrac{\partial\varphi}{\partial x} = \dfrac{1}{f}p_x^2\varepsilon_x - V_{\mathrm{P0}}(V_{\mathrm{P0}})_x\left[(1+2\varepsilon)\left(1+\dfrac{2\varepsilon}{f}\right)p_x^4 + 2\left(1+\delta+\dfrac{\varepsilon}{f}\right)p_x^2p_z^2 + p_z^4\right] - \\ \qquad \dfrac{1}{f}V_{\mathrm{P0}}^2\left[(1+f+4\varepsilon)p_x^4\varepsilon_x + (f\delta_x+\varepsilon_x)p_x^2p_z^2\right] \\ \dfrac{\mathrm{d}p_z}{\mathrm{d}s} = -\dfrac{1}{2}\dfrac{\partial\varphi}{\partial z} = \dfrac{1}{f}p_x^2\varepsilon_z - V_{\mathrm{P0}}(V_{\mathrm{P0}})_z\left[(1+2\varepsilon)\left(1+\dfrac{2\varepsilon}{f}\right)p_x^4 + 2\left(1+\delta+\dfrac{\varepsilon}{f}\right)p_x^2p_z^2 + p_z^4\right] - \\ \qquad \dfrac{1}{f}V_{\mathrm{P0}}^2\left[(1+f+4\varepsilon)p_x^4\varepsilon_z + (f\delta_x+\varepsilon_x)p_x^2p_z^2\right] \end{cases} \qquad (7-126\mathrm{b})$$

$$\frac{\mathrm{d}t}{\mathrm{d}s} = \frac{1}{2}\left(p_x\frac{\partial\varphi}{\partial p_x} + p_z\frac{\partial\varphi}{\partial p_z}\right) = 2V_{\mathrm{P0}}^2\left[(1+2\varepsilon)Fp_x^4 + (1+2\delta+F)p_x^2p_z^2 + p_z^4\right] - Fp_x^2 - p_z^2 \qquad (7-126\mathrm{c})$$

式中，$F = 1 + 2\varepsilon/f, f = 1 - \left(\dfrac{V_{\mathrm{S0}}}{V_{\mathrm{P0}}}\right)^2$。

与Zhan(2011)给出的2D VTI介质频散关系一致的3D频散关系由Pestana et al.(2011)给出，其具体形式为：

$$\omega^2 = V_{\mathrm{P0}}^2k_z^2 + V_h^2k_r^2 - \frac{(V_h^2 - V_n^2)k_r^2k_z^2}{k_z^2 + Fk_r^2} \qquad (7-127)$$

与二维情形一致，可以得到三维 VTI 介质 $x-t$ 域的 qP 波方程：

$$F\left(\frac{\partial^4\varphi}{\partial x^2 t^2}+\frac{\partial^4\varphi}{\partial y^2 t^2}\right)+\frac{\partial^4\varphi}{\partial z^2 t^2}$$

$$=V_h^2F\left(\frac{\partial^4\varphi}{\partial x^4}+\frac{\partial^4\varphi}{\partial y^4}\right)+(V_{\mathrm{P0}}^2F+V_n^2)\left(\frac{\partial^4\varphi}{\partial x^2 z^2}+\frac{\partial^4\varphi}{\partial y^2 z^2}\right)+2V_h^2F\frac{\partial^4\varphi}{\partial x^2 y^2}+V_{\mathrm{P0}}^2\frac{\partial^4\varphi}{\partial z^4} \tag{7-128}$$

由该 qP 波方程得到相应的程函方程：

$$F\left[\left(\frac{\partial\tau}{\partial x}\right)^2+\left(\frac{\partial\tau}{\partial y}\right)^2\right]+\left(\frac{\partial\tau}{\partial z}\right)^2=V_h^2F\left[\left(\frac{\partial\tau}{\partial x}\right)^4+\left(\frac{\partial\tau}{\partial y}\right)^4\right]+$$
$$(V_{\mathrm{P0}}^2F+V_{\mathrm{n}}^2)\left[\left(\frac{\partial\tau}{\partial x}\right)^2+\left(\frac{\partial\tau}{\partial y}\right)^2\right]\left(\frac{\partial\tau}{\partial z}\right)^2+2V_h^2F\left(\frac{\partial\tau}{\partial x}\right)^2\left(\frac{\partial\tau}{\partial y}\right)^2+V_{\mathrm{P0}}^2\left(\frac{\partial\tau}{\partial z}\right)^4 \tag{7-129}$$

各向同性时，即 $\varepsilon=\delta=0,F=1$，上述程函方程变为：

$$V_{\mathrm{P0}}^2\left[\left(\frac{\partial\tau}{\partial x}\right)^2+\left(\frac{\partial\tau}{\partial y}\right)^2+\left(\frac{\partial\tau}{\partial z}\right)^2\right]=1 \tag{7-130}$$

将式(7－128)改写为如下形式 $\varphi(x,y,z,p_x,p_y,p_z)=0$，即：

$$\varphi(x,y,z,p_x,p_y,p_z)$$
$$=V_{\mathrm{P0}}^2p_z^4+V_h^2F(p_x^4+p_y^4)+(V_{\mathrm{P0}}^2F+V_n^2)(p_x^2p_z^2+p_y^2p_z^2)+2V_h^2Fp_x^2p_y^2-F(p_x^2+p_y^2)-p_z^2=0 \tag{7-131}$$

同理可以推导出三维射线方程的表达式：

$$\begin{cases}\dfrac{\mathrm{d}x}{\mathrm{d}\sigma}=\dfrac{1}{2}\dfrac{\partial\varphi}{\partial p_x}=2V_h^2Fp_x^3+(V_{\mathrm{P0}}^2F+V_n^2)p_xp_z^2+2V_h^2Fp_xp_y^2-Fp_x\\ \dfrac{\mathrm{d}y}{\mathrm{d}\sigma}=\dfrac{1}{2}\dfrac{\partial\varphi}{\partial p_y}=2V_h^2Fp_y^3+(V_{\mathrm{P0}}^2F+V_n^2)p_yp_z^2+2V_h^2Fp_x^2p_y-Fp_y\\ \dfrac{\mathrm{d}z}{\mathrm{d}\sigma}=\dfrac{1}{2}\dfrac{\partial\varphi}{\partial p_z}=2V_{\mathrm{P0}}^2p_z^3+(V_{\mathrm{P0}}^2F+V_n^2)(p_x^2+p_y^2)p_z-p_z\end{cases} \tag{7-132a}$$

$$\begin{cases}\dfrac{\mathrm{d}p_x}{\mathrm{d}\sigma}=-\dfrac{1}{2}\dfrac{\partial\varphi}{\partial x}=\dfrac{1}{f}(p_x^2+p_y^2)\varepsilon_x-V_{\mathrm{P0}}(V_{\mathrm{P0}})_x\left[(1+2\varepsilon)\left(1+\dfrac{2\varepsilon}{f}\right)(p_x^4+p_y^4)+\right.\\ \quad 2\left(1+\delta+\dfrac{\varepsilon}{f}\right)(p_x^2p_z^2+p_y^2p_z^2)+2(1+2\varepsilon)\left(1+\dfrac{2\varepsilon}{f}\right)p_x^2p_y^2+\left.p_z^4\right]-V_{\mathrm{P0}}^2\left[\dfrac{1+f+4\varepsilon}{f}(p_x^4+p_y^4)\varepsilon_x+\right.\\ \quad \left.(\delta_x+\dfrac{1}{f}\varepsilon_x)(p_x^2p_z^2+p_y^2p_z^2)+2\dfrac{1+f+4\varepsilon}{f}p_x^2p_y^2\varepsilon_x\right]\\ \dfrac{\mathrm{d}p_y}{\mathrm{d}\sigma}=-\dfrac{1}{2}\dfrac{\partial\varphi}{\partial x}=\dfrac{1}{f}(p_x^2+p_y^2)\varepsilon_y-V_{\mathrm{P0}}(V_{\mathrm{P0}})_y\left[(1+2\varepsilon)\left(1+\dfrac{2\varepsilon}{f}\right)(p_x^4+p_y^4)+\right.\\ \quad 2\left(1+\delta+\dfrac{\varepsilon}{f}\right)(p_x^2p_z^2+p_y^2p_z^2)+2(1+2\varepsilon)\left(1+\dfrac{2\varepsilon}{f}\right)p_x^2p_y^2+\left.p_z^4\right]-V_{\mathrm{P0}}^2\left[\dfrac{1+f+4\varepsilon}{f}(p_x^4+p_y^4)\varepsilon_y+\right.\\ \quad \left.(\delta_y+\dfrac{1}{f}\varepsilon_y)(p_x^2p_z^2+p_y^2p_z^2)+2\dfrac{1+f+4\varepsilon}{f}p_x^2p_y^2\varepsilon_y\right]\\ \dfrac{\mathrm{d}p_z}{\mathrm{d}\sigma}=-\dfrac{1}{2}\dfrac{\partial\varphi}{\partial x}=\dfrac{1}{f}(p_x^2+p_y^2)\varepsilon_z-V_{\mathrm{P0}}(V_{\mathrm{P0}})_z\left[(1+2\varepsilon)\left(1+\dfrac{2\varepsilon}{f}\right)(p_x^4+p_y^4)+\right.\\ \quad 2\left(1+\delta+\dfrac{\varepsilon}{f}\right)(p_x^2p_z^2+p_y^2p_z^2)+2(1+2\varepsilon)\left(1+\dfrac{2\varepsilon}{f}\right)p_x^2p_y^2+\left.p_z^4\right]-V_{\mathrm{P0}}^2\left[\dfrac{1+f+4\varepsilon}{f}(p_x^4+p_y^4)\varepsilon_z+\right.\\ \quad \left.(\delta_z+\dfrac{1}{f}\varepsilon_z)(p_x^2p_z^2+p_y^2p_z^2)+2\dfrac{1+f+4\varepsilon}{f}p_x^2p_y^2\varepsilon_z\right]\end{cases} \tag{7-132b}$$

$$\frac{\mathrm{d}T}{\mathrm{d}\sigma}=\frac{1}{2}\left(p_x\frac{\partial\varphi}{\partial p_x}+p_y\frac{\partial\varphi}{\partial p_y}+p_z\frac{\partial\varphi}{\partial p_z}\right)=2[V_h^2F(p_x^4+p_y^4)+V_{\mathrm{P0}}^2p_z^4]+ \\ 2(V_{\mathrm{P0}}^2F+V_n^2)(p_x^2p_z^2+p_y^2p_z^2)+4V_h^2Fp_x^2p_y^2-F(p_x^2+p_y^2)-p_z^2 \tag{7-132c}$$

1)常速模型旅行时数值实验对比

已知入射点坐标(x_0,z_0)、入射方向(p_{x0},p_{z0})和入射时刻t_0，给定射线参数u，通过龙格-库塔法求解射线方程(7-110)和(7-132)，便实现了VTI介质中的射线追踪，从而得到整条射线路径上每点的坐标、方向和旅行时。射线扫描角度范围为0°~360°，角度间隔为0.1°。

图7-54、图7-55中(a)表示求解Alkhalifah(2000)射线方程得到的旅行时等值线，(b)表示新射线方程得到的旅行时等值线，(c)表示将二者叠合后的对比结果。

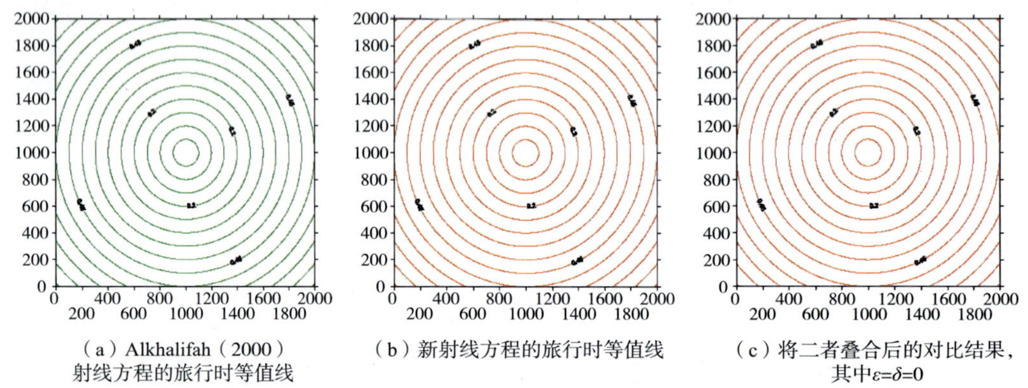

(a) Alkhalifah(2000)射线方程的旅行时等值线　(b) 新射线方程的旅行时等值线　(c) 将二者叠合后的对比结果，其中$\varepsilon=\delta=0$

图7-54　两种方法得到的等值线及叠合对比分析

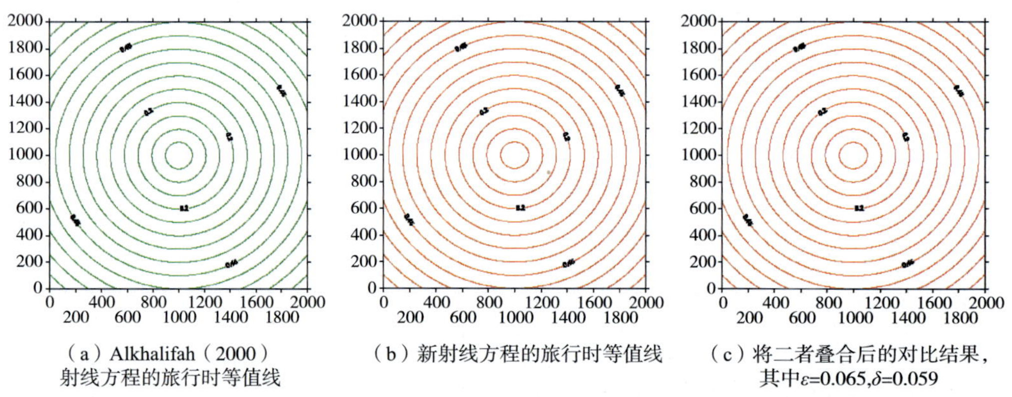

(a) Alkhalifah(2000)射线方程的旅行时等值线　(b) 新射线方程的旅行时等值线　(c) 将二者叠合后的对比结果，其中$\varepsilon=0.065,\delta=0.059$

图7-55　两种方法得到的等值线及叠合对比分析

由图7-54可知，各向同性介质的旅行时等值线是规则的圆，利用两组射线方程得到的旅行时等值线完全没有差异。介质所呈现的各向异性会改变射线传播的相速度，相速度的差异导致相应射线点坐标、传播方向和旅行时的不同。当各向异性强度较弱时(图7-55)，旅行时等值线不再是一个规则的圆，两组旅行时等值线几乎没有差异。这表明，当各向异性参数较小时，且$|\varepsilon-\delta|$很小，利用新射线方程得到的P波旅行时与Alkhalifah(2000)射线方程计算的旅行时没有差别。

当各向异性强度增大，且 δ 变为负值，即 $|\varepsilon-\delta|$ 变大(图 7－56)，旅行时等值线呈现为明显的椭圆。随着相角的增大，两组射线方程得到的旅行时等值线略有差异。当 $|\varepsilon-\delta|$ 较大时，新相速度的准确度略低于 Alkhalifah(2000)的相速度，利用新射线方程计算的旅行时较 Alkhalifah(2000)射线方程得到的旅行时精度略低，但二者误差非常小，因此，基于新射线方程同样能够准确且有效的用于各向异性介质旅行时的计算。

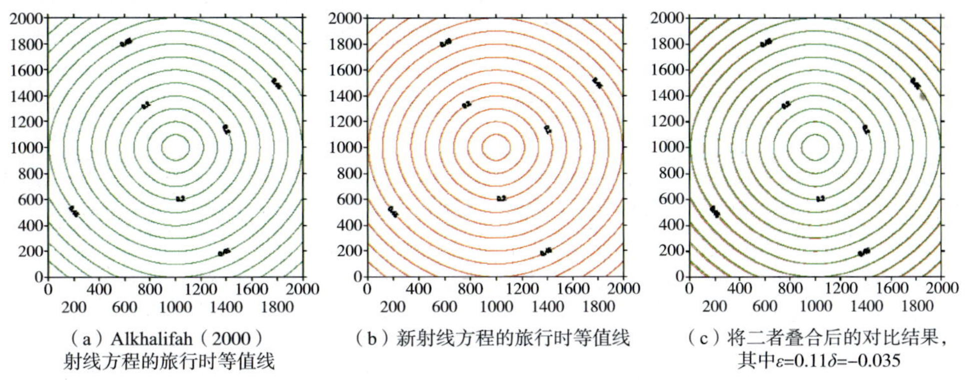

图 7－56　两种方法得到的等值线及叠合对比分析

2)速度常梯度模型旅行时数值实验对比

对速度常梯度模型(2000～4000m/s，梯度为 1m/s)进行射线追踪，射线震源点坐标为(1000m，0m)，射线扫描范围为 －90°～90°，角度间隔为 0.1°。

从图 7－57～图 7－59 可以看出，梯度模型中速度沿纵轴增加，相应波前传播的快，无论是各向同性介质，还是各向异性介质，其相应旅行时等值线不再是常速模型的等间隔分布，而是沿纵轴方向等值线间隔变大。

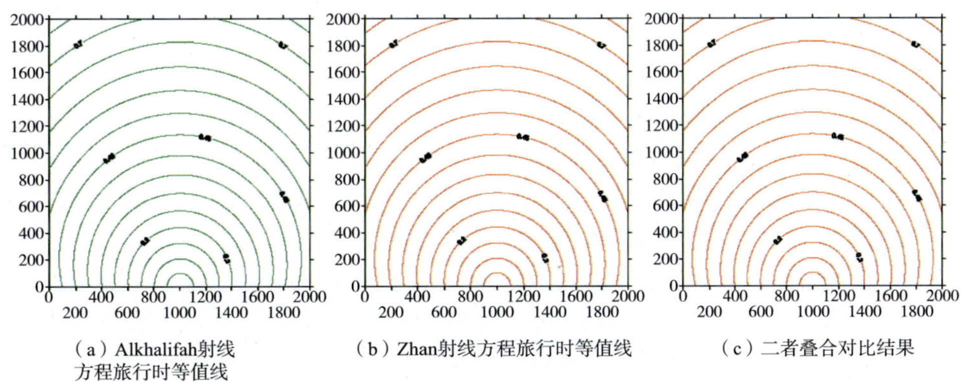

图 7－57　各向同性介质速度常梯度模型中等值线及叠合对比分析($\varepsilon=\delta=0$)

对于各向同性介质速度常梯度的旅行时等值线对比结果(图 7－57)，求解两组射线方程得到的旅行时等值线没有差别，这表明，各向同性介质的速度梯度对两组射线方程没有影响。当各向异性参数很小，且 $|\varepsilon-\delta|$ 很小时(图 7－58)，两组旅行时等值线几乎没有差异。当各向异性参数变大，且 δ 为负值，相应 $|\varepsilon-\delta|$ 较大时(图 7－59)，两组旅行时等值

线在大角度处表现出略有差异，但差异很小，再次证明，基于新的射线追踪方法能够准确地计算射线路径和旅行时。

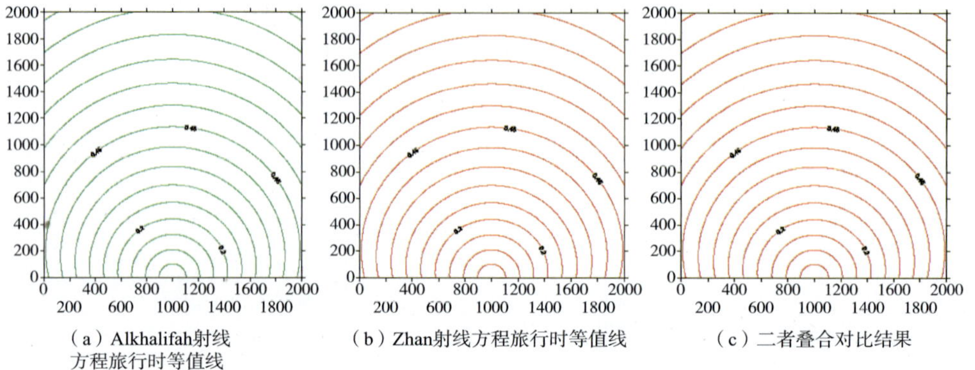

（a）Alkhalifah射线方程旅行时等值线　（b）Zhan射线方程旅行时等值线　（c）二者叠合对比结果

图 7－58　VTI 介质速度常梯度模型中等值线及叠合对比分析（$\varepsilon = 0.065, \delta = 0.059$）

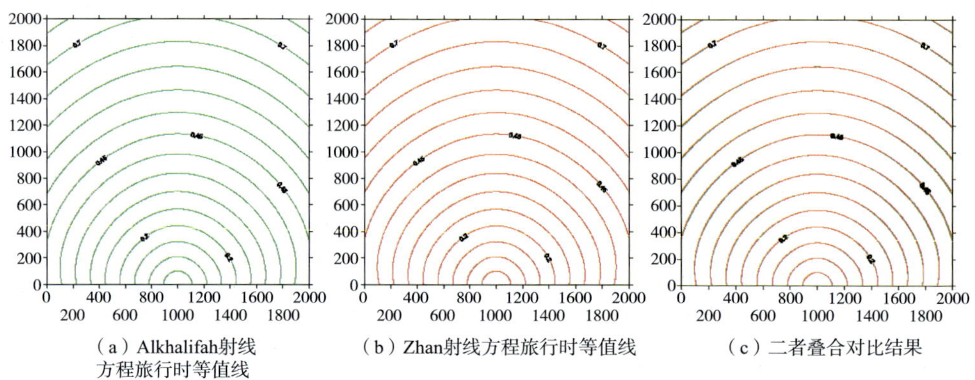

（a）Alkhalifah射线方程旅行时等值线　（b）Zhan射线方程旅行时等值线　（c）二者叠合对比结果

图 7－59　VTI 介质速度常梯度模型中等值线及叠合对比分析（$\varepsilon = 0.11, \delta = -0.035$）

3）射线追踪算法稳定性对比

Alkhalifah（2000）认为 qP 波方程解的振幅项是正负指数的形式，当 $\eta < 0$ 时，四组解中至少有一个解的振幅会随时间呈指数快速增大，这会严重影响数值计算的稳定性。因此，当 $\eta < 0$ 时，qP 波方程不能用于模拟波场传播。

为了验证两种射线方程的稳定性，针对 $\eta < 0$，选取各向异性参数 $\varepsilon = 0.1, \delta = -0.51$，分别进行数值实验。其中，图 7－60（a）表示在常速模型中利用新射线方程求解的旅行时等值线，图 7－60（b）表示速度常梯度模型的新射线方程的旅行时等值线。

通过数值实验，当选取 $\varepsilon = 0.1, \delta = -0.51$，即 $\eta < 0$ 时，求解 Alkhalifah（2000）的射线方程出现数值计算的不稳定，得到的射线点坐标和相应旅行时为无限大，这一现象与 Alkhalifah（2000）给出的结论一致，说明基于 Alkhalifah（2000）的 qP 波方程、程函方程和射线方程在数值求解时都有稳定性条件的约束，即要求 $\eta \geqslant 0$。而从图 7－60 可以看出，基于新的射线方程在 $\eta < 0$ 时仍可以进行准确且有效的旅行时计算，该方程不存在稳定性条件的局限，对任意 η 均适用。可见，新的射线追踪算法稳定性好，适用性更强。

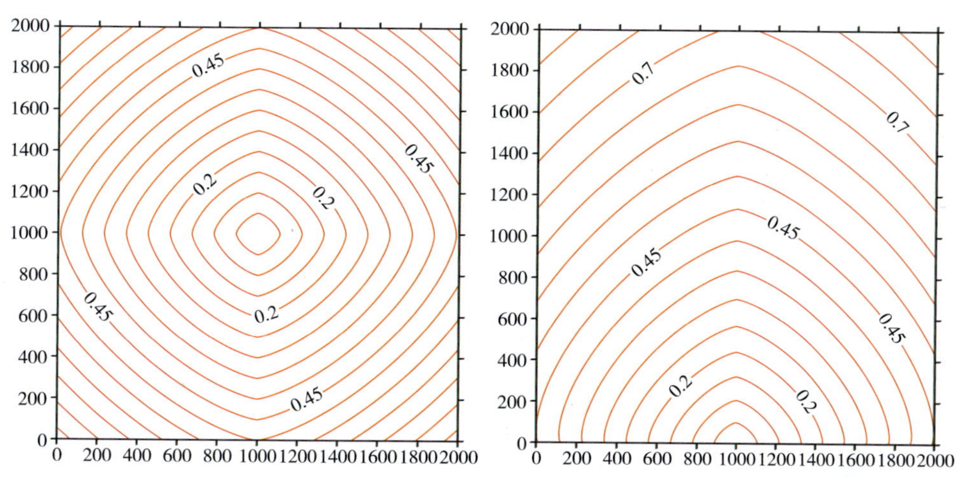

图 7－60　新射线方程等值线及叠合对比分析

4. 各向异性层析矩阵求解

常用的求解线性方程组的方法主要分为两大类：分析法和代数重建法。其中分析法包含 Radon 变换法、傅里叶投影法(Fourier Projection)和滤波反投影法(Filtered Backprojection)等；代数重建法包含矩阵反演法、ART 法、SIRT 法、LSQR 法等。具体参见本章第三节层析矩阵的求解。

利用层析反演进行更新的 V_{P0}、ε 和 δ 对旅行时的影响程度不同，反演更新量的量级也不同，因此需要对这三个参数的敏感度进行分析以确定反演策略。

设计一个均匀各向异性模型，$n_x = n_z = 1001$，$d_x = d_z = 10\text{m}$，$V_{P0} = 3000\text{m/s}$，$\varepsilon = 0.15$，$\delta = 0.1$，检验由于速度模型和各向异性参数误差引起不同角度方向的旅行时误差。

炮点坐标(20m，20m)，检波点位于以炮点为中心、半径为 9000m 的四分之一圆上，检波点间隔为 1°，检波器个数为 91，射线扫描角度范围为 0～90°(见图 7－61)。

1) V_{P0} 敏感性分析(表 7－1)

表 7－1　参数信息

准确值 V_{P0}/(m/s)	误差比例/%	误差 V_{P0}/(m/s)	准确值 ε	准确值 δ
3000	－20	2400	0.15	0.1
	－15	2550		
	－5	2850		
	5	3150		
	15	3450		
	20	3600		

由图 7－62 所示，不同颜色的曲线代表不同误差引起的旅行时随角度的变化曲线，其中，深蓝色、绿色、红色、黑色、浅蓝色、紫红色和黄色曲线分别代表误差比例为－20%、－15%、－5%、0%、5%、15%和 20%的旅行时曲线。

由图 7－62 可知，V_{P0} 的误差对所有角度的旅行时影响程度几乎相同，旅行时误差随 V_{P0} 误差的变大而增大。

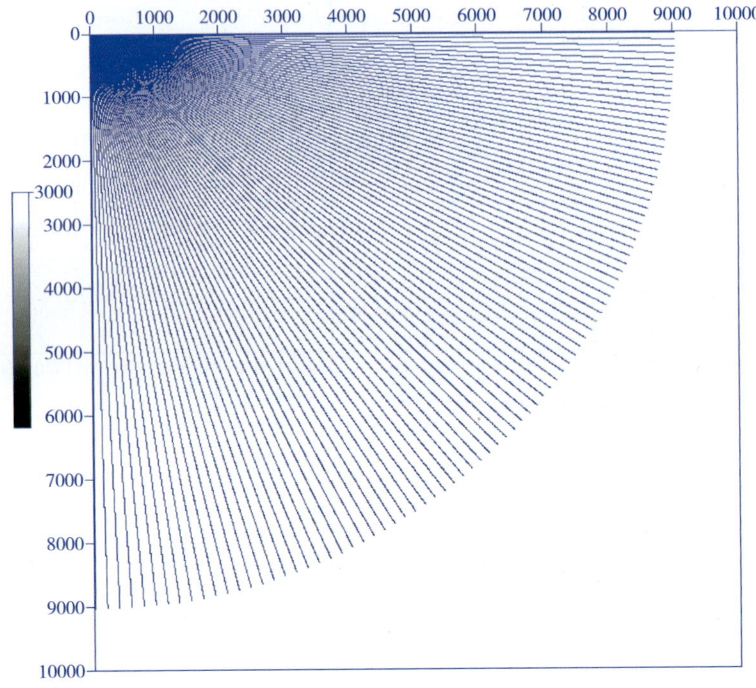

图 7－61　上述观测系统下的射线路径

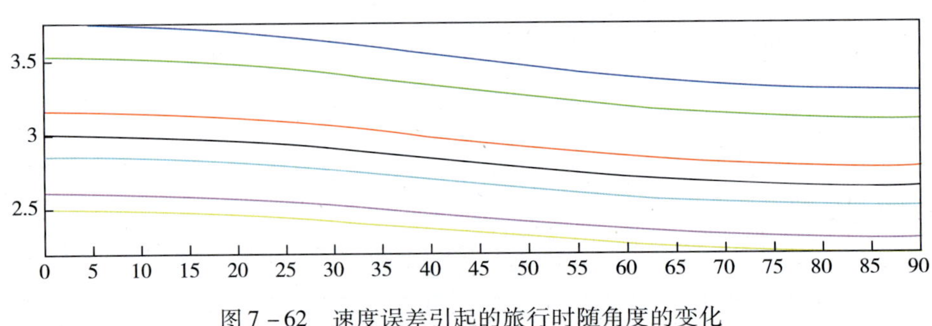

图 7－62　速度误差引起的旅行时随角度的变化

2）ε 敏感性分析（表 7－2）

表 7－2　参数信息

准确值 ε	误差比例/%	误差 V_{P0}	准确值 V_{P0}	准确值 δ
0.15	－20	0.1200	3000m/s	0.1
	－15	0.1275		
	－5	0.1425		
	5	0.1575		
	15	0.1725		
	20	0.1800		

由图 7-63 可知，在 0~30°之间，ε 误差几乎对旅行时没有影响，在 30°~90°之间，随 ε 误差的变大和角度的增大，相应旅行时误差也越大。这表明，ε 对大角度的旅行时敏感，反演 ε 时需要大角度的旅行时信息。

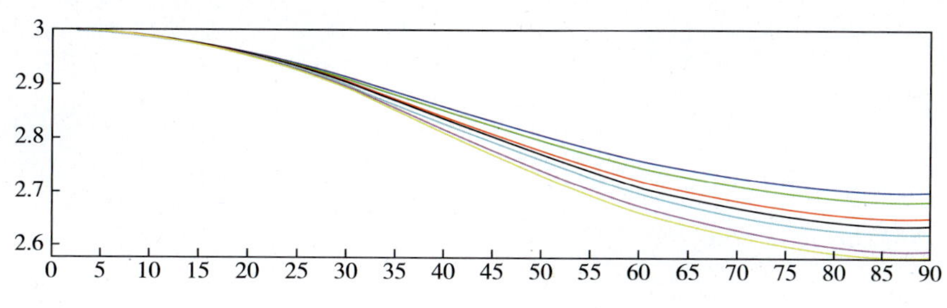

图 7-63　ε 误差引起的旅行时随角度的变化

3）δ 敏感性分析（表 7-3）

表 7-3　参数信息

准确值 δ	误差比例/%	误差 V_{P0}	准确值 V_{P0}	准确值 ε
0.1	-20	0.080	3000m/s	0.15
	-15	0.085		
	-5	0.095		
	5	0.105		
	15	0.115		
	20	0.120		

由图 7-64 可知，在 15°~60°之间，δ 的误差对旅行时的影响变得明显，旅行时误差呈现由小变大再变小的趋势，在 0 ~ 15° 和 60° ~ 90° 之间，δ 的误差对旅行时几乎没有影响。这表明，δ 对中等角度的旅行时敏感，反演 δ 时需要中等角度的旅行时信息。

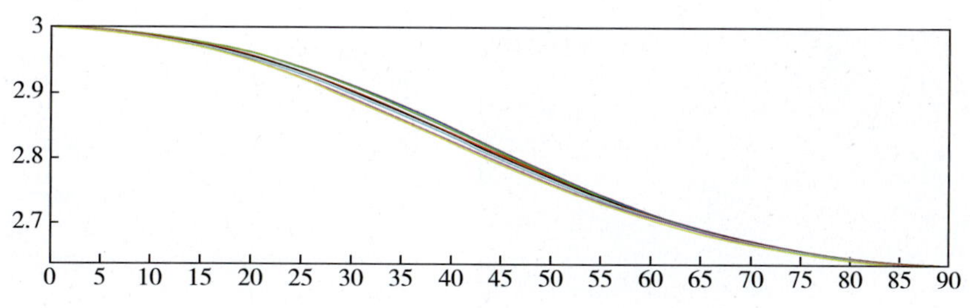

图 7-64　δ 误差引起的旅行时随角度的变化

二、模型数据测试

根据前面 Thomsen 参数分别对不同角度旅行时误差的敏感性分析，设计如下的层析反演流程：首先反演 V_{P0}，其次反演 ε，最后根据道集的拉平度分析，进行 V_{P0} 和 ε 同时反演。

下面是基于3D各向异性岩丘模型数据进行参数反演的流程测试结果(图7-65、图7-66)。

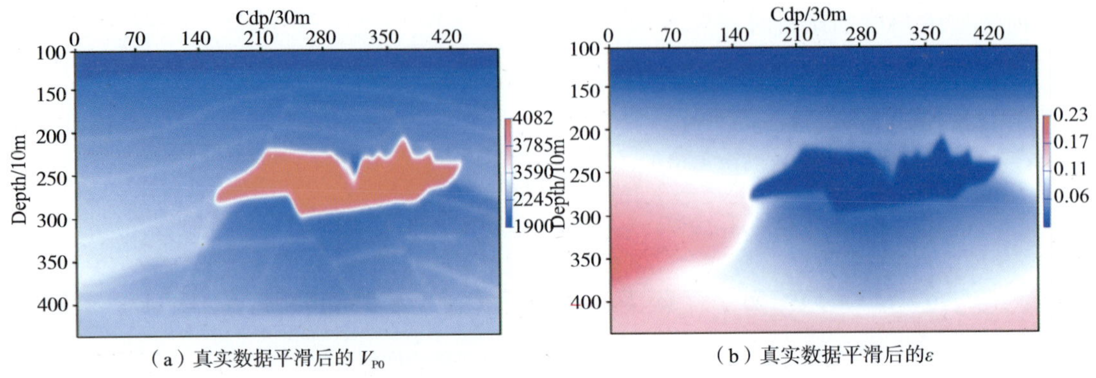

(a)真实数据平滑后的V_{P0}　(b)真实数据平滑后的ε

图7-65　真实模型平滑后的参数剖面

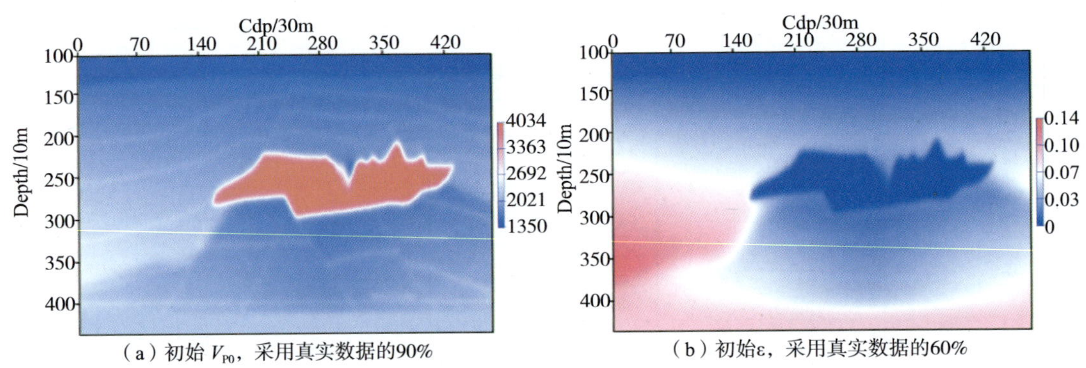

(a)初始V_{P0}，采用真实数据的90%　(b)初始ε，采用真实数据的60%

图7-66　初始数据剖面

偏移剖面和成像道集如图7-67：

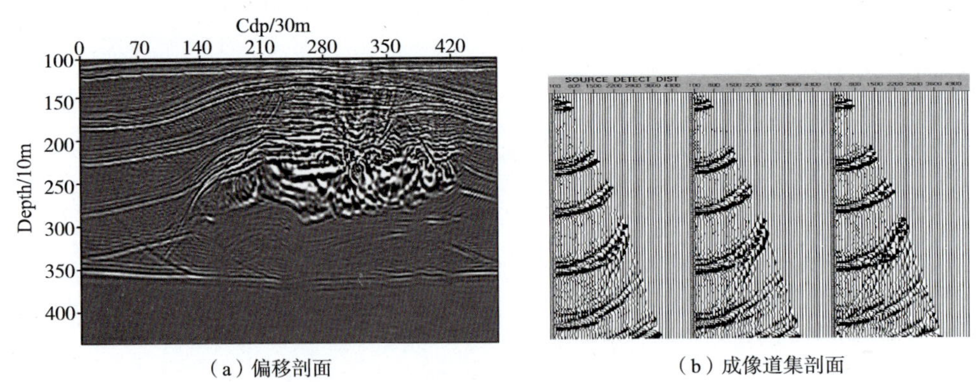

(a)偏移剖面　(b)成像道集剖面

图7-67　偏移剖面与成像道集剖面

从偏移剖面可以看出，整体构造刻画较差，尤其是底部平层反射界面深度位置错误，断层构造几乎看不出来，道集的同相轴弯曲度较大。首先对 V_{P0} 进行更新，得到下面的结果：

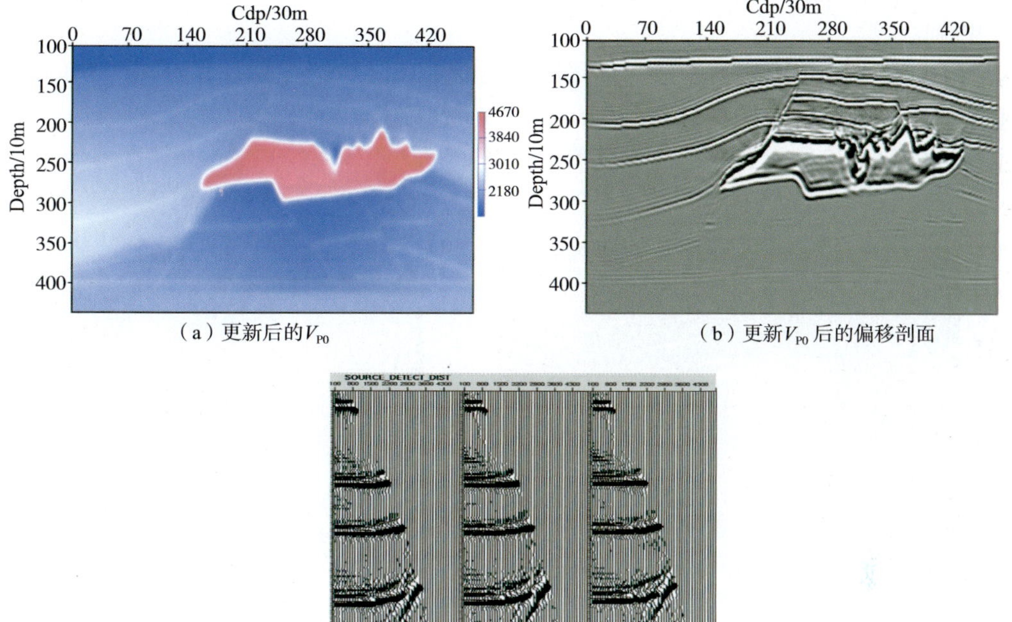

（a）更新后的V_{P0}　（b）更新V_{P0}后的偏移剖面

（c）更新V_{P0}后的成像道集

图 7－68　更新 V_{P0} 的结果

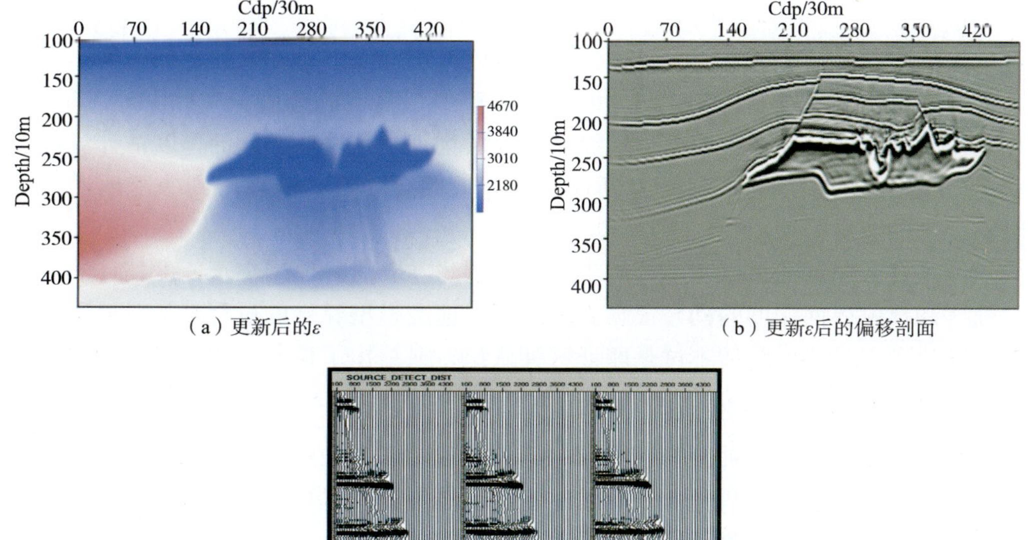

（a）更新后的ε　（b）更新ε后的偏移剖面

（c）更新ε后的成像道集

图 7－69　更新 ε 后的结果

从图 7－68 可看出，整体构造形态比较清楚，并且底部平层反射界面位置正确，只有断层及陡构造成像不理想，道集数据近偏移距拉平，远偏移距有稍微上翘，因此停止更新 V_{P0}，进行 ε 更新。

从图 7－69 可看出，更新 ε 后的偏移剖面的断层及陡构造成像质量有进一步的提高，并且道集中的同相轴几乎拉平，停止 ε 更新。

真实数据的偏移剖面和成像道集见图 7－70。

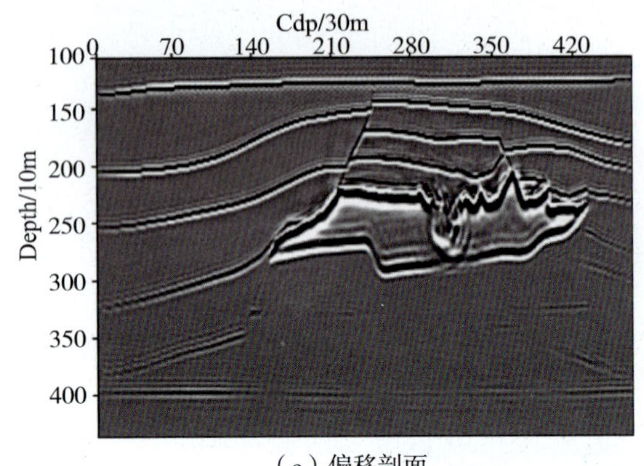

（a）偏移剖面

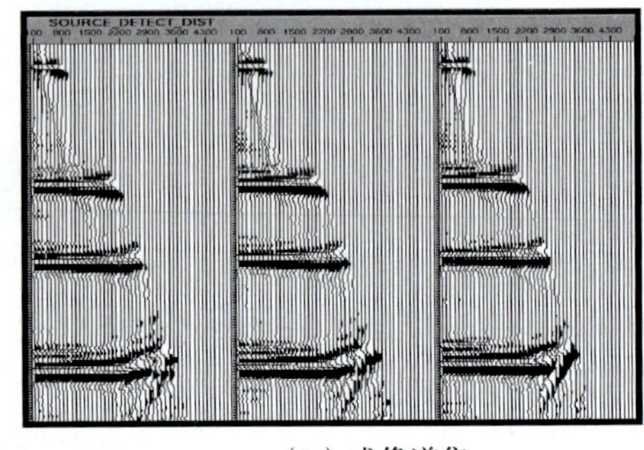

（b）成像道集

图 7－70　真实数据的偏移剖面和成像道集

第五节　深度域速度建模技术

速度模型建立是一个综合的过程，是地质与地球物理的结合，尤其在低信噪比资料情况下更能体现了这样的观点。在建立速度模型的过程中，模型的地质合理性由地质学家把关，各不同层位的先验速度信息由地质学家提供；地球物理学家选择不同的速度估计流程，利用各种信息（如成像道集、测井信息）判断速度估计值的合理性；最终得到一个地质结构、速度估计值合理的速度模型。

应该注意到，速度估计方法不等同于速度模型建立方法。原因在于速度估计的非惟一性很强，速度和反射界面深度的耦合很强。可以说，速度模型建立的过程就是对地下地质构造认识加深的过程，最终的图像不过是印证这种认识，或给出了这种认识的细节刻画。

一、递进式深度域速度建模技术

速度模型建立需遵循一种策略控制下的流程。速度建模是一个结合地质信息进行处理和解释的综合过程，深度域速度模型的建立，包括建立初始深度速度模型和修正优化速度模型。以物探院自主建模软件为基础，在完善剩余曲率偏移速度分析、层析速度反演及建模的基础上，综合已有的初始深度域建模功能，形成了精度不断提高的递进式深度域建模处理流程。该流程以叠前时间偏移的均方根速度和偏移剖面为基础，利用该软件的时深转换模块建立初步深度域模型，并利用 Kirchhoff 叠前深度偏移生成共成像点道集，再基于剩余曲率偏移速度分析进行剩余速度更新，最后进行 Kirchhoff 叠前深度偏移，利用生成的成像道集进行层析反演速度分析，由此可逐渐提高速度的精度。流程图如图 7－71 所示。

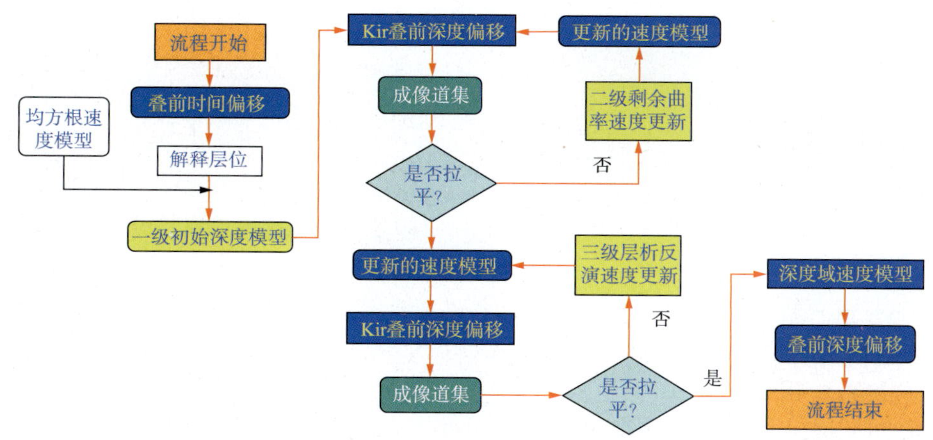

图 7－71　深度域递进式建模流程

1. 深度域初始速度建模

深度域初始模型的建立需要迭代优化后的 RMS 速度和基于时间偏移的地震层位，然后利用深度域建模软件来实现。其中时间域均方根速度分析模块如图 7－72 所示，该模块要求输入 CMP 道集，输出的是均方根速度 $t-v$ 对。要建立可用的 RMS 文件，需要对拾取 $t-v$ 对进行时间域建模，所用的模块如图 7－73 所示，建立的均方根模型如图 7－74 所示。

基于均方根速度模型，就可进行叠前时间偏移，速度更新及层位解释。其中基于时间偏移界面及其层位解释如图 7－75 所示。

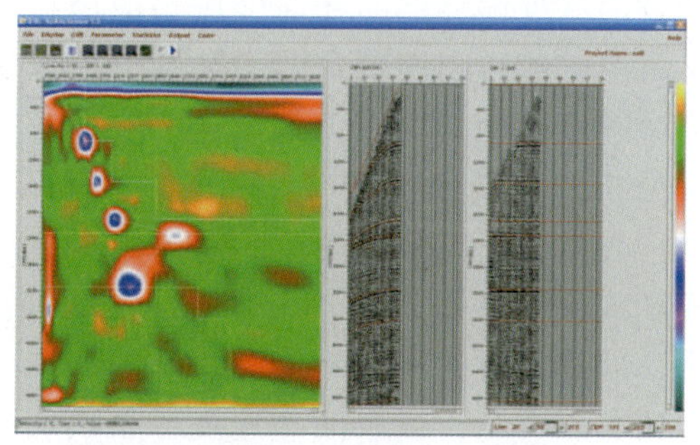

图 7－72　时间域均方根速度分析

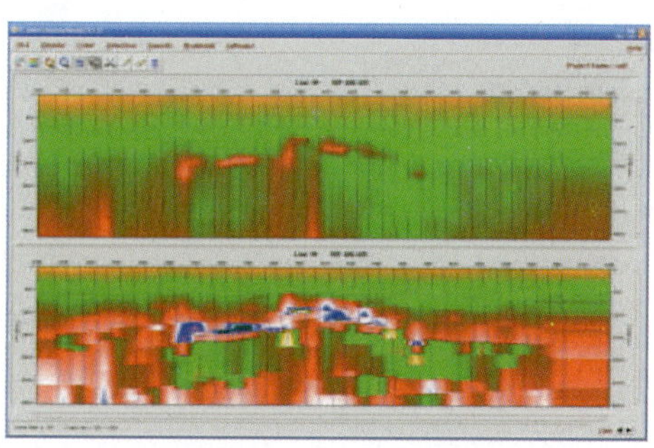

图 7－73　RMS 建模

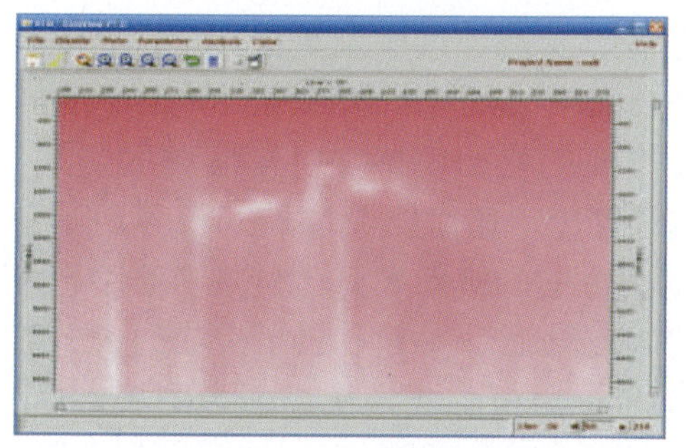

图 7－74　RMS 速度模型

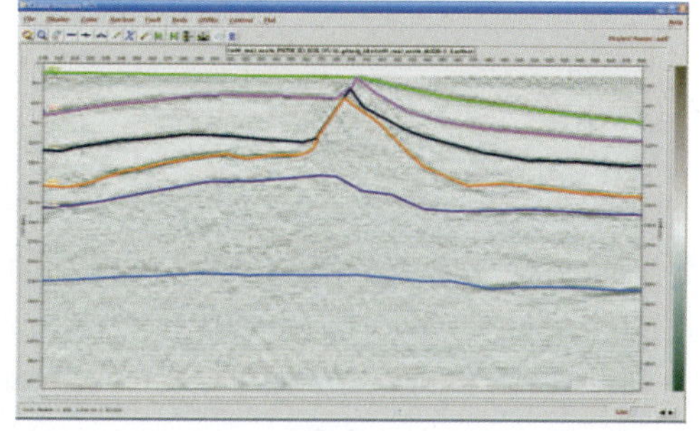

图 7－75　叠前时间偏移剖面及其解释的地震层位

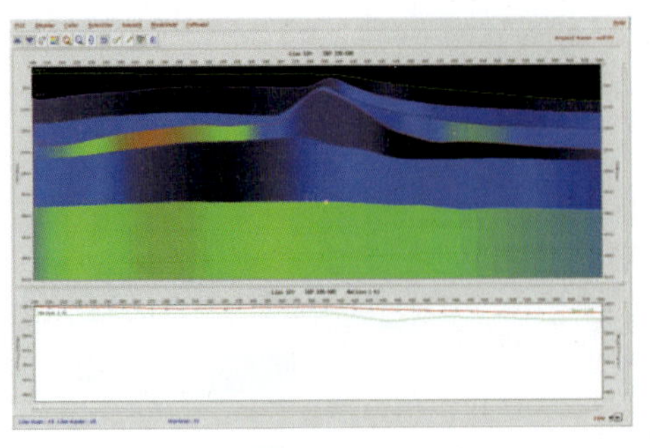

图 7－76　深度域建模模块

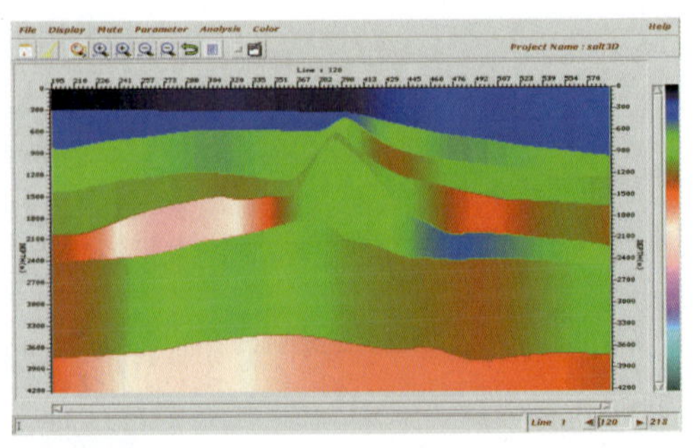

图 7－77　初始深度域速度模型

基于时间域层位和均方根速度模型，就可建立深度域初始速度模型，其模块界面如图 7－76 所示，建立的初始深度域速度模型如图 7－77 所示。基于深度域的初始速度模型，就可进行叠前深度偏移以及相应的速度模型更新。

2. 剩余曲率偏移速度模型更新

剩余曲率速度分析是基于叠前深度偏移的 CRP 道集，有如下优点：

(1)经过深度偏移后，斜层反射点弥散问题得到了解决。

(2)当背景速度误差比较小时，其受构造影响不大，能在横向变速的情况下进行速度分析。

其速度更新流程如图 7－78：

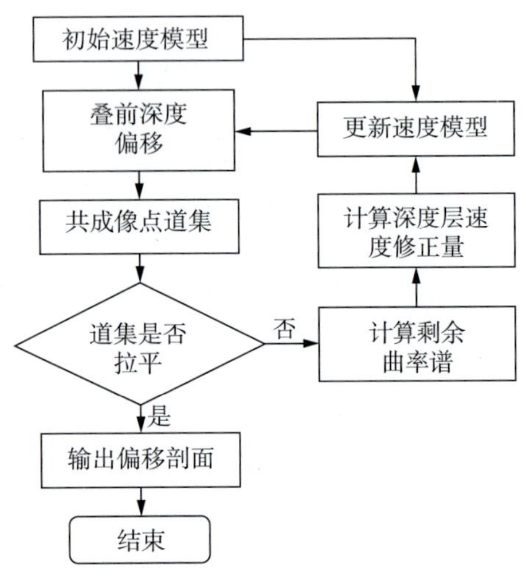

图 7－78　速度更新流程图

按照深度域递进式建模流程，利用叠前深度偏移模块生成的叠前深度偏移剖面和深度域共成像点道集如图 7－79 所示；然后利用剩余曲率速度分析模块进行一级深度域速度模型的更新，见图 7－80 所示，深度剩余曲率分析及更新量见图 7－81、图 7－82，更新后的速度模型如图 7－83、图 7－84 所示，更新后的偏移剖面和成像道集如图 7－85 所示，可以看到道集更加拉平，偏移剖面的成像质量得到提高。

通过对比可以看出，剩余曲率速度分析模块对初始速度模型进行了修正，提高了偏移剖面的成像质量。

3. 层析反演偏移速度模型更新

利用剩余曲率偏移速度分析更新后的速度模型作为层析速度反演的初始模型。层析反演的射线追踪，不仅需要偏移深度，还需要成像点处的界面倾角。反射界面倾角在三维空间展布，可以由投影在两个垂直方向的倾角来描述，基于地层倾角和每一道的剩余时差，就可综合利用射线追踪信息建立稀疏方程，并建立层析反演的大型稀疏矩阵，利用迭代法求解该矩阵就可得到速度模型更新量。层析反演模块界面如图 7－86 所示，依次进行四个模块的操作，就可以完成基于射线的层析速度模型更新。迭代更新的速度模型如图 7－87 所示，更新的偏移剖面如图 7－88 所示。

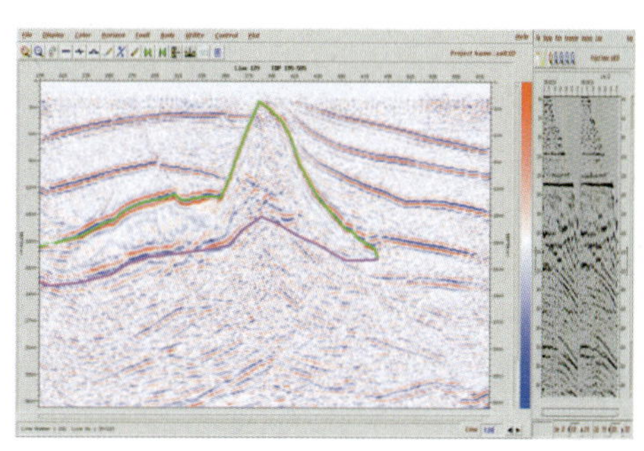

图 7－79　深度域偏移剖面与成像道集

图 7－80　剩余曲率更新后的偏移剖面及成像道集

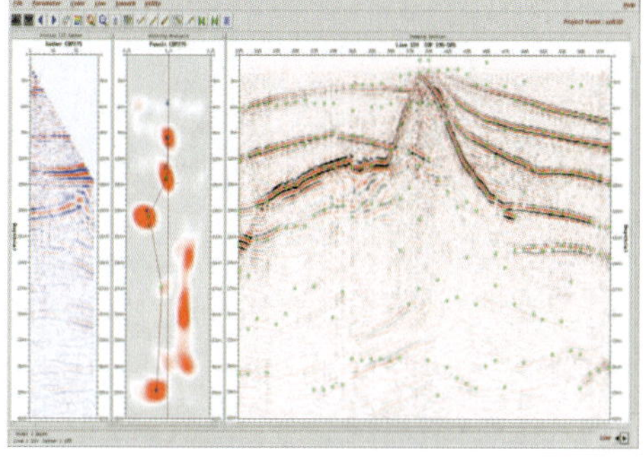

图 7－81　深度域剩余曲率分析

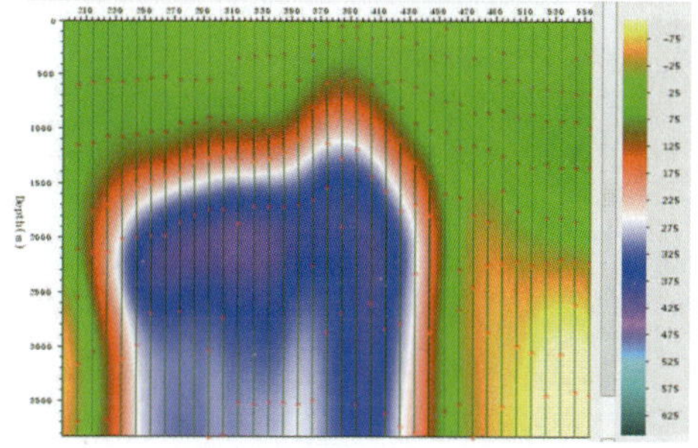

图 7－82　剩余曲率速度模型更新量

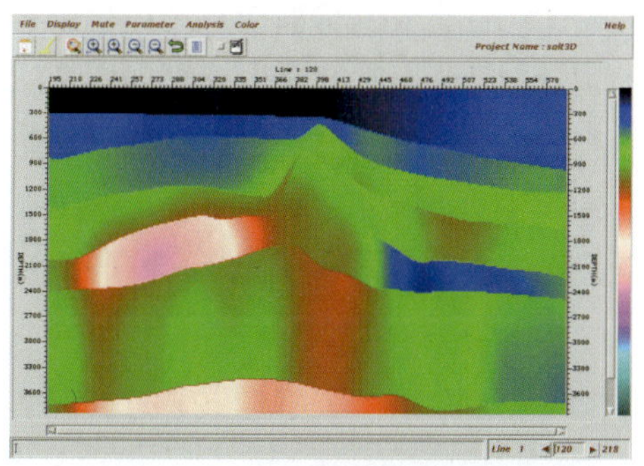

图 7－83　更新后的深度域速度模型

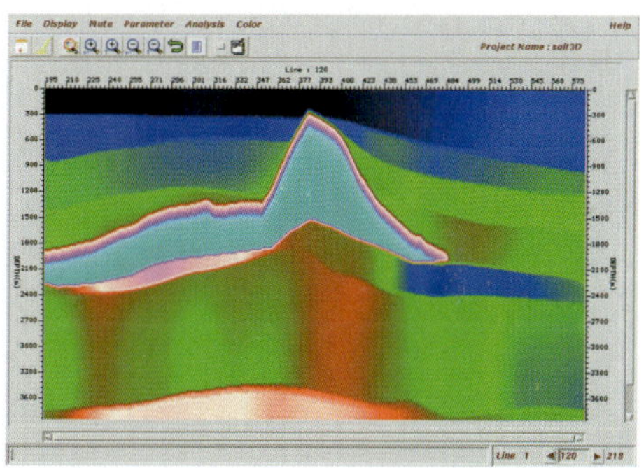

图 7－84　盐丘速度填充后的速度模型

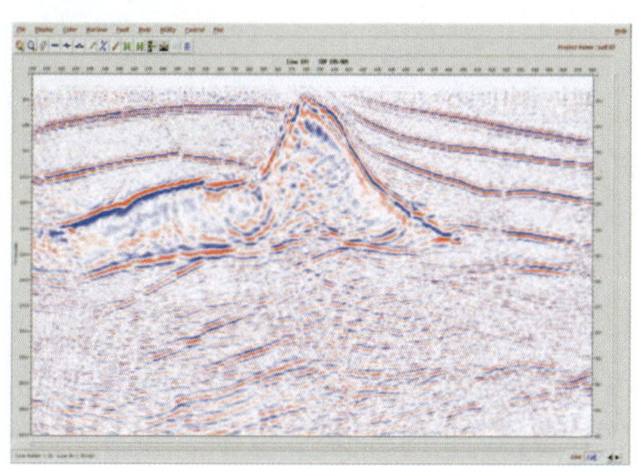

图 7－85　盐丘速度填充模型的偏移剖面

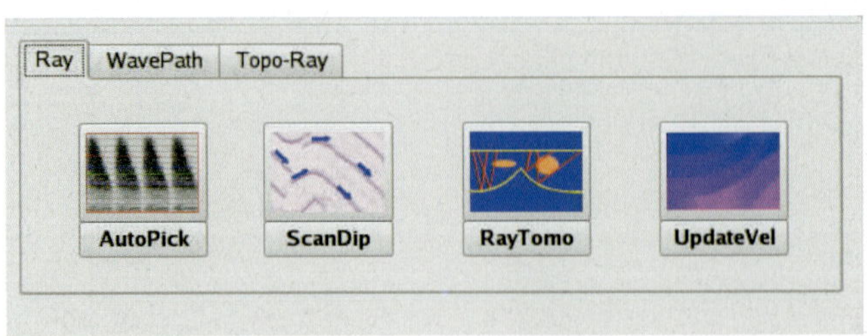

图 7-86　层析反演模块界面

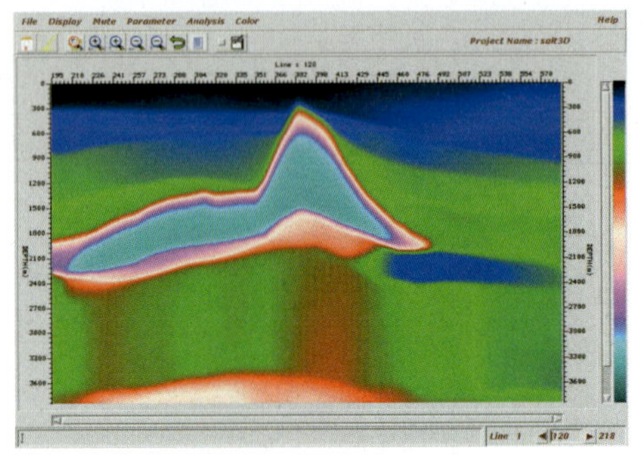

图 7-87　层析更新速度模型

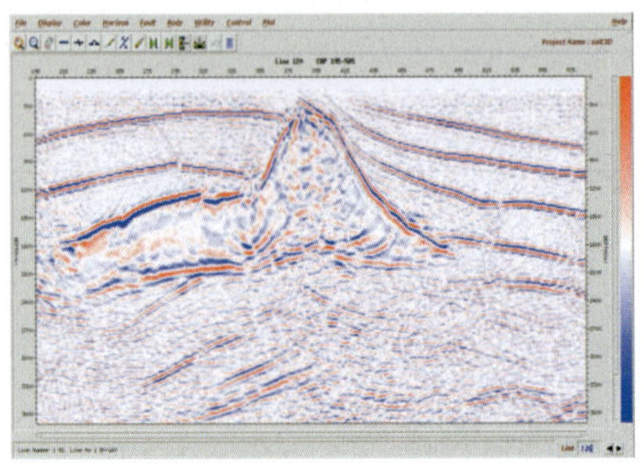

图 7-88　层析更新速度模型对应的偏移剖面

为了获得最终的速度模型，基于层析反演速度模型的深度域偏移剖面进行层位解释，得到盐丘的构造轮廓如图 7-89 所示，然后填充盐丘速度，其填充后的速度模型如图 7-90 所示，将其作为最终速度模型，其对应的偏移剖面如图 7-91 所示。可以看出，经过层析反演后，偏移剖面的质量得到进一步提高，盐下成像也更清晰。与标准盐丘速度模型图 7-93 对比可以看出，两者在盐体之上的背景速度模型基本一致，盐下部分差别比较大，这是因为盐下没有有效的反射波，不能进行速度更新所致。

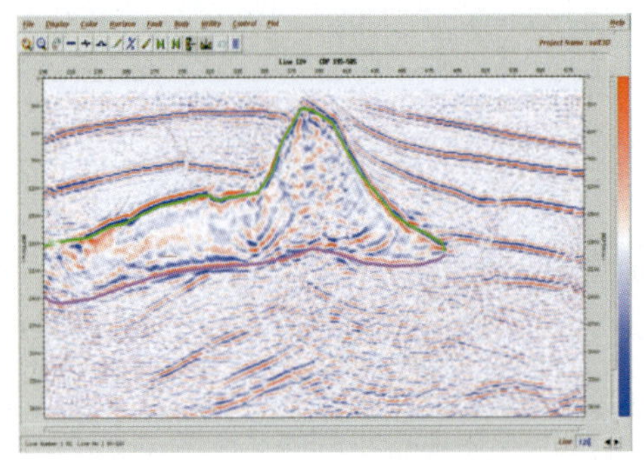

图 7-89　层析更新模型偏移剖面层位解释

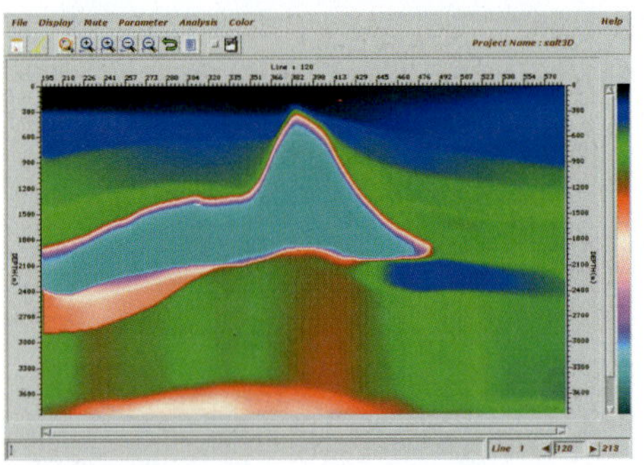

图 7-90　盐丘速度填充后的速度模型

图 7-94 是不同速度模型对应的偏移道集，从中可看出，随着迭代次数的增加，道集同相轴拉平程度逐渐增强，尤其是盐丘下边界逐步清晰，说明了该深度建模流程的正确性。

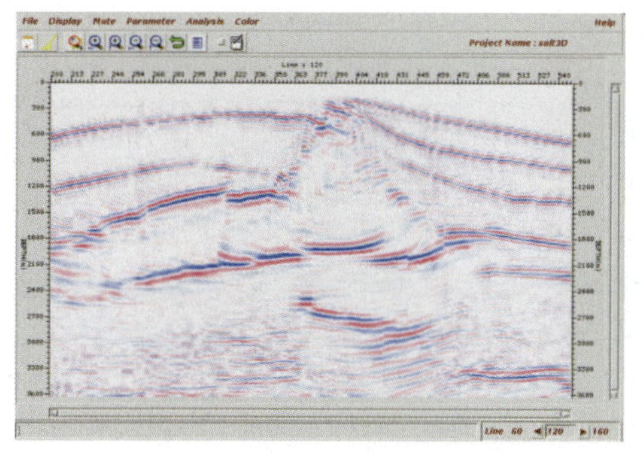

图 7－91　最终速度模型的偏移剖面

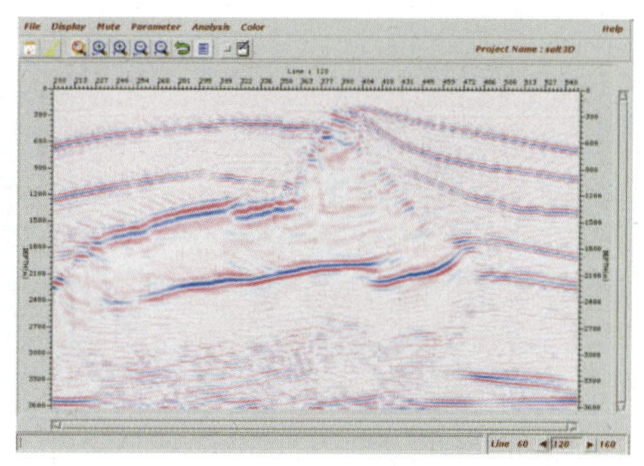

图 7－92　标准盐丘模型的偏移剖面

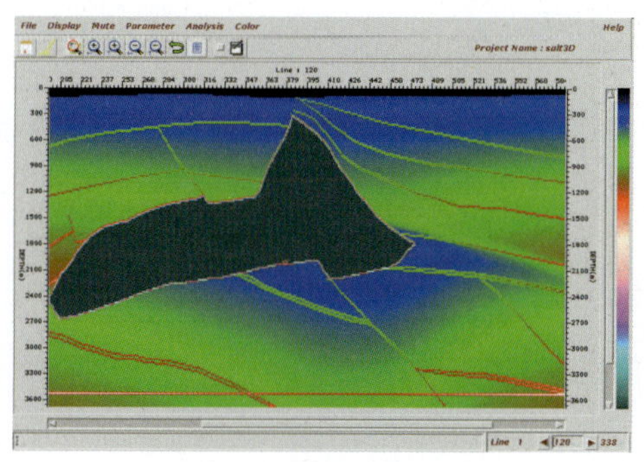

图 7－93　标准盐丘速度模型

二、递进式各向异性参数建模技术

针对地震数据处理过程中不同的数据类型，结合 RI 表达式、Shanks 表达式和 GME 表达式三种参数提取方法的优缺点，参考各向同性偏移速度分析的处理流程，建立如图 7－95 所示的递进式各向异性参数提取及建模流程：

图 7－95 中包括两个框图，左边的框图是初始各向异性参数提取及建模流程，与工业界常见的处理软件基本一致；右边的框图是各向异性参数提取及建模流程，与工业界的常用处理软件也基本一致。下面分别介绍上述两个技术流程，并进行测试。

1．初始各向异性参数建模

初始各向异性参数提取及建模技术流程(图 7－96)主要包括三个部分，一是基于解析式计算旅行时的初始建模，二是测井数据提取各向异性参数，三是时深转换。具体的流程图如下：

基于解析式计算旅行时的初始建模是基于地震数据的各向异性参数提取。具体的操作过程是：首先生成 CMP 超道集，并进行中远偏移距的划分，对近偏移距道集进行常规动校正，可得到整个工区的动校正速度场(或者采用已有的数据)，再对中远偏移距的道集进行水平速度或者非椭圆率的参数扫描，可得到整个工区的时间域各向异性参数。其三种非双曲时距曲线表达式的模块如图 7－97、图 7－98 所示：

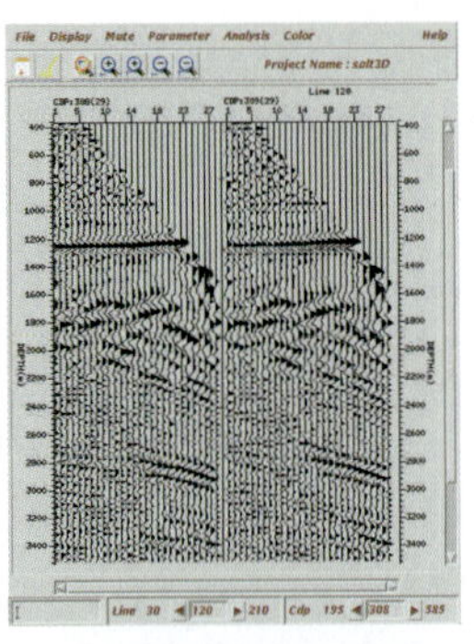

（a）初始模型偏移道集

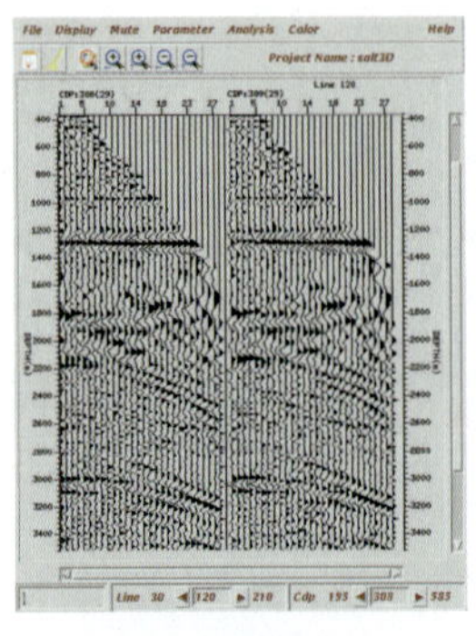

（b）剩余速度更新偏移道集

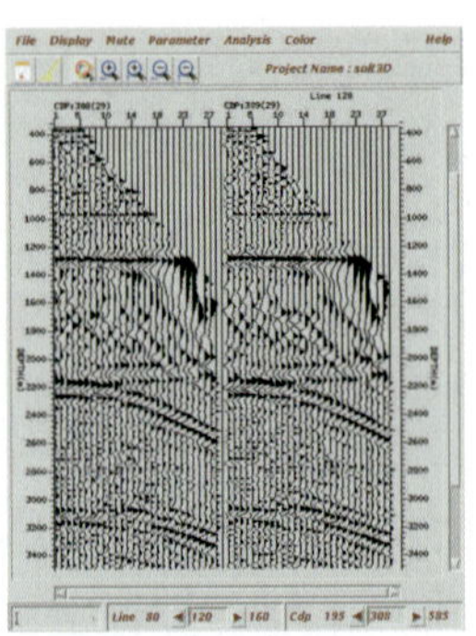

（c）盐丘解释填充偏移道集

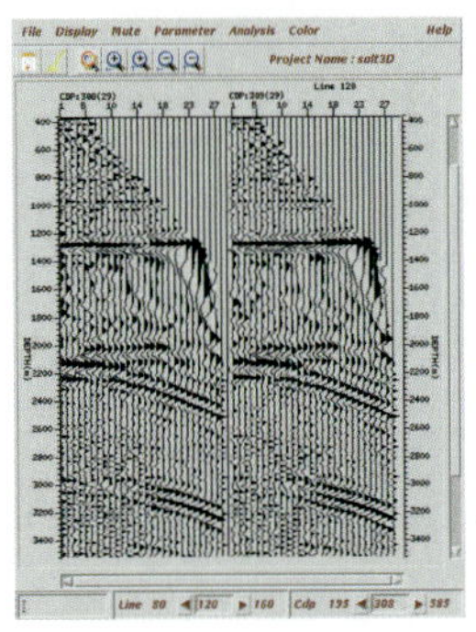

（d）层析更新模型偏移道集

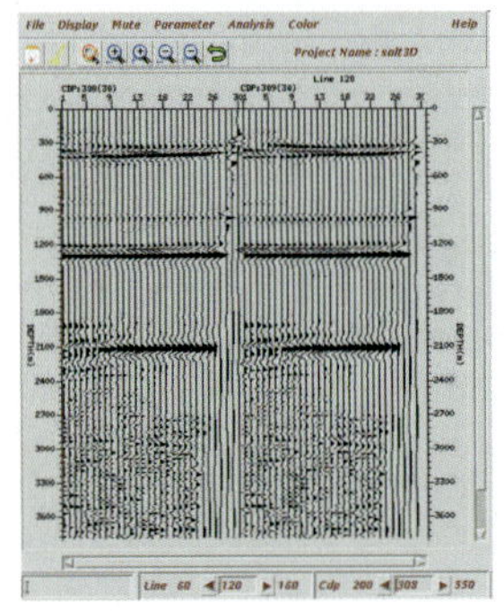

（e）最终盐丘模型偏移道集

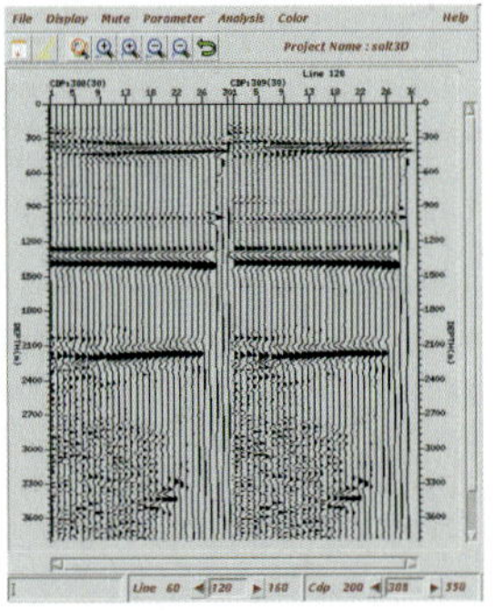

（f）标准速度模型偏移道集

图 7－94　不同速度模型对应的偏移道集

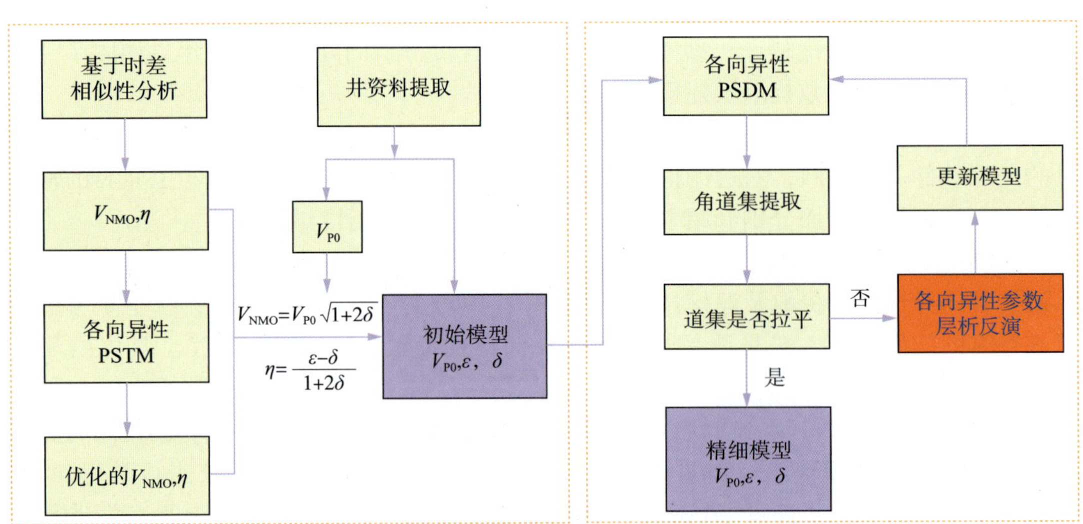

图 7－95　递进式各向异性参数提取及建模流程

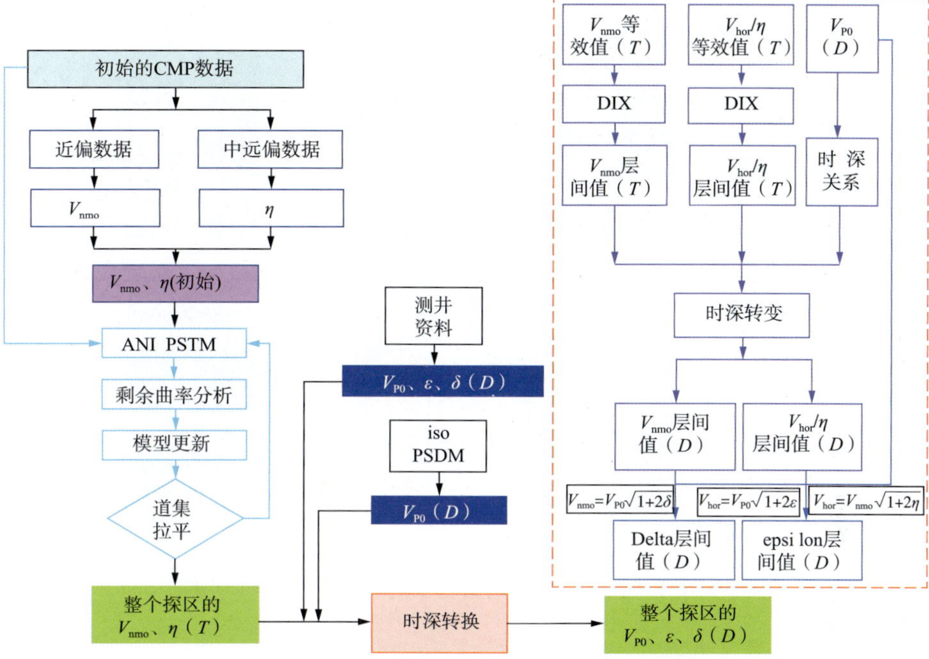

图 7－96　初始各向异性参数建模技术流程

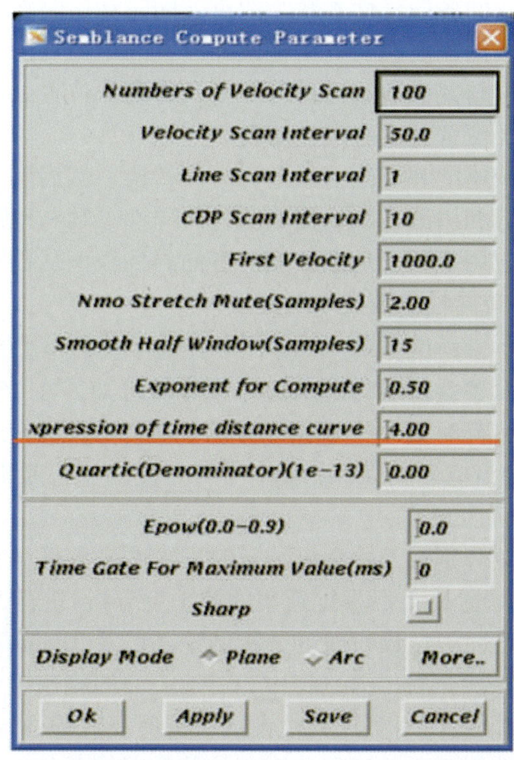

图 7－97　各向异性非双曲时距曲线扫描界面(红色直线为不同表达式的选项)

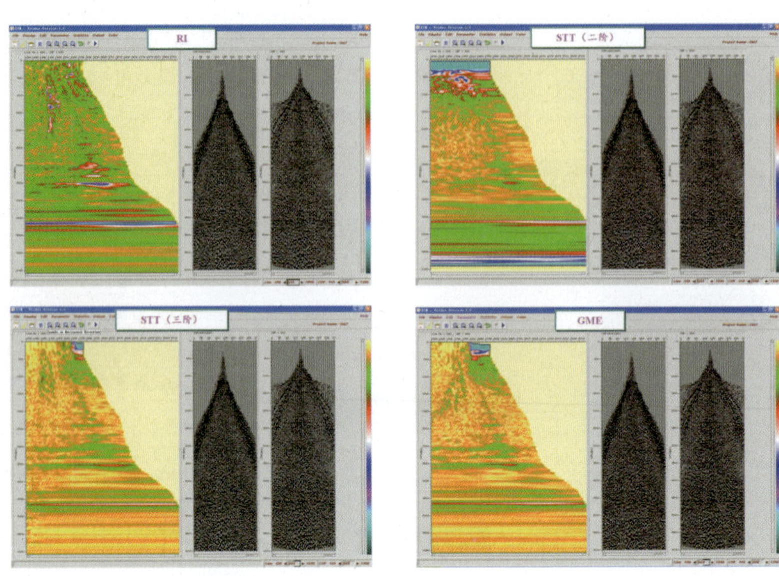

图 7－98　三种不同类型表达式的软件界面

2. 井震结合各向异性参数建模

在基于地震数据的初始建模过程中，由于叠前道集数据的信噪比、叠加次数、偏移距范围等引起的纵横向的不稳定性是一个不可忽视的现象，可采用井震结合的方式来弥补这一不足之处，即以测井数据提取的各向异性参数为约束，同时利用制作合成记录对时深关系进行约束。具体操作过程是：根据声波测井资料提取井位置的单道反射系数，并与子波进行褶积得到合成记录，合成记录再与井旁地震道进行匹配，得到井位置处的时深关系，最后在时间域偏移剖面上标定测井分层位置和全区层位解释。

利用时深关系将时间域速度和层位信息进行时深转换，然后利用测井数据提取的各向异性参数沿着层位插值，或者利用测井数据提取的各向异性参数与地震数据提取的各向异性参数的误差沿层位插值，并应用于基于地震数据的各向异性模型从而获得全工区的参数模型。

3. 基于层析反演的各向异性参数提取及建模

由于利用层析反演进行更新的参数 V_{P0}、ε 和 δ 对旅行时的影响程度不同，反演更新量的量级也不一样，由 Thomsen 参数对旅行时的敏感性分析可知，在 15°～60°之间，δ 的误差对旅行时的影响变得明显，旅行时误差呈现由小变大再变小的趋势，在 0～15°和 60°～90°之间，δ 的误差对旅行时几乎没有影响。即，δa 对中等角度的旅行时敏感，反演 δ 时需要中等角度的旅行时信息。

根据前面 Thomsen 参数分别对不同角度旅行时误差的敏感性分析，设计如下的层析反演流程：首先反演 V_{P0}，其次反演 ε，最后根据道集的拉平度分析，进行 V_{P0} 和 ε 同时反演。

通过 Thomsen 参数对各向异性旅行时的分析结论，以及 Thomsen 参数对各向异性相速度和群速度的影响，在各向异性介质传播过程中，对地震波的相速度和群速度影响程度是：V_{P0} 最强，其次是 ε，最后才是 δ。因此，对各向异性参数层析反演流程设计为如图 7－99 所示。

采用上述各向异性参数层析反演流程，需要从井数据或者其他先验信息中提取 δ 值作为约束条件，每次更新过程中需保证井位置处井震误差最小；经过多次迭代后，仍需要对三参

数 V_{P0}、ε 和 δ 进行同时更新才能获得更合理的结果。

小　结

从应用的角度看，叠前深度域速度建模可依据如下的递进式深度域建模处理流程：首先利用 CMP 道集作常规叠加速度分析得到简单的速度模型，再对 PSTM 成像道集进行偏移速度分析，建议使用剩余曲率偏移速度分析方法(RCA 方法)。如果数据质量较差，比如山前带低信噪比数据，可考虑对道集进行 Fresnel 带同相叠加，以提高速度估计的覆盖次数；然后在时间偏移剖面上解释层位，并结合均方根速度模型可得到初始深度域模型；PSDM 偏移速度分析是速度估计和建模的核心环节，基于成像道集的剩余曲率速度分析和基于成像道集剩余时差的层析速度反演可进一步提高速度估计的精度，尤其是利用 Beam - ray 的思想建立投影与反投影关系可以更好地估计背景速度，而且 beam - ray 的偏移算法能提高偏移结果的信噪比。

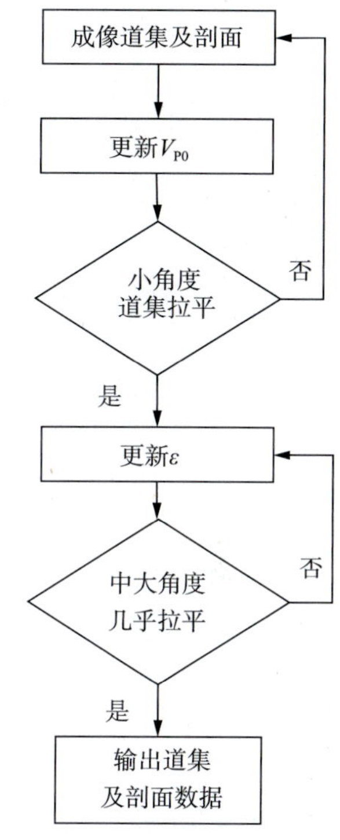

图 7 - 99　各向异性层析反演流程

递进式各向异性参数建模流程可以对深度域速度模型和各向异性模型进行有效的修正，并得到高质量的反演结果和偏移剖面。在对各向异性模型参数扰动在不同传播角度上引起的旅行时误差分析的基础上，提出了一种合理的反演速度和各向异性参数的策略，即先利用中近偏移距的成像道集信息反演 V_{P0}，多次层析迭代后将 V_{P0} 固定，之后利用中远偏移距数据信息反演 ε，由于 δ 对旅行时很不敏感，因此不建议利用旅行时层析反演 δ，δ 的获取可通过其他方式获得，如结合井资料和地表数据得到 δ 的分布。由于速度和各向异性参数之间的差异性太大，传统层析不足以将二者进行解耦，为了降低解的不确定度，需将井信息(如 VSP 数据、测井速度和 check shot 信息)和地质信息的约束加入到各向异性层析反演框架中，从而建立精度和可靠性更高的各向异性模型。

常规层析速度反演利用统一的规则网格表达模型，然而各向异性参数和速度的物理意义不同，其对旅行时的影响也有差异，用统一规则网格表达各向异性模型是不合适的。因此要针对速度和各向异性参数选取不同的模型网格，进行多尺度反演。同时考虑到各向异性参数提取信息的局限性，需要引入井信息、地质信息和岩石物理信息等约束信息，如何将这些先验信息有机地结合，并加入到各向异性层析方程的建立和求解过程中，增加求解的稳定性和可靠性是我们必须重点考虑的问题。

第八章　结束语

第一节　深度域成像技术的应用前提

虽然深度域成像技术在很多构造复杂、速度变化剧烈的地区已经得到了成功应用，但是该技术的应用是有一定的前提的，即其成像质量是受到多种因素的影响。除了其自身的偏移算法外，主要的影响因素有：

1）资料采集因素问题

排列长度与目标地层埋藏深度之间必须匹配恰当，才能保证速度分析的精度和灵敏度，并且确保深度偏移所需信息的完整和正确。如果所研究的目标区为深层构造，则野外采集时要确保深层低频信息的获得。同时，一个较高的覆盖次数、较宽方位角、数据较为规则等是获得较高成像质量的一个重要前提。

2）信噪比问题

叠前深度偏移方法都是直接对叠前数据进行偏移成像，因此抗噪性比叠后偏移方法弱。叠前道集的任何一个样点幅值，不管它是信号还是噪声都参与成像处理。因有效反射信号符合反射波传播路径规律，偏移后叠加可实现成像归位；而噪声经过偏移算子处理后，同样也分布到偏移孔径范围内的所有网格点上，当噪声幅值较大时，就会沿着偏移算子路径形成画弧现象，降低成像质量。

同时，高信噪比的叠前数据也有利于提高速度分析的精度，可通过较少的迭代次数逼近真实的速度，所以用于叠前深度偏移的叠前道集必须做好去噪处理。

3）基准面问题

传统的波动方程描述地震波场的传播，实际上隐含着激发点和接收点在同一水平面的假设，这对海上资料来说是可以满足的，对于陆上资料来说，必须进行静校正处理，其处理精度对后期的成像质量有一定的影响。目前，对于山区陆地资料一般采用起伏地表叠前深度偏移处理，该技术是在接近地震资料观测面的较为平滑的起伏面上进行偏移成像，这样起伏成像面的选定非常关键，不同的成像面其成像结果差异较大。

4）速度模型的精度问题

速度模型的精度决定叠前深度偏移成像处理的质量。已知精确速度模型的情况下，叠前深度偏移被认为是能精确地获得复杂构造内部映像最有效的手段之一，如前陆冲断带、逆掩推覆、高陡构造、地下高速火成岩体等均可以取得较满意的成像效果；在速度模型不准确的情况下，深度偏移成像的质量就会受到很大的影响，因此建立高精度的速度模型是叠前深度偏移能否取得高质量成像效果的关键因素。

5）偏移孔径问题

偏移孔径理论上应该是全孔径，实际资料处理中应该根据数据采集范围、偏移计算时间

等因素确定有效偏移孔径。采用小孔径时一般计算耗时少，但深层和大倾角构造的成像质量会受到一定的影响；采用大孔径时会增加计算时间，一般情况下能提高深层和大倾角构造的成像质量，但孔径过大会降低成像结果的信噪比。理论上偏移孔径应通过成像点的菲涅耳带范围来确定，即大于第一菲涅耳，小于第二菲涅耳带。

第二节 深度域成像技术的发展趋势

近年来，深度域偏移成像技术得到了快速的发展，特别是叠前深度偏移成像技术已成为高精度地震数据处理的关键成像技术。就叠前偏移技术发展而言，随着大规模计算能力和工业界对地震成像精度要求的提高，各种叠前深度偏移方法与技术将会不断得到发展。逆时深度偏移技术是目前发展的相对较高精度的叠前深度偏移技术，是目前最主要的深度域成像技术，但它的大计算量和对计算机的大存储要求以及对速度场精度的依赖性制约了它的优势发挥，当探区太复杂难以建立精确速度场时，用射线类偏移方法同样也是一个选择。在今后相当长时间内，会出现射线类偏移方法如高斯 Beam 叠前深度偏移与波动方程逆时偏移并重的局面，地震数据处理人员将根据实际地质条件与成像目标的不同，灵活选用这两种偏移方法，并使它们优势互补。

同时针对复杂介质的地震叠前偏移成像会得到快速的发展，比如非均匀介质、粘弹性介质、各向异性介质以及双相介质的叠前深度偏移等，另外复杂地表和复杂地下双复杂条件下的地质体地震叠前偏移成像技术已成为发展的重点和热点。

从地震叠前深度偏移技术的先进性和实用性角度来看，下述技术是需要得到进一步发展和值得关注的。

1）真振幅叠前深度偏移成像技术

偏移成像结果除了实现构造成像，其中的成像道集还可用于 AVO、AVA 等属性分析，速度估计及岩石物性研究，这就要求必须进行遵循地震波传播规律的保幅偏移成像。由上述可知，遵循波场传播规律的保持真幅度的稳定、精确、快速的偏移算法以及高精度的速度估计方法是偏移成像未来研究的重点。

真振幅高斯束偏移将会是射线类偏移方法未来的研究重点之一，求解双程波动方程能够方便获取用于后期反演分析的 AVO/AVA 道集信息，所以 3D 真振幅逆时偏移也将成为重要研究方向之一。

2）各向异性叠前深度偏移成像技术

常规偏移处理通常基于各向同性波动理论，然而，随着弹性波动理论研究和地震勘探的不断深入，大量科学研究结果表明，地球介质具有普遍的各向异性特性，要想适应当今勘探精细化的要求，发展基于各向异性波动理论的偏移方法是非常必要的。

由于宽方位角数据能够提供更为准确的各向异性参数，因而各向异性高斯束偏移方法的成熟化和实用化，以及基于宽方位角地震数据的各向异性逆时偏移研究将得到重视。

3）多分量叠前深度偏移成像技术

多分量地震资料处理技术以弹性波理论为基础，依据资料处理流程不同，可以将其分为两类：基于标量波波场理论的波场分离多分量处理技术，该技术已经形成了较完善的处理流程并已进入实用阶段，但转换横波静校正、速度分析、叠前深度偏移等关键技术还需要进一步深入研究；另一类基于矢量波波场理论的多波联合处理技术，能够更好地保持地震数据的原始信息，但目前尚处于研究和实验阶段，与其相配套的相关技术仍不完善，对于多分量地震实际资料的处理没有形成完整的处理流程。但其具有较好的理论基础，更能反映实际地震波的本质，是解决目前复杂油气藏勘探的有效手段，因此有很好的发展和应用前景，是地震勘探发展的必然趋势。

4）高效实用逆时偏移成像技术

尽管高性能计算集群、GPU 等硬件技术的发展极大地改善了计算量和存储量对逆时偏移的制约，但相比于传统单程波或 Kirchhoff 偏移方法，仍然存在成本过高的问题。因此，如何改良逆时偏移算法和合理配置计算机硬件进一步降低逆时偏移方法的计算成本，仍然是未来相当长一段时间的研究重点。

此外，粘弹性波动方程逆时偏移方法、VSP 逆时偏移方法以及逆时偏移在其他应用领域的研究工作也将会得到进一步深入。

5）全波场叠前深度偏移成像技术

我们目前常用的偏移成像方法主要利用一次反射波为地震资料主能量，将其他地震波都看成是噪声。但是地震波场中除了常规意义上的一次反射波，还有来自特殊不均匀散射体的波场响应如绕射波、散射波、多次波等波场。若将这些特殊波场压制或消除，那么地震资料中就失去了上述如缝洞等特殊异常体的响应波场信息，也无法实现精确速度场的建立，从而致使高精度偏移成像方法如逆时偏移方法也无法发挥其作用，很难实现地下结构准确成像。因此，开展全波场偏移成像方法，实现利用包括一次反射波和其他特殊波场信息进行成像，不仅可以提高地震偏移成像的信噪比，还可以实现更高精复杂地下结构成像。

6）偏移反演成像技术

地震波成像要达到三个目标：地下岩石的几何结构描述，保振幅的处理结果和岩石参数估计。目前工业界常用的地震偏移方法更多地是较好地解决了构造成像问题，但随着地震勘探的不断深入，适应于储层预测的保幅成像逐渐引起关注，要求偏移成像是保振幅的，即按照偏移或者反演估计出的反射系数随角度的变化能够反应真实的地下物性。将地震偏移成像纳入到地震反演成像的理论框架下，针对常规偏移的不保真特性，基于线性反演理论，通过数据匹配迭代更新，研究可精确获得构造信息、振幅信息以及反射系数信息的反演偏移成像技术是地震偏移成像发展的一个趋势。

7）全波形反演成像技术

逆时深度偏移是目前成像精度相对较高的技术，然而常规的建模难以满足其对速度模型精度的要求，全波形反演是目前建模精度相对较高的技术。以全波形反演为核心，发展面向逆时偏移的全波形反演速度建模技术，建立全波形反演与逆时偏移结合的高精度地震成像技术，是高精度地震偏移成像技术的一个发展方向。

参 考 文 献

1 Aki K. , Christoffersson A. , and Powell C. Three – dimensional seismic velocity anomalies inthe crust and upper mantle under the USGS California seismic array, EOS Trans. Am. Geophys. Un. , 1974, 56: 1145.

2 Albertin U. , Jaramillo H. , and Yingst D. Aspects of true amplitude migration. 69th Ann. Internat. Mtg. Soc. of Expl. Geophys. , 1999, SPRO 11. 2

3 Alkhalifah, T. Gaussian beam depth migration for anisotropic media. Geophysics, 1995, 60(2): 1474 – 1484.

4 Alkhalifah, T. , and S. Fomel. Angle gathers in wave – equation imaging for transversely isotropic media, Geophysical Prospecting, 2011, 59: 422 ~ 431.

5 Alkhalifah, T. and Tsvankin, I. , Velocity analysis for transversely isotropic media: Geophysics, 1995, 60, 1550 ~ 1566.

6 Alkhalifah, T. , Velocity analysis using nonhyperbolic moveout in transversely isotropic media: Geophysics, 1997, 62, 1839 ~ 1854.

7 Alkhalifah T. , An acoustic wave equation for anisotropic media. Geophysics, 2000, 65: 1239 ~ 1250.

8 Alkhalifah, T. , An acoustic wave equation for orthorhombic anisotropic. Geophysics, 2003, 68(4): 1169 ~ 1172.

9 Alkhalifah, T. , Scanning anisotropy parameters in complex media: Geophysics, 2011, 76(2): U13 ~ U22.

10 Alkhalifah, T. . Acoustic approximations for processing in transversely isotropic media. Geophysics, 1998, 63 (2): 623 ~ 631

11 Al – Yahya, K. , Velocity analysis by iterative profile migration, Geophysics, 1989, 54(6): 718 ~ 729.

12 Andrey Bckulin, Yangjun(Kevin) Liu. Localized anisotropic tomography with checkshot: Gulf of Mexico case study: 80th Annual International Meeting, SEG, Expanded Abstracts, 2010, 227 ~ 231.

13 Audebert, F. , P. Froidevaux, H. Racotoarisoa, and J. Svay – Lucas, Insights into migration in the angle domain: 72nd Annual International Meeting, SEG, Expanded Abstracts, 2002, 1188 ~ 1191.

14 Backus, G. E. , Long – wave elastic anisotropy produced by horizontal layering: Journal of Geophysical Research, 1962, 67: 4427 ~ 4440.

15 Baig, A. , Dahlen F. A. Traveltime biases in random media and the s – wave discrepancy, Geophys. J. Int. , 2004, 158: 922 ~ 938.

16 Baina R, Thierry P, Calandra H. 3D preserved – amplitude prestack depth migration and amplitude versus angle relevance. The Leading Edge, 2002, 21(12): 1237 ~ 1241.

17 Bakulin, A. , M. Woodward, D. Nichols, K. Osypov, and O. Zdraveva, Localized anisotropic tomography with well information in VTI media: 79th Annual International Meeting, SEG, Expanded Abstracts, 2009, 221 ~ 225.

18 Bakulin, A. , M. Woodward, D. Nichols, K. Osypov, and O. Zdraveva, anisotrpic model building with uncertainty analysis: 79th Annual International Meeting, SEG, Expanded Abstracts, 2009, 3720 ~ 3724.

19 Bakulin, A. , Y. J. Liu, and O. Zdraveva, Building geologically plausible anisotropic depth models using borehole data and horizon – guided interpolation: 80th Annual International Meeting, SEG, Expanded Abstracts, 2010, 4118 ~ 4122.

20 Baysal E, Kosloff D D, Sherwood J W C. Reverse time migration. Geophysics, 1983, 48(11): 1514 ~ 1524.

21 Baysal E et al . Reserve time migration . Geophysics, 1983, 48(10): 1514 ~ 1524.

22 Berkhout A. J. Seismic migration: Imaging of acoustic energy by wave field Extrapolation: Theoretical aspects. Elsevier Science Publ. Co. , Inc. , 1985.

23 Berkhout A. J. and Wapenaar C. P. A. A unified approach to acoustical reflection Imaging, Part II: The inverse problem. J. Acoust. Soc. Am. 1993, 93: 2017 ~ 2023.

24 Berkhout A. J. Pushing the limits of seismic imaging, Part II: Integration of prestack migration, velocity estimation, and AVO analysis. Geophysics, 1997a, 62: 937 ~ 954.

25 Berkhout A. J. Pushing the limits of seismic imaging, Part I: Prestack migration in terms of double dynamic focusing. Geophysics, 1997b, 62: 954 ~ 969.

26 Berryman, J. G. , 1979, Long – Wave elastic anisotropy in transversely isotropy media: Geophysics, 44: 896 ~ 917.

27 Berryman, J. G. . Fluid effects on shear waves in finely layered media: Geophysics, 2005, 70: N1 ~ N16.

28 Berryman, J. G. , V. Y. Grechka, and P. A. Berge, Analysis of Thomsen parameters for finely layered VTI media: Geophysical Prospecting, 1999, 47(6): 959 – 978

29 Bevc D. Flooding the topography: Wave equation datuming of land data with rugged acquisition topography. Geophysics, 1997, 62(1): 1586 ~ 1595.

30 Bevc D. Imaging complex structures with semirecursive Kirchhoff migration. Geophysics, 1997, 62: 577 ~ 588.

31 Beydoun W. B. , Hanitzsch C. and Jin S. Why migrate AVO? A simple example. 55th Ann. Mtg. , Eur. Assn. Expl. Geophys. , Extended Abstracts, 1993, B044.

32 Bishop, T. N. , Bube, K. P. , Culter, R. T. , Langan, R. T. , Love, P. L. , Resnick, J. R. , Shuey, R. T. , Spindler, D. A. , and Wyld, H. W. . Tomography determination of velocity and depth in laterally varying media: Geophysics, 1985, 50: 903 ~ 923.

33 Biondi, B. , and T. Tisserant. 3 – D angle – domain common – image gathers for migration velocity analysis, Geophysical Prospecting, 2004, 52: 575 ~ 591.

34 Biondi, B. Angle – domain common – image gathers from anisotropic migration, Geophysics, 2007, 72(2): S81 ~ S91.

35 Bleistein, N. , and S. H. Gray. A proposal for common – opening angle migration/inversion, Center for Wave Phenomena, Colorado School of Mines. Research Report CWP – 420, 2002.

36 Bleistein N. On imaging of reflectors in the earth. Geophysics, 1987, 52: 931 ~ 942.

37 Blias, E. 2009, Long – offset NMO approximations for a layered VTI model. Modelstudy. SEG Technical Program Expanded Abstracts, 28(1): 3745 ~ 3749.

38 Blias, E. , Interval VTI and orthorhombic anisotropic parameter estimates from walkaway/3D VSP Data: 79th SEG Annual Meeting, Extended Abstracts. 2009.

39 Brandsberg – Dahl, S. , M. V. de Hoop, and B. Ursin. Focusing in dip and AVA compensation on scattering – angle/azimuth common image gathers, Geophysics, 2003, 68(1): 232 ~ 254.

40 Brandsberg – Dahl S, Etgen J. Beam – wave migration. Expanded Abstracts of 65th Annual International Meeting, SEG, 2003, 977 ~ 980.

41 Brenders, A. J. , R. G. Pratt, Efficient waveform tomography for lithospheric imaging: Implications for realistic 2D acquisition geometries and low frequency data, Geophysical J. Int. , 2007a, 168: 152 ~ 170.

42 Brenders, A. J. , R. G. Pratt, Full waveform tomography for lithospheric imaging: Results from a blind test in a realistic crustal model, Geophysical J. Int. , 2007b, 168: 133 ~ 151.

43 Brenders, A. J. , R. G. Pratt, Waveform tomography of marine seismic data: What can limited offset offer. , Geophysical J. Int. , 2007c, 168: 152 ~ 170.

44 Byun B. S. Corrigan D. and Gaiser, J. Anisotropic velocity analysis for lithology discrimination. Geophysics, 1989, 54: 1564 ~ 1574.

45 Cambois G. Can P – wave AVO be quantitative? The Leading Edge, 2000, 19(11): 1246 ~ 1251.

46 Capon J. and Goodman N. Probability distributions for estimates of the frequency – wave number spectrum. Proc. IEEE, 1970, 58: 1785 ~ 1786.

47 Castle, R. J. A theory of normal moveout: Geophysics, 1994, 59(6), 983 ~ 999.

48 Červeny V., Seismic Ray Theory, 2001, Cambridge University Press, Cambridge.

49 Červeny V., Synthetic body wave seismograms for laterally varying structures by the Gaussian beam method, Geophys J R astr Soc, 1983, 73: 389 ~ 426.

50 Cerveny V. Gaussian beams synthetic seismograms, Geophys, 1985, 58: 44 ~ 72.

51 Cerveny V. Ray synthetic seismograms for complex two dimensional and three dimensional structures, Geophys, 1985, 58: 2 ~ 26.

52 Chang W F, McMechan G. A. 3D acoustic reverse – time migration: Geophys. Prosp., 1989, 37(1): 243 ~ 256.

53 Chang W F, McMechan G A. 3 – D elastic prestack, reverse – time depth migration. Geophysics, 1994, 59 (4): 597 ~ 609.

54 Cheng, J. B., T. F. Wang, C. L. Wang, and J. H. Geng. Azimuth – preserved local angle – domain prestack time migration in isotropic, vertical transversely isotropic and azimuthally anisotropic media, Geophysics, 2012, 76(1): S15 ~ S27.

55 Chapman, CH. Generalized Radon transforms and slant stackes, Geophys, J. R. Astr, soc, 1981, 66.

56 Chattopadhyay S, McMechan G A. Imaging conditions for prestack reverse – time migration. Geophyscs, 2008, 73(3): S81 ~ S89.

57 Christopher L. Liner, Saudi Aramco, Layer – Induced Seismic Anisotropy from Full Wave Sonic Logs: New Orleans 2006 Annual Meeting, SEG, 2006, 159 ~ 163.

58 Claerbout J. F. Toward a unified theory of reflector mapping. Geophysics, 1971, 36(3): 467 ~ 481.

59 Claerbout J F. Imaging the earth's interior [M]. Black well Scientific Publication Inc. 1985.

60 Clayton, R. W. and Comer R. P. A tomographic analysis of mantle heterogeneities from body wave travel time data, EOS, Trans. Am. Geophys. Union, 1983, 64: 776.

61 Crampin, S.. Seismic wave propagation through a cracked solid: polarization as a possible dilatancy diagnostic. Geophys. J. Int., 1978, 53(3): 467 ~ 496.

62 Crampin, S.. A review of wave motion in anisotropic and cracked elastic – media. Wave Motion, 1981, 3: 343 ~ 391.

63 Crampin, S.. An introduction to wave propagation in anisotropic media. Geophys. J. Int., 1984, 76 (1): 17 ~ 28.

64 Dablain M A. The application of high – order differencing to the scalar wave equation. Geophysics, 1986, 51 (1): 54 ~ 66.

65 Dahlen, F. A., Hung shu – huei, Nolet G. Frechet kernels for finite frequency traveltimes – I Theory, 2000, Geophys. J. Int., 2000, 141: 157 ~ 174.

66 Dahlen, F. A., Nolet G. comment on the paper "On sensitivity kernels for 'wave equation' transmission tomography" by de Hoop and van der Hilst, Geophys. J. Int., 2005, 163: 949 ~ 951.

67 Daily, W. D. Underground oil – shale retort monitoring using geotomography. Geophysics, 1984, 49: 1701 ~ 1711.

68 Dan Kosloff, John Sherwood, Zvi Koren, Elana Machet, and Yael Falkovitz, Velocity and interface depth determination by tomography of depth migrated gathers. Geophysics, 1996, 61(5): 1511 ~ 1523.

69 Dave Hale. Migration by the Kirchhoff, Slant Stack and Gaussian beam Methods, 1992, Center for Wave Phenomena, Colorado School of Mines, Research Report CWP ~ 126.

70 Dave Hale. Computational Aspects of Gaussian beam Migration, 1992, Center for Wave Phenomena, Colorado School of Mines, Research Report CWP ~ 127.

71 De Hoop M., Le Rousseau J. H. and Wu R. S. Generalization of the phase – screen approximation for the scat-

tering of acoustic waves. Wave Motion, 2000, 31: 43 ~ 70.

72 Deng F, McMechan G A. Viscoelastic true – amplitude prestack reverse – time depth migration. Geophysics, 2008, 73(4): S143 ~ S155.

73 Duveneck, E, and P. M. Baker, Stable P – wave modeling for reverse – time migration in titled TI media: Geophysic, 2011, 76(2): S65 ~ S75.

74 Farmer P. New advances in reverse time migration provide sub – salt imaging solutions [EB/OL]. http://www.iongeo.com/content/released/HartsEP_ May2006_ RTM. pdf.

75 Fan Xia, Yiqing Ren, and Shengwen Jin. Tomographic migration – velocity analysis using common angle image gathers. 80nd Annual International Meeting, SEG, Expanded Abstracts, 2008: 3103 ~ 3107.

76 Fletcher R, Fowler P, Kichenside P, et al. Suppressing unwanted internal reflections in prestack reverse – time migration. Geophysics, 2006, 71(6): E79 ~ E82.

77 Fomel, S. and Stovas, A. Generalized nonhyperbolic moveout approximation: Geophysics, 2010, 75 (2): U9 ~ U18.

78 Gazdag J . Wave equation with phase shift method. Geophysics, 1978 , 43: 1342 ~ 1351.

79 Gazdag J. Wave equation migration with the phase – shift method. Geophysics, 1978, 43(10): 1342 ~ 1351.

80 Gazdag J. , Sguazzero P. Migration of seismic data by phase – shift plus interpolation. Geophysics, 1984, 49 (2): 124 ~ 131.

81 Gazdag J . Wave equation migration with the accurate space derivative method . Geophysical Prospecting, 1980, 28(1): 60 ~ 70.

82 Gray S. The Marmousi2 model elastic synthetic data and an analysis of imaging and AVO structurally complex environment. 2004.

83 Grechka, V. , Transverse isotropy versus lateral heterogeneity in the inversion of P – wave reflection traveltime: Geophysics, 1998, 63, 204 ~ 212.

84 Guan H, Li Z, Wang B, et al. A Multi – Step Approach for Efficient Reverse – Time Migration. Expanded Abstracts of 78th Annual International Meeting, SEG, 2008, 2341 ~ 2345.

85 Guitton A, Kaelin B. Least – square Attenuation of Reverse Time Migration Artifacts. Expanded Abstracts of 76th Annual International Meeting, SEG, 2006, 2348 ~ 2352.

86 Guojian, Shan, Imaging of steep reflectors in anisotropic media by wavefield extraplolation, 2008

87 Hanitzsch C. , Schleicher J. , and Hubral P. True – amplitude migration of 2 – D synthetic data: Geophys. Prosp. , 1994, 42: 445 ~ 462.

88 Hanitzsch C. Amplitude preserving prestack depth migration/inversion in laterally inhomogeneous media. Ph. D. thesis, Universit at Karlsruhe, 1995

89 Hanitzsch C. Comparison of weights in prestack amplitude – preserving depth Migration. Geophysics, 1997, 62: 1812 ~ 1816.

90 Hatton, L. , M. H. Worthington and J. Makin, Seismic data processing. , Blackwell, Oxford, 1986.

91 Herman, G. T. Image Reconstruction From Projections: The Fundamentals of Computed Tomography, Academic Press, 1980.

92 HildebrandST. Reverse time depth migration: Impedance imaging condition. Geophysics, 1987, 52(8): 1060 ~ 1064.

93 Hill N R . Gaussian beam migration. Geophysics. 1990, 55(9): 1416 ~ 1428.

94 Hill N R . Prestack Gaussian beam depth migration. Geophysics. 2001, 66(5): 1240 ~ 1250.

95 Hilst, R. D. van der, De Hoop M. V. Banana – doughnut kernels and mantle tomography, Geophysics, J. Int. , 2005, 163: 956 ~ 961.

96 Ho – Liu P. , Montagner J. and Kanamori H. Comparison of iterative backprojection in inversion and generalized

inversion without blocks: Case studies in attenuation tomography, Geophys. J. R. Astr. Soc. , 1989, 97: 19 ~29.

97 Hoop, M. V. de, van der Hilst R. D. On sensitivity kernels for 'wave equation' transmission tomography, Geophys. J. Int. , 2005, 160: 621 ~633.

98 Hoop, M. V. de, van der Hilst R. D. Reply to a comment by F. A. Dahlen and G. Nolet on: On sensitivity kernels for wave equation tomography, Geophys. J. Int. , 2005, 163: 952 ~955.

99 Houzhu (James) Zhang and Yu Zhang, 2011, Reverse time migration in vertical and Titled Orthorhombic media: Expanded Abstracts of 81th Annual International Meeting, SEG, 2011, 185 ~189.

100 Houzhu(James) Zhang and Yu Zhan, Reverse Time Migration in 3D Heterogeneous TTI Media, 77th Annual International Meeting, SEG, 2007.

101 Huang L. J. , Michael C. F. Quasi – linear extended local Born Fourier migration method. 69th Ann. Internat. Mtg. Soc. Expl. Geophys. , Expanded Abstracts, 1999

102 Huang L. J. , M. Fehler, P. Roberts, and C. C. Burch. Extended local Rytov Fourier migration method. Geophysics, 1999b, 64: 1535 ~1545.

103 Huang L. J. and M. Fehler. Quasi – Born Fourier migration, Geophys. J. Int. 2000, 140: 521 ~534.

104 Hubral P. Time migration2some ray theoretical aspects. Geophysical Prospecting, 1977, 25(5): 728 ~745.

105 Hung Shu – huei, Dahlen F. A. , Nolet G. Frechet kernels for finite frequency traveltimes – II Examples, Geophys. J. Int. , 2000, 141: 175 ~203.

106 James G. Berryman, 2005, Fluid effects on shear waves in finely layered porous media: Geophysics, 70(2): N1 ~N15.

107 Jin S. , R. S. Wu and C. Peng. Prestack depth migration using a hybrid pseudo – screen propagator. SEG 68th Annual Meeting, Expanded Abstract, 1998.

108 Karazincir M H, Gerrard C M. Explicit high – order reverse time pre – stack depth migration. Expanded Abstracts of 76th Annual International Meeting, SEG, 2006, 2353 ~2357

109 Kessinger W. Extended split step Fourier migration [A]. In: 62th SEG Annual Meeting, Expanded Abstrac . 1992, 917 ~920.

110 Koren, Z. , I. Ravve, E. Ragoza, A. Bartana, and D. Kosloff, Full azimuth angle domain imaging, Expanded Abstracts of 78th Annual International Meeting, SEG, 2008, 2221 ~2225.

111 Langan R T, Lerche I, Culter R T. Tracing of rays through heteregeneous media: An accurate and effiecient procedure. Geophysics, 1985, 50(9): 1456 ~1465.

112 Leowenthal D, Lu L, Roberson R, Sherwood J . The wave equation applied to migration[J] . Geophysical Prospecting, 1976, 24(3): 380 ~399.

113 Loewenthal D, Mufti I R. Reverse time migration in spatial frequency domain. Geophysics, 1983, 48(5): 627 ~635.

114 LiuDingjin, Generalized high – order screen method of preserved – amplitude seismic migration based on wave equation, JGE.

115 Liu, J. , W. Han Automatic event picking and tomography on 3D RTM angle gathers, 80th Annual International Meeting, SEG, Expanded Abstracts, 2010.

116 Liu S Y and Wang H Z, An effective 3D Kirchhoff PSDM and MVA procedure from Rugged Topography, Expanded Abstracts of 73th Annual International Meeting, EAGE, 2011, P378.

117 Liu, Y. , L. Dong, Y. Wang, J. Zhu, Z. Ma, Sensitivity kernels for seismic Fresnel volume tomography, Geophysics, 2009, 74: 35 ~46.

118 Liu, Zhenyue and Bleistein, N. , 1995, Migration veloxity analysis: Theory and an iterative algorithm, Ge-

ophysics, 60(1): 142~153.

119 Lomax A. The wavelength - smoothing method for approximating broad - band wave propagation through complicated velocity structures. Geophys. J. Int., 1994, 117: 313~334

120 Luo Y, Schuster G T. Bottom - up target - oriented reverse - time datuming. CPS/SEG Geophysics Conference and Exhibition, 2004, F55

121 Malovichko, A. A. A new representation of the traveltime curve of reflected waves in horizontally lay - ered media: Applied Geophysics(in Russian), 1978, 91: 47 - 53, english translation in C. H. Sword, 1987, A Soviet look at datum shift, SEP - 51: Stanford Exploration Project, 313 - 316, accessed 26 January 2010.

122 McMechan GA. Migration by extrapolation of time - dependent boundary values. Geophysical Prospecting, 1978, 31(3): 413~420.

123 Miller, D., M. Oristaglio, G. Beylkin, A new slant on seismic imaging: Migration and integral geometry, Geophysics, 1987, 52: 943~964.

124 Montelli, R., Nolet G., Masters G., Dahlen F. A., Hung Shu - huei Global P and PP traveltime tomography: rays versus waves Geophys. J. Int., 2004, 158: 637~654.

125 Mosher, C. C., Keho, T. H., Weglein, A. B., and Foster, D. J.. The impact of migration on AVO, Geophysics, 1996, 61: p. 1603

126 Mosher, C. C., Jin, S., Foste, D. J. Migration velocity analysis using common angle image gathers. SEG 71st Annual Meeting, Expanded Abstracts, 2001, 889~892.

127 Neumann - Denzau, G. and Behrens J. Inversion of seismic data using tomographic reconstruction techniques for investigation of laterally inhomogeneous media, Geophys. J. Roy. Astr. Soc., 1984, 79: 305~316.

128 Nolet, G. Inversion and resolution of linear tomographic systems. EOS Trans. Am. Geophys. Un., 1983, 64: 775~776.

129 Nolet, G. Solving or resolving inadequate and noisy tomographic systems, J. Comp. Phys., 1985, 61: 463~482.

130 Nolet, G., V. Cerveny, C. H. Chapman, A. M. Dziewonski, P. Firbas, S. Ivansson, G. Jobert, N. Jobert, A. Morelli, A. Nur, G. Poupinet, L. J. Ruff, A. van der Sluis, R. Snieder, A. Tarantola, H. A. van der Vorst, E. Wielandt Seismic Tomography, With applications in Global Seismology and exploration Geophysics, Reidel Publishing Company, Dordrecht Holland, 1987.

131 Nolet, G. Seismic wave propagation and seismic tomography, In G. Nolet, ed., Seismic Tomography, pages 1 - 23. Reidel, Dordrecht, 1987.

132 Nolet, G. Imaging the deep earth: technical possibilities and theoretical limitations, In A. Roca, ed., Proc. XXIIth Assembly ESC, Barcelona, 1991, 107~115.

133 Operto S, Lambaré G, Podvin P, et al. 3 - D preserved amplitude prestack imaging of the Overthrust model. 59th Ann. Mtg., Eur. Assn. Geoscientists Eng., Expanded Abstracts, 1997, A043

134 Ozbek A., Adaptive beamforming with generalized linear constraints. SEG Expanded Abstracts, 2000, 2081~2084.

135 Paul L. Stoffa, Peter Buhl, et al., Direct mapping of seismic data to the domain of intercept time and ray parameter - A plane - wave decomposition. Geophysics, 1981, 46(3): 255~267.

136 Popov, M. M., Semtchenok, N. M., Verdel, A. R., and Popov, P. M.. Seismic Depth Migration with Gaussian beams. Expanded Abstracts of 69th Annual International Meeting, EAGE, 2007, P173.

137 Popov, M. M., Semtchenok, N. M., Verdel, A. R., and Popov, P. M. Reverse Time Migration with Gaussian beams and Velocity Analysis Applications, Expanded Abstracts of 70th Annual International Meeting, EAGE, 2008, F048.

138 Popov, M. M. , N. M. Semtchenok, P. M. Popov, and A. R. Verdel. Depth migration by the Gaussian beam summation method. Geophysics, 2010, 75(2): S81 ~ S93.

139 Pratt, R. G. , Worthington M. H. The application of diffraction tomography to crossbole seismic data, Geophysics, 1988, 53: 1284 ~ 1294.

140 Prucha, M. , B. Biondi, and W. Symes. Angle – domain common image gathers by wave – equation migration. Expanded Abstracts of 69th Annual International Meeting, EAGE, 1999, 824 ~ 827.

141 Raiaskaran S. and McMechan G A. Prestack processing of land data with complex topography. Geophysics, 1995, 60(6): 1875 ~ 1886.

142 Ravaut, C. , S. Operto, L. Improta, J. Virieux, A. Herrero, P. Dell Multi – scale imaging of complex structures from multifold wide – aperture seimic data by frequency domain full – wavefield inversions: Application to a thrust belt, Geophysical J. Int. , 2004, 159: 1032 ~ 1056.

143 Rickett, J. , and P. Sava. Offset and angle – domain common image point gathers for shot – profile migration, Geophysics, 2002, 67(3): 883 ~ 889.

144 Ristow D, Rühl T. Fourier finite – difference migration. Geophysics, 1994, 59(12): 1882 ~ 1893.

145 Ristow D, Rühl T. 3 – D implicit finite difference migration by multiway splitting. Geophysics, 1997, 62(5): 554 ~ 567.

146 Ross Hill N. Gaussian beam migration, Geophysics, 1990, 55(11): 1416 ~ 1428.

147 Ross Hill N. Prestack Gaussian beam depth migration, Geophysics, 2001, 66(4): 1240 ~ 1250.

148 Sava P. , Biondi B. , Fomel S. Amplitude – preserved common image gathers by wave – equation migration. 71th Annual Internat. Mtg. Soc. Expl. Geophys. , Expanded Abstracts. 2001.

149 Sava, P. , and S. Fomel, Angle – domain common image gathers by wavefield continuation methods: Geophysics, 2003, 68(8): 1065 ~ 1074.

150 Sava, P. , and S. Fomel, Coordinate – independent angle – gathers for wave equation migration, Expanded Abstracts of 75th Annual International Meeting, SEG, 2005, 2052 ~ 2055.

151 Sava, P. , and S. Fomel. Time – shift imaging condition in seismic migration: Geophysics, 2006, 71(6): S209 ~ S217.

152 Sava, P. , and I. Vlad. Wide – azimuth angle gathers for wave – equation migration, Geophysics, 2011, 76 (3): S131 ~ S141.

153 Sava P. Migration and velocity analysis by wave field extrapolation (Dissertation). USA: Stanford University, 2004.

154 Schleicher J. , Tygel M. and Hubral P. 3D true – amplitude finite – offset migration. Geophysics, 1993a, 58: 1112 ~ 1126.

155 Schneider W A. Integral formulation for migration in two and three dimensions. Geophysics, 1978, 43 (1): 49 ~ 76.

156 Schneider W A. Integral formulation for migration in two and three imensions. Geophysics, 1978 , 43: 49 ~ 76.

157 S. H. Gray. Angle Gathers for Gaussian Beam Migration, Expanded Abstracts of 69th Annual International Meeting, EAGE, 2007, C018.

158 Soubaras R, Zhang Y. Two – step explicit marching method for reverse time migration. Expanded Abstracts of 78th Annual International Meeting, SEG, 2008, 2272 ~ 2276.

159 Spetzler, J. , Snieder R. The Fresnel volume and transmitted waves, Geophysics, 2004, 69: 653 ~ 663.

160 Spetzler, J. , R. Snieder Tutorial: The Fresnel volume and transmitted waves, Geophysics, 2004, 69: 653 ~ 663.

161 Stewart, R. R. An algebraic reconstruction technique for weakly anisotropic velocity, Geophysics, 1988, 53: 1613 ~ 1615.

162 Stewart, R. R. An algebraic reconstruction technique for weakly anisotropic velocity, Geophysics, 1988, 53: 1613 ~ 1615.

163 Stoffa P L, Fokkema J, Luna Freire, et al. Split step Fourier migration. Geophysics, 1990, 55(4): 410 ~ 421.

164 Stoffa P L, et al . Split2step Fourier migration . Geophysics, 1990, 55(4): 410 ~ 421.

165 Stolt and Weglein. Migration and inversion of seismic data. Geophysics, 1985, 50: 2458 ~ 2472.

166 Stolt and Benson. Seismic Migration theory and practice. Geophysical presss. 1986.

167 Stolt R. H. Migration by Fourier transform. Geophysics, 1978, 43: 23 ~ 48.

168 Stork C, Clayton R W. An implementation of tomographic velocity analysis. Geophysics, 1991, 56 (4): 483 ~ 495.

169 Stork C, and R. W. Clayton. Linear aspects of tomographic velocity analysis. Geophysics. 1991, 56 (4): 483 ~ 495.

170 Stork, C. Reflection tomography in the postmigrated domain. Geophysics, 1992, 57(5): 680 ~ 692.

171 Sun H. and Gerard S. Wavepath migration versus Kirchhoff migration. 69th Annul Internat. Mtg. Soc. Expl. Geophys. , Expanded Abstracts, 1999.

172 Sun H. and Schuster G T. 2 – D wavepath migration, Geophysics, 2001, 66(5): 1528 ~ 1537.

173 Sun R, McMechan G A, Lee C S, et al. Prestack scalar reverse – time depth migration of 3D elastic seismic data. Geophysics, 2008, 71(5): S199 ~ S207.

174 SunR, McMechan GA. Scalar reverse time depth migration of elastic seismic data. Geophysics, 2001, 66(5): 1515 ~ 1518.

175 S. V. Goldin, Seismic Travel – time Inversion, SEG, 1986.

176 Symes W W. Reverse time migration with optimal checkpointing. Geophysics, 2007, 72(5): SM213 ~ SM221.

177 Taner, M. T. , Treitel, S. and Al – Chalabi, M. A new travel time estimation method for horizontal strata: SEG Technical Program Expanded Abstracts, 2005, 24(1): 2273 ~ 2276.

178 Tarantola, A. , Bernard Valette Generalized Nonlinear Inverse Problems Solved using theLeast Squares Criterion, Reviews of Geophysics and Space Physics, 1982a, 20: 219 ~ 232.

179 Tarantola, A. , Iversino of seismic reflection data in the acoustic approximation, Geophysics, 1982b, 49: 1259 ~ 1266.

180 Tarantola, A. , A. Nercessian Three – Dimensional Inversion Without Blocks, Geophys. J. R. astr. Soc. , 1984, 76: 299 ~ 306.

181 Tarantola, A. Inverse problem theory and methods of model parameter estimation, Elsevier Science Publ. Co. , Inc, 1987.

182 Tarantola, A. Theoretical Background for the Inversion of Seismic Waveforms, Including Elasticity and Attenuation, Pure and Applied geophysics, 1988, 128: 365 ~ 399.

183 Thomsen L. Weak elastic anisotropy, Geophysics, 1986, 51: 1954 ~ 1966.

184 Thierry P, Lambaré G, Podvin P, et al. 3D prestack preserved amplitude migration: Application to real data. 66th Ann. Internat. Mtg. Soc. Expl. Geophys. , Expanded Abstracts, 1996: 555 ~ 558.

185 Tsvankin, L. and Thomsen, L. , 1995, Inversion of reflection traveltimes for transverse isotropy. Geophysics, 60, 1095 ~ 1107.

186 Tsvankin I. , 1996, P – wave signature and notation for transversely isotropic media: An overview: Geophysics, 61: 467 ~ 483.

187 Tsvankin, Reflection moveout and parameter estimation for horizontal transverse isotropy: Geophysics, 1997,

62(2: 614 ~ 629.

188 Tsvankin, Seismic signatures and analysis of reflection data in anisotropic media. Center for Wave Phenomena, Department of Geophysics, Colorado School of Mines, Golden, CO 80401 - 1887, USA.

189 Ursin, B. and Stovas, A., Traveltime approximations for a layered transversely isotropic medium: Geophysics, 2006, 71(2): D23 ~ D33.

190 Vigh D, Starr E W. Comparisons of shot - profile vs. plane - wave reverse time migration. Expanded Abstracts of 76th Annual International Meeting, SEG, 2006, 2358 ~ 2361.

191 Wang H Z, Li W B, Zhang Y Q and Ren H R. Beam ray gather stacking for attenuating non - coherent noises and PSTM from rugged topography. Expanded Abstracts of 77th Annual International Meeting, SEG, 2007, 26: 2635 ~ 2639.

192 Wang Huazhong, Fang Zhengmao and Kuang Bin et al. 3 - D Traveltime calculation in arbitrary distribution with dynamic programming approach. Chinese J Geophys, 2001, 44(Suppl): 179 ~ 189.

193 Wang Zhijing, Seismic anisotropy in sedimentary rocks, part 1: A single - plug laboratory method: Geophysics, 2002, 67(5): 1415 ~ 1422.

194 Wang Zhijing, Seismic anisotropy in sedimentary rocks, part 2: Laboratory data: Geophysics, 2002, 67 (5): 1423 ~ 1440.

195 Wards B D, Margrave G F, Lamoureux M P. Phase - shift time - stepping for reverse - time migration[J]. Expanded Abstracts of 78th Annual International Meeting, SEG, 2008, 2262 ~ 2266.

196 Whitmore ND. Iterative depth imaging by backwardtime propagation. Expanded Abstracts of 53rd Annual International SEGMeeting, 1983, 382 ~ 384.

197 Woodward, M., Nichols, D., Zdraveva, O., Whitfield, P., Johns, T.. A decade of tomography: Geophysics, 2008, 73(5): VE5 ~ VE11.

198 Wu R, Jin S. Windowed GSP(Generalized Screen Propagators) migration applied to SEG/ EAEG salt model data. 67th SEGAnnual Meeting, Expanded Abstract. 1997, 1746 ~ 1749.

199 Wu R S. Wide angle elastic wave one way propagation in heterogeneous media and an elastic wave complex screen method. J. Geophys. Research, 1994, 99: 751 ~ 766.

200 Wu R S, Wang Y Z and Luo M Q. Beamlet migration using local cosine basis, Geophysics, 2008, 73: S207 ~ S217.

201 Wu R S, et al. Beamlet migration based on local perturbation theory. 70th SEGAnnual Meeting, Expanded Abstract. 2000, 838 ~ 841.

202 Wu R S, L. J. Huang. Scattered field calculation in heterogeneous media using phase - screen propagator. Expanded Abstracts of the Technical Program, SEG 62th Annual Meeting, 1992: 1289 ~ 1292.

203 Wu R S. and M. V. de Hoop. Accuracy analysis and numerical tests of screen propagators for wave extrapolation. Mathematical Methods in Geophysical Imaging IV, SPIE, 1996, 2822: 196 ~ 209.

204 Wu W, Lines L R, Lu H. Analysis of higher - order finite - difference schemes in 3 - D reverse - time migration. Geophysics, 1996, 61(3): 845 ~ 846.

205 Xie, X. B., and R. S. Wu, Extracting angle domain information from migrated wavefield, Expanded Abstracts of 77th Annual International Meeting, SEG, 2002, 1360 ~ 1363.

206 Xu, S., H. Chauris, G. Lambaré, and M. S. Noble. Common angle image gather: A new strategy for imaging complex media, Expanded Abstracts of 68th Annual International Meeting, SEG, 1998, 1538 ~ 1541.

207 Xu, S., H. Chauris, G. Lambaré, and M. S. Noble. Common - angle migration: A strategy for imaging complex media, Geophysics, 2001, 66(8): 1877 ~ 1894.

208 Xu, S., Y. Zhang, and B. Tang, 3D common image gathers from reverse time migration, Expanded Ab-

stracts of 80th Annual International Meeting, SEG, 2010, 3257 ~ 3260.

209 Xu, S., Y. Zhang, T. Huang Enhanced tomography resolution by a fat ray technique, 76th Annual International Meeting, SEG, Expanded Abstracts, 2006.

210 Xu, S., Y. Zhang, and B. Tang, 3D common image gathers from reverse time migration, Expanded Abstracts of 80th Annual International Meeting, SEG, 2010, 3257 ~ 3260.

211 Yomogida, K. Fresnel zone inversion for lateral heterogeneities in the Earth, Pure Appl. Geophys., 1992, 138: 391 ~ 406.

212 Yoon K, Marfurt K J, Starr W. Challenges in reverse – time migration. Expanded Abstracts of 74th Annual International Meeting, SEG, 2004, 1057 ~ 1060.

213 Yuan, J., X. Ma, S. Lin, and D. Lowrey, P – wave tomographic velocity updating in 3D inhomogeneous VTI media. 76th Annual International Meeting, SEG, Expanded Abstracts, 2006, 3368 ~ 3372.

214 Zhan G, Pestana R C, Stoffa P L.. An acoustic wave equation for pure P wave in 2D TTI media. SEG Expanded Abstract, 2011, 168 ~ 173.

215 Zhang, F. and Uren, N. Approximate explicit ray velocity functions and travel times for P – waves in TI media: SEG Technical Program Expanded Abstracts, 2001, 20(1): 106 ~ 109.

216 Zhang H Z, Zhang Y. Reverse Time Migration in 3D Heterogeneous TTI Media. Expanded Abstracts of 78th Annual International Meeting, SEG, 2008, 2196 ~ 2200.

217 Zhang Y, James S. Praetical issues of reverse time migration: true amplitude gathers, noise removal and harnlonic – source encoding. CPS/SEG Bering 2009 International Geophysical Conference& Exposition, 2009, ID: 5

218 Zhang Y, Sun J, Gray S, et al., Towards accurate amplitudes for one – way wavefield extrapolation of 3 – d common shot records. 71st Ann. Internat. Mtg., Soc. Expl. Geophys.. Workshop, 20

219 Zhang Y, Sun J. Practical issues in reverse time migration: true amplitude gathers, noise removal and harmonic source encoding. First Break, 2009, 26(1): 29 ~ 35.

220 Zhang Y, Sun J, Gray S. Reverse – time migration: amplitude and implementation issues. Expanded Abstracts of 77th Annual International Meeting, SEG, 2007, 2145 ~ 2149.

221 Zhang Y, Zhang G. Theory of true amplitude common – shot migration. 72nd Ann. Internat. Mtg. Soc. Expl. Geophys., Expanded Abstracts, 2002: 2471 ~ 2474.

222 Zhang, Y., S. Xu, N. Bleistein, and G. Zhang. True – amplitude, angle domain, common – image gathers from one – way wave – equation migrations, Geophysics, 2007, 72(1): S49 ~ S58.

223 Zheng X. and Psencik I., Local determination of weak anisotropy parameters from qP – wave slowness and particle motion measurements: Pure and Applied Geophysics, 2002, 159: 1881 ~ 1905.

224 Zhou, H., D. Pham, S. Gray, and B. Wang, Tomographic velocity analysis in strong anisotropic TTI media: 74rd Annual International Meeting, SEG, Expanded Abstracts, 2004, 2347 ~ 2351.

225 Zhou H., S. Gray, J. Young, D. Pham, and Y. Zhang Tomographic residual curvature analysis: The process and its components, 73rd Annual International Meeting, SEG, Expanded Abstracts, 2003, 666 ~ 669.

226 Zhou, C, J. Jiao, S. Lin, S. Brandsberg – Dahl and Whitmore, D. Multi – parameter Joint Tomography for Anisotropic Model Building: 73rd EAGE annual meeting, Expanded Abstracts, 2011, P145.

227 Zhou, C., J. Jiao, S. Lin, J, Sherwood, S. Brandsberg – Dahl and D. Whitmore, Multi – parameter Joint Tomography for Anisotropic Model Building: 73rd EAGE annual meeting, Expanded Abstracts, 2011, P145.

228 蔡杰雄，方伍宝，王华忠．高斯束深度偏移的实现与应用研究．石油物探，2012，51(5)：119 ~ 125.

229 陈飞国，葛蔚．复杂多相流动分子动力学模拟在 GPU 上的实现．中国科学 B 辑：化学，2008，38(12)：1120 ~ 1128.

230 陈国金，曹辉，吴永检，等．最短路径层析成像技术在井间地震中的应用．石油物探，2004，43(4)：327～330.

231 陈可洋．地震波逆时偏移方法研究综述．勘探地球物理进展，2010，33(3)：513～517.

232 陈可洋．各向异性弹性波动方程多分量联合叠后逆时偏移．内陆地震，2009，23(4)：455～460

233 陈生昌，曹景忠，马在田．混合域单程波传播算子及其在偏移成像中的应用．地球物理学进展，2003，18(2)：210～217.

234 陈生昌，马在田．波动方程的高阶广义屏叠前深度偏移．地球物理学报，2006，49(5)：1445～1451.

235 陈生昌，马在田．广义地震数据合成及其偏移成像．地球物理学报，2006，49(4)：1144～1149.

236 成谷，马在田等．地震层析成像中存在的主要问题及应对策略．地球物理学进展，2003，18(3)：512～518.

237 成谷，马在田等．地震层析成像发展回顾．勘探地球物理进展，2002(6)：6～12.

238 成谷，张金宝．反射地震走时层析成像中的大型稀疏矩阵压缩存储和求解．地球物理学进展，2008，23(3)：674～680.

239 程玖兵，王华忠，马在田．带误差补偿的有限差分叠前深度偏移算法．石油地球物理勘探，2001，36(4)：408～413.

240 程玖兵，王华忠，马在田．频率－空间域有限差分法叠前深度偏移．地球物理学报，2001，44(3)：389～395.

241 崔兴福，张关泉，吴雅丽．三维非均匀介质中真振幅地震偏移算子研究．地球物理学报．2004，47(3)：509～513.

242 底青云，王妙月．弹性波有限元逆时偏移技术研究．地球物理学报，1997，40(4)：570～579.

243 杜启振，秦童．横向各向同性介质弹性波多分量叠前逆时偏移．地球物理学报，2009，52(3)：801～807.

244 郝奇．VTI介质速度和各向异性参数建模研究．吉林：吉林大学，2010.

245 何兵寿，张会星．两种声波方程的叠前逆时深度偏移及比较．石油地球物理勘探，2008，43(6)：654～684.

246 何樵登，张中杰．横向各向同性介质中地震波及其数值模拟．长春：吉林大学出版社，1996.

247 贺日政，高锐等．地震波速层析成像方法研究进展．地质学报，2010(6)：840～846，

248 贺振华等．反射地震资料偏移处理与反演方法．重庆：重庆大学出版社，1989.

249 金胜汶，许士勇，吴如山．基于波动方程的广义屏叠前深度偏移．地球物理学报，2002，45(5)：1～7.

250 孔祥宁，张慧宇，刘守伟，等．海量地震数据叠前逆时偏移的多GPU联合并行计算策略．石油物探，2013，52(3)：288～293.

251 雷栋，胡祥云．地震层析成像方法综述．地震研究，2006，29(4)：418～424.

252 李博，刘国峰，刘洪．地震叠前时间偏移的一种图形处理器提速实现方法．地球物理学报，2009，52(1)：245～252.

253 李辉，冯波，王华忠．波场模拟的高斯波包叠加方法．石油物探，2012，51(4)：33～43.

254 李来林，何玉前，陈颖，魏大力，谢春临．叠前偏移技术在大庆探区的应用效果分析．石油物探，2005，44(6)：612～615.

255 李文杰，魏修成等．弹性波叠前逆时深度偏移技术及其应用．中国石油大学学报，2009，33(4)：52～58.

256 李信富，张美根．显式分形插值在有限元叠前逆时偏移成像中的应用．地球物理学进展，2008，23(5)：1406～1411.

257 李振春．地震成像理论与方法．北京：石油大学研究生院，2004.

258 李振春，姚云霞，马在田等．波动方程法共成像点道集偏移速度建模．地球物理学报，2003，46：86～93.

259 李振春，岳玉波，郭朝斌，等．高斯波束共角度保幅深度偏移．石油地球物理勘探，2010，45（3）：360～365.

260 刘定进等．稳定的保幅高阶广义屏地震偏移成像方法研究．地球物理学报，2012，55（7）：2402～2410.

261 刘定进，程金星，陆书勤，等．波动方程保幅地震偏移成像与AVO分析．中国石油学会2008年物探技术研讨会论文集，2008：269～277.

262 刘定进，杨勤勇，方伍宝，等．叠前逆时深度偏移成像的实现与应用．石油物探，2011，50(6)：545～549.

263 刘定进，印兴耀．波动方程保幅叠前深度偏移方法．2006年全国博士生学术论坛论文集(地球科学领域)：786～791.

264 刘定进，印兴耀，陆书勤，等．波动方程保幅叠前深度偏移与AVO响应．中国石油大学学报(自然科学版)，2009，33(4)：45～51.

265 刘定进，曾强，夏连军，等．波动方程保幅地震偏移方法．复杂油气藏，2009，2(1)：20～25.

266 刘定进，周云何，杨瑞娟，等．高精度屏算子地震偏移成像方法研究．石油物探，2010，49（6）：531～535.

267 刘东奇，崔兴福，张关泉．波动方程混合法真振幅偏移．石油地球物理勘探，2004，39（3）：283～286.

268 刘红伟，李博，刘洪，等．地震叠前逆时偏移高阶有限差分算法及GPU实现．地球物理学报，2010，53(7)：1725～1733.

269 刘茂诚．一个各向异性速度分析应用实例．石油地球物理勘探，2010，45(4)：525～52.

270 刘喜武，刘洪．波动方程地震偏移成像方法的现状与进展．地球物理学进展，2002，17(4)：582～591.

271 刘伊克，常旭，卢孟夏．目标函数叠前保幅偏移方法与应用．地球物理学报，2006，49(4)：1150～1154.

272 刘玉柱，董良国，李培明，等．初至波菲涅尔体地震层析成像．地球物理学报，2009(52)：2310～2320.

273 吕小林，刘洪．波动方程深度波场延拓算子的快速重建．地球物理学进展，2005，20(1)：24～28.

274 马在田．高阶有限差分偏移．石油地球物理勘探，1982(17)：6～15.

275 马在田．高阶方程偏移的分裂算法．地球物理学报，1983(26)：377～388.

276 马在田．论反射地震偏移成像．勘探地球物理进展，2002，25(3)：1～5.

277 潘宏勋，方伍宝．地震速度分析方法综述．勘探地球物理展，2006，29(5)：305～309.

278 潘艳梅，董良国，刘玉柱，等．近地表速度结构层析反演方法综述．勘探地球物理进展，2006，29（4）：229～234.

279 皮开荣，邓专．改进型SIRT法进行层析成像反演的研究与应用．水力发电，2008，34(7)：79～80.

280 苏云，李军，唐娟，等．弱各向异性介质地震波传播特征分析．物探化探计算技术，2010，32(2)：144～148.

281 孙建国．Kirchhoff型真振幅偏移与反偏移．勘探地球物理进展，2002，25(6)：1～5.

282 孙文博，孙赞东．基于伪谱法的VSP逆时偏移及其应用研究．地球物理学报，2010，53(9)：2196～2203.

283 薛东川，王尚旭．波动方程有限元叠前逆时偏移．石油地球物理勘探，2008，43(1)：18～21.

284 岳玉波，李振春，钱忠平，等．复杂地表条件下保幅高斯束偏移．地球物理学报，2012，55(4)：1376～1383.

285 王宏琳．计算机前沿技术在地球物理中的应用．勘探地球物理进展，2008，31(6)：419～426.

286 王红落，常旭，陈传仁．基于波动方程有限差分算法的接收函数正演与偏移．地球物理学报，2005，48(2)：415～422.

287 王童奎，付兴深，朱德献，等．谱元法叠前逆时偏移研究．地球物理学进展，2008，23(3)：681～685.

288 王童奎，谢占安等．弹性介质中谱元法叠后逆时偏移方法研究．石油物探，2009，48(4)：354～357.

289 王喜双，梁奇，徐凌，等．叠前深度偏移技术应用与进展．石油地球物理勘探，2007，42(6)：727～732.

290 王锡文，秦广胜，陈君，等．叠前克希霍夫成像技术及其应用．江汉石油学院学报，2004，26：52～53.

291 吴国忱．各向异性介质地震波传播与成像．山东：中国石油大学出版社，2000.

292 吴国忱．TI 介质 qP 波地震深度偏移成像方法研究．上海：同济大学出版社，2006.

293 吴国忱，王华忠，马在田．长速度梯度射线追踪与而未曾速度反演．石油物探，2003，42(4)：434～440.

294 吴律．层析基础及其在井间地震中的应用．北京：石油工业出版社，1997.

395 吴如山等．广义屏传播子及其在地震偏移成像中的应用．石油地球物理勘探，2001，36(6)：655～664.

396 吴如山，金胜汶，谢小碧．广义屏传播算子及其在地震波偏移成像方面的应用．石油地球物理勘探，2001，36(6)：655～664.

397 熊煜，李录明，罗省贤．各向异性介质弹性波场正演及偏移．成都理工大学学报(自然科学版)，2006，33(3)：310～316.

398 徐升，Gilles Lambaré. 复杂介质下保真振幅 Kirchhoff 深度偏移．地球物理学报，2006，49(5)：1431～1444.

399 杨午阳，Houzhu Zhang，茅金根，等．F－X 域弹性波动方程保幅偏移．石油物探，2003，42(3)：285～288.

300 岳玉波，李振春，钱忠平，等．复杂地表条件下保幅高斯束偏移．地球物理学报，2012，55(4)：1376～1383.

301 张兵，赵改善．地震叠前深度偏移在 CUDA 平台上的实现．勘探地球物理进展，2008，31(8)：427～432.

302 张关泉．利用低阶偏微分方程组的大倾角差分偏移．地球物理学报，1986，29(3)：273～282.

303 张关泉，马在田．地球物理反演若干问题的讨论．地球物理学报，1990，33(专辑 II)：1～4.

304 张关泉．波动方程的上行波和下行波的耦合方程组．应用数学学报，1993，16(2)：251～263.

305 张关泉．波场分裂、平方根算子与偏移．反射地震学论文集．上海：同济大学出版社，2000：6－20.

306 张会星，宁书年．弹性波动方程叠前逆时偏移．中国矿业大学学报，2002，31(5)：371～375.

307 张慧宇，刘路佳，张兵，等．GPU 提速叠前时间体偏移技术．物探化探计算技术，2011，33(5)：568～571.

308 张美根，王妙月．各向异性弹性波有限元叠前逆时偏移．地球物理学报，2010，44(5)：711～719.

309 张平平，常旭．保幅偏移中的权函数．地球物理学进展，2006，21(1)：203～207.

310 张叔伦，孙沛勇．基于平面波合成的傅里叶有限差分叠前深度偏移．石油地球物理勘探，1999，(2)：1～7.

311 张宇．振幅保真的单程波方程偏移理论．地球物理学报，2006，49(5)：1410～1430.

312 赵改善．地球物理高性能计算的新选择．GPU 计算技术．勘探地球物理进展，2007，30(5)：399～405.

313 赵景霞，张叔伦，孙沛勇，等．三维并行合成震源记录叠前深度偏移．地球物理学报，2006，49(1)：225～233.

314 郑海山．地震偏移技术研究进展．世界地质，2000，19(4)：392～395.

315 周龙泉，刘福田，陈晓非．三维介质中速度结构和界面的联合成像．地球物理学报，2006，49(4)：1062～1067.
316 周瑞红，赵景霞．逆时偏移及其成像条件．内蒙古石油化工，2009，3：23～25.
317 周巍，王鹏燕，杨勤勇，等．各向异性克希霍夫叠前深度偏移．石油物探，2012，51(5)：476～485.
318 朱海龙，崔远红．速度分析和层析成像．勘探地球物理进展，2003，26(5)：433～438.
319 朱天飞．相射线 Maslov 求和法：一个完全的有限频率射线法．石油物探，2007，46(6)：630～632.